2025考研数学这十年

真题分考点深度训练

答案与解析

王志超 编著

U0172716

清華大學出版社
北京

答案与解析

第一部分 高等数学(微积分)

第一章 极 限

§1.1 极限的概念与性质

十年真题

考点 极限的概念与性质

1.【答案】(D).

【解】法一(反面做):取 $a_n=(-1)^n$,则 $a_n-\frac{1}{a_n}=0,\mathrm{e}^{a_n}+\frac{1}{\mathrm{e}^{a_n}}=\mathrm{e}+\mathrm{e}^{-1}$,故排除(B)、(C);取 $a_n=2^{(-1)^n}$,则 $a_n+\frac{1}{a_n}=2+\frac{1}{2}=\frac{5}{2}$,故排除(A).

法二(正面做):记 $b_n=\mathrm{e}^{a_n}-\frac{1}{\mathrm{e}^{a_n}}$,则 $a_n=\ln\frac{b_n+\sqrt{b_n^2+4}}{2}$. 假设 $\{b_n\}$收敛,则不妨设 $\lim\limits_{n\to\infty}b_n=a$,从而 $\lim\limits_{n\to\infty}a_n=\ln\frac{a+\sqrt{a^2+4}}{2}$,与 $\{a_n\}$发散矛盾,故 $\{b_n\}$发散.

【注】在函数 $y=x+\frac{1}{x},y=x-\frac{1}{x},y=\mathrm{e}^x+\frac{1}{\mathrm{e}^x},y=\mathrm{e}^x-\frac{1}{\mathrm{e}^x}$ 中,只有 $y=\mathrm{e}^x-\frac{1}{\mathrm{e}^x}$ 是单调函数(而 $y=x-\frac{1}{x}$ 只是在 $(-\infty,0)$ 和 $(0,+\infty)$ 上分别单调). 2022年数学一、二和2017年数学二的选择题也可采用类似的思路.

2.【答案】(D).

【解】法一(反面做):取 $x_n=(-1)^n$,则 $\sin x_n=(-1)^n\sin 1,\cos x_n=\cos 1$,故 $\lim\limits_{n\to\infty}\cos(\sin x_n)=\cos(\sin 1),\lim\limits_{n\to\infty}\sin(\cos x_n)=\sin(\cos 1)$,但 $\lim\limits_{n\to\infty}x_n$ 和 $\lim\limits_{n\to\infty}\sin x_n$ 均不存在,从而排除(A)、(B)、(C).

法二(正面做):设 $\lim\limits_{n\to\infty}\sin(\cos x_n)=a$,则 $\lim\limits_{n\to\infty}\cos x_n=\arcsin a$. 此外,取 $x_n=1$,则 $\lim\limits_{n\to\infty}\sin(\cos x_n)$ 和 $\lim\limits_{n\to\infty}x_n$ 均存在;取 $x_n=(-1)^n$,则 $\lim\limits_{n\to\infty}\sin(\cos x_n)$ 存在,而 $\lim\limits_{n\to\infty}x_n$ 不存在.

【注】$y=\cos(\sin x)$ 和 $y=\sin(\cos x)$ 在 $\left[-\frac{\pi}{2},\frac{\pi}{2}\right]$ 上都不是单调函数,$y=\cos x$ 在 $[-1,1]$ 上也不是单调函数,而 $y=\sin x$ 在 $[0,1]$ 上是单调函数.

3.【答案】(D).

【解】法一(反面做):取 $x_n=\pi$,则排除(A);取 $x_n=-1$,则排除(B)、(C).

法二(正面做):设 $\lim\limits_{n\to\infty}x_n=a$,则 $\lim\limits_{n\to\infty}(x_n+\sin x_n)=a+\sin a$. 解方程 $a+\sin a=0$ 得唯一实根 $a=0$,故 $\lim\limits_{n\to\infty}x_n=0$.

【注】在函数 $y=\sin x,y=x(x+\sqrt{|x|}),y=x+x^2,y=x+\sin x$ 中,只有 $y=x+\sin x$ 是单调函数.

4.【答案】(D).

【解】法一(反面做):取 $x_{3n}=x_{3n+1}=0,x_{3n+2}=1$,则 $\lim\limits_{n\to\infty}x_n$ 不存在.

法二(正面做):若 $\{x_n\}$ 收敛于 a,则其任一子数列也收敛于 a,故(A)、(C)正确.

对于(B),由于 $\lim\limits_{n\to\infty}x_{2n}=\lim\limits_{n\to\infty}x_{2n+1}=a$,故任取 $\varepsilon>0$,存在正整数 N_1,N_2,使得当 $n>N_1$ 时,$|x_{2n}-a|<\varepsilon$;当 $n>N_2$ 时,$|x_{2n+1}-a|<\varepsilon$. 取 $N=\max\{2N_1,2N_2+1\}$,则当 $n>N$ 时,$|x_n-a|<\varepsilon$,故(B)正确.

真题精选

考点 极限的概念与性质

1.【答案】(A).

【解】法一(反面做):取 $a_n=1$,则 $a=1$,排除(B);取 $a_n=a-\frac{1}{n}$,则排除(C);取 $a_n=a+\frac{1}{n}$,则排除(D).

法二(正面做):由 $\lim\limits_{n\to\infty}a_n=a$ 可知 $\lim\limits_{n\to\infty}|a_n|=|a|$. 取 $\varepsilon=\frac{|a|}{2}$,则当 n 充分大时,有 $||a_n|-|a||<\frac{|a|}{2}$,从而 $-\frac{|a|}{2}<|a_n|-|a|<\frac{|a|}{2}$,即 $\frac{|a|}{2}<|a_n|<\frac{3|a|}{2}$.

2.【答案】(D).

【解】取 $\varphi(x)=f(x)=g(x)=x$,则 $\lim\limits_{x\to\infty}f(x)$ 不存在;取 $\varphi(x)=f(x)=g(x)=1$,则 $\lim\limits_{x\to\infty}f(x)$ 存在.

【注】由于 $\lim\limits_{x\to\infty}g(x)$ 和 $\lim\limits_{x\to\infty}\varphi(x)$ 不一定存在,故无法由 $\lim\limits_{x\to\infty}[g(x)-\varphi(x)]=0$ 得到 $\lim\limits_{x\to\infty}g(x)-\lim\limits_{x\to\infty}\varphi(x)=0$,切莫误用夹逼准则.

3.【答案】(C).

【解】本题中的说法可改写为"对任意给定的 $\varepsilon_1=3\varepsilon\in(0,3)$,总存在正整数 $N_1=N-1$,当 $n\geqslant N>N_1$ 时,恒有 $|x_n-a|\leqslant 2\varepsilon=\frac{2}{3}\varepsilon_1<\varepsilon_1$". 由于 $\varepsilon_1\in(0,3)$ 可以任意小,所以它是数列极限定义的等价说法.

§1.2 极限的计算

十年真题

考点一 函数极限的计算

1.【答案】$\frac{2}{3}$.

【解】原式 $\xlongequal{0\cdot\infty}\lim\limits_{x\to\infty}\frac{2-x\sin\frac{1}{x}-\cos\frac{1}{x}}{\frac{1}{x^2}}\xlongequal{令 t=\frac{1}{x}}\lim\limits_{t\to 0}\frac{2t-\sin t-t\cos t}{t^3}$.

用泰勒公式把 $\sin t$ 和 $\cos t$ 展开,

$$\sin t=t-\frac{1}{6}t^3+o(t^3),\quad \cos t=1-\frac{1}{2}t^2+o(t^2),$$

故

$$2t-\sin t-t\cos t=\frac{2}{3}t^3+o(t^3)\sim\frac{2}{3}t^3\quad(t\to 0),$$

从而原式 $=\lim\limits_{t\to 0}\frac{\frac{2}{3}t^3}{t^3}=\frac{2}{3}$.

2.【答案】$\sqrt{\mathrm{e}}$.

【解】原式 $=\mathrm{e}^{\lim\limits_{x\to 0}\cot x\ln\left(\frac{1+\mathrm{e}^x}{2}\right)}=\mathrm{e}^{\lim\limits_{x\to 0}\cot x\left(\frac{1+\mathrm{e}^x}{2}-1\right)}=\mathrm{e}^{\lim\limits_{x\to 0}\frac{\mathrm{e}^x-1}{2\tan x}}$

$=\mathrm{e}^{\lim\limits_{x\to 0}\frac{x}{2x}}=\sqrt{\mathrm{e}}$.

3.【答案】-1.

【解】原式$=\lim\limits_{x\to 0}\dfrac{\ln(1+x)-e^x+1}{(e^x-1)\ln(1+x)}=\lim\limits_{x\to 0}\dfrac{\ln(1+x)-e^x+1}{x^2}$.

用泰勒公式把 $\ln(1+x)$ 和 e^x 展开,

$$\ln(1+x)=x-\frac{1}{2}x^2+o(x^2),\quad e^x=1+x+\frac{1}{2}x^2+o(x^2),$$

故

$$\ln(1+x)-e^x+1=-x^2+o(x^2)\sim -x^2\quad(x\to 0),$$

从而原式$=\lim\limits_{x\to 0}\dfrac{-x^2}{x^2}=-1$.

4.【答案】$4e^2$.

【解】原式$=e^{\lim\limits_{x\to 0}\frac{2}{x}\ln(x+2^x)}=e^{\lim\limits_{x\to 0}\frac{2}{x}(x+2^x-1)}=e^{2\lim\limits_{x\to 0}\frac{x+2^x-1}{x}}$

$$\xlongequal[\text{洛}]{\frac{0}{0}}e^{2\lim\limits_{x\to 0}(1+2^x\ln 2)}=e^{2(1+\ln 2)}=4e^2.$$

5.【答案】1.

【解】法一:原式$\xlongequal{0\cdot\infty}\lim\limits_{x\to+\infty}\dfrac{\arctan(x+1)-\arctan x}{\frac{1}{x^2}}$

$$\xlongequal[\text{洛}]{\frac{0}{0}}\lim_{x\to+\infty}\frac{\frac{1}{1+(x+1)^2}-\frac{1}{1+x^2}}{\frac{-2}{x^3}}$$

$$=\lim_{x\to+\infty}\frac{2x^4+x^3}{2[1+(x+1)^2](1+x^2)}$$

$$\xlongequal{\frac{\infty}{\infty}}\lim_{x\to+\infty}\frac{2+\frac{1}{x}}{2\left[\frac{1}{x^2}+\left(\frac{x+1}{x}\right)^2\right]\left(\frac{1}{x^2}+1\right)}=1.$$

法二:根据拉格朗日中值定理,$\arctan(x+1)-\arctan x=\dfrac{1}{1+\xi^2}$,其中 $x<\xi<x+1$.

由于 $\dfrac{x^2}{1+(x+1)^2}<\dfrac{x^2}{1+\xi^2}<\dfrac{x^2}{1+x^2}$,又 $\lim\limits_{x\to+\infty}\dfrac{x^2}{1+(x+1)^2}=\lim\limits_{x\to+\infty}\dfrac{x^2}{1+x^2}=1$,故由夹逼准则可知原式$=\lim\limits_{x\to+\infty}\dfrac{x^2}{1+\xi^2}=1$.

【注】显然,本题利用拉格朗日中值定理会比利用洛必达法则更方便.关于拉格朗日中值定理在求极限时的使用,还可参看拙著《高等数学轻松学》第一章例 38.

6.【答案】$\dfrac{1}{2}$.

【解】当 $x\to 0$ 时,$\ln(\cos x)=\ln(1+\cos x-1)\sim\cos x-1\sim-\dfrac{1}{2}x^2$.

故原式$=\lim\limits_{x\to 0}\dfrac{-\frac{1}{2}x^2}{x^2}=-\dfrac{1}{2}$.

7.【解】原式$=e^{\lim\limits_{x\to 0}\frac{\ln(\cos 2x+2x\sin x)}{x^4}}=e^{\lim\limits_{x\to 0}\frac{\cos 2x+2x\sin x-1}{x^4}}$.

用泰勒公式把 $\cos 2x$ 和 $2x\sin x$ 展开,

$$\cos 2x=1-\frac{1}{2!}(2x)^2+\frac{1}{4!}(2x)^4+o(x^4)$$

$$=1-2x^2+\frac{2}{3}x^4+o(x^4),$$

$$2x\sin x=2x\left[x-\frac{1}{6}x^3+o(x^3)\right]=2x^2-\frac{1}{3}x^4+o(x^4),$$

故

$$\cos 2x+2x\sin x-1=\frac{1}{3}x^4+o(x^4)\sim\frac{1}{3}x^4\quad(x\to 0),$$

从而原式$=e^{\lim\limits_{x\to 0}\frac{\frac{1}{3}x^4}{x^4}}=e^{\frac{1}{3}}$.

【注】本题也可以利用洛必达法则来求极限 $\lim\limits_{x\to 0}\dfrac{\cos 2x+2x\sin x-1}{x^4}$,但显然利用泰勒公式更方便.

考点二 数列极限的计算

1.【答案】(A).

【解】由于 $\lim\limits_{n\to\infty}a_n=\lim\limits_{n\to\infty}n^{\frac{1}{n}}-\lim\limits_{n\to\infty}\dfrac{(-1)^n}{n}=e^{\lim\limits_{n\to\infty}\frac{\ln n}{n}}-0=e^0=1$,又 $a_1=2>1$,$a_2=\sqrt{2}-\dfrac{1}{2}<1$,故$\{a_n\}$有最大值和最小值.

2.【答案】$\dfrac{1}{e}$.

【解】原式$=\lim\limits_{n\to\infty}\left[\left(1-\dfrac{1}{2}\right)+\left(\dfrac{1}{2}-\dfrac{1}{3}\right)+\cdots+\left(\dfrac{1}{n}-\dfrac{1}{n+1}\right)\right]^n$

$$=\lim_{n\to\infty}\left(1-\frac{1}{n+1}\right)^n$$

$$=e^{\lim\limits_{n\to\infty}n\ln\left(1-\frac{1}{n+1}\right)}=e^{\lim\limits_{n\to\infty}n\left(-\frac{1}{n+1}\right)}=\frac{1}{e}.$$

3.【答案】$\sin 1-\cos 1$.

【解】原式$=\lim\limits_{n\to\infty}\dfrac{1}{n}\sum\limits_{k=1}^{n}\dfrac{k}{n}\sin\dfrac{k}{n}=\int_0^1 x\sin x\,dx=-\int_0^1 x\,d(\cos x)$

$$=-[x\cos x]_0^1+\int_0^1\cos x\,dx=\sin 1-\cos 1.$$

4.【解】(1) 当 $x\in[0,1]$时,$x^{n+1}\sqrt{1-x^2}\leqslant x^n\sqrt{1-x^2}$且不恒等,故 $a_{n+1}<a_n$,从而$\{a_n\}$单调减少.

$$a_n\xlongequal{\text{令}x=\sin t}\int_0^{\frac{\pi}{2}}\sin^n t\cos^2 t\,dt=\int_0^{\frac{\pi}{2}}\sin^n t(1-\sin^2 t)\,dt$$

$$=\int_0^{\frac{\pi}{2}}\sin^n t\,dt-\int_0^{\frac{\pi}{2}}\sin^{n+2}t\,dt.$$

当 n 为偶数时,

$$a_n=\left(1-\frac{n+1}{n+2}\right)\frac{n-1}{n}\cdot\frac{n-3}{n-2}\cdot\cdots\cdot\frac{1}{2}\cdot\frac{\pi}{2}$$

$$=\frac{1}{n+2}\cdot\frac{n-1}{n}\cdot\frac{n-3}{n-2}\cdot\cdots\cdot\frac{1}{2}\cdot\frac{\pi}{2},$$

$$a_{n-2}=\frac{1}{n}\cdot\frac{n-3}{n-2}\cdot\frac{n-5}{n-4}\cdot\cdots\cdot\frac{1}{2}\cdot\frac{\pi}{2},$$

故 $a_n=\dfrac{n-1}{n+2}a_{n-2}$.

当 n 为奇数时,

$$a_n=\left(1-\frac{n+1}{n+2}\right)\frac{n-1}{n}\cdot\frac{n-3}{n-2}\cdot\cdots\cdot\frac{2}{3}$$

$$=\frac{1}{n+2}\cdot\frac{n-1}{n}\cdot\frac{n-3}{n-2}\cdot\cdots\cdot\frac{2}{3},$$

$$a_{n-2}=\frac{1}{n}\cdot\frac{n-3}{n-2}\cdot\frac{n-5}{n-4}\cdot\cdots\cdot\frac{2}{3},$$

故 $a_n=\dfrac{n-1}{n+2}a_{n-2}$.

综上所述,当 $n\geqslant 2$ 时,$a_n=\dfrac{n-1}{n+2}a_{n-2}$.

(2) 由 $a_n=\dfrac{n-1}{n+2}a_{n-2}$ 可知$\dfrac{a_n}{a_{n-1}}=\dfrac{(n-1)a_{n-2}}{(n+2)a_{n-1}}$.

由$\{a_n\}$单调减少且 $a_n>0$ 可知$\dfrac{a_n}{a_{n-1}}<1$,$\dfrac{a_{n-2}}{a_{n-1}}>1$,故$\dfrac{n-1}{n+2}<\dfrac{a_n}{a_{n-1}}<1$.

根据夹逼准则,$\lim\limits_{n\to\infty}\dfrac{a_n}{a_{n-1}}=\lim\limits_{n\to\infty}\dfrac{n-1}{n+2}=1$.

【注】$\int_0^{\frac{\pi}{2}}\sin^n x\,dx=\int_0^{\frac{\pi}{2}}\cos^n x\,dx$

$$=\begin{cases}\dfrac{n-1}{n}\cdot\dfrac{n-3}{n-2}\cdot\cdots\cdot\dfrac{1}{2}\cdot\dfrac{\pi}{2}, & n\text{ 为正偶数},\\[2ex] \dfrac{n-1}{n}\cdot\dfrac{n-3}{n-2}\cdot\cdots\cdot\dfrac{2}{3}, & n\text{ 为大于 1 的奇数}.\end{cases}$$

5.【证】用数学归纳法证明 $x_n>0$.

$x_1>0$.

假设 $x_k>0$,则 $x_k e^{x_{k+1}}=e^{x_k}-1>x_k$,故 $e^{x_{k+1}}>1$,从而 $x_{k+1}>0$,即$\{x_n\}$有下界.

根据拉格朗日中值定理,$e^{x_{n+1}}=\dfrac{e^{x_n}-1}{x_n}=\dfrac{e^{x_n}-e^0}{x_n-0}=e^{\xi}$,其中 $0<\xi<x_n$.

于是 $e^{x_{n+1}}<e^{x_n}$,即 $x_{n+1}<x_n$,故$\{x_n\}$单调递减,从而$\{x_n\}$收敛.

设 $\lim\limits_{n\to\infty}x_n=\lim\limits_{n\to\infty}x_{n+1}=a$,对 $x_n e^{x_{n+1}}=e^{x_n}-1$ 两边同时取极限,有 $ae^a=e^a-1$,

解得唯一实根 $a=0$. 所以 $\lim\limits_{n\to\infty}x_n=0$.

【注】(i) 在利用单调有界准则证明数列极限存在时,可能会用到数学归纳法,往往按以下步骤进行证明:

① 证明当 $n=1$ 时,结论正确;

② 假设当 $n=k$ 时,结论正确;

③ 证明当 $n=k+1$ 时,结论正确(须用到②中的假设).

(ii) $e^x\geqslant x+1$ 和 $\ln(1+x)\leqslant x$ 是考研常用的不等式.

6.【解】原式 $=\lim\limits_{n\to\infty}\dfrac{1}{n}\sum\limits_{k=1}^{n}\dfrac{k}{n}\ln\left(1+\dfrac{k}{n}\right)=\int_0^1 x\ln(1+x)\mathrm{d}x$

$$=\int_0^1\ln(1+x)\mathrm{d}\left(\frac{x^2}{2}\right)$$

$$=\left[\frac{x^2}{2}\ln(1+x)\right]_0^1-\frac{1}{2}\int_0^1\frac{x^2}{1+x}\mathrm{d}x$$

$$=\frac{1}{2}\ln2-\frac{1}{2}\int_0^1\left(x-1+\frac{1}{1+x}\right)\mathrm{d}x$$

$$=\frac{1}{2}\ln2-\frac{1}{2}\left[\frac{x^2}{2}-x+\ln|1+x|\right]_0^1=\frac{1}{4}.$$

方法探究

考点一 函数极限的计算

变式 1.1【解】原式 $=\lim\limits_{x\to-\infty}\dfrac{\dfrac{\sqrt{4x^2+x-1}+x+1}{\sqrt{x^2}}}{\dfrac{\sqrt{x^2+\sin x}}{\sqrt{x^2}}}$

$$=\lim_{x\to-\infty}\frac{\sqrt{4+\frac{1}{x}-\frac{1}{x^2}}+\frac{x+1}{|x|}}{\sqrt{1+\frac{\sin x}{x^2}}}$$

$$=\lim_{x\to-\infty}\frac{\sqrt{4+\frac{1}{x}-\frac{1}{x^2}}-1-\frac{1}{x}}{\sqrt{1+\frac{1}{x^2}\cdot\sin x}}$$

$$=\frac{\sqrt{4+0-0}-1-0}{\sqrt{1+0}}=1.$$

【注】值得注意的是,当 $x\to-\infty$ 时,$\sqrt{x^2}=|x|=-x$.

变式 1.2【解】原式 $=\lim\limits_{x\to1}\dfrac{\ln\cos(x-1)}{1-\cos\left(\frac{\pi}{2}x-\frac{\pi}{2}\right)}\xlongequal{令t=x-1}\lim\limits_{t\to0}\dfrac{\ln\cos t}{1-\cos\frac{\pi}{2}t}$. 当 $t\to0$ 时,

$\ln\cos t=\ln(1+\cos t-1)\sim\cos t-1\sim-\dfrac{1}{2}t^2$,$1-\cos\dfrac{\pi}{2}t\sim\dfrac{\pi^2}{8}t^2$,

故原式 $=\lim\limits_{t\to0}\dfrac{-\frac{1}{2}t^2}{\frac{\pi^2}{8}t^2}=-\dfrac{4}{\pi^2}$.

变式 2.1【答案】1.

【解】原式 $=\lim\limits_{x\to+\infty}\dfrac{(\sqrt{x^2+x}-\sqrt{x^2-x})(\sqrt{x^2+x}+\sqrt{x^2-x})}{\sqrt{x^2+x}+\sqrt{x^2-x}}$

$$=\lim_{x\to+\infty}\frac{2x}{\sqrt{x^2+x}+\sqrt{x^2-x}}$$

$$\xlongequal{\frac{\infty}{\infty}}\lim_{x\to+\infty}\frac{2}{\sqrt{1+\frac{1}{x}}+\sqrt{1-\frac{1}{x}}}=1.$$

变式 2.2【解】原式 $\xlongequal{令x=\frac{1}{t}}\lim\limits_{t\to0}\left[\dfrac{1}{t}-\dfrac{1}{t^2}\ln(1+t)\right]=\lim\limits_{t\to0}\dfrac{t-\ln(1+t)}{t^2}$.

用泰勒公式把 $\ln(1+t)$ 展开,$\ln(1+t)=t-\dfrac{1}{2}t^2+o(t^2)$,故

$$t-\ln(1+t)=\frac{1}{2}t^2+o(t^2)\sim\frac{1}{2}t^2\quad(t\to0),$$

从而原式 $=\lim\limits_{t\to0}\dfrac{\frac{1}{2}t^2}{t^2}=\dfrac{1}{2}$.

变式 3.1【解】原式 $\xlongequal{\infty^0}e^{\lim\limits_{x\to+\infty}\frac{\ln(x+e^x)}{x}}\underset{洛}{\xlongequal{\frac{\infty}{\infty}}}e^{\lim\limits_{x\to+\infty}\frac{1+e^x}{x+e^x}}$

$$=e^{\lim\limits_{x\to+\infty}\frac{\frac{1}{e^x}+1}{\frac{x}{e^x}+1}}=e.$$

变式 3.2【解】当 $x\to+\infty$ 时,$x^{\frac{1}{x}}-1=e^{\frac{\ln x}{x}}-1\sim\dfrac{\ln x}{x}$.

$$原式\xlongequal{0^0}\lim_{x\to+\infty}\left(\frac{\ln x}{x}\right)^{\frac{1}{\ln x}}=e^{\lim\limits_{x\to+\infty}\frac{\ln\left(\frac{\ln x}{x}\right)}{\ln x}}\underset{洛}{\xlongequal{\frac{\infty}{\infty}}}e^{\lim\limits_{x\to+\infty}\frac{\frac{x}{\ln x}\cdot\frac{1-\ln x}{x^2}}{\frac{1}{x}}}$$

$$=e^{\lim\limits_{x\to+\infty}\frac{1-\ln x}{\ln x}}=e^{\lim\limits_{x\to+\infty}\left(\frac{1}{\ln x}-1\right)}=e^{-1}.$$

考点二 数列极限的计算

变式 1【答案】$-\dfrac{1}{2}$.

【解】$\lim\limits_{x\to+\infty}x^2\left[\sin\dfrac{1}{x}+\ln\left(1-\dfrac{1}{x}\right)\right]\xlongequal{令t=\frac{1}{x}}\lim\limits_{t\to0^+}\dfrac{\sin t+\ln(1-t)}{t^2}$.

用泰勒公式把 $\sin t$ 和 $\ln(1-t)$ 展开,

$$\sin t=t-\frac{1}{6}t^3+o(t^3),\quad \ln(1-t)=-t-\frac{1}{2}t^2+o(t^2),$$

故

$$\sin t+\ln(1-t)=-\frac{1}{2}t^2+o(t^2)\sim-\frac{1}{2}t^2\quad(t\to0^+),$$

从而 $\lim\limits_{t\to0^+}\dfrac{\sin t+\ln(1-t)}{t^2}=\lim\limits_{t\to0^+}\dfrac{-\frac{1}{2}t^2}{t^2}=-\dfrac{1}{2}$,即原式 $=-\dfrac{1}{2}$.

变式 2【答案】$\dfrac{1}{2}$.

【解】根据夹逼准则,由

$$\begin{cases}\dfrac{1+2+\cdots+n}{n^2+n+n}\leqslant\dfrac{1}{n^2+n+1}+\dfrac{2}{n^2+n+2}+\cdots+\dfrac{n}{n^2+n+n}\leqslant\dfrac{1+2+\cdots+n}{n^2+n+1},\\ \lim\limits_{n\to\infty}\dfrac{1+2+\cdots+n}{n^2+n+n}=\lim\limits_{n\to\infty}\dfrac{\frac{1}{2}n(n+1)}{n^2+n+n}=\dfrac{1}{2}=\lim\limits_{n\to\infty}\dfrac{1+2+\cdots+n}{n^2+n+1}\end{cases}$$

得原式 $=\dfrac{1}{2}$.

变式 3【解】 根据夹逼准则,由

$$\begin{cases}\dfrac{1}{n+1}\sum\limits_{k=1}^{n}\sin\dfrac{k}{n}\pi<\sum\limits_{k=1}^{n}\dfrac{\sin\frac{k}{n}\pi}{n+\frac{1}{k}}<\dfrac{1}{n}\sum\limits_{k=1}^{n}\sin\dfrac{k}{n}\pi,\\ \lim\limits_{n\to\infty}\dfrac{1}{n+1}\sum\limits_{k=1}^{n}\sin\dfrac{k}{n}\pi=\lim\limits_{n\to\infty}\dfrac{n+1}{n}\cdot\lim\limits_{n\to\infty}\dfrac{1}{n+1}\sum\limits_{k=1}^{n}\sin\dfrac{k}{n}\pi\\ =\lim\limits_{n\to\infty}\dfrac{1}{n}\sum\limits_{k=1}^{n}\sin\dfrac{k}{n}\pi\end{cases}$$

得原式 $=\lim\limits_{n\to\infty}\dfrac{1}{n}\sum\limits_{k=1}^{n}\sin\dfrac{k}{n}\pi=\int_0^1\sin\pi x\,dx=\left[-\dfrac{1}{\pi}\cos\pi x\right]_0^1=\dfrac{2}{\pi}$.

变式 4.1【证】 由 $x_1=10,x_2=\sqrt{6+x_1}=4$ 可知 $x_1>x_2$. 假设 $x_k>x_{k+1}$,则

$$x_{k+1}=\sqrt{6+x_k}>\sqrt{6+x_{k+1}}=x_{k+2},$$

故 $x_n>x_{n+1}$,即 $\{x_n\}$ 单调递减.

显然,$x_n>0$,故 $\{x_n\}$ 有下界,从而 $\{x_n\}$ 极限存在.

设 $\lim\limits_{n\to\infty}x_n=\lim\limits_{n\to\infty}x_{n+1}=a$,对 $x_{n+1}=\sqrt{6+x_n}$ 两边同时取极限,有 $a=\sqrt{6+a}$,

解得 $a=3$ 或 $a=-2$(由于 $x_n>0$,故舍去). 所以 $\lim\limits_{n\to\infty}x_n=3$.

变式 4.2【证】 (1) 根据拉格朗日中值定理,

$$\ln\left(1+\frac{1}{n}\right)=\ln(n+1)-\ln n=\frac{1}{\xi}(n+1-n)=\frac{1}{\xi},$$

其中 $n<\xi<n+1$. 于是 $\dfrac{1}{n+1}<\ln\left(1+\dfrac{1}{n}\right)<\dfrac{1}{n}$.

(2) 由(1)可知

$$a_{n+1}-a_n=\frac{1}{n+1}-\ln(n+1)+\ln n=\frac{1}{n+1}-\ln\left(1+\frac{1}{n}\right)<0,$$

$a_n=1+\dfrac{1}{2}+\cdots+\dfrac{1}{n}-\ln n>\ln(1+1)+\ln\left(1+\dfrac{1}{2}\right)+\cdots+\ln\left(1+\dfrac{1}{n}\right)-\ln n=\ln(n+1)-\ln n>0$,

故 $\{a_n\}$ 单调递减且有下界,从而 $\{a_n\}$ 收敛.

【注】 证明数列单调的常用方法有作差(如本题)、作商(如例 4)和数学归纳法(如变式 4.1).

真题精选

考点一　函数极限的计算

1.【答案】 $\sqrt{e}$.

【解】 原式 $=e^{\lim\limits_{x\to0}\frac{1}{x}\ln\left[2-\frac{\ln(1+x)}{x}\right]}=e^{\lim\limits_{x\to0}\frac{1}{x}\left[1-\frac{\ln(1+x)}{x}\right]}=e^{\lim\limits_{x\to0}\frac{x-\ln(1+x)}{x^2}}$.

用泰勒公式把 $\ln(1+x)$ 展开,$\ln(1+x)=x-\dfrac{1}{2}x^2+o(x^2)$,故

$$x-\ln(1+x)=\frac{1}{2}x^2+o(x^2)\sim\frac{1}{2}x^2\quad(x\to0),$$

从而原式 $=e^{\lim\limits_{x\to0}\frac{\frac{1}{2}x^2}{x^2}}=\sqrt{e}$.

2.【答案】 $\dfrac{3e}{2}$.

【解】 原式 $=\lim\limits_{x\to0}\dfrac{e^{\cos x}(e^{1-\cos x}-1)}{\sqrt[3]{1+x^2}-1}$

$=\lim\limits_{x\to0}e^{\cos x}\cdot\lim\limits_{x\to0}\dfrac{1-\cos x}{\sqrt[3]{1+x^2}-1}$

$=e\lim\limits_{x\to0}\dfrac{\frac{1}{2}x^2}{\frac{1}{3}x^2}=\dfrac{3e}{2}$.

3.【答案】 $-\dfrac{1}{6}$.

【解】 用泰勒公式把 $\arctan x$ 和 $\sin x$ 展开,

$$\arctan x=x-\frac{1}{3}x^3+o(x^3),\quad \sin x=x-\frac{1}{6}x^3+o(x^3),$$

故

$$\arctan x-\sin x=-\frac{1}{6}x^3+o(x^3)\sim-\frac{1}{6}x^3\quad(x\to0),$$

从而原式 $=\lim\limits_{x\to0}\dfrac{-\frac{1}{6}x^3}{x^3}=-\dfrac{1}{6}$.

4.【答案】 0.

【解】 由于 $\lim\limits_{x\to+\infty}\dfrac{x^3+x^2+1}{2^x+x^3}=0$,$|\sin x+\cos x|\leqslant\sqrt{2}$,故根据有界函数与无穷小的乘积是无穷小,原式 $=0$.

5.【答案】 $e^{-\frac{1}{2}}$.

【解】 原式 $\xlongequal{1^\infty}\lim\limits_{x\to0}(\cos x)^{\frac{1}{x^2}}=e^{\lim\limits_{x\to0}\frac{1}{x^2}\ln(\cos x)}=e^{\lim\limits_{x\to0}\frac{\cos x-1}{x^2}}$

$=e^{\lim\limits_{x\to0}\frac{-\frac{1}{2}x^2}{x^2}}=e^{-\frac{1}{2}}$.

6.【答案】 $\dfrac{1}{3}$.

【解】 原式 $=\lim\limits_{x\to0}\dfrac{\tan x-x}{x^2\tan x}=\lim\limits_{x\to0}\dfrac{\tan x-x}{x^3}$.

用泰勒公式把 $\tan x$ 展开,$\tan x=x+\dfrac{1}{3}x^3+o(x^3)$,故

$$\tan x-x=\frac{1}{3}x^3+o(x^3)\sim\frac{1}{3}x^3\quad(x\to0),$$

从而原式 $=\lim\limits_{x\to0}\dfrac{\frac{1}{3}x^3}{x^3}=\dfrac{1}{3}$.

7.【答案】 $-\dfrac{1}{4}$.

【解】 用泰勒公式把 $\sqrt{1+x}$ 和 $\sqrt{1-x}$ 展开,

$$\sqrt{1+x}=1+\frac{1}{2}x-\frac{1}{8}x^2+o(x^2),$$

$$\sqrt{1-x}=1-\frac{1}{2}x-\frac{1}{8}x^2+o(x^2),$$

故

$$\sqrt{1+x}+\sqrt{1-x}-2=-\frac{1}{4}x^2+o(x^2)\sim-\frac{1}{4}x^2\quad(x\to0),$$

从而原式 $=\lim\limits_{x\to0}\dfrac{-\frac{1}{4}x^2}{x^2}=-\dfrac{1}{4}$.

8.【答案】 $\dfrac{3}{2}$.

【解】 原式 $=\lim\limits_{x\to0}\dfrac{1}{1+\cos x}\cdot\lim\limits_{x\to0}\dfrac{3\sin x+x^2\cos\frac{1}{x}}{x}$

$=\dfrac{1}{2}\lim\limits_{x\to0}\dfrac{3\sin x+x^2\cos\frac{1}{x}}{x}$

$=\dfrac{1}{2}\left(3\lim\limits_{x\to0}\dfrac{\sin x}{x}+\lim\limits_{x\to0}x\cdot\cos\dfrac{1}{x}\right)$

$=\dfrac{1}{2}(3\times1+0)=\dfrac{3}{2}$.

【注】 本题若利用洛必达法则来求极限 $\lim\limits_{x\to0}\dfrac{3\sin x+x^2\cos\frac{1}{x}}{x}$,则

$$\lim_{x\to0}\frac{3\sin x+x^2\cos\frac{1}{x}}{x}=\lim_{x\to0}\left(3\cos x+2x\cos\frac{1}{x}+\sin\frac{1}{x}\right),$$

极限不存在，故法则失效.

9.【答案】2.

【解】原式 $=\lim\limits_{x\to\infty}x\sin\left[\ln\left(1+\frac{3}{x}\right)\right]-\lim\limits_{x\to\infty}x\sin\left[\ln\left(1+\frac{1}{x}\right)\right]$

$$=\lim_{x\to\infty}x\ln\left(1+\frac{3}{x}\right)-\lim_{x\to\infty}x\ln\left(1+\frac{1}{x}\right)$$

$$=\lim_{x\to\infty}x\frac{3}{x}-\lim_{x\to\infty}x\frac{1}{x}=2.$$

10.【答案】-1.

【解】原式 $\xlongequal{\frac{\infty}{\infty}}\lim\limits_{x\to0^+}\dfrac{e^{-\frac{1}{x}}-1}{xe^{-\frac{1}{x}}+1}=\dfrac{0-1}{0+1}=-1.$

11.【答案】$\frac{1}{2}$.

【解】原式 $\xlongequal{0\cdot\infty}\lim\limits_{x\to0}\dfrac{x}{\tan2x}\xlongequal{\frac{0}{0}}\lim\limits_{x\to0}\dfrac{x}{2x}=\dfrac{1}{2}.$

12.【答案】1.

【解】原式 $\xlongequal{\infty^0}\lim\limits_{x\to0^+}\left(\dfrac{1}{\sqrt{x}}\right)^x=e^{\lim\limits_{x\to0^+}x\ln\left(\frac{1}{\sqrt{x}}\right)}$

$$\xlongequal{0\cdot\infty}e^{\lim\limits_{x\to0^+}\frac{\ln\left(\frac{1}{\sqrt{x}}\right)}{\frac{1}{x}}}$$

$$\xlongequal[\text{洛}]{\frac{\infty}{\infty}}e^{\lim\limits_{x\to0^+}\frac{\sqrt{x}\left(-\frac{1}{2}x^{-\frac{3}{2}}\right)}{-\frac{1}{x^2}}}=e^{\lim\limits_{x\to0^+}\frac{1}{2}x}=1.$$

13.【答案】1.

【解】原式 $=\lim\limits_{x\to1}\dfrac{e^{x\ln x}-1}{x\ln x}=\lim\limits_{x\to1}\dfrac{x\ln x}{x\ln x}=1.$

14.【解】原式 $=\lim\limits_{x\to0}e^{x^2}\cdot\lim\limits_{x\to0}\dfrac{1-e^{2-2\cos x-x^2}}{x^4}=\lim\limits_{x\to0}\dfrac{1-e^{2-2\cos x-x^2}}{x^4}$

$$=\lim_{x\to0}\frac{x^2+2\cos x-2}{x^4}.$$

用泰勒公式把 $\cos x$ 展开，$\cos x=1-\frac{1}{2!}x^2+\frac{1}{4!}x^4+o(x^4)$，故

$$x^2+2\cos x-2=x^2+2\left[1-\frac{1}{2}x^2+\frac{1}{24}x^4+o(x^4)\right]-2$$

$$=\frac{1}{12}x^4+o(x^4)\sim\frac{1}{12}x^4\quad(x\to0),$$

从而原式 $=\lim\limits_{x\to0}\dfrac{\frac{1}{12}x^4}{x^4}=\dfrac{1}{12}.$

【注】本题也可以利用洛必达法则来求极限 $\lim\limits_{x\to0}\dfrac{x^2+2\cos x-2}{x^4}$，但显然利用泰勒公式更方便.

15.【解】法一：原式 $=\lim\limits_{x\to0}\dfrac{\frac{1}{2}x^2[x-\ln(1+\tan x)]}{x^4}$

$$=\lim_{x\to0}\frac{x-\ln(1+\tan x)}{2x^2}$$

$$\xlongequal[\text{洛}]{\frac{0}{0}}\lim_{x\to0}\frac{1-\frac{\sec^2x}{1+\tan x}}{4x}$$

$$=\lim_{x\to0}\frac{1+\tan x-\sec^2x}{4x}\cdot\lim_{x\to0}\frac{1}{1+\tan x}$$

$$=\lim_{x\to0}\frac{1+\tan x-\sec^2x}{4x}$$

$$\xlongequal[\text{洛}]{\frac{0}{0}}\lim_{x\to0}\frac{\sec^2x-2\sec^2x\tan x}{4}=\frac{1}{4}.$$

法二：原式 $=\lim\limits_{x\to0}\dfrac{x-\ln(1+\tan x)}{2x^2}$

$$=\lim_{x\to0}\frac{x-\tan x+\tan x-\ln(1+\tan x)}{2x^2}$$

$$=\lim_{x\to0}\frac{x-\tan x}{2x^2}+\lim_{x\to0}\frac{\tan x-\ln(1+\tan x)}{2x^2}.$$

用泰勒公式把 $\tan x$ 展开，$\tan x=x+\frac{1}{3}x^3+o(x^3)$，故 $x-\tan x=-\frac{1}{3}x^3+o(x^3)\sim-\frac{1}{3}x^3\quad(x\to0)$.

再用泰勒公式把 $\ln(1+x)$ 展开，$\ln(1+x)=x-\frac{1}{2}x^2+o(x^2)$，故

$$x-\ln(1+x)=\frac{1}{2}x^2+o(x^2)\sim\frac{1}{2}x^2\quad(x\to0),$$

从而

$$\tan x-\ln(1+\tan x)\sim\frac{1}{2}\tan^2x\sim\frac{1}{2}x^2\quad(x\to0).$$

于是原式 $=\lim\limits_{x\to0}\dfrac{-\frac{1}{3}x^3}{2x^2}+\lim\limits_{x\to0}\dfrac{\frac{1}{2}x^2}{2x^2}=\dfrac{1}{4}.$

16.【解】法一：原式 $=\lim\limits_{x\to0}\dfrac{\sin x-\sin(\sin x)}{x^3}$

$$\xlongequal[\text{洛}]{\frac{0}{0}}\lim_{x\to0}\frac{\cos x-\cos(\sin x)\cdot\cos x}{3x^2}$$

$$=\lim_{x\to0}\cos x\cdot\lim_{x\to0}\frac{1-\cos(\sin x)}{3x^2}$$

$$=\lim_{x\to0}\frac{1-\cos(\sin x)}{3x^2}$$

$$=\lim_{x\to0}\frac{\frac{1}{2}\sin^2x}{3x^2}=\lim_{x\to0}\frac{\frac{1}{2}x^2}{3x^2}=\frac{1}{6}.$$

法二：原式 $=\lim\limits_{x\to0}\dfrac{\sin x-\sin(\sin x)}{x^3}$.

用泰勒公式把 $\sin x$ 展开，$\sin x=x-\frac{1}{6}x^3+o(x^3)$，故 $x-\sin x=\frac{1}{6}x^3+o(x^3)\sim\frac{1}{6}x^3(x\to0)$，从而

$$\sin x-\sin(\sin x)\sim\frac{1}{6}\sin^3x\sim\frac{1}{6}x^3\quad(x\to0).$$

于是原式 $=\lim\limits_{x\to0}\dfrac{\frac{1}{6}x^3}{x^3}=\dfrac{1}{6}.$

17.【解】原式 $=\lim\limits_{x\to0}\dfrac{1}{x^2}\left(\dfrac{\sin x}{x}-1\right)=\lim\limits_{x\to0}\dfrac{\sin x-x}{x^3}.$

用泰勒公式把 $\sin x$ 展开，$\sin x=x-\frac{1}{6}x^3+o(x^3)$，故

$$\sin x-x=-\frac{1}{6}x^3+o(x^3)\sim-\frac{1}{6}x^3\quad(x\to0),$$

从而原式 $=\lim\limits_{x\to0}\dfrac{-\frac{1}{6}x^3}{x^3}=-\dfrac{1}{6}.$

18.【解】原式 $=\lim\limits_{x\to0}\dfrac{\tan x-\sin x}{x\ln(1+x)-x^2}\cdot\lim\limits_{x\to0}\dfrac{1}{\sqrt{1+\tan x}+\sqrt{1+\sin x}}$

$$=\frac{1}{2}\lim_{x\to0}\frac{\tan x-\sin x}{x\ln(1+x)-x^2}.$$

用泰勒公式把 $\tan x$ 和 $\sin x$ 展开，

$$\tan x=x+\frac{1}{3}x^3+o(x^3),\quad\sin x=x-\frac{1}{6}x^3+o(x^3),$$

故

$$\tan x-\sin x=\frac{1}{2}x^3+o(x^3)\sim\frac{1}{2}x^3\quad(x\to 0).$$

再用泰勒公式把 $\ln(1+x)$ 展开，$\ln(1+x)=x-\frac{1}{2}x^2+o(x^2)$，故

$$\begin{aligned}x\ln(1+x)-x^2&=x\left[x-\frac{1}{2}x^2+o(x^2)\right]-x^2\\&=-\frac{1}{2}x^3+o(x^3)\sim-\frac{1}{2}x^3\quad(x\to 0),\end{aligned}$$

从而原式$=\frac{1}{2}\lim\limits_{x\to 0}\frac{\frac{1}{2}x^3}{-\frac{1}{2}x^3}=-\frac{1}{2}$.

19.【解】 原式$\xlongequal{1^\infty}e^{\lim\limits_{x\to 0}\frac{1}{x}\ln\left(\frac{e^x+e^{2x}+\cdots+e^{nx}}{n}\right)}$

$$\begin{aligned}&\xlongequal{0\cdot\infty}e^{\lim\limits_{x\to 0}\frac{1}{x}\left(\frac{e^x+e^{2x}+\cdots+e^{nx}}{n}-1\right)}\\&=e^{\lim\limits_{x\to 0}\frac{e^x+e^{2x}+\cdots+e^{nx}-n}{nx}}\xlongequal[\text{洛}]{\frac{0}{0}}e^{\lim\limits_{x\to 0}\frac{e^x+2e^{2x}+\cdots+ne^{nx}}{n}}\\&=e^{\frac{1+2+\cdots+n}{n}}=e^{\frac{n+1}{2}}.\end{aligned}$$

考点二　数列极限的计算

1.【答案】(B).

【解】 由于 $a_n>0(n=1,2,\cdots)$，故$\{S_n\}$单调递增.

若$\{S_n\}$有界，则根据单调有界准则，$\lim\limits_{n\to\infty}S_n$ 存在，从而

$$\lim_{n\to\infty}a_n=\lim_{n\to\infty}(S_n-S_{n-1})=\lim_{n\to\infty}S_n-\lim_{n\to\infty}S_{n-1}=0,$$

即可知$\{S_n\}$有界是$\{a_n\}$收敛的充分条件.

但是，取 $a_n=1$，则$\{a_n\}$收敛，而 $S_n=n$ 无上界，所以$\{S_n\}$有界不是$\{a_n\}$收敛的必要条件.

2.【答案】(B).

【解】 $\lim\limits_{n\to\infty}\ln\sqrt[n]{\left(1+\frac{1}{n}\right)^2\left(1+\frac{2}{n}\right)^2\cdots\left(1+\frac{n}{n}\right)^2}$

$$\begin{aligned}&=2\lim_{n\to\infty}\frac{1}{n}\left[\ln\left(1+\frac{1}{n}\right)+\ln\left(1+\frac{2}{n}\right)+\cdots+\ln\left(1+\frac{n}{n}\right)\right]\\&=2\lim_{n\to\infty}\frac{1}{n}\sum_{k=1}^{n}\ln\left(1+\frac{k}{n}\right)=2\int_0^1\ln(1+t)\,dt\\&\xlongequal{\text{令 }x=1+t}2\int_1^2\ln x\,dx.\end{aligned}$$

3.【答案】$\frac{\pi}{4}$.

【解】 原式$=\lim\limits_{n\to\infty}\frac{1}{n}\left[\frac{1}{1+\left(\frac{1}{n}\right)^2}+\frac{1}{1+\left(\frac{2}{n}\right)^2}+\cdots+\frac{1}{1+\left(\frac{n}{n}\right)^2}\right]$

$$\begin{aligned}&=\lim_{n\to\infty}\frac{1}{n}\sum_{k=1}^{n}\frac{1}{1+\left(\frac{k}{n}\right)^2}\\&=\int_0^1\frac{dx}{1+x^2}=[\arctan x]_0^1=\frac{\pi}{4}.\end{aligned}$$

4.【答案】$\frac{2\sqrt{2}}{\pi}$.

【解】 原式$=\lim\limits_{n\to\infty}\frac{1}{n}\sum\limits_{k=1}^{n}\sqrt{1+\cos\frac{k}{n}\pi}=\int_0^1\sqrt{1+\cos\pi x}\,dx$

$$=\sqrt{2}\int_0^1\cos\frac{\pi}{2}x\,dx=\frac{2\sqrt{2}}{\pi}.$$

5.【答案】$\frac{\sqrt{2}}{2}$.

【解】 原式$=\lim\limits_{n\to\infty}\frac{n}{\sqrt{1+2+\cdots+n}+\sqrt{1+2+\cdots+(n-1)}}$

$$\begin{aligned}&=\lim_{n\to\infty}\frac{n}{\sqrt{\frac{(n+1)n}{2}}+\sqrt{\frac{n(n-1)}{2}}}\\&=\lim_{n\to\infty}\frac{1}{\sqrt{\frac{(n+1)n}{2n^2}}+\sqrt{\frac{n(n-1)}{2n^2}}}=\frac{1}{\sqrt{\frac{1}{2}}+\sqrt{\frac{1}{2}}}\\&=\frac{\sqrt{2}}{2}.\end{aligned}$$

6.【解】(1) 由 $f'(x)=\frac{x-1}{x^2}=0$ 得唯一驻点 $x=1$.

又由于 $f''(x)=\left.\frac{2-x}{x^3}\right|_{x=1}=1>0$，故 $f(1)=1$ 是 $f(x)$ 唯一的极小值，即最小值.

(2) 由(1)可知 $\ln x+\frac{1}{x}\geqslant 1$，从而 $\ln x_n+\frac{1}{x_n}\geqslant 1>\ln x_n+\frac{1}{x_{n+1}}$，即 $x_n<x_{n+1}$，故$\{x_n\}$单调递增.

又由 $\ln x_n+\frac{1}{x_{n+1}}<1(x_n>0)$可知 $\ln x_n<1$，即 $x_n<e$，故$\{x_n\}$有上界，从而 $\lim\limits_{n\to\infty}x_n$ 存在.

设 $\lim\limits_{n\to\infty}x_n=\lim\limits_{n\to\infty}x_{n+1}=a$，对 $\ln x_n+\frac{1}{x_{n+1}}<1$ 两边同时取极限，有 $\ln a+\frac{1}{a}\leqslant 1$. 又由 $\ln a+\frac{1}{a}\geqslant 1$ 知 $\ln a+\frac{1}{a}=1$，解得 $a=1$. 所以 $\lim\limits_{n\to\infty}x_n=1$.

7.【解】(1) $0<x_1<\pi$. 假设 $0<x_k<\pi$，则 $0<x_{k+1}=\sin x_k<x_k<\pi$，故 $x_n>0$，$x_{n+1}<x_n$，即$\{x_n\}$单调递减且有下界，从而 $\lim\limits_{n\to\infty}x_n$ 存在.

设 $\lim\limits_{n\to\infty}x_n=\lim\limits_{n\to\infty}x_{n+1}=a$，对 $x_{n+1}=\sin x_n$ 两边同时取极限，有 $a=\sin a$，解得唯一实根 $a=0$. 所以 $\lim\limits_{n\to\infty}x_n=0$.

(2) $\lim\limits_{n\to\infty}\left(\frac{x_{n+1}}{x_n}\right)^{\frac{1}{x_n^2}}=\lim\limits_{n\to\infty}\left(\frac{\sin x_n}{x_n}\right)^{\frac{1}{x_n^2}}$.

$$\lim_{x\to 0}\left(\frac{\sin x}{x}\right)^{\frac{1}{x^2}}=e^{\lim\limits_{x\to 0}\frac{1}{x^2}\ln\left(\frac{\sin x}{x}\right)}=e^{\lim\limits_{x\to 0}\frac{1}{x^2}\left(\frac{\sin x}{x}-1\right)}=e^{\lim\limits_{x\to 0}\frac{\sin x-x}{x^3}}.$$

用泰勒公式把 $\sin x$ 展开，$\sin x=x-\frac{1}{6}x^3+o(x^3)$，故

$$\sin x-x=-\frac{1}{6}x^3+o(x^3)\sim-\frac{1}{6}x^3\quad(x\to 0),$$

从而$\lim\limits_{x\to 0}\left(\frac{\sin x}{x}\right)^{\frac{1}{x^2}}=e^{\lim\limits_{x\to 0}\frac{\frac{1}{6}x^3}{x^3}}=e^{-\frac{1}{6}}$.

由于$\lim\limits_{n\to\infty}x_n=0$，故根据海涅定理，$\lim\limits_{n\to\infty}\left(\frac{x_{n+1}}{x_n}\right)^{\frac{1}{x_n^2}}=\lim\limits_{n\to\infty}\left(\frac{\sin x_n}{x_n}\right)^{\frac{1}{x_n^2}}=\lim\limits_{x\to 0}\left(\frac{\sin x}{x}\right)^{\frac{1}{x^2}}=e^{-\frac{1}{6}}$.

【注】 当 $x>0$ 时，$\sin x<x$；当 $0<x<\frac{\pi}{2}$ 时，$\tan x>x$.

8.【证】 由于 $f(k+1)\leqslant\int_k^{k+1}f(x)\,dx\leqslant f(k)(k=1,2,\cdots)$，故 $a_{n+1}-a_n=f(n+1)-\int_1^{n+1}f(x)\,dx+\int_1^n f(x)\,dx=f(n+1)-\int_n^{n+1}f(x)\,dx\leqslant 0$，$a_n=\sum\limits_{k=1}^{n}f(k)-\sum\limits_{k=1}^{n-1}\int_k^{k+1}f(x)\,dx=\sum\limits_{k=1}^{n-1}\left[f(k)-\int_k^{k+1}f(x)\,dx\right]+f(n)\geqslant 0$，即$\{a_n\}$单调递减且有下界，从而$\{a_n\}$的极限存在.

【注】 本题取 $f(x)=\frac{1}{x}$，则就是2011年数学一、二的考题.

§1.3 极限的应用

十年真题

考点一 无穷小的比较

1.【答案】(B).

【解】$0<x_1<1$. 假设 $0<x_k<1$,则 $0<x_{k+1}=\sin x_k<1$,故 $0<x_n<1$.

$0<y_1\leqslant\frac{1}{2}$. 假设 $0<y_k\leqslant\frac{1}{2}$,则 $0<y_{k+1}=y_k^2\leqslant\frac{1}{4}\leqslant\frac{1}{2}$,故 $0<y_n\leqslant\frac{1}{2}$.

因此,$\frac{y_n}{x_n}>0$,即 $\left\{\frac{y_n}{x_n}\right\}$ 有下界.

由 $0<y_n\leqslant\frac{1}{2}$ 知 $y_{n+1}=y_n^2\leqslant\frac{1}{2}y_n$,又由 $\sin x>\frac{x}{2}(0<x<1)$ 知 $x_{n+1}=\sin x_n>\frac{1}{2}x_n(0<x_n<1)$,故 $\frac{y_{n+1}}{x_{n+1}}<\frac{y_n}{x_n}$,即 $\left\{\frac{y_n}{x_n}\right\}$ 单调递减,从而 $\lim\limits_{n\to\infty}\frac{y_n}{x_n}$ 存在.

由题意知 $\lim\limits_{n\to\infty}y_n=\lim\limits_{n\to\infty}x_n=0$.

设 $\lim\limits_{n\to\infty}\frac{y_n}{x_n}=a$,则由 $a=\lim\limits_{n\to\infty}\frac{y_{n+1}}{x_{n+1}}=\lim\limits_{n\to\infty}\frac{y_n^2}{\sin x_n}=\lim\limits_{n\to\infty}\frac{y_n^2}{x_n}=a\lim\limits_{n\to\infty}y_n=0$ 知 $\lim\limits_{n\to\infty}\frac{y_n}{x_n}=0$,故 y_n 是比 x_n 高阶的无穷小量.

2.【答案】(C).

【解】若 $\alpha(x)\sim\beta(x)$,则由 $\lim\limits_{x\to0}\frac{\beta(x)}{\alpha(x)}=1$ 知 $\lim\limits_{x\to0}\frac{\beta^2(x)}{\alpha^2(x)}=\lim\limits_{x\to0}\left[\frac{\beta(x)}{\alpha(x)}\right]^2=1$,$\lim\limits_{x\to0}\frac{\alpha(x)-\beta(x)}{\alpha(x)}=\lim\limits_{x\to0}\left[1-\frac{\beta(x)}{\alpha(x)}\right]=0$,故①③正确.

若 $\alpha(x)-\beta(x)=o[\alpha(x)]$,则由 $\lim\limits_{x\to0}\frac{\alpha(x)-\beta(x)}{\alpha(x)}=\lim\limits_{x\to0}\left[1-\frac{\beta(x)}{\alpha(x)}\right]=0$ 知 $\lim\limits_{x\to0}\frac{\beta(x)}{\alpha(x)}=1$,故④正确.

取 $\alpha(x)=x,\beta(x)=-x$,则②错误.

3.【答案】(B).

【解】当 $x\to0^+$ 时,由于 $\alpha_1\sim\left(-\frac{1}{2}x^2\right)$,$\alpha_2\sim\sqrt{x}\cdot\sqrt[3]{x}$,$\alpha_3\sim\frac{1}{3}x$,故选(B).

考点二 平面曲线的渐近线

1.【答案】(B).

【解】由 $\lim\limits_{x\to\infty}\frac{y}{x}=\lim\limits_{x\to\infty}\ln\left(e+\frac{1}{x-1}\right)=1$,

$$\begin{aligned}\lim_{x\to\infty}(y-x)&=\lim_{x\to\infty}x\left[\ln\left(e+\frac{1}{x-1}\right)-1\right]\\&=\lim_{x\to\infty}x\left[\ln\left(e+\frac{1}{x-1}\right)-\ln e\right]\\&=\lim_{x\to\infty}x\ln\left[1+\frac{1}{e(x-1)}\right]\\&=\lim_{x\to\infty}\frac{x}{e(x-1)}=\frac{1}{e}\end{aligned}$$

知斜渐近线方程为 $y=x+\frac{1}{e}$.

2.【答案】$y=x+2$.

【解】由 $\lim\limits_{x\to\infty}\frac{y}{x}=\lim\limits_{x\to\infty}\left(1+\arcsin\frac{2}{x}\right)=1$,$\lim\limits_{x\to\infty}(y-x)=\lim\limits_{x\to\infty}x\arcsin\frac{2}{x}=\lim\limits_{x\to\infty}x\frac{2}{x}=2$ 知斜渐近线方程为 $y=x+2$.

3.【答案】$y=x+\frac{\pi}{2}$.

【解】由

$$\lim_{x\to\infty}\frac{y}{x}=\lim_{x\to\infty}\left[\frac{x^2}{1+x^2}+\frac{\arctan(1+x^2)}{x}\right]=1,$$

$$\begin{aligned}\lim_{x\to\infty}(y-x)&=\lim_{x\to\infty}\left[\frac{x^3}{1+x^2}+\arctan(1+x^2)-x\right]\\&=\lim_{x\to\infty}\left[-\frac{x}{1+x^2}+\arctan(1+x^2)\right]=\frac{\pi}{2}\end{aligned}$$

知斜渐近线方程为 $y=x+\frac{\pi}{2}$.

4.【解】

$$\begin{aligned}\lim_{x\to+\infty}\frac{y}{x}&=\lim_{x\to+\infty}\left(\frac{x}{1+x}\right)^x=e^{\lim\limits_{x\to+\infty}x\ln\frac{x}{1+x}}\\&=e^{\lim\limits_{x\to+\infty}x\left(\frac{x}{1+x}-1\right)}=\frac{1}{e}.\end{aligned}$$

$$\begin{aligned}\lim_{x\to+\infty}\left(y-\frac{x}{e}\right)&=\lim_{x\to+\infty}\left[\frac{x^{1+x}}{(1+x)^x}-\frac{x}{e}\right]\\&=\lim_{x\to+\infty}\frac{x}{e}\left[e\left(\frac{x}{1+x}\right)^x-1\right]\\&=\lim_{x\to+\infty}\frac{x}{e}\left(e^{x\ln\frac{x}{1+x}+1}-1\right).\end{aligned}$$

由于 $\lim\limits_{x\to+\infty}\left(x\ln\frac{x}{1+x}+1\right)=0$,故当 $x\to+\infty$ 时,$e^{x\ln\frac{x}{1+x}+1}-1\sim x\ln\frac{x}{1+x}+1$,从而

$$\begin{aligned}\lim_{x\to+\infty}\left(y-\frac{x}{e}\right)&=\lim_{x\to+\infty}\frac{x}{e}\left(x\ln\frac{x}{1+x}+1\right)\\&\xlongequal{令x=\frac{1}{t}}\frac{1}{e}\lim_{t\to0^+}\frac{1}{t}\left(\frac{1}{t}\ln\frac{1}{1+t}+1\right)\\&=\frac{1}{e}\lim_{t\to0^+}\frac{t-\ln(1+t)}{t^2}.\end{aligned}$$

用泰勒公式把 $\ln(1+t)$ 展开,$\ln(1+t)=t-\frac{1}{2}t^2+o(t^2)$,故

$$t-\ln(1+t)=\frac{1}{2}t^2+o(t^2)\sim\frac{1}{2}t^2(t\to0^+),$$

从而 $\lim\limits_{x\to+\infty}\left(y-\frac{x}{e}\right)=\frac{1}{e}\lim\limits_{t\to0^+}\frac{\frac{1}{2}t^2}{t^2}=\frac{1}{2e}$.

所以,斜渐近线方程为 $y=\frac{1}{e}x+\frac{1}{2e}$.

【注】在求极限时,若局部出现幂指函数,则可局部取对数.

考点三 函数的连续性与间断点

1.【答案】(C).

【解】需考察 $x=0,x=1,x=2$.

由 $\lim\limits_{x\to0}f(x)=+\infty$ 知 $x=0$ 是 $f(x)$ 的无穷间断点(第二类间断点).

由 $\lim\limits_{x\to1}f(x)=\lim\limits_{x\to1}x^{\frac{1}{(1-x)(x-2)}}=e^{\lim\limits_{x\to1}\frac{\ln x}{(1-x)(x-2)}}=e^{\lim\limits_{x\to1}\frac{x-1}{(1-x)(x-2)}}=e$ 知 $x=1$ 是 $f(x)$ 的可去间断点(第一类间断点).

由 $\lim\limits_{x\to2^+}f(x)=0$,$\lim\limits_{x\to2^-}f(x)=+\infty$ 知 $x=2$ 是 $f(x)$ 的无穷间断点(第二类间断点).

2.【答案】(D).

【解】由于当 $|x|<1$ 时,$\lim\limits_{n\to\infty}nx^{2n}=0$;当 $|x|>1$ 时,$\lim\limits_{n\to\infty}nx^{2n}=+\infty$,故

$$f(x)=\lim_{n\to\infty}\frac{1+x}{1+nx^{2n}}=\begin{cases}1+x, & |x|<1,\\0, & |x|\geqslant1,\end{cases}$$

从而 $f(x)$ 在 $x=1$ 处不连续,$x=-1$ 处连续.

【注】当 $q>-1$ 时，$\lim\limits_{n\to\infty}q^n=\begin{cases}0, & -1<q<1,\\ 1, & q=1,\\ +\infty, & q>1.\end{cases}$ 1998 年数学三曾考查过类似的选择题.

3.【答案】(C).

【解】需考察 $x=-1,x=0,x=1,x=2$.

由 $\lim\limits_{x\to-1}f(x)=-\infty$ 知 $x=-1$ 是 $f(x)$ 的无穷间断点(第二类间断点).

由 $\lim\limits_{x\to0}f(x)=\lim\limits_{x\to0}\dfrac{\frac{1}{e^{x-1}}}{x-2}=-\dfrac{1}{2e}$ 知 $x=0$ 是 $f(x)$ 的可去间断点(第一类间断点).

由 $\lim\limits_{x\to1^-}f(x)=\dfrac{\ln2}{1-e}\lim\limits_{x\to1^-}e^{\frac{1}{x-1}}=0$，$\lim\limits_{x\to1^+}f(x)=-\infty$ 知 $x=1$ 是 $f(x)$ 的无穷间断点(第二类间断点).

由 $\lim\limits_{x\to2}f(x)=\infty$ 知 $x=2$ 是 $f(x)$ 的无穷间断点(第二类间断点).

4.【答案】(B).

【解】$x=0$ 是 $f(x)$ 的间断点.

由于 $f(x)=e^{\lim\limits_{t\to0}\frac{x^2}{t}\ln\left(1+\frac{\sin t}{x}\right)}=e^{\lim\limits_{t\to0}\frac{x^2}{t}\cdot\frac{\sin t}{x}}=e^x$，而 $\lim\limits_{x\to0}f(x)=e^0=1$，故 $x=0$ 是 $f(x)$ 的可去间断点.

方法探究

考点一　无穷小的比较

变式【答案】(B).

【解】由 $\lim\limits_{x\to0}\dfrac{2^x+3^x-2}{x}\overset{\frac{0}{0}}{\underset{洛}{=}}\lim\limits_{x\to0}(2^x\ln2+3^x\ln3)=\ln6$ 知选(B).

考点二　平面曲线的渐近线

变式【答案】$y=2x+1$.

【解】由于 $\lim\limits_{x\to\infty}\dfrac{y}{x}=\lim\limits_{x\to\infty}\left(2-\dfrac{1}{x}\right)e^{\frac{1}{x}}=2$，

$$\begin{aligned}\lim_{x\to\infty}(y-2x)&=\lim_{x\to\infty}(2xe^{\frac{1}{x}}-e^{\frac{1}{x}}-2x)\\&=\lim_{x\to\infty}2x(e^{\frac{1}{x}}-1)-\lim_{x\to\infty}e^{\frac{1}{x}}=2-1=1,\end{aligned}$$

故所求斜渐近线方程为 $y=2x+1$.

考点三　函数的连续性与间断点

变式 1【答案】(C).

【解】需考察 $x=0,x=\pm1,x=\pm2,\cdots$.

由 $\lim\limits_{x\to0}f(x)=\lim\limits_{x\to0}\dfrac{x(1-x^2)}{\pi x}=\dfrac{1}{\pi}$，$\lim\limits_{x\to1}f(x)\overset{\frac{0}{0}}{\underset{洛}{=}}\lim\limits_{x\to1}\dfrac{1-3x^2}{\pi\cos\pi x}=\dfrac{2}{\pi}$，$\lim\limits_{x\to-1}f(x)\overset{\frac{0}{0}}{\underset{洛}{=}}\lim\limits_{x\to-1}\dfrac{1-3x^2}{\pi\cos\pi x}=\dfrac{2}{\pi}$ 知 $x=0,x=1,x=-1$ 是 $f(x)$ 的可去间断点.

当 $x=k(k=\pm2,\pm3,\cdots)$ 时，$\lim\limits_{x\to k}f(x)=\infty$，故 $x=\pm2,x=\pm3,\cdots$ 都是 $f(x)$ 的无穷间断点.

变式 2【答案】(B).

【解】由于当 $|x|<1$ 时，$\lim\limits_{n\to\infty}x^{2n}=0$；当 $|x|>1$ 时，$\lim\limits_{n\to\infty}x^{2n}=+\infty$，故

$$f(x)=\lim_{n\to\infty}\frac{1+x}{1+x^{2n}}=\begin{cases}1+x, & |x|<1,\\ 0, & |x|>1,\\ 1, & x=1,\\ 0, & x=-1,\end{cases}$$

从而 $x=1$ 是 $f(x)$ 的间断点.

【注】当 $q>-1$ 时，$\lim\limits_{n\to\infty}q^n=\begin{cases}0, & -1<q<1,\\ 1, & q=1,\\ +\infty, & q>1.\end{cases}$ 2024 年数学三又考查了类似的选择题.

真题精选

考点一　无穷小的比较

1.【答案】(D).

【解】其实，$o(x)+o(x^2)=o(x)$. 如当 $x\to0$ 时，$x^2+x^3\sim x^2$.

2.【答案】(B).

【解】由于 $(1-\cos x)\ln(1+x^2)\sim\dfrac{1}{2}x^4$，$x\sin x^n\sim x^{n+1}$，$e^{x^2}-1\sim x^2$，故由 $2<n+1<4$ 知 $n=2$.

3.【答案】(D).

【解】由 $1-\cos x\sim\dfrac{1}{2}x^2$，$\sqrt{1-x^2}-1\sim-\dfrac{1}{2}x^2$，$x-\tan x=x-\left[x+\dfrac{1}{3}x^3+o(x^3)\right]=-\dfrac{1}{3}x^3+o(x^3)\sim-\dfrac{1}{3}x^3$ 知选(D).

考点二　平面曲线的渐近线

1.【答案】(C).

【解】显然，四个选项中的曲线都无铅直渐近线和水平渐近线.

对于(A)，虽 $\lim\limits_{x\to\infty}\dfrac{y}{x}=\lim\limits_{x\to\infty}\left(1+\dfrac{\sin x}{x}\right)=1$，但由 $\lim\limits_{x\to\infty}(y-x)=\lim\limits_{x\to\infty}\sin x$ 不存在知无斜渐近线；

对于(B)，由 $\lim\limits_{x\to\infty}\dfrac{y}{x}=\lim\limits_{x\to\infty}\left(x+\dfrac{\sin x}{x}\right)=\infty$ 知无斜渐近线；

对于(C)，由 $\lim\limits_{x\to\infty}\dfrac{y}{x}=\lim\limits_{x\to\infty}\left(1+\dfrac{1}{x}\sin\dfrac{1}{x}\right)=1$，$\lim\limits_{x\to\infty}(y-x)=\lim\limits_{x\to\infty}\sin\dfrac{1}{x}=0$ 知有斜渐近线 $y=x$；

对于(D)，由 $\lim\limits_{x\to\infty}\dfrac{y}{x}=\lim\limits_{x\to\infty}\left(x+\dfrac{1}{x}\sin\dfrac{1}{x}\right)=\infty$ 知无斜渐近线.

2.【答案】(C).

【解】由于 $\lim\limits_{x\to1}y=\lim\limits_{x\to1}\dfrac{x}{x-1}=\infty$，$\lim\limits_{x\to-1}y=\lim\limits_{x\to-1}\dfrac{x}{x-1}=\dfrac{1}{2}$，故有铅直渐近线 $x=1$.

由于 $\lim\limits_{x\to\infty}y=1$，故有水平渐近线 $y=1$.

由 $\lim\limits_{x\to\infty}\dfrac{y}{x}=\lim\limits_{x\to\infty}\dfrac{x^2+x}{x(x^2-1)}=0$ 知无斜渐近线.

3.【答案】(D).

【解】因为 $\lim\limits_{x\to0}y=\infty$，故 $x=0$ 为曲线的铅直渐近线；

因为 $\lim\limits_{x\to-\infty}y=0+\ln(1+0)=0$，故 $y=0$ 为曲线的水平渐近线；

因为 $\lim\limits_{x\to+\infty}\dfrac{y}{x}=\lim\limits_{x\to+\infty}\left[\dfrac{1}{x^2}+\dfrac{\ln(1+e^x)}{x}\right]=\lim\limits_{x\to+\infty}\dfrac{1}{x^2}+\lim\limits_{x\to+\infty}\dfrac{\frac{e^x}{1+e^x}}{1}=\lim\limits_{x\to+\infty}\dfrac{1}{e^{-x}+1}=1$，且

$$\begin{aligned}\lim_{x\to+\infty}(y-x)&=\lim_{x\to+\infty}\left[\frac{1}{x}+\ln(1+e^x)-x\right]\\&=\lim_{x\to+\infty}[\ln(1+e^x)-\ln e^x]\\&=\lim_{x\to+\infty}\ln(e^{-x}+1)=0,\end{aligned}$$

故 $y=x$ 为曲线的斜渐近线.

4.【答案】(D).

【解】由于 $\lim\limits_{x\to0}\dfrac{1+e^{-x^2}}{1-e^{-x^2}}=\infty$，故有铅直渐近线 $x=0$.

由于 $\lim\limits_{x\to\infty}\dfrac{1+e^{-x^2}}{1-e^{-x^2}}=1$，故有水平渐近线 $y=1$.

5.【答案】(A).

【解】由于 $\lim\limits_{x\to0^+}x\sin\dfrac{1}{x}=0$，故无铅直渐近线.

由于 $\lim\limits_{x\to+\infty} x\sin\frac{1}{x}=1$,故有水平渐近线 $y=1$.

6. 【答案】$y=\frac{1}{5}$.

【解】由 $\lim\limits_{x\to\infty}\frac{x+4\sin x}{5x-2\cos x}=\lim\limits_{x\to\infty}\frac{1+4\frac{\sin x}{x}}{5-2\frac{\cos x}{x}}=\frac{1}{5}$ 知所求水平渐近线方程为 $y=\frac{1}{5}$.

7. 【答案】$y=x+\frac{3}{2}$.

【解】由 $\lim\limits_{x\to+\infty}\frac{y}{x}=\lim\limits_{x\to+\infty}\left(\frac{1+x}{x}\right)^{\frac{3}{2}}=1$,

$$\lim_{x\to+\infty}(y-x)=\lim_{x\to+\infty}\left[\frac{(1+x)^{\frac{3}{2}}}{\sqrt{x}}-x\right]$$
$$=\lim_{x\to+\infty}x\left[\frac{(1+x)^{\frac{3}{2}}}{x^{\frac{3}{2}}}-1\right]$$
$$=\lim_{x\to+\infty}x\left[\left(1+\frac{1}{x}\right)^{\frac{3}{2}}-1\right]$$
$$=\lim_{x\to+\infty}x\cdot\frac{3}{2}\frac{1}{x}=\frac{3}{2}$$

知所求斜渐近线方程为 $y=x+\frac{3}{2}$.

8. 【答案】$y=0$.

【解】由 $\lim\limits_{x\to\infty}x^2e^{-x^2}=\lim\limits_{x\to\infty}\frac{x^2}{e^{x^2}}=0$ 知有且仅有一条水平渐近线 $y=0$.

9. 【解】因为 $\lim\limits_{x\to+\infty}\frac{y}{x}=\lim\limits_{x\to+\infty}\frac{x-1}{x}e^{\frac{\pi}{2}+\arctan x}=e^{\pi}$,又

$$\lim_{x\to+\infty}(y-e^{\pi}x)=\lim_{x\to+\infty}[e^{\pi}(e^{\arctan x-\frac{\pi}{2}}-1)x-e^{\frac{\pi}{2}+\arctan x}]$$
$$=e^{\pi}\lim_{x\to+\infty}\left(\arctan x-\frac{\pi}{2}\right)x-\lim_{x\to+\infty}e^{\frac{\pi}{2}+\arctan x}$$
$$=e^{\pi}\lim_{x\to+\infty}\frac{\arctan x-\frac{\pi}{2}}{\frac{1}{x}}-e^{\pi}$$
$$\xlongequal[\text{洛}]{\frac{0}{0}}e^{\pi}\lim_{x\to+\infty}\frac{\frac{1}{1+x^2}}{-\frac{1}{x^2}}-e^{\pi}=-2e^{\pi},$$

故有斜渐近线 $y=e^{\pi}(x-2)$;

因为 $\lim\limits_{x\to-\infty}\frac{y}{x}=\lim\limits_{x\to-\infty}\frac{x-1}{x}e^{\frac{\pi}{2}+\arctan x}=1$,又

$$\lim_{x\to-\infty}(y-x)=\lim_{x\to-\infty}[(e^{\frac{\pi}{2}+\arctan x}-1)x-e^{\frac{\pi}{2}+\arctan x}]$$
$$=\lim_{x\to-\infty}\left(\frac{\pi}{2}+\arctan x\right)x-\lim_{x\to-\infty}e^{\frac{\pi}{2}+\arctan x}$$
$$=\lim_{x\to+\infty}\frac{\frac{\pi}{2}+\arctan x}{\frac{1}{x}}-1\xlongequal[\text{洛}]{\frac{0}{0}}\lim_{x\to+\infty}\frac{\frac{1}{1+x^2}}{-\frac{1}{x^2}}-1=-2,$$

故有斜渐近线 $y=x-2$.

考点三　函数的连续性与间断点

1. 【答案】(C).

【解】需考察 $x=0,x=-1,x=1$.

当 $x\to0,x\to-1,x\to1$ 时,$|x|^x-1=e^{x\ln|x|}-1\sim x\ln|x|$.

由 $\lim\limits_{x\to0}f(x)=\lim\limits_{x\to0}\frac{1}{x+1}=1$ 知 $x=0$ 是 $f(x)$ 的可去间断点.

由 $\lim\limits_{x\to-1}f(x)=\lim\limits_{x\to-1}\frac{1}{x+1}=\infty$ 知 $x=-1$ 是 $f(x)$ 的无穷间断点.

由 $\lim\limits_{x\to1}f(x)=\lim\limits_{x\to1}\frac{1}{x+1}=\frac{1}{2}$ 知 $x=1$ 是 $f(x)$ 的可去间断点.

2. 【答案】(B).

【解】需考察 $x=0,x=1,x=-1$.

$f(x)=\frac{x(x-1)\sqrt{x^2+1}}{(x-1)(x+1)|x|}$.

由 $\lim\limits_{x\to1}f(x)=\lim\limits_{x\to1}\frac{\sqrt{x^2+1}}{x+1}=\frac{\sqrt{2}}{2}$ 知 $x=1$ 是 $f(x)$ 的可去间断点.

由 $\lim\limits_{x\to-1}f(x)=-\lim\limits_{x\to-1}\frac{\sqrt{x^2+1}}{x+1}=\infty$ 知 $x=-1$ 是 $f(x)$ 的无穷间断点.

由 $\lim\limits_{x\to0^+}f(x)=\lim\limits_{x\to0^+}\frac{\sqrt{x^2+1}}{x+1}=1$, $\lim\limits_{x\to0^-}f(x)=-\lim\limits_{x\to0^-}\frac{\sqrt{x^2+1}}{x+1}=-1$ 知 $x=0$ 是 $f(x)$ 的跳跃间断点.

3. 【答案】(A).

【解】由 $\lim\limits_{x\to1}f(x)=\lim\limits_{x\to\frac{\pi}{2}}f(x)=\lim\limits_{x\to-\frac{\pi}{2}}f(x)=\infty$ 知 $x=1,x=\frac{\pi}{2}$, $x=-\frac{\pi}{2}$ 都是 $f(x)$ 的无穷间断点.

又由 $\lim\limits_{x\to0^+}f(x)=\lim\limits_{x\to0^+}\frac{e^{\frac{1}{x}}+e}{e^{\frac{1}{x}}-e}=\lim\limits_{x\to0^+}\frac{1+e^{1-\frac{1}{x}}}{1-e^{1-\frac{1}{x}}}=1$, $\lim\limits_{x\to0^-}f(x)=\lim\limits_{x\to0^-}\frac{e^{\frac{1}{x}}+e}{e^{\frac{1}{x}}-e}=-1$ 知 $x=0$ 是 $f(x)$ 的跳跃间断点,即第一类间断点.

4. 【答案】(D).

【解】$\lim\limits_{x\to0}g(x)=\lim\limits_{x\to0}f\left(\frac{1}{x}\right)\xlongequal{\text{令}x=\frac{1}{t}}\lim\limits_{t\to\infty}f(t)=a$. 故当 $a=0$ 时,由 $\lim g(x)=g(0)$ 知 $x=0$ 是 $g(x)$ 的连续点;当 $a\neq0$ 时,$x=0$ 不是 $g(x)$ 的连续点,从而选(D).

5. 【答案】(D).

【解】**法一(反面做)**:取 $f(x)=1,\varphi(x)=\begin{cases}1, & x\geqslant0,\\ -1, & x<0,\end{cases}$ 则 $\varphi[f(x)]=[\varphi(x)]^2=f[\varphi(x)]=1$,排除(A)、(B)、(C).

法二(正面做):假设 $\frac{\varphi(x)}{f(x)}$ 处处连续,则对于 $(-\infty,+\infty)$ 上任意一点 a,都有 $\lim\limits_{x\to a}\frac{\varphi(x)}{f(x)}=\frac{\varphi(a)}{f(a)}$. 又由 $f(x)$ 为连续函数知 $\lim\limits_{x\to a}f(x)=f(a)$,故 $\lim\limits_{x\to a}\varphi(x)=\lim\limits_{x\to a}\frac{\varphi(x)}{f(x)}\cdot\lim\limits_{x\to a}f(x)=\frac{\varphi(a)}{f(a)}\cdot f(a)=\varphi(a)$,从而 $\varphi(x)$ 处处连续,与 $\varphi(x)$ 有间断点矛盾. 因此,$\frac{\varphi(x)}{f(x)}$ 必有间断点.

6. 【答案】0.

【解】由 $f(x)=\lim\limits_{n\to\infty}\frac{(n-1)x}{nx^2+1}=\begin{cases}0, & x=0,\\ \frac{1}{x}, & x\neq0\end{cases}$ 知间断点为 $x=0$.

7. 【解】$\lim\limits_{x\to1^-}f(x)=\frac{1}{\pi}+\lim\limits_{x\to1^-}\frac{\pi(1-x)-\sin\pi x}{\pi(1-x)\sin\pi x}$

$$\xlongequal{\text{令}t=1-x}\frac{1}{\pi}+\lim_{t\to0^+}\frac{\pi t-\sin(\pi-\pi t)}{\pi t\sin(\pi-\pi t)}$$
$$=\frac{1}{\pi}+\lim_{t\to0^+}\frac{\pi t-\sin\pi t}{\pi^2t^2}=\frac{1}{\pi}+\lim_{t\to0^+}\frac{\frac{1}{6}\pi^3t^3}{\pi^2t^2}$$
$$=\frac{1}{\pi}.$$

定义 $f(1)=\frac{1}{\pi}$,则 $f(x)$ 在 $\left[\frac{1}{2},1\right]$ 上连续.

8.【解】$f(x)=\lim\limits_{t\to x}\left(\dfrac{\sin t}{\sin x}\right)^{\frac{x}{\sin t-\sin x}}\overset{1^{\infty}}{=\!=}e^{\lim\limits_{t\to x}\frac{x}{\sin t-\sin x}\ln\left(\frac{\sin t}{\sin x}\right)}$

$$=e^{\lim\limits_{t\to x}\frac{x}{\sin t-\sin x}\left(\frac{\sin t}{\sin x}-1\right)}=e^{\lim\limits_{t\to x}\frac{x}{\sin x}}=e^{\frac{x}{\sin x}}.$$

需考察 $x=0$，$x=k\pi(k=\pm1,\pm2,\cdots)$.

由 $\lim\limits_{x\to0}f(x)=e$ 知 $x=0$ 是 $f(x)$ 的可去间断点.

$x=k\pi(k=\pm1,\pm2,\cdots)$ 都是 $f(x)$ 的无穷间断点.

§1.4 已知极限问题

十年真题

考点一 已知极限求另一极限

1.【答案】(B)

【解】由 $\lim\limits_{x\to a}\dfrac{f(x)-a}{x-a}=b$ 知 $\lim\limits_{x\to a}[f(x)-a]=0$，即 $\lim\limits_{x\to a}f(x)=a$.

$$\lim_{x\to a}\frac{\sin f(x)-\sin a}{x-a}=\lim_{x\to a}\frac{\sin f(x)-\sin a}{f(x)-a}\cdot\lim_{x\to a}\frac{f(x)-a}{x-a}$$
$$=b\lim_{x\to a}\frac{\sin f(x)-\sin a}{f(x)-a}$$
$$\overset{令t=f(x)}{=\!=\!=\!=}b\lim_{t\to a}\frac{\sin t-\sin a}{t-a}=b\cos a.$$

【注】若 $\lim\limits_{x\to\cdot}\dfrac{f(x)}{g(x)}$ 存在，且 $\lim\limits_{x\to\cdot}g(x)=0$，则 $\lim\limits_{x\to\cdot}f(x)=0$.

2.【答案】6.

【解】由 $2=\lim\limits_{x\to0}\dfrac{\sqrt{1+f(x)\sin2x}-1}{e^{3x}-1}=\lim\limits_{x\to0}\dfrac{\frac{1}{2}f(x)\sin2x}{3x}=\lim\limits_{x\to0}\dfrac{f(x)}{3}$ 知 $\lim\limits_{x\to0}f(x)=6$.

考点二 已知极限求参数的值

1.【答案】(C).

【解】用泰勒公式把 $\tan x$ 展开，$\tan x=x+\dfrac{1}{3}x^3+o(x^3)$，故

$$x-\tan x=-\frac{1}{3}x^3+o(x^3)\sim-\frac{1}{3}x^3\quad(x\to0),$$

即 $x-\tan x$ 与 x^3 是同阶无穷小量.

2.【答案】(B).

【解】$\lim\limits_{x\to0}(e^x+ax^2+bx)^{\frac{1}{x^2}}=e^{\lim\limits_{x\to0}\frac{1}{x^2}\ln(e^x+ax^2+bx)}$

$$=e^{\lim\limits_{x\to0}\frac{e^x+ax^2+bx-1}{x^2}}.$$

用泰勒公式把 e^x 展开，$e^x=1+x+\dfrac{1}{2}x^2+o(x^2)$，故

$$e^x+ax^2+bx-1=(b+1)x+\left(a+\frac{1}{2}\right)x^2+o(x^2).$$

由 $\lim\limits_{x\to0}(e^x+ax^2+bx)^{\frac{1}{x^2}}=1$ 知 $\lim\limits_{x\to0}\dfrac{e^x+ax^2+bx-1}{x^2}=0$，故 $a=-\dfrac{1}{2}$，$b=-1$.

3.【答案】(D).

【解】$f(x)+g(x)=\begin{cases}1-ax, & x\leqslant-1,\\ x-1, & -1<x<0,\\ x-b+1, & x\geqslant0.\end{cases}$

由于 $\lim\limits_{x\to-1^+}[f(x)+g(x)]=-2$，$\lim\limits_{x\to0^-}[f(x)+g(x)]=-1$，故由

$$\begin{cases}\lim\limits_{x\to-1^+}[f(x)+g(x)]=f(-1)+g(-1),\\ \lim\limits_{x\to0^-}[f(x)+g(x)]=f(0)+g(0)\end{cases}$$

知 $\begin{cases}-2=1+a,\\ -1=-b+1,\end{cases}$ 解得 $\begin{cases}a=-3,\\ b=2.\end{cases}$

4.【答案】(A).

【解】由于 $\lim\limits_{x\to0^+}f(x)=\lim\limits_{x\to0^+}\dfrac{1-\cos\sqrt{x}}{ax}=\lim\limits_{x\to0^+}\dfrac{\frac{1}{2}x}{ax}=\dfrac{1}{2a}$，故由 $\lim\limits_{x\to0^+}f(x)=f(0)$ 知 $\dfrac{1}{2a}=b$，即 $ab=\dfrac{1}{2}$.

5.【答案】6.

【解】当 $x\to0$ 时，

$(1+ax^2)^{\sin x}-1=e^{\sin x\ln(1+ax^2)}-1\sim\sin x\ln(1+ax^2)\sim ax^3$.

故由 $\lim\limits_{x\to0}\dfrac{(1+ax^2)^{\sin x}-1}{x^3}=\lim\limits_{x\to0}\dfrac{ax^3}{x^3}=6$ 知 $a=6$.

【注】在求极限时，若局部出现幂指函数，则可局部取对数.

6.【答案】-2.

【解】用泰勒公式把 $\ln(1+x)$ 展开，

$$\ln(1+x)=x-\frac{1}{2}x^2+o(x^2),$$

故 $f(x)=(1+a)x+\left(b-\dfrac{1}{2}\right)x^2+o(x^2)$.

用泰勒公式把 e^{x^2} 和 $\cos x$ 展开，

$$e^{x^2}=1+x^2+o(x^2),\quad\cos x=1-\frac{1}{2}x^2+o(x^2),$$

故 $g(x)=\dfrac{3}{2}x^2+o(x^2)\sim\dfrac{3}{2}x^2\quad(x\to0)$.

由题意知 $\begin{cases}1+a=0,\\ b-\dfrac{1}{2}=\dfrac{3}{2},\end{cases}$ 解得 $\begin{cases}a=-1,\\ b=2,\end{cases}$ 故 $ab=-2$.

7.【答案】-2.

【解】$\lim\limits_{x\to0}\left(\dfrac{1-\tan x}{1+\tan x}\right)^{\frac{1}{\sin kx}}=e^{\lim\limits_{x\to0}\frac{1}{\sin kx}\ln\left(\frac{1-\tan x}{1+\tan x}\right)}=e^{\lim\limits_{x\to0}\frac{1}{kx}\left(\frac{1-\tan x}{1+\tan x}-1\right)}$

$$=e^{\lim\limits_{x\to0}\frac{-2\tan x}{kx(1+\tan x)}}=e^{-\frac{2}{k}}.$$

由 $\lim\limits_{x\to0}\left(\dfrac{1-\tan x}{1+\tan x}\right)^{\frac{1}{\sin kx}}=e$ 知 $-\dfrac{2}{k}=1$，故 $k=-2$.

8.【解】$\lim\limits_{x\to0^+}\left[a\arctan\dfrac{1}{x}+(1+x)^{\frac{1}{x}}\right]=\dfrac{\pi}{2}a+e$，

$$\lim_{x\to0^-}\left[a\arctan\frac{1}{x}+(1-x)^{\frac{1}{x}}\right]=-\frac{\pi}{2}a+\frac{1}{e}.$$

由于 $\lim\limits_{x\to0}\left[a\arctan\dfrac{1}{x}+(1+|x|)^{\frac{1}{x}}\right]$ 存在，故由 $\dfrac{\pi}{2}a+e=-\dfrac{\pi}{2}a+\dfrac{1}{e}$ 得 $a=\dfrac{1}{\pi}\left(\dfrac{1}{e}-e\right)$.

9.【解】当 $n\to\infty$ 时，$\left(1+\dfrac{1}{n}\right)^n-e=e\left[e^{n\ln\left(1+\frac{1}{n}\right)-1}-1\right]\sim e\left[n\ln\left(1+\dfrac{1}{n}\right)-1\right]$.

由于当 $x\to0^+$ 时，用泰勒公式把 $\ln(1+x)$ 展开，$\ln(1+x)=x-\dfrac{1}{2}x^2+o(x^2)$，故

$$\frac{1}{x}\ln(1+x)-1=-\frac{1}{2}x+o(x)\sim-\frac{1}{2}x,$$

从而 $\left(1+\dfrac{1}{n}\right)^n-e\sim e\left[n\ln\left(1+\dfrac{1}{n}\right)-1\right]\sim-\dfrac{e}{2n}$，即 $a=1$，$b=-\dfrac{e}{2}$.

10.【解】$\lim\limits_{x\to+\infty}\left[(ax+b)e^{\frac{1}{x}}-x\right]\overset{令x=\frac{1}{t}}{=\!=\!=\!=}\lim\limits_{t\to0^+}\left[\left(\dfrac{a}{t}+b\right)e^t-\dfrac{1}{t}\right]$

$$=\lim_{t\to0^+}\frac{(a+bt)e^t-1}{t}.$$

法一：用泰勒公式把 e^t 展开，$e^t=1+t+\frac{1}{2}t^2+o(t^2)$，故 $(a+bt)e^t-1=(a+bt)\left[1+t+\frac{1}{2}t^2+o(t^2)\right]-1=a-1+(a+b)t+\left(b+\frac{a}{2}\right)t^2+o(t^2)$，从而由 $\begin{cases}a-1=0,\\a+b=2\end{cases}$ 得 $\begin{cases}a=1,\\b=1.\end{cases}$

法二：由 $\lim\limits_{t\to0^+}[(a+bt)e^t-1]=0$ 知 $a=1$.

于是 $\lim\limits_{t\to0^+}\frac{(1+bt)e^t-1}{t}=\lim\limits_{t\to0^+}\frac{e^t+bte^t-1}{t}=\lim\limits_{t\to0^+}\frac{e^t-1}{t}+\lim\limits_{t\to0^+}\frac{bte^t}{t}=b+1$，故 $b=1$.

11.【解】用泰勒公式把 $\ln(1+x)$ 和 $\sin x$ 展开，

$$\ln(1+x)=x-\frac{1}{2}x^2+\frac{1}{3}x^3+o(x^3),$$

$$\sin x=x-\frac{1}{6}x^3+o(x^3),$$

故

$$f(x)=(1+a)x+\left(b-\frac{a}{2}\right)x^2+\frac{a}{3}x^3+o(x^3),$$

从而由 $f(x)$ 与 kx^3 在 $x\to0$ 时是等价无穷小知 $\begin{cases}1+a=0,\\b-\frac{a}{2}=0,\\\frac{a}{3}=k,\end{cases}$ 解得 $\begin{cases}a=-1,\\b=-\frac{1}{2},\\k=-\frac{1}{3}.\end{cases}$

方法探究

考点二　已知极限求参数的值

变式1【答案】(A).

【解】用泰勒公式把 $\sin ax$ 展开，$\sin ax=ax-\frac{(ax)^3}{6}+o(x^3)$，则

$$x-\sin ax=(1-a)x+\frac{a^3x^3}{6}+o(x^3).$$

$$\lim_{x\to0}\frac{f(x)}{g(x)}=\lim_{x\to0}\frac{(1-a)x+\frac{a^3x^3}{6}+o(x^3)}{x^2\ln(1-bx)}=\lim_{x\to0}\frac{(1-a)x+\frac{a^3x^3}{6}}{-bx^3}=\lim_{x\to0}\frac{1-a+\frac{a^3x^2}{6}}{-bx^2}.$$

当且仅当 $a=1,b=-\frac{1}{6}$ 时才可能 $\lim\limits_{x\to0}\frac{f(x)}{g(x)}=1$.

变式2【解】用泰勒公式把 $\arcsin x$ 展开，$\arcsin x=x+\frac{1}{6}x^3+o(x^3)$，则

$$x-\arcsin x=-\frac{1}{6}x^3+o(x^3)\sim-\frac{1}{6}x^3,$$

故 $\lim\limits_{x\to0^-}f(x)=\lim\limits_{x\to0^-}\frac{\ln(1+ax^3)}{x-\arcsin x}=\lim\limits_{x\to0^-}\frac{ax^3}{-\frac{1}{6}x^3}=-6a.$

用泰勒公式把 e^{ax} 展开，$e^{ax}=1+ax+\frac{(ax)^2}{2}+o(x^2)$，则

$$e^{ax}+x^2-ax-1=\left(\frac{a^2}{2}+1\right)x^2+o(x^2)\sim\left(\frac{a^2}{2}+1\right)x^2,$$

故 $\lim\limits_{x\to0^+}f(x)=\lim\limits_{x\to0^+}\frac{e^{ax}+x^2-ax-1}{x\sin\frac{x}{4}}=\lim\limits_{x\to0^+}\frac{\left(\frac{a^2}{2}+1\right)x^2}{\frac{x^2}{4}}=2a^2+4.$

由 $\lim\limits_{x\to0^-}f(x)=\lim\limits_{x\to0^+}f(x)$ 得 $-6a=2a^2+4$，解得 $a=-1,-2$.

当 $a=-1$ 时，$\lim\limits_{x\to0}f(x)=6=f(0)$，$f(x)$ 在 $x=0$ 处连续；

当 $a=-2$ 时，$\lim\limits_{x\to0}f(x)=12\neq f(0)$，$x=0$ 是 $f(x)$ 的可去间断点.

真题精选

考点一　已知极限求另一极限

【答案】(C).

【解】用泰勒公式把 $\sin6x$ 展开，$\sin6x=6x-\frac{1}{6}(6x)^3+o(x^3)$，则

$$\lim_{x\to0}\frac{\sin6x+xf(x)}{x^3}=\lim_{x\to0}\frac{6x-\frac{1}{6}(6x)^3+o(x^3)+xf(x)}{x^3}$$
$$=\lim_{x\to0}\frac{6x+xf(x)-36x^3}{x^3}=\lim_{x\to0}\frac{6+f(x)}{x^2}-36$$
$$=0,$$

故 $\lim\limits_{x\to0}\frac{6+f(x)}{x^2}=36.$

考点二　已知极限求参数的值

1.【答案】(C).

【解】用泰勒公式把 $\sin x$ 和 $\sin3x$ 展开，则

$$f(x)=3\left[x-\frac{x^3}{6}+o(x^3)\right]-\left[3x-\frac{(3x)^3}{6}+o(x^3)\right]$$
$$=4x^3+o(x^3)\sim4x^3,$$

故 $k=3,c=4$.

2.【答案】(C).

【解】由

$$1=\lim_{x\to0}\left[\frac{1}{x}-\left(\frac{1}{x}-a\right)e^x\right]=\lim_{x\to0}\frac{1-(1-ax)e^x}{x}$$
$$=\lim_{x\to0}\frac{1-(1-ax)[1+x+o(x)]}{x}$$
$$=\lim_{x\to0}\frac{1-[1+(1-a)x+o(x)]}{x}=a-1$$

知 $a=2$.

3.【答案】(D).

【解】由

$$2=\lim_{x\to0}\frac{a\tan x+b(1-\cos x)}{c\ln(1-2x)+d(1-e^{-x^2})}$$
$$=\lim_{x\to0}\frac{a[x+o(x)]+b\left[\frac{1}{2}x^2+o(x^2)\right]}{c[-2x+o(x)]+d[x^2+o(x^2)]}$$
$$=\lim_{x\to0}\frac{ax+o(x)}{-2cx+o(x)}=-\frac{a}{2c}$$

知 $a=-4c$.

4.【答案】1.

【解】$\lim\limits_{x\to c^-}f(x)=\lim\limits_{x\to-c^+}f(x)=f(\pm c)=c^2+1$，$\lim\limits_{x\to c^+}f(x)=\lim\limits_{x\to-c^-}f(x)=\frac{2}{c}$. 故由 $c^2+1=\frac{2}{c}$ 得 $c=1$.

5.【答案】$\frac{3}{4}$.

【解】$\lim\limits_{x\to0}\frac{\sqrt{1+x\arcsin x}-\sqrt{\cos x}}{kx^2}$

$$=\lim_{x\to0}\frac{1+x\arcsin x-\cos x}{kx^2(\sqrt{1+x\arcsin x}+\sqrt{\cos x})}$$
$$=\frac{1}{2k}\lim_{x\to0}\frac{1+x\arcsin x-\cos x}{x^2}.$$

用泰勒公式把 $\arcsin x$ 和 $\cos x$ 展开，则

$$1+x\arcsin x-\cos x=1+x[x+o(x)]-\left[1-\frac{1}{2}x^2+o(x^2)\right]$$
$$=\frac{3}{2}x^2+o(x^2)\sim\frac{3}{2}x^2,$$

故由 $1=\lim\limits_{x\to 0}\dfrac{\sqrt{1+x\arcsin x}-\sqrt{\cos x}}{kx^2}=\dfrac{1}{2k}\lim\limits_{x\to 0}\dfrac{1+x\arcsin x-\cos x}{x^2}=$

$\dfrac{1}{2k}\lim\limits_{x\to 0}\dfrac{\frac{3}{2}x^2}{x^2}=\dfrac{3}{4k}$ 知 $k=\dfrac{3}{4}$.

6. **【答案】** 1；-4.

【解】 由 $\lim\limits_{x\to 0}\dfrac{\sin x}{e^x-a}(\cos x-b)=5$ 知 $\lim\limits_{x\to 0}(e^x-a)=0$，即 $a=1$. 故由

$5=\lim\limits_{x\to 0}\dfrac{\sin x}{e^x-1}(\cos x-b)=\lim\limits_{x\to 0}(\cos x-b)=1-b$ 得 $b=-4$.

【注】 若 $\lim\limits_{x\to \cdot}\dfrac{f(x)}{g(x)}$ 存在且不为零，又 $\lim\limits_{x\to \cdot}f(x)=0$，则 $\lim\limits_{x\to \cdot}g(x)=0$.

7. **【答案】** $e^{-\frac{1}{2}}$.

【解】 $\lim\limits_{x\to 0}f(x)=\lim\limits_{x\to 0}(\cos x)^{x^{-2}}=e^{\lim\limits_{x\to 0}x^{-2}\ln(\cos x)}=e^{\lim\limits_{x\to 0}x^{-2}(\cos x-1)}$

$=e^{-\frac{1}{2}}$.

故由 $\lim\limits_{x\to 0}f(x)=f(0)$ 知 $a=e^{-\frac{1}{2}}$.

8. **【答案】** $\ln 2$.

【解】 由 $8=\lim\limits_{x\to\infty}\left(\dfrac{x+2a}{x-a}\right)^x$

$=e^{\lim\limits_{x\to\infty}x\ln\left(\frac{x+2a}{x-a}\right)}=e^{\lim\limits_{x\to\infty}x\left(\frac{x+2a}{x-a}-1\right)}$

$=e^{\lim\limits_{x\to\infty}\frac{3ax}{x-a}}=e^{3a}$

知 $a=\ln 2$.

9. **【解】** 用泰勒公式把 $\cos x$，$\cos 2x$ 和 $\cos 3x$ 展开，

$$\cos x=1-\frac{1}{2}x^2+o(x^2),\quad \cos 2x=1-2x^2+o(x^2),$$

$$\cos 3x=1-\frac{9}{2}x^2+o(x^2),$$

故当 $x\to 0$ 时，

$1-\cos x\cdot\cos 2x\cdot\cos 3x$

$=1-\left[1-\frac{1}{2}x^2+o(x^2)\right][1-2x^2+o(x^2)]\left[1-\frac{9}{2}x^2+o(x^2)\right]$

$=1-\left[1-\frac{5}{2}x^2+o(x^2)\right]\left[1-\frac{9}{2}x^2+o(x^2)\right]$

$=1-[1-7x^2+o(x^2)]=7x^2+o(x^2)\sim 7x^2$，

从而 $n=2$，$a=7$.

10. **【解】** 由 $\lim\limits_{h\to 0}[af(h)+bf(2h)-f(0)]=0$ 知 $(a+b-1)f(0)=0$，即 $a+b=1$.

又由 $0=\lim\limits_{h\to 0}\dfrac{af(h)+bf(2h)-f(0)}{h}\overset{\frac{0}{0}}{\underset{洛}{=}}\lim\limits_{h\to 0}[af'(h)+2bf'(2h)]=(a+2b)f'(0)$ 知 $a+2b=0$. 解得，$a=2$，$b=-1$.

第二章　一元函数微分学

§2.1　导数与微分的概念

十年真题

考点　导数与微分的概念

1. **【答案】** (B).

【解】 当 $f'(0)=m$ 时，由 $f'(0)=\lim\limits_{x\to 0}\dfrac{f(x)-f(0)}{x}$ 知 $\lim\limits_{x\to 0}[f(x)-f(0)]=0$，从而又由 $\lim\limits_{x\to 0}f(x)=0$ 知 $f(0)=0$，故 $\lim\limits_{x\to 0}\dfrac{f(x)}{x}=f'(0)=m$.

【注】 若 $f(x)$ 在 $x=0$ 处连续，则 $f(0)=\lim\limits_{x\to 0}f(x)=0$，(A)正确. 若 $f'(x)$ 在 $x=0$ 处连续，则(C)、(D)也正确.

2. **【答案】** (C).

【解】 当 $t\geqslant 0$ 时，$x=3t$，$y=t\sin t$；

当 $t<0$ 时，$x=t$，$y=-t\sin t$.

故 $f(x)=\begin{cases}\dfrac{x}{3}\sin\dfrac{x}{3}, & x\geqslant 0,\\ -x\sin x, & x<0.\end{cases}$

由

$$f'_+(0)=\lim_{x\to 0^+}\frac{\frac{x}{3}\sin\frac{x}{3}-0}{x-0}=0,\quad f'_-(0)=\lim_{x\to 0^-}\frac{-x\sin x-0}{x-0}=0$$

知 $f'(0)=0$，故

$$f'(x)=\begin{cases}\dfrac{1}{3}\sin\dfrac{x}{3}+\dfrac{x}{9}\cos\dfrac{x}{3}, & x\geqslant 0,\\ -\sin x-x\cos x, & x<0.\end{cases}$$

由于

$$\lim_{x\to 0^+}f'(x)=\lim_{x\to 0^+}\left(\frac{1}{3}\sin\frac{x}{3}+\frac{x}{9}\cos\frac{x}{3}\right)=0,$$

$$\lim_{x\to 0^-}f'(x)=-\lim_{x\to 0^-}(\sin x+x\cos x)=0,$$

故 $f'(x)$ 连续.

由于

$$f''_+(0)=\lim_{x\to 0^+}\frac{\frac{1}{3}\sin\frac{x}{3}+\frac{x}{9}\cos\frac{x}{3}-0}{x-0}=\frac{2}{9},$$

$$f''_-(0)=\lim_{x\to 0^-}\frac{-\sin x-x\cos x-0}{x-0}=-2,$$

故 $f''(0)$ 不存在.

3. **【答案】** (B).

【解】 由于 $\lim\limits_{x\to 1}\dfrac{f(x)}{\ln x}=1$，又 $\lim\limits_{x\to 1}\ln x=0$，故 $\lim\limits_{x\to 1}f(x)=0$.

【注】 若 $f(x)$ 在 $x=1$ 处连续，则 $\lim\limits_{x\to 1}f(x)=f(1)=0$，且 $\lim\limits_{x\to 1}\dfrac{f(x)}{\ln x}=\lim\limits_{x\to 1}\dfrac{f(x)-f(1)}{x-1}=f'(1)=1$，此时(A)、(C)正确. 若 $f'(x)$ 在 $x=1$ 处连续，则 $\lim\limits_{x\to 1}f'(x)=f'(1)=1$，此时(D)也正确.

4. **【答案】** (C).

【解】 当 $f(x)$ 在 $x=0$ 处可导时，$f(x)$ 在 $x=0$ 处连续，故 $f(0)=\lim\limits_{x\to 0}f(x)=0$. 于是

$$\lim_{x\to 0}\frac{f(x)}{\sqrt{|x|}}=\lim_{x\to 0}\frac{f(x)}{x}\cdot\frac{x}{\sqrt{|x|}}$$

$$=\lim_{x\to 0}\frac{f(x)-f(0)}{x-0}\cdot\lim_{x\to 0}\frac{x}{\sqrt{|x|}}=f'(0)\cdot 0=0.$$

【注】 取 $f(x)=\begin{cases}x^3, & x\neq 0,\\ 1, & x=0,\end{cases}$ 则 $\lim\limits_{x\to 0}f(x)=0$，$\lim\limits_{x\to 0}\dfrac{f(x)}{\sqrt{|x|}}=0$，$\lim\limits_{x\to 0}\dfrac{f(x)}{x^2}=0$，而 $f(x)$ 在 $x=0$ 处不可导，故(A)、(B)错误；取 $f(x)=x\sqrt{|x|}$，则由 $\lim\limits_{x\to 0}\dfrac{f(x)-f(0)}{x-0}=\lim\limits_{x\to 0}\sqrt{|x|}=0$ 知 $f(x)$ 在 $x=0$ 处可导，而 $\lim\limits_{x\to 0}\dfrac{f(x)}{x^2}=\lim\limits_{x\to 0}\dfrac{\sqrt{|x|}}{x}\neq 0$，故(D)错误.

5.【答案】(D).

【解】对于(A),由$\lim\limits_{x\to0}\frac{f(x)-f(0)}{x-0}=\lim\limits_{x\to0}\frac{|x|\sin|x|}{x}=\lim\limits_{x\to0}\frac{|x|^2}{x}=0$知$f(x)$在$x=0$处可导;

对于(B),由$\lim\limits_{x\to0}\frac{f(x)-f(0)}{x-0}=\lim\limits_{x\to0}\frac{|x|\sin\sqrt{|x|}}{x}=\lim\limits_{x\to0}\frac{|x|\cdot\sqrt{|x|}}{x}=0$知$f(x)$在$x=0$处可导;

对于(C),由$\lim\limits_{x\to0}\frac{f(x)-f(0)}{x-0}=\lim\limits_{x\to0}\frac{\cos|x|-1}{x}=\lim\limits_{x\to0}\frac{-\frac{1}{2}|x|^2}{x}=0$知$f(x)$在$x=0$处可导;

对于(D),$\lim\limits_{x\to0}\frac{f(x)-f(0)}{x-0}=\lim\limits_{x\to0}\frac{\cos\sqrt{|x|}-1}{x}=\lim\limits_{x\to0}\frac{-\frac{1}{2}|x|}{x}$,而由$\lim\limits_{x\to0^+}\frac{-\frac{1}{2}|x|}{x}=-\frac{1}{2}$,$\lim\limits_{x\to0^-}\frac{-\frac{1}{2}|x|}{x}=\frac{1}{2}$知$\lim\limits_{x\to0}\frac{f(x)-f(0)}{x-0}$不存在,故$f(x)$在$x=0$处不可导.

6.【答案】(D).

【解】$f'_-(0)=\lim\limits_{x\to0^-}\frac{f(x)-f(0)}{x-0}=\lim\limits_{x\to0^-}\frac{x-0}{x-0}=1$.

对于$f'_+(0)=\lim\limits_{x\to0^+}\frac{f(x)-f(0)}{x-0}=\lim\limits_{x\to0^+}\frac{1}{nx}$,由于当$\frac{1}{n+1}<x\leqslant\frac{1}{n}$时,$1\leqslant\frac{1}{nx}<\frac{n+1}{n}$,而$\lim\limits_{\substack{x\to0^+\\(n\to\infty)}}\frac{n+1}{n}=1$,故根据夹逼准则,$\lim\limits_{x\to0^+}\frac{1}{nx}=1$,从而$f'_+(0)=f'_-(0)$,即$f(x)$在$x=0$处可导.

7.【答案】(A).

【解】当$x>0$时,$f'(x)=\alpha x^{\alpha-1}\cos\frac{1}{x^\beta}+x^\alpha\left(-\sin\frac{1}{x^\beta}\right)\cdot\left(-\beta\frac{1}{x^{\beta+1}}\right)=\alpha x^{\alpha-1}\cos\frac{1}{x^\beta}+\beta x^{\alpha-\beta-1}\sin\frac{1}{x^\beta}$;

当$x=0$时,$f'_-(0)=\lim\limits_{x\to0^-}\frac{0-0}{x-0}=0$,

$$f'_+(0)=\lim_{x\to0^+}\frac{x^\alpha\cos\frac{1}{x^\beta}-0}{x-0}=\lim_{x\to0^+}x^{\alpha-1}\cos\frac{1}{x^\beta}.$$

由于$f'(x)$在$x=0$处连续,故$f(x)$在$x=0$处可导,即$f'_+(0)=f'_-(0)=0$,从而$\alpha-1>0$.

故

$$f'(x)=\begin{cases}\alpha x^{\alpha-1}\cos\frac{1}{x^\beta}+\beta x^{\alpha-\beta-1}\sin\frac{1}{x^\beta}, & x>0,\\ 0, & x\leqslant0.\end{cases}$$

由于$f'(x)$在$x=0$处连续,故

$$\lim_{x\to0^+}f'(x)=\lim_{x\to0^+}\left(\alpha x^{\alpha-1}\cos\frac{1}{x^\beta}+\beta x^{\alpha-\beta-1}\sin\frac{1}{x^\beta}\right)=f'(0)=0,$$

从而$\alpha-\beta-1>0$,即$\alpha-\beta>1$.

8.【解】由于$f(x)$在$x=1$处可导,故$f(x)$在$x=1$处连续,从而由$\lim\limits_{x\to0}\frac{f(e^{x^2})-3f(1+\sin^2x)}{x^2}=2$知$\lim\limits_{x\to0}[f(e^{x^2})-3f(1+\sin^2x)]=f(1)-3f(1)=0$,即$f(1)=0$.

于是,由

$$\begin{aligned}\lim_{x\to0}\frac{f(e^{x^2})-3f(1+\sin^2x)}{x^2}&=\lim_{x\to0}\frac{f(e^{x^2})}{x^2}-3\lim_{x\to0}\frac{f(1+\sin^2x)}{x^2}\\&=\lim_{x\to0}\frac{f(1+e^{x^2}-1)-f(1)}{e^{x^2}-1}-\\&\quad 3\lim_{x\to0}\frac{f(1+\sin^2x)-f(1)}{\sin^2x}\\&=f'(1)-3f'(1)=2\end{aligned}$$

知$f'(1)=-1$.

9.【证】(1) $[u(x)v(x)]'$

$$\begin{aligned}&=\lim_{\Delta x\to0}\frac{u(x+\Delta x)v(x+\Delta x)-u(x)v(x)}{\Delta x}\\&=\lim_{\Delta x\to0}\frac{u(x+\Delta x)v(x+\Delta x)-u(x)v(x+\Delta x)+u(x)v(x+\Delta x)-u(x)v(x)}{\Delta x}\\&=\lim_{\Delta x\to0}\left[\frac{u(x+\Delta x)-u(x)}{\Delta x}v(x+\Delta x)+u(x)\frac{v(x+\Delta x)-v(x)}{\Delta x}\right]\\&=\lim_{\Delta x\to0}\frac{u(x+\Delta x)-u(x)}{\Delta x}\cdot\lim_{\Delta x\to0}v(x+\Delta x)+\\&\quad u(x)\lim_{\Delta x\to0}\frac{v(x+\Delta x)-v(x)}{\Delta x}\\&=u'(x)v(x)+u(x)v'(x).\end{aligned}$$

(2) $f'(x)=u_1'(x)u_2(x)\cdots u_n(x)+u_1(x)u_2'(x)\cdots u_n(x)+\cdots+u_1(x)u_2(x)\cdots u_n'(x)$.

方法探究

考点 导数与微分的概念

变式1.1【答案】(A).

【解】由于$f(x)$可导,故$F(x)$在$x=0$处可导的充分必要条件是$G(x)=f(x)|\sin x|$在$x=0$处可导.

由

$$G'_+(0)=\lim_{x\to0^+}\frac{G(x)-G(0)}{x-0}=\lim_{x\to0^+}\frac{f(x)\sin x}{x}=f(0),$$

$$G'_-(0)=\lim_{x\to0^-}\frac{G(x)-G(0)}{x-0}=\lim_{x\to0^-}\frac{-f(x)\sin x}{x}=-f(0)$$

知$G(x)$在$x=0$处可导的充分必要条件是$G'_+(0)=G'_-(0)$,即$f(0)=0$.

【注】设$f(x)$在x_0处连续但不可导,$g(x)$在x_0处可导,则$F(x)=f(x)g(x)$在x_0处可导的充分必要条件为$g(x_0)=0$.

变式1.2【答案】(C)

【解】利用变式1.1"注"中的结论.

$f(x)=(x-2)(x+1)|x||x-1||x+1|$可能的不可导点为$x=0,1,-1$.记$g_1(x)=(x-2)(x+1)|x-1||x+1|$,则$f(x)=|x|g_1(x)$.由$g_1(0)\neq0$知$f(x)$在$x=0$处不可导;

记$g_2(x)=(x-2)(x+1)|x||x+1|$,则$f(x)=|x-1|g_2(x)$.由$g_2(1)\neq0$知$f(x)$在$x=1$处不可导;

记$g_3(x)=(x-2)(x+1)|x||x-1|$,则$f(x)=|x+1|g_3(x)$.由$g_3(-1)=0$知$f(x)$在$x=-1$处可导.

变式2【答案】(B)

【解】原式$=\lim\limits_{x\to0}\frac{f(x)}{x}-2\lim\limits_{x\to0}\frac{f(x^3)}{x^3}$

$$=\lim_{x\to0}\frac{f(0+x)-f(0)}{x}-2\lim_{x^3\to0}\frac{f(0+x^3)-f(0)}{x^3}$$

$$=f'(0)-2f'(0)=-f'(0).$$

真题精选

考点 导数与微分的概念

1.【答案】(D).

【解】对于(A),由于$\lim\limits_{x\to0}\frac{f(x)}{x}$存在,故$\lim\limits_{x\to0}f(x)=f(0)=0$,从而正确;

对于(B),与(A)同理,由$\lim\limits_{x\to0}[f(x)+f(-x)]=2f(0)=0$知$f(0)=0$,故正确;

对于(C),由于$f(0)=0$,故$f'(0)=\lim\limits_{x\to0}\frac{f(x)-f(0)}{x-0}=\lim\limits_{x\to0}\frac{f(x)}{x}$,从而正确;

对于(D),取$f(x)=|x|$,则$\lim\limits_{x\to0}\frac{f(x)-f(-x)}{x}=\lim\limits_{x\to0}\frac{|x|-|-x|}{x}=0$,而此时$f'(0)$不存在,故错误.

【注】设$f(x)$在x_0处连续,且$\lim\limits_{x\to0}\frac{f(x)}{x-x_0}=A$,则$f(x_0)=0$,

$f'(x_0)=A$.

2.【答案】(C).

【解】令 $h^2=t$ 则当 $h\to0$ 时,$t\to0^+$.于是 $\lim\limits_{h\to0}\dfrac{f(h^2)}{h^2}=\lim\limits_{t\to0^+}\dfrac{f(t)}{t}=1$.

由于 $\lim\limits_{t\to0^+}\dfrac{f(t)}{t}$ 存在,故 $\lim\limits_{t\to0^+}f(t)=0=f(0)$,从而 $f'_+(0)=\lim\limits_{t\to0^+}\dfrac{f(t)-f(0)}{t-0}=1$.

3.【答案】(C).

【解】当 $|x|\leqslant1$ 时,$f(x)=\lim\limits_{n\to\infty}\sqrt[n]{1+|x|^{3n}}=1$;

当 $|x|>1$ 时,$f(x)=|x|^3\lim\limits_{n\to\infty}\sqrt[n]{\dfrac{1}{|x|^{3n}}+1}=|x|^3$.

故 $f(x)=\begin{cases}|x|^3, & |x|>1,\\ 1, & |x|\leqslant1.\end{cases}$

$f(x)$可能的不可导点为 $x=\pm1$.

由于 $f'_-(-1)=\lim\limits_{x\to-1^-}\dfrac{-x^3-1}{x+1}=-3$,$f'_+(-1)=\lim\limits_{x\to-1^+}\dfrac{1-1}{x+1}=0$,$f'_-(1)=\lim\limits_{x\to1^-}\dfrac{1-1}{x-1}=0$,$f'_+(1)=\lim\limits_{x\to1^+}\dfrac{x^3-1}{x-1}=3$,故 $f(x)$在 $x=\pm1$ 处都不可导.

【注】当 $q>-1$ 时,$\lim\limits_{n\to\infty}q^n=\begin{cases}0, & -1<q<1,\\ 1, & q=1,\\ +\infty, & q>1.\end{cases}$

4.【答案】(B).

【解】法一(反面做):取 $f(x)=x^2,a=0$,则排除(A);取 $f(x)=x^2,a=1$,则排除(C);取 $f(x)=-x^2,a=1$,则排除(D).

法二(正面做):若 $f(a)=0$ 且 $f'(a)\neq0$,则由 $\lim\limits_{x\to a^-}\dfrac{|f(x)|-|f(a)|}{x-a}=\lim\limits_{x\to a^-}\dfrac{|f(x)|}{x-a}=-\lim\limits_{x\to a^-}\left|\dfrac{f(x)}{x-a}\right|=-|f'(a)|$,$\lim\limits_{x\to a^+}\dfrac{|f(x)|-|f(a)|}{x-a}=\lim\limits_{x\to a^+}\dfrac{|f(x)|}{x-a}=\lim\limits_{x\to a^+}\left|\dfrac{f(x)}{x-a}\right|=|f'(a)|$ 知 $|f(x)|$在 $x=a$ 处不可导.

【注】若 $f(x)$在 $x=a$ 处可导,则

(1) 当 $f(a)\neq0$ 时,$|f(x)|$在 $x=a$ 处可导;

(2) 当 $f(a)=0,f'(a)\neq0$ 时,$|f(x)|$在 $x=a$ 处不可导;

(3) 当 $f(a)=0,f'(a)=0$ 时,$|f(x)|$在 $x=a$ 处可导且导数为零.

5.【答案】(C).

【解】法一(反面做):取 $f(x)=\dfrac12x^2$,则排除(A)、(B)、(D).

法二(正面做):由于当 $x\in(-\delta,\delta)$时,恒有 $|f(x)|\leqslant x^2$,故 $f(0)=0$.

又由于 $0\leqslant\left|\dfrac{f(x)-f(0)}{x-0}\right|=\left|\dfrac{f(x)}{x}\right|\leqslant\dfrac{x^2}{|x|}$,而 $\lim\limits_{x\to0}\dfrac{x^2}{|x|}=0$,故根据夹逼准则,$\lim\limits_{x\to0}\left|\dfrac{f(x)-f(0)}{x-0}\right|=0$,从而 $f'(0)=\lim\limits_{x\to0}\dfrac{f(x)-f(0)}{x-0}=0$.

6.【答案】(C).

【解】由 $\lim\limits_{x\to0}f(x)=\lim\limits_{x\to0}\sqrt{|x|}\sin\dfrac{1}{x^2}=0=f(0)$ 知 $f(x)$在 $x=0$ 处极限存在且连续.

由于 $\lim\limits_{x\to0^+}\dfrac{f(x)-f(0)}{x-0}=\lim\limits_{x\to0^+}\dfrac{\sqrt{|x|}\sin\dfrac{1}{x^2}}{x}=\lim\limits_{x\to0^+}\dfrac{1}{\sqrt{x}}\sin\dfrac{1}{x^2}$ 不存在,故 $f(x)$在 $x=0$ 处不可导.

7.【答案】(C).

【解】由于 $3x^3$ 任意阶可导,故只需考查 $g(x)=x^2|x|=\begin{cases}x^3, & x\geqslant0,\\ -x^3, & x<0.\end{cases}$

由 $\lim\limits_{x\to0^+}\dfrac{g(x)-g(0)}{x-0}=\lim\limits_{x\to0^+}x^2=0$,$\lim\limits_{x\to0^-}\dfrac{g(x)-g(0)}{x-0}=-\lim\limits_{x\to0^+}x^2=0$ 知 $g'(0)=0$,故 $g'(x)=\begin{cases}3x^2, & x\geqslant0,\\ -3x^2, & x<0.\end{cases}$

由 $\lim\limits_{x\to0^+}\dfrac{g'(x)-g'(0)}{x-0}=\lim\limits_{x\to0^+}3x=0$,$\lim\limits_{x\to0^-}\dfrac{g'(x)-g'(0)}{x-0}=-\lim\limits_{x\to0^+}3x=0$ 知 $g''(0)=0$,故 $g''(x)=\begin{cases}6x, & x\geqslant0,\\ -6x, & x<0\end{cases}=6|x|$,而 $g''(x)$在 $x=0$ 处不可导.

【注】当 k 为正整数时,$f(x)=(x-a)^k|x-a|$在 $x=a$ 处 k 阶可导,但 $k+1$ 阶不可导.

8.【答案】(D).

【解】对于(A),由 $\lim\limits_{h\to+\infty}h\left[f\left(a+\dfrac1h\right)-f(a)\right]=\lim\limits_{\frac1h\to0^+}\dfrac{f\left(a+\dfrac1h\right)-f(a)}{\dfrac1h}$ 存在仅知 $f'_+(a)$存在,故错误;

对于(B)、(C),取 $f(x)=\begin{cases}1, & x\neq a,\\ 0, & x=a,\end{cases}$ 则 $\lim\limits_{h\to0}\dfrac{f(a+2h)-f(a+h)}{h}=\lim\limits_{h\to0}\dfrac{1-1}{h}=0$,$\lim\limits_{h\to0}\dfrac{f(a+h)-f(a-h)}{2h}=\lim\limits_{h\to0}\dfrac{1-1}{2h}=0$,但 $f(x)$在 $x=a$ 处却不可导.

对于(D),由于 $\lim\limits_{h\to0}\dfrac{f(a)-f(a-h)}{h}=\lim\limits_{-h\to0}\dfrac{f(a-h)-f(a)}{-h}=f'(a)$,故正确.

9.【答案】(B).

【解】在 x_0 处,由 $\mathrm{d}y=\dfrac12\Delta x$ 知 $\lim\limits_{\Delta x\to0}\dfrac{\mathrm{d}y}{\Delta x}=\dfrac12$,故 $\mathrm{d}y$ 是与 Δx 同阶但非等价的无穷小.

10.【答案】$(2,+\infty)$.

【解】当 $x\neq0$ 时,$f'(x)=\lambda x^{\lambda-1}\cos\dfrac1x+x^{\lambda-2}\sin\dfrac1x$;

当 $x=0$ 时,$f'(0)=\lim\limits_{x\to0}\dfrac{f(x)-f(0)}{x-0}=\lim\limits_{x\to0}x^{\lambda-1}\cos\dfrac1x$.

由于 $f'(x)$在 $x=0$ 处连续,故 $f(x)$处可导,从而 $\lambda>1$,故

$$f'(x)=\begin{cases}\lambda x^{\lambda-1}\cos\dfrac1x+x^{\lambda-2}\sin\dfrac1x, & x\neq0,\\ 0, & x=0.\end{cases}$$

由 $f'(x)$在 $x=0$ 处连续,故 $\lim\limits_{x\to0}f'(x)=\lim\limits_{x\to0}\left(\lambda x^{\lambda-1}\cos\dfrac1x+x^{\lambda-2}\sin\dfrac1x\right)=f'(0)=0$,从而 $\lambda>2$.

11.【答案】1.

【解】由

$$\begin{aligned}&\lim_{x\to0}\frac{f(x_0-2x)-f(x_0-x)}{x}\\=&\lim_{x\to0}\frac{f(x_0-2x)-f(x_0)-f(x_0-x)+f(x_0)}{x}\\=&-2\lim_{-2x\to0}\frac{f(x_0-2x)-f(x_0)}{-2x}+\lim_{-x\to0}\frac{f(x_0-x)-f(x_0)}{-x}\\=&-2f'(x_0)+f'(x_0)=1\end{aligned}$$

知 $\lim\limits_{x\to0}\dfrac{x}{f(x_0-2x)-f(x_0-x)}=1$.

12.【答案】2;-1.

【解】$f(1^+)=\lim\limits_{x\to1^+}(ax+b)=a+b$,$f(1^-)=\lim\limits_{x\to1^-}x^2=1$.

由 $f(1^+)=f(1^-)$ 得 $a+b=1$.

$f'_+(1)=\lim\limits_{x\to1^+}\dfrac{ax+b-1}{x-1}=a$，$f'_-(1)=\lim\limits_{x\to1^-}\dfrac{x^2-1}{x-1}=\lim\limits_{x\to1^-}(x+1)=2$.

由 $f'_-(1)=f'_+(1)$ 得 $a=2$.

解方程组 $\begin{cases}a+b=1,\\a=2,\end{cases}$ 得 $\begin{cases}a=2,\\b=-1.\end{cases}$

§2.2 导数与微分的计算

十年真题

考点一 函数的求导与微分法则

1.【答案】(B).

【解】由于 $\dfrac{dy}{dx}=\dfrac{\frac{dy}{dt}}{\frac{dx}{dt}}=\dfrac{2te^{t^2}}{3t^2}=\dfrac{2e^{t^2}}{3t}$，故 $f'(2)=\left.\dfrac{dy}{dx}\right|_{t=1}=\dfrac{2}{3}e$.

$$\lim_{x\to+\infty}x\left[f\left(2+\frac{2}{x}\right)-f(2)\right]=2\lim_{x\to+\infty}\frac{f\left(2+\frac{2}{x}\right)-f(2)}{\frac{2}{x}}$$
$$=2f'_+(2)=\frac{4}{3}e.$$

2.【答案】$-\dfrac{31}{32}$.

【解】在 $x^2+xy+y^3=3$ 两边对 x 求导，
$$2x+y+xy'+3y^2y'=0,$$
故 $y'=\dfrac{-2x-y}{x+3y^2}$. 两边再对 x 求导，
$$y''=\frac{(-2-y')(x+3y^2)-(-2x-y)(1+6yy')}{(x+3y^2)^2}.$$
由于 $y(1)=1$，$y'(1)=-\dfrac{3}{4}$，故 $y''(1)=-\dfrac{31}{32}$.

3.【答案】$\dfrac{2}{3}$.

【解】$\dfrac{dy}{dx}=\dfrac{\frac{dy}{dt}}{\frac{dx}{dt}}=\dfrac{4[e^t+(t-1)e^t]+2t}{2e^t+1}=2t$.

$\dfrac{d^2y}{dx^2}=\dfrac{d\left(\frac{dy}{dx}\right)/dt}{dx/dt}=\dfrac{2}{2e^t+1}$.

故 $\left.\dfrac{d^2y}{dx^2}\right|_{t=0}=\dfrac{2}{3}$.

4.【答案】$\dfrac{1}{2}e^{-1}\sin e^{-1}$.

【解】$\left.\dfrac{dy}{dx}\right|_{x=1}=(-\sin e^{-\sqrt{x}})e^{-\sqrt{x}}\left.\left(-\dfrac{1}{2\sqrt{x}}\right)\right|_{x=1}=\dfrac{1}{2}e^{-1}\sin e^{-1}$.

5.【答案】$-\sqrt{2}$.

【解】$\dfrac{dy}{dx}=\dfrac{\frac{dy}{dt}}{\frac{dx}{dt}}=\dfrac{\dfrac{1+\frac{t}{\sqrt{t^2+1}}}{t+\sqrt{t^2+1}}}{\dfrac{t}{\sqrt{t^2+1}}}=\dfrac{1}{t}$.

$\dfrac{d^2y}{dx^2}=\dfrac{d\left(\frac{dy}{dx}\right)/dt}{dx/dt}=\dfrac{-\frac{1}{t^2}}{\frac{t}{\sqrt{t^2+1}}}=-\dfrac{\sqrt{t^2+1}}{t^3}$.

故 $\left.\dfrac{d^2y}{dx^2}\right|_{t=1}=-\sqrt{2}$.

6.【答案】$-\dfrac{1}{8}$.

【解】$\dfrac{dy}{dx}=\dfrac{\frac{dy}{dt}}{\frac{dx}{dt}}=\dfrac{\cos t}{1+e^t}$.

$\dfrac{d^2y}{dx^2}=\dfrac{d\left(\frac{dy}{dx}\right)/dt}{dx/dt}=\dfrac{\dfrac{-\sin t(1+e^t)-\cos t\cdot e^t}{(1+e^t)^2}}{1+e^t}$

$=\dfrac{-\sin t-e^t\sin t-e^t\cos t}{(1+e^t)^3}$.

故 $\left.\dfrac{d^2y}{dx^2}\right|_{t=0}=-\dfrac{1}{8}$.

7.【答案】48.

【解】$\dfrac{dy}{dx}=\dfrac{\frac{dy}{dt}}{\frac{dx}{dt}}=\dfrac{3+3t^2}{\frac{1}{1+t^2}}=3(1+t^2)^2$.

$\dfrac{d^2y}{dx^2}=\dfrac{d\left(\frac{dy}{dx}\right)/dt}{dx/dt}=\dfrac{12t(1+t^2)}{\frac{1}{1+t^2}}=12t(1+t^2)^2$.

故 $\left.\dfrac{d^2y}{dx^2}\right|_{t=1}=48$.

考点二 高阶导数的计算

1.【答案】(A).

【解】由 $f(x)=\dfrac{\sin x}{1+x^2}=ax+bx^2+cx^3+\cdots$ 知 $\sin x=(1+x^2)(ax+bx^2+cx^3+\cdots)=ax+bx^2+(a+c)x^3+\cdots$，故 $a=1$，$b=0$，$a+c=-\dfrac{1}{6}$，从而选(A).

2.【答案】(D).

【解】法一：$a=f'(0)=\sec x\tan x\,|_{x=0}=0$，$b=\dfrac{1}{2}f''(0)=\left.\dfrac{1}{2}(\sec x\tan^2x+\sec^3x)\right|_{x=0}=\dfrac{1}{2}$.

法二：由 $f(x)=\dfrac{1}{\cos x}=1+ax+bx^2+\cdots$ 知 $\cos x(1+ax+bx^2+\cdots)=1$，即 $\left(1-\dfrac{1}{2}x^2+\cdots\right)(1+ax+bx^2+\cdots)=1$，故 $1+ax+\left(b-\dfrac{1}{2}\right)x^2+\cdots=1$，从而 $a=0$，$b=\dfrac{1}{2}$.

3.【答案】(A).

【解】由于 $\ln(1-x)=\sum\limits_{n=1}^{\infty}(-1)^{n-1}\dfrac{(-x)^n}{n}=-\sum\limits_{n=1}^{\infty}\dfrac{x^n}{n}$，故 $f(x)=-\sum\limits_{n=1}^{\infty}\dfrac{x^{n+2}}{n}=-\sum\limits_{n=3}^{\infty}\dfrac{x^n}{n-2}$，从而当 $n\geqslant3$ 时，$f^{(n)}(0)=-\dfrac{n!}{n-2}$.

4.【答案】31e.

【解】$f^{(5)}(x)=\sum\limits_{k=0}^{5}C_5^k(x^2)^{(k)}(e^x+1)^{(5-k)}$
$=C_5^0x^2(e^x+1)^{(5)}+C_5^12x(e^x+1)^{(4)}+C_5^22(e^x+1)'''$
$=x^2e^x+5\cdot2xe^x+10\cdot2e^x=(x^2+10x+20)e^x$.

故 $f^{(5)}(1)=31e$.

5.【答案】0.

【解】由于 $f(x)$ 为偶函数，故 $f'(x)$ 为奇函数，$f''(x)$ 为偶函数，$f'''(x)$ 为奇函数.

又由于 $f(x+2\pi)=f(x)$，故 $f'''(x+2\pi)=f'''(x)$，从而 $f'''(2\pi)=f'''(0)=0$.

【注】2017年数学一曾考查过类似的填空题.

6.【答案】0.

【解】法一：由于 $f(x)$ 为偶函数，故 $f'(x)$ 为奇函数，$f''(x)$ 为偶函

数，$f^{(3)}(x)$为奇函数，从而 $f^{(3)}(0)=0$.

法二：由 $f(x)=\dfrac{1}{1+x^2}=1-x^2+x^4-x^6+\cdots$知

$$f'(x)=-2x+4x^3-6x^5+\cdots,f''(x)=-2+12x^2-30x^4+\cdots,$$
$$f^{(3)}(x)=24x-120x^3+\cdots,$$

故 $f^{(3)}(0)=0$.

7.【答案】$\dfrac{1}{2}$.

【解】由于 $\arctan x=x-\dfrac{x^3}{3}+\cdots,\dfrac{x}{1+ax^2}=x-ax^3+\cdots$，故 $f(x)=\left(a-\dfrac{1}{3}\right)x^3+\cdots$.

由$\dfrac{f'''(0)}{3!}=a-\dfrac{1}{3}$知 $a=\dfrac{1}{2}$.

8.【答案】$n(n-1)(\ln 2)^{n-2}$.

【解】根据$(2^x)'=2^x\ln 2,(2^x)''=2^x(\ln 2)^2,(2^x)'''=2^x(\ln 2)^3,\cdots$，显然，$(2^x)^{(n)}=2^x(\ln 2)^n$.

由于 $f^{(n)}(0)=\sum\limits_{k=0}^{n}C_n^k(x^2)^{(k)}(2^x)^{(n-k)}\Big|_{x=0}$，而 $(x^2)'=2x$，$(x^2)''=2$，$(x^2)^{(k)}=0(k=3,4,\cdots,n)$，故 $f^{(n)}(0)=C_n^2(x^2)''(2^x)^{(n-2)}\big|_{x=0}=\dfrac{1}{2}n(n-1)\cdot 2\cdot 2^x(\ln 2)^{n-2}\Big|_{x=0}=n(n-1)(\ln 2)^{n-2}$.

真题精选

考点一　函数的求导与微分法则

1.【答案】(A).

【解】法一：由 $f'(x)=e^x(e^{2x}-2)\cdots(e^{nx}-n)+(e^x-1)[(e^{2x}-2)\cdots(e^{nx}-n)]'$知

$$f'(0)=(1-2)(1-3)\cdots(1-n)=(-1)^{n-1}(n-1)!.$$

法二：
$$\begin{aligned}f'(0)&=\lim_{x\to 0}\frac{f(x)-f(0)}{x-0}\\&=\lim_{x\to 0}\frac{(e^x-1)(e^{2x}-2)\cdots(e^{nx}-n)}{x}\\&=\lim_{x\to 0}\frac{x(e^{2x}-2)\cdots(e^{nx}-n)}{x}\\&=\lim_{x\to 0}(e^{2x}-2)\cdots(e^{nx}-n)\\&=(-1)^{n-1}(n-1)!\end{aligned}$$

2.【答案】1.

【解】在 $y-x=e^{x(1-y)}$两边对 x 求导，
$$y'-1=e^{x(1-y)}(1-y-xy'),$$
故 $y'=\dfrac{1+(1-y)e^{x(1-y)}}{1+xe^{x(1-y)}}$. 又由 $f(0)=1$ 知 $f'(0)=1$.

于是 $\lim\limits_{n\to\infty}n\left[f\left(\dfrac{1}{n}\right)-1\right]=\lim\limits_{n\to\infty}\dfrac{f\left(\dfrac{1}{n}\right)-f(0)}{\dfrac{1}{n}}=f'(0)=1$.

3.【答案】$\dfrac{1}{e}$.

【解】$\dfrac{dy}{dx}\Big|_{x=e}=f'(f(x))f'(x)\big|_{x=e}=f'(f(e))f'(e)$.

由于 $f(e)=\ln\sqrt{e}=\dfrac{1}{2},f'(f(e))=f'\left(\dfrac{1}{2}\right)=(2x-1)'\Big|_{x=\frac{1}{2}}=2,f'(e)=(\ln\sqrt{x})'\Big|_{x=e}=\dfrac{1}{2e}$，故$\dfrac{dy}{dx}\Big|_{x=e}=2\cdot\dfrac{1}{2e}=\dfrac{1}{e}$.

4.【答案】$(1+3x)e^{3x}$.

【解】由于 $f(x)=xe^{\lim\limits_{t\to 0}\frac{x}{t}\ln(1+3t)}=xe^{3x}$，故 $f'(x)=e^{3x}+3xe^{3x}=(1+3x)e^{3x}$.

5.【答案】-2.

【解】在 $e^y+6xy+x^2-1=0$ 两边对 x 求导，
$$e^yy'+6y+6xy'+2x=0,$$
故 $y'=\dfrac{-2x-6y}{6x+e^y}$. 两边再对 x 求导，
$$y''=\frac{(-2-6y')(6x+e^y)-(-2x-6y)(6+y'e^y)}{(6x+e^y)^2}.$$
由于 $y(0)=0,y'(0)=0$，故 $y''(0)=-2$.

6.【答案】$\dfrac{(y^2-e^t)(1+t^2)}{2(1-ty)}$.

【解】在 $2y-ty^2+e^t=5$ 两边对 t 求导，
$$2\frac{dy}{dt}-y^2-2ty\frac{dy}{dt}+e^t=0,$$
故$\dfrac{dy}{dt}=\dfrac{y^2-e^t}{2-2ty}$.
$$\frac{dy}{dx}=\frac{\frac{dy}{dt}}{\frac{dx}{dt}}=\frac{\frac{y^2-e^t}{2(1-ty)}}{\frac{1}{1+t^2}}=\frac{(y^2-e^t)(1+t^2)}{2(1-ty)}.$$

7.【答案】$e^{f(x)}\left[\dfrac{1}{x}f'(\ln x)+f'(x)f(\ln x)\right]dx$.

【解】由 $\dfrac{dy}{dx}=\dfrac{1}{x}f'(\ln x)e^{f(x)}+f'(x)f(\ln x)e^{f(x)}$ 知 $dy=e^{f(x)}\left[\dfrac{1}{x}f'(\ln x)+f'(x)f(\ln x)\right]dx$.

8.【答案】$\dfrac{1}{x(\ln y+1)}dx$.

【解】在 $x=y^y$ 两边取对数，$\ln x=y\ln y$. 两边对 x 求导，$\dfrac{1}{x}=(\ln y+1)\dfrac{dy}{dx}$，故$\dfrac{dy}{dx}=\dfrac{1}{x(\ln y+1)}$，从而 $dy=\dfrac{1}{x(\ln y+1)}dx$.

9.【答案】3.

【解】由于$\dfrac{dy}{dx}=\dfrac{\frac{dy}{dt}}{\frac{dx}{dt}}=\dfrac{3e^{3t}f'(e^{3t}-1)}{f'(t)}$，故$\dfrac{dy}{dx}\Big|_{t=0}=3$.

10.【解】把$\dfrac{d^2x}{dy^2}=-\dfrac{y''}{(y')^3},\dfrac{dx}{dy}=\dfrac{1}{y'}$代入原方程，得 $y''-y=\sin x$.

11.【解】(1) 当 $x\neq 0$ 时，$f'(x)=\dfrac{xg'(x)+xe^{-x}-g(x)+e^{-x}}{x^2}$；

当 $x=0$ 时，$f'(0)=\lim\limits_{x\to 0}\dfrac{g(x)-e^{-x}}{x^2}\overset{\frac{0}{0}}{\underset{洛}{=}}\lim\limits_{x\to 0}\dfrac{g'(x)+e^{-x}}{2x}$

$\overset{\frac{0}{0}}{\underset{洛}{=}}\lim\limits_{x\to 0}\dfrac{g''(x)-e^{-x}}{2}=\dfrac{1}{2}[g''(0)-1]$，

故 $f'(x)=\begin{cases}\dfrac{xg'(x)+xe^{-x}-g(x)+e^{-x}}{x^2}, & x\neq 0,\\ \dfrac{1}{2}[g''(0)-1], & x=0.\end{cases}$

(2) 当 $x\neq 0$ 时，$f'(x)$显然连续；

当 $x=0$ 时，$\lim\limits_{x\to 0}f'(x)=\lim\limits_{x\to 0}\dfrac{xg'(x)+xe^{-x}-g(x)+e^{-x}}{x^2}$

$\overset{\frac{0}{0}}{\underset{洛}{=}}\lim\limits_{x\to 0}\dfrac{xg''(x)-xe^{-x}}{2x}$

$=\dfrac{1}{2}[g''(0)-1]=f'(0)$，

故 $f'(x)$在 $x=0$ 处连续，从而 $f'(x)$在$(-\infty,+\infty)$上连续.

考点二　高阶导数的计算

1.【答案】(A).

【解】根据 $f'(x)=[f(x)]^2,f''(x)=2f(x)f'(x)=2[f(x)]^3$，

$f'''(x)=6f[f(x)]^2f'(x)=6f[f(x)]^4,\cdots$，显然 $f^{(n)}(x)=n![f(x)]^{n+1}$.

2.【答案】$-2^n(n-1)!$.

【解】由于 $y=\sum\limits_{n=1}^{\infty}(-1)^{n-1}\dfrac{(-2x)^n}{n}=-\sum\limits_{n=1}^{\infty}\dfrac{2^n}{n}x^n$，故 $y^{(n)}(0)=-\dfrac{2^n}{n}n!=-2^n(n-1)!$.

3.【答案】$\dfrac{(\ln 2)^n}{n!}$.

【解】根据 $(2^x)'=2^x\ln 2,(2^x)''=2^x(\ln 2)^2,(2^x)'''=2^x(\ln 2)^3,\cdots$，显然，$(2^x)^{(n)}=2^x(\ln 2)^n$.

故所求系数为 $\dfrac{y^{(n)}(0)}{n!}=\dfrac{(\ln 2)^n}{n!}$.

4.【答案】$\dfrac{2(-1)^n n!}{(1+x)^{n+1}}$.

【解】$f(x)=-\dfrac{x+1-2}{1+x}=\dfrac{2}{1+x}-1$.

根据 $f'(x)=\dfrac{-2}{(1+x)^2},f''(x)=\dfrac{2\cdot 2}{(1+x)^3},\cdots,f'''(x)=-\dfrac{2\cdot 2\cdot 3}{(1+x)^4},\cdots$，显然 $f^{(n)}(x)=\dfrac{2(-1)^n n!}{(1+x)^{n+1}}$.

§2.3　导数的应用

十年真题

考点一　平面曲线的切线与法线

1.【答案】$-\dfrac{11}{9}$.

【解】在 $3x^3=y^5+2y^3$ 两边对 x 求导，

$$9x^2=5y^4y'+6y^2y',$$

故 $y'=\dfrac{9x^2}{5y^4+6y^2}$. 又由 $y(1)=1$ 知 $y'(1)=\dfrac{9}{11}$，故所求法线斜率为 $-\dfrac{11}{9}$.

2.【答案】$y=x-1$.

【解】在 $x+y+e^{2xy}=0$ 两边对 x 求导，

$$1+y'+e^{2xy}\cdot 2(y+xy')=0,$$

故 $y'=\dfrac{-1-2ye^{2xy}}{1+2xe^{2xy}}$. 又由 $y(0)=-1$ 知 $y'(0)=1$，故所求切线方程为 $y=x-1$.

3.【答案】$2+\dfrac{3\pi}{2}$.

【解】由 $\dfrac{\mathrm{d}y}{\mathrm{d}x}=\dfrac{\frac{\mathrm{d}y}{\mathrm{d}t}}{\frac{\mathrm{d}x}{\mathrm{d}t}}=\dfrac{\sin t}{1-\cos t}$ 知 $\dfrac{\mathrm{d}y}{\mathrm{d}x}\Big|_{t=\frac{3\pi}{2}}=-1$.

曲线在 $t=\dfrac{3\pi}{2}$ 对应点处的切线方程为 $y-1=-\left(x-\dfrac{3\pi}{2}-1\right)$，即 $y=-x+\dfrac{3\pi}{2}+2$，故所求切线在 y 轴上的截距为 $2+\dfrac{3\pi}{2}$.

考点二　利用导数判断函数的性质

1.【答案】(C).

【解】$f'(x)=(x^2+2x+a)e^x,f''(x)=(x^2+4x+a+2)e^x$.

由于 $f(x)$ 没有极值点，故 $4-4a\leqslant 0$. 又由于 $y=f(x)$ 有拐点，故 $16-4(a+2)>0$.

解不等式组 $\begin{cases}4-4a\leqslant 0,\\16-4(a+2)>0\end{cases}$ 得 $1\leqslant a<2$.

2.【答案】(B)

【解】由于 $f(x)$ 在 x_0 处具有 2 阶导数，即 $f'(x)$ 在 x_0 处可导，故 $f'(x)$ 在 x_0 处连续.

当 $f'(x_0)=\lim\limits_{x\to x_0}f'(x)>0$ 时，根据极限的局部保号性，在 x_0 的某邻域内 $f'(x)>0$，从而 $f(x)$ 在 x_0 的某邻域内单调增加.

【注】取 $f(x)=x^3,x_0=0$，则排除(A)；取 $f(x)=x^4,x_0=0$，则排除(C). 若 $f''(x)$ 在 x_0 处连续，则(D)正确.

3.【答案】(D).

【解】由 $\lim\limits_{x\to 0}\dfrac{f(x)-f(0)}{x-0}=\lim\limits_{x\to 0}\dfrac{\frac{e^x-1}{x}-1}{x}=\lim\limits_{x\to 0}\dfrac{e^x-1-x}{x^2}\overset{\frac{0}{0}}{\underset{洛}{=}}\lim\limits_{x\to 0}\dfrac{e^x-1}{2x}=\dfrac{1}{2}$ 知 $f'(0)=\dfrac{1}{2}$，故选(D).

4.【答案】(B).

【解】对于 $f(x)=\begin{cases}-x^2, & x\leqslant 0,\\x\ln x, & x>0,\end{cases}$ 由 $\lim\limits_{x\to 0^+}\dfrac{f(x)-f(0)}{x-0}=\lim\limits_{x\to 0^+}\dfrac{x\ln x}{x}=-\infty$ 知 $f(x)$ 在 $x=0$ 处不可导.

由于 $f(0)=0$，且存在 $\delta>0$，使得当 $x\in(-\delta,0)$ 时，$f(x)=-x^2<0$；当 $x\in(0,\delta)$ 时，$f(x)=x\ln x<0$，故根据极值的定义，$x=0$ 是 $f(x)$ 的极大值点.

5.【答案】(B).

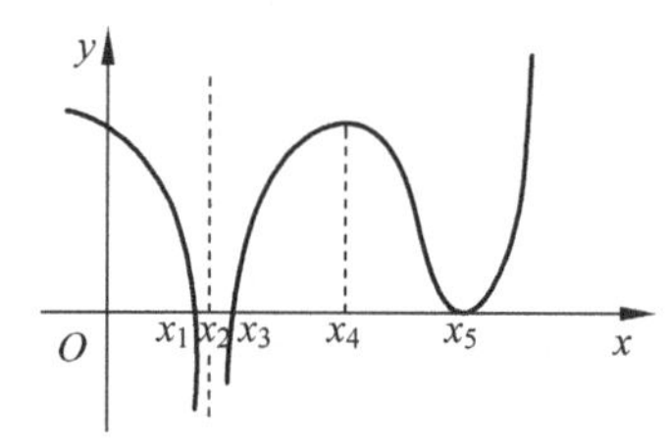

【解】如上图所示，由于在 $x=x_1,x_3,x_5$ 处 $f'(x)=0$，而 $f'(x)$ 在 $x=x_2$ 处不存在，故 $x=x_1,x_2,x_3,x_5$ 为可能的极值点. 又由于 $f'(x)$ 在 $x=x_1,x_3$ 的邻近两侧异号，而在 $x=x_2,x_5$ 的邻近两侧同号，故只有 $x=x_1,x_3$ 为 $f(x)$ 的极值点.

此外，由于在 $x=x_4,x_5$ 处 $f''(x)=0$（$y=f'(x)$ 的切线斜率为零），而 $f''(x)$ 在 $x=x_2$ 处不存在，故 $x=x_2,x_4,x_5$ 可能对应着曲线的拐点. 又由于 $f''(x)$ 在 $x=x_2,x_4,x_5$ 的邻近两侧都异号（$f'(x)$ 的单调性不同），故 $(x_2,f(x_2)),(x_4,f(x_4)),(x_5,f(x_5))$ 都为 $y=f(x)$ 的拐点.

6.【答案】(C).

【解】如下图所示，由于在 $x=x_1,x_2$ 处 $f''(x)=0$，而 $f''(x)$ 在 $x=0$ 处不存在，故 $x=x_1,x_2,0$ 可能对应着曲线的拐点. 又由于 $f''(x)$ 在 $x=x_2,0$ 的邻近两侧异号，而在 $x=x_1$ 的邻近两侧同号，故只有 $(x_2,f(x_2)),(0,f(0))$ 为 $y=f(x)$ 的拐点.

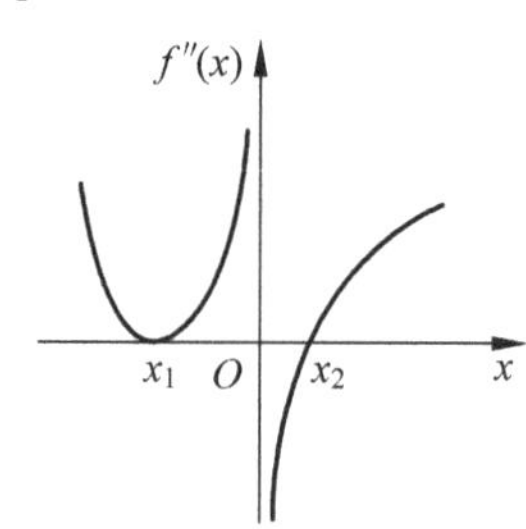

7.【答案】$(\pi,-2)$.

【解】$y'=x\cos x-\sin x,y''=-x\sin x$.

令 $y''=0$，则 $x=0$ 或 $x=\pi$.

x	$\left(-\dfrac{\pi}{2},0\right)$	0	$(0,\pi)$	π	$\left(\pi,\dfrac{3\pi}{2}\right)$
y''	−	0	−	0	+
y	凸	2	凸	−2	凹

如上表所列，曲线的拐点为$(\pi,-2)$.

8.【答案】$y=4x-3$.

【解】$y'=2x+\frac{2}{x}, y''=2-\frac{2}{x^2}$.

令$y''=0$，则$x=1$.

当$x>1$时，$y''>0$；当$0<x<1$时，$y''<0$，故曲线的拐点为$(1,1)$.

由$y'\Big|_{x=1}=\left(2x+\frac{2}{x}\right)\Big|_{x=1}=4$知所求切线方程为$y-1=4(x-1)$，即$y=4x-3$.

9.【解】(1) 由$y(0)=0$知$a+b=0$.

在$ae^x+y^2+y-\ln(1+x)\cos y+b=0$两边对$x$求导，

$$ae^x+2yy'+y'-\frac{\cos y}{1+x}+\ln(1+x)\sin y\cdot y'=0.$$

由$y(0)=0, y'(0)=0$知$a-1=0$.

解方程组$\begin{cases}a+b=0,\\a-1=0\end{cases}$得$\begin{cases}a=1,\\b=-1.\end{cases}$

(2) 在$e^x+2yy'+y'-\frac{\cos y}{1+x}+\ln(1+x)\sin y\cdot y'=0$两边对$x$求导，

$$e^x+2(y')^2+2yy''+y''+\frac{\cos y}{(1+x)^2}+\frac{2y'\sin y}{1+x}+$$
$$\ln(1+x)\cos y\cdot(y')^2+\ln(1+x)\sin y\cdot y''=0.$$

由$y(0)=0, y'(0)=0$知$y''(0)=-2<0$，故$x=0$是$y(x)$的极大值点.

【注】2017年数学一、二和2014年数学一曾考查过与第(2)问类似的解答题.

10.【解】$f(x)=\begin{cases}\frac{-x^2}{1+x}, & x<0, x\neq-1,\\ \frac{x^2}{1+x}, & x\geqslant0.\end{cases}$

由$\lim\limits_{x\to0^-}\frac{f(x)-f(0)}{x-0}=\lim\limits_{x\to0^-}\frac{-x}{1+x}=0$，$\lim\limits_{x\to0^+}\frac{f(x)-f(0)}{x-0}=\lim\limits_{x\to0^+}\frac{x}{1+x}=0$知$f'(0)=0$.

故$f'(x)=\begin{cases}-\frac{x^2+2x}{(1+x)^2}, & x<0, x\neq-1,\\ \frac{x^2+2x}{(1+x)^2}, & x\geqslant0.\end{cases}$

由$\lim\limits_{x\to0^-}\frac{f'(x)-f'(0)}{x-0}=-\lim\limits_{x\to0^-}\frac{x+2}{(1+x)^2}=-2$，$\lim\limits_{x\to0^+}\frac{f'(x)-f'(0)}{x-0}=\lim\limits_{x\to0^+}\frac{x+2}{(1+x)^2}=2$知$f'(x)$在$x=0$处不可导.

故$f''(x)=\begin{cases}-\frac{2}{(1+x)^3}, & x<0, x\neq-1,\\ \frac{2}{(1+x)^3}, & x>0.\end{cases}$

x	$(-\infty,-1)$	-1	$(-1,0)$	0	$(0,+\infty)$
y''	$+$	不存在	$-$	不存在	$+$
y	凹	不存在	凸	0	凹

如上表所列，曲线在$(-\infty,-1)$和$(0,+\infty)$是凹的，在$(-1,0)$是凸的.

因为$\lim\limits_{x\to-1}f(x)=-\lim\limits_{x\to-1}\frac{x^2}{1+x}=\infty$，故$x=-1$为曲线的铅直渐近线.

因为$\lim\limits_{x\to+\infty}\frac{f(x)}{x}=\lim\limits_{x\to+\infty}\frac{x}{1+x}=1$，且$\lim\limits_{x\to+\infty}[f(x)-x]=\lim\limits_{x\to+\infty}\frac{-x}{1+x}=-1$，故$y=x-1$为曲线的斜渐近线.

因为$\lim\limits_{x\to-\infty}\frac{f(x)}{x}=\lim\limits_{x\to-\infty}\frac{-x}{1+x}=-1$，且$\lim\limits_{x\to-\infty}[f(x)+x]=\lim\limits_{x\to-\infty}\frac{x}{1+x}=1$，故$y=-x+1$为曲线的斜渐近线.

曲线无水平渐近线.

11.【解】当$x<0$时，$f'(x)=(x+1)e^x$；

当$x>0$时，$f'(x)=(e^{2x\ln x})'=e^{2x\ln x}(2\ln x+2)=2(\ln x+1)x^{2x}$；

当$x=0$时，由

$$\lim_{x\to0^-}\frac{f(x)-f(0)}{x-0}=\lim_{x\to0^-}\frac{xe^x+1-1}{x}=1,$$
$$\lim_{x\to0^+}\frac{f(x)-f(0)}{x-0}=\lim_{x\to0^+}\frac{x^{2x}-1}{x}=\lim_{x\to0^+}\frac{e^{2x\ln x}-1}{x}$$
$$=\lim_{x\to0^+}\frac{2x\ln x}{x}=-\infty$$

知$f(x)$在$x=0$处不可导.

故$f'(x)=\begin{cases}2(\ln x+1)x^{2x}, & x>0,\\(x+1)e^x, & x<0.\end{cases}$

令$f'(x)=0$，则$x=-1$或$x=\frac{1}{e}$.

x	$(-\infty,-1)$	-1	$(-1,0)$	0	$\left(0,\frac{1}{e}\right)$	$\frac{1}{e}$	$\left(\frac{1}{e},+\infty\right)$
$f'(x)$	$-$	0	$+$	不存在	$-$	0	$+$
$f(x)$	↘	$1-\frac{1}{e}$	↗	1	↘	$e^{-\frac{2}{e}}$	↗

如上表所列，$f(x)$极大值为$f(0)=1$，极小值为$f(-1)=1-\frac{1}{e}$，$f\left(\frac{1}{e}\right)=e^{-\frac{2}{e}}$.

【注】求$f(x)$的导数与极值时切莫忽略考虑不可导点$x=0$.

12.【解】在$x^3+y^3-3x+3y-2=0$两边对x求导，

$$3x^2+3y^2y'-3+3y'=0. \quad ①$$

令$y'=0$，则$\begin{cases}x=1,\\y=1\end{cases}$或$\begin{cases}x=-1,\\y=0.\end{cases}$

在①式两边再对x求导，

$$6x+6y(y')^2+3y^2y''+3y''=0. \quad ②$$

把$x=1, y=1$代入②式，得$y''(1)=-1<0$，故$y(1)=1$为$y(x)$的极大值；

把$x=-1, y=0$代入②式，得$y''(-1)=2>0$，故$y(-1)=0$为$y(x)$的极小值.

考点三　曲率(仅数学一、二)

1.【答案】(A).

【解】由$\lim\limits_{x\to a}\frac{f(x)-g(x)}{(x-a)^2}$存在知$\lim\limits_{x\to a}[f(x)-g(x)]=f(a)-g(a)=0$，即$f(a)=g(a)$.

根据洛必达法则，$\lim\limits_{x\to a}\frac{f(x)-g(x)}{(x-a)^2}=\lim\limits_{x\to a}\frac{f'(x)-g'(x)}{2(x-a)}=\lim\limits_{x\to a}\frac{f''(x)-g''(x)}{2}=0$，故

$$\lim_{x\to a}[f'(x)-g'(x)]=f'(a)-g'(a)=0,$$
$$\lim_{x\to a}[f''(x)-g''(x)]=f''(a)-g''(a)=0,$$

即$f'(a)=g'(a), f''(a)=g''(a)$，从而$y=f(x), y=g(x)$在$x=$

a 对应的点处相切及曲率相等

此外，取 $f(x)=x^2+x, g(x)=-x^2+x$，则 $f(0)=g(0)=0$，$f'(0)=g'(0)=1, f''(0)=2, g''(0)=-2$，故 $y=f(x), y=g(x)$ 在 $x=0$ 对应的点处相切及曲率相等. 而此时，

$$\lim_{x\to 0}\frac{f(x)-g(x)}{x^2}=\lim_{x\to 0}\frac{(x^2+x)-(-x^2+x)}{x^2}=2\neq 0.$$

2.【答案】(A).

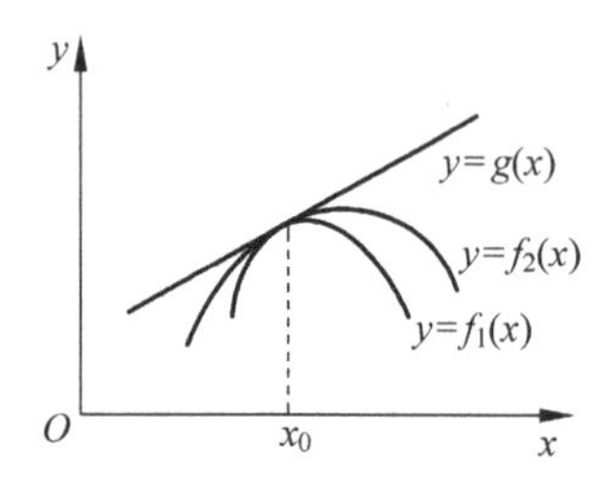

【解】 由 $f_i''(x_0)<0(i=1,2)$ 知在 x_0 的某个领域内，$y=f_i(x)(i=1,2)$ 是凸的. 又由在点 (x_0,y_0) 处 $y=f_1(x)$ 的曲率大于 $y=f_2(x)$ 的曲率知 $y=f_1(x)$ 的弯曲程度大于 $y=f_2(x)$. 故如上图所示，在 x_0 的某个领域内，$f_1(x)\leqslant f_2(x)\leqslant g(x)$.

3.【答案】 $\left(x-\frac{1}{2}\right)^2+y^2=\frac{1}{4}$.

【解】 由于 $x=y^2$ 在点 $(0,0)$ 处的曲率为 $K=\left.\frac{|x''(y)|}{\{1+[x'(y)]^2\}^{\frac{3}{2}}}\right|_{y=0}=2$，故所求曲率圆半径为 $\frac{1}{2}$.

由于 $y^2=x$ 在点 $(0,0)$ 处的法线为 $y=0$，故所求曲率圆圆心为 $\left(\frac{1}{2},0\right)$，从而其方程为 $\left(x-\frac{1}{2}\right)^2+y^2=\frac{1}{4}$.

【注】 设 $y=y(x)$ 在点 $M(x,y(x))$ 处的曲率为 $K(K\neq 0)$. 在点 M 处的 $y=y(x)$ 的法线上，在凹的一侧取一点 C，使 $|CM|=\frac{1}{K}$. 以 C 为圆心，$\frac{1}{K}$ 为半径所作的圆称为 $y=y(x)$ 在点 M 处的曲率圆.

4.【答案】 $\frac{2}{3}$.

【解】 由 $\frac{dy}{dx}=\frac{\frac{dy}{dt}}{\frac{dx}{dt}}=\frac{3\sin^2 t\cos t}{-3\cos^2 t\sin t}=-\tan t$，$\frac{d^2y}{dx^2}=\frac{d\left(\frac{dy}{dx}\right)/dt}{dx/dt}=\frac{-\sec^2 t}{-3\cos^2 t\sin t}=\frac{1}{3\cos^4 t\sin t}$ 知 $K=\left.\frac{|y''|}{[1+(y')^2]^{\frac{3}{2}}}\right|_{t=\frac{\pi}{4}}=\left.\frac{1}{3|\cos t\sin t|}\right|_{t=\frac{\pi}{4}}=\frac{2}{3}$.

考点四　导数的物理应用（仅数学一、二）

1.【答案】(C).

【解】 设该圆柱体底面半径为 r，高为 h，时间为 t，则其体积 $V=\pi r^2 h$，表面积 $S=2\pi r^2+2\pi rh$，且 $\frac{dr}{dt}=2, \frac{dh}{dt}=-3$.

故 $\frac{dV}{dt}=2\pi rh\frac{dr}{dt}+\pi r^2\frac{dh}{dt}=4\pi rh-3\pi r^2$，$\frac{dS}{dt}=4\pi r\frac{dr}{dt}+2\pi h\frac{dr}{dt}+2\pi r\frac{dh}{dt}=2\pi r+4\pi h$，从而 $\left.\frac{dV}{dt}\right|_{\substack{r=10\\h=5}}=-100\pi(\mathrm{cm}^3/\mathrm{s})$，$\left.\frac{dS}{dt}\right|_{\substack{r=10\\h=5}}=40\pi(\mathrm{cm}^2/\mathrm{s})$.

2.【答案】 $2\sqrt{2}v_0$.

【解】 设 P 点坐标为 (x,x^3)，则 $\frac{dx}{dt}=v_0$，$l=\sqrt{x^2+x^6}$，故 $\frac{dl}{dt}=\frac{dl}{dx}\cdot\frac{dx}{dt}=\frac{2x+6x^5}{2\sqrt{x^2+x^6}}v_0$，从而 $\left.\frac{dl}{dt}\right|_{x=1}=2\sqrt{2}v_0$.

考点五　导数的经济应用（仅数学三）

1.【答案】(D).

【解】 平均成本函数为 $\overline{C}(Q)=\frac{C(Q)}{Q}$，则 $\overline{C}'(Q)=\frac{QC'(Q)-C(Q)}{Q^2}$.

故由 $\overline{C}'(Q_0)=\frac{Q_0C'(Q_0)-C(Q_0)}{Q_0^2}=0$ 知 $Q_0C'(Q_0)=C(Q_0)$.

2.【答案】 50.

【解】 利润函数为

$$L(Q)=pQ-C=\begin{cases}0.5Q^2+20Q-150, & Q\leqslant 20,\\ -Q^2+30Q-150, & Q>20.\end{cases}$$

由于

$$L'_-(Q)=\lim_{Q\to 20^-}\frac{-0.5Q^2+20Q-150-50}{Q-20}=0,$$

$$L'_+(Q)=\lim_{Q\to 20^+}\frac{-Q^2+30Q-150-50}{Q-20}=-10,$$

故 $L(Q)$ 在 $Q=20$ 处不可导.

又由于当 $Q<20$ 时，$L'(Q)=-Q+20>0$；当 $Q>20$ 时，$L'(Q)=-2Q+30<0$，故 $L(Q)$ 的最大值为 $L(20)=50$，即所求最大利润为 50 万元.

3.【答案】 8.

【解】 由 $q(p)=\frac{800}{p+3}-2$ 知 $p(q)=\frac{800}{q+2}-3$.

在利润最大时，利润函数为 $L(q)=p(q)\cdot q-C(q)=\frac{800q}{q+2}-16q-100$.

又由 $L'(q)=\frac{1600}{(q+2)^2}-16=0$ 得 $q=8$.

4.【答案】 0.4.

【解】 由 $\eta_{AA}=-\frac{dQ_A}{dp_A}\cdot\frac{p_A}{Q_A}=-(-2p_A-p_B)\frac{p_A}{500-p_A^2-p_Ap_B+2p_B^2}=\frac{2p_A^2+p_Ap_B}{500-p_A^2-p_Ap_B+2p_B^2}$ 知当 $p_A=10, p_B=20$ 时，$\eta_{AA}=0.4$.

5.【答案】 $1+(1-Q)e^{-Q}$.

【解】 由于成本函数为 $C(Q)=Q\overline{C}(Q)=Q+Qe^{-Q}$，故边际成本为 $C'(Q)=1+(1-Q)e^{-Q}$.

6.【解】(1) 利润函数为 $L=R-C=pQ-C$. 当利润最大时，

$$\frac{dL}{dQ}=p+Q\frac{dp}{dQ}-\frac{dC}{dQ}=p+Q\frac{dp}{dQ}-MC=0,$$

故 $MC=p+Q\frac{dp}{dQ}$.

又由 $\eta=-\frac{p}{Q}\frac{dQ}{dp}$ 知 $\frac{MC}{1-\frac{1}{\eta}}=\frac{p+Q\frac{dp}{dQ}}{1+\frac{Q}{p}\frac{dp}{dQ}}=p$.

(2) 由于 $MC=2Q=2(40-p)$，$\eta=-\frac{p}{Q}\frac{dQ}{dp}=\frac{p}{40-p}$，故由 $p=\frac{MC}{1-\frac{1}{\eta}}=\frac{2(40-p)}{1-\frac{40-p}{p}}$ 得此商品的价格为 $p=30$.

方法探究

考点一　平面曲线的切线与法线

变式 1【答案】(C).

【解】设公共切点为(x_0,y_0),则由$\begin{cases}y_0=x_0^2,\\ y_0=a\ln x_0,\\ 2x_0=\dfrac{a}{x_0}\end{cases}$得$\begin{cases}x_0=\sqrt{e},\\ y_0=e,\\ a=2e.\end{cases}$

变式 2【答案】$x+y=e^{\frac{\pi}{2}}$.

【解】对于$\begin{cases}x=\rho\cos\theta=e^{\theta}\cos\theta,\\ y=\rho\sin\theta=e^{\theta}\sin\theta,\end{cases}$$\dfrac{dy}{dx}=\dfrac{\frac{dy}{d\theta}}{\frac{dx}{d\theta}}=\dfrac{e^{\theta}\sin\theta+e^{\theta}\cos\theta}{e^{\theta}\cos\theta-e^{\theta}\sin\theta}$,故$\left.\dfrac{dy}{dx}\right|_{\theta=\frac{\pi}{2}}=-1$,从而切线方程为$y-e^{\frac{\pi}{2}}=-(x-0)$,即$x+y=e^{\frac{\pi}{2}}$.

考点二　利用导数判断函数的性质

变式【答案】(C).

【解】把$x=0$代入$f''(x)+[f'(x)]^2=x$,则$f''(0)=0$.

对$f''(x)+[f'(x)]^2=x$两边同时求导,则$f'''(x)+2f'(x)f''(x)=1$.

把$x=0$再代入$f'''(x)+2f'(x)f''(x)=1$,则$f'''(0)=1\neq0$,故$(0,f(0))$是$y=f(x)$的拐点.

【注】(i) 若已知一个微分方程,判断极值点和拐点,则一般无须求解方程,常用思路为:

① 把已知点代入方程;

② 方程两边同时求导.

(ii) $\begin{cases}f''(x_0)=f'''(x_0)=\cdots=f^{(n-1)}(x_0)=0,\\ f^{(n)}(x_0)\neq0,\\ n\text{ 为大于 1 的奇数}\end{cases}$

$\Rightarrow\begin{cases}(x_0,f(x_0))\text{是 }y=f(x)\text{ 的拐点},\\ x_0\text{ 不是 }f(x)\text{ 的极值点}.\end{cases}$

真题精选

考点一　平面曲线的切线与法线

1.【答案】$\dfrac{2}{\pi}x+y-\dfrac{\pi}{2}=0$

【解】对于$\begin{cases}x=r\cos\theta=\theta\cos\theta,\\ y=r\sin\theta=\theta\sin\theta,\end{cases}$$\dfrac{dy}{dx}=\dfrac{\frac{dy}{d\theta}}{\frac{dx}{d\theta}}=\dfrac{\sin\theta+\theta\cos\theta}{\cos\theta-\theta\sin\theta}$,故$\left.\dfrac{dy}{dx}\right|_{\theta=\frac{\pi}{2}}=-\dfrac{2}{\pi}$,从而切线方程为$y-\dfrac{\pi}{2}=-\dfrac{2}{\pi}(x-0)$,即$\dfrac{2}{\pi}x+y-\dfrac{\pi}{2}=0$.

2.【答案】-2.

【解】由题意,$f(1)=0,f'(1)=2x-1\Big|_{x=1}=1$.

$$\lim_{n\to\infty}nf\left(\frac{n}{n+2}\right)=\lim_{n\to\infty}nf\left(1+\frac{-2}{n+2}\right)=\lim_{n\to\infty}\frac{f\left(1+\frac{-2}{n+2}\right)-f(1)}{\frac{-2}{n+2}}\cdot\frac{-2n}{n+2}=-2f'(1)=-2.$$

3.【答案】$y=x-1$.

【解】设切点为$(x_0,\ln x_0)$,则由$\dfrac{1}{x_0}=1$知$x_0=1$,故切点为$(1,0)$,从而所求切线方程为$y=x-1$.

4.【答案】e^{-1}.

【解】由于$f(x)=x^n$在点$(1,1)$处的切线为$y-1=n(x-1)$,故$\xi_n=1-\dfrac{1}{n}$,从而

$$\lim_{n\to\infty}f(\xi_n)=\lim_{n\to\infty}\left(1-\frac{1}{n}\right)^n=e^{\lim\limits_{n\to\infty}n\ln\left(1-\frac{1}{n}\right)}=e^{-1}$$

考点二　利用导数判断函数的性质

1.【答案】(C).

【解】设$g(x)=(x-1)(x-2)^2(x-4)^4$,则$y=(x-3)^3g(x)$,故

$y'=3(x-3)^2g(x)+(x-3)^3g'(x)$,

$y''=6(x-3)g(x)+6(x-3)^2g'(x)+(x-3)^3g''(x)$,

$y'''=6g(x)+18(x-3)g'(x)+9(x-3)^2g''(x)+(x-3)^3g'''(x)$,

从而$y''(3)=0,y'''(3)\neq0$.根据判定拐点的第二充分条件,$(3,0)$是曲线的拐点.

【注】设$f(x)=(x-a)^ng(x),g(a)\neq0$,且$g(x)$ n阶可导,则$f'(a)=f''(a)=\cdots=f^{(n-1)}(a)=0,f^{(n)}(a)\neq0$.

2.【答案】(B).

【解】由题意,$g'(x_0)=0$.设$F(x)=f[g(x)]$,

$$F'(x_0)=f'[g(x_0)]g'(x_0)=0,$$

$F''(x_0)=f''[g(x_0)][g'(x_0)]^2+f'[g(x_0)]g''(x_0)=f'(a)g''(x_0)$,根据判定极值点的第二充分条件,若$F''(x_0)<0$,则$F(x)$在$x_0$取极大值.由于$g''(x_0)<0$,欲使$F''(x_0)<0$,只有$f'(a)>0$,故选(B).

3.【答案】(A).

【解】法一:由$f'(x)>0,f''(x)>0$知函数$f(x)$递增且曲线$y=f(x)$是凹的,故如下图所示,$0<dy<\Delta y$.

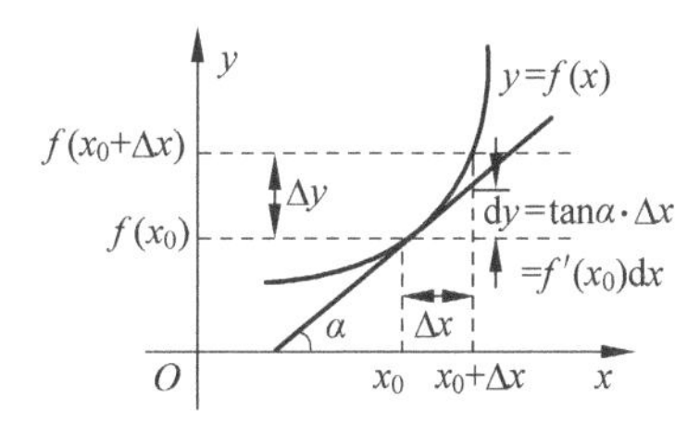

法二:取$f(x)=x^2(x>0),x_0=\Delta x=1$,则$\Delta y=f(x_0+\Delta x)-f(x_0)=3,dy=f'(x_0)\Delta x=2$,便可排除(B)、(C)、(D).

【注】微分的几何意义是曲线的切线上的点的纵坐标的相应增量.

4.【答案】(D).

【解】由于$f(x)$在$(-\infty,0)$递增,故在$(-\infty,0)$,$f'(x)>0$,可排除(A)、(C).又由于在$(0,+\infty)$,$f(x)$先递增后递减再递增,故$f'(x)$先正后负再正,从而排除(B).

5.【答案】(B).

【解】由$\lim\limits_{x\to a}\dfrac{f'(x)}{x-a}=-1$知$\lim\limits_{x\to a}f'(x)=f'(a)=0$.又由于$f''(a)=\lim\limits_{x\to a}\dfrac{f'(x)-f'(a)}{x-a}=\lim\limits_{x\to a}\dfrac{f'(x)}{x-a}=-1<0$,故$x=a$是$f(x)$的极大值点,且$(a,f(a))$不是$y=f(x)$的拐点.

【注】设$f(x)$在x_0处连续,且$\lim\limits_{x\to x_0}\dfrac{f(x)}{x-x_0}=A$,则$f(x_0)=0$,$f'(x_0)=A$

6.【答案】(C).

【解】由$f(a)$是$f(x)$的极大值知当$x\in(a-\delta,a+\delta)$时,$f(x)\leqslant f(a)$.

又由于$f(x)$在$(a-\delta,a+\delta)$内连续,故当$x\neq a$时,$\lim\limits_{t\to a}\dfrac{f(t)-f(x)}{(t-x)^2}=\dfrac{f(a)-f(x)}{(a-x)^2}\geqslant0$.

7.【答案】(C).

【解】把$x=x_0$代入原方程,得$f''(x_0)-e^{\sin x_0}=0$,即$f''(x_0)=e^{\sin x_0}>0$.

根据判定极值点的第二充分条件，$f(x)$在x_0处取得极小值.

8.【答案】(D).

【解】由$\lim\limits_{x\to0}\dfrac{f(x)}{1-\cos x}=2$可知$\lim\limits_{x\to0}f(x)=f(0)=0$.

又由于$\lim\limits_{x\to0}\dfrac{f(x)}{1-\cos x}=\lim\limits_{x\to0}\dfrac{f(x)}{\frac{1}{2}x^2}=2>0$，故根据函数极限的保号性，当$x\to0$时(即在$x=0$的邻近两侧)，$f(x)>0$，即$f(x)>f(0)$，从而根据极值的定义，$f(0)$为$f(x)$的极小值.

此外，$f'(0)=\lim\limits_{x\to0}\dfrac{f(x)-f(0)}{x-0}=\lim\limits_{x\to0}\dfrac{f(x)}{1-\cos x}\cdot\dfrac{1-\cos x}{x}=2\lim\limits_{x\to0}\dfrac{1-\cos x}{x}=0$.

9.【答案】(D).

【解】取$f(x)=g(x)=-|x|$，$a=0$，则$F(x)=x^2$在$x=0$处取得极小值，排除(A)、(C)；

取$f(x)=g(x)=\sin x$，$a=\dfrac{\pi}{2}$，则$F(x)=\sin^2x$在$x=\dfrac{\pi}{2}$处取得极大值，排除(B).

10.【答案】3.

【解】$y'=3x^2+2ax+b$，$y''=6x+2a$.

由题意，$y''(-1)=-6+2a=0$且$y(-1)=a-b=0$，解得$a=b=3$.

11.【答案】$e^{-\frac{2}{e}}$.

【解】令$y'=(e^{2x\ln x})'=e^{2x\ln x}(2\ln x+2)=2(\ln x+1)x^{2x}=0$，则$x=\dfrac{1}{e}$.

由$y(1)=1$，$\lim\limits_{x\to0^+}x^{2x}=e^{\lim\limits_{x\to0^+}2x\ln x}=e^0=1$，$y\left(\dfrac{1}{e}\right)=e^{-\frac{2}{e}}<1$知所求最小值为$e^{-\frac{2}{e}}$.

12.【答案】$(-1,-6)$.

【解】$y'=x^{\frac{2}{3}}+\dfrac{2}{3}(x-5)x^{\frac{1}{3}}$，$y''=\dfrac{4}{3}x^{\frac{1}{3}}-\dfrac{2}{9}(x-5)x^{\frac{4}{3}}=\dfrac{10}{9}x^{-\frac{4}{3}}(x+1)$.

令$y''=0$，则$x=-1$. y''在$x=0$处不存在.

x	$(-\infty,-1)$	-1	$(-1,0)$	0	$(0,+\infty)$
y''	$-$	0	$+$	不存在	$+$
y	凸	-6	凹	0	凹

如上表所列，所求拐点为$(-1,-6)$.

13.【答案】$-n-1$；$-e^{-n-1}$.

【解】根据$(xe^x)'=(1+x)e^x$，$(xe^x)''=(2+x)e^x$，…，显然，$f^{(n)}(x)=(n+x)e^x$，故$f^{(n+1)}(x)=(n+1+x)e^x$，$f^{(n+2)}(x)=(n+2+x)e^x$. 令$f^{(n+1)}(x)=0$，则$x=-n-1$. 又由于$f^{(n+2)}(-n-1)=e^{-n-1}>0$，故$f^{(n)}(x)$在$x=-n-1$处取极小值$-e^{-n-1}$.

14.【解】在$y^3+xy^2+x^2y+6=0$两边对x求导，

$$3y^2y'+y^2+2xyy'+2xy+x^2y'=0. \quad ①$$

令$y'=0$，则$y^2+2xy=0$，解得$y=0$(舍去)或$y=-2x$.

把$y=-2x$代入$y^3+xy^2+x^2y+6=0$，得$x=1$，$y=-2$.

在①式两边再对x求导，

$$6y(y')^2+3y^2y''+4yy'+2x(y')^2+2xyy''+2y+4xy'+x^2y''=0. \quad ②$$

把$x=1$，$y=-2$代入②式，得$f''(1)=\dfrac{4}{9}>0$，故$f(1)=-2$为$f(x)$的极小值.

15.【解】$\dfrac{dy}{dx}=\dfrac{\frac{dy}{dt}}{\frac{dx}{dt}}=\dfrac{t^2-1}{t^2+1}$.

令$\dfrac{dy}{dx}=0$，则$t=1$或$t=-1$.

t	$(-\infty,-1)$	-1	$(-1,1)$	1	$(1,+\infty)$
x	$(-\infty,-1)$	-1	$\left(-1,\frac{5}{3}\right)$	$\frac{5}{3}$	$\left(\frac{5}{3},+\infty\right)$
y'	$+$	0	$-$	0	$+$
y	↗	1	↘	$-\frac{1}{3}$	↗

如上表所列，$y(x)$的极大值为$y(-1)=1$，极小值为$y\left(\dfrac{5}{3}\right)=-\dfrac{1}{3}$.

$\dfrac{d^2y}{dx^2}=\dfrac{d\left(\frac{dy}{dx}\right)/dt}{dx/dt}=\dfrac{4t}{(t^2+1)^3}$.

令$\dfrac{d^2y}{dx^2}=0$，则$t=0$.

t	$(-\infty,0)$	0	$(0,+\infty)$
x	$\left(-\infty,\frac{1}{3}\right)$	$\frac{1}{3}$	$\left(\frac{1}{3},+\infty\right)$
y''	$-$	0	$+$
y	凸	$\frac{1}{3}$	凹

如上表所列，曲线在$\left(-\infty,\dfrac{1}{3}\right)$是凸的，在$\left(\dfrac{1}{3},+\infty\right)$是凹的，其拐点为$\left(\dfrac{1}{3},\dfrac{1}{3}\right)$.

考点三　曲率(仅数学一、二)

【答案】$(-1,0)$.

【解】由$y'=2x+1$，$y''=2$知$K=\dfrac{|y''|}{[1+(y')^2]^{\frac{3}{2}}}=\dfrac{2}{[1+(2x+1)^2]^{\frac{3}{2}}}=\dfrac{\sqrt{2}}{2}$，解得$x=-1$，故所求点为$(-1,0)$.

考点四　导数的物理应用(仅数学一、二)

【答案】3 cm/s.

【解】由于该长方形的对角线$x=\sqrt{l^2+w^2}$，故$\dfrac{dx}{dt}=\dfrac{l\frac{dl}{dt}+w\frac{dw}{dt}}{\sqrt{l^2+w^2}}=\dfrac{2l+3w}{\sqrt{l^2+w^2}}$，从而$\left.\dfrac{dx}{dt}\right|_{\substack{l=12\\w=5}}=3(\text{cm/s})$.

考点五　导数的经济应用(仅数学三)

1.【答案】$20-Q$.

【解】由$Q=40-2P$知$P=\dfrac{40-Q}{2}$.

由于收益函数为$R=PQ=\dfrac{40Q-Q^2}{2}$，故边际收益为$\dfrac{dR}{dQ}=20-Q$.

2.【答案】8 000.

【解】由$R=pQ$知$\dfrac{dR}{dp}=Q+p\dfrac{dQ}{dp}=Q\left(1+\dfrac{p}{Q}\dfrac{dQ}{dp}\right)=Q(1-\varepsilon_p)$，故当$\varepsilon_p=0.2$，$Q=10\,000$，$dp=1$时，$dR=8\,000$(元).

3. **【答案】**$-\dfrac{\alpha}{\beta}$.

【解】在 $AL^{\alpha}K^{\beta}=1$ 两边对 L 求导,则 $A\alpha L^{\alpha-1}K^{\beta}+AL^{\alpha}\beta K^{\beta-1}\dfrac{\mathrm{d}K}{\mathrm{d}L}=0$,从而 $\dfrac{\mathrm{d}K}{\mathrm{d}L}=-\dfrac{\alpha K}{\beta L}$. 故所求弹性为 $\dfrac{L}{K}\dfrac{\mathrm{d}K}{\mathrm{d}L}=-\dfrac{\alpha}{\beta}$.

4. **【答案】**$(10,20]$.

【解】由 $\left|-\dfrac{p}{Q}\dfrac{\mathrm{d}Q}{\mathrm{d}Q}\dfrac{\mathrm{d}p}{\mathrm{d}p}\right|=\left|\dfrac{5p}{100-5p}\right|>1$ 得 $p>10$. 又由 $Q=100-5p\geqslant 0$ 得 $p\leqslant 20$,故所求范围为 $(10,20]$.

5. **【解】**(1) 由于成本函数为

$$C=60\,000+20Q,$$

收益函数为

$$R=pQ=60Q-\frac{Q^2}{1\,000},$$

故利润函数为

$$L=R-C=-\frac{Q^2}{1\,000}+40Q-60\,000,$$

从而该商品的边际利润为 $\dfrac{\mathrm{d}L}{\mathrm{d}Q}=-\dfrac{Q}{500}+40$.

(2) 当 $p=50$ 时,$Q=10\,000$,故 $p=50$ 时的边际利润为 $\left.\dfrac{\mathrm{d}L}{\mathrm{d}Q}\right|_{Q=10\,000}=20$,其经济意义为:销售第 10 001 件商品所得的利润为 20 元.

(3) 由 $\dfrac{\mathrm{d}L}{\mathrm{d}Q}=-\dfrac{Q}{500}+40=0$ 得 $Q=20\,000$,而 $\left.\dfrac{\mathrm{d}^2L}{\mathrm{d}Q^2}\right|_{Q=20\,000}<0$,故当 $Q=20\,000$ 时利润最大,此时 $p=40$(元).

6. **【解】**t 年末总收入 $R=R_0\mathrm{e}^{\frac{2}{5}\sqrt{t}}$ 的现值为 $A(t)=R\mathrm{e}^{-rt}=R_0\mathrm{e}^{\frac{2}{5}\sqrt{t}-rt}$.

令 $A'(t)=R_0\mathrm{e}^{\frac{2}{5}\sqrt{t}-rt}\left(\dfrac{1}{5\sqrt{t}}-r\right)=0$,则 $t=\dfrac{1}{25r^2}$. 又由于

$$A''\left(\frac{1}{25r^2}\right)=R_0\mathrm{e}^{\frac{2}{5}\sqrt{t}-rt}\left[\left(\frac{1}{5\sqrt{t}}-r\right)^2-\frac{1}{10}t^{-\frac{3}{2}}\right]\Bigg|_{t=\frac{1}{25r^2}}$$

$$=\frac{1}{25r^2}=-12.5R_0r^3\mathrm{e}^{\frac{1}{25r}}<0,$$

故窖藏 $t=\dfrac{1}{25r^2}$ 年售出可使总收入现值最大. 当 $r=0.06$ 时,$t=\dfrac{100}{9}\approx 11$(年).

第三章 一元函数积分学

§3.1 不定积分、定积分与反常积分的概念

十年真题

考点一 不定积分与原函数的概念

1. **【答案】**(D)

【解】法一:由 $[(x+1)\cos x-\sin x]'=-(x+1)\sin x\neq(x+1)\cos x$ 可排除(A)、(B). 而对于(C),由 $\lim\limits_{x\to 0^+}F(x)=\lim\limits_{x\to 0^+}[(x+1)\sin x+\cos x]=1\neq F(0)$ 知 $F(x)$ 在 $x=0$ 处不连续,故必不可导,从而排除(C).

法二:当 $x<0$ 时,

$$F(x)=\int\frac{\mathrm{d}x}{\sqrt{1+x^2}}\xlongequal{\text{令 }x=\tan t}\int\sec t\,\mathrm{d}t$$

$$=\ln|\tan t+\sec t|+C_1=\ln(x+\sqrt{1+x^2})+C_1;$$

当 $x>0$ 时,

$$F(x)=\int(x+1)\cos x\,\mathrm{d}x=(x+1)\sin x-\int\sin x\,\mathrm{d}x$$

$$=(x+1)\sin x+\cos x+C_2.$$

由于 $F(x)$ 在 $x=0$ 处可导,必连续,故由 $\lim\limits_{x\to 0^-}F(x)=\lim\limits_{x\to 0^+}F(x)$ 知 $C_1=1+C_2$,从而

$$F(x)=\begin{cases}\ln(x+\sqrt{1+x^2})+1+C, & x\leqslant 0,\\ (x+1)\sin x+\cos x+C, & x>0.\end{cases}$$

取 $C=0$,则可知(D)正确.

2. **【答案】**(D).

【解】法一:由 $[x(\ln x+1)-1]'=[x(\ln x+1)+1]'=\ln x+2\neq\ln x$ 可排除(B)、(C). 而对于(A),由 $\lim\limits_{x\to 1^-}F(x)=\lim\limits_{x\to 1^-}(x-1)^2=0\neq F(1)$ 知 $F(x)$ 在 $x=1$ 处不连续,故必不可导,从而排除(A).

法二:当 $x<1$ 时,$F(x)=\int 2(x-1)\mathrm{d}x=(x-1)^2+C_1$;

当 $x>1$ 时,$F(x)=\int\ln x\,\mathrm{d}x=x\ln x-\int x\cdot\dfrac{1}{x}\mathrm{d}x=x(\ln x-1)+C_2$. 由于 $F(x)$ 在 $x=1$ 处可导,必连续,故由 $\lim\limits_{x\to 1^-}F(x)=\lim\limits_{x\to 1^+}F(x)$ 知 $C_1=-1+C_2$,从而

$$F(x)=\begin{cases}(x-1)^2+C-1, & x<1,\\ x(\ln x-1)+C, & x\geqslant 1.\end{cases}$$

取 $C=1$,则可知(D)正确.

考点二 定积分的概念与性质

1. **【答案】**(A).

【解】记 $f(x)=\ln(1+x)-\dfrac{x}{2}$,则 $f'(x)=\dfrac{1}{1+x}-\dfrac{1}{2}=\dfrac{1-x}{2(1+x)}$. 当 $0\leqslant x\leqslant 1$ 时,$f'(x)\geqslant 0$,故 $f(x)$ 单调递增,从而 $f(x)\geqslant f(0)=0$,即 $\ln(1+x)\geqslant\dfrac{x}{2}$. 又由于 $1+\cos x\geqslant 0$,故在 $[0,1]$ 上 $\dfrac{\ln(1+x)}{1+\cos x}\geqslant\dfrac{x}{2(1+\cos x)}$,从而 $I_1<I_2$.

当 $0\leqslant x\leqslant 1$ 时,由 $\dfrac{1+\sin x}{2}\leqslant 1$,$1+\cos x\geqslant 1$ 知 $\dfrac{1+\sin x}{2}\leqslant 1+\cos x$,即 $\dfrac{2}{1+\sin x}\geqslant\dfrac{1}{1+\cos x}$. 又由于 $\ln(1+x)\leqslant x$,故在 $[0,1]$ 上 $\dfrac{\ln(1+x)}{1+\cos x}\leqslant\dfrac{2x}{1+\sin x}$,从而 $I_2<I_3$.

【注】$\ln(1+x)\leqslant x$ 是考研常用的不等式.

2. **【答案】**(B).

【解】法一(反面做):取 $f(x)=1$,则 $\int_0^1 f(x)\mathrm{d}x=1$,但

$$\lim_{n\to\infty}\sum_{k=1}^{n}f\left(\frac{2k-1}{2n}\right)\frac{1}{2n}=\frac{1}{2},$$

$$\lim_{n\to\infty}\sum_{k=1}^{2n}f\left(\frac{k-1}{2n}\right)\frac{1}{n}=2,\quad\lim_{n\to\infty}\sum_{k=1}^{2n}f\left(\frac{k}{2n}\right)\frac{2}{n}=4,$$

故排除(A)、(C)、(D).

法二(正面做):根据定积分定义,若将 $[0,1]$ 分成 n 个区间 $\left[\dfrac{k}{n}-\dfrac{1}{n},\dfrac{k}{n}\right]$ $(k=1,2,\cdots,n)$,令 $\Delta x_k=\dfrac{k}{n}-\left(\dfrac{k}{n}-\dfrac{1}{n}\right)=\dfrac{1}{n}$,$\lambda=\max\limits_{1\leqslant k\leqslant n}\{\Delta x_k\}=\dfrac{1}{n}$,取 $\xi_k=\dfrac{2k-1}{2n}=\dfrac{k}{n}-\dfrac{1}{2n}\in\left[\dfrac{k}{n}-\dfrac{1}{n},\dfrac{k}{n}\right]$,则

$$\int_0^1 f(x)\mathrm{d}x=\lim_{\lambda\to 0}\sum_{k=1}^{n}f(\xi_k)\Delta x_k=\lim_{n\to\infty}\sum_{k=1}^{n}f\left(\frac{2k-1}{2n}\right)\frac{1}{n}.$$

3.【答案】(C).

【解】$M=\int_{-\frac{\pi}{2}}^{\frac{\pi}{2}}\frac{1+x^2+2x}{1+x^2}\mathrm{d}x=\int_{-\frac{\pi}{2}}^{\frac{\pi}{2}}\left(1+\frac{2x}{1+x^2}\right)\mathrm{d}x$. 由于 $\frac{2x}{1+x^2}$ 为奇函数,故根据定积分的对称性,$M=\int_{-\frac{\pi}{2}}^{\frac{\pi}{2}}1\mathrm{d}x$.

由于 $\sqrt{\cos x}\geqslant 0$,故根据定积分的保号性,$K>\int_{-\frac{\pi}{2}}^{\frac{\pi}{2}}1\mathrm{d}x=M$. 又由 $\mathrm{e}^x\geqslant x+1$ 知 $\frac{1+x}{\mathrm{e}^x}\leqslant 1$,故根据定积分的保号性,$N<\int_{-\frac{\pi}{2}}^{\frac{\pi}{2}}1\mathrm{d}x=M$,从而 $K>M>N$.

【注】$\mathrm{e}^x\geqslant x+1$ 是考研常用的不等式.

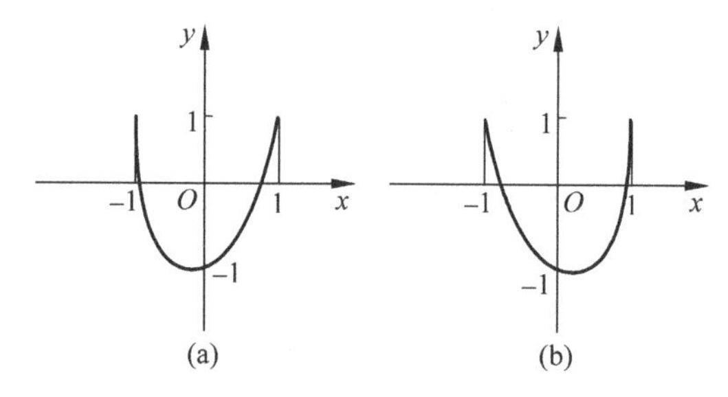

4.【答案】(B).

【解】由 $f''(x)>0$ 知 $y=f(x)$ 是凹的. 于是便可画出 $y=f(x)$ 的草图. 根据定积分的几何意义,由下图(a)、(b)可分别排除(C)、(D),并且由它们皆可排除(A).

考点三 反常积分的收敛性

1.【答案】(B).

【解】取 $f(x)=\frac{1}{x+1}$,则 ① 错误;根据比较判别法,② 正确;取 $f(x)=\frac{1}{(x+2)\ln^2(x+2)}$,则 $\int_0^{+\infty}f(x)\mathrm{d}x=\int_0^{+\infty}\frac{\mathrm{d}[\ln(x+2)]}{\ln^2(x+2)}=\frac{1}{\ln 2}$,而对任意 $p>1$,都有 $\lim\limits_{x\to+\infty}x^pf(x)=\lim\limits_{x\to+\infty}\frac{\frac{x^p}{x+2}}{\ln^2(x+2)}=+\infty$,故 ③ 错误.

2.【答案】(A).

【解】$f(\alpha)=\int_2^{+\infty}\frac{\mathrm{d}(\ln x)}{(\ln x)^{\alpha+1}}=\frac{1}{\alpha(\ln 2)^\alpha}(\alpha>0)$.

由 $f'(\alpha)=-\frac{1+\alpha\ln(\ln 2)}{\alpha^2(\ln 2)^\alpha}=0$ 知 $\alpha_0=-\frac{1}{\ln(\ln 2)}$.

3.【答案】(A).

【解】$\int_0^1\frac{\ln x}{x^p(1-x)^{1-p}}\mathrm{d}x=\int_0^{\frac{1}{2}}\frac{\ln x}{x^p(1-x)^{1-p}}\mathrm{d}x+\int_{\frac{1}{2}}^1\frac{\ln x}{x^p(1-x)^{1-p}}\mathrm{d}x$.

当 $x\to 1^-$ 时,由于 $\ln x=\ln(1+x-1)\sim x-1$,故 $\int_{\frac{1}{2}}^1\frac{\ln x}{x^p(1-x)^{1-p}}\mathrm{d}x$ 与 $\int_{\frac{1}{2}}^1\frac{x-1}{(1-x)^{1-p}}\mathrm{d}x=-\int_{\frac{1}{2}}^1\frac{1}{(1-x)^{-p}}\mathrm{d}x$ 同敛散,从而 $-p<1$,即 $p>-1$. 当 $x\to 0^+$ 时,$\int_0^{\frac{1}{2}}\frac{\ln x}{x^p(1-x)^{1-p}}\mathrm{d}x$ 与 $\int_0^{\frac{1}{2}}\frac{\ln x}{x^p}\mathrm{d}x$ 同敛散. 当 $p=1$ 时,

$$\int_0^{\frac{1}{2}}\frac{\ln x}{x}\mathrm{d}x=\int_0^{\frac{1}{2}}\ln x\mathrm{d}(\ln x)=\frac{1}{2}\left[(\ln x)^2\right]_{0^+}^{\frac{1}{2}}=-\infty;$$

当 $p>1$ 时,根据比较判别法,由 $\lim\limits_{x\to 0^+}x\frac{\ln x}{x^p}=\lim\limits_{x\to 0^+}\frac{\ln x}{x^{p-1}}=-\infty$ 知 $\int_0^{\frac{1}{2}}\frac{\ln x}{x^p}\mathrm{d}x$ 发散;当 $p<1$ 时,根据比较判别法,由 $\lim\limits_{x\to 0^+}x^{\frac{p+1}{2}}\frac{\ln x}{x^p}=\lim\limits_{x\to 0^+}x^{\frac{1-p}{2}}\ln x=0$ 知 $\int_0^{\frac{1}{2}}\frac{\ln x}{x^p}\mathrm{d}x$ 收敛.

综上所述,p 的取值范围是 $(-1,1)$.

【注】类似于 $\int_a^b\frac{\mathrm{d}x}{(x-a)^p}$,$\int_a^b\frac{\mathrm{d}x}{(b-x)^p}$ 也当 $p<1$ 时收敛,当 $p\geqslant 1$ 时发散.

4.【答案】(D).

【解】由

$$\int_0^{+\infty}x\mathrm{e}^{-x}\mathrm{d}x=-\int_0^{+\infty}x\mathrm{d}(\mathrm{e}^{-x})=-\left[x\mathrm{e}^{-x}\right]_0^{+\infty}+\int_0^{+\infty}\mathrm{e}^{-x}\mathrm{d}x$$
$$=\lim_{x\to+\infty}x\mathrm{e}^{-x}-\left[\mathrm{e}^{-x}\right]_0^{+\infty}=0-\lim_{x\to+\infty}\mathrm{e}^{-x}+1=1,$$

$$\int_0^{+\infty}x\mathrm{e}^{-x^2}\mathrm{d}x=-\frac{1}{2}\int_0^{+\infty}\mathrm{e}^{-x^2}\mathrm{d}(-x^2)=-\frac{1}{2}\left[\mathrm{e}^{-x^2}\right]_0^{+\infty}$$
$$=\frac{1}{2}-\lim_{x\to+\infty}\mathrm{e}^{-x^2}=\frac{1}{2},$$

$$\int_0^{+\infty}\frac{\arctan x}{1+x^2}\mathrm{d}x=\int_0^{+\infty}\arctan x\mathrm{d}(\arctan x)=\frac{1}{2}\left[(\arctan x)^2\right]_0^{+\infty}$$
$$=\frac{1}{2}\lim_{x\to+\infty}(\arctan x)^2=\frac{\pi^2}{8},$$

$$\int_0^{+\infty}\frac{x}{1+x^2}\mathrm{d}x=\frac{1}{2}\int_0^{+\infty}\frac{1}{1+x^2}\mathrm{d}(1+x^2)=\frac{1}{2}\left[\ln(1+x^2)\right]_0^{+\infty}$$
$$=\frac{1}{2}\lim_{x\to+\infty}\ln(1+x^2)=+\infty$$

知(A)、(B)、(C)中的积分都收敛,而(D)中的积分发散.

5.【答案】(C).

【解】$\int_0^{+\infty}\frac{1}{x^a(1+x)^b}\mathrm{d}x=\int_0^1\frac{1}{x^a(1+x)^b}\mathrm{d}x+\int_1^{+\infty}\frac{1}{x^a(1+x)^b}\mathrm{d}x$.

当 $x\to 0^+$ 时,由于 $\int_0^1\frac{1}{x^a(1+x)^b}\mathrm{d}x$ 与 $\int_0^1\frac{1}{x^a}\mathrm{d}x$ 同敛散,故 $a<1$;

当 $x\to+\infty$ 时,由于 $\int_1^{+\infty}\frac{1}{x^a(1+x)^b}\mathrm{d}x$ 与 $\int_1^{+\infty}\frac{1}{x^{a+b}}\mathrm{d}x$ 同敛散,故 $a+b>1$.

6.【答案】(B).

【解】由

$$\int_{-\infty}^0\frac{1}{x^2}\mathrm{e}^{\frac{1}{x}}\mathrm{d}x=-\int_{-\infty}^0\mathrm{e}^{\frac{1}{x}}\mathrm{d}\left(\frac{1}{x}\right)=-\left[\mathrm{e}^{\frac{1}{x}}\right]_{-\infty}^{0^-}$$
$$=-\lim_{x\to 0^-}\mathrm{e}^{\frac{1}{x}}+\lim_{x\to-\infty}\mathrm{e}^{\frac{1}{x}}=1,$$

$$\int_0^{+\infty}\frac{1}{x^2}\mathrm{e}^{\frac{1}{x}}\mathrm{d}x=-\left[\mathrm{e}^{\frac{1}{x}}\right]_{0^+}^{+\infty}=-\lim_{x\to+\infty}\mathrm{e}^{\frac{1}{x}}+\lim_{x\to 0^+}\mathrm{e}^{\frac{1}{x}}=+\infty$$

知①收敛,②发散.

7.【答案】(D).

【解】由

$$\int_2^{+\infty}\frac{1}{\sqrt{x}}\mathrm{d}x=\left[2\sqrt{x}\right]_2^{+\infty}=\lim_{x\to+\infty}2\sqrt{x}-2\sqrt{2}=+\infty,$$

$$\int_2^{+\infty}\frac{\ln x}{x}\mathrm{d}x=\int_2^{+\infty}\ln x\mathrm{d}(\ln x)=\left[\frac{1}{2}(\ln x)^2\right]_2^{+\infty}$$
$$=\frac{1}{2}\lim_{x\to+\infty}(\ln x)^2-\frac{1}{2}(\ln 2)^2=+\infty,$$

$$\int_2^{+\infty}\frac{1}{x\ln x}\mathrm{d}x=\int_2^{+\infty}\frac{1}{\ln x}\mathrm{d}(\ln x)=\left[\ln|\ln x|\right]_2^{+\infty}$$
$$=\lim_{x\to+\infty}\ln(\ln x)-\ln(\ln 2)=+\infty,$$

$$\int_2^{+\infty}\frac{x}{\mathrm{e}^x}\mathrm{d}x=-\int_2^{+\infty}x\mathrm{d}(\mathrm{e}^{-x})=-\left[x\mathrm{e}^{-x}\right]_2^{+\infty}+\int_2^{+\infty}\mathrm{e}^{-x}\mathrm{d}x$$
$$=2\mathrm{e}^{-2}-\lim_{x\to+\infty}x\mathrm{e}^{-x}-\left[\mathrm{e}^{-x}\right]_2^{+\infty}$$
$$=2\mathrm{e}^{-2}-0-\lim_{x\to+\infty}\mathrm{e}^{-x}+\mathrm{e}^{-2}=3\mathrm{e}^{-2}$$

知(A)、(B)、(C)中的积分都发散,而(D)中的积分收敛.

方法探究

考点二　定积分的概念与性质

变式【答案】(B).

【解】当 $0<x<\frac{\pi}{4}$ 时,由于 $0<\sin x<\cos x<1$,$\cot x=\frac{\cos x}{\sin x}>\cos x$,而 $\ln x$ 在 $(0,+\infty)$ 内单调递增,故 $\ln(\sin x)<\ln(\cos x)<\ln(\cot x)$,从而 $I<K<J$.

【注】其实,I,K 是两个反常积分,但这并不影响本题对于保号性的使用.

真题精选

考点一　不定积分与原函数的概念

1.【答案】$-\frac{1}{3}\sqrt{(1-x^2)^3}+C$.

【解】在 $\int xf(x)\mathrm{d}x=\arcsin x+C$ 两边求导,$xf(x)=\frac{1}{\sqrt{1-x^2}}$,

即 $f(x)=\frac{1}{x\sqrt{1-x^2}}$.

于是 $\int\frac{1}{f(x)}\mathrm{d}x=\int x\sqrt{1-x^2}\mathrm{d}x=-\frac{1}{2}\int\sqrt{1-x^2}\mathrm{d}(1-x^2)=-\frac{1}{3}\sqrt{(1-x^2)^3}+C$.

2.【答案】$\frac{1}{2}\ln^2 x$.

【解】法一:$f(\mathrm{e}^x)=\int f'(\mathrm{e}^x)\mathrm{d}(\mathrm{e}^x)=\int x\mathrm{e}^{-x}\cdot\mathrm{e}^x\mathrm{d}x=\frac{1}{2}x^2+C$.

令 $\mathrm{e}^x=t$,则 $x=\ln t$,$f(t)=\frac{1}{2}\ln^2 t+C$,即 $f(x)=\frac{1}{2}\ln^2 x+C$.

又由 $f(1)=0$ 知 $C=0$,故 $f(x)=\frac{1}{2}\ln^2 x$.

法二:令 $\mathrm{e}^x=t$,则 $x=\ln t$,$f'(t)=\frac{\ln t}{t}$,即 $f'(x)=\frac{\ln x}{x}$.

$f(x)=\int\frac{\ln x}{x}\mathrm{d}x=\int\ln x\mathrm{d}(\ln x)=\frac{1}{2}\ln^2 x+C$.

又由 $f(1)=0$ 知 $C=0$,故 $f(x)=\frac{1}{2}\ln^2 x$.

考点二　定积分的概念与性质

1.【答案】(D).

【解】法一:由于 $\mathrm{e}^{x^2}>0$,且 e^{x^2} 在 $[0,3\pi]$ 上单调递增,故可结合 $y=\sin x$ 在 $[0,3\pi]$ 上的图形,画出 $y=\mathrm{e}^{x^2}\sin x$ 图形的大致形状(如下图所示),并得知

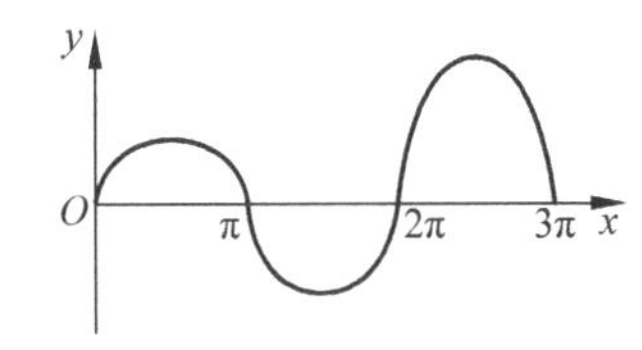

$$\left|\int_0^{\pi}\mathrm{e}^{x^2}\sin x\mathrm{d}x\right|<\left|\int_{\pi}^{2\pi}\mathrm{e}^{x^2}\sin x\mathrm{d}x\right|<\left|\int_{2\pi}^{3\pi}\mathrm{e}^{x^2}\sin x\mathrm{d}x\right|.$$

于是,

$I_1=\left|\int_0^{\pi}\mathrm{e}^{x^2}\sin x\mathrm{d}x\right|$,

$I_2=\left|\int_0^{\pi}\mathrm{e}^{x^2}\sin x\mathrm{d}x\right|-\left|\int_{\pi}^{2\pi}\mathrm{e}^{x^2}\sin x\mathrm{d}x\right|<I_1$,

$I_3=\left|\int_0^{\pi}\mathrm{e}^{x^2}\sin x\mathrm{d}x\right|-\left|\int_{\pi}^{2\pi}\mathrm{e}^{x^2}\sin x\mathrm{d}x\right|+\left|\int_{2\pi}^{3\pi}\mathrm{e}^{x^2}\sin x\mathrm{d}x\right|>I_1$.

法二:$I_2-I_1=\int_{\pi}^{2\pi}\mathrm{e}^{x^2}\sin x\mathrm{d}x$.由在 $(\pi,2\pi)$ 内 $\mathrm{e}^{x^2}\sin x<0$ 知 $I_2<I_1$.

$I_3-I_2=\int_{2\pi}^{3\pi}\mathrm{e}^{x^2}\sin x\mathrm{d}x$.由在 $(2\pi,3\pi)$ 内 $\mathrm{e}^{x^2}\sin x>0$ 知 $I_2<I_3$.

$I_3-I_1=\int_{\pi}^{3\pi}\mathrm{e}^{x^2}\sin x\mathrm{d}x=\int_{\pi}^{2\pi}\mathrm{e}^{x^2}\sin x\mathrm{d}x+\int_{2\pi}^{3\pi}\mathrm{e}^{x^2}\sin x\mathrm{d}x$.由于

$$\int_{\pi}^{2\pi}\mathrm{e}^{x^2}\sin x\mathrm{d}x\xlongequal{令t=x+\pi}\int_{2\pi}^{3\pi}\mathrm{e}^{(t-\pi)^2}\sin(t-\pi)\mathrm{d}t=-\int_{2\pi}^{3\pi}\mathrm{e}^{(t-\pi)^2}\sin t\mathrm{d}t,$$

故 $I_3-I_1=-\int_{2\pi}^{3\pi}\mathrm{e}^{(x-\pi)^2}\sin x\mathrm{d}x+\int_{2\pi}^{3\pi}\mathrm{e}^{x^2}\sin x\mathrm{d}x=\int_{2\pi}^{3\pi}[\mathrm{e}^{x^2}-\mathrm{e}^{(x-\pi)^2}]\sin x\mathrm{d}x>0$,从而 $I_2<I_1<I_3$.

2.【答案】(C).

【解】由于

$F(3)=\int_0^3 f(t)\mathrm{d}t=\frac{1}{2}\left(\pi-\frac{\pi}{4}\right)=\frac{3}{8}\pi$,$F(2)=\int_0^2 f(t)\mathrm{d}t=\frac{\pi}{2}$,

$F(-3)=-\int_{-3}^0 f(t)\mathrm{d}t=-\frac{1}{2}\left(\frac{\pi}{4}-\pi\right)=\frac{3}{8}\pi$,

$F(-2)=-\int_{-2}^0 f(t)\mathrm{d}t=\frac{\pi}{2}$,

故只有(C)正确.

3.【答案】(C).

【解】法一(反面做):取 $f(x)=x$,$g(x)=x+1$,则 $f(-x)<g(-x)$,$f'(x)=g'(x)$,故排除(A)、(B);当 $x<0$ 时,$\int_0^x f(t)\mathrm{d}t>\int_0^x g(t)\mathrm{d}t$,故(D)错误.

法二(正面做):由 $f(x)$ 与 $g(x)$ 在 $(-\infty,+\infty)$ 上可导知 $f(x)$ 与 $g(x)$ 在 $(-\infty,+\infty)$ 上连续,故又由 $f(x)<g(x)$ 知 $\lim\limits_{x\to x_0}f(x)=f(x_0)<g(x_0)=\lim\limits_{x\to x_0}g(x)$.

4.【答案】$x-1$.

【解】设 $\int_0^1 f(t)\mathrm{d}t=a$,则 $f(x)=x+2a$,故由 $a=\int_0^1 f(t)\mathrm{d}t=\int_0^1(t+2a)\mathrm{d}t=\frac{1}{2}+2a$ 得 $a=-\frac{1}{2}$,从而 $f(x)=x-1$.

考点三　反常积分的收敛性

1.【答案】(D).

【解】$\int_1^{+\infty}f(x)\mathrm{d}x=\int_1^{\mathrm{e}}\frac{\mathrm{d}x}{(x-1)^{\alpha-1}}+\int_{\mathrm{e}}^{+\infty}\frac{\mathrm{d}x}{x\ln^{\alpha+1}x}$.

当 $\alpha=2$ 时,$\int_1^{\mathrm{e}}\frac{\mathrm{d}x}{(x-1)^{\alpha-1}}=\int_1^{\mathrm{e}}\frac{\mathrm{d}x}{x-1}=[\ln|x-1|]_{1^+}^{\mathrm{e}}=+\infty$,是发散的;当 $\alpha\neq2$ 时,$\int_1^{\mathrm{e}}\frac{\mathrm{d}x}{(x-1)^{\alpha-1}}=\left[\frac{(x-1)^{2-\alpha}}{2-\alpha}\right]_{1^+}^{\mathrm{e}}$.

当 $\alpha=0$ 时,$\int_{\mathrm{e}}^{+\infty}\frac{\mathrm{d}x}{x\ln^{\alpha+1}x}=\int_{\mathrm{e}}^{+\infty}\frac{\mathrm{d}x}{x\ln x}=\int_{\mathrm{e}}^{+\infty}\frac{1}{\ln x}\mathrm{d}(\ln x)=[\ln|\ln x|]_{\mathrm{e}}^{+\infty}=+\infty$,是发散的;当 $\alpha\neq0$ 时,

$$\int_{\mathrm{e}}^{+\infty}\frac{\mathrm{d}x}{x\ln^{\alpha+1}x}=\int_{\mathrm{e}}^{+\infty}\frac{1}{\ln^{\alpha+1}x}\mathrm{d}(\ln x)=-\frac{1}{\alpha}\left[\frac{1}{\ln^{\alpha}x}\right]_{\mathrm{e}}^{+\infty}.$$

由 $\int_1^{+\infty}f(x)\mathrm{d}x$ 收敛知 $\lim\limits_{x\to1^+}(x-1)^{2-\alpha}$,$\lim\limits_{x\to+\infty}\frac{1}{\ln^{\alpha}x}$ 都存在,故 $\begin{cases}2-\alpha>0,\\\alpha>0,\end{cases}$ 即 $0<\alpha<2$.

2.【答案】(D).

【解】$\int_0^1\frac{\sqrt[m]{\ln^2(1-x)}}{\sqrt[n]{x}}\mathrm{d}x=\int_0^{\frac{1}{2}}\frac{\sqrt[m]{\ln^2(1-x)}}{\sqrt[n]{x}}\mathrm{d}x+\int_{\frac{1}{2}}^1\frac{\sqrt[m]{\ln^2(1-x)}}{\sqrt[n]{x}}\mathrm{d}x$.

由于当 $x\to0^+$ 时,$\frac{\sqrt[m]{\ln^2(1-x)}}{\sqrt[n]{x}}\sim\frac{(-x)^{\frac{2}{m}}}{\sqrt[n]{x}}=\frac{1}{x^{\frac{1}{n}-\frac{2}{m}}}$,故 $\int_0^{\frac{1}{2}}\frac{\sqrt[m]{\ln^2(1-x)}}{\sqrt[n]{x}}\mathrm{d}x$ 与 $\int_0^{\frac{1}{2}}\frac{\mathrm{d}x}{x^{\frac{1}{n}-\frac{2}{m}}}$ 同敛散.又由于 $\frac{1}{n}\leqslant1$,$\frac{2}{m}>0$,故 $\frac{1}{n}-\frac{2}{m}<1$,从而 $\int_0^{\frac{1}{2}}\frac{\sqrt[m]{\ln^2(1-x)}}{\sqrt[n]{x}}\mathrm{d}x$ 收敛.

根据比较判别法，由 $\lim\limits_{x\to1^-}\sqrt{1-x}\dfrac{\sqrt[m]{\ln^2(1-x)}}{\sqrt[n]{x}}=\lim\limits_{x\to1^-}\sqrt{1-x}[\ln(1-x)]^{\frac{2}{m}}=0$ 知 $\int_{\frac{1}{2}}^{1}\dfrac{\sqrt[m]{\ln^2(1-x)}}{\sqrt[n]{x}}\mathrm{d}x$ 收敛，从而对于任意正整数 m,n，$\int_0^1\dfrac{\sqrt[m]{\ln^2(1-x)}}{\sqrt[n]{x}}\mathrm{d}x$ 都收敛.

3.【答案】(A).

【解】 由 $\int_{-1}^{1}\dfrac{\mathrm{d}x}{\sqrt{1-x^2}}=[\arcsin x]_{-1^+}^{1^-}=\pi$，$\int_0^{+\infty}\mathrm{e}^{-x^2}\mathrm{d}x=\dfrac{1}{2}\int_{-\infty}^{+\infty}\mathrm{e}^{-x^2}\mathrm{d}x=\dfrac{\sqrt{\pi}}{2}$，$\int_2^{+\infty}\dfrac{\mathrm{d}x}{x\ln^2x}=\int_2^{+\infty}\dfrac{\mathrm{d}(\ln x)}{\ln^2x}=-\left[\dfrac{1}{\ln x}\right]_2^{+\infty}=-\lim\limits_{x\to+\infty}\dfrac{1}{\ln x}+\dfrac{1}{\ln2}=\dfrac{1}{\ln2}$ 知(B)、(C)、(D)中的积分都收敛. 对于(A)，$x=0$ 为瑕点，且 $\int_{-1}^{1}\dfrac{\mathrm{d}x}{\sin x}=\int_{-1}^{0}\dfrac{\mathrm{d}x}{\sin x}+\int_0^1\dfrac{\mathrm{d}x}{\sin x}$. 由于当 $x\to0^+$ 时，$\dfrac{1}{\sin x}\sim\dfrac{1}{x}$，故 $\int_0^1\dfrac{\mathrm{d}x}{\sin x}$ 与 $\int_0^1\dfrac{\mathrm{d}x}{x}$ 同敛散，即 $\int_0^1\dfrac{\mathrm{d}x}{\sin x}$ 发散，从而原积分发散.

§3.2 不定积分、定积分与反常积分的计算

十年真题

考点一 利用凑微分法、换元积分法与分部积分法求积分

1.【答案】(A).

【解】 由 $(\arcsin\sqrt{x})'=\dfrac{1}{\sqrt{1-x}}\cdot\dfrac{1}{2\sqrt{x}}=\dfrac{1}{2\sqrt{x(1-x)}}$ 知

$$\int_0^1\frac{\arcsin\sqrt{x}}{\sqrt{x(1-x)}}\mathrm{d}x=2\int_0^1\arcsin\sqrt{x}\,\mathrm{d}(\arcsin\sqrt{x})=[(\arcsin\sqrt{x})^2]_0^1=\frac{\pi^2}{4}.$$

2.【答案】$\dfrac{1}{2}\ln3-\dfrac{\pi}{8}$.

【解】 设 $\dfrac{5}{x^4+3x^2-4}=\dfrac{5}{(x-1)(x+1)(x^2+4)}=\dfrac{A}{x-1}+\dfrac{B}{x+1}+\dfrac{Cx+D}{x^2+4}$，则

$A(x+1)(x^2+4)+B(x-1)(x^2+4)+(Cx+D)(x^2-1)=5$.

解方程组 $\begin{cases}A+B+C=0,\\A-B+D=0,\\4A+4B-C=0,\\4A-4B-D=5\end{cases}$ 得 $\begin{cases}A=\dfrac{1}{2},\\B=-\dfrac{1}{2},\\C=0,\\D=-1.\end{cases}$

于是原式 $=\int_2^{+\infty}\left(\dfrac{1}{2}\cdot\dfrac{1}{x-1}-\dfrac{1}{2}\dfrac{1}{x+1}-\dfrac{1}{x^2+4}\right)\mathrm{d}x$

$$=\frac{1}{2}\left[\ln\left|\frac{x-1}{x+1}\right|-\arctan\frac{x}{2}\right]_2^{+\infty}$$

$$=\frac{1}{2}\lim_{x\to+\infty}\left(\ln\left|\frac{x-1}{x+1}\right|-\arctan\frac{x}{2}\right)-\frac{1}{2}\left(\ln\frac{1}{3}-\frac{\pi}{4}\right)$$

$$=\frac{1}{2}\ln3-\frac{\pi}{8}.$$

3.【答案】4.

【解】 $\int_1^{\mathrm{e}^2}\dfrac{\ln x}{\sqrt{x}}\mathrm{d}x=2\int_1^{\mathrm{e}^2}\ln x\,\mathrm{d}(\sqrt{x})$

$$=2[\sqrt{x}\ln x]_1^{\mathrm{e}^2}-2\int_1^{\mathrm{e}^2}\sqrt{x}\cdot\frac{1}{x}\mathrm{d}x$$

$$=4\mathrm{e}-2\int_1^{\mathrm{e}^2}\frac{1}{\sqrt{x}}\mathrm{d}x=4.$$

4.【答案】$\dfrac{8\sqrt{3}}{9}\pi$.

【解】 $\int_0^1\dfrac{2x+3}{x^2-x+1}\mathrm{d}x$

$$=\int_0^1\frac{2x-1}{x^2-x+1}\mathrm{d}x+4\int_0^1\frac{\mathrm{d}x}{\frac{3}{4}+\left(x-\frac{1}{2}\right)^2}$$

$$=\int_0^1\frac{\mathrm{d}(x^2-x+1)}{x^2-x+1}+\frac{16}{3}\int_0^1\frac{\mathrm{d}x}{1+\frac{4}{3}\left(x-\frac{1}{2}\right)^2}$$

$$=[\ln(x^2-x+1)]_0^1+\frac{8}{\sqrt{3}}\int_0^1\frac{\mathrm{d}\left[\frac{2}{\sqrt{3}}\left(x-\frac{1}{2}\right)\right]}{1+\frac{4}{3}\left(x-\frac{1}{2}\right)^2}$$

$$=\frac{8}{\sqrt{3}}\left[\arctan\frac{2}{\sqrt{3}}\left(x-\frac{1}{2}\right)\right]_0^1=\frac{8\sqrt{3}}{9}\pi.$$

【注】 1999年数学二曾考查过类似的考题.

5.【答案】$\ln3-\dfrac{\sqrt{3}}{3}\pi$.

【解】 $\int_0^2\dfrac{2x-4}{x^2+2x+4}\mathrm{d}x$

$$=\int_0^2\frac{2x+2}{x^2+2x+4}\mathrm{d}x-6\int_0^2\frac{\mathrm{d}x}{3+(x+1)^2}$$

$$=\int_0^2\frac{\mathrm{d}(x^2+2x+4)}{x^2+2x+4}-2\int_0^2\frac{\mathrm{d}x}{1+\left(\frac{x+1}{\sqrt{3}}\right)^2}$$

$$=[\ln(x^2+2x+4)]_0^2-2\sqrt{3}\int_0^2\frac{\mathrm{d}\left(\frac{x+1}{\sqrt{3}}\right)}{1+\left(\frac{x+1}{\sqrt{3}}\right)^2}$$

$$=\ln3-2\sqrt{3}\left[\arctan\left(\frac{x+1}{\sqrt{3}}\right)\right]_0^2=\ln3-\frac{\sqrt{3}}{3}\pi.$$

【注】 1999年数学二曾考查过类似的考题.

6.【答案】$\dfrac{\pi}{4}$.

【解】 $\int_0^{+\infty}\dfrac{1}{x^2+2x+2}\mathrm{d}x=\int_0^{+\infty}\dfrac{1}{1+(x+1)^2}\mathrm{d}(x+1)$

$$=[\arctan(x+1)]_0^{+\infty}=\frac{\pi}{4}.$$

【注】 2014年数学二曾考查过类似的填空题.

7.【答案】$2(\ln2-1)$.

【解】 由题意得 $f(0)=0,f(1)=2^x\Big|_{x=1}=2,f'(1)=(2^x)'\Big|_{x=1}=2\ln2$.

$$\int_0^1xf''(x)\mathrm{d}x=\int_0^1x\mathrm{d}[f'(x)]=[xf'(x)]_0^1-\int_0^1f'(x)\mathrm{d}x$$

$$=f'(1)-[f(x)]_0^1=2\ln2-f(1)+f(0)$$

$$=2(\ln2-1).$$

8.【答案】$\dfrac{\ln2}{2}$.

【解】 $\int_5^{+\infty}\dfrac{1}{x^2-4x+3}\mathrm{d}x=\dfrac{1}{2}\int_5^{+\infty}\left(\dfrac{1}{x-3}-\dfrac{1}{x-1}\right)\mathrm{d}x$

$$=\frac{1}{2}[\ln|x-3|-\ln|x-1|]_5^{+\infty}$$

$$=\frac{1}{2}\left(\lim_{x\to+\infty}\ln\frac{x-3}{x-1}-\ln\frac{1}{2}\right)=\frac{\ln2}{2}.$$

9.【答案】$\mathrm{e}^x\arcsin\sqrt{1-\mathrm{e}^{2x}}-\sqrt{1-\mathrm{e}^{2x}}+C$.

【解】 $\int\mathrm{e}^x\arcsin\sqrt{1-\mathrm{e}^{2x}}\,\mathrm{d}x$

$$=\int\arcsin\sqrt{1-\mathrm{e}^{2x}}\,\mathrm{d}(\mathrm{e}^x)$$

$$= e^x \arcsin\sqrt{1-e^{2x}} - \int e^x \frac{1}{\sqrt{1-(1-e^{2x})}} \cdot \frac{-e^{2x}}{\sqrt{1-e^{2x}}}dx$$

$$= e^x \arcsin\sqrt{1-e^{2x}} + \int \frac{e^{2x}}{\sqrt{1-e^{2x}}}dx$$

$$= e^x \arcsin\sqrt{1-e^{2x}} - \frac{1}{2}\int \frac{d(1-e^{2x})}{\sqrt{1-e^{2x}}}$$

$$= e^x \arcsin\sqrt{1-e^{2x}} - \sqrt{1-e^{2x}} + C.$$

10. 【答案】1.

【解】$\int_0^{+\infty} \frac{\ln(1+x)}{(1+x)^2}dx = -\int_0^{+\infty}\ln(1+x)d\left(\frac{1}{1+x}\right)$

$$= -\left[\frac{\ln(1+x)}{1+x}\right]_0^{+\infty} + \int_0^{+\infty}\frac{1}{(1+x)^2}dx$$

$$= -\lim_{x\to+\infty}\frac{\ln(1+x)}{1+x} - \left[\frac{1}{1+x}\right]_0^{+\infty}$$

$$= 0 - \left(\lim_{x\to+\infty}\frac{1}{1+x} - 1\right) = 1.$$

【注】2013年数学一、三曾考查过类似的填空题.

11. 【解】设$\frac{3x+6}{(x-1)^2(x^2+x+1)} = \frac{A}{x-1} + \frac{B}{(x-1)^2} + \frac{Cx+D}{x^2+x+1}$,则 $A(x-1)(x^2+x+1)+B(x^2+x+1)+(Cx+D)(x-1)^2=3x+6$.

解方程组$\begin{cases}A+C=0,\\B-2C+D=0,\\B+C-2D=3,\\-A+B+D=6\end{cases}$ 得$\begin{cases}A=-2,\\B=3,\\C=2,\\D=1,\end{cases}$

于是原式$=-\int\frac{2}{x-1}dx+\int\frac{3}{(x-1)^2}dx+\int\frac{2x+1}{x^2+x+1}dx$

$$= -2\ln|x-1| - \frac{3}{x-1} + \ln(x^2+x+1) + C.$$

12. 【解】 $\int e^{2x}\arctan\sqrt{e^x-1}\,dx$

$$\xlongequal{令 t=\sqrt{e^x-1}} \int (t^2+1)^2\arctan t\cdot\frac{2t}{t^2+1}dt$$

$$= \int 2t(t^2+1)\arctan t\,dt = \frac{1}{2}\int\arctan t\,d[(t^2+1)^2]$$

$$= \frac{1}{2}(t^2+1)^2\arctan t - \frac{1}{2}\int(t^2+1)dt$$

$$= \frac{1}{2}(t^2+1)^2\arctan t - \frac{t^3}{6} - \frac{t}{2} + C$$

$$= \frac{1}{2}e^{2x}\arctan\sqrt{e^x-1} - \frac{1}{6}(e^x+2)\sqrt{e^x-1} + C.$$

考点二 利用可加性、对称性与几何意义求积分

1. 【答案】(B).

【解】$I=\int_a^0|\sin x|dx+\int_0^{k\pi}|\sin x|dx+\int_{k\pi}^{a+k\pi}|\sin x|dx$.

由$\int_{k\pi}^{a+k\pi}|\sin x|dx \xlongequal{令 t=x-k\pi} \int_0^a|\sin(t+k\pi)|dt=\int_0^a|\sin t|dt = -\int_a^0|\sin x|dx$ 知

$$I=\int_0^{k\pi}|\sin x|dx = k\int_0^{\pi}\sin x\,dx = 2k.$$

【注】设 $f(x)$ 为周期为 T 的连续函数,则

① $\int_0^{kT}f(x)dx = k\int_0^T f(x)dx$($k$ 为整数);

② $\int_a^{a+T}f(x)dx=\int_0^T f(x)dx$($a$ 为任意实数).

2. 【答案】$\frac{1}{2}$.

【解】$\int_1^3 f(x)dx = \int_0^2 f(x)dx + \int_1^0 f(x)dx + \int_2^3 f(x)dx$

$$= -\int_0^1 f(x)dx + \int_2^3 f(x)dx$$

$$\xlongequal{令 x=t+2} -\int_0^1 f(x)dx + \int_0^1 f(t+2)dt$$

$$= \int_0^1[f(x+2)-f(x)]dx = \int_0^1 x\,dx = \frac{1}{2}.$$

【注】1991年数学二曾考查过类似的解答题.

3. 【答案】$\frac{1}{\ln 3}$.

【解】$\int_{-\infty}^{+\infty}|x|3^{-x^2}dx = 2\int_0^{+\infty}x3^{-x^2}dx = -\int_0^{+\infty}3^{-x^2}d(-x^2)$

$$= -\left[\frac{3^{-x^2}}{\ln 3}\right]_0^{+\infty} = \frac{1}{\ln 3}.$$

4. 【答案】6

【解】$\int_{\sqrt{5}}^5\frac{x}{\sqrt{|x^2-9|}}dx = \int_{\sqrt{5}}^3\frac{x}{\sqrt{9-x^2}}dx + \int_3^5\frac{x}{\sqrt{x^2-9}}dx$

$$= -\frac{1}{2}\int_{\sqrt{5}}^3\frac{d(9-x^2)}{\sqrt{9-x^2}} + \frac{1}{2}\int_3^5\frac{d(x^2-9)}{\sqrt{x^2-9}}$$

$$= -\left[\sqrt{9-x^2}\right]_{\sqrt{5}}^3 + \left[\sqrt{x^2-9}\right]_3^5 = 6$$

5. 【答案】$\frac{\pi^3}{2}$

【解】由于$\sin^3 x$为奇函数,故根据定积分的对称性,$\int_{-\pi}^{\pi}\sin^3 x\,dx=0$.

根据定积分的几何意义,$\int_{-\pi}^{\pi}\sqrt{\pi^2-x^2}dx$ 表示圆心在原点,半径为 π 的上半圆的面积,故$\int_{-\pi}^{\pi}\sqrt{\pi^2-x^2}dx=\frac{\pi^3}{2}$,从而 $\int_{-\pi}^{\pi}(\sin^3x+\sqrt{\pi^2-x^2})dx=\frac{\pi^3}{2}$.

6. 【答案】$\frac{\pi^2}{4}$.

【解】由于$\frac{\sin x}{1+\cos x}$为奇函数,$|x|$为偶函数,故根据定积分的对称性,$\int_{-\frac{\pi}{2}}^{\frac{\pi}{2}}\frac{\sin x}{1+\cos x}dx=0$,$\int_{-\frac{\pi}{2}}^{\frac{\pi}{2}}|x|dx=2\int_0^{\frac{\pi}{2}}x\,dx=\frac{\pi^2}{4}$,从而

$$\int_{-\frac{\pi}{2}}^{\frac{\pi}{2}}\left(\frac{\sin x}{1+\cos x}+|x|\right)dx=\frac{\pi^2}{4}.$$

方法探究

考点一 利用凑微分法、换元积分法与分部积分法求积分

变式1【答案】$\tan x-\frac{1}{\cos x}+C$.

【解】原式$=\int\frac{1-\sin x}{1-\sin^2 x}dx=\int\left(\frac{1}{\cos^2 x}-\frac{\sin x}{\cos^2 x}\right)dx$

$$=\int\sec^2 x\,dx+\int(\cos x)^{-2}d(\cos x)=\tan x-\frac{1}{\cos x}+C.$$

变式2【答案】$\frac{2}{3}-\frac{3}{8}\sqrt{3}$.

【解】原式$=\int_3^{+\infty}\frac{dx}{(x-1)^4\sqrt{(x-1)^2-1}}$

$$\xlongequal{令 x-1=\sec t}\int_{\frac{\pi}{3}}^{\frac{\pi}{2}}\frac{\sec t\tan t\,dt}{\sec^4 t\tan t}$$

$$=\int_{\frac{\pi}{3}}^{\frac{\pi}{2}}\cos^3 t\,dt=\int_{\frac{\pi}{3}}^{\frac{\pi}{2}}(1-\sin^2 t)d(\sin t)$$

$$=\left[\sin t-\frac{1}{3}\sin^3 t\right]_{\frac{\pi}{3}}^{\frac{\pi}{2}}$$

$$=\frac{2}{3}-\frac{3}{8}\sqrt{3}.$$

变式 3.1【解】 原式 $\xlongequal{令x=\tan t}\int\frac{e^t\tan t}{\sec^3 t}\cdot\sec^2 t\,dt=\int e^t\sin t\,dt=\int\sin t\,d(e^t)$

$$=e^t\sin t-\int e^t\cos t\,dt=e^t\sin t-\int\cos t\,d(e^t)$$

$$=e^t\sin t-e^t\cos t-\int e^t\sin t\,dt.$$

故原式 $=\frac{1}{2}e^t(\sin t-\cos t)+C.$

$$=\frac{1}{2}e^{\arctan x}\left(\frac{x}{\sqrt{1+x^2}}-\frac{1}{\sqrt{1+x^2}}\right)+C$$

$$=\frac{(x-1)e^{\arctan x}}{2\sqrt{1+x^2}}+C$$

【注】当被积函数形如 $e^{kx}\sin(ax+b)$ 或 $e^{kx}\cos(ax+b)$ 时，两次分部积分后会出现与原积分相同的形式.

变式 3.2【解】 由题意，$f''(3)=0,f'(0)=2,f'(3)=-2,f(0)=0,f(3)=2.$

$$\int_0^3(x^2+x)f'''(x)dx=\int_0^3(x^2+x)d[f''(x)]$$

$$=[(x^2+x)f''(x)]_0^3-\int_0^3(2x+1)f''(x)dx$$

$$=12f''(3)-\int_0^3(2x+1)d[f'(x)]$$

$$=-[(2x+1)f'(x)]_0^3+2\int_0^3 f'(x)dx$$

$$=-7f'(3)+f'(0)+2f(3)-2f(0)=20.$$

真题精选

考点一　利用凑微分法、换元积分法与分部积分法求积分

1.【答案】(B).

【解】 $a_n=\frac{3}{2n}\int_0^{\frac{n}{n+1}}\sqrt{1+x^n}\,d(1+x^n)=\frac{3}{2n}\cdot\frac{2}{3}\left[(1+x^n)^{\frac{3}{2}}\right]_0^{\frac{n}{n+1}}$

$$=\frac{1}{n}\left\{\left[1+\left(\frac{n}{n+1}\right)^n\right]^{\frac{3}{2}}-1\right\}.$$

故 $\lim\limits_{n\to\infty}na_n=\lim\limits_{n\to\infty}\left\{\left[1+\left(\frac{n}{n+1}\right)^n\right]^{\frac{3}{2}}-1\right\}$

$$=\lim_{n\to\infty}\left\{\left[1+\frac{1}{\left(1+\frac{1}{n}\right)^n}\right]^{\frac{3}{2}}-1\right\}=(1+e^{-1})^{\frac{3}{2}}-1.$$

2.【答案】 $\frac{3\pi}{8}$.

【解】 $\int_{-\infty}^1\frac{1}{x^2+2x+5}dx=\int_{-\infty}^1\frac{1}{4+(x+1)^2}dx$

$$=\frac{1}{4}\int_{-\infty}^1\frac{1}{1+\left(\frac{x+1}{2}\right)^2}dx$$

$$=\frac{1}{2}\int_{-\infty}^1\frac{d\left(\frac{x+1}{2}\right)}{1+\left(\frac{x+1}{2}\right)^2}$$

$$=\frac{1}{2}\left[\arctan\frac{x+1}{2}\right]_{-\infty}^1$$

$$=\frac{1}{2}\left(\frac{\pi}{4}-\lim_{x\to-\infty}\arctan\frac{x+1}{2}\right)$$

$$=\frac{1}{2}\left(\frac{\pi}{4}+\frac{\pi}{2}\right)=\frac{3\pi}{8}.$$

【注】2021年数学一又考了类似的填空题.

3.【答案】 ln2.

【解】 $\int_1^{+\infty}\frac{\ln x}{(1+x)^2}dx=-\int_1^{+\infty}\ln x\,d\left(\frac{1}{1+x}\right)$

$$=-\left[\frac{\ln x}{1+x}\right]_1^{+\infty}+\int_1^{+\infty}\frac{1}{x(1+x)}dx$$

$$=-\lim_{x\to+\infty}\frac{\ln x}{1+x}+\int_1^{+\infty}\left(\frac{1}{x}-\frac{1}{1+x}\right)dx$$

$$=0+[\ln|x|-\ln|1+x|]_1^{+\infty}$$

$$=\lim_{x\to+\infty}\ln\frac{x}{1+x}+\ln 2$$

$$=\ln 2.$$

【注】2017年数学二又考了类似的填空题.

4.【答案】 -4π.

【解】 $\int_0^{\pi^2}\sqrt{x}\cos\sqrt{x}\,dx\xlongequal{令t=\sqrt{x}}2\int_0^{\pi}t^2\cos t\,dt=2\int_0^{\pi}t^2 d(\sin t)$

$$=2[t^2\sin t]_0^{\pi}-4\int_0^{\pi}t\sin t\,dt$$

$$=4\int_0^{\pi}t\,d(\cos t)=4[t\cos t]_0^{\pi}-4\int_0^{\pi}\cos t\,dt$$

$$=-4\pi-4[\sin t]_0^{\pi}=-4\pi.$$

5.【答案】 0

【解】 由

$$\int_0^1 e^{-x}\sin nx\,dx=-\int_0^1\sin nx\,d(e^{-x})$$

$$=-[e^{-x}\sin nx]_0^1+n\int_0^1 e^{-x}\cos nx\,dx$$

$$=-e^{-1}\sin n-n\int_0^1\cos nx\,d(e^{-x})$$

$$=-e^{-1}\sin n-n[e^{-x}\cos nx]_0^1-n^2\int_0^1 e^{-x}\sin nx\,dx$$

$$=-e^{-1}\sin n-ne^{-1}\cos n+n-n^2\int_0^1 e^{-x}\sin nx\,dx$$

知 $\int_0^1 e^{-x}\sin nx\,dx=\frac{-e^{-1}(\sin n+n\cos n)+n}{n^2+1}.$

故 $\lim\limits_{n\to\infty}\int_0^1 e^{-x}\sin nx\,dx=-e^{-1}\lim\limits_{n\to\infty}\frac{1}{n^2+1}\sin n-e^{-1}\lim\limits_{n\to\infty}\frac{n}{n^2+1}\cos n+\lim\limits_{n\to\infty}\frac{n}{n^2+1}=0.$

【注】当被积函数形如 $e^{kx}\sin(ax+b)$ 或 $e^{kx}\cos(ax+b)$ 时，两次分部积分后会出现与原积分相同的形式.

6.【答案】 $\frac{\pi}{4}$.

【解】 $\int_0^1\frac{x\,dx}{(2-x^2)\sqrt{1-x^2}}\xlongequal{令x=\sin t}\int_0^{\frac{\pi}{2}}\frac{\sin t\cos t\,dt}{(2-\sin^2 t)\cos t}$

$$=-\int_0^{\frac{\pi}{2}}\frac{d(\cos t)}{1+\cos^2 t}=-[\arctan(\cos t)]_0^{\frac{\pi}{2}}$$

$$=\frac{\pi}{4}.$$

7.【答案】 $\frac{\pi}{2}$.

【解】 $\int_1^{+\infty}\frac{dx}{x\sqrt{x^2-1}}\xlongequal{令x=\sec t}\int_0^{\frac{\pi}{2}}\frac{\sec t\tan t\,dt}{\sec t\tan t}=\frac{\pi}{2}.$

8.【答案】 $\frac{1}{2}\ln(x^2-6x+13)+4\arctan\frac{x-3}{2}+C.$

【解】 原式 $=\frac{1}{2}\int\frac{2x-6+16}{x^2-6x+13}dx$

$$=\frac{1}{2}\int\frac{2x-6}{x^2-6x+13}dx+8\int\frac{dx}{4+(x-3)^2}$$

$$=\frac{1}{2}\int\frac{d(x^2-6x+13)}{x^2-6x+13}+4\int\frac{d\left(\frac{x-3}{2}\right)}{1+\left(\frac{x-3}{2}\right)^2}$$

$$=\frac{1}{2}\ln(x^2-6x+13)+4\arctan\frac{x-3}{2}+C.$$

【注】2022年数学二和数学三又分别考查了类似的填空题.

9.【答案】$\frac{4}{\pi}-1$.

【解】由题意，$\int f(x)dx=\frac{\sin x}{x}+C$，则 $f(x)=\left(\frac{\sin x}{x}\right)'=\frac{x\cos x-\sin x}{x^2}$.

$$\int_{\frac{\pi}{2}}^{\pi}xf'(x)dx=\int_{\frac{\pi}{2}}^{\pi}x\,d[f(x)]=[xf(x)]_{\frac{\pi}{2}}^{\pi}-\int_{\frac{\pi}{2}}^{\pi}f(x)dx$$
$$=\left[\frac{x\cos x-\sin x}{x}\right]_{\frac{\pi}{2}}^{\pi}-\left[\frac{\sin x}{x}\right]_{\frac{\pi}{2}}^{\pi}=\frac{4}{\pi}-1.$$

10.【答案】$-\cot x\ln(\sin x)-\cot x-x+C$.

【解】
$$\int\frac{\ln(\sin x)}{\sin^2x}dx=-\int\ln(\sin x)d(\cot x)$$
$$=-\cot x\ln(\sin x)+\int\cot x\frac{\cos x}{\sin x}dx$$
$$=-\cot x\ln(\sin x)+\int\cot^2x\,dx$$
$$=-\cot x\ln(\sin x)+\int(\csc^2x-1)dx$$
$$=-\cot x\ln(\sin x)-\cot x-x+C.$$

11.【答案】$e^{2x}\tan x+C$.

【解】
$$\int e^{2x}(\tan x+1)^2dx=\int e^{2x}(\tan^2x+1+2\tan x)dx$$
$$=\int e^{2x}(\sec^2x+2\tan x)dx$$
$$=\int(e^{2x}\tan x)'dx$$
$$=e^{2x}\tan x+C.$$

12.【答案】$-\frac{\arctan x}{x}+\ln|x|-\frac{1}{2}\ln(1+x^2)-\frac{1}{2}(\arctan x)^2+C$.

【解】
$$\int\frac{\arctan x}{x^2(1+x^2)}dx$$
$$=\int\frac{\arctan x}{x^2}dx-\int\frac{\arctan x}{1+x^2}dx$$
$$=-\int\arctan x\,d\left(\frac{1}{x}\right)-\int\arctan x\,d(\arctan x)$$
$$=-\frac{\arctan x}{x}+\int\frac{1}{x(1+x^2)}dx-\frac{1}{2}(\arctan x)^2$$
$$=-\frac{\arctan x}{x}+\int\left(\frac{1}{x}-\frac{x}{1+x^2}\right)dx-\frac{1}{2}(\arctan x)^2$$
$$=-\frac{\arctan x}{x}+\ln|x|-\frac{1}{2}\ln(1+x^2)-\frac{1}{2}(\arctan x)^2+C.$$

【注】本题稍作改编就是1999年数学二的考题(例3).

13.【答案】$-\ln(2-\sqrt{3})-\frac{\sqrt{3}}{2}$.

【解】
$$\int_0^{\ln 2}\sqrt{1-e^{-2x}}\,dx\xlongequal{令 e^{-x}=\sin t}-\int_{\frac{\pi}{2}}^{\frac{\pi}{6}}\cos t[\ln(\sin t)]'dt$$
$$=\int_{\frac{\pi}{6}}^{\frac{\pi}{2}}\frac{\cos^2t}{\sin t}dt=\int_{\frac{\pi}{6}}^{\frac{\pi}{2}}\frac{1-\sin^2t}{\sin t}dt$$
$$=\int_{\frac{\pi}{6}}^{\frac{\pi}{2}}(\csc t-\sin t)dt$$
$$=[\ln|\csc t-\cot t|+\cos t]_{\frac{\pi}{6}}^{\frac{\pi}{2}}$$
$$=-\ln(2-\sqrt{3})-\frac{\sqrt{3}}{2}.$$

14.【答案】$\ln 2$.

【解】由 $\int\frac{e^{-x}}{(1+e^{-x})^2}dx=\int\frac{e^x}{(e^x+1)^2}dx=\int\frac{d(e^x+1)}{(e^x+1)^2}=-\frac{1}{e^x+1}+C$ 知
$$\int_0^{+\infty}\frac{xe^{-x}}{(1+e^{-x})^2}dx=-\int_0^{+\infty}x\,d\left(\frac{1}{e^x+1}\right)$$
$$=-\left[\frac{x}{e^x+1}\right]_0^{+\infty}+\int_0^{+\infty}\frac{1}{e^x+1}dx$$
$$=\int_0^{+\infty}\frac{e^{-x}}{1+e^{-x}}dx=-\int_0^{+\infty}\frac{d(1+e^{-x})}{1+e^{-x}}$$
$$=-[\ln(1+e^{-x})]_0^{+\infty}=\ln 2$$

15.【答案】$-\frac{1}{8}\ln\frac{1+\cos x}{1-\cos x}+\frac{1}{4(\cos x+1)}+C$.

【解】
$$\int\frac{dx}{\sin 2x+2\sin x}=\int\frac{dx}{2\sin x\cos x+2\sin x}$$
$$=\frac{1}{2}\int\frac{\sin x\,dx}{\sin^2x(\cos x+1)}$$
$$=-\frac{1}{2}\int\frac{d(\cos x)}{(1-\cos^2x)(\cos x+1)}$$
$$\xlongequal{令 t=\cos x}\frac{1}{2}\int\frac{dt}{(t-1)(t+1)^2}.$$

设$\frac{1}{(t-1)(t+1)^2}=\frac{A}{t+1}+\frac{B}{(t+1)^2}+\frac{C}{t-1}$，则$(A+C)t^2+(B+2C)t-A-B+C=1$.

解方程组$\begin{cases}A+C=0,\\B+2C=0,\\-A-B+C=1\end{cases}$ 得$\begin{cases}A=-\frac{1}{4},\\B=-\frac{1}{2},\\C=\frac{1}{4}.\end{cases}$

于是原式$=-\frac{1}{8}\int\left[\frac{1}{t+1}-\frac{1}{t-1}+\frac{2}{(t+1)^2}\right]dt$
$$=-\frac{1}{8}\ln\left|\frac{t+1}{t-1}\right|+\frac{1}{4(t+1)}+C$$
$$=-\frac{1}{8}\ln\frac{1+\cos x}{1-\cos x}+\frac{1}{4(\cos x+1)}+C.$$

16.【答案】$\frac{\pi}{8}-\frac{1}{4}\ln 2$.

【解】
$$\int_0^{\frac{\pi}{4}}\frac{x}{1+\cos 2x}dx=\int_0^{\frac{\pi}{4}}\frac{x}{2\cos^2x}dx=\frac{1}{2}\int_0^{\frac{\pi}{4}}x\,d(\tan x)$$
$$=\frac{1}{2}[x\tan x]_0^{\frac{\pi}{4}}-\frac{1}{2}\int_0^{\frac{\pi}{4}}\tan x\,dx$$
$$=\frac{\pi}{8}+\frac{1}{2}\int_0^{\frac{\pi}{4}}\frac{d(\cos x)}{\cos x}$$
$$=\frac{\pi}{8}+\frac{1}{2}[\ln(\cos x)]_0^{\frac{\pi}{4}}=\frac{\pi}{8}-\frac{1}{4}\ln 2.$$

17.【答案】$\frac{1}{3}\sqrt{(1+x^2)^3}-\sqrt{1+x^2}+C$.

【解】
$$\int\frac{x^3}{\sqrt{1+x^2}}dx=\frac{1}{2}\int\frac{x^2}{\sqrt{1+x^2}}d(x^2)$$
$$=\frac{1}{2}\int\frac{1+x^2-1}{\sqrt{1+x^2}}d(x^2)$$
$$=\frac{1}{2}\int\sqrt{1+x^2}\,d(1+x^2)-\frac{1}{2}\int\frac{d(1+x^2)}{\sqrt{1+x^2}}$$
$$=\frac{1}{3}\sqrt{(1+x^2)^3}-\sqrt{1+x^2}+C.$$

18.【答案】$-e^{-x}\operatorname{arccot}e^x-x+\frac{1}{2}\ln(1+e^{2x})+C$.

【解】
$$\int\frac{\operatorname{arccot}e^x}{e^x}dx=-\int\operatorname{arccot}e^x\,d(e^{-x})$$
$$=-e^{-x}\operatorname{arccot}e^x-\int e^{-x}\frac{e^x}{1+e^{2x}}dx$$
$$=-e^{-x}\operatorname{arccot}e^x-\int\frac{1+e^{2x}-e^{2x}}{1+e^{2x}}dx$$
$$=-e^{-x}\operatorname{arccot}e^x-x+\frac{1}{2}\int\frac{d(1+e^{2x})}{1+e^{2x}}$$
$$=-e^{-x}\operatorname{arccot}e^x-x+\frac{1}{2}\ln(1+e^{2x})+C.$$

19.【答案】$-\frac{1}{8}x\csc^2\frac{x}{2}-\frac{1}{4}\cot\frac{x}{2}+C$.

【解】由 $\int\frac{\cos^4\frac{x}{2}}{\sin^3 x}dx=\int\frac{\cos^4\frac{x}{2}}{\left(2\sin\frac{x}{2}\cos\frac{x}{2}\right)^3}dx=\int\frac{\cos\frac{x}{2}}{8\sin^3\frac{x}{2}}dx=$

$\int\frac{d\left(\sin\frac{x}{2}\right)}{4\sin^3\frac{x}{2}}=-\frac{1}{8}\csc^2\frac{x}{2}+C$ 知

$$\int\frac{x\cos^4\frac{x}{2}}{\sin^3 x}dx=-\frac{1}{8}\int x\,d\left(\csc^2\frac{x}{2}\right)$$
$$=-\frac{1}{8}x\csc^2\frac{x}{2}+\frac{1}{8}\int\csc^2\frac{x}{2}dx$$
$$=-\frac{1}{8}x\csc^2\frac{x}{2}-\frac{1}{4}\cot\frac{x}{2}+C.$$

【注】本题与1996年数学四的考题都可在分部积分之前先求被积函数中的部分的积分.

20.【答案】$-\frac{1}{x}\ln(1-x)+\ln(1-x)+C$.

【解】$$\int\frac{x+\ln(1-x)}{x^2}dx=\int\frac{1}{x}dx-\int\ln(1-x)d\left(\frac{1}{x}\right)$$
$$=\ln|x|-\frac{1}{x}\ln(1-x)+\int\frac{1}{x(x-1)}dx$$
$$=\ln|x|-\frac{1}{x}\ln(1-x)+\int\left(\frac{1}{x-1}-\frac{1}{x}\right)dx$$
$$=-\frac{1}{x}\ln(1-x)+\ln(1-x)+C.$$

21.【答案】0.

【解】$$\int_0^1 x^2f''(2x)dx=\frac{1}{2}\int_0^1 x^2d[f'(2x)]$$
$$=\frac{1}{2}[x^2f'(2x)]_0^1-\int_0^1 xf'(2x)dx$$
$$=-\frac{1}{2}\int_0^1 x\,d[f(2x)]$$
$$=-\frac{1}{2}[xf(2x)]_0^1+\frac{1}{2}\int_0^1 f(2x)dx$$
$$\xlongequal{令t=2x}-\frac{1}{4}+\frac{1}{4}\int_0^2 f(t)dt=0.$$

22.【解】原式 $\xlongequal{令t=\sqrt{x}}\int\frac{\arcsin t+\ln t^2}{t}2t\,dt=2\int\arcsin t\,dt+2\int\ln t^2dt$.

由

$$\int\arcsin t\,dt=t\arcsin t-\int\frac{t}{\sqrt{1-t^2}}dt=t\arcsin t+\frac{1}{2}\int\frac{d(1-t^2)}{\sqrt{1-t^2}}$$
$$=t\arcsin t+\sqrt{1-t^2}+C_1,$$
$$\int\ln t^2dt=t\ln t^2-\int 2dt=t\ln t^2-2t+C_2$$

知原式 $=2t\arcsin t+2\sqrt{1-t^2}+2t\ln t^2-4t+C$
$$=2\sqrt{x}\arcsin\sqrt{x}+2\sqrt{1-x}+2\sqrt{x}\ln x-4\sqrt{x}+C$$
$$(C=2(C_1+C_2)).$$

23.【解】$$\int_0^1\frac{x^2\arcsin x}{\sqrt{1-x^2}}dx\xlongequal{令x=\sin t}\int_0^{\frac{\pi}{2}}\frac{t\sin^2 t}{\cos t}\cos t\,dt$$
$$=\frac{1}{2}\int_0^{\frac{\pi}{2}}t(1-\cos 2t)dt$$
$$=\frac{1}{2}\int_0^{\frac{\pi}{2}}t\,dt-\frac{1}{2}\int_0^{\frac{\pi}{2}}t\cos 2t\,dt$$
$$=\frac{\pi^2}{16}-\frac{1}{4}\int_0^{\frac{\pi}{2}}t\,d(\sin 2t)$$
$$=\frac{\pi^2}{16}-\frac{1}{4}[t\sin 2t]_0^{\frac{\pi}{2}}+\frac{1}{4}\int_0^{\frac{\pi}{2}}\sin 2t\,dt$$
$$=\frac{\pi^2}{16}-\frac{1}{8}[\cos 2t]_0^{\frac{\pi}{2}}=\frac{\pi^2+4}{16}.$$

24.【解】$\int\frac{\arcsin e^x}{e^x}dx=-\int\arcsin e^x d(e^{-x})=-e^{-x}\arcsin e^x+\int\frac{1}{\sqrt{1-e^{2x}}}dx$.

由

$$\int\frac{1}{\sqrt{1-e^{2x}}}dx\xlongequal{令e^x=\sin t}\int\frac{1}{\cos t}[\ln(\sin t)]'dt$$
$$=\int\csc t\,dt=\ln|\csc t-\cot t|+C$$
$$=\ln\left|\frac{1}{e^x}-\frac{\sqrt{1-e^{2x}}}{e^x}\right|+C$$

知 $\int\frac{\arcsin e^x}{e^x}dx=-e^{-x}\arcsin e^x+\ln(1-\sqrt{1-e^{2x}})-x+C$.

【注】本题与1996年数学二的考题都可对指数函数整体进行三角代换.

25.【解】$$\int\frac{\sqrt{x}}{\sqrt{1-x}}f(x)dx\xlongequal{令x=\sin^2 t}\int\frac{\sin t}{\cos t}\cdot\frac{t}{\sin t}\cdot 2\sin t\cos t\,dt$$
$$=2\int t\sin t\,dt=-2\int t\,d(\cos t)$$
$$=-2t\cos t+2\int\cos t\,dt$$
$$=-2t\cos t+2\sin t+C$$
$$=-2\sqrt{1-x}\arcsin\sqrt{x}+2\sqrt{x}+C.$$

26.【解】$\int(\arcsin x)^2dx=x(\arcsin x)^2-\int\frac{2x\arcsin x}{\sqrt{1-x^2}}dx$.

由

$$\int\frac{2x\arcsin x}{\sqrt{1-x^2}}dx\xlongequal{令x=\sin t}\int\frac{2t\sin t}{\cos t}\cos t\,dt=2\int t\sin t\,dt$$
$$=-2t\cos t+2\int\cos t\,dt=-2t\cos t+2\sin t+C_1$$

知 $\int(\arcsin x)^2dx=x(\arcsin x)^2+2\sqrt{1-x^2}\arcsin x-2x+C$.

27.【解】原式 $\xlongequal{令t=\sqrt{e^x-1}}\int\frac{(t^2+1)\ln(t^2+1)}{t}\cdot\frac{2t}{t^2+1}dt$
$$=2\int\ln(t^2+1)dt=2t\ln(t^2+1)-2\int t\frac{2t}{1+t^2}dt$$
$$=2t\ln(t^2+1)-4\int\frac{1+t^2-1}{1+t^2}dt$$
$$=2t\ln(t^2+1)-4\int\left(1-\frac{1}{1+t^2}\right)dt$$
$$=2t\ln(t^2+1)-4t+4\arctan t+C$$
$$=2(x-2)\sqrt{e^x-1}+4\arctan\sqrt{e^x-1}+C.$$

考点二 利用可加性、对称性与几何意义求积分

1.【答案】$\frac{\pi}{2}$.

【解】$\int_0^2 x\sqrt{2x-x^2}dx=-\frac{1}{2}\int_0^2(2-2x-2)\sqrt{2x-x^2}dx=-\frac{1}{2}\int_0^2(2-2x)\sqrt{2x-x^2}dx+\int_0^2\sqrt{2x-x^2}dx$.

$$\int_0^2(2-2x)\sqrt{2x-x^2}dx=\int_0^2\sqrt{2x-x^2}d(2x-x^2)$$
$$=\left[\frac{2}{3}(2x-x^2)^{\frac{3}{2}}\right]_0^2=0.$$

根据定积分的几何意义,$\int_0^2\sqrt{2x-x^2}dx=\int_0^2\sqrt{1-(x-1)^2}dx$ 表示圆心在点(1,0),半径为1的上半圆的面积,故$\int_0^2\sqrt{2x-x^2}dx=\frac{\pi}{2}$,从而$\int_0^2 x\sqrt{2x-x^2}dx=\frac{\pi}{2}$.

【注】本题只有 38.1%的考生做对. 其实,在 2000 年数学一的填空题的基础上稍微加大难度便是本题.

2. 【答案】$-\frac{1}{2}$.

【解】$\int_{\frac{1}{2}}^{2} f(x-1)\mathrm{d}x \xlongequal{令 t=x-1} \int_{-\frac{1}{2}}^{1} f(t)\mathrm{d}t = \int_{-\frac{1}{2}}^{\frac{1}{2}} t\mathrm{e}^{t^2}\mathrm{d}t + \int_{\frac{1}{2}}^{1}(-1)\mathrm{d}t = -\frac{1}{2}$.

3. 【答案】$\frac{\pi}{8}$.

【解】由于 $x^3\cos^2 x$ 为奇函数,$\sin^2 x\cos^2 x$ 为偶函数,故

$$原式 = 2\int_0^{\frac{\pi}{2}}\sin^2 x\cos^2 x\mathrm{d}x = 2\int_0^{\frac{\pi}{2}}\sin^2 x(1-\sin^2 x)\mathrm{d}x$$

$$= 2\left(\int_0^{\frac{\pi}{2}}\sin^2 x\mathrm{d}x - \int_0^{\frac{\pi}{2}}\sin^4 x\mathrm{d}x\right)$$

$$= 2\left(\frac{1}{2}\cdot\frac{\pi}{2} - \frac{3}{4}\cdot\frac{1}{2}\cdot\frac{\pi}{2}\right) = \frac{\pi}{8}.$$

【注】$\int_0^{\frac{\pi}{2}}\sin^n x\mathrm{d}x = \int_0^{\frac{\pi}{2}}\cos^n x\mathrm{d}x$

$$= \begin{cases} \frac{n-1}{n}\cdot\frac{n-3}{n-2}\cdot\cdots\cdot\frac{1}{2}\cdot\frac{\pi}{2}, & n 为正偶数, \\ \frac{n-1}{n}\cdot\frac{n-3}{n-2}\cdot\cdots\cdot\frac{2}{3}, & n 为大于 1 的奇数. \end{cases}$$

4. 【答案】$\frac{\pi}{4}$.

【解】根据定积分的几何意义,$\int_0^1\sqrt{2x-x^2}\mathrm{d}x = \int_0^1\sqrt{1-(x-1)^2}\mathrm{d}x$ 表示圆心在点(1,0),半径为 1 的上半圆左侧一半的面积,故 $\int_0^1\sqrt{2x-x^2}\mathrm{d}x = \frac{\pi}{4}$.

【注】在本题的基础上稍微加大难度便是 2012 年数学一的填空题.

5. 【答案】$\frac{\pi}{2}+\ln(2+\sqrt{3})$.

【解】$\int_{\frac{1}{2}}^{\frac{3}{2}}\frac{\mathrm{d}x}{\sqrt{|x-x^2|}} = \int_{\frac{1}{2}}^{1}\frac{\mathrm{d}x}{\sqrt{x-x^2}} + \int_{1}^{\frac{3}{2}}\frac{\mathrm{d}x}{\sqrt{x^2-x}}$.

由 $\int_{\frac{1}{2}}^{1}\frac{\mathrm{d}x}{\sqrt{x-x^2}} = \int_{\frac{1}{2}}^{1}\frac{\mathrm{d}x}{\sqrt{\frac{1}{4}-\left(x-\frac{1}{2}\right)^2}} = \int_{\frac{1}{2}}^{1}\frac{\mathrm{d}(2x-1)}{\sqrt{1-(2x-1)^2}} = [\arcsin(2x-1)]_{\frac{1}{2}}^{1} = \frac{\pi}{2}$, $\int_{1}^{\frac{3}{2}}\frac{\mathrm{d}x}{\sqrt{\left(x-\frac{1}{2}\right)^2-\frac{1}{4}}} \xlongequal{令 x-\frac{1}{2}=\frac{1}{2}\sec t} \int_0^{\frac{\pi}{3}}\frac{\sec t\tan t\mathrm{d}t}{\tan t} = [\ln|\sec t+\tan t|]_0^{\frac{\pi}{3}} = \ln(2+\sqrt{3})$ 知 $\int_{\frac{1}{2}}^{\frac{3}{2}}\frac{\mathrm{d}x}{\sqrt{|x-x^2|}} = \frac{\pi}{2}+\ln(2+\sqrt{3})$.

6. 【答案】$4(\sqrt{2}-1)$.

【解】$原式 = \int_0^{\pi}\sqrt{\sin^2\frac{x}{2}+\cos^2\frac{x}{2}-2\sin\frac{x}{2}\cos\frac{x}{2}}\mathrm{d}x$

$$= \int_0^{\pi}\left|\sin\frac{x}{2}-\cos\frac{x}{2}\right|\mathrm{d}x$$

$$= \int_0^{\frac{\pi}{2}}\left(\cos\frac{x}{2}-\sin\frac{x}{2}\right)\mathrm{d}x + \int_{\frac{\pi}{2}}^{\pi}\left(\sin\frac{x}{2}-\cos\frac{x}{2}\right)\mathrm{d}x$$

$$= 2\left[\sin\frac{x}{2}+\cos\frac{x}{2}\right]_0^{\frac{\pi}{2}} + 2\left[-\cos\frac{x}{2}-\sin\frac{x}{2}\right]_{\frac{\pi}{2}}^{\pi}$$

$$= 4(\sqrt{2}-1).$$

7. 【解】$\int_{\pi}^{3\pi} f(x)\mathrm{d}x \xlongequal{令 t=x-\pi} \int_0^{2\pi} f(t+\pi)\mathrm{d}t$

$$= \int_0^{2\pi}[f(t)+\sin(t+\pi)]\mathrm{d}t$$

$$= \int_0^{2\pi} f(t)\mathrm{d}t - \int_0^{2\pi}\sin t\mathrm{d}t$$

$$= \int_0^{\pi} f(t)\mathrm{d}t + \int_{\pi}^{2\pi} f(t)\mathrm{d}t$$

$$= \int_0^{\pi} t\mathrm{d}t + \int_{\pi}^{2\pi} f(t)\mathrm{d}t$$

$$\xlongequal{令 u=t-\pi} \frac{\pi^2}{2} + \int_0^{\pi} f(u+\pi)\mathrm{d}u$$

$$= \frac{\pi^2}{2} + \int_0^{\pi}[f(u)+\sin(u+\pi)]\mathrm{d}u$$

$$= \frac{\pi^2}{2} + \int_0^{\pi} u\mathrm{d}u - \int_0^{\pi}\sin u\mathrm{d}u$$

$$= \pi^2 - 2.$$

【注】2023 年数学一、二又考查了类似的填空题.

§ 3.3 定积分的应用

十年真题

考点二 平面图形的面积与旋转体的体积

1. 【答案】$\frac{\pi}{12}$.

【解】所求面积为 $\frac{1}{2}\int_0^{\frac{\pi}{3}}\sin^2 3\theta\mathrm{d}\theta = \frac{1}{4}\int_0^{\frac{\pi}{3}}(1-\cos 6\theta)\mathrm{d}\theta = \frac{\pi}{12}$.

2. 【答案】$\frac{\pi}{4}$.

【解】所求体积为

$$\int_0^1 \pi x\sin^2\pi x\mathrm{d}x = \int_0^1 \pi x\frac{1-\cos 2\pi x}{2}\mathrm{d}x$$

$$= \frac{\pi}{2}\int_0^1 x\mathrm{d}x - \frac{\pi}{2}\int_0^1 x\cos 2\pi x\mathrm{d}x$$

$$= \frac{\pi}{4} - \frac{1}{4}[x\sin 2\pi x]_0^1 + \frac{1}{4}\int_0^1\sin 2\pi x\mathrm{d}x = \frac{\pi}{4}.$$

3. 【答案】$\pi\left(\ln 2-\frac{1}{3}\right)$.

【解】$V_1 = \int_0^1 2\pi x\cdot\frac{x}{2}\mathrm{d}x = \frac{\pi}{3}$.

$V_2 = \int_0^1 2\pi x\cdot\frac{1}{1+x^2}\mathrm{d}x = \pi\int_0^1\frac{\mathrm{d}(1+x^2)}{1+x^2}\mathrm{d}x = \pi\ln 2$.

故所求体积为 $V_2-V_1 = \pi\left(\ln 2-\frac{1}{3}\right)$.

4. 【解】(1) 所求面积为

$$\int_1^{+\infty}\frac{\mathrm{d}x}{x\sqrt{1+x^2}} \xlongequal{令 x=\tan t} \int_{\frac{\pi}{4}}^{\frac{\pi}{2}}\csc t\mathrm{d}t = [\ln|\csc t-\cot t|]_{\frac{\pi}{4}}^{\frac{\pi}{2}}$$

$$= \ln(1+\sqrt{2}).$$

(2) 所求体积为 $\pi\int_1^{+\infty}\frac{\mathrm{d}x}{x^2(1+x^2)} = \pi\int_1^{+\infty}\left(\frac{1}{x^2}-\frac{1}{1+x^2}\right)\mathrm{d}x = \pi\left(1-\frac{\pi}{4}\right)$.

5. 【解】由 $2f(x)+x^2 f\left(\frac{1}{x}\right) = \frac{x^2+2x}{\sqrt{1+x^2}}$ 知

$$2f\left(\frac{1}{x}\right)+\frac{1}{x^2}f(x) = \frac{1+2x}{x\sqrt{1+x^2}},$$

解得 $f(x) = \frac{x}{\sqrt{1+x^2}}(x>0)$.

由 $y = \frac{x}{\sqrt{1+x^2}}$ 知 $x = \frac{y}{\sqrt{1-y^2}}$,故所求体积为 $\int_{\frac{1}{2}}^{\frac{\sqrt{3}}{2}} 2\pi y\cdot$

$$\frac{y}{\sqrt{1-y^2}}\mathrm{d}y \xlongequal{令y=\sin t} 2\pi\int_{\frac{\pi}{6}}^{\frac{\pi}{3}}\sin^2 t\,\mathrm{d}t=\pi\int_{\frac{\pi}{6}}^{\frac{\pi}{3}}(1-\cos 2t)\mathrm{d}t=\frac{\pi^2}{6}.$$

6.【解】所求面积为

$$S=\sum_{n=0}^{\infty}\int_{n\pi}^{(n+1)\pi}\mathrm{e}^{-x}\,|\sin x|\,\mathrm{d}x=\sum_{n=0}^{\infty}(-1)^n\int_{n\pi}^{(n+1)\pi}\mathrm{e}^{-x}\sin x\,\mathrm{d}x.$$

$$\begin{aligned}\int_{n\pi}^{(n+1)\pi}\mathrm{e}^{-x}\sin x\,\mathrm{d}x&=-\int_{n\pi}^{(n+1)\pi}\sin x\,\mathrm{d}(\mathrm{e}^{-x})\\&=-[\mathrm{e}^{-x}\sin x]_{n\pi}^{(n+1)\pi}+\int_{n\pi}^{(n+1)\pi}\mathrm{e}^{-x}\cos x\,\mathrm{d}x\\&=-\int_{n\pi}^{(n+1)\pi}\cos x\,\mathrm{d}(\mathrm{e}^{-x})\\&=-[\mathrm{e}^{-x}\cos x]_{n\pi}^{(n+1)\pi}-\int_{n\pi}^{(n+1)\pi}\mathrm{e}^{-x}\sin x\,\mathrm{d}x\\&=-\frac{1}{2}[\mathrm{e}^{-x}\cos x]_{n\pi}^{(n+1)\pi}=\frac{1}{2}(-1)^n(1+\mathrm{e}^{-\pi})\mathrm{e}^{-n\pi}.\end{aligned}$$

故 $S=\sum_{n=0}^{\infty}\frac{1}{2}(1+\mathrm{e}^{-\pi})\mathrm{e}^{-n\pi}=\frac{1}{2}(1+\mathrm{e}^{-\pi})\frac{1}{1-\mathrm{e}^{-\pi}}=\frac{\mathrm{e}^{\pi}+1}{2(\mathrm{e}^{\pi}-1)}.$

7.【解】$S_n=\sum_{k=0}^{n-1}\int_{k\pi}^{(k+1)\pi}\mathrm{e}^{-x}\,|\sin x|\,\mathrm{d}x=\sum_{k=0}^{n-1}(-1)^k\int_{k\pi}^{(k+1)\pi}\mathrm{e}^{-x}\sin x\,\mathrm{d}x.$

$$\begin{aligned}\int_{k\pi}^{(k+1)\pi}\mathrm{e}^{-x}\sin x\,\mathrm{d}x&=-\int_{k\pi}^{(k+1)\pi}\sin x\,\mathrm{d}(\mathrm{e}^{-x})\\&=-[\mathrm{e}^{-x}\sin x]_{k\pi}^{(k+1)\pi}+\int_{k\pi}^{(k+1)\pi}\mathrm{e}^{-x}\cos x\,\mathrm{d}x\\&=-\int_{k\pi}^{(k+1)\pi}\cos x\,\mathrm{d}(\mathrm{e}^{-x})\\&=-[\mathrm{e}^{-x}\cos x]_{k\pi}^{(k+1)\pi}-\int_{k\pi}^{(k+1)\pi}\mathrm{e}^{-x}\sin x\,\mathrm{d}x\\&=-\frac{1}{2}[\mathrm{e}^{-x}\cos x]_{k\pi}^{(k+1)\pi}\\&=\frac{1}{2}(-1)^k(1+\mathrm{e}^{-\pi})\mathrm{e}^{-k\pi}.\end{aligned}$$

故 $S_n=\sum_{k=0}^{n-1}\frac{1}{2}(1+\mathrm{e}^{-\pi})\mathrm{e}^{-k\pi}=\frac{1}{2}(1+\mathrm{e}^{-\pi})\frac{1-\mathrm{e}^{-n\pi}}{1-\mathrm{e}^{-\pi}}$，从而

$\lim_{n\to\infty}S_n=\frac{1}{2}(1+\mathrm{e}^{-\pi})\frac{1}{1-\mathrm{e}^{-\pi}}=\frac{\mathrm{e}^{\pi}+1}{2(\mathrm{e}^{\pi}-1)}.$

8.【解】设 P 点坐标为 $\left(m,\frac{4}{9}m^2\right)$，则如下图所示，

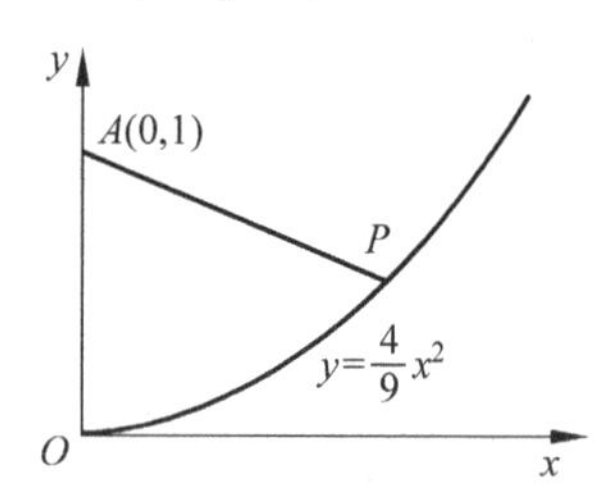

$$S=\frac{1}{2}\left(1+\frac{4}{9}m^2\right)m-\int_0^m\frac{4}{9}x^2\mathrm{d}x=\frac{2}{27}m^3+\frac{1}{2}m.$$

于是，$\frac{\mathrm{d}S}{\mathrm{d}t}=\frac{\mathrm{d}S}{\mathrm{d}m}\cdot\frac{\mathrm{d}m}{\mathrm{d}t}=\left(\frac{2}{9}m^2+\frac{1}{2}\right)\frac{\mathrm{d}m}{\mathrm{d}t}$. 又由于当 $m=3$ 时，$\frac{\mathrm{d}m}{\mathrm{d}t}=4$，故 $\left.\frac{\mathrm{d}S}{\mathrm{d}t}\right|_{m=3}=10$，即当 P 运动到点 $(3,4)$ 时，S 关于时间 t 的变化率为 10.

9.【解】$V_1=\int_0^{\frac{\pi}{2}}\pi(A\sin x)^2\mathrm{d}x=\frac{\pi^2A^2}{4}.$

$$\begin{aligned}V_2&=\int_0^{\frac{\pi}{2}}2\pi x\cdot A\sin x\,\mathrm{d}x=-2\pi A\int_0^{\frac{\pi}{2}}x\,\mathrm{d}(\cos x)\\&=-2\pi A[x\cos x]_0^{\frac{\pi}{2}}+2\pi A\int_0^{\frac{\pi}{2}}\cos x\,\mathrm{d}x=2\pi A.\end{aligned}$$

由 $V_1=V_2$ 知 $\frac{\pi^2A^2}{4}=2\pi A$，解得 $A=\frac{8}{\pi}$.

考点三　平面曲线的弧长与旋转体的侧面积（仅数学一、二）

1.【答案】$\frac{1}{2}\ln 3$.

【解】由 $y'=\frac{-\sin x}{\cos x}=-\tan x$ 知所求弧长为

$$\begin{aligned}s&=\int_0^{\frac{\pi}{6}}\sqrt{1+(y')^2}\,\mathrm{d}x=\int_0^{\frac{\pi}{6}}\sqrt{1+\tan^2x}\,\mathrm{d}x=\int_0^{\frac{\pi}{6}}\sec x\,\mathrm{d}x\\&=[\ln|\sec x+\tan x|]_0^{\frac{\pi}{6}}=\frac{1}{2}\ln 3.\end{aligned}$$

2.【解】在 $\int\frac{f(x)}{\sqrt{x}}\mathrm{d}x=\frac{1}{6}x^2-x+C$ 两边求导，$\frac{f(x)}{\sqrt{x}}=\frac{1}{3}x-1$，即 $f(x)=\frac{1}{3}x^{\frac{3}{2}}-x^{\frac{1}{2}}$，$f'(x)=\frac{1}{2}\sqrt{x}-\frac{1}{2\sqrt{x}}$.

$$\begin{aligned}s&=\int_4^9\sqrt{1+[f'(x)]^2}\,\mathrm{d}x=\int_4^9\sqrt{\frac{1}{2}+\frac{1}{4}x+\frac{1}{4x}}\,\mathrm{d}x\\&=\frac{1}{2}\int_4^9\left(\sqrt{x}+\frac{1}{\sqrt{x}}\right)\mathrm{d}x=\frac{22}{3}.\end{aligned}$$

$$\begin{aligned}A&=2\pi\int_4^9|f(x)|\sqrt{1+[f'(x)]^2}\,\mathrm{d}x\\&=\pi\int_4^9\left(\frac{1}{3}x^{\frac{3}{2}}-x^{\frac{1}{2}}\right)\left(\sqrt{x}+\frac{1}{\sqrt{x}}\right)\mathrm{d}x\\&=\pi\int_4^9\left(\frac{1}{3}x^2-\frac{2}{3}x-1\right)\mathrm{d}x=\frac{425}{9}\pi.\end{aligned}$$

3.【解】$V_1=\int_0^1\pi(1-x^2)\mathrm{d}x=\frac{2}{3}\pi.$

$$\begin{aligned}V_2&=\int_{\frac{\pi}{2}}^0\pi(\sin^3t)^2\mathrm{d}(\cos^3t)=3\pi\int_0^{\frac{\pi}{2}}\sin^7t\cos^2t\,\mathrm{d}t\\&=3\pi\int_0^{\frac{\pi}{2}}\sin^7t(1-\sin^2t)\mathrm{d}t\\&=3\pi\left(\int_0^{\frac{\pi}{2}}\sin^7t\,\mathrm{d}t-\int_0^{\frac{\pi}{2}}\sin^9t\,\mathrm{d}t\right)\\&=3\pi\left(\frac{6}{7}\cdot\frac{4}{5}\cdot\frac{2}{3}-\frac{8}{9}\cdot\frac{6}{7}\cdot\frac{4}{5}\cdot\frac{2}{3}\right)=\frac{16}{105}\pi.\end{aligned}$$

故所求体积为 $V_1-V_2=\frac{18}{35}\pi$.

$$S_1=\int_0^1 2\pi\sqrt{1-x^2}\sqrt{1+\left(\frac{-x}{\sqrt{1-x^2}}\right)^2}\,\mathrm{d}x=\int_0^1 2\pi\,\mathrm{d}x=2\pi.$$

$$\begin{aligned}S_2&=\int_0^{\frac{\pi}{2}}2\pi\sin^3t\sqrt{(-3\cos^2t\sin t)^2+(3\sin^2t\cos t)^2}\,\mathrm{d}t\\&=6\pi\int_0^{\frac{\pi}{2}}\sin^4t\cos t\,\mathrm{d}t=6\pi\int_0^{\frac{\pi}{2}}\sin^4t\,\mathrm{d}(\sin t)=\frac{6}{5}\pi.\end{aligned}$$

故所求表面积为 $S_1+S_2=\frac{16}{5}\pi$.

【注】(i) $\int_0^{\frac{\pi}{2}}\sin^nx\,\mathrm{d}x=\int_0^{\frac{\pi}{2}}\cos^nx\,\mathrm{d}x$

$$=\begin{cases}\frac{n-1}{n}\cdot\frac{n-3}{n-2}\cdot\cdots\cdot\frac{1}{2}\cdot\frac{\pi}{2}, & n\text{ 为正偶数},\\ \frac{n-1}{n}\cdot\frac{n-3}{n-2}\cdot\cdots\cdot\frac{2}{3}, & n\text{ 为大于1的奇数}.\end{cases}$$

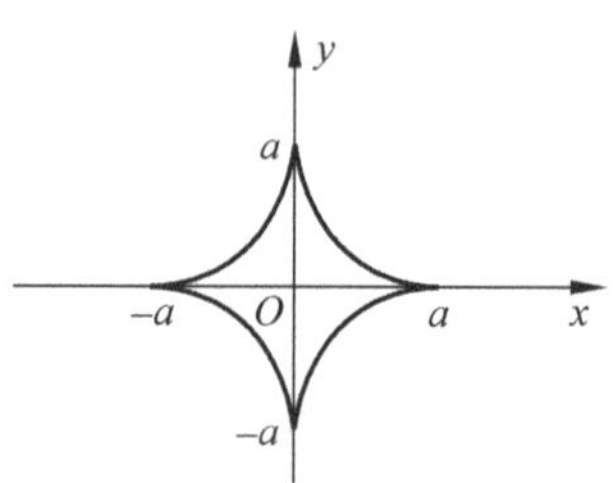

(ii)曲线$\begin{cases}x=a\cos^3 t,\\ y=a\sin^3 t\end{cases}$ (即 $x^{\frac{2}{3}}+y^{\frac{2}{3}}=a^{\frac{2}{3}}$) 称为星形线,其图形如上图所示.记忆一些常用曲线(如摆线、星形线、心形线、双纽线)的方程和图形有时会对解题有所帮助.

考点四 定积分的物理应用(仅数学一、二)

1.【答案】(C).

【解】在 $t=0$ 时,甲在乙前方 10m 处;

从 $t=0$ 到 $t=10$ 这段时间内,甲比乙多走了 10m,故在 $t=10$ 时,甲在乙前方 20m 处;

从 $t=10$ 到 $t=25$ 这段时间内,乙比甲多走了 20m,故在 $t=25$ 时,甲与乙位于同一位置,即 $t_0=25$.

2.【答案】$\frac{3\pi}{2}$.

【解】$\bar{v}=\frac{1}{3}\int_0^3(t+k\sin\pi t)\mathrm{d}t$

$$=\frac{1}{3}\left[\frac{t^2}{2}-\frac{k}{\pi}\cos\pi t\right]_0^3=\frac{3}{2}+\frac{2k}{3\pi}.$$

由 $\bar{v}=\frac{5}{2}$ 得 $k=\frac{3\pi}{2}$.

3.【答案】$\frac{1}{3}a^3\rho g$.

【解】如下图所示,以斜边中心为原点,垂直水平面向下的方向为 x 轴的正向,则所求水压力为

$$\int_0^a \rho g x[(a-x)-(x-a)]\mathrm{d}x=\frac{1}{3}a^3\rho g.$$

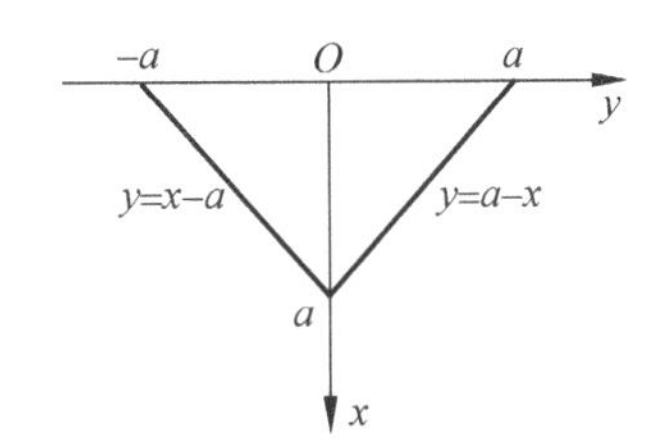

方法探究

考点二 平面图形的面积与旋转体的体积

变式【解】(1) $V(a)=\pi\int_0^{+\infty}xa^{-\frac{x}{a}}\mathrm{d}x=-\frac{a}{\ln a}\pi\int_0^{+\infty}x\,\mathrm{d}(a^{-\frac{x}{a}})$

$$=-\frac{a}{\ln a}\pi\left[xa^{-\frac{x}{a}}\right]_0^{+\infty}+\frac{a}{\ln a}\pi\int_0^{+\infty}a^{-\frac{x}{a}}\mathrm{d}x$$

$$=\pi\left(\frac{a}{\ln a}\right)^2.$$

(2) 令 $V'(a)=2\pi\frac{a(\ln a-1)}{\ln^3 a}=0$,得 $a=\mathrm{e}$.

由于当 $1<a<\mathrm{e}$ 时,$V'(a)<0$;当 $a>\mathrm{e}$ 时,$V'(a)>0$,故当 $a=\mathrm{e}$ 时,$V(a)$ 取得最小值 $\pi\mathrm{e}^2$.

真题精选

考点一 函数的平均值

【答案】$\frac{\sqrt{3}+1}{12}\pi$.

【解】所求平均值为

$$\frac{2}{\sqrt{3}-1}\int_{\frac{1}{2}}^{\frac{\sqrt{3}}{2}}\frac{x^2}{\sqrt{1-x^2}}\mathrm{d}x\xlongequal{\text{令}x=\sin t}\frac{2}{\sqrt{3}-1}\int_{\frac{\pi}{6}}^{\frac{\pi}{3}}\frac{\sin^2 t}{\cos t}\cos t\,\mathrm{d}t$$

$$=\frac{1}{\sqrt{3}-1}\int_{\frac{\pi}{6}}^{\frac{\pi}{3}}(1-\cos 2t)\mathrm{d}t=\frac{\sqrt{3}+1}{12}\pi.$$

考点二 平面图形的面积与旋转体的体积

1.【答案】(B).

【解】由于所求体积等于 $y=g(x)-m$,$y=f(x)-m$,$x=a$ 及 $x=b$ 所围平面图形绕 x 轴旋转而成的旋转体体积,故所求体积

$$V=\pi\int_a^b[g(x)-m]^2\mathrm{d}x-\pi\int_a^b[f(x)-m]^2\mathrm{d}x$$

$$=\int_a^b\pi[2m-f(x)-g(x)][f(x)-g(x)]\mathrm{d}x.$$

2.【答案】(A).

【解】由于$(x^2+y^2)^2=x^2-y^2$ 既关于 x 轴、又关于 y 轴对称,且其极坐标方程为 $r=\sqrt{\cos 2\theta}$,故所求面积为 $4\cdot\frac{1}{2}\int_0^{\frac{\pi}{4}}r^2\mathrm{d}\theta=2\int_0^{\frac{\pi}{4}}\cos 2\theta\,\mathrm{d}\theta$.

【注】曲线$(x^2+y^2)^2=a^2(x^2-y^2)$(即 $r^2=a^2\cos 2\theta$)称为双纽线,其图形如下图所示.记忆一些常用曲线(如摆线、星形线、心形线、双纽线)的方程和图形有时会对解题有所帮助.而 2021 年数学二关于二重积分的解答题又考到了双纽线.

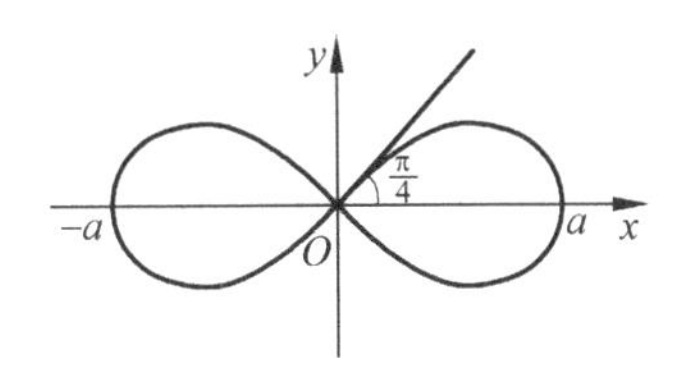

3.【答案】$\frac{1}{4a}(\mathrm{e}^{4\pi a}-1)$.

【解】所求面积为 $\frac{1}{2}\int_0^{2\pi}\mathrm{e}^{2a\theta}\mathrm{d}\theta=\frac{1}{4a}(\mathrm{e}^{4\pi a}-1)$.

4.【答案】$\frac{37}{12}$.

【解】令 $y=0$,则 $x_1=-1,x_2=0,x_3=2$.由于当$-1\leqslant x\leqslant 0$ 时,$y\leqslant 0$;当$0\leqslant x\leqslant 2$时,$y\geqslant 0$,故$A=\int_{-1}^0(x^3-x^2-2x)\mathrm{d}x+\int_0^2(-x^3+x^2+2x)\mathrm{d}x=\frac{37}{12}$.

5.【解】$f_2(x)=\frac{f_1(x)}{1+f_1(x)}=\frac{\frac{x}{1+x}}{1+\frac{x}{1+x}}=\frac{x}{1+2x}$,

$f_3(x)=\frac{f_2(x)}{1+f_2(x)}=\frac{\frac{x}{1+2x}}{1+\frac{x}{1+2x}}=\frac{x}{1+3x}$,

…

由数学归纳法得 $f_n(x)=\frac{x}{1+nx}(n=1,2,3,\cdots)$.

于是

$$S_n=\int_0^1\frac{x}{1+nx}\mathrm{d}x=\frac{1}{n}\int_0^1\frac{1+nx-1}{1+nx}\mathrm{d}x$$

$$=\frac{1}{n}\int_0^1\left(1-\frac{1}{1+nx}\right)\mathrm{d}x=\frac{1}{n}-\frac{\ln(1+n)}{n^2},$$

故 $\lim\limits_{n\to\infty}nS_n=\lim\limits_{n\to\infty}\left[1-\frac{\ln(1+n)}{n}\right]=1$.

6.【解】对于 L,$\frac{\mathrm{d}y}{\mathrm{d}x}=\frac{\frac{\mathrm{d}y}{\mathrm{d}t}}{\frac{\mathrm{d}x}{\mathrm{d}t}}=\frac{-\sin t}{f'(t)}$,故 L 在切点$(f(t),\cos t)$处的切线方程为 $y-\cos t=\frac{-\sin t}{f'(t)}[x-f(t)]$.

令 $y=0$,得切线与 x 轴交点的横坐标 $f'(t)\frac{\cos t}{\sin t}+f(t)$.

由切线与 x 轴的交点$(f'(t)\frac{\cos t}{\sin t}+f(t),0)$到切点$(f(t),\cos t)$的

距离为1，知 $\left[f'(t)\dfrac{\cos t}{\sin t}\right]^2+\cos^2 t=1$，即 $f'(t)=\sec t-\cos t$，从而 $f(t)=\int(\sec t-\cos t)\mathrm{d}t=\ln(\sec t+\tan t)-\sin t+C$.

又由 $f(0)=0$ 知 $C=0$，故 $f(t)=\ln(\sec t+\tan t)-\sin t$.

所求面积为 $\int_0^{\frac{\pi}{2}}\cos t\mathrm{d}[f(t)]=\int_0^{\frac{\pi}{2}}f'(t)\cos t\mathrm{d}t=\int_0^{\frac{\pi}{2}}(\sec t-\cos t)\cos t\mathrm{d}t=\int_0^{\frac{\pi}{2}}\sin^2 t\mathrm{d}t=\dfrac{\pi}{4}$.

7.【解】所求体积等于 $y=-|x^2-1|$ 与 $y=-3$ 所围成的封闭图形绕 x 轴旋转所得的旋转体体积.

如下图所示，所求体积为

$$V=\pi\cdot 3^2\cdot 4-2\int_0^2\pi(-|x^2-1|)^2\mathrm{d}x=\frac{448}{15}\pi.$$

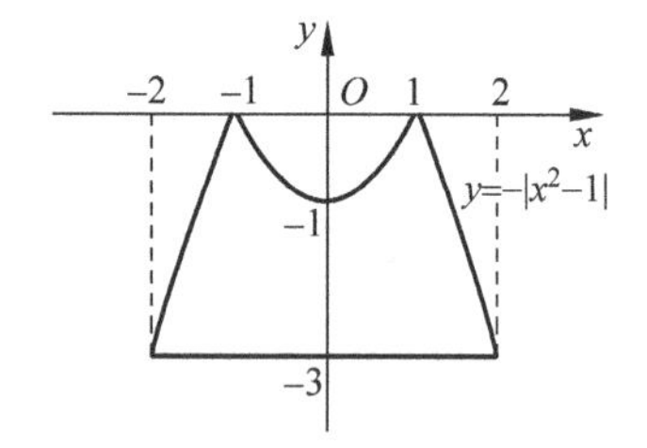

8.【解】(1) 由 $\begin{cases}\dfrac{a}{2\sqrt{x_0}}=\dfrac{1}{\sqrt{x_0}\cdot 2\sqrt{x_0}},\\ y_0=a\sqrt{x_0},\\ y_0=\ln\sqrt{x_0}\end{cases}$ 得 $a=\mathrm{e}^{-1}$，切点为 $(\mathrm{e}^2,1)$.

(2) 如下图所示，

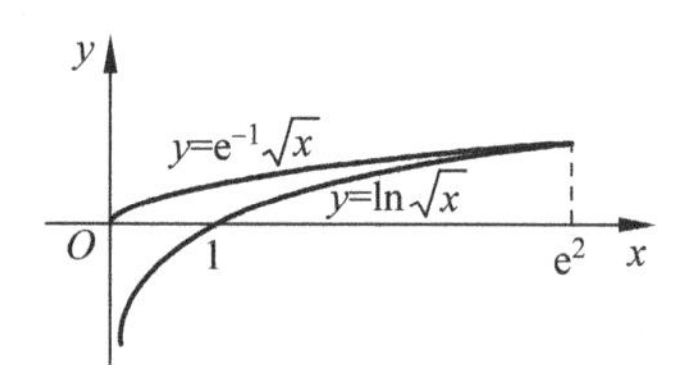

$$V_x=\int_0^{\mathrm{e}^2}\pi(\mathrm{e}^{-1}\sqrt{x})^2\mathrm{d}x-\int_1^{\mathrm{e}^2}\pi(\ln\sqrt{x})^2\mathrm{d}x$$
$$=\frac{\pi}{2}\mathrm{e}^2-\pi\left[x(\ln\sqrt{x})^2\right]_1^{\mathrm{e}^2}+\frac{\pi}{2}\int_1^{\mathrm{e}^2}\ln x\mathrm{d}x$$
$$=\frac{\pi}{2}\mathrm{e}^2-\pi\mathrm{e}^2+\frac{\pi}{2}[x\ln x]_1^{\mathrm{e}^2}-\frac{\pi}{2}\int_1^{\mathrm{e}^2}x\cdot\frac{1}{x}\mathrm{d}x=\frac{\pi}{2}.$$

9.【解】(1) $V(\xi)=\int_0^{\xi}\pi\mathrm{e}^{-2x}\mathrm{d}x=\dfrac{\pi}{2}(1-\mathrm{e}^{-2\xi})$.

由 $V(a)=\dfrac{1}{2}\lim\limits_{\xi\to+\infty}V(\xi)$ 知 $\dfrac{\pi}{2}(1-\mathrm{e}^{-2a})=\dfrac{\pi}{4}$，解得 $a=\dfrac{1}{2}\ln 2$.

(2) 设切点为 $(x_0,\mathrm{e}^{-x_0})(x_0\geqslant 0)$，则切线方程为 $y-\mathrm{e}^{-x_0}=-\mathrm{e}^{-x_0}(x-x_0)$. 令 $x=0$，则 $y=(x_0+1)\mathrm{e}^{-x_0}$；令 $y=0$，则 $x=x_0+1$.

于是，切线与坐标轴所夹平面图形的面积为 $A(x_0)=\dfrac{1}{2}(x_0+1)^2\mathrm{e}^{-x_0}$. 令 $A'(x_0)=(x_0+1)\mathrm{e}^{-x_0}-\dfrac{1}{2}(x_0+1)^2\mathrm{e}^{-x_0}=-\dfrac{1}{2}(x_0-1)(x_0+1)\mathrm{e}^{-x_0}=0$，则 $x_0=1$.

由于当 $0\leqslant x_0<1$ 时，$A'(x_0)>0$；当 $x_0>1$ 时，$A'(x_0)<0$，故所求切点为 $(1,\mathrm{e}^{-1})$，最大面积为 $A(1)=2\mathrm{e}^{-1}$.

考点三 平面曲线的弧长与旋转体的侧面积(仅数学一、二)

1.【答案】$\sqrt{2}(\mathrm{e}^{\pi}-1)$.

【解】所求弧长为 $\int_0^{\pi}\sqrt{\mathrm{e}^{2\theta}+\mathrm{e}^{2\theta}}\mathrm{d}\theta=\sqrt{2}\int_0^{\pi}\mathrm{e}^{\theta}\mathrm{d}\theta=\sqrt{2}(\mathrm{e}^{\pi}-1)$.

2.【答案】8.

【解】$S=\int_0^{2\pi}\sqrt{\sin^2 t+(1-\cos t)^2}\mathrm{d}t=\sqrt{2}\int_0^{2\pi}\sqrt{1-\cos t}\mathrm{d}t$
$=2\int_0^{2\pi}\sin\dfrac{t}{2}\mathrm{d}t=8$.

3.【解】(1) 由 $S(t)=2\pi\int_0^t\dfrac{\mathrm{e}^x+\mathrm{e}^{-x}}{2}\sqrt{1+\left(\dfrac{\mathrm{e}^x-\mathrm{e}^{-x}}{2}\right)^2}\mathrm{d}x=\pi\int_0^t\dfrac{\mathrm{e}^x+\mathrm{e}^{-x}}{2}\sqrt{\mathrm{e}^{2x}+\mathrm{e}^{-2x}+2}\mathrm{d}x=2\pi\int_0^t\left(\dfrac{\mathrm{e}^x+\mathrm{e}^{-x}}{2}\right)^2\mathrm{d}x$，

$V(t)=\int_0^t\pi\left(\dfrac{\mathrm{e}^x+\mathrm{e}^{-x}}{2}\right)^2\mathrm{d}x$ 知 $\dfrac{S(t)}{V(t)}=2$.

(2) $F(t)=\pi\left(\dfrac{\mathrm{e}^x+\mathrm{e}^{-x}}{2}\right)^2\Big|_{x=t}=\pi\left(\dfrac{\mathrm{e}^t+\mathrm{e}^{-t}}{2}\right)^2$.

$$\lim_{t\to+\infty}\frac{S(t)}{F(t)}=\lim_{t\to+\infty}\frac{2\int_0^t\left(\dfrac{\mathrm{e}^x+\mathrm{e}^{-x}}{2}\right)^2\mathrm{d}x}{\left(\dfrac{\mathrm{e}^t+\mathrm{e}^{-t}}{2}\right)^2}$$
$$\overset{\frac{\infty}{\infty}}{\underset{洛}{=\!=}}\lim_{t\to+\infty}\frac{2\left(\dfrac{\mathrm{e}^t+\mathrm{e}^{-t}}{2}\right)^2}{2\dfrac{\mathrm{e}^t+\mathrm{e}^{-t}}{2}\cdot\dfrac{\mathrm{e}^t-\mathrm{e}^{-t}}{2}}$$
$$=\lim_{t\to+\infty}\frac{\mathrm{e}^t+\mathrm{e}^{-t}}{\mathrm{e}^t-\mathrm{e}^{-t}}\overset{\frac{\infty}{\infty}}{=\!=}\lim_{t\to+\infty}\frac{1+\mathrm{e}^{-2t}}{1-\mathrm{e}^{-2t}}=1.$$

【注】读者可在读完§3.4后再练习本题.

4.【解】由 $\rho(x)=\dfrac{[1+(y')^2]^{\frac{3}{2}}}{|y''|}=\dfrac{\left[1+\left(\dfrac{1}{2\sqrt{x}}\right)^2\right]^{\frac{3}{2}}}{\dfrac{1}{4\sqrt{x^3}}}$
$=\dfrac{1}{2}(4x+1)^{\frac{3}{2}}$，

$s(x)=\int_1^x\sqrt{1+[y'(t)]^2}\mathrm{d}t=\int_1^x\sqrt{1+\dfrac{1}{4t}}\mathrm{d}t$ 知 $\dfrac{\mathrm{d}\rho}{\mathrm{d}s}=\dfrac{\frac{\mathrm{d}\rho}{\mathrm{d}x}}{\frac{\mathrm{d}s}{\mathrm{d}x}}=\dfrac{3\sqrt{4x+1}}{\sqrt{1+\dfrac{1}{4x}}}=6\sqrt{x}$，$\dfrac{\mathrm{d}^2\rho}{\mathrm{d}s^2}=\dfrac{\mathrm{d}\left(\dfrac{\mathrm{d}\rho}{\mathrm{d}s}\right)/\mathrm{d}x}{\mathrm{d}s/\mathrm{d}x}=\dfrac{\dfrac{3}{\sqrt{x}}}{\sqrt{1+\dfrac{1}{4x}}}=\dfrac{6}{\sqrt{4x+1}}$，

故 $3\rho\dfrac{\mathrm{d}^2\rho}{\mathrm{d}s^2}-\left(\dfrac{\mathrm{d}\rho}{\mathrm{d}s}\right)^2=9$.

【注】读者可在读完§3.4后再练习本题.

5.【解】设切点为 $(x_0,\sqrt{x_0-1})$，则切线方程为 $y-\sqrt{x_0-1}=\dfrac{1}{2\sqrt{x_0-1}}(x-x_0)$.

由于切线过原点，故由 $\sqrt{x_0-1}=\dfrac{x_0}{2\sqrt{x_0-1}}$ 得 $x_0=2$，从而切线方程为 $y=\dfrac{1}{2}x$.

由 $S_1=2\pi\int_0^2\dfrac{x}{2}\sqrt{1+\left(\dfrac{1}{2}\right)^2}\mathrm{d}x=\sqrt{5}\pi$，$S_2=2\pi\int_1^2\sqrt{x-1}\cdot\sqrt{1+\left(\dfrac{1}{2\sqrt{x-1}}\right)^2}\mathrm{d}x=\pi\int_1^2\sqrt{4x-3}\mathrm{d}x=\dfrac{\pi}{6}(5\sqrt{5}-1)$ 知所求表面积为 $S_1+S_2=\dfrac{\pi}{6}(11\sqrt{5}-1)$.

考点四 定积分的物理应用(仅数学一、二)

1.【答案】$\dfrac{11}{20}$.

【解】$\bar{x}=\dfrac{\int_0^1 x\rho(x)\mathrm{d}x}{\int_0^1\rho(x)\mathrm{d}x}=\dfrac{\int_0^1(-x^3+2x^2+x)\mathrm{d}x}{\int_0^1(-x^2+2x+1)\mathrm{d}x}=\dfrac{11}{20}$.

2.【解】(1) L 的弧长为 $s=\int_1^e\sqrt{1+\left(\frac{x}{2}-\frac{1}{2x}\right)^2}\mathrm{d}x=\frac{1}{2}\int_1^e\left(x+\frac{1}{x}\right)\mathrm{d}x=\frac{e^2+1}{4}$.

(2) $\int_1^e y\mathrm{d}x=\int_1^e\left(\frac{1}{4}x^2-\frac{1}{2}\ln x\right)\mathrm{d}x$

$=\int_1^e\frac{1}{4}x^2\mathrm{d}x-\frac{1}{2}\left([x\ln x]_1^e-\int_1^e x\cdot\frac{1}{x}\mathrm{d}x\right)$

$=\frac{1}{12}e^3-\frac{7}{12}$.

$\int_1^e xy\mathrm{d}x=\int_1^e\left(\frac{1}{4}x^3-\frac{1}{2}x\ln x\right)\mathrm{d}x$

$=\int_1^e\frac{1}{4}x^3\mathrm{d}x-\frac{1}{2}\left(\left[\frac{x^2}{2}\ln x\right]_1^e-\int_1^e\frac{x^2}{2}\cdot\frac{1}{x}\mathrm{d}x\right)$

$=\frac{1}{16}(e^2+1)(e^2-3)$.

故 D 的形心的横坐标为 $\frac{\int_1^e xy\mathrm{d}x}{\int_1^e y\mathrm{d}x}=\frac{3(e^2+1)(e^2-3)}{4(e^3-7)}$.

3.【解】如下图所示，以椭圆中心为原点，垂直油面向上的方向为 y 轴的正向，则椭圆方程为 $\frac{x^2}{a^2}+\frac{y^2}{b^2}=1$，且当 $x\geqslant0$ 时，$x=a\sqrt{1-\frac{y^2}{b^2}}$.

由于油面与其下方椭圆所围成图形的面积为

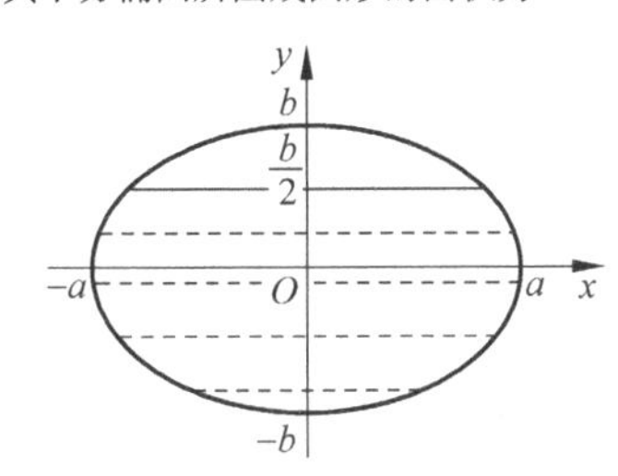

$$A=2\int_{-b}^{\frac{b}{2}}a\sqrt{1-\frac{y^2}{b^2}}\mathrm{d}y\xlongequal{\text{令 }y=b\sin t}2ab\int_{-\frac{\pi}{2}}^{\frac{\pi}{6}}\cos^2t\,\mathrm{d}t$$

$$=ab\int_{-\frac{\pi}{2}}^{\frac{\pi}{6}}(1+\cos2t)\mathrm{d}t=\left(\frac{2}{3}\pi+\frac{\sqrt3}{4}\right)ab(\mathrm{m}^2),$$

故所求质量为 $\left(\frac{2}{3}\pi+\frac{\sqrt3}{4}\right)abl\rho(\mathrm{kg})$.

4.【解】克服抓斗自重所做的功为 $W_1=400\times30=12\,000(\mathrm{J})$.

设抓斗与井底的距离为 x m，则克服缆绳重力所作的功为 $W_2=\int_0^{30}50(30-x)\mathrm{d}x=22\,500(\mathrm{J})$.

设从井底提升污泥的时间为 t s，而将污泥从井底提升至井口共需 $\frac{30}{3}=10(\mathrm{s})$，则提升污泥所作的功为 $W_3=\int_0^{10}3(2\,000-20t)\mathrm{d}t=57\,000(\mathrm{J})$.

故克服重力共需做功 $W_1+W_2+W_3=91\,500(\mathrm{J})$.

§3.4 变限积分问题

十年真题

考点一 变限积分的导数问题

1.【答案】$5\cdot2^{n-1}$.

【解】由

$$f'(x)=2(x+1)+2f(x),$$
$$f''(x)=2+2f'(x),\quad f'''(x)=2f''(x),$$
$$f^{(4)}(x)=2f'''(x)=2^2f''(x)$$

易知 $f^{(n)}(x)=2^{n-2}f''(x)(n\geqslant2)$.

又由 $f(0)=1,f'(0)=2+2f(0)=4,f''(0)=2+2f'(0)=10$ 知 $f^{(n)}(0)=2^{n-2}f''(0)=2^{n-2}\cdot10=5\cdot2^{n-1}$.

2.【答案】2.

【解】由 $\varphi(x)=x\int_0^{x^2}f(t)\mathrm{d}t$ 知 $\varphi'(x)=\int_0^{x^2}f(t)\mathrm{d}t+2x^2f(x^2)$.

故由 $\varphi'(1)=\int_0^1f(t)\mathrm{d}t+2f(1)=\varphi(1)+2f(1)=1+2f(1)=5$ 得 $f(1)=2$.

考点二 含变限积分的函数的极限问题

1.【答案】(C)

【解】由 $\lim\limits_{x\to0}\frac{\int_0^{x^2}(e^{t^3}-1)\mathrm{d}t}{x^7}\xlongequal[\text{洛}]{\frac{0}{0}}\lim\limits_{x\to0}\frac{(e^{x^6}-1)\cdot2x}{7x^6}=0$ 知 $\int_0^{x^2}(e^{t^3}-1)\mathrm{d}t$ 是 x^7 的高阶无穷小.

2.【答案】(D).

【解】当 $x\to0^+$ 时，

由 $\left[\int_0^x(e^{t^2}-1)\mathrm{d}t\right]'=e^{x^2}-1\sim x^2$ 知 $\int_0^x(e^{t^2}-1)\mathrm{d}t$ 是与 x^3 同阶的无穷小量；

由 $\left[\int_0^x\ln(1+\sqrt{t^3})\mathrm{d}t\right]'=\ln(1+\sqrt{x^3})\sim x^{\frac{3}{2}}$ 知 $\int_0^x\ln(1+\sqrt{t^3})\mathrm{d}t$ 是与 $x^{\frac{5}{2}}$ 同阶的无穷小量；

由 $\left(\int_0^{\sin x}\sin t^2\mathrm{d}t\right)'=\sin(\sin^2x)\cdot\cos x\sim x^2$ 知 $\int_0^{\sin x}\sin t^2\mathrm{d}t$ 是与 x^3 同阶的无穷小量；由 $\left(\int_0^{1-\cos x}\sqrt{\sin^3t}\,\mathrm{d}t\right)'=\sqrt{(1-\cos x)^3}\cdot\sin x\sim\left(\frac{1}{2}x^2\right)^{\frac{3}{2}}\cdot x=\frac{\sqrt2}{4}x^4$ 知 $\int_0^{1-\cos x}\sqrt{\sin^3t}\,\mathrm{d}t$ 是与 x^5 同阶的无穷小量.

3.【答案】3.

【解】当 $x\to0$ 时，由于

$$\left[\int_0^x\frac{(1+t^2)\sin t^2}{1+\cos t^2}\mathrm{d}t\right]'=\frac{(1+x^2)\sin x^2}{1+\cos x^2}\sim\frac{x^2}{2},$$

故 $\int_0^x\frac{(1+t^2)\sin t^2}{1+\cos t^2}\mathrm{d}t$ 与 x^3 是同阶无穷小.

4.【答案】$\frac{1}{2}$.

【解】原式 $=\lim\limits_{x\to0}\frac{\int_0^x t\ln(1+t\sin t)\mathrm{d}t}{\frac{1}{2}x^4}\xlongequal[\text{洛}]{\frac{0}{0}}\lim\limits_{x\to0}\frac{x\ln(1+x\sin x)}{2x^3}$

$=\lim\limits_{x\to0}\frac{x\sin x}{2x^2}=\frac{1}{2}$.

5.【解】原式 $=\lim\limits_{x\to0}\frac{\sin x\left(1+\int_0^x e^{t^2}\mathrm{d}t\right)-e^x+1}{(e^x-1)\sin x}$

$=\lim\limits_{x\to0}\frac{\sin x+\sin x\int_0^x e^{t^2}\mathrm{d}t-e^x+1}{x^2}$

$=\lim\limits_{x\to0}\frac{\sin x-e^x+1}{x^2}+\lim\limits_{x\to0}\frac{\sin x\int_0^x e^{t^2}\mathrm{d}t}{x^2}$.

用泰勒公式把 $\sin x$ 和 e^x 展开，

$$\sin x=x-\frac{1}{6}x^3+o(x^3),\quad e^x=1+x+\frac{1}{2}x^2+o(x^2),$$

故

$$\sin x-e^x+1=-\frac{1}{2}x^2+o(x^2)\sim-\frac{1}{2}x^2\quad(x\to0),$$

从而 $\lim\limits_{x\to0}\frac{\sin x-e^x+1}{x^2}=\lim\limits_{x\to0}\frac{-\frac{1}{2}x^2}{x^2}=-\frac{1}{2}$.

又由于$\lim\limits_{x\to0}\dfrac{\sin x\int_0^x e^{t^2}dt}{x^2}=\lim\limits_{x\to0}\dfrac{\int_0^x e^{t^2}dt}{x}\overset{\frac{0}{0}}{\underset{洛}{=}}\lim\limits_{x\to0}e^{x^2}=1$，故原式$=-\dfrac{1}{2}+1=\dfrac{1}{2}$.

6.【解】$\int_0^x\sqrt{x-t}\,e^t dt\xlongequal{令x-t=u}-\int_x^0\sqrt{u}\,e^{x-u}du=e^x\int_0^x\sqrt{u}\,e^{-u}du$.

于是原式$=\lim\limits_{x\to0^+}\dfrac{e^x\int_0^x\sqrt{u}\,e^{-u}du}{\sqrt{x^3}}=\lim\limits_{x\to0^+}e^x\cdot\lim\limits_{x\to0^+}\dfrac{\int_0^x\sqrt{u}\,e^{-u}du}{\sqrt{x^3}}$

$$=\lim_{x\to0^+}\frac{\int_0^x\sqrt{u}\,e^{-u}du}{\sqrt{x^3}}\overset{\frac{0}{0}}{\underset{洛}{=}}\lim_{x\to0^+}\frac{\sqrt{x}\,e^{-x}}{\frac{3}{2}\sqrt{x}}=\frac{2}{3}.$$

考点三 变限积分与其他问题的综合

1.【答案】(C).

【解】由

$$f(-x)=\int_0^{-x}e^{\cos t}dt\xlongequal{令u=-t}-\int_0^x e^{\cos u}du=-f(x)$$

知$f(x)$为奇函数；由

$$g(-x)=\int_0^{-\sin x}e^{t^2}dt\xlongequal{令u=-t}-\int_0^{\sin x}e^{u^2}du=-g(x)$$

知$g(x)$也为奇函数.

对于(D)，由$g(x+2\pi)=g(x)$知$g(x)$为周期函数，但由$f'(x)=e^{\cos x}>0$知$f(x)$单调递增，故$f(x)$不是周期函数.

2.【答案】(D).

【解】由于$f'(x)=\sin(\sin^3x)\cdot\cos x$为奇函数，故$f(x)$为偶函数.

又由

$$g(-x)=\int_0^{-x}f(t)dt\xlongequal{令u=-t}-\int_0^x f(-u)du$$

$$=-\int_0^x f(u)du=-g(x)$$

知$g(x)$为奇函数.

【注】一般地，奇函数的原函数必为偶函数，偶函数的原函数不一定为奇函数. 但若$f(x)$为偶函数，则$\int_0^x f(t)dt$必为奇函数.

3.【答案】(A).

【解】法一(反面做)：取$f(x)=x$，则$\int_0^x[\cos f(t)+f'(t)]dt=\int_0^x(\cos t+1)dt=\sin x+x$为奇函数，$\int_0^x[\cos f'(t)+f(t)]dt=\int_0^x(\cos1+t)dt=(\cos1)x+\dfrac{1}{2}x^2$为非奇非偶函数，故可排除(B)、(C)、(D).

法二(正面做)：记$F(x)=\int_0^x[\cos f(t)+f'(t)]dt$，则

$$F(-x)=\int_0^{-x}[\cos f(t)+f'(t)]dt$$

$$\xlongequal{令u=-t}-\int_0^x[\cos f(-u)+f'(-u)]du.$$

由于$f(x)$为奇函数，故$f'(x)$为偶函数，从而

$$F(-x)=-\int_0^x\{\cos[-f(u)]+f'(u)\}du=-F(x),$$

即$F(x)$为奇函数.

【注】2002年数学二曾考查过类似的选择题.

4.【答案】$\dfrac{4\pi}{3}+\sqrt{3}$.

【解】由$y'=\sqrt{3-x^2}$知所求弧长为

$$s=\int_{-\sqrt{3}}^{\sqrt{3}}\sqrt{1+(y')^2}\,dx=2\int_0^{\sqrt{3}}\sqrt{4-x^2}\,dx$$

$$\xlongequal{令x=2\sin t}8\int_0^{\frac{\pi}{3}}\cos^2t\,dt=4\int_0^{\frac{\pi}{3}}(1+\cos2t)dt=\frac{4\pi}{3}+\sqrt{3}.$$

5.【答案】$\dfrac{\cos1-1}{4}$.

【解】法一：
$$\int_0^1 f(x)dx=\int_0^1\left(x\int_1^x\frac{\sin t^2}{t}dt\right)dx$$

$$=\int_0^1\left(\int_1^x\frac{\sin t^2}{t}dt\right)d\left(\frac{x^2}{2}\right)$$

$$=\left[\frac{x^2}{2}\int_1^x\frac{\sin t^2}{t}dt\right]_0^1-\int_0^1\frac{x^2}{2}\cdot\frac{\sin x^2}{x}dx$$

$$=-\frac{1}{2}\int_0^1 x\sin x^2dx$$

$$=-\frac{1}{4}\int_0^1\sin x^2d(x^2)=\frac{\cos1-1}{4}.$$

法二：
$$\int_0^1 f(x)dx=\int_0^1\left(x\int_1^x\frac{\sin t^2}{t}dt\right)dx=-\int_0^1dx\int_x^1 x\frac{\sin t^2}{t}dt$$

$$\xlongequal{交换积分次序}-\int_0^1dt\int_0^t x\frac{\sin t^2}{t}dx$$

$$=-\int_0^1\frac{t^3}{2}\cdot\frac{\sin t^2}{t}dt=-\frac{1}{4}\int_0^1\sin t^2d(t^2)$$

$$=\frac{\cos1-1}{4}.$$

6.【答案】$\dfrac{1}{18}(1-2\sqrt{2})$.

【解】法一：
$$\int_0^1 x^2f(x)dx=\int_0^1 f(x)d\left(\frac{x^3}{3}\right)$$

$$=\left[\frac{x^3}{3}f(x)\right]_0^1-\int_0^1\frac{x^3}{3}\sqrt{1+x^4}\,dx$$

$$=-\frac{1}{12}\int_0^1\sqrt{1+x^4}\,d(1+x^4)$$

$$=\frac{1}{18}(1-2\sqrt{2}).$$

法二：
$$\int_0^1 x^2f(x)dx=\int_0^1 x^2\left(\int_1^x\sqrt{1+t^4}\,dt\right)dx$$

$$=-\int_0^1dx\int_x^1 x^2\sqrt{1+t^4}\,dt$$

$$\xlongequal{交换积分次序}-\int_0^1dt\int_0^t x^2\sqrt{1+t^4}\,dx$$

$$=-\int_0^1\frac{t^3}{3}\sqrt{1+t^4}\,dt$$

$$=-\frac{1}{12}\int_0^1\sqrt{1+t^4}\,d(1+t^4)=\frac{1}{18}(1-2\sqrt{2}).$$

7.【解】$V(t)=\pi\int_t^{2t}xe^{-2x}dx$.

$$V'(t)=\pi(4te^{-4t}-te^{-2t})=\pi te^{-2t}(4e^{-2t}-1).$$

令$V'(t)=0$，得$t=\ln2$.

由于当$0<t<\ln2$时，$V'(t)>0$；当$t>\ln2$时，$V'(t)<0$，故当$t=\ln2$时，$V(t)$取得最大值

$$V(\ln2)=\pi\int_{\ln2}^{2\ln2}xe^{-2x}dx=-\frac{\pi}{2}\int_{\ln2}^{2\ln2}xd(e^{-2x})$$

$$=-\frac{\pi}{2}[xe^{-2x}]_{\ln2}^{2\ln2}+\frac{\pi}{2}\int_{\ln2}^{2\ln2}e^{-2x}dx$$

$$=\frac{\pi}{16}\ln2-\frac{\pi}{4}[e^{-2x}]_{\ln2}^{2\ln2}=\frac{\pi}{64}(4\ln2+3).$$

8.【解】$S(t)=\int_t^{2t}xe^{-2x}dx$.

$$S'(t)=4te^{-4t}-te^{-2t}=te^{-2t}(4e^{-2t}-1).$$

令$S'(t)=0$，得$t=\ln2$.

由于当$0<t<\ln2$时，$S'(t)>0$；当$t>\ln2$时，$S'(t)<0$，故当$t=\ln2$时，$S(t)$取得最大值

$$S(\ln2)=\int_{\ln2}^{2\ln2}xe^{-2x}dx=-\frac{1}{2}\int_{\ln2}^{2\ln2}xd(e^{-2x})$$

$$=-\frac{1}{2}[xe^{-2x}]_{\ln2}^{2\ln2}+\frac{1}{2}\int_{\ln2}^{2\ln2}e^{-2x}dx$$

$$=\frac{1}{16}\ln2-\frac{1}{4}[e^{-2x}]_{\ln2}^{2\ln2}=\frac{1}{64}(4\ln2+3).$$

9.【解】当 $x\neq0$ 时，$g(x)\xlongequal{令 xt=u}\int_0^x f(u)\frac{du}{x}=\frac{1}{x}\int_0^x f(u)du$，故

$$g'(x)=\frac{f(x)}{x}-\frac{\int_0^x f(u)du}{x^2}.$$

当 $x=0$ 时，由 $\lim\limits_{x\to0}\frac{f(x)}{x}$ 存在知 $\lim\limits_{x\to0}f(x)=f(0)=0$，从而 $g(0)=\int_0^1 f(0)dt=0$. 于是，

$$g'(0)=\lim_{x\to0}\frac{g(x)-g(0)}{x-0}=\lim_{x\to0}\frac{\int_0^x f(u)du}{x^2}\xlongequal[洛]{\frac{0}{0}}\lim_{x\to0}\frac{f(x)}{2x}=\frac{1}{2}.$$

所以，$g'(x)=\begin{cases}\frac{f(x)}{x}-\frac{\int_0^x f(u)du}{x^2}, & x\neq0,\\ \frac{1}{2}, & x=0.\end{cases}$

由于

$$\lim_{x\to0}g'(x)=\lim_{x\to0}\left[\frac{f(x)}{x}-\frac{\int_0^x f(u)du}{x^2}\right]=\lim_{x\to0}\frac{f(x)}{x}-\lim_{x\to0}\frac{\int_0^x f(u)du}{x^2}$$

$$=1-\frac{1}{2}=\frac{1}{2}=g'(0),$$

故 $g'(x)$ 在 $x=0$ 处连续.

【注】1997 年数学一、二曾考查过几乎一模一样的解答题.

10.【解】当 $0<x\leqslant1$ 时，$f(x)=\int_0^x(x^2-t^2)dt+\int_x^1(t^2-x^2)dt=\frac{4}{3}x^3-x^2+\frac{1}{3}$；

当 $x>1$ 时，$f(x)=\int_0^1(x^2-t^2)dt=x^2-\frac{1}{3}$，

故 $f(x)=\begin{cases}\frac{4}{3}x^3-x^2+\frac{1}{3}, & 0<x\leqslant1,\\ x^2-\frac{1}{3}, & x>1.\end{cases}$

由

$$\lim_{x\to1^-}\frac{f(x)-f(1)}{x-1}\xlongequal[洛]{\frac{0}{0}}\lim_{x\to1^-}\frac{\frac{4}{3}x^3-x^2+\frac{1}{3}-\frac{2}{3}}{x-1}=\lim_{x\to1^-}\frac{4x^2-2x}{1}=2,$$

$$\lim_{x\to1^+}\frac{f(x)-f(1)}{x-1}=\lim_{x\to1^+}\frac{x^2-\frac{1}{3}-\frac{2}{3}}{x-1}=\lim_{x\to1^+}(x+1)=2$$

知 $f'(1)=2$，故 $f'(x)=\begin{cases}4x^2-2x, & 0<x\leqslant1,\\ 2x, & x>1.\end{cases}$

令 $f'(x)=0$，则 $x=\frac{1}{2}$. 又由 $f''\left(\frac{1}{2}\right)=2>0$ 知 $f(x)$ 的最小值为 $f\left(\frac{1}{2}\right)=\frac{1}{4}$.

方法探究

考点一　变限积分的导数问题

变式【答案】$\int_{x^2}^0\cos t^2dt-2x^2\cos x^4$.

【解】

$$\frac{d}{dx}\int_{x^2}^0 x\cos t^2dt=\frac{d}{dx}\left(x\int_{x^2}^0\cos t^2dt\right)$$

$$=\int_{x^2}^0\cos t^2dt-x\frac{d}{dx}\int_0^{x^2}\cos t^2dt$$

$$=\int_{x^2}^0\cos t^2dt-x\cos(x^2)^2\cdot2x$$

$$=\int_{x^2}^0\cos t^2dt-2x^2\cos x^4.$$

考点二　含变限积分的函数的极限问题

变式 1【解】$\int_0^x f(x-t)dt\xlongequal{令 x-t=u}\int_0^x f(u)du$.

$$原式=\lim_{x\to0}\frac{x\int_0^x f(t)dt-\int_0^x tf(t)dt}{x\int_0^x f(u)du}$$

$$\xlongequal[洛]{\frac{0}{0}}\lim_{x\to0}\frac{\int_0^x f(t)dt+xf(x)-xf(x)}{\int_0^x f(u)du+xf(x)}$$

$$=\lim_{x\to0}\frac{\int_0^x f(t)dt}{\int_0^x f(u)du+xf(x)}.$$

根据积分中值定理，$\int_0^x f(t)dt=\int_0^x f(u)du=xf(\xi)$，其中 ξ 介于 0 与 x 之间.

$$故原式=\lim_{\substack{x\to0\\(\xi\to0)}}\frac{xf(\xi)}{xf(\xi)+xf(x)}=\frac{f(0)}{f(0)+f(0)}=\frac{1}{2}.$$

变式 2【解】

$$原式=2\lim_{x\to0}\frac{\int_0^x\left[\int_0^{u^2}\arctan(1+t)dt\right]du}{x^3}$$

$$\xlongequal[洛]{\frac{0}{0}}2\lim_{x\to0}\frac{\int_0^{x^2}\arctan(1+t)dt}{3x^2}$$

$$\xlongequal[洛]{\frac{0}{0}}2\lim_{x\to0}\frac{2x\arctan(1+x^2)}{6x}=\frac{\pi}{6}.$$

考点三　变限积分与其他问题的综合

变式【解】$\int_0^1 f(tx)dt\xlongequal{令 tx=u}\int_0^x f(u)\frac{du}{x}=\frac{1}{x}\int_0^x f(u)du$.

于是 $\frac{1}{x}\int_0^x f(u)du=f(x)+x\sin x$，即 $\int_0^x f(u)du=xf(x)+x^2\sin x$.

两边求导，得 $f(x)=f(x)+xf'(x)+2x\sin x+x^2\cos x$，即 $f'(x)=-2\sin x-x\cos x$.

$f(x)=2\cos x-\int x\,d(\sin x)=2\cos x-x\sin x+\int\sin x\,dx=\cos x-x\sin x+C$.

真题精选

考点一　变限积分的导数问题

1.【答案】(A).

【解】

$$F'(x)=f(\ln x)\cdot\frac{1}{x}-f\left(\frac{1}{x}\right)\cdot\left(-\frac{1}{x^2}\right)$$

$$=\frac{1}{x}f(\ln x)+\frac{1}{x^2}f\left(\frac{1}{x}\right).$$

2.【答案】$\frac{1}{\sqrt{1-e^{-1}}}$.

【解】由 $\frac{dy}{dx}=\frac{1}{\frac{dx}{dy}}=\frac{1}{\sqrt{1-e^x}}$ 知 $\left.\frac{dy}{dx}\right|_{y=0}=\left.\frac{dy}{dx}\right|_{x=-1}=\frac{1}{\sqrt{1-e^{-1}}}$.

3.【答案】0.

【解】

$$\frac{dy}{dx}=\frac{\frac{dy}{dt}}{\frac{dx}{dt}}=\frac{\ln(1+t^2)}{-e^{-t}}=-e^t\ln(1+t^2).$$

$$\frac{d^2y}{dx^2}=\frac{d\left(\frac{dy}{dx}\right)/dt}{dx/dt}=\frac{-e^t\ln(1+t^2)-e^t\frac{2t}{1+t^2}}{-e^{-t}}$$

$$=\left[\frac{2t}{1+t^2}+\ln(1+t^2)\right]e^{2t}.$$

故$\left.\dfrac{d^2y}{dx^2}\right|_{t=0}=0$.

4.【答案】$\sin x^2$.

【解】由于$\int_0^x \sin(x-t)^2 dt \xlongequal{令x-t=u} \int_0^x \sin u^2 du$,故

$$\frac{d}{dx}\int_0^x \sin(x-t)^2 dt=\sin x^2.$$

5.【解】由于两曲线在点(0,0)处切线的斜率相同,又$\dfrac{d}{dx}\int_0^{\arctan x} e^{-t^2}dt=e^{-\arctan^2 x}\cdot\dfrac{1}{1+x^2}$,故$f'(0)=1$,从而切线方程为$y=x$.

$$\lim_{n\to\infty} nf\left(\frac{2}{n}\right)=2\lim_{\frac{2}{n}\to 0^+}\frac{f\left(0+\frac{2}{n}\right)-f(0)}{\frac{2}{n}}=2f'_+(0)=2.$$

考点二 含变限积分的函数的极限问题

1.【答案】(C).

【解】由于$F(x)=x^2\int_0^x f(t)dt-\int_0^x t^2 f(t)dt$,故$F'(x)=2x\int_0^x f(t)dt+x^2f(x)-x^2f(x)=2x\int_0^x f(t)dt$.

当$k=3$时,$\lim\limits_{x\to0}\dfrac{F(x)}{x^3}=2\lim\limits_{x\to0}\dfrac{\int_0^x f(t)dt}{x^2}\xlongequal[洛]{\frac{0}{0}}\lim\limits_{x\to0}\dfrac{f(x)}{x}=f'(0)\neq 0$,符合题意;当$k\neq3$时,不合题意.

2.【解】原式$=\lim\limits_{x\to+\infty}\dfrac{\int_1^x\left[t^2\left(e^{\frac{1}{t}}-1\right)-t\right]dt}{x}\xlongequal[洛]{\frac{\infty}{\infty}}\lim\limits_{x\to+\infty}\left[x^2\left(e^{\frac{1}{x}}-1\right)-x\right]$

$$\xlongequal{令u=\frac{1}{x}}\lim_{u\to0^+}\frac{e^u-1-u}{u^2}\xlongequal[洛]{\frac{0}{0}}\lim_{u\to0^+}\frac{e^u-1}{2u}=\frac{1}{2}.$$

3.【解】由$\lim\limits_{x\to+\infty}F(x)\xlongequal[洛]{\frac{\infty}{\infty}}\lim\limits_{x\to+\infty}\dfrac{\ln(1+x^2)}{\alpha x^{\alpha-1}}$知当且仅当$\alpha>1$时,

$$\lim_{x\to+\infty}F(x)=\lim_{x\to+\infty}\frac{\ln(1+x^2)}{\alpha x^{\alpha-1}}\xlongequal[洛]{\frac{\infty}{\infty}}\lim_{x\to+\infty}\frac{\frac{2x}{1+x^2}}{\alpha(\alpha-1)x^{\alpha-2}}$$

$$=\frac{2}{\alpha(\alpha-1)}\lim_{x\to+\infty}\frac{x^2}{1+x^2}\cdot\frac{1}{x^{\alpha-1}}=0.$$

又由$\lim\limits_{x\to0^+}F(x)\xlongequal[洛]{\frac{0}{0}}\lim\limits_{x\to0^+}\dfrac{\ln(1+x^2)}{\alpha x^{\alpha-1}}=\lim\limits_{x\to0^+}\dfrac{x^2}{\alpha x^{\alpha-1}}=\lim\limits_{x\to0^+}\dfrac{1}{\alpha x^{\alpha-3}}$知当且仅当$\alpha<3$时,$\lim\limits_{x\to0^+}F(x)=0$.

综上所述,$1<\alpha<3$.

4.【解】由$\lim\limits_{x\to0}\dfrac{ax-\sin x}{\int_b^x\frac{\ln(1+t^3)}{t}dt}=c\neq0$知$\lim\limits_{x\to0}\int_b^x\dfrac{\ln(1+t^3)}{t}dt=0$,故$b=0$.又由$\lim\limits_{x\to0}\dfrac{ax-\sin x}{\int_0^x\frac{\ln(1+t^3)}{t}dt}\xlongequal[洛]{\frac{0}{0}}\lim\limits_{x\to0}\dfrac{a-\cos x}{\frac{\ln(1+x^3)}{x}}=\lim\limits_{x\to0}\dfrac{a-\cos x}{x^2}$知当且仅当$\lim\limits_{x\to0}(a-\cos x)=0$,即$a=1$时极限存在.此时,$c=\lim\limits_{x\to0}\dfrac{1-\cos x}{x^2}=\dfrac{1}{2}$.

5.【解】$F(x)\xlongequal{令x^n-t^n=u}\dfrac{1}{n}\int_0^{x^n}f(u)du$.

$$\lim_{x\to0}\frac{F(x)}{x^{2n}}=\lim_{x\to0}\frac{\int_0^{x^n}f(u)du}{nx^{2n}}\xlongequal[洛]{\frac{0}{0}}\lim_{x\to0}\frac{nx^{n-1}f(x^n)}{2n^2x^{2n-1}}=\frac{1}{2n}\lim_{x\to0}\frac{f(x^n)}{x^n}$$

$$=\frac{1}{2n}\lim_{x^n\to0}\frac{f(0+x^n)-f(0)}{x^n}=\frac{1}{2n}f'(0).$$

【注】本题不能由$\dfrac{1}{2n}\lim\limits_{x\to0}\dfrac{f(x^n)}{x^n}\xlongequal[洛]{\frac{0}{0}}\dfrac{1}{2n}\lim\limits_{x\to0}\dfrac{nx^{n-1}f'(x^n)}{nx^{n-1}}=\dfrac{1}{2n}f'(0)$得到答案,这是因为题中并未告知$f'(x)$连续.

考点三 变限积分与其他问题的综合

1.【答案】(D).

【解】由$F(0)=0$可排除(C);由$F(x)$连续可排除(B);又由在$(-1,0)$内$F'(x)=f(x)>0$知$F(x)$在$(-1,0)$内递增,故可排除(A).

2.【答案】(D).

【解】法一(反面做):取$f(x)=x$,则$\int_0^x f(t^2)dt=\int_0^x f^2(t)dt=\dfrac{x^3}{3}$,$\int_0^x t[f(t)-f(-t)]dt=\dfrac{2}{3}x^3$都为奇函数,可排除(A)、(B)、(C).

法二(正面做):记$F(x)=\int_0^x t[f(t)+f(-t)]dt$,则

$$F(-x)=\int_0^{-x}t[f(t)+f(-t)]dt$$

$$\xlongequal{令u=-t}-\int_0^x u[f(-u)+f(u)]d(-u)=F(x),$$

故$F(x)$为偶函数.

【注】2020年数学三又考查了类似的选择题.

3.【答案】(A).

【解】由于$F'(x)=e^{\sin(x+2\pi)}-e^{\sin x}=0$,设$F(x)=C$.

令$x=0$,得

$$C=\int_0^{2\pi}e^{\sin t}\sin t\,dt=-\int_0^{2\pi}e^{\sin t}d(\cos t)$$

$$=-\left[e^{\sin t}\cos t\right]_0^{2\pi}+\int_0^{2\pi}e^{\sin t}\cos^2t\,dt=\int_0^{2\pi}e^{\sin t}\cos^2t\,dt>0.$$

4.【答案】$\dfrac{1}{2}\ln^2x$.

【解】由$f\left(\dfrac{1}{x}\right)=\int_1^{\frac{1}{x}}\dfrac{\ln t}{1+t}dt\xlongequal{令u=\frac{1}{t}}\int_1^x\dfrac{\ln\frac{1}{u}}{1+\frac{1}{u}}\left(-\dfrac{1}{u^2}\right)du=\int_1^x\dfrac{\ln u}{u(1+u)}du$知

$$f(x)+f\left(\frac{1}{x}\right)=\int_1^x\frac{\ln t}{1+t}dt+\int_1^x\frac{\ln u}{u(1+u)}du=\int_1^x\frac{t\ln t+\ln t}{t(1+t)}dt$$

$$=\int_1^x\frac{\ln t}{t}dt=\int_1^x\ln t\,d(\ln t)=\frac{1}{2}\ln^2x.$$

5.【解】法一:$\int_0^1\dfrac{f(x)}{\sqrt{x}}dx=2\int_0^1 f(x)d(\sqrt{x})$

$$=\left[2\sqrt{x}f(x)\right]_0^1-2\int_0^1\sqrt{x}\,\frac{\ln(x+1)}{x}dx$$

$$=-2\int_0^1\frac{\ln(x+1)}{\sqrt{x}}dx$$

$$\xlongequal{令t=\sqrt{x}}-4\int_0^1\ln(t^2+1)dt$$

$$=-4\left[t\ln(t^2+1)\right]_0^1+4\int_0^1\frac{2t^2}{t^2+1}dt$$

$$=-4\ln2+8\int_0^1\left(1-\frac{1}{t^2+1}\right)dt$$

$$=-4\ln2+8-2\pi.$$

法二:$\int_0^1\dfrac{f(x)}{\sqrt{x}}dx=\int_0^1\dfrac{1}{\sqrt{x}}\left(\int_1^x\dfrac{\ln(t+1)}{t}dt\right)dx$

$$=-\int_0^1dx\int_x^1\frac{\ln(t+1)}{t\sqrt{x}}dt$$

$$\xlongequal{交换积分次序}-\int_0^1dt\int_0^t\frac{\ln(t+1)}{t\sqrt{x}}dx$$

$$=-2\int_0^1\frac{\ln(t+1)}{\sqrt{t}}dt.$$

以下同"法一"

6. 【解】在$\int_0^{f(x)} f^{-1}(t)\mathrm{d}t=\int_0^x t\frac{\cos t-\sin t}{\sin t+\cos t}\mathrm{d}t$两边求导,得$f^{-1}[f(x)]\cdot f'(x)=x\frac{\cos x-\sin x}{\sin x+\cos x}$,即$xf'(x)=x\frac{\cos x-\sin x}{\sin x+\cos x}$.

当$x\neq0$时,$f'(x)=\frac{\cos x-\sin x}{\sin x+\cos x}$,故$f(x)=\int\frac{\cos x-\sin x}{\sin x+\cos x}\mathrm{d}x=\int\frac{\mathrm{d}(\sin x+\cos x)}{\sin x+\cos x}=\ln(\sin x+\cos x)+C$;

当$x=0$时,$\int_0^{f(0)} f^{-1}(t)\mathrm{d}t=0$.由于$0\leqslant f^{-1}(t)\leqslant\frac{\pi}{4}$,故$f(0)=0$.

又由$f(x)$在$x=0$处可导知$f(x)$在$x=0$处连续,故$C=0$,从而$f(x)=\ln(\sin x+\cos x)$.

7. 【解】(1) $f(x+\pi)=\int_{x+\pi}^{x+\frac{3}{2}\pi}|\sin t|\mathrm{d}t$

$$\xlongequal{令u=t-\pi}\int_x^{x+\frac{\pi}{2}}|\sin(u+\pi)|\mathrm{d}u$$

$$=\int_x^{x+\frac{\pi}{2}}|\sin u|\mathrm{d}u=\int_x^{x+\frac{\pi}{2}}|\sin t|\mathrm{d}t=f(x),$$

所以$f(x)$是以π为周期的函数.

(2) 由于$f(x)$是以π为周期的函数,故只需求其在$[0,\pi]$上的值域.

令$f'(x)=\left|\sin\left(x+\frac{\pi}{2}\right)\right|-|\sin x|=|\cos x|-|\sin x|=0$,则$x_1=\frac{\pi}{4},x_2=\frac{3\pi}{4}$.

又由$f\left(\frac{\pi}{4}\right)=\int_{\frac{\pi}{4}}^{\frac{3\pi}{4}}\sin t\mathrm{d}t=\sqrt{2}$,$f\left(\frac{3\pi}{4}\right)=\int_{\frac{3\pi}{4}}^{\frac{5\pi}{4}}|\sin t|\mathrm{d}t=\int_{\frac{3\pi}{4}}^{\pi}\sin t\mathrm{d}t-\int_{\pi}^{\frac{5\pi}{4}}\sin t\mathrm{d}t=2-\sqrt{2}$,$f(0)=\int_0^{\frac{\pi}{2}}\sin t\mathrm{d}t=1$,$f(\pi)=-\int_{\pi}^{\frac{3\pi}{2}}\sin t\mathrm{d}t=1$知$f(x)$在$[0,\pi]$上的最大值为$\sqrt{2}$,最小值为$2-\sqrt{2}$,故$f(x)$的值域为$[2-\sqrt{2},\sqrt{2}]$.

8. 【解】(1) 由$S'(x)=|\cos x|\geqslant0$知$S(x)$单调递增,又

$S(n\pi)=\int_0^{n\pi}|\cos t|\mathrm{d}t=n\int_0^{\pi}|\cos t|\mathrm{d}t=2n\int_0^{\frac{\pi}{2}}\cos t\mathrm{d}t=2n$,

$S((n+1)\pi)=2(n+1)$,

故当$n\pi\leqslant x<(n+1)\pi$时,$2n\leqslant S(x)<2(n+1)$.

(2) 由(1)可知当$n\pi\leqslant x<(n+1)\pi$时,$\frac{2n}{(n+1)\pi}<\frac{S(x)}{x}<\frac{2(n+1)}{n\pi}$,而$\lim\limits_{\substack{x\to+\infty\\(n\to\infty)}}\frac{2n}{(n+1)\pi}=\lim\limits_{\substack{x\to+\infty\\(n\to\infty)}}\frac{2(n+1)}{n\pi}=\frac{2}{\pi}$,故根据夹逼准则,$\lim\limits_{x\to+\infty}\frac{S(x)}{x}=\frac{2}{\pi}$.

【注】在考研中,常根据第(1)问所得的不等式,利用夹逼准则来求第(2)问的极限.2010年数学一、二、三和2019年数学一、三又考查了这种解题思路的解答题(可参看§1.2).

9. 【解】$S(t)=\begin{cases}\frac{1}{2}t^2, & 0\leqslant t\leqslant1,\\ 1-\frac{1}{2}(2-t)^2, & 1<t\leqslant2,\\ 1, & t>2.\end{cases}$

当$0\leqslant x\leqslant1$时,$\int_0^x S(t)\mathrm{d}t=\int_0^x\frac{1}{2}t^2\mathrm{d}t=\frac{1}{6}x^3$;

当$1<x\leqslant2$时,$\int_0^x S(t)\mathrm{d}t=\int_0^1\frac{1}{2}t^2\mathrm{d}t+\int_1^x\left[1-\frac{1}{2}(2-t)^2\right]\mathrm{d}t$

$$=-\frac{1}{6}x^3+x^2-x+\frac{1}{3};$$

当$x>2$时,$\int_0^x S(t)\mathrm{d}t=\int_0^1\frac{1}{2}t^2\mathrm{d}t+\int_1^2\left[1-\frac{1}{2}(2-t)^2\right]\mathrm{d}t+\int_2^x\mathrm{d}t$

$$=x-1.$$

$$故\int_0^x S(t)\mathrm{d}t=\begin{cases}\frac{1}{6}x^3, & 0\leqslant x\leqslant1,\\ -\frac{1}{6}x^3+x^2-x+\frac{1}{3}, & 1<x\leqslant2,\\ x-1, & x>2.\end{cases}$$

10. 【解】当$x\neq0$时,$\varphi(x)\xlongequal{令xt=u}\int_0^x f(u)\frac{\mathrm{d}u}{x}=\frac{1}{x}\int_0^x f(u)\mathrm{d}u$,故

$$\varphi'(x)=\frac{f(x)}{x}-\frac{\int_0^x f(u)\mathrm{d}u}{x^2}.$$

当$x=0$时,由$\lim\limits_{x\to0}\frac{f(x)}{x}$存在知$\lim\limits_{x\to0}f(x)=f(0)=0$,从而$\varphi(0)=\int_0^1 f(0)\mathrm{d}t=0$.于是,

$$\varphi'(0)=\lim_{x\to0}\frac{\varphi(x)-\varphi(0)}{x-0}=\lim_{x\to0}\frac{\int_0^x f(u)\mathrm{d}u}{x^2}\xlongequal[洛]{\frac{0}{0}}\lim_{x\to0}\frac{f(x)}{2x}=\frac{A}{2}.$$

$$所以,\varphi'(x)=\begin{cases}\frac{f(x)}{x}-\frac{\int_0^x f(u)\mathrm{d}u}{x^2}, & x\neq0,\\ \frac{A}{2}, & x=0.\end{cases}$$

由于

$$\lim_{x\to0}\varphi'(x)=\lim_{x\to0}\left[\frac{f(x)}{x}-\frac{\int_0^x f(u)\mathrm{d}u}{x^2}\right]=\lim_{x\to0}\frac{f(x)}{x}-\lim_{x\to0}\frac{\int_0^x f(u)\mathrm{d}u}{x^2}$$

$$=A-\frac{A}{2}=\frac{A}{2}=\varphi'(0),$$

故$\varphi'(x)$在$x=0$处连续.

【注】2020年数学二又考查了几乎一模一样的解答题.

§3.5 中值定理及方程、不等式问题

十年真题

考点一 证明含中值的等式

(1)【分析】$f(\xi)=(2-\xi)\mathrm{e}^{\xi^2}\Leftrightarrow f(\xi)+(\xi-2)f'(\xi)=0$

$$\Leftrightarrow[(x-2)f(x)]'\Big|_{x=\xi}=0.$$

【证】记$F(x)=(x-2)f(x)$.

由于$F(1)=F(2)=0$,故对$F(x)$在$[1,2]$上用罗尔定理,存在$\xi\in(1,2)$,使得$F'(\xi)=0$.

(2)【分析】$f(2)=\ln2\cdot\eta\mathrm{e}^{\eta^2}\Leftrightarrow\frac{f(2)}{\ln2}=\eta\mathrm{e}^{\eta^2}\Leftrightarrow\frac{f(2)-f(1)}{\ln2-\ln1}=\frac{\mathrm{e}^{\eta^2}}{\frac{1}{\eta}}$.

【证】对$f(x)$,$g(x)=\ln x$在$[1,2]$上用柯西中值定理,存在$\eta\in(1,2)$,使得

$$\frac{f(2)}{\ln2}=\frac{f(2)-f(1)}{\ln2-\ln1}=\frac{\mathrm{e}^{\eta^2}}{\frac{1}{\eta}}=\eta\mathrm{e}^{\eta^2}.$$

考点二 函数的零点与方程的根

1. 【答案】(A).

【解】令$f'(x)=a-\frac{b}{x}=0$,则$x=\frac{b}{a}$.

x	$\left(0,\frac{b}{a}\right)$	$\frac{b}{a}$	$\left(\frac{b}{a},+\infty\right)$
$f'(x)$	$-$	0	$+$
$f(x)$	↘	$b-b\ln\frac{b}{a}$	↗

如上表所列，由于 $f(x)$ 在 $\left(\frac{b}{a},+\infty\right)$ 内单调递增，在 $\left(0,\frac{b}{a}\right)$ 内单调递减，故由题意可知，$f(x)$ 在 $\left(0,\frac{b}{a}\right)$ 和 $\left(\frac{b}{a},+\infty\right)$ 内各有一个零点. 又由于 $\lim\limits_{x\to0^+}f(x)=\lim\limits_{x\to+\infty}f(x)=+\infty$，故由 $f\left(\frac{b}{a}\right)=b-b\ln\frac{b}{a}<0$ 得 $\frac{b}{a}>\mathrm{e}$.

【注】1989年数学一、二曾考查过非常类似的解答题.

2.【答案】(D).

【解】记 $f(x)=x^5-5x+k$，则 $f'(x)=5x^4-5=5(x-1)(x+1)(x^2+1)$. 令 $f'(x)=0$，则 $x=1$ 或 $x=-1$.

x	$(-\infty,-1)$	-1	$(-1,1)$	1	$(1,+\infty)$
$f'(x)$	$+$	0	$-$	0	$+$
$f(x)$	↗	$k+4$	↘	$k-4$	↗

如上表所列，由于 $f(x)$ 在 $(-\infty,-1)$ 和 $(1,+\infty)$ 内单调递增，在 $(-1,1)$ 内单调递减，故由题意可知，$f(x)$ 在 $(-\infty,-1)$，$(-1,1)$ 和 $(1,+\infty)$ 内各有一个零点.

又由于 $\lim\limits_{x\to-\infty}f(x)=-\infty$，$\lim\limits_{x\to+\infty}f(x)=+\infty$，故由 $f(-1)=k+4>0$，$f(1)=k-4<0$ 得 $-4<k<4$.

3.【证】(1) 由于 $\lim\limits_{x\to0^+}\frac{f(x)}{x}<0$，故根据极限的局部保号性，存在 $x_0\in(0,1)$，使得 $\frac{f(x_0)}{x_0}<0$，即 $f(x_0)<0$.

又由于 $f(1)>0$ 故根据零点定理，存在 $\xi_0\in(x_0,1)\subset(0,1)$，使得 $f(\xi_0)=0$，即 $f(x)=0$ 在 $(0,1)$ 内至少存在一个实根.

(2) 记 $F(x)=f(x)f'(x)$.

由于 $\lim\limits_{x\to0^+}\frac{f(x)}{x}$ 存在，故于 $\lim\limits_{x\to0^+}f(x)=0=f(0)$，从而 $f(0)=f(\xi_0)$.

对 $f(x)$ 在 $[0,\xi_0]$ 上用罗尔定理，存在 $\xi\in(0,\xi_0)$，使得 $f'(\xi)=0$，即

$$F(0)=F(\xi_0)=F(\xi)=0.$$

对 $F(x)$ 分别在 $[0,\xi]$ 和 $[\xi,\xi_0]$ 上用罗尔定理，存在 $\xi_1\in(0,\xi)$，$\xi_2\in(\xi,\xi_0)$，使得

$$F'(\xi_1)=F'(\xi_2)=0,$$

即 $F'(x)=0$ 在 $(0,1)$ 内至少存在两个不同实根.

4.【解】记 $f(x)=\frac{1}{\ln(1+x)}-\frac{1}{x}-k$，则 $f'(x)=-\frac{1}{(1+x)\ln^2(1+x)}+\frac{1}{x^2}=\frac{(1+x)\ln^2(1+x)-x^2}{x^2(1+x)\ln^2(1+x)}$.

再记 $g(x)=(1+x)\ln^2(1+x)-x^2$，则 $g'(x)=\ln^2(1+x)+2\ln(1+x)-2x$，$g''(x)=2\frac{\ln(1+x)-x}{1+x}$.

当 $x\in(0,1]$ 时，由 $g''(x)<0$ 知 $g'(x)$ 单调递减，从而 $g'(x)<g'(0)=0$，即又知 $g(x)$ 单调递减，从而 $g(x)<g(0)=0$，故 $f'(x)<0$，从而 $f(x)$ 单调递减，且在 $(0,1)$ 内至多有一个零点.

由于

$$\lim_{x\to0^+}f(x)=\lim_{x\to0^+}\left[\frac{1}{\ln(1+x)}-\frac{1}{x}-k\right]=\lim_{x\to0^+}\frac{x-\ln(1+x)}{x\ln(1+x)}-k$$
$$=\lim_{x\to0^+}\frac{x-\left[x-\frac{1}{2}x^2+o(x^2)\right]}{x^2}-k=\frac{1}{2}-k,$$

$f(1)=\frac{1}{\ln2}-1-k$，故由 $\left(\frac{1}{\ln2}-1-k\right)\left(\frac{1}{2}-k\right)<0$ 知 k 的取值范围为 $\left(\frac{1}{\ln2}-1,\frac{1}{2}\right)$.

【注】1998年数学二曾考查过非常类似的证明不等式的解答题.

5.【解】$f'(x)=(2x-1)\sqrt{1+x^2}$.

令 $f'(x)=0$，则 $x=\frac{1}{2}$.

x	$\left(-\infty,\frac{1}{2}\right)$	$\frac{1}{2}$	$\left(\frac{1}{2},+\infty\right)$
$f'(x)$	$-$	0	$+$
$f(x)$	↘	$f\left(\frac{1}{2}\right)$	↗

如上表所列，由于 $f(x)$ 在 $\left(-\infty,\frac{1}{2}\right)$ 内单调递减，在 $\left(\frac{1}{2},+\infty\right)$ 内单调递增，故 $f(x)$ 在 $\left(-\infty,\frac{1}{2}\right)$ 和 $\left(\frac{1}{2},+\infty\right)$ 内各至多存在一个零点. 在 $\left(\frac{1}{2},+\infty\right)$ 内，显然 $f(1)=0$，故 $f(x)$ 恰有一个零点. 而又由 $f(x)$ 单调递增知 $f\left(\frac{1}{2}\right)<f(1)=0$.

在 $\left(-\infty,\frac{1}{2}\right)$ 内，由 $\lim\limits_{x\to-\infty}f(x)=+\infty$ 知 $f(x)$ 也恰有一个零点.

综上所述，$f(x)$ 恰有2个零点.

考点三　不等式问题

1.【答案】(B).

【解】法一：取 $f(x)=\mathrm{e}^{2x}$，则由

$\frac{f(-2)}{f(-1)}=\mathrm{e}^{-2}<1$，　$\frac{f(1)}{f(-1)}=\mathrm{e}^4>\mathrm{e}^2$，　$\frac{f(2)}{f(-1)}=\mathrm{e}^6>\mathrm{e}^3$

可排除(A)、(C)、(D).

法二：记 $F(x)=\mathrm{e}^{-x}f(x)$，则由 $F'(x)=\mathrm{e}^{-x}[f'(x)-f(x)]>0$ 知 $F(x)$ 单调递增，故 $F(0)>F(-1)$，从而 $f(0)>\mathrm{e}f(-1)$，即 $\frac{f(0)}{f(-1)}>\mathrm{e}$.

2.【答案】(D).

【解】法一：取 $f(x)=\frac{1}{2}-x$，则 $\int_0^1\left(\frac{1}{2}-x\right)\mathrm{d}x=0$，且 $f'(x)=-1<0$，但 $f\left(\frac{1}{2}\right)=0$，故排除(A)；

取 $f(x)=x-\frac{1}{2}$，则 $\int_0^1\left(x-\frac{1}{2}\right)\mathrm{d}x=0$，且 $f'(x)=1>0$，但 $f\left(\frac{1}{2}\right)=0$，故排除(C)；

取 $f(x)=\frac{1}{3}-x^2$，则 $\int_0^1\left(\frac{1}{3}-x^2\right)\mathrm{d}x=0$，且 $f''(x)=-2<0$，但 $f\left(\frac{1}{2}\right)=\frac{1}{12}>0$，故排除(B).

法二：根据泰勒公式，

$$f(x)=f\left(\frac{1}{2}\right)+f'\left(\frac{1}{2}\right)\left(x-\frac{1}{2}\right)+\frac{1}{2}f''(\xi)\left(x-\frac{1}{2}\right)^2,$$

其中 ξ 介于 $\frac{1}{2}$ 与 x 之间，从而

$$\int_0^1f(x)\mathrm{d}x=f\left(\frac{1}{2}\right)+f'\left(\frac{1}{2}\right)\int_0^1\left(x-\frac{1}{2}\right)\mathrm{d}x+\frac{1}{2}\int_0^1f''(\xi)\left(x-\frac{1}{2}\right)^2\mathrm{d}x.$$

由 $\int_0^1\left(x-\frac{1}{2}\right)\mathrm{d}x=0$ 且 $\int_0^1f(x)\mathrm{d}x=0$ 知，当 $f''(x)>0$ 时，

$$f\left(\frac{1}{2}\right)=-\frac{1}{2}\int_0^1f''(\xi)\left(x-\frac{1}{2}\right)^2\mathrm{d}x<0.$$

3.【答案】(C)

【解】法一：取 $f(x)=\mathrm{e}^x$，则排除(B)、(D)；再取 $f(x)=-\mathrm{e}^x$，则排除(A).

法二：记 $F(x)=f^2(x)$，则由 $F'(x)=2f(x)f'(x)>0$ 知 $F(x)$ 单调递增，故 $f^2(1)>f^2(-1)$，从而 $|f(1)|>|f(-1)|$.

4.【证】(1) $f(x)=f(0)+f'(0)x+\frac{1}{2}f''(\xi_1)x^2$ （ξ_1 介于 0 与 x 之间）. ①

$f(x)=f(1)+f'(1)(x-1)+\frac{1}{2}f''(\xi_2)(x-1)^2$ （ξ_2 介于 1 与 x 之间）. ②

x 乘②式减去 $(x-1)$ 乘①式，得

$$f(x)=f(1)x-f(0)(x-1)+\frac{x(x-1)}{2}[f''(\xi_2)(x-1)-f''(\xi_1)x],$$

即 $f(x)-f(0)(1-x)-f(1)x=\frac{x(x-1)}{2}[f''(\xi_2)(x-1)-f''(\xi_1)x]$.

于是当 $x\in(0,1)$ 时，

$$\begin{aligned}&|f(x)-f(0)(1-x)-f(1)x|\\ \leqslant&\frac{x(1-x)}{2}[|f''(\xi_2)|(1-x)+|f''(\xi_1)|x]\\ \leqslant&\frac{x(1-x)}{2}[(1-x)+x]=\frac{x(1-x)}{2}.\end{aligned}$$

(2) 由(1)可知

$$\int_0^1|f(x)-f(0)(1-x)-f(1)x|\,dx\leqslant\int_0^1\frac{x(1-x)}{2}dx.$$

由于

$$\begin{aligned}&\int_0^1|f(x)-f(0)(1-x)-f(1)x|\,dx\\ \geqslant&\left|\int_0^1[f(x)-f(0)(1-x)-f(1)x]\,dx\right|\\ =&\left|\int_0^1 f(x)dx-f(0)\int_0^1(1-x)dx-f(1)\int_0^1 x\,dx\right|\\ =&\left|\int_0^1 f(x)dx-\frac{f(0)+f(1)}{2}\right|,\end{aligned}$$

又 $\int_0^1\frac{x(1-x)}{2}dx=\frac{1}{12}$，故原不等式得证.

5.【证】(1) $f(x)=f'(0)x+\frac{1}{2}f''(\xi_0)x^2$ （ξ_0 介于 0 与 x 之间）.

令 $x=-a$，则 $f(-a)=-af'(0)+\frac{a^2}{2}f''(\xi_1)$ （$-a<\xi_1<0$）；

令 $x=a$，则 $f(a)=af'(0)+\frac{a^2}{2}f''(\xi_2)$ （$0<\xi_2<a$）.

两式相加，得 $f(a)+f(-a)=\frac{a^2}{2}[f''(\xi_1)+f''(\xi_2)]$.

由于 $f''(x)$ 在 $[\xi_1,\xi_2]$ 上连续，故 $f''(x)$ 在 $[\xi_1,\xi_2]$ 上必有最大值 M 和最小值 m，即 $m\leqslant f''(\xi_1)\leqslant M$，$m\leqslant f''(\xi_2)\leqslant M$，从而 $m\leqslant\frac{f''(\xi_1)+f''(\xi_2)}{2}\leqslant M$.

根据介值定理，存在 $\xi\in[\xi_1,\xi_2]\subset(-a,a)$，使得

$$f''(\xi)=\frac{f''(\xi_1)+f''(\xi_2)}{2}=\frac{1}{a^2}[f(a)+f(-a)].$$

(2) 由于 $f(x)$ 在 $(-a,a)$ 内取得极值，故存在 $c\in(-a,a)$，使得 $f'(c)=0$.

$f(x)=f(c)+\frac{1}{2}f''(\eta_0)(x-c)^2$ （η_0 介于 c 与 x 之间）.

令 $x=-a$，则 $f(-a)=f(c)+\frac{1}{2}f''(\eta_1)(a+c)^2$ （$-a<\eta_1<c<a$）；

令 $x=a$，则 $f(a)=f(c)+\frac{1}{2}f''(\eta_2)(a-c)^2$ （$-a<c<\eta_2<a$）.

两式相减，得 $f(a)-f(-a)=\frac{1}{2}[f''(\eta_2)(a-c)^2-f''(\eta_1)(a+c)^2]$，

于是

$$|f(a)-f(-a)|\leqslant\frac{1}{2}[|f''(\eta_2)|(a-c)^2+|f''(\eta_1))|(a+c)^2].$$

取 $\eta\in\{\eta_1,\eta_2\}$，使得 $|f''(\eta)|=\max\{|f''(\eta_1)|,|f''(\eta_2)|\}$，则

$$\begin{aligned}|f(a)-f(-a)|&\leqslant\frac{1}{2}|f''(\eta)|[(a-c)^2+(a+c)^2]\\&=|f''(\eta)|(a^2+c^2)\leqslant 2a^2|f''(\eta)|,\end{aligned}$$

即 $|f''(\eta)|\geqslant\frac{1}{2a^2}|f(a)-f(-a)|$.

【注】本题第(1)问的思路与 1999 年数学二的证明题非常类似，第(2)问的思路与 1996 年数学一的证明题非常类似.

6.【证】不妨设 $a<b$.

记 $F(x)=\int_a^x f(t)dt-(x-a)f\left(\frac{a+x}{2}\right)$ $(x>a)$，则 $F'(x)=f(x)-f\left(\frac{a+x}{2}\right)-\frac{x-a}{2}f'\left(\frac{a+x}{2}\right)$. 根据拉格朗日中值定理，$f(x)-f\left(\frac{a+x}{2}\right)=\frac{x-a}{2}f'(\xi)$，其中 $\frac{a+x}{2}<\xi<x$.

于是，$F'(x)=\frac{x-a}{2}\left[f'(\xi)-f'\left(\frac{a+x}{2}\right)\right]$.

$f''(x)\geqslant 0\Leftrightarrow f'(x)$ 单调不减 $\Leftrightarrow f'(\xi)\geqslant f'\left(\frac{a+x}{2}\right)\Leftrightarrow F'(x)\geqslant 0\Leftrightarrow F(x)$ 单调不减 $\Leftrightarrow F(x)\geqslant F(a)=0\Leftrightarrow f\left(\frac{a+b}{2}\right)\leqslant\frac{1}{b-a}\int_a^b f(x)dx$.

7.【证】(1) 当 $M=0$ 时，$f(x)\equiv 0$，对任意的 $\xi\in(0,2)$，均有 $|f'(\xi)|\geqslant M$. 当 $M>0$ 时，设 $|f(x_0)|=M$.

若 $x_0\in(0,1)$，则对 $f(x)$ 在 $[0,x_0]$ 上用拉格朗日中值定理，存在 $\xi\in(0,x_0)$，使得 $f(x_0)-f(0)=f'(\xi)x_0$，即 $|f'(\xi)|=\frac{|f(x_0)|}{x_0}>M$；

若 $x_0\in(1,2)$，则对 $f(x)$ 在 $[x_0,2]$ 上用拉格朗日中值定理，存在 $\xi\in(x_0,2)$，使得 $f(x_0)-f(2)=f'(\xi)(x_0-2)$，即 $|f'(\xi)|=\frac{|f(x_0)|}{2-x_0}>M$；若 $x_0=1$，则对 $f(x)$ 在 $[0,1]$ 上用拉格朗日中值定理，存在 $\xi\in(0,1)$，使得 $f(1)-f(0)=f'(\xi)$，即 $|f'(\xi)|=M$.

(2) 当 $|f'(x)|\leqslant M$ 对任意的 $x\in(0,2)$ 都成立时，由(1)知 $|f(1)|=M$. 不妨设 $f(1)=M$.

记 $F(x)=f(x)-Mx$，则 $F'(x)=f'(x)-M\leqslant 0$.

由于 $F(0)=F(1)=0$，故 $F(x)\equiv 0$，即 $f(x)=Mx$，$x\in[0,1]$，从而 $f'_-(1)=M$.

又由于 $|f(x)|$ 在 $x=1$ 处取得 $[0,2]$ 上的最大值 M，故 $f'(1)=0$，从而 $M=0$.

8. (1)【证】记 $\Phi(x)=\int_0^x f(t)dt$，则对 $\Phi(x)$ 在 $[0,1]$ 上用拉格朗日中值定理，存在 $\eta_1\in(0,1)$，使得 $\Phi(1)-\Phi(0)=\Phi'(\eta_1)$，即 $\int_0^1 f(x)dx=f(\eta_1)=f(1)=1$.

对 $f(x)$ 在 $[\eta_1,1]$ 上用罗尔定理，存在 $\xi\in(\eta_1,1)\subset(0,1)$，使得 $f'(\xi)=0$.

(2)【分析】$f''(\eta)<-2\Leftrightarrow f''(\eta)+2<0\Leftrightarrow[f(x)+x^2]''|_{x=\eta}<0$.

【证】记 $F(x)=f(x)+x^2$.

对 $F(x)$ 分别在 $[0,\eta_1]$ 和 $[\eta_1,1]$ 上用拉格朗日中值定理，存在 $\xi_1\in(0,\eta_1)$，$\xi_2\in(\eta_1,1)$，使得

$$\begin{aligned}F'(\xi_1)&=\frac{F(\eta_1)-F(0)}{\eta_1-0}=\frac{f(\eta_1)+\eta_1^2}{\eta_1}=\frac{1+\eta_1^2}{\eta_1}\\&=\eta_1+\frac{1}{\eta_1},\\ F'(\xi_2)&=\frac{F(1)-F(\eta_1)}{1-\eta_1}=\frac{f(1)+1-f(\eta_1)-\eta_1^2}{1-\eta_1}\\&=\frac{1-\eta_1^2}{1-\eta_1}=1+\eta_1.\end{aligned}$$

对 $F'(x)$ 在 $[\xi_1,\xi_2]$ 上用拉格朗日中值定理，存在 $\eta\in(\xi_1,\xi_2)\subset(0,1)$，使得

$$F''(\eta)=\frac{F'(\xi_2)-F'(\xi_1)}{\xi_2-\xi_1}=\frac{(1+\eta_1)-\left(\eta_1+\frac{1}{\eta_1}\right)}{\xi_2-\xi_1}=\frac{1-\frac{1}{\eta_1}}{\xi_2-\xi_1}<0,$$

即 $f''(\eta)<-2$.

【注】第(1)问若对 $f(x)$ 用积分中值定理，则只能证得存在 $\eta_2\in[0,1]$，使得

$$\int_0^1 f(x)\mathrm{d}x=f(\eta_2)=f(1)=1.$$

此时将无法再对 $f(x)$ 在 $[\eta_2,1]$ 上用罗尔定理.

9.【证】记 $f(x)=x-\ln^2x+2k\ln x-1$，则 $f'(x)=\dfrac{x-2\ln x+2k}{x}$.

再记 $g(x)=x-2\ln x+2k$，则 $g'(x)=1-\dfrac{2}{x}$.

令 $g'(x)=0$，则 $x=2$. 由 $g''(x)=\dfrac{2}{x^2}>0$ 知 $g(2)$ 为 $g(x)$ 的最小值，即

$$g(x)\geqslant g(2)=2-2\ln2+2k\geqslant0,$$

故 $f'(x)\geqslant0$，从而 $f(x)$ 单调递增.

当 $0<x<1$ 时，$f(x)<f(1)=0$；当 $x>1$ 时，$f(x)>f(1)=0$；当 $x=1$ 时，$f(x)=0$.

综上所述，$(x-1)(x-\ln^2x+2k\ln x-1)\geqslant0$.

10.【证】$y=f(x)$ 在点 $(b,f(b))$ 处的切线方程为 $y-f(b)=f'(b)(x-b)$.

令 $y=0$，则 $x_0=b-\dfrac{f(b)}{f'(b)}$.

由 $f'(x)>0$ 知 $f(x)$ 单调递增，则 $f(b)>f(a)=0$. 又由于 $f'(b)>0$，故 $x_0<b$.

根据拉格朗日中值定理，存在 $\xi\in(a,b)$，使得 $f(b)=f(b)-f(a)=f'(\xi)(b-a)$.

又由于 $f''(x)>0$，故 $f'(x)$ 单调递增，从而

$$f(b)=f'(\xi)(b-a)<f'(b)(b-a),$$

即由 $f'(b)>0$ 知 $a<b-\dfrac{f(b)}{f'(b)}=x_0$，从而 $a<x_0<b$.

方法探究

考点一 证明含中值的等式

变式 1.1【证】由于 $f(x)$ 在 $[0,2]$ 上连续，故 $f(x)$ 在 $[0,2]$ 上有最大值 M 和最小值 m，即 $m\leqslant f(0)\leqslant M$，$m\leqslant f(1)\leqslant M$，$m\leqslant f(2)\leqslant M$，从而 $m\leqslant\dfrac{f(0)+f(1)+f(2)}{3}\leqslant M$.

根据介值定理，存在 $\eta\in[0,2]$，使得 $f(\eta)=\dfrac{f(0)+f(1)+f(2)}{3}=1=f(3)$.

对 $f(x)$ 在 $[\eta,3]$ 上用罗尔定理，存在 $\xi\in(\eta,3)\subset(0,3)$，使得 $f'(\xi)=0$.

变式 1.2【证】(1) 令 $F(x)=\int_0^x f(t)\mathrm{d}t$，则 $F'(x)=f(x)$.

对 $F(x)$ 在 $[0,2]$ 上用拉格朗日中值定理，存在 $\eta\in(0,2)$，使得 $\int_0^2 f(x)\mathrm{d}x=2f(\eta)$，即 $f(\eta)=f(0)$.

(2) 由于 $f(x)$ 在 $[2,3]$ 上连续，故 $f(x)$ 在 $[2,3]$ 上必有最大值 M 和最小值 m，即 $m\leqslant f(2)\leqslant M$，$m\leqslant f(3)\leqslant M$，从而 $m\leqslant\dfrac{f(2)+f(3)}{2}\leqslant M$.

根据介值定理，存在 $\eta_1\in[2,3]$，使得 $f(\eta_1)=\dfrac{f(2)+f(3)}{2}$，即 $f(\eta_1)=f(0)=f(\eta)$.

对 $f(x)$ 分别在 $[0,\eta]$，$[\eta,\eta_1]$ 上用罗尔定理，存在 $\xi_1\in(0,\eta)$，$\xi_2\in(\eta,\eta_1)$，使得 $f'(\xi_1)=f'(\xi_2)=0$.

再对 $f'(x)$ 在 $[\xi_1,\xi_2]$ 上用罗尔定理，存在 $\xi\in(\xi_1,\xi_2)\subset(0,3)$，使得 $f''(\xi)=0$.

【注】第(1)问若对 $f(x)$ 用积分中值定理，则只能证得存在 $\eta\in[0,2]$，使得 $\int_0^2 f(x)\mathrm{d}x=2f(\eta)$，而无法说明 η 在开区间 $(0,2)$ 内，如此则第(2)问也无法再对 $f(x)$ 在 $[0,\eta]$ 上用罗尔定理.

变式 2.1【分析】$\dfrac{f'(\xi)}{f'(\eta)}=\dfrac{\mathrm{e}^b-\mathrm{e}^a}{b-a}\cdot\mathrm{e}^{-\eta}\Leftrightarrow\dfrac{\mathrm{e}^\eta}{f'(\eta)}=\dfrac{\mathrm{e}^b-\mathrm{e}^a}{(b-a)f'(\xi)}$.

【证】根据拉格朗日中值定理，存在 $\xi\in(a,b)$，使得 $f(b)-f(a)=f'(\xi)(b-a)$.

根据柯西中值定理，存在 $\eta\in(a,b)$，使得 $\dfrac{f(b)-f(a)}{\mathrm{e}^b-\mathrm{e}^a}=\dfrac{f'(\eta)}{\mathrm{e}^\eta}$.

两式相比，得 $\mathrm{e}^b-\mathrm{e}^a=\dfrac{f'(\xi)}{f'(\eta)}(b-a)\mathrm{e}^\eta$，即 $\dfrac{f'(\xi)}{f'(\eta)}=\dfrac{\mathrm{e}^b-\mathrm{e}^a}{b-a}\cdot\mathrm{e}^{-\eta}$.

变式 2.2【证】(1) 记 $F(x)=f(x)-1+x$，则 $F(0)=-1<0$，$F(1)=1>0$.

根据零点定理，存在 $\xi\in(0,1)$ 使得 $F(\xi)=0$ 即 $f(\xi)=1-\xi$.

(2) 对 $f(x)$ 分别在 $[0,\xi]$，$[\xi,1]$ 上用拉格朗日中值定理，存在 $\eta\in(0,\xi)$，$\zeta\in(\xi,1)$，使得

$$1-\xi=f(\xi)-f(0)=f'(\eta)\xi,$$

$$\xi=f(1)-f(\xi)=f'(\zeta)(1-\xi).$$

两式相乘，得 $(1-\xi)\xi=f'(\eta)f'(\zeta)\xi(1-\xi)$，即 $f'(\eta)f'(\zeta)=1$

考点二 函数的零点与方程的根

变式 1【证】由题意，$S_1=\int_a^\xi[f(\xi)-f(x)]\mathrm{d}x$，$S_2=\int_\xi^b[f(x)-f(\xi)]\mathrm{d}x$.

记 $F(t)=\int_a^t[f(t)-f(x)]\mathrm{d}x-3\int_t^b[f(x)-f(t)]\mathrm{d}x$.

由于在 (a,b) 内 $f'(x)>0$，故在 (a,b) 内 $f(a)<f(x)<f(b)$，从而

$$F(a)=-3\int_a^b[f(x)-f(a)]\mathrm{d}x<0,$$

$$F(b)=\int_a^b[f(b)-f(x)]\mathrm{d}x>0.$$

根据零点定理，存在 $\xi\in(a,b)$，使得 $F(\xi)=0$，即 $S_1=3S_2$.

又由 $F(t)=(t-a)f(t)-\int_a^t f(x)\mathrm{d}x-3\int_t^b f(x)\mathrm{d}x+3(b-t)f(t)$ 知 $F'(t)=[(t-a)+3(b-t)]f'(t)>0$，故 $F(t)$ 在 (a,b) 内单调递增，从而存在唯一的 $\xi\in(a,b)$，使得 $S_1=3S_2$.

变式 2【解】记 $f(x)=4x+\ln^4x-4\ln x-k\ (x>0)$.

令 $f'(x)=4\dfrac{\ln^3x-1+x}{x}=0$，则 $x=1$.

x	$(0,1)$	1	$(1,+\infty)$
$f'(x)$	$-$	0	$+$
$f(x)$	↘	$f(1)$	↗

如上表所列，由于 $f(x)$ 在 $(0,1)$ 内单调递减，在 $(1,+\infty)$ 内单调递增，故 $f(x)$ 在 $(0,1)$ 和 $(1,+\infty)$ 内各至多存在一个零点.

由于 $\lim\limits_{x\to0^+}f(x)=\lim\limits_{x\to+\infty}f(x)=+\infty>0$，$f(1)=4-k$，故当 $k<4$ 时，$f(1)>0$，两条曲线无交点；当 $k=4$ 时，$f(1)=0$，两条曲线只有一个交点 $(1,4)$；当 $k>4$ 时，$f(1)<0$，$f(x)$ 在 $(0,1)$ 和 $(1,+\infty)$ 内各仅有一个零点，即两条曲线恰有两个交点.

考点三 不等式问题

变式 1【证】由于 $f(x)$ 不恒为常数，故存在 $c\in(a,b)$，使得 $f(c)\neq f(a)$. 当 $f(c)>f(a)$ 时，根据拉格朗日中值定理，存在 $\xi\in(a,c)$，使得

$$f'(\xi)=\frac{f(c)-f(a)}{c-a}>0;$$

当 $f(c)<f(a)=f(b)$ 时,同理可知存在 $\xi\in(c,b)$,使得

$$f'(\xi)=\frac{f(b)-f(c)}{b-c}>0.$$

变式 2【证】 记 $f(x)=(x^2-1)\ln x-(x-1)^2(x>0)$.

令 $f'(x)=2x\ln x+x-\frac{1}{x}-2(x-1)=\frac{2x^2\ln x-x^2+2x-1}{x}=0$,则 $x=1$.

$$f''(x)=2\ln x+1+\frac{1}{x^2},\quad f'''(x)=\frac{2(x-1)(x+1)}{x^3}.$$

当 $0<x<1$ 时,由 $f'''(x)<0$ 知 $f''(x)>f''(1)=2>0$,故 $f'(x)<f'(1)=0$;当 $x>1$ 时,由 $f'''(x)>0$ 知 $f''(x)>f''(1)=2>0$,故 $f'(x)>f'(1)=0$. 所以,$f(x)$ 在 $x=1$ 处取得最小值 0,即 $f(x)\geqslant 0$,从而原不等式得证.

变式 3【证】法一: 记 $f(x)=x\sin x+2\cos x+\pi x(0<x<\pi)$,则

$$f'(x)=x\cos x-\sin x+\pi,\quad f''(x)=-x\sin x<0,$$

故 $f'(x)$ 在 $(0,\pi)$ 内单调递减,则由 $f'(x)>f'(\pi)=0$ 知 $f(x)$ 在 $(0,\pi)$ 内单调递增,从而当 $0<a<b<\pi$ 时,$f(b)>f(a)$,即原不等式得证.

法二: 记 $g(x)=x\sin x+2\cos x+\pi x-a\sin a-2\cos a-\pi a(0<a<x<\pi)$,则

$$g'(x)=x\cos x-\sin x+\pi,\quad g''(x)=-x\sin x<0,$$

故 $g'(x)$ 在 (a,π) 内单调递减,则由 $g'(x)>g'(\pi)=0$ 知 $g(x)$ 在 (a,π) 内单调递增,从而 $g(x)>g(a)=0$.

令 $x=b$,则原不等式得证.

真题精选

考点一 证明含中值的等式

1. **【证】**(1)记 $F(x)=f(x)-x$.

由于 $f(x)$ 为奇函数,故 $f(0)=0$,从而 $F(0)=F(1)=0$. 对 $F(x)$ 在 $[0,1]$ 上用罗尔定理,存在 $\xi\in(0,1)$,使得 $F'(\xi)=0$.

(2) 记 $G(x)=f'(x)+f(x)-x$.

由于 $f(x)$ 为奇函数,故 $f'(x)$ 为偶函数,从而

$G(-1)=f'(-1)+f(-1)+1=f'(1)-f(1)+1=f'(1)$,

$G(1)=f'(1)+f(1)-1=f'(1)$.

由于 $G(-1)=G(1)$,故对 $G(x)$ 在 $[-1,1]$ 上用罗尔定理,存在 $\eta\in(-1,1)$,使得 $G'(\eta)=0$.

2. **【证】** 记 $F(x)=f(x)-g(x)$.

若 $f(x),g(x)$ 都在点 x_0 处取得 (a,b) 内的最大值,则 $f(x_0)=g(x_0)$.

取 $x_0=\eta\in(a,b)$,有

$$F(\eta)=F(x_0)=f(x_0)-g(x_0)=0;$$

若 $f(x),g(x)$ 分别在两个不同的点 x_1,x_2(不妨设 $x_1<x_2$)处取得 (a,b) 内的最大值,则 $f(x_1)=g(x_2)$. 由于

$$F(x_1)=f(x_1)-g(x_1)=g(x_2)-g(x_1)>0,$$
$$F(x_2)=f(x_2)-g(x_2)=f(x_2)-f(x_1)<0,$$

故根据零点定理,存在 $\eta\in(x_1,x_2)\subset(a,b)$,使得 $F(\eta)=0$. 由于 $F(a)=F(b)=F(\eta)=0$,故对 $F(x)$ 分别在 $[a,\eta]$,$[\eta,b]$ 上用罗尔定理,存在 $\xi_1\in(a,\eta)$,$\xi_2\in(\eta,b)$,使得 $F'(\xi_1)=F'(\xi_2)=0$. 再对 $F'(x)$ 在 $[\xi_1,\xi_2]$ 上用罗尔定理,存在 $\xi\in(\xi_1,\xi_2)\subset(a,b)$,使得 $F''(\xi)=0$,即 $f''(\xi)=g''(\xi)$.

3. (1)**【证】** 由 $\lim\limits_{x\to a^+}\frac{f(2x-a)}{x-a}$ 存在知 $\lim\limits_{x\to a^+}f(2x-a)=f(a)=0$,故又由在 (a,b) 内 $f'(x)>0$ 知在 (a,b) 内,$f(x)>f(a)=0$.

(2)**【证】** 对 $F(x)=x^2,G(x)=\int_a^x f(t)\mathrm{d}t$ 在 $[a,b]$ 上用柯西中值定理,存在 $\xi\in(a,b)$,使得 $\frac{b^2-a^2}{\int_a^b f(x)\mathrm{d}x}=\frac{2\xi}{f(\xi)}$.

(3)**【分析】** $f'(\eta)(b^2-a^2)=\frac{2\xi}{\xi-a}\int_a^b f(x)\mathrm{d}x\Leftrightarrow\frac{b^2-a^2}{\int_a^b f(x)\mathrm{d}x}=\frac{2\xi}{f'(\eta)(\xi-a)}$.

【证】 对 $f(x)$ 在 $[a,\xi]$ 上用拉格朗日中值定理,存在 $\eta\in(a,\xi)$,使得 $f(\xi)=f(\xi)-f(a)=f'(\eta)(\xi-a)$,故由(2)可知 $\frac{b^2-a^2}{\int_a^b f(x)\mathrm{d}x}=\frac{2\xi}{f(\xi)}=\frac{2\xi}{f'(\eta)(\xi-a)}$,即 $f'(\eta)(b^2-a^2)=\frac{2\xi}{\xi-a}\int_a^b f(x)\mathrm{d}x$.

4. **【证】**(1) $f(x)=f(0)+f'(0)x+\frac{f''(\xi)}{2!}x^2=f'(0)x+\frac{f''(\xi)}{2}x^2$,其中 ξ 介于 0 与 x 之间.

(2) $\int_{-a}^a f(x)\mathrm{d}x=\int_{-a}^a f'(0)x\mathrm{d}x+\frac{1}{2}\int_{-a}^a f''(\xi)x^2\mathrm{d}x=\frac{1}{2}\int_{-a}^a f''(\xi)x^2\mathrm{d}x$. 由于 $f''(x)$ 在 $[-a,a]$ 上连续,故 $f''(x)$ 在 $[-a,a]$ 上必有最大值 M 和最小值 m,即 $m\leqslant f''(\xi)\leqslant M$,从而

$$\frac{m}{2}\int_{-a}^a x^2\mathrm{d}x\leqslant\frac{1}{2}\int_{-a}^a f''(\xi)x^2\mathrm{d}x\leqslant\frac{M}{2}\int_{-a}^a x^2\mathrm{d}x,$$

即 $m\leqslant\frac{\frac{1}{2}\int_{-a}^a f''(\xi)x^2\mathrm{d}x}{\frac{1}{2}\int_{-a}^a x^2\mathrm{d}x}\leqslant M$.

根据介值定理,存在 $\eta\in[-a,a]$,使得 $f''(\eta)=\frac{\frac{1}{2}\int_{-a}^a f''(\xi)x^2\mathrm{d}x}{\frac{1}{2}\int_{-a}^a x^2\mathrm{d}x}=\frac{3\int_{-a}^a f(x)\mathrm{d}x}{a^3}$,即 $a^3f''(\eta)=3\int_{-a}^a f(x)\mathrm{d}x$.

5. **【证】** 根据积分中值定理,存在 $\eta\in\left[0,\frac{1}{k}\right]\subset[0,1)$,使得 $f(1)=\eta\mathrm{e}^{1-\eta}f(\eta)$.

记 $F(x)=x\mathrm{e}^{1-x}f(x)$,则 $F(\eta)=F(1)$.

对 $F(x)$ 在 $[\eta,1]$ 上用罗尔定理,存在 $\xi\in(\eta,1)\subset(0,1)$,使得 $F'(\xi)=[f(\xi)-\xi f(\xi)+\xi f'(\xi)]\mathrm{e}^{1-\xi}=0$,即 $f'(\xi)=(1-\xi^{-1})f(\xi)$.

6. **【证】** 记 $F(x)=\int_0^x f(t)\mathrm{d}t$,则 $F(0)=F(\pi)=0$.

由于 $0=\int_0^\pi f(x)\cos x\mathrm{d}x=\int_0^\pi\cos x\mathrm{d}[F(x)]=[F(x)\cos x]_0^\pi+\int_0^\pi F(x)\sin x\mathrm{d}x=\int_0^\pi F(x)\sin x\mathrm{d}x$,故对 $\Phi(x)=\int_0^x F(t)\sin t\mathrm{d}t$ 在 $[0,\pi]$ 上用拉格朗日中值定理,存在 $\xi\in(0,\pi)$,使得 $0=\int_0^\pi F(x)\sin x\mathrm{d}x=\pi F(\xi)\sin\xi$,即 $F(\xi)=0$.

由于 $F(0)=F(\pi)=F(\xi)$,故对 $F(x)$ 分别在 $[0,\xi]$,$[\xi,\pi]$ 上用罗尔定理,存在 $\xi_1\in(0,\xi)$,$\xi_2\in(\xi,\pi)$,使得 $F'(\xi_1)=F'(\xi_2)=0$,即 $f(\xi_1)=f(\xi_2)=0$.

7. **【证】** $f(x)=f(0)+f'(0)x+\frac{1}{2!}f''(0)x^2+\frac{1}{3!}f'''(\eta_0)x^3$ (η_0 介于 0 与 x 之间).

令 $x=-1$,则 $f(-1)=f(0)+\frac{1}{2}f''(0)-\frac{1}{6}f'''(\eta_1)$ $(-1<\eta_1<0)$;

令 $x=1$,则 $f(1)=f(0)+\frac{1}{2}f''(0)+\frac{1}{6}f'''(\eta_2)$ $(0<\eta_2<1)$.

两式相减,得 $f(-1)-f(1)=-\frac{1}{6}[f'''(\eta_1)+f'''(\eta_2)]$,即 $f'''(\eta_1)+f'''(\eta_2)=6$.

由于 $f'''(x)$ 在 $[\eta_1,\eta_2]$ 上连续,故 $f'''(x)$ 在 $[\eta_1,\eta_2]$ 上必有最大值 M 和最小值 m,即 $m\leqslant f'''(\eta_1)\leqslant M$,$m\leqslant f'''(\eta_2)\leqslant M$,从而 $m\leqslant\frac{f'''(\eta_1)+f'''(\eta_2)}{2}\leqslant M$.

根据介值定理，存在 $\xi\in[\eta_1,\eta_2]\subset(-1,1)$，使 $f'''(\xi)=\dfrac{f'''(\eta_1)+f'''(\eta_2)}{2}=3$.

【注】2023年数学一、二、三证明题第(1)问与本题思路非常类似.

8. (1)【证】令 $F(x)=f(x)-x$，则

$$F\left(\frac{1}{2}\right)=f\left(\frac{1}{2}\right)-\frac{1}{2}=\frac{1}{2}>0,\quad F(1)=f(1)-1=-1<0.$$

根据零点定理，存在 $\eta\in\left(\frac{1}{2},1\right)$，使得 $F(\eta)=0$，即 $f(\eta)=\eta$.

(2)【分析】

$$\begin{aligned}f'(\xi)-\lambda[f(\xi)-\xi]=1&\Leftrightarrow[f'(\xi)-1]-\lambda[f(\xi)-\xi]=0\\&\Leftrightarrow F'(\xi)-\lambda F(\xi)=0\\&\Leftrightarrow e^{-\lambda\xi}F'(\xi)-\lambda e^{-\lambda\xi}F(\xi)=0\\&\Leftrightarrow[e^{-\lambda x}F(x)]'\big|_{x=\xi}=0.\end{aligned}$$

【证】令 $G(x)=e^{-\lambda x}F(x)$，则 $G(0)=G(\eta)=0$.

根据罗尔定理，存在 $\xi\in(0,\eta)$，使得 $G'(\xi)=0$，即 $f'(\xi)-\lambda[f(\xi)-\xi]=1$.

9. (1)【证】假设存在 $c\in(a,b)$，使得 $g(c)=0$，则 $g(a)=g(b)=g(c)$. 对 $g(x)$ 分别在 $[a,c]$，$[c,b]$ 上用罗尔定理，存在 $\xi_1\in(a,c)$，$\xi_2\in(c,b)$，使得 $g'(\xi_1)=g'(\xi_2)=0$.

再对 $g'(x)$ 在 $[\xi_1,\xi_2]$ 上用罗尔定理，存在 $\xi_3\in(\xi_1,\xi_2)\subset(a,b)$，使得 $g''(\xi_3)=0$，与 $g''(x)\neq0$ 矛盾，故在 (a,b) 内 $g(x)\neq0$.

(2)【分析】

$$\begin{aligned}&\frac{f(\xi)}{g(\xi)}=\frac{f''(\xi)}{g''(\xi)}\\&\Leftrightarrow f(\xi)g''(\xi)-g(\xi)f''(\xi)=0\\&\Leftrightarrow f(\xi)g''(\xi)+f'(\xi)g'(\xi)-f'(\xi)g'(\xi)-g(\xi)f''(\xi)=0\\&\Leftrightarrow[f(x)g'(x)-f'(x)g(x)]'\big|_{x=\xi}=0.\end{aligned}$$

【证】记 $F(x)=f(x)g'(x)-f'(x)g(x)$，则 $F(a)=F(b)=0$. 根据罗尔定理，存在 $\xi\in(a,b)$，使得 $F'(\xi)=0$，即 $\dfrac{f(\xi)}{g(\xi)}=\dfrac{f''(\xi)}{g''(\xi)}$.

【注】若在 (a,b) 内 $f^{(n)}(x)\neq0$，则 $f(x)$ 在 (a,b) 内至多有 n 个零点.

考点二　函数的零点与方程的根

1.【答案】(B).

【解】在 $x^2+y^2=2$ 两边对 x 求导，$2x+2yy'=0$，故 $y'=-\dfrac{x}{y}$. 两边再对 x 求导，$y''=-\dfrac{y-xy'}{y^2}=-\dfrac{y^2+x^2}{y^3}$. 由于 $y(1)=1$，故 $y'(1)=-1$，$y''(1)=-2$，从而 $f'(1)=-1$，$f''(1)=-2$.

由 $f''(x)$ 不变号知 $f''(x)<0$，故 $f'(x)$ 单调递减，从而在 $(1,2)$ 内，$f'(x)<f'(1)=-1<0$，则 $f(x)$ 在 $(1,2)$ 内单调递减，无极值点.

根据拉格朗日中值定理，存在 $\xi\in(1,2)$，使得 $f(2)-f(1)=f'(\xi)<f'(1)=-1$. 又由 $f(1)=1$ 知 $f(2)<f(1)-1=0$，故根据零点定理，$f(x)$ 在 $(1,2)$ 内有零点.

【注】$y=y(x)$ 在点 M 处的曲率圆与 $y=y(x)$ 在点 M 处有相同的切线和曲率，且在点 M 邻近有相同的凹向.

2.【答案】(D).

【解】由于 $f(0)=f(1)=f(2)=0$，故对 $f(x)$ 分别在 $[0,1]$，$[1,2]$ 上用罗尔定理，存在 $\xi_1\in(0,1)$，$\xi_2\in(1,2)$，使得 $f'(\xi_1)=f'(\xi_2)=0$. 显然，$x=0$ 也是 $f'(x)$ 的零点.

3.【答案】(C).

【解】记 $f(x)=|x|^{\frac{1}{4}}+|x|^{\frac{1}{2}}-\cos x$. 由于 $f(x)$ 为偶函数，故只需考虑 $f(x)$ 在 $[0,+\infty)$ 上的零点.

在 $[0,+\infty)$ 上，$f(x)=x^{\frac{1}{4}}+x^{\frac{1}{2}}-\cos x$，$f'(x)=\dfrac{1}{4}x^{-\frac{3}{4}}+\dfrac{1}{2}x^{-\frac{1}{2}}+\sin x$.

由于 $f(0)<0$，$f\left(\dfrac{\pi}{2}\right)>0$，且在 $\left(0,\dfrac{\pi}{2}\right)$ 内 $f'(x)>0$，故 $f(x)$ 在 $\left(0,\dfrac{\pi}{2}\right)$ 内有唯一零点.

又由于在 $\left(\dfrac{\pi}{2},+\infty\right)$ 内 $f(x)>\left(\dfrac{\pi}{2}\right)^{\frac{1}{4}}+\left(\dfrac{\pi}{2}\right)^{\frac{1}{2}}-1>0$，故 $f(x)$ 在 $\left(\dfrac{\pi}{2},+\infty\right)$ 内无零点，从而 $f(x)$ 在 $[0,+\infty)$ 上有唯一零点，在 $(-\infty,+\infty)$ 内恰有两个零点.

4.【答案】(B).

【解】记 $F(x)=\int_a^x f(t)\mathrm{d}t+\int_b^x\dfrac{1}{f(t)}\mathrm{d}t$，则由 $F'(x)=f(x)+\dfrac{1}{f(x)}>0$ 知 $F(x)$ 在 (a,b) 内单调递增.

由于 $F(a)=\int_b^a\dfrac{1}{f(t)}\mathrm{d}t=-\int_a^b\dfrac{1}{f(t)}\mathrm{d}t<0$，$F(b)=\int_a^b f(t)\mathrm{d}t>0$，故 $F(x)=0$ 在 (a,b) 内有唯一实根.

5.【证】(1) 记 $f(x)=x^n+x^{n-1}+\cdots+x-1$，则

$$f'(x)=nx^{n-1}+(n-1)x^{n-2}+\cdots+2x+1.$$

由于当 $x\in\left(\dfrac{1}{2},1\right)$ 时，$f'(x)>0$，故 $f(x)$ 在 $\left(\dfrac{1}{2},1\right)$ 内单调递增.

$$\begin{aligned}&f(1)=n-1>0,\\&f\left(\frac{1}{2}\right)=\frac{1}{2^n}+\frac{1}{2^{n-1}}+\cdots+\frac{1}{2}-1\\&\qquad=\frac{\frac{1}{2}\left(1-\frac{1}{2^n}\right)}{1-\frac{1}{2}}-1=-\frac{1}{2^n}<0.\end{aligned}$$

由于 $f(1)\cdot f\left(\dfrac{1}{2}\right)<0$，故 $f(x)=0$ 在 $\left(\dfrac{1}{2},1\right)$ 内有且仅有一个实根.

(2) 由于 $x_n\in\left(\dfrac{1}{2},1\right)$，故 $\{x_n\}$ 有界.

由 $x_n^n+x_n^{n-1}+\cdots+x_n=1$，$x_{n+1}^{n+1}+x_{n+1}^n+x_{n+1}^{n-1}+\cdots+x_{n+1}=1$，且 $x_{n+1}^{n+1}>0$ 知

$$x_n^n+x_n^{n-1}+\cdots+x_n>x_{n+1}^n+x_{n+1}^{n-1}+\cdots+x_{n+1},$$

即 $(x_n-x_{n+1})[1+(x_n+x_{n+1})+\cdots+(x_n^{n-1}+x_n^{n-2}x_{n+1}+\cdots+x_{n+1}^{n-1})]>0$，故 $x_n>x_{n+1}$，即 $\{x_n\}$ 单调递减，从而 $\lim\limits_{n\to\infty}x_n$ 存在.

由 $x_n^n+x_n^{n-1}+\cdots+x_n=1$ 知 $\dfrac{x_n(1-x_n^n)}{1-x_n}=1$. 设 $\lim\limits_{n\to\infty}x_n=a$，对 $\dfrac{x_n(1-x_n^n)}{1-x_n}=1$ 两边同时取极限 $\left(\text{注意}\dfrac{1}{2}<x_n<1\right)$，有 $\dfrac{a}{1-a}=1$，解得 $a=\dfrac{1}{2}$. 所以 $\lim\limits_{n\to\infty}x_n=\dfrac{1}{2}$.

6.【证】(1) 对于 $(-1,1)$ 内的任一 $x\neq0$，根据拉格朗日中值定理，$f(x)-f(0)=xf'(\xi)$，其中 ξ 介于 0 与 x 之间. 记 $\xi=\theta(x)x$ $(0<\theta(x)<1)$，则 $f(x)=f(0)+xf'[\theta(x)x]$.

由 $f''(x)\neq0$ 知 $f'(x)$ 在 $(-1,1)$ 内单调，故 $\theta(x)$ 唯一.

(2) **法一**：根据拉格朗日中值定理，$f'[\theta(x)x]-f'(0)=x\theta(x)f''(\eta)$，其中 η 介于 0 与 $\theta(x)x$ 之间. 故 $\theta(x)=\dfrac{f'[\theta(x)x]-f'(0)}{xf''(\eta)}=\dfrac{\dfrac{f(x)-f(0)}{x}-f'(0)}{xf''(\eta)}=\dfrac{f(x)-f(0)-xf'(0)}{x^2f''(\eta)}$.

于是，$\lim\limits_{x\to0}\theta(x)=\lim\limits_{x\to0}\dfrac{f(x)-f(0)-xf'(0)}{x^2}\cdot\lim\limits_{\eta\to0}\dfrac{1}{f''(\eta)}=\dfrac{1}{f''(0)}\lim\limits_{x\to0}\dfrac{f(x)-f(0)-xf'(0)}{x^2}\overset{\frac{0}{0}}{\underset{\text{洛}}{=}}\dfrac{1}{f''(0)}\lim\limits_{x\to0}\dfrac{f'(x)-f'(0)}{2x}=\dfrac{1}{f''(0)}\cdot\dfrac{1}{2}f''(0)=\dfrac{1}{2}$.

法二：由 $f(x)=f(0)+xf'[\theta(x)x]$ 知 $f'[\theta(x)x]=\dfrac{f(x)-f(0)}{x}$，故

$$f''(0)=\lim_{x\to0}\frac{f'[\theta(x)x]-f'(0)}{\theta(x)x}=\lim_{x\to0}\frac{\frac{f(x)-f(0)}{x}-f'(0)}{\theta(x)x}$$

$$=\lim_{x\to0}\frac{f(x)-f(0)-xf'(0)}{x^2}\cdot\frac{1}{\lim\limits_{x\to0}\theta(x)},$$

从而 $\lim\limits_{x\to0}\theta(x)=\frac{1}{f''(0)}\lim\limits_{x\to0}\frac{f(x)-f(0)-xf'(0)}{x^2}$.

以下同"法一".

7.【解】记 $f(x)=kx+\frac{1}{x^2}-1$，则 $f'(x)=k-\frac{2}{x^3}$.

① 当 $k\leqslant0$ 时，$f'(x)<0$，故 $f(x)$ 单调递减. 由于 $\lim\limits_{x\to0^+}f(x)=+\infty$，而当 $k<0$ 时 $\lim\limits_{x\to+\infty}f(x)=-\infty$，当 $k=0$ 时 $\lim\limits_{x\to+\infty}f(x)=-1$，故原方程在 $(0,+\infty)$ 内有唯一解.

② 当 $k>0$ 时，令 $f'(x)=0$，则 $x=\sqrt[3]{\frac{2}{k}}$. 由于原方程在 $(0,+\infty)$ 内有唯一解，故由 $f\left(\sqrt[3]{\frac{2}{k}}\right)=0$ 知 $k=\frac{2}{9}\sqrt{3}$.

综上所述，$k\leqslant0$ 或 $k=\frac{2}{9}\sqrt{3}$.

8.【证】$\int_0^{\pi}\sqrt{1-\cos2x}\,dx=\int_0^{\pi}\sqrt{2}\sin x\,dx=2\sqrt{2}$.

记 $f(x)=\frac{x}{e}-\ln x-2\sqrt{2}$，则令 $f'(x)=\frac{1}{e}-\frac{1}{x}=0$，则 $x=e$.

x	$(0,e)$	e	$(e,+\infty)$
$f'(x)$	$-$	0	$+$
$f(x)$	↘	$-2\sqrt{2}$	↗

如上表所列，由于 $f(x)$ 在 $(e,+\infty)$ 内单调递增，在 $(0,e)$ 内单调递减，故 $f(x)$ 在 $(0,e)$ 和 $(e,+\infty)$ 内各至多有一个零点.

又由于 $\lim\limits_{x\to0^+}f(x)=\lim\limits_{x\to+\infty}f(x)=+\infty>0$，$f(e)=-2\sqrt{2}<0$，故 $f(x)$ 在 $(0,e)$ 和 $(e,+\infty)$ 内各恰有一个零点，从而原方程在 $(0,+\infty)$ 内有且仅有两个不同实根.

【注】2021 年数学二、三又考查了非常类似的选择题.

考点三　不等式问题

1.【答案】(D).

【解】法一：取 $f(x)=x^2$，则 $g(x)=x$，且在 $[0,1]$ 上 $f'(x)=2x\geqslant0$，$f''(x)=2>0$，但 $f(x)\leqslant g(x)$，故排除(A)、(C)；

取 $f(x)=\left(x-\frac{1}{2}\right)^3$，则 $g(x)=\frac{1}{4}x-\frac{1}{8}$，且在 $[0,1]$ 上 $f'(x)=3\left(x-\frac{1}{2}\right)^2\geqslant0$，但 $f\left(\frac{1}{4}\right)>g\left(\frac{1}{4}\right)$，故排除(B).

法二：如下图所示，由 $f(0)=g(0)$，$f(1)=g(1)$ 知 $y=g(x)$ 是 $y=f(x)$ 过点 $(0,f(0))$ 和点 $(1,f(1))$ 的割线，故当 $f''(x)\geqslant0$，即 $y=f(x)$ 是凹的时，$f(x)\leqslant g(x)$.

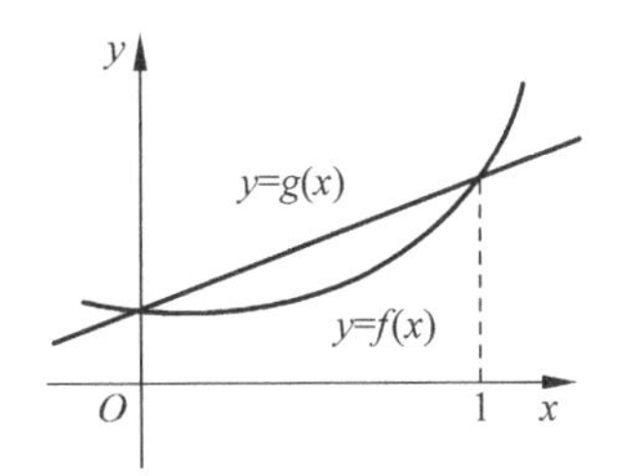

2.【答案】(A).

【解】记 $f(x)=\int_1^x\frac{\sin t}{t}dt-\ln x$，则

$$f'(x)=\frac{\sin x}{x}-\frac{1}{x}=\frac{\sin x-1}{x}\leqslant0.$$

故 $f(x)$ 在 $(0,+\infty)$ 内单调递减，从而在 $(0,1)$ 内 $f(x)>f(1)=0$，即 $\int_1^x\frac{\sin t}{t}dt>\ln x$；在 $(1,+\infty)$ 内 $f(x)<f(1)=0$，即 $\int_1^x\frac{\sin t}{t}dt<\ln x$.

3.【答案】(D).

【解】法一(反面做)：取 $f(x)=x^2$，则 $u_1<u_2$，且 $\{u_n\}$ 发散，排除(C)；取 $f(x)=\frac{1}{x}$，则 $u_1>u_2$，且 $\{u_n\}$ 收敛，排除(B)；取 $f(x)=-\ln x$，则 $u_1>u_2$，且 $\{u_n\}$ 发散，排除(A).

法二(正面做)：根据拉格朗日中值定理，存在 $\xi_n\in(n,n+1)$，使得

$$u_{n+1}-u_n=f(n+1)-f(n)=f'(\xi_n).$$

由 $f''(x)>0$ 可知 $f'(x)$ 在 $(0,+\infty)$ 内单调递增，故 $u_{n+1}-u_n=f'(\xi_n)>f'(\xi_{n-1})>\cdots>f'(\xi_1)=u_2-u_1$，从而 $u_{n+1}>u_n+(u_2-u_1)>u_{n-1}+2(u_2-u_1)>\cdots>u_1+n(u_2-u_1)$.

因此，当 $u_2-u_1>0$ 时，$\lim\limits_{n\to\infty}u_{n+1}=+\infty$.

4.【答案】(A).

【解】记 $F(x)=f(x)-x$，则 $F'(x)=f'(x)-1$.

在 $(1-\delta,1)$ 内，由 $f'(x)>f'(1)=1$ 可知 $F'(x)>0$，故 $F(x)$ 单调递增，从而 $F(x)<F(1)=0$；

在 $(1,1+\delta)$ 内，由 $f'(x)<f'(1)=1$ 可知 $F'(x)<0$，故 $F(x)$ 单调递减，从而 $F(x)<F(1)=0$.

5.【答案】(B).

【解】根据拉格朗日中值定理，存在 $\xi\in(0,1)$，使得 $f(1)-f(0)=f'(\xi)$. 由 $f''(x)>0$ 可知 $f'(x)$ 在 $(0,1)$ 内单调递增，故 $f'(1)>f(1)-f(0)=f'(\xi)>f'(0)$.

6.【证】(1) 根据定积分的保号性，由 $0\leqslant g(x)\leqslant1$ 知 $\int_a^x0dt\leqslant\int_a^xg(t)dt\leqslant\int_a^x1dt$，即 $0\leqslant\int_a^xg(t)dt\leqslant x-a$，$x\in[a,b]$.

(2) 记 $F(x)=\int_a^{a+\int_a^xg(t)dt}f(u)du-\int_a^xf(u)g(u)du$，$x\in[a,b]$，则

$$F'(x)=f\left[a+\int_a^xg(t)dt\right]g(x)-f(x)g(x)$$

$$=g(x)\left\{f\left[a+\int_a^xg(t)dt\right]-f(x)\right\}.$$

由(1)可知 $a+\int_a^xg(t)dt\leqslant x$，又因为 $f(x)$ 单调增加，且 $g(x)\geqslant0$，故 $F'(x)\geqslant0$，从而 $F(x)$ 在 $[a,b]$ 上单调不增，即有 $F(x)\leqslant F(a)=0$.

令 $x=b$，则原不等式得证.

7.【分析】$\int_a^xf(t)dt\geqslant\int_a^xg(t)dt\Leftrightarrow\int_a^x[f(t)-g(t)]dt\geqslant0$.

$$\int_a^bf(t)dt=\int_a^bg(t)dt\Leftrightarrow\int_a^b[f(t)-g(t)]dt=0.$$

$$\int_a^bxf(x)dx\leqslant\int_a^bxg(x)dx\Leftrightarrow\int_a^bx[f(x)-g(x)]dx\leqslant0.$$

【证】记 $F(x)=f(x)-g(x)$，$G(x)=\int_a^xF(t)dt$，则 $G(x)\geqslant0$，$G(b)=0$.

于是 $\int_a^bxf(x)dx-\int_a^bxg(x)dx=\int_a^bxF(x)dx=\int_a^bx\,d[G(x)]=[xG(x)]_a^b-\int_a^bG(x)dx=-\int_a^bG(x)dx\leqslant0$.

8.【证】(1) 记 $g(x)=(1+x)\ln^2(1+x)-x^2$ 则 $g'(x)=\ln^2(1+x)+2\ln(1+x)-2x$，$g''(x)=2\frac{\ln(1+x)-x}{1+x}$.

当 $x\in(0,1)$ 时，由 $g''(x)<0$ 知 $g'(x)$ 单调递减，从而 $g'(x)<g'(0)=0$，即又知 $g(x)$ 单调递减，从而 $g(x)<g(0)=0$.

(2) 记 $f(x)=\frac{1}{\ln(1+x)}-\frac{1}{x}$，则 $f'(x)=-\frac{1}{(1+x)\ln^2(1+x)}+\frac{1}{x^2}=\frac{(1+x)\ln^2(1+x)-x^2}{x^2(1+x)\ln^2(1+x)}$.

由(1)知当 $x\in(0,1)$ 时，$f'(x)<0$，故 $f(x)$ 单调递减.

由于 $f(1)=\frac{1}{\ln2}-1$，$\lim\limits_{x\to0^+}f(x)=\lim\limits_{x\to0^+}\left[\frac{1}{\ln(1+x)}-\frac{1}{x}\right]=$

$$\lim_{x\to 0^+}\frac{x-\ln(1+x)}{x\ln(1+x)}=\lim_{x\to 0^+}\frac{x-\left[x-\frac{1}{2}x^2+o(x^2)\right]}{x^2}=\frac{1}{2}$$，故 $\frac{1}{\ln 2}-1<\frac{1}{\ln(1+x)}-\frac{1}{x}<\frac{1}{2}$.

【注】2017年数学三又考查了非常类似的关于方程根的解答题.

9.【证】$f(x)=f(c)+f'(c)(x-c)+\frac{1}{2}f''(\xi)(x-c)^2$（$\xi$ 介于 c 与 x 之间）. 令 $x=0$，则 $f(0)=f(c)-f'(c)c+\frac{1}{2}f''(\xi_1)c^2(0<\xi_1<c<1)$；令 $x=1$，则 $f(1)=f(c)+f'(c)(1-c)+\frac{1}{2}f''(\xi_2)(1-c)^2(0<c<\xi_2<1)$. 两式相减，得 $f'(c)=f(1)-f(0)+\frac{1}{2}[f''(\xi_1)c^2-f''(\xi_2)(1-c)^2]$，于是

$$|f'(c)|\leqslant|f(1)|+|f(0)|+\frac{1}{2}|f''(\xi_1)|c^2+\frac{1}{2}|f''(\xi_2)|(1-c)^2\leqslant a+a+\frac{b}{2}[c^2+(1-c)^2].$$

由于 $c,1-c>0$，$c^2+(1-c)^2<[c+(1-c)]^2=1$，故 $|f'(c)|\leqslant 2a+\frac{b}{2}$.

【注】2023年数学一、二、三证明题第(2)部的思路与本题非常类似.

10.【证】由 $\lim_{x\to 0}\frac{f(x)}{x}=1$ 知 $f(0)=0,f'(0)=1$.

记 $F(x)=f(x)-x$，则 $F'(x)=f'(x)-1$. 由于 $F'(0)=f'(0)-1=0$，而 $F''(x)=f''(x)>0$，故 $x=0$ 是 $F'(x)$ 的唯一零点，从而是 $F(x)$ 唯一的极小值点，即最小值点.

于是 $F(x)\geqslant F(0)=0$，即 $f(x)\geqslant x$.

【注】设 $f(x)$ 在 x_0 处连续，且 $\lim_{x\to x_0}\frac{f(x)}{x-x_0}=A$，则 $f(x_0)=0$，$f'(x_0)=A$.

11.【证】不妨设 $x_1\leqslant x_2$（$x_1\geqslant x_2$ 时类似可证），则根据拉格朗日中值定理，存在 $\xi_1\in(0,x_1)$，$\xi_2\in(x_2,x_1+x_2)$，使得 $f(x_1)=f(x_1)-f(0)=x_1f'(\xi_1)$，$f(x_1+x_2)-f(x_2)=x_1f'(\xi_2)$.

由 $f''(x)<0$ 知 $f'(x)$ 单调递减，故 $f'(\xi_2)<f'(\xi_1)$，从而 $f(x_1+x_2)-f(x_2)<f(x_1)$，即 $f(x_1+x_2)<f(x_1)+f(x_2)$.

第四章　常微分方程

§4.1　微分方程的求解

十年真题

考点一　一阶微分方程的求解

1.【答案】$y-\arctan(x+y)+\frac{\pi}{4}=0$.

【解】令 $u=x+y$，则 $y=u-x$，$\frac{dy}{dx}=\frac{du}{dx}-1$，于是

$$\frac{du}{dx}-1=\frac{1}{u^2}.$$

分离变量得 $$\frac{u^2du}{1+u^2}=dx,$$

两端积分 $$\int\left(1-\frac{1}{1+u^2}\right)du=\int dx,$$

得 $$u-\arctan u=x+C,$$

从而 $$y-\arctan(x+y)=C.$$

由 $y(1)=0$ 得 $C=-\frac{\pi}{4}$，故 $y-\arctan(x+y)+\frac{\pi}{4}=0$.

2.【答案】$\sqrt{3e^x-2}$.

【解】由 $2yy'-y^2-2=0$ 知 $\int\frac{2y}{y^2+2}dy=\int dx$，解得 $y^2=Ce^x-2$.

由 $y(0)=1$ 知 $C=3$，故 $y=\sqrt{3e^x-2}$.

考点二　高阶微分方程的求解

1.【答案】(C).

【解】由 2 不是 $r^2-4r+8=0$ 的根知 $y''-4y'+8y=e^{2x}$ 的特解可设为 $y_1^*=Ae^{2x}$.

由 $2+2i$ 是 $r^2-4r+8=0$ 的根知 $y''-4y'+8y=e^{2x}\cos 2x$ 的特解可设为 $y_2^*=xe^{2x}(B\cos 2x+C\sin 2x)$.

故根据叠加原理，$y''-4y'+8y=e^{2x}+e^{2x}\cos 2x$ 的特解可设为 $y^*=y_1^*+y_2^*$.

2.【答案】$C_1+e^x(C_2\cos 2x+C_3\sin 2x)$.

【解】由 $r^3-2r^2+5r=0$ 得 $r_1=0,r_{2,3}=1\pm 2i$. 故所求通解为 $y=C_1+e^x(C_2\cos 2x+C_3\sin 2x)$.

3.【答案】x^2.

【解】令 $x=e^t$，则 $y'=\frac{1}{x}\cdot\frac{dy}{dt}$，$y''=\frac{1}{x^2}\left(\frac{d^2y}{dt^2}-\frac{dy}{dt}\right)$，于是 $\frac{d^2y}{dt^2}-4y=0$.

由 $r^2-4=0$ 得 $r_1=2,r_2=-2$. 故 $y=C_1e^{2t}+C_2e^{-2t}=C_1x^2+\frac{C_2}{x^2}$.

由 $y(1)=1,y'(1)=2$ 知 $C_1=1,C_2=0$，故 $y=x^2$.

4.【答案】$C_1e^x+e^{-\frac{1}{2}x}\left(C_2\cos\frac{\sqrt{3}}{2}x+C_3\sin\frac{\sqrt{3}}{2}x\right)$.

【解】由 $r^3-1=(r-1)(r^2+r+1)=0$ 得 $r_1=1,r_{2,3}=-\frac{1}{2}\pm\frac{\sqrt{3}}{2}i$.

故所求通解为 $y=C_1e^x+e^{-\frac{1}{2}x}\left(C_2\cos\frac{\sqrt{3}}{2}x+C_3\sin\frac{\sqrt{3}}{2}x\right)$.

5.【答案】$e^{-x}(C_1\cos\sqrt{2}x+C_2\sin\sqrt{2}x)$.

【解】由 $r^2+2r+3=0$ 得 $r_{1,2}=-1\pm\sqrt{2}i$. 故所求通解为 $y=e^{-x}(C_1\cos\sqrt{2}x+C_2\sin\sqrt{2}x)$.

6.【答案】$2e^x+e^{-2x}$.

【解】由 $r^2+r-2=0$ 得 $r_1=1,r_2=-2$. 故 $y''+y'-2y=0$ 的通解为 $y(x)=C_1e^x+C_2e^{-2x}$.

由于在 $x=0$ 处 $y(x)$ 取得极值 3，故由 $\begin{cases}y(0)=3,\\y'(0)=0\end{cases}$ 得 $\begin{cases}C_1=2,\\C_2=1,\end{cases}$ 从而 $y(x)=2e^x+e^{-2x}$.

7.【解】(1) 令 $x=e^t$，则 $t=\ln x$，$y'=\frac{dy}{dt}\cdot\frac{dt}{dx}=\frac{1}{x}\cdot\frac{dy}{dt}$，

$$y''=\frac{d\left(\frac{1}{x}\cdot\frac{dy}{dt}\right)}{dx}=\frac{d\left(\frac{1}{x}\cdot\frac{dy}{dt}\right)}{dt}\cdot\frac{dt}{dx}=\frac{1}{x}\left(\frac{1}{x}\cdot\frac{d^2y}{dt^2}-\frac{1}{x^2}\cdot\frac{dx}{dt}\cdot\frac{dy}{dt}\right)=\frac{1}{x^2}\left(\frac{d^2y}{dt^2}-\frac{dy}{dt}\right),$$

于是 $\frac{d^2y}{dt^2}-9y=0$.

由 $r^2-9=0$ 得 $r_1=3,r_2=-3$. 故

$$y=C_1e^{3t}+C_2e^{-3t}=C_1x^3+\frac{C_2}{x^3}.$$

由 $y\Big|_{x=1}=2,y'\Big|_{x=1}=6$ 得 $C_1=2,C_2=0$，故 $y(x)=2x^3$.

(2) 原式 $=2\int_1^2 x^3\sqrt{4-x^2}\,dx \xlongequal{\text{令 }x=2\sin u} 64\int_{\frac{\pi}{6}}^{\frac{\pi}{2}}\sin^3u\cos^2u\,du$

$$=-64\int_{\frac{\pi}{6}}^{\frac{\pi}{2}}(1-\cos^2u)\cos^2u\,d(\cos u)$$

$$=-64\left[\frac{1}{3}\cos^3u-\frac{1}{5}\cos^5u\right]_{\frac{\pi}{6}}^{\frac{\pi}{2}}=\frac{22}{5}\sqrt{3}.$$

方法探究

考点二　高阶微分方程的求解

变式【答案】(A).

【解】由 0 不是 $r^2+1=0$ 的根知 $y''+y=x^2+1$ 的特解可设为 $y_1^*=ax^2+bx+c$. 由 i 是 $r^2+1=0$ 的根知 $y''+y=\sin x$ 的特解可设为 $y_2^*=x(A\sin x+B\cos x)$. 故根据叠加原理，$y''+y=x^2+1+\sin x$ 的特解可设为 $y^*=y_1^*+y_2^*$.

真题精选

考点一　一阶微分方程的求解

1.【答案】xe^{2x+1}.

【解】由 $xy'+y(\ln x-\ln y)=0$ 知 $\frac{dy}{dx}=\frac{y}{x}\ln\frac{y}{x}$. 令 $u=\frac{y}{x}$，则 $y=ux,\frac{dy}{dx}=u+x\frac{du}{dx}$，于是

$$u+x\frac{du}{dx}=u\ln u.$$

分离变量得 $$\frac{du}{u(\ln u-1)}=\frac{dx}{x},$$

两端积分 $$\int\frac{d(\ln u-1)}{\ln u-1}=\int\frac{dx}{x},$$

得 $$\ln u-1=Cx,$$

从而 $$y=xe^{Cx+1}.$$

由 $y(1)=e^3$ 得 $C=2$，故 $y=xe^{2x+1}$.

2.【答案】$\sqrt{x}$.

【解】将微分方程变形为 $\frac{dx}{dy}+\frac{x}{y}=3y$，这是一阶线性微分方程，其通解为

$$x=e^{-\int\frac{1}{y}dy}\left(\int 3ye^{\int\frac{1}{y}dy}dy+C\right)=\frac{1}{y}\left(\int 3y^2dy+C\right)=y^2+\frac{C}{y}.$$

以 $y\big|_{x=1}=1$ 代入上式，得 $C=0$，故 $y=\sqrt{x}$.

3.【答案】$y=Cxe^{-x}$.

【解】由 $y'=\frac{y(1-x)}{x}$ 知 $\int\frac{dy}{y}=\int\frac{1-x}{x}dx$，解得 $\ln|y|=\ln|x|-x+\ln|C|$，故 $y=Cxe^{-x}$.

4.【答案】$y=\frac{x}{3}\left(\ln x-\frac{1}{3}\right)$.

【解】由 $xy'+2y=x\ln x$ 知 $\frac{dy}{dx}=-\frac{2y}{x}+\ln x$.

$$y=e^{-\int\frac{2}{x}dx}\left(\int\ln x\,e^{\int\frac{2}{x}dx}dx+C\right)=\frac{1}{x^2}\left(\int x^2\ln x\,dx+C\right)$$

$$=\frac{1}{x^2}\left(\frac{x^3}{3}\ln x-\int\frac{x^3}{3}\cdot\frac{1}{x}dx+C\right)=\frac{x}{3}\ln x-\frac{x}{9}+\frac{C}{x^2}.$$

由 $y(1)=-\frac{1}{9}$ 得 $C=0$，故 $y=\frac{x}{3}\left(\ln x-\frac{1}{3}\right)$.

5.【答案】$y=\frac{1}{\arcsin x}\left(x-\frac{1}{2}\right)$.

【解】法一：由 $y'\arcsin x+\frac{y}{\sqrt{1-x^2}}=1$ 知 $\frac{dy}{dx}=-\frac{y}{\arcsin x\sqrt{1-x^2}}+\frac{1}{\arcsin x}$.

$$y=e^{-\int\frac{dx}{\arcsin x\sqrt{1-x^2}}}\left(\int\frac{1}{\arcsin x}e^{\int\frac{dx}{\arcsin x\sqrt{1-x^2}}}dx+C\right)=\frac{1}{\arcsin x}(x+C).$$

由 $y\left(\frac{1}{2}\right)=0$ 得 $C=-\frac{1}{2}$，故所求曲线方程为 $y=\frac{1}{\arcsin x}\left(x-\frac{1}{2}\right)$.

法二：由 $y'\arcsin x+\frac{y}{\sqrt{1-x^2}}=1$ 知 $(y\arcsin x)'=1$，从而 $y\arcsin x=x+C$.

以下同"法一".

6.【答案】$xy^2-x^2y-x^3=C$.

【解】由 $(3x^2+2xy-y^2)dx+(x^2-2xy)dy=0$ 知 $\frac{dy}{dx}=\frac{y^2-3x^2-2xy}{x^2-2xy}=\frac{\left(\frac{y}{x}\right)^2-2\frac{y}{x}-3}{1-2\frac{y}{x}}$.

令 $u=\frac{y}{x}$，则 $y=ux,\frac{dy}{dx}=u+x\frac{du}{dx}$，于是 $u+x\frac{du}{dx}=\frac{u^2-2u-3}{1-2u}$，从而 $\int\frac{2u-1}{u^2-u-1}du=-3\int\frac{dx}{x}$，解得 $u^2-u-1=\frac{C}{x^3}$，故 $xy^2-x^2y-x^3=C$.

7.【解】原方程可化为 $\frac{dy}{dx}=\frac{y}{x}+\sqrt{1+\left(\frac{y}{x}\right)^2}$.

令 $u=\frac{y}{x}$，则 $y=ux,\frac{dy}{dx}=u+x\frac{du}{dx}$，于是 $u+x\frac{du}{dx}=u+\sqrt{1+u^2}$，从而 $\int\frac{du}{\sqrt{1+u^2}}=\int\frac{dx}{x}$.

由 $\int\frac{du}{\sqrt{1+u^2}}\xlongequal{\text{令 }u=\tan t}\int\sec t\,dt=\ln|\tan t+\sec t|+C_1=\ln(u+\sqrt{1+u^2})+C_1$ 知 $u+\sqrt{1+u^2}=Cx$，故 $y+\sqrt{x^2+y^2}=Cx^2$. 由 $y\big|_{x=1}=0$ 得 $C=1$，故 $y+\sqrt{x^2+y^2}=x^2$，即 $y=\frac{1}{2}(x^2-1)$.

8.【解】当 $x>1$ 时，由 $y'-2y=0$ 知 $\int\frac{dy}{y}=\int 2dx$，解得 $y=C_1e^{2x}(x>1)$.

当 $x<1$ 时，由 $y'-2y=2$ 知 $\int\frac{dy}{y+1}=\int 2dx$，解得 $y=C_2e^{2x}-1\ (x<1)$.

由 $y(0)=0$ 得 $C_2=1$，故 $y=e^{2x}-1(x<1)$.

由于 $y=y(x)$ 为连续函数，故由 $y(1)=\lim\limits_{x\to1^+}C_1e^{2x}=\lim\limits_{x\to1^-}(e^{2x}-1)$ 得 $C_1=1-e^{-2}$.

综上所述，$y(x)=\begin{cases}e^{2x}-1, & x\leqslant 1,\\ (1-e^{-2})e^{2x}, & x>1.\end{cases}$

考点二　高阶微分方程的求解

1.【答案】(C)

【解】由 $\lambda,-\lambda$ 都是 $r^2-\lambda^2=0$ 的单根知 $y''-\lambda^2y=e^{\lambda x}$ 的特解形式为 $y_1^*=axe^{\lambda x}$，$y''-\lambda^2y=e^{-\lambda x}$ 的特解形式为 $y_2^*=bxe^{-\lambda x}$.

故根据叠加原理，$y''-\lambda^2y=e^{\lambda x}+e^{-\lambda x}$ 的特解形式为 $y_1^*+y_2^*$.

2.【答案】$y=\frac{C_1}{x}+\frac{C_2}{x^2}$.

【解】令 $x=e^t$,则$\frac{dy}{dx}=\frac{1}{x}\cdot\frac{dy}{dt}$,$\frac{d^2y}{dx^2}=\frac{1}{x^2}\left(\frac{d^2y}{dt^2}-\frac{dy}{dt}\right)$,于是$\frac{d^2y}{dt^2}+3\frac{dy}{dt}+2y=0$.

由 $r^2+3r+2=0$ 得 $r_1=-1,r_2=-2$. 故 $y=C_1e^{-t}+C_2e^{-2t}=\frac{C_1}{x}+\frac{C_2}{x^2}$.

3.【答案】$y=e^{-x}(C_1\cos2x+C_2\sin2x)$.

【解】由 $r^2+2r+5=0$ 得 $r_{1,2}=-1\pm2i$. 故所求通解为 $y=e^{-x}(C_1\cos2x+C_2\sin2x)$.

4.【解】由 $r^2-3r+2=0$ 得 $r_1=1,r_2=2$. 故 $y''-3y'+2y=0$ 的通解为 $Y=C_1e^x+C_2e^{2x}$.

设 $y^*=x(Ax+B)e^x$,代入原方程得

$[Ax^2+(4A+B)x+2A+2B]e^x-3[Ax^2+(2A+B)x+B]e^x+2x(Ax+B)e^x=2xe^x$,

解方程组$\begin{cases}-2A=2,\\2A-B=0,\end{cases}$得 $A=-1,B=-2$,从而 $y^*=-x(x+2)e^x$.

故所求通解为 $y=C_1e^x+C_2e^{2x}-x(x+2)e^x$.

5.【解】令 $y'=p(x)$,则 $y''=\frac{dp}{dx}$,于是$\frac{dp}{dx}(x+p^2)=p$,即$\frac{dx}{dp}=\frac{x}{p}+p$.

$x=e^{\int\frac{dp}{p}}\left(\int pe^{-\int\frac{dp}{p}}dp+C\right)=p(p+C_1)$.

由 $p(1)=y'(1)=1$ 得 $C_1=0$,故 $p=\sqrt{x}$,从而 $y=\int\sqrt{x}\,dx=\frac{2}{3}x^{\frac{3}{2}}+C_2$.

又由 $y(1)=1$ 得 $C_2=\frac{1}{3}$,故 $y=\frac{2}{3}x^{\frac{3}{2}}+\frac{1}{3}$.

6.【解】由于 $y'=\frac{dy}{dt}\cdot\frac{dt}{dx}=\frac{dy}{dt}\cdot\frac{1}{\frac{dx}{dt}}=-\frac{1}{\sin t}\cdot\frac{dy}{dt}$,

$$\begin{aligned}y''&=\frac{d\left(-\frac{1}{\sin t}\cdot\frac{dy}{dt}\right)}{dx}=\frac{d\left(-\frac{1}{\sin t}\cdot\frac{dy}{dt}\right)}{dt}\cdot\frac{1}{\frac{dx}{dt}}\\&=-\frac{1}{\sin t}\left(-\frac{1}{\sin t}\cdot\frac{d^2y}{dt^2}+\frac{\cos t}{\sin^2t}\cdot\frac{dy}{dt}\right)\\&=\frac{1}{\sin^2t}\cdot\frac{d^2y}{dt^2}-\frac{\cos t}{\sin^3t}\cdot\frac{dy}{dt},\end{aligned}$$

故原方程可化为$\frac{d^2y}{dt^2}+y=0$.

由 $r^2+1=0$ 得 $r_{1,2}=\pm i$. 故 $y=C_1\cos t+C_2\sin t=C_1x+C_2\sqrt{1-x^2}$.

又由 $y\big|_{x=0}=1,y'\big|_{x=0}=2$ 得 $C_1=2,C_2=1$,故 $y=2x+\sqrt{1-x^2}$.

7.【解】由 $r^2+a^2=0$ 得 $r_{1,2}=\pm ai$. 故 $y''+a^2y=0$ 的通解为 $Y=C_1\cos ax+C_2\sin ax$. 当 $a\neq1$ 时,设 $y^*=A\cos x+B\sin x$,代入原方程得$(a^2-1)(A\cos x+B\sin x)=\sin x$,解得 $A=0,B=\frac{1}{a^2-1}$,从而 $y^*=\frac{1}{a^2-1}\sin x$.

当 $a=1$ 时,设 $y^*=x(A\cos x+B\sin x)$,代入原方程得 $2B\cos x-2A\sin x=\sin x$,解得 $A=-\frac{1}{2},B=0$,从而 $y^*=-\frac{x}{2}\cos x$.

综上所述,$y=\begin{cases}C_1\cos ax+C_2\sin ax+\frac{1}{a^2-1}\sin x, & a\neq1,\\C_1\cos x+C_2\sin x-\frac{x}{2}\cos x, & a=1.\end{cases}$

§4.2 已知微分方程的解的相关问题

十年真题

考点 已知微分方程的解的相关问题

1.【答案】(D).

【解】由 $y''+ay'+by=ce^x$ 的通解为 $y=(C_1+C_2x)e^{-x}+e^x$ 知,$y=(C_1+C_2x)e^{-x}$ 是 $y''+ay'+by=0$ 的通解,$y=e^x$ 是 $y''+ay'+by=ce^x$ 的特解.

由于 $r=-1$ 是 $r^2+ar+b=0$ 的二重根,故 $a=2,b=1$.

将 $y=e^x$ 代入 $y''+2y'+y=ce^x$,得 $c=4$.

【注】2015 年数学一曾考查过非常类似的选择题.

2.【答案】(A).

【解】由于 $y=(1+x^2)^2-\sqrt{1+x^2}$,$y=(1+x^2)^2+\sqrt{1+x^2}$ 是 $y'+p(x)y=q(x)$ 的解,故

$$\begin{aligned}y&=[(1+x^2)^2+\sqrt{1+x^2}]-[(1+x^2)^2-\sqrt{1+x^2}]\\&=2\sqrt{1+x^2}\end{aligned}$$

是 $y'+p(x)y=0$ 的解,从而 $p(x)=-\frac{y'}{y}=-\frac{\frac{2x}{\sqrt{1+x^2}}}{2\sqrt{1+x^2}}=-\frac{x}{1+x^2}$.

将 $y=(1+x^2)^2-\sqrt{1+x^2}$ 代入 $y'-\frac{x}{1+x^2}y=q(x)$,得 $q(x)=3x(1+x^2)$.

3.【答案】(A).

【解】由题意,$y''+ay'+by=ce^x$ 的通解为 $y=C_1e^{2x}+C_2e^x+xe^x$,故 $y=C_1e^{2x}+C_2e^x$ 是 $y''+ay'+by=0$ 的通解,$y=xe^x$ 是 $y''+ay'+by=ce^x$ 的特解.

由于 $r_1=2,r_2=1$ 是 $r^2+ar+b=0$ 的两个根,故 $a=-3,b=2$.

将 $y=xe^x$ 代入 $y''-3y'+2y=ce^x$,得$(x+2)e^x-3(x+1)e^x+2xe^x=ce^x$,解得 $c=-1$.

【注】2019 年数学二、三又考查了非常类似的选择题.

4.【答案】$y'-y=2x-x^2$.

【解】设所求方程为 $y'+p(x)y=q(x)$.

由于 $y=x^2-e^x$ 和 $y=x^2$ 是 $y'+p(x)y=q(x)$ 的解,故

$$y=x^2-(x^2-e^x)=e^x$$

是 $y'+p(x)y=0$ 的解,从而 $p(x)=-\frac{y'}{y}=-1$.

将 $y=x^2$ 代入 $y'-y=q(x)$,得 $q(x)=2x-x^2$. 故所求方程为 $y'-y=2x-x^2$.

5.【解】由 $y_2(x)=u(x)e^x$ 知 $y_2'(x)=(u'+u)e^x$,$y_2''(x)=(u''+2u'+u)e^x$. 代入$(2x-1)y''-(2x+1)y'+2y=0$ 得$(2x-1)u''+(2x-3)u'=0$.

令 $p=u'(x)$,则$(2x-1)\frac{dp}{dx}+(2x-3)p=0$,从而$\int\frac{dp}{p}=\int\frac{3-2x}{2x-1}dx$,解得 $p=C(2x-1)e^{-x}$.

于是 $u(x)=C\int(2x-1)e^{-x}dx=C\left[-(2x-1)e^{-x}+\int2e^{-x}dx\right]=-C[(2x-1)e^{-x}+2e^{-x}]+C_0$.

由 $u(-1)=e,u(0)=-1$ 得 $C=1,C_0=0$,故 $u(x)=-(2x+1)e^{-x}$.

由于 $y_1(x)=e^x$ 和 $y_2(x)=-(2x+1)$ 是 $(2x-1)y''-(2x+1)y'+2y=0$ 的线性无关的解，故其通解为 $y=C_1e^x-C_2(2x+1)$.

方法探究

考点　已知微分方程的解的相关问题

变式【答案】(D)

【解】 由题意，特征方程的根为 $1,\pm 2i$，故特征方程为 $(r-1)(r^2+4)=r^3-r^2+4r-4=0$，从而所求微分方程为 $y'''-y''+4y'-4y=0$.

真题精选

考点　已知微分方程的解的相关问题

1. **【答案】**(B)

【解】 根据线性方程的解的结构及性质，$y_1(x)-y_2(x)$ 是 $y'+P(x)y=0$ 的非零(线性无关的)特解，故 $C[y_1(x)-y_2(x)]$ 是其通解，从而原方程的通解为 $y_1(x)+C[y_1(x)-y_2(x)]$.

2. **【答案】**(A).

【解】 把 $y=\dfrac{x}{\ln x}$ 代入方程，则 $\dfrac{\ln x-1}{\ln^2 x}=\dfrac{1}{\ln x}+\varphi\left(\dfrac{x}{y}\right)$，从而 $\varphi\left(\dfrac{x}{y}\right)=-\dfrac{1}{\ln^2 x}=-\dfrac{y^2}{x^2}$.

3. **【答案】**(B)，

【解】 由题意，特征方程的根为 $1,-1,-1$，故特征方程为 $(r-1)(r+1)^2=r^3+r^2-r-1=0$，从而所求微分方程为 $y'''+y''-y'-y=0$.

4. **【答案】**$C_1e^x+C_2e^{3x}-xe^{2x}$.

【解】 由于 $y_1-y_3=e^{3x}$，$y_2-y_3=e^x$ 是该非齐次线性方程对应的齐次线性方程的解，且 e^{3x}，e^x 线性无关，又由于 $y_3=-xe^{2x}$ 是该非齐次线性方程的特解，故所求通解为 $y=C_1e^x+C_2e^{3x}-xe^{2x}$.

5. **【答案】**$x(1-e^x)+2$.

【解】 由于 $r=1$ 是 $r^2+ar+b=0$ 的二重根，故 $a=-2$，$b=1$.

设 $y^*=Ax+B$，代入 $y''-2y'+y=x$ 得 $-2A+Ax+B=x$，解得 $A=1$，$B=2$，从而 $y^*=x+2$，故该非齐次方程的通解为 $y=(C_1+C_2x)e^x+x+2$.

由 $y(0)=2$，$y'(0)=0$ 得 $C_1=0$，$C_2=-1$，故 $y=x(1-e^x)+2$.

6. **【答案】**$y=e^x-e^{e^{-x}+x-\frac{1}{2}}$.

【解】 把 $y=e^x$ 代入方程，则 $xe^x+p(x)e^x=x$，从而 $p(x)=x(e^{-x}-1)$. 于是原方程可化为 $y'+(e^{-x}-1)y=1$.

对于 $y'+(e^{-x}-1)y=0$，由 $\int\dfrac{dy}{y}=\int(1-e^{-x})dx$ 得 $y=Ce^{e^{-x}+x}$，故根据线性方程的解的结构，原方程的通解为 $y=Ce^{e^{-x}+x}+e^x$.

由 $y\Big|_{x=\ln 2}=0$ 得 $C=-e^{-\frac{1}{2}}$，故 $y=e^x-e^{e^{-x}+x-\frac{1}{2}}$.

【注】 本题也能通过

$$\begin{aligned}y&=e^{-\int(e^{-x}-1)dx}\left[\int e^{\int(e^{-x}-1)dx}dx+C\right]\\&=e^{e^{-x}+x}\left[\int e^{-(e^{-x}+x)}dx+C\right]\\&=e^{e^{-x}+x}\left[\int e^{-e^{-x}}d(-e^{-x})+C\right]\\&=e^{e^{-x}+x}(e^{-e^{-x}}+C)\end{aligned}$$

求出原方程的通解.

§4.3　微分方程的应用

十年真题

考点　微分方程的应用

1. **【答案】**(C).

【解】 对于 $r^2+ar+b=0$，

当 $a^2-4b>0$ 时，$r_{1,2}=\dfrac{-a\pm\sqrt{a^2-4b}}{2}$，故 $y=C_1e^{\frac{-a-\sqrt{a^2-4b}}{2}x}+C_2e^{\frac{-a+\sqrt{a^2-4b}}{2}x}$，不符合题意；

当 $a^2-4b=0$ 时，$r_1=r_2=-\dfrac{a}{2}$，故 $y=(C_1+C_2x)e^{-\frac{a}{2}x}$，不符合题意；

当 $a^2-4b<0$ 时，$r_{1,2}=\dfrac{-a\pm\sqrt{4b-a^2}\,i}{2}$，故 $y=e^{-\frac{a}{2}x}\left(C_1\cos\dfrac{\sqrt{4b-a^2}}{2}x+C_2\sin\dfrac{\sqrt{4b-a^2}}{2}x\right)$. 此时，当且仅当 $a=0$ 时符合题意.

因此，由 $\begin{cases}a^2-4b<0,\\a=0\end{cases}$ 知 $\begin{cases}a=0,\\b>0.\end{cases}$

2. **【答案】**$2(e^t-t-1)$.

【解】 由题意知 $\dfrac{\int_0^t f(x)dx}{t}=\dfrac{f(t)}{t}-t$，即

$$\int_0^t f(x)dx=f(t)-t^2.$$

对上式两端求导，得 $f(t)=f'(t)-2t$，即 $f'(t)-f(t)=2t$.

于是

$$\begin{aligned}f(t)&=e^{\int dt}\left(\int 2te^{-\int dt}dt+C\right)=e^t\left(\int 2te^{-t}dt+C\right)\\&=e^t\left(-2te^{-t}+2\int e^{-t}dt+C\right)=Ce^t-2t-2.\end{aligned}$$

由 $f(0)=0$ 知 $C=2$，故 $f(t)=2(e^t-t-1)$.

3. **【答案】**$am+n$.

【解】 对于 $r^2+ar+1=0$，

当 $a^2-4>0$，即 $a>2$ 时，$r_{1,2}=\dfrac{-a\pm\sqrt{a^2-4}}{2}$，故 $f(x)=C_1e^{\frac{-a-\sqrt{a^2-4}}{2}x}+C_2e^{\frac{-a+\sqrt{a^2-4}}{2}x}$，且 $\lim\limits_{x\to+\infty}f(x)=\lim\limits_{x\to+\infty}f'(x)=0$；

当 $a^2-4=0$，即 $a=2$ 时，$r_1=r_2=-1$，故 $f(x)=(C_1+C_2x)e^{-x}$，且 $\lim\limits_{x\to+\infty}f(x)=\lim\limits_{x\to+\infty}f'(x)=0$；

当 $a^2-4<0$，即 $0<a<2$ 时，$r_{1,2}=\dfrac{-a\pm\sqrt{4-a^2}\,i}{2}$，故 $f(x)=e^{-\frac{a}{2}x}\left(C_1\cos\dfrac{\sqrt{4-a^2}}{2}x+C_2\sin\dfrac{\sqrt{4-a^2}}{2}x\right)$，且 $\lim\limits_{x\to+\infty}f(x)=\lim\limits_{x\to+\infty}f'(x)=0$.

于是 $\int_0^{+\infty}f(x)dx=-a\int_0^{+\infty}f'(x)dx-\int_0^{+\infty}f''(x)dx=-a\lim\limits_{x\to+\infty}f(x)+af(0)-\lim\limits_{x\to+\infty}f'(x)+f'(0)=am+n$.

4. **【答案】**1.

【解】 **法一：** 由 $r^2+2r+1=0$ 得 $r_1=r_2=-1$. 故 $y''+2y'+y=0$ 的通解为 $y(x)=(C_1+C_2x)e^{-x}$，且 $\lim\limits_{x\to+\infty}y(x)=\lim\limits_{x\to+\infty}y'(x)=0$.

于是 $\int_0^{+\infty}y(x)dx=-2\int_0^{+\infty}y'(x)dx-\int_0^{+\infty}y''(x)dx=-2\lim\limits_{x\to+\infty}y(x)+2y(0)-\lim\limits_{x\to+\infty}y'(x)+y'(0)=1$.

法二： 由 $r^2+2r+1=0$ 得 $r_1=r_2=-1$. 故 $y''+2y'+y=0$ 的通解为 $y(x)=(C_1+C_2x)e^{-x}$.

由 $\begin{cases}y(0)=0,\\y'(0)=1\end{cases}$ 得 $\begin{cases}C_1=0,\\C_2=1,\end{cases}$ 从而 $y(x)=xe^{-x}$.

于是 $\int_0^{+\infty}y(x)dx=\int_0^{+\infty}xe^{-x}dx=-[xe^{-x}]_0^{+\infty}+\int_0^{+\infty}e^{-x}dx=1$.

【注】 1994 年数学三曾考查过极其相似的解答题，2016 年数学一又

考查了类似的解答题，都是针对形如 $y''+py'+qy=0$ 的方程的解来求反常积分.

5.【答案】2e.

【解】根据微分定义，$f'(x)=2xf(x)$.

记 $y=f(x)$，则 $\frac{dy}{dx}=2xy$，从而 $\int\frac{dy}{y}=\int 2x\,dx$，解得 $y=f(x)=Ce^{x^2}$.

由 $f(0)=2$ 得 $C=2$，故 $f(x)=2e^{x^2}$，从而 $f(1)=2e$.

【注】1998年数学一、二曾考查过类似的选择题，也是根据微分定义来列微分方程.

6.【解】(1) $y=y(x)$ 在点 $P(x,y)$ 处的切线为 $Y-y=y'(X-x)$. 令 $X=0$，则 $Y=y-xy'$. 由题意知 $x=y-xy'$，即 $y'-\frac{y}{x}=-1$.

$$y(x)=e^{\int\frac{dx}{x}}\left(-\int e^{-\int\frac{dx}{x}}dx+C\right)=x\left(-\int\frac{dx}{x}+C\right)=Cx-x\ln x,$$

由 $y(1)=2$ 知 $C=2$，故 $y(x)=x(2-\ln x)\ (x>0)$.

(2) 令 $f'(x)=y(x)=0$，则 $x=e^2$.

又由 $f''(e^2)=y'(e^2)=-1<0$ 知 $x=e^2$ 为唯一极大值点，即最大值点，故所求最大值为

$$f(e^2)=\int_1^{e^2}t(2-\ln t)dt=\left[\frac{t^2}{2}(2-\ln t)\right]_1^{e^2}+\int_1^{e^2}\frac{t^2}{2}\cdot\frac{1}{t}dt=\frac{1}{4}(e^4-5).$$

7.【解】(1) L 在点 $P(x,y)$ 处的切线为 $Y-y=y'(X-x)$. 令 $X=0$，则 $Y=y-xy'$. 由题意知 $x=y-xy'$，即 $y'-\frac{y}{x}=-1$.

$$y(x)=e^{\int\frac{dx}{x}}\left(-\int e^{-\int\frac{dx}{x}}dx+C\right)=x\left(-\int\frac{dx}{x}+C\right)=Cx-x\ln x.$$

由 $y(e^2)=0$ 知 $C=2$，故 $y(x)=x(2-\ln x)\ (x>e)$.

(2) 设所求点为 $(a,a(2-\ln a))\ (a>e)$，则该点处的切线为

$$y-a(2-\ln a)=(1-\ln a)(x-a).$$

令 $x=0$，则 $y=a$；令 $y=0$，则 $x=\frac{a}{\ln a-1}$.

记 $s(a)=\frac{1}{2}a\cdot\frac{a}{\ln a-1}=\frac{a^2}{2(\ln a-1)}\ (a>e)$.

令 $s'(a)=\frac{4a(\ln a-1)-a^2\cdot\frac{2}{a}}{4(\ln a-1)^2}=\frac{a(2\ln a-3)}{2(\ln a-1)^2}=0$，则 $a=e^{\frac{3}{2}}$.

由于当 $e<a<e^{\frac{3}{2}}$ 时，$s'(a)<0$；当 $a>e^{\frac{3}{2}}$ 时，$s'(a)>0$，故当 $a=e^{\frac{3}{2}}$ 时，$s(a)$ 取得最小值 e^3，即所求点为 $\left(e^{\frac{3}{2}},\frac{1}{2}e^{\frac{3}{2}}\right)$，所求最小面积为 e^3.

8.【解】
$$\begin{aligned}y(x)&=e^{-\int\frac{1}{2\sqrt{x}}dx}\left[\int(2+\sqrt{x})e^{\int\frac{1}{2\sqrt{x}}dx}dx+C\right]\\&=e^{-\sqrt{x}}\left[\int(2+\sqrt{x})e^{\sqrt{x}}dx+C\right]\\&=Ce^{-\sqrt{x}}+e^{-\sqrt{x}}\left(2\int e^{\sqrt{x}}dx+\int\sqrt{x}e^{\sqrt{x}}dx\right)\\&=Ce^{-\sqrt{x}}+e^{-\sqrt{x}}\left(2xe^{\sqrt{x}}-2\int x\cdot e^{\sqrt{x}}\frac{1}{2\sqrt{x}}dx+\int\sqrt{x}e^{\sqrt{x}}dx\right)\\&=Ce^{-\sqrt{x}}+2x.\end{aligned}$$

由 $y(1)=3$ 得 $C=e$，故 $y(x)=e^{1-\sqrt{x}}+2x\ (x>0)$.

显然，$y=y(x)$ 无铅直渐近线.

由 $\lim\limits_{x\to+\infty}y(x)=e^{1-\sqrt{x}}+2x=+\infty$ 知 $y=y(x)$ 无水平渐近线.

由 $\lim\limits_{x\to+\infty}\frac{y}{x}=\lim\limits_{x\to+\infty}\left(\frac{e^{1-\sqrt{x}}}{x}+2\right)=2$，$\lim\limits_{x\to+\infty}(y-2x)=\lim\limits_{x\to+\infty}e^{1-\sqrt{x}}=0$ 知 $y=2x$ 是 $y=y(x)$ 的斜渐近线.

9.【解】由 $2xy'-4y=2\ln x-1$ 知 $y'-\frac{2}{x}y=\frac{\ln x}{x}-\frac{1}{2x}$.

$$\begin{aligned}y(x)&=e^{\int\frac{2}{x}dx}\left[\int\left(\frac{\ln x}{x}-\frac{1}{2x}\right)e^{-\int\frac{2}{x}dx}dx+C\right]\\&=x^2\left[\int\left(\frac{\ln x}{x}-\frac{1}{2x}\right)\frac{1}{x^2}dx+C\right]\\&=Cx^2+x^2\left(\int\frac{\ln x}{x^3}dx-\int\frac{1}{2x^3}dx\right)\\&=Cx^2+x^2\left(-\frac{\ln x}{2x^2}+\frac{1}{2}\int\frac{1}{x^2}\cdot\frac{1}{x}dx-\int\frac{1}{2x^3}dx\right)\\&=Cx^2-\frac{1}{2}\ln x.\end{aligned}$$

由 $y(1)=\frac{1}{4}$ 得 $C=\frac{1}{4}$，故 $y(x)=\frac{x^2}{4}-\frac{1}{2}\ln x$.

所求弧长为 $\int_1^e\sqrt{1+[y'(x)]^2}dx=\int_1^e\sqrt{1+\left(\frac{x}{2}-\frac{1}{2x}\right)^2}dx=\int_1^e\left(\frac{x}{2}+\frac{1}{2x}\right)dx=\frac{1}{4}(e^2+1)$.

10.【解】(1) 由 $xy'-6y=-6$ 知 $\int\frac{dy}{y-1}=6\int\frac{dx}{x}$，解得 $y=Cx^6+1$.

由 $y(\sqrt{3})=10$ 得 $C=\frac{1}{3}$，故 $y(x)=\frac{x^6}{3}+1$.

(2) 设 P 点坐标为 (x,y)，则 $y=y(x)$ 在点 P 处的法线为 $Y-y=-\frac{1}{y'}(X-x)$.

令 $X=0$，则 $I_P=Y=y+\frac{x}{y'}=\frac{x^6}{3}+\frac{1}{2x^4}+1$.

令 $I'_P=2x^5-\frac{2}{x^5}=0$，则 $x=1$.

又由 $I''_P(1)=20>0$ 知 $x=1$ 为唯一极小值点，即最小值点，故 P 点坐标为 $\left(1,\frac{4}{3}\right)$.

11.【解】$y=f(x)\ (x\geqslant0)$ 在点 $M(x,y)$ 处的切线为 $Y-y=y'(X-x)$.

令 $Y=0$，则 $X=x-\frac{y}{y'}$，故点 T 坐标为 $\left(x-\frac{y}{y'},0\right)$.

如下图所示，由题意，$\frac{1}{2}\frac{y^2}{y'}=\frac{2}{3}\int_0^x y\,dx$.

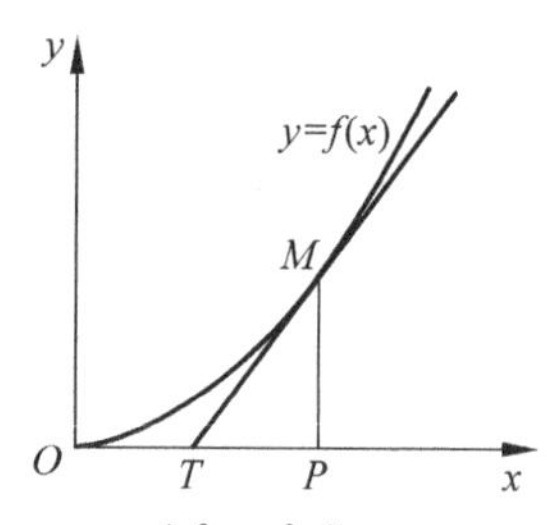

两端对 x 求导，得 $\frac{2y(y')^2-y^2y''}{2(y')^2}=\frac{2}{3}y$，即 $yy''=\frac{2}{3}(y')^2$.

令 $y'=p(y)$，则 $y''=\frac{dp}{dx}=\frac{dp}{dy}\cdot\frac{dy}{dx}=p\frac{dp}{dy}$. 于是 $y\frac{dp}{dy}=\frac{2}{3}p$，从而 $\int\frac{dp}{p}=\int\frac{2}{3y}dy$，解得 $p=\frac{dy}{dx}=C_1y^{\frac{2}{3}}$. 故由 $\int y^{-\frac{2}{3}}dy=\int C_1dx$ 得 $3y^{\frac{1}{3}}=C_1x+C_2$. 又由 $y(0)=0$ 知 $C_2=0$. 所以，所求曲线方程为 $y=Cx^3\ (C>0)$.

12.【解】(1) 由 $r^2+2r+5=0$ 得 $r_{1,2}=-1\pm2i$. 故 $y''+2y'+5y=0$ 的通解为 $y=f(x)=e^{-x}(C_1\cos2x+C_2\sin2x)$.

由 $f(0)=1$，$f'(0)=-1$ 得 $C_1=1$，$C_2=0$，故 $f(x)=e^{-x}\cos2x$.

(2) $a_n=\int_{n\pi}^{+\infty}e^{-x}\cos2x\,dx=-[e^{-x}\cos2x]_{n\pi}^{+\infty}-2\int_{n\pi}^{+\infty}e^{-x}\sin2x\,dx=$

$e^{-n\pi}+2[e^{-x}\sin 2x]_{n\pi}^{+\infty}-4\int_{n\pi}^{+\infty}e^{-x}\cos 2x\,dx=\frac{1}{5}e^{-n\pi}$.

故$\sum_{n=1}^{\infty}a_n=\frac{1}{5}\sum_{n=1}^{\infty}e^{-n\pi}=\frac{e^{-\pi}}{5(1-e^{-\pi})}=\frac{1}{5(e^{\pi}-1)}$.

13.【解】(1) $y(x)=e^{-\int x\,dx}\left(\int e^{-\frac{x^2}{2}}e^{\int x\,dx}dx+C\right)=e^{-\frac{x^2}{2}}(x+C)$.

由$y(0)=0$得$C=0$,故$y(x)=xe^{-\frac{x^2}{2}}$.

(2) $y'=(1-x^2)e^{-\frac{x^2}{2}}$,$y''=x(x^2-3)e^{-\frac{x^2}{2}}$.

令$y''=0$,则$x=0$或$x=\pm\sqrt{3}$.

x	$(-\infty,-\sqrt{3})$	$-\sqrt{3}$	$(-\sqrt{3},0)$	0	$(0,\sqrt{3})$	$\sqrt{3}$	$(\sqrt{3},+\infty)$
y''	$-$	0	$+$	0	$-$	0	$+$
y	凸	$-\sqrt{3}e^{-\frac{3}{2}}$	凹	0	凸	$\sqrt{3}e^{-\frac{3}{2}}$	凹

如上表所列,$y=y(x)$在$(-\sqrt{3},0)$和$(\sqrt{3},+\infty)$内是凹的,在$(-\infty,-\sqrt{3})$和$(0,\sqrt{3})$内是凸的,拐点为$(-\sqrt{3},-\sqrt{3}e^{-\frac{3}{2}})$,$(0,0)$,$(\sqrt{3},\sqrt{3}e^{-\frac{3}{2}})$.

14.【解】(1) $y(x)=e^{\int x\,dx}\left(\int\frac{1}{2\sqrt{x}}e^{\frac{x^2}{2}}e^{-\int x\,dx}dx+C\right)$

$$=e^{\frac{x^2}{2}}\left(\int\frac{1}{2\sqrt{x}}dx+C\right)=e^{\frac{x^2}{2}}(\sqrt{x}+C).$$

由$y(1)=\sqrt{e}$得$C=0$,故$y(x)=\sqrt{x}e^{\frac{x^2}{2}}$.

(2) 所求体积为$V=\int_1^2\pi(\sqrt{x}e^{\frac{x^2}{2}})^2dx=\frac{\pi}{2}\int_1^2e^{x^2}d(x^2)=\frac{\pi}{2}(e^4-e)$.

15. (1)**【解】**$y=e^{-\int dx}\left(\int xe^{\int dx}dx+C\right)=e^{-x}\left(\int xe^x dx+C\right)=e^{-x}(xe^x-e^x+C)=Ce^{-x}+x-1$.

(2)**【证】**$y'+y=f(x)$的通解为$y=e^{-\int_0^x dt}\left[\int_0^x f(t)e^{\int_0^t ds}dt+C\right]=e^{-x}\left[\int_0^x f(t)e^t dt+C\right]$.

$$y(x+T)=e^{-(x+T)}\left[\int_0^{x+T}f(t)e^t dt+C\right]$$
$$\xlongequal{令t-T=u}e^{-(x+T)}\left[\int_{-T}^{x}f(u+T)e^{u+T}du+C\right]$$
$$=e^{-(x+T)}\left[e^T\int_{-T}^x f(u)e^u du+C\right]$$
$$=e^{-x}\left[\int_{-T}^x f(u)e^u du+Ce^{-T}\right]$$
$$=e^{-x}\left[\int_0^x f(u)e^u du+\int_{-T}^0 f(u)e^u du+Ce^{-T}\right].$$

故当且仅当$\int_{-T}^0 f(u)e^u du+Ce^{-T}=C$,即$C=\frac{1}{1-e^{-T}}\int_{-T}^0 f(u)e^u du$时,$y(x+T)=y(x)$,从而方程存在唯一的以$T$为周期的解.

【注】1996年数学三曾考查过针对形如$\frac{dy}{dx}+P(x)y=Q(x)$的方程的解,来证明积分不等式的解答题.

16.【解】(1) 由$\int_0^x tf(x-t)dt\xlongequal{令x-t=u}\int_0^x(x-u)f(u)du=x\int_0^x f(u)du-\int_0^x uf(u)du$知

$$\int_0^x f(t)dt+x\int_0^x f(u)du-\int_0^x uf(u)du=ax^2.$$

对上式两端求导,得$f(x)+\int_0^x f(u)du+xf(x)-xf(x)=2ax$,即

$$f(x)+\int_0^x f(u)du=2ax.$$

再求导,得$f'(x)+f(x)=2a$.

于是$f(x)=e^{-\int dx}\left(\int 2ae^{\int dx}dx+C\right)=e^{-x}(2a\int e^x dx+C)=Ce^{-x}+2a$.

对$f(x)+\int_0^x f(u)du=2ax$令$x=0$得$f(0)=0$,从而$C=-2a$,故$f(x)=2a(1-e^{-x})$.

(2) 由$\frac{1}{1-0}\int_0^1 f(x)dx=\int_0^1 2a(1-e^{-x})dx=2ae^{-1}=1$得$a=\frac{e}{2}$.

17.【解】l在点$P(x,y)$处的切线为$Y-y=y'(X-x)$. 令$X=0$,则$Y_P=y-xy'$.

l在点$P(x,y)$处的法线为$Y-y=-\frac{1}{y'}(X-x)$. 令$Y=0$,则$X_P=x+yy'$.

由$X_P=Y_P$知$x+yy'=y-xy'$,即$\frac{dy}{dx}=\frac{y-x}{y+x}=\frac{\frac{y}{x}-1}{\frac{y}{x}+1}$.

令$u=\frac{y}{x}$,则$y=ux$,$\frac{dy}{dx}=u+x\frac{du}{dx}$,于是$u+x\frac{du}{dx}=\frac{u-1}{u+1}$,从而$\int\frac{u+1}{1+u^2}du=-\int\frac{dx}{x}$,解得$\arctan u+\frac{1}{2}\ln(1+u^2)=-\ln|x|+C$,即$\arctan\frac{y}{x}+\frac{1}{2}\ln(x^2+y^2)=C$.

由$y(1)=0$得$C=0$,故所求方程为$\arctan\frac{y}{x}+\frac{1}{2}\ln(x^2+y^2)=0$.

18. (1)**【证】**由$r^2+2r+k=0$得$r_1=-1+\sqrt{1-k}$,$r_2=-1-\sqrt{1-k}$. 故$y''+2y'+ky=0$的通解为

$$y(x)=C_1e^{r_1x}+C_2e^{r_2x}.$$

由$0<k<1$知$r_1<0$,$r_2<0$,则$\int_0^{+\infty}e^{r_1x}dx$和$\int_0^{+\infty}e^{r_2x}dx$收敛,故

$$\int_0^{+\infty}y(x)dx=C_1\int_0^{+\infty}e^{r_1x}dx+C_2\int_0^{+\infty}e^{r_2x}dx$$

收敛.

(2)**【解】**由于$r_1<0$,$r_2<0$,故$\lim\limits_{x\to+\infty}y(x)=\lim\limits_{x\to+\infty}y'(x)=0$,从而

$$\int_0^{+\infty}y(x)dx=-\frac{2}{k}\int_0^{+\infty}y'(x)dx-\frac{1}{k}\int_0^{+\infty}y''(x)dx$$
$$=-\frac{2}{k}\lim_{x\to+\infty}y(x)+\frac{2}{k}y(0)-\frac{1}{k}\lim_{x\to+\infty}y'(x)+\frac{1}{k}y'(0)$$
$$=\frac{3}{k}.$$

【注】1994年数学三曾考查过类似的解答题,而2020年数学一和数学二又考查了类似的填空题.

19.【解】由$\int_0^x f(x-t)dt\xlongequal{令x-t=u}\int_0^x f(u)du$知

$$\int_0^x f(u)du=x\int_0^x f(t)dt-\int_0^x tf(t)dt+e^{-x}-1.$$

对上式两端求导,得$f(x)=\int_0^x f(t)dt+xf(x)-xf(x)-e^{-x}$,即

$$f(x)=\int_0^x f(t)dt-e^{-x}.$$

再求导,得$f'(x)=f(x)+e^{-x}$,即$f'(x)-f(x)=e^{-x}$.

于是$f(x)=e^{\int dx}\left(\int e^{-x}e^{-\int dx}dx+C\right)=e^x\left(\int e^{-2x}dx+C\right)=$

$Ce^{x}-\frac{1}{2}e^{-x}$.

对 $f(x)=\int_0^x f(t)dt-e^{-x}$ 令 $x=0$ 得 $f(0)=-1$,从而 $C=-\frac{1}{2}$,故 $f(x)=-\frac{1}{2}(e^{x}+e^{-x})$.

20.【解】(1) 由 $\eta=-\frac{p}{Q}\frac{dQ}{dp}=\frac{p}{120-p}$ 知 $\frac{dQ}{Q}=-\frac{dp}{120-p}$,从而 $\int\frac{dQ}{Q}=-\int\frac{dp}{120-p}$,解得 $\ln Q=\ln(120-p)+\ln C$,即 $Q=C(120-p)$.

又由于最大需求量为 1 200 件,故 $C=10$,从而需求函数为 $Q=1\,200-10p$.

(2) 由 $Q=1\,200-10p$ 知 $p=120-\frac{1}{10}Q$,故收益函数为 $R=pQ=120Q-\frac{1}{10}Q^2$,从而边际收益为 $\frac{dR}{dQ}=120-\frac{1}{5}Q$.

当 $p=100$ 时,$Q=200$,故 $p=100$ 万元时的边际收益为 $\left.\frac{dR}{dQ}\right|_{Q=200}=80$,其经济意义为:销售第 201 件商品所得的收益为 80 万元.

【注】2010 年数学三曾考查过与本题第(1)问类似的填空题,也是根据弹性与价格之间的关系来列微分方程.

21.【解】$y=f(x)$ 在点 $(x_0,f(x_0))$ 处的切线方程为 $y-f(x_0)=f'(x_0)(x-x_0)$.

令 $y=0$,则 $x=x_0-\frac{f(x_0)}{f'(x_0)}$.

如下图所示,由题意,$\frac{1}{2}\cdot\frac{|f(x_0)|}{f'(x_0)}\cdot|f(x_0)|=4$,即 $y=f(x)$ 满足方程 $\frac{dy}{dx}=\frac{1}{8}y^2$,从而 $\int\frac{dy}{y^2}=\int\frac{1}{8}dx$,解得 $y=f(x)=-\frac{8}{x+C}$.

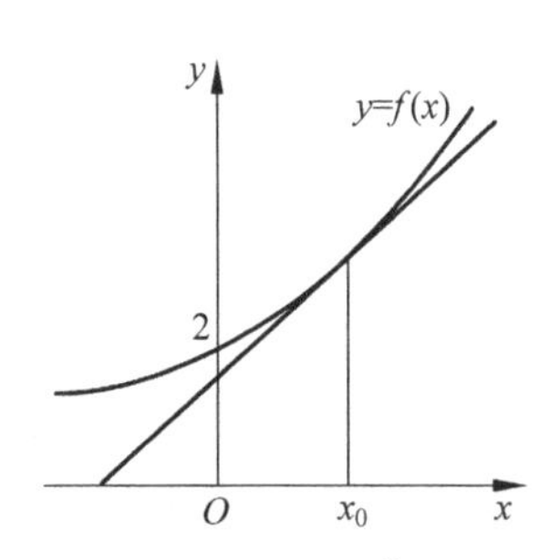

由 $f(0)=2$ 得 $C=-4$,故 $f(x)=\frac{8}{4-x}$,$x\in I$.

22.【解】设 t 时刻的温度为 $x(t)$,则由该物体温度对时间的变化率与该时刻物体和介质的温差成正比知 $\frac{dx}{dt}=-k(x-20)(k>0)$,从而由 $\int\frac{dx}{x-20}=-\int k dt$ 得 $x=Ce^{-kt}+20$.

由于当 $t=0$ 时,$x=120$,故 $C=100$,从而 $x=100e^{-kt}+20$.

又由于当 $t=30$ 时,$x=30$,故 $k=\frac{\ln 10}{30}$,从而 $x=100e^{-\frac{\ln 10}{30}t}+20$.

由 $100e^{-\frac{\ln 10}{30}t}+20=21$ 知 $t=60$,故要将该物体的温度继续降至 21℃,还需冷却 $60-30=30$ min.

【注】2001 年数学二曾考查过类似的解答题,也是根据某个量的变化率与另一个量成正比来列微分方程.

方法探究

考点 微分方程的应用

变式 2.1【解】L 在点 $P(x,y)$ 处的切线为 $Y-y=y'(X-x)$. 令 $X=0$,则 $Y=y-xy'$.

由题意知 $\sqrt{x^2+y^2}=y-xy'$,即 $\frac{dy}{dx}=\frac{y}{x}-\sqrt{1+\left(\frac{y}{x}\right)^2}$.

令 $u=\frac{y}{x}$,则 $y=ux$,$\frac{dy}{dx}=u+x\frac{du}{dx}$,于是 $u+x\frac{du}{dx}=u-\sqrt{1+u^2}$,从而 $\int\frac{du}{\sqrt{1+u^2}}=-\int\frac{dx}{x}$.

由 $\int\frac{du}{\sqrt{1+u^2}}\overset{令 u=\tan t}{=\!=\!=}\int\sec t\,dt=\ln|\tan t+\sec t|+C_1=\ln(u+\sqrt{1+u^2})+C_1$ 知 $u+\sqrt{1+u^2}=\frac{C}{x}$,故 $y+\sqrt{x^2+y^2}=C$.

由 $y\big|_{x=\frac{1}{2}}=0$ 得 $C=\frac{1}{2}$,故 L 的方程为 $y=\frac{1}{4}-x^2$.

变式 2.2【解】(1) 由 $\pi\varphi^2(y)=4\pi+\pi t$ 得 $t=\varphi^2(y)-4$.

(2) 由题意知 $\pi\int_0^y\varphi^2(u)du=3t=3\varphi^2(y)-12$.

两边对 y 求导,得 $\pi\varphi^2(y)=6\varphi(y)\varphi'(y)$,即 $\pi\varphi(y)=6\varphi'(y)$.

解此微分方程,得 $\varphi(y)=Ce^{\frac{\pi}{6}y}$.

对 $\pi\int_0^y\varphi^2(u)du=3\varphi^2(y)-12$ 令 $y=0$ 得 $\varphi(0)=2$,从而 $C=2$,故所求曲线方程为 $x=2e^{\frac{\pi}{6}y}$.

真题精选

考点 微分方程的应用

1.【答案】(D).

【解】根据微分定义,$\frac{dy}{dx}=\frac{y}{1+x^2}$,从而 $\int\frac{dy}{y}=\int\frac{dx}{1+x^2}$,解得 $y=Ce^{\arctan x}$. 由 $y(0)=\pi$ 得 $C=\pi$,故 $y=\pi e^{\arctan x}$,从而 $y(1)=\pi e^{\frac{\pi}{4}}$.

【注】2018 年数学三又考查了类似的填空题,也是根据微分定义来列微分方程.

2.【答案】$pe^{\frac{1}{3}(p^3-1)}$.

【解】由 $\frac{p}{R}\frac{dR}{dp}=1+p^3$ 知 $\int\frac{dR}{R}=\int\frac{1+p^3}{p}dp$,解得 $R=Cpe^{\frac{p^3}{3}}$.

由 $R(1)=1$ 得 $C=e^{-\frac{1}{3}}$,故 $R(p)=pe^{\frac{1}{3}(p^3-1)}$.

【注】2016 年数学三又考查了类似的解答题,其第(1)问也是根据弹性与价格之间的关系来列微分方程.

3.【解】(1) 由 $r^2+r-2=0$ 得 $r_1=1,r_2=-2$. 故 $f''(x)+f'(x)-2f(x)=0$ 的通解为 $f(x)=C_1e^x+C_2e^{-2x}$.

将 $f(x)=C_1e^x+C_2e^{-2x}$,$f''(x)=C_1e^x+4C_2e^{-2x}$ 代入 $f''(x)+f(x)=2e^x$,得 $2C_1e^x+5C_2e^{-2x}=2e^x$,从而 $C_1=1,C_2=0$,故 $f(x)=e^x$.

(2) 由 $y=e^{x^2}\int_0^x e^{-t^2}dt$ 知 $y'=2xe^{x^2}\int_0^x e^{-t^2}dt+1$,$y''=2x+2(1+2x^2)e^{x^2}\int_0^x e^{-t^2}dt$.

令 $y''=0$,则 $x=0$.

当 $x>0$ 时,$y''>0$;当 $x<0$ 时,$y''<0$,故曲线的拐点为 $(0,0)$.

4.【解】由于 $y=y(x)$ 与直线 $y=x$ 相切于原点,故 $y(0)=0,y'(0)=1$.

由 $y'=\tan\alpha$ 知 $y''=\sec^2\alpha\cdot\frac{d\alpha}{dx}$,从而 $\frac{d\alpha}{dx}=\frac{y''}{\sec^2\alpha}=\frac{y''}{1+\tan^2\alpha}=\frac{y''}{1+(y')^2}$.

又由 $\frac{d\alpha}{dx}=\frac{dy}{dx}$ 知 $\frac{y''}{1+(y')^2}=y'$.

令 $y'=p(x)$，则 $y''=\frac{dp}{dx}$，于是 $\frac{dp}{dx}=p(1+p^2)$，从而 $\int\left(\frac{1}{p}-\frac{p}{1+p^2}\right)dp=\int dx$，解得 $\frac{p^2}{1+p^2}=C_1e^{2x}$.

由 $y'(0)=p(0)=1$ 得 $C_1=\frac{1}{2}$，故 $y'=p=\frac{e^x}{\sqrt{2-e^{2x}}}$，从而

$$y=\int\frac{e^x}{\sqrt{2-e^{2x}}}dx=\int\frac{d\left(\frac{e^x}{\sqrt{2}}\right)}{\sqrt{1-\left(\frac{e^x}{\sqrt{2}}\right)^2}}=\arcsin\frac{e^x}{\sqrt{2}}+C_2.$$

又由 $y(0)=0$ 得 $C_2=-\frac{\pi}{4}$，故 $y(x)=\arcsin\frac{e^x}{\sqrt{2}}-\frac{\pi}{4}$.

5. **【解】** $\frac{dy}{dx}=\frac{\frac{dy}{dt}}{\frac{dx}{dt}}=\frac{\psi'(t)}{2+2t}$.

$$\frac{d^2y}{dx^2}=\frac{d\left(\frac{dy}{dx}\right)/dt}{dx/dt}=\frac{\frac{\psi''(t)(2+2t)-2\psi'(t)}{(2+2t)^2}}{2+2t}$$

$$=\frac{\psi''(t)(1+t)-\psi'(t)}{4(1+t)^3}.$$

由 $\frac{d^2y}{dx^2}=\frac{3}{4(1+t)}$ 知 $\frac{\psi''(t)(1+t)-\psi'(t)}{4(1+t)^3}=\frac{3}{4(1+t)}$，即 $\psi''(t)-\frac{\psi'(t)}{1+t}=3(1+t)$.

令 $\psi'(t)=p(t)$，则 $\psi''(t)=\frac{dp}{dt}$，于是 $\frac{dp}{dt}=\frac{p}{1+t}+3(1+t)$，从而

$$p=e^{\int\frac{dt}{1+t}}\left[\int 3(1+t)e^{-\int\frac{dt}{1+t}}dt+C_1\right]=(1+t)(3t+C_1).$$

由 $\psi'(1)=p(1)=6$ 得 $C_1=0$，故 $\psi'(t)=p(t)=3t+3t^2$，从而

$$\psi(t)=\int(3t+3t^2)dt=\frac{3}{2}t^2+t^3+C_2.$$

又由 $\psi(1)=\frac{5}{2}$ 得 $C_2=0$，故 $\psi(t)=\frac{3}{2}t^2+t^3$.

6. **【解】** 令 $y'=p(x)$，则 $y''=\frac{dp}{dx}$，于是 $x\frac{dp}{dx}-p+2=0$，从而 $\int\frac{dp}{p-2}=\int\frac{dx}{x}$，解得 $p=Cx+2$，故 $y=\int(Cx+2)dx=C_1x^2+2x+C_2\left(C_1=\frac{C}{2}\right)$. 由 $y(0)=0$ 得 $C_2=0$，故 $y=C_1x^2+2x$.

又由 $2=\int_0^1(C_1x^2+2x)dx=\frac{C_1}{3}+1$ 得 $C_1=3$，故 $y=3x^2+2x$.

于是所求体积为 $V=\int_0^1 2\pi x(3x^2+2x)dx=\frac{17}{6}\pi$.

7. **【解】** (1) 由题意知 $y'-\frac{y}{x}=ax$，故 $y=e^{\int\frac{dx}{x}}\left(\int axe^{-\int\frac{dx}{x}}dx+C\right)=x(ax+C)$.

由 $y(1)=0$ 得 $C=-a$，故 L 的方程为 $y=ax(x-1)$.

(2) 由 $\frac{8}{3}=\int_0^2[ax-ax(x-1)]dx=\frac{4}{3}a$ 得 $a=2$.

8. **【解】** 设从着陆点算起，t 时刻飞机滑行的距离为 $x(t)$，滑行的速度为 $v(t)$，则 $v=\frac{dx}{dt}$，且滑行的加速度为 $\frac{dv}{dt}=\frac{dv}{dx}\cdot\frac{dx}{dt}=v\frac{dv}{dx}$.

由于飞机所受的总阻力与飞机的速度成正比，故根据牛顿第二定律，$9\,000v\frac{dv}{dx}=-kv$，从而 $v=-\frac{k}{9\,000}x+C$.

由于当 $x=0$ 时，$v=700$，故 $C=700$，从而 $v=-\frac{k}{9\,000}x+700$，即 $x=\frac{9\,000\times 700}{k}-\frac{9\,000}{k}v$.

显然，当 $v=0$ 时，x 取得最大值 $\frac{9\,000\times 700}{k}=1.05$，故飞机滑行的最长距离为 1.05 km.

9. **【解】** 由 $\lim\limits_{h\to 0}\left[\frac{f(x+hx)}{f(x)}\right]^{\frac{1}{h}}=e^{\lim\limits_{h\to 0}\frac{1}{h}\ln\left[\frac{f(x+hx)}{f(x)}\right]}=e^{x\lim\limits_{h\to 0}\frac{\ln f(x+hx)-\ln f(x)}{hx}}=e^{x[\ln f(x)]'}$ 知 $x[\ln f(x)]'=\frac{1}{x}$，从而 $\ln f(x)=-\frac{1}{x}+C$，即 $f(x)=e^{-\frac{1}{x}+C}$.

又由 $\lim\limits_{x\to+\infty}f(x)=1$ 得 $C=0$，故 $f(x)=e^{-\frac{1}{x}}$.

10. **【解】** 由 $f'(x)=g(x)$，$g'(x)=2e^x-f(x)$ 知 $f''(x)+f(x)=2e^x$.

由 $r^2+1=0$ 得 $r_{1,2}=\pm i$. 故 $f''(x)+f(x)=0$ 的通解为 $f(x)=C_1\cos x+C_2\sin x$. 显然，$f(x)=e^x$ 是 $f''(x)+f(x)=2e^x$ 的一个特解，故其通解为 $f(x)=C_1\cos x+C_2\sin x+e^x$.

由 $f(0)=0$，$f'(0)=g(0)=2$ 得 $C_1=-1$，$C_2=1$，故 $f(x)=\sin x-\cos x+e^x$.

$$\int_0^{\pi}\left[\frac{g(x)}{1+x}-\frac{f(x)}{(1+x)^2}\right]dx=\int_0^{\pi}\frac{(1+x)f'(x)-f(x)}{(1+x)^2}dx$$

$$=\int_0^{\pi}\left[\frac{f(x)}{1+x}\right]'dx$$

$$=\frac{f(\pi)}{1+\pi}-f(0)=\frac{1+e^{\pi}}{1+\pi}.$$

11. **【解】** 设 t 时刻半球体状雪堆的半径为 $r(t)$，则其体积为 $V(t)=\frac{2}{3}\pi r^3(t)$，半球面面积为 $S(t)=2\pi r^2(t)$.

由雪堆体积融化的速率与半球面面积成正比知 $\frac{dV}{dt}=-KS$，从而 $2\pi r^2\frac{dr}{dt}=-2\pi Kr^2$，即 $\frac{dr}{dt}=-K$. 积分得 $r(t)=-Kt+C$.

由于半径为 r_0 的雪堆在开始融化的 3 小时内，融化了其体积的 $\frac{7}{8}$，故 $r(0)=r_0$，$V(3)=\frac{1}{8}V(0)$，从而由 $r^3(3)=\frac{1}{8}r^3(0)=\frac{1}{8}r_0^3$ 知 $r(3)=\frac{1}{2}r_0$.

把 $r(0)=r_0$，$r(3)=\frac{1}{2}r_0$ 代入 $r(t)=-Kt+C$，得 $C=r_0$，$K=\frac{1}{6}r_0$，故 $r(t)=-\frac{1}{6}r_0t+r_0$.

令 $r(t)=0$，则 $t=6$，故雪堆全部融化需 6 小时.

【注】 2015 年数学二又考查了类似的解答题，也是根据某个量的变化率与另一个量成正比来列微分方程.

12. **【解】** $y=y(x)$ 在点 P 处的切线方程为 $Y-y=y'(X-x)$. 令 $Y=0$，则 $X=x-\frac{y}{y'}$. 于是 $S_1=\frac{1}{2}y\left|x-\left(x-\frac{y}{y'}\right)\right|=\frac{y^2}{2y'}$.

又 $S_2=\int_0^x y(t)dt$，故由 $2S_1-S_2=1$ 知 $\frac{y^2}{y'}-\int_0^x y(t)dt=1$.

两边对 x 求导，得 $\frac{2y(y')^2-y^2y''}{(y')^2}-y=0$，从而 $yy''-(y')^2=0$.

令 $y'=p(y)$，则 $y''=\frac{dp}{dx}=\frac{dp}{dy}\cdot\frac{dy}{dx}=p\frac{dp}{dy}$. 于是 $yp\frac{dp}{dy}=p^2$，从而 $\int\frac{dp}{p}=\int\frac{dy}{y}$，解得 $p=\frac{dy}{dx}=C_1y$. 故由 $\int\frac{dy}{y}=\int C_1dx$ 得 $y=e^{C_1x+C_2}$.

由于 $y(0)=1$，又对 $\frac{y^2}{y'}-\int_0^x y(t)dt=1$ 令 $x=0$ 得 $y'(0)=1$，从而 $C_1=1$，$C_2=0$，故所求曲线方程为 $y=e^x$.

13.【解】由题意知$\frac{1}{2}\int_0^\theta r^2(t)\mathrm{d}t=\frac{1}{2}\int_0^\theta\sqrt{r^2(t)+[r'(t)]^2}\mathrm{d}t$. 两边对$\theta$求导,得$r^2(\theta)=\sqrt{r^2(\theta)+[r'(\theta)]^2}$,即$\frac{\mathrm{d}r}{\mathrm{d}\theta}=\pm r\sqrt{r^2-1}$,从而$\int\frac{\mathrm{d}r}{r\sqrt{r^2-1}}=\pm\int\mathrm{d}\theta$.

由$\int\frac{\mathrm{d}r}{r\sqrt{r^2-1}}\xlongequal{令r=\sec u}\int\mathrm{d}u=u+C_1=\arccos\frac{1}{r}+C_1$知$\arccos\frac{1}{r}=\pm\theta+C$.

由$r(0)=2$得$C=\frac{\pi}{3}$,故L的方程为$r=\sec\left(\frac{\pi}{3}\pm\theta\right)$(或$x\mp\sqrt{3}y=2$).

14. (1)【解】$y'+ay=f(x)$的通解为$y=\mathrm{e}^{-a\int_0^x\mathrm{d}t}\left[\int_0^x f(t)\mathrm{e}^{a\int_0^t\mathrm{d}s}\mathrm{d}t+C\right]=\mathrm{e}^{-ax}\left[\int_0^x f(t)\mathrm{e}^{at}\mathrm{d}t+C\right]$.

由$y(0)=0$得$C=0$,故$y(x)=\mathrm{e}^{-ax}\int_0^x f(t)\mathrm{e}^{at}\mathrm{d}t$.

(2)【证】当$x\geqslant0$时,$|y(x)|\leqslant\mathrm{e}^{-ax}\int_0^x|f(t)|\mathrm{e}^{at}\mathrm{d}t\leqslant\mathrm{e}^{-ax}\int_0^x k\mathrm{e}^{at}\mathrm{d}t=\frac{k}{a}(1-\mathrm{e}^{-ax})$.

【注】(i) 由$-|f(x)|\leqslant f(x)\leqslant|f(x)|$知$\left|\int_a^b f(x)\mathrm{d}x\right|\leqslant\int_a^b|f(x)|\mathrm{d}x(a<b)$.

(ii)2018年数学一又考查了针对形如$\frac{\mathrm{d}y}{\mathrm{d}x}+P(x)y=Q(x)$的方程的解来证明积分等式的解答题.

15.【解】法一:由$r^2+4r+4=0$得$r_1=r_2=-2$. 故$y''+4y'+4y=0$的通解为$y(x)=(C_1+C_2x)\mathrm{e}^{-2x}$,且$\lim\limits_{x\to+\infty}y(x)=\lim\limits_{x\to+\infty}y'(x)=0$.

于是$\int_0^{+\infty}y(x)\mathrm{d}x=-\int_0^{+\infty}y'(x)\mathrm{d}x-\frac{1}{4}\int_0^{+\infty}y''(x)\mathrm{d}x=-\lim\limits_{x\to+\infty}y(x)+y(0)-\frac{1}{4}\lim\limits_{x\to+\infty}y'(x)+\frac{1}{4}y'(0)=1$.

法二:由$r^2+4r+4=0$得$r_1=r_2=-2$. 故$y''+4y'+4y=0$的通解为$y(x)=(C_1+C_2x)\mathrm{e}^{-2x}$.

由$\begin{cases}y(0)=2,\\y'(0)=-4\end{cases}$得$\begin{cases}C_1=2,\\C_2=0,\end{cases}$从而$y(x)=2\mathrm{e}^{-2x}$.

于是$\int_0^{+\infty}y(x)\mathrm{d}x=\int_0^{+\infty}2\mathrm{e}^{-2x}\mathrm{d}x=1$.

【注】2020年数学二再次考查了极其相似的填空题,而2016年和2020年数学一也分别考查了类似的解答题和填空题,都是针对形如$y''+py'+qy=0$的方程的解来求反常积分.

16.【解】曲线在点$P(x,y)$处的法线为$Y-y=-\frac{1}{y'}(X-x)$. 令$Y=0$,则$X=x+yy'$,故点Q坐标为$(x+yy',0)$,从而PQ长度为$\sqrt{(yy')^2+y^2}$.

由题意知$\frac{y''}{[1+(y')^2]^{\frac{3}{2}}}=\frac{1}{\sqrt{(yy')^2+y^2}}$,从而$yy''=1+(y')^2$.

令$y'=p(y)$,则$y''=\frac{\mathrm{d}p}{\mathrm{d}x}=\frac{\mathrm{d}p}{\mathrm{d}y}\cdot\frac{\mathrm{d}y}{\mathrm{d}x}=p\frac{\mathrm{d}p}{\mathrm{d}y}$,于是$yp\frac{\mathrm{d}p}{\mathrm{d}y}=1+p^2$,从而$\int\frac{p}{1+p^2}\mathrm{d}p=\int\frac{\mathrm{d}y}{y}$,解得$p^2=C_1y^2-1$.

由$y|_{x=1}=1,y'|_{x=1}=0$得$C_1=1$,故$\frac{\mathrm{d}y}{\mathrm{d}x}=p=\pm\sqrt{y^2-1}$,从而$\int\frac{\mathrm{d}y}{\sqrt{y^2-1}}=\pm\int\mathrm{d}x$.

由$\int\frac{\mathrm{d}y}{\sqrt{y^2-1}}\xlongequal{令y=\sec t}\int\sec t\mathrm{d}t=\ln|\tan t+\sec t|+C=\ln(\sqrt{y^2-1}+y)+C$知$\sqrt{y^2-1}+y=\mathrm{e}^{\pm x+C_2}$.

由$y|_{x=1}=1$得$C_2=\mp1$,故所求曲线方程为$\sqrt{y^2-1}+y=\mathrm{e}^{\pm(x-1)}$,即$y=\frac{\mathrm{e}^{x-1}+\mathrm{e}^{1-x}}{2}$.

17.【解】$f(x)=\sin x-x\int_0^x f(t)\mathrm{d}t+\int_0^x tf(t)\mathrm{d}t$.

两边求导,得$f'(x)=\cos x-\int_0^x f(t)\mathrm{d}t$.

两边再求导,得$f''(x)+f(x)=-\sin x$.

由$r^2+1=0$得$r_{1,2}=\pm\mathrm{i}$,故$f''(x)+f(x)=0$的通解为$Y=C_1\cos x+C_2\sin x$. 设$y^*=x(M\cos x+N\sin x)$,代入方程得$2N\cos x-2M\sin x=-\sin x$,解得$M=\frac{1}{2},N=0$,从而$y^*=\frac{x}{2}\cos x$,故$f(x)=C_1\cos x+C_2\sin x+\frac{x}{2}\cos x$.

对$f(x)=\sin x-\int_0^x(x-t)f(t)\mathrm{d}t$令$x=0$得$f(0)=0$,再对$f'(x)=\cos x-\int_0^x f(t)\mathrm{d}t$令$x=0$得$f'(0)=1$,从而$C_1=0$,$C_2=\frac{1}{2}$,故$f(x)=\frac{1}{2}\sin x+\frac{x}{2}\cos x$.

§4.4 差分方程的求解(仅数学三)

十年真题

考点 差分方程的求解

1.【答案】$C+\frac{1}{2}t(t-1)$.

【解】由$\Delta y_t=y_{t+1}-y_t$知$y_{t+1}-y_t=t$.

设$y_t^*=t(A+Bt)$,代入原方程得$(t+1)(A+B+Bt)-t(A+Bt)=t$,解得$A=-\frac{1}{2},B=\frac{1}{2}$,从而$y_t^*=\frac{1}{2}t(t-1)$.

故所求通解为$y_t=C+\frac{1}{2}t(t-1)$.

2.【答案】$y_x=C2^x-5$.

【解】由$\Delta^2y_x=y_{x+2}-2y_{x+1}+y_x$知$y_{x+2}-2y_{x+1}=5$,即$y_{x+1}-2y_x=5$.

设$y_x^*=A$,代入$y_{x+1}-2y_x=5$得$A-2A=5$,即$y_x^*=-5$.

故所求通解为$y_x=C2^x-5$.

3.【答案】$C2^t+t2^{t-1}$.

【解】设$y_t^*=At2^t$,代入原方程得$A(t+1)2^{t+1}-2At2^t=2^t$,解得$A=\frac{1}{2}$,从而$y_t^*=t2^{t-1}$.

故所求通解为$y_t=C2^t+t2^{t-1}$.

真题精选

考点 差分方程的求解

【答案】$y_t=C(-5)^t+\frac{5}{12}\left(t-\frac{1}{6}\right)$.

【解】由$2y_{t+1}+10y_t-5t=0$知$y_{t+1}+5y_t=\frac{5}{2}t$.

设$y_t^*=A+Bt$,代入原方程得$2(A+B+Bt)+10(A+Bt)-5t=0$,解得$A=-\frac{5}{72},B=\frac{5}{12}$,从而$y_t^*=\frac{5}{12}\left(t-\frac{1}{6}\right)$.

故所求通解为$y_t=C(-5)^t+\frac{5}{12}\left(t-\frac{1}{6}\right)$.

第五章 多元函数微分学

§5.1 多元函数微分学的基本概念

十年真题

考点 多元函数微分学的基本概念

1.【答案】(C).

【解】$\left.\dfrac{\partial f(x,y)}{\partial x}\right|_{(0,0)}=\lim\limits_{\Delta x\to 0}\dfrac{f(\Delta x,0)-f(0,0)}{\Delta x}=\lim\limits_{\Delta x\to 0}\dfrac{0-0}{\Delta x}=0.$

$\left.\dfrac{\partial f(x,y)}{\partial y}\right|_{(0,0)}=\lim\limits_{\Delta y\to 0}\dfrac{f(0,\Delta y)-f(0,0)}{\Delta y}=\lim\limits_{\Delta y\to 0}\dfrac{0-0}{\Delta y}=0.$

当 $xy\neq 0$ 时，$\dfrac{\partial f(x,y)}{\partial x}=2x\sin\dfrac{1}{xy}-\dfrac{x^2+y^2}{x^2y}\cos\dfrac{1}{xy}$.

由 $\lim\limits_{\substack{x\to 0\\ y=x}}\dfrac{\partial f(x,y)}{\partial x}=2\lim\limits_{x\to 0}\left(x\sin\dfrac{1}{x^2}-\dfrac{1}{x}\cos\dfrac{1}{x^2}\right)$ 不存在知 $\lim\limits_{\substack{x\to 0\\ y\to 0}}\dfrac{\partial f(x,y)}{\partial x}$ 不存在，故 $\dfrac{\partial f(x,y)}{\partial x}$ 在点 $(0,0)$ 处不连续.

由于

$$\lim_{\substack{\Delta x\to 0\\ \Delta y\to 0}}\frac{f(\Delta x,\Delta y)-f(0,0)-0\cdot\Delta x-0\cdot\Delta y}{\sqrt{(\Delta x)^2+(\Delta y)^2}}=\lim_{\substack{\Delta x\to 0\\ \Delta y\to 0}}\sqrt{(\Delta x)^2+(\Delta y)^2}\sin\frac{1}{\Delta x\Delta y}=0,$$

故 $f(x,y)$ 在点 $(0,0)$ 处可微.

2.【答案】(A).

【解】由于

$$\lim_{\Delta x\to 0^+}\frac{f(\Delta x,1)-f(0,1)}{\Delta x}=\lim_{\Delta x\to 0^+}\frac{\ln(1+|\Delta x|\sin 1)}{\Delta x}=\lim_{\Delta x\to 0^+}\frac{|\Delta x|\sin 1}{\Delta x}=\sin 1,$$

而 $\lim\limits_{\Delta x\to 0^-}\dfrac{f(\Delta x,1)-f(0,1)}{\Delta x}=\lim\limits_{\Delta x\to 0^-}\dfrac{\ln(1+|\Delta x|\sin 1)}{\Delta x}=\lim\limits_{\Delta x\to 0^-}\dfrac{|\Delta x|\sin 1}{\Delta x}=-\sin 1$，故 $\left.\dfrac{\partial f}{\partial x}\right|_{(0,1)}$ 不存在.

由于 $\lim\limits_{\Delta y\to 0}\dfrac{f(0,1+\Delta y)-f(0,1)}{\Delta y}=\lim\limits_{\Delta y\to 0}\dfrac{\ln(1+\Delta y)}{\Delta y}=1$，故 $\left.\dfrac{\partial f}{\partial y}\right|_{(0,1)}$ 存在.

3.【答案】(A).

【解】由于

$$\begin{aligned}&\lim_{(x,y)\to(0,0)}\frac{|\boldsymbol{n}\cdot(x,y,f(x,y))|}{\sqrt{x^2+y^2}}\\=&\lim_{(x,y)\to(0,0)}\frac{|f'_x(0,0)x+f'_y(0,0)y-f(x,y)|}{\sqrt{x^2+y^2}}\\=&\lim_{(x,y)\to(0,0)}\frac{|f(x,y)-f(0,0)-f'_x(0,0)x-f'_y(0,0)y|}{\sqrt{x^2+y^2}}\\\xlongequal{\text{令}x=\Delta x,y=\Delta y}&\lim_{\substack{\Delta x\to 0\\ \Delta y\to 0}}\frac{|f(\Delta x,\Delta y)-f(0,0)-f'_x(0,0)\Delta x-f'_y(0,0)\Delta y|}{\sqrt{(\Delta x)^2+(\Delta y)^2}},\end{aligned}$$

故由 $f(x,y)$ 在点 $(0,0)$ 处可微知 $\lim\limits_{(x,y)\to(0,0)}\dfrac{|\boldsymbol{n}\cdot(x,y,f(x,y))|}{\sqrt{x^2+y^2}}=0$.

4.【答案】(B).

【解】由 $\lim\limits_{\Delta x\to 0}\dfrac{f(\Delta x,0)-f(0,0)}{\Delta x}=\lim\limits_{\Delta x\to 0}\dfrac{\Delta x-0}{\Delta x}=1$ 知 $\left.\dfrac{\partial f}{\partial x}\right|_{(0,0)}=1$，故①正确.

由于当 $y\neq 0$ 时，$\lim\limits_{\Delta x\to 0}\dfrac{f(\Delta x,y)-f(0,y)}{\Delta x}=\lim\limits_{\Delta x\to 0}\dfrac{y\Delta x-y}{\Delta x}=y\lim\limits_{\Delta x\to 0}\left(1-\dfrac{1}{\Delta x}\right)$ 不存在，故当 $y\neq 0$ 时，$\left.\dfrac{\partial f}{\partial x}\right|_{(0,y)}$ 不存在，从而 $\left.\dfrac{\partial^2 f}{\partial x\partial y}\right|_{(0,0)}$ 不存在，即②错误.

由于 $0\leqslant|f(x,y)|\leqslant|x|+|y|+|xy|$，又

$$\lim_{(x,y)\to(0,0)}(|x|+|y|+|xy|)=0,$$

$$\lim_{y\to 0}\lim_{x\to 0}(|x|+|y|+|xy|)=\lim_{y\to 0}|y|=0,$$

故根据夹逼准则，$\lim\limits_{(x,y)\to(0,0)}|f(x,y)|=\lim\limits_{y\to 0}\lim\limits_{x\to 0}|f(x,y)|=0$，从而 $\lim\limits_{(x,y)\to(0,0)}f(x,y)=\lim\limits_{y\to 0}\lim\limits_{x\to 0}f(x,y)=0$，即③、④正确.

5.【答案】(D).

【解】由 $\dfrac{\partial f(x,y)}{\partial x}>0$ 知对于固定的 y，$f(x,y)$ 关于 x 单调递增，故 $f(0,1)<f(1,1)$. 又由 $\dfrac{\partial f(x,y)}{\partial y}<0$ 知对于固定的 x，$f(x,y)$ 关于 y 单调递减，故 $f(1,1)<f(1,0)$，从而 $f(0,1)<f(1,0)$.

【注】2012 年数学二曾考查过极其类似的选择题.

真题精选

考点 多元函数微分学的基本概念

1.【答案】(B).

【解】法一（正面做）：若 $\lim\limits_{\substack{x\to 0\\ y\to 0}}\dfrac{f(x,y)}{x^2+y^2}$ 存在，则 $\lim\limits_{\substack{x\to 0\\ y\to 0}}f(x,y)=f(0,0)=0$，从而

$$\begin{aligned}&\lim_{\substack{\Delta x\to 0\\ \Delta y\to 0}}\frac{f(\Delta x,\Delta y)-f(0,0)-0\cdot\Delta x-0\cdot\Delta y}{\sqrt{(\Delta x)^2+(\Delta y)^2}}\\\xlongequal{\text{令}x=\Delta x,y=\Delta y}&\lim_{\substack{x\to 0\\ x\to 0}}\frac{f(x,y)}{\sqrt{x^2+y^2}}\\=&\lim_{\substack{x\to 0\\ x\to 0}}\frac{f(x,y)}{x^2+y^2}\sqrt{x^2+y^2}=0,\end{aligned}$$

即 $f(x,y)$ 在点 $(0,0)$ 处可微.

法二（反面做）：取 $f(x,y)=|x|+|y|$，则 $\lim\limits_{\substack{x\to 0\\ y\to 0}}\dfrac{f(x,y)}{|x|+|y|}$ 存在，但由 $\lim\limits_{\Delta x\to 0}\dfrac{f(\Delta x,0)-f(0,0)}{\Delta x}=\lim\limits_{\Delta x\to 0}\dfrac{|\Delta x|}{\Delta x}$ 不存在知 $f'_x(0,0)$ 不存在，从而 $f(x,y)$ 在点 $(0,0)$ 处不可微，排除(A).

取 $f(x,y)=x+y$，显然 $f(x,y)$ 在点 $(0,0)$ 处可微，但由 $\lim\limits_{\substack{x\to 0\\ y=x}}\dfrac{f(x,y)}{|x|+|y|}=\lim\limits_{\substack{x\to 0\\ y=x}}\dfrac{2x}{2|x|}$ 不存在知 $\lim\limits_{\substack{x\to 0\\ y\to 0}}\dfrac{f(x,y)}{|x|+|y|}$ 不存在，从而排除(C).

取 $f(x,y)=(x^2+y^2)^{\frac{2}{3}}$，则由 $\lim\limits_{\substack{\Delta x\to 0\\ \Delta y\to 0}}\dfrac{f(\Delta x,\Delta y)-f(0,0)-0\cdot\Delta x-0\cdot\Delta y}{\sqrt{(\Delta x)^2+(\Delta y)^2}}=\lim\limits_{\substack{\Delta x\to 0\\ \Delta y\to 0}}\dfrac{[(\Delta x)^2+(\Delta y)^2]^{\frac{2}{3}}}{\sqrt{(\Delta x)^2+(\Delta y)^2}}=0$ 知 $f(x,y)$ 在点 $(0,0)$ 处可微，但 $\lim\limits_{\substack{x\to 0\\ y\to 0}}\dfrac{f(x,y)}{x^2+y^2}=\lim\limits_{\substack{x\to 0\\ y\to 0}}\dfrac{(x^2+y^2)^{\frac{2}{3}}}{x^2+y^2}=\lim\limits_{\substack{x\to 0\\ y\to 0}}\dfrac{1}{(x^2+y^2)^{\frac{1}{3}}}$ 不存在，从而排除(D).

2.【答案】(D).

【解】由 $\dfrac{\partial f(x,y)}{\partial x}>0$ 知对于固定的 y，$f(x,y)$ 关于 x 单调递增；由 $\dfrac{\partial f(x,y)}{\partial y}<0$ 知对于固定的 x，$f(x,y)$ 关于 y 单调递减. 故当

$x_1<x_2,y_1>y_2$ 时，$f(x_1,y_1)<f(x_2,y_1)<f(x_2,y_2)$.

【注】2017年数学二又考查了极其类似的选择题.

3.【答案】(B).

【解】由于

$$\lim_{\Delta x\to 0^+}\frac{f(\Delta x,0)-f(0,0)}{\Delta x}=\lim_{\Delta x\to 0^+}\frac{e^{|\Delta x|}-1}{\Delta x}=\lim_{\Delta x\to 0^+}\frac{|\Delta x|}{\Delta x}=1,$$

而 $\lim\limits_{\Delta x\to 0^-}\dfrac{f(\Delta x,0)-f(0,0)}{\Delta x}=\lim\limits_{\Delta x\to 0^-}\dfrac{e^{|\Delta x|}-1}{\Delta x}=\lim\limits_{\Delta x\to 0^-}\dfrac{|\Delta x|}{\Delta x}=-1$，故 $f'_x(0,0)$ 不存在.

由于 $\lim\limits_{\Delta y\to 0}\dfrac{f(0,\Delta y)-f(0,0)}{\Delta y}=\lim\limits_{\Delta y\to 0}\dfrac{e^{(\Delta y)^2}-1}{\Delta y}=\lim\limits_{\Delta y\to 0}\dfrac{(\Delta y)^2}{\Delta y}=0$，故 $f'_y(0,0)$ 存在.

4.【答案】(C).

【解】由 $\lim\limits_{\substack{\Delta x\to 0\\ \Delta y\to 0}}\dfrac{f(\Delta x,\Delta y)-f(0,0)-0\cdot\Delta x-0\cdot\Delta y}{\sqrt{(\Delta x)^2+(\Delta y)^2}}\xlongequal{令x=\Delta x,y=\Delta y}$

$\lim\limits_{\substack{x\to 0\\ x\to 0}}\dfrac{f(x,y)-f(0,0)}{\sqrt{x^2+y^2}}=0$ 知 $f(x,y)$ 在 $(0,0)$ 处可微.

【注】(A)选项说明 $f(x,y)$ 在 $(0,0)$ 处连续；(B)选项说明 $f'_x(0,0)=f'_y(0,0)=0$；(D)选项说明 $f'_x(x,0)$ 和 $f'_y(0,y)$ 分别在 $x=0$ 和 $y=0$ 处连续，而 $\lim\limits_{\substack{x\to 0\\ y\to 0}}f'_x(x,y)=f'_x(0,0)$，$\lim\limits_{x\to 0}f'_y(x,y)=f'_y(0,0)$ 才说明 $f(x,y)$ 在 $(0,0)$ 处偏导数连续.

5.【答案】(C).

【解】对于 $\lim\limits_{\substack{x\to 0\\ y\to 0}}\dfrac{xy}{x^2+y^2}$，取 $y=kx$，则 $\lim\limits_{\substack{x\to 0\\ y=kx}}\dfrac{xy}{x^2+y^2}=\lim\limits_{\Delta x\to 0}\dfrac{kx^2}{x^2+k^2x^2}=\dfrac{k}{1+k^2}$，极限值随着 k 的变化而变化，故极限不存在，从而 $f(x,y)$ 在 $(0,0)$ 处不连续.

由 $\lim\limits_{\Delta x\to 0}\dfrac{f(\Delta x,0)-f(0,0)}{\Delta x}=\lim\limits_{\Delta x\to 0}\dfrac{0-0}{\Delta x}=0$，$\lim\limits_{\Delta y\to 0}\dfrac{f(0,\Delta y)-f(0,0)}{\Delta y}=\lim\limits_{\Delta y\to 0}\dfrac{0-0}{\Delta y}=0$ 知 $f'_x(0,0)=f'_y(0,0)=0$.

6.【答案】$2dx-dy$.

【解】由 $\lim\limits_{\substack{x\to 0\\ y\to 1}}\dfrac{f(x,y)-2x+y-2}{\sqrt{x^2+(y-1)^2}}$ 存在知 $\lim\limits_{\substack{x\to 0\\ y\to 1}}[f(x,y)-2x+y-2]=f(0,1)-1=0$，即 $f(0,1)=1$. 于是，

$$\lim_{\substack{x\to 0\\ y\to 1}}\frac{f(x,y)-2x+y-2}{\sqrt{x^2+(y-1)^2}}=\lim_{\substack{x\to 0\\ y\to 1}}\frac{f(x,y)-f(0,1)-2x+(y-1)}{\sqrt{x^2+(y-1)^2}}$$

$$\xlongequal{令x=\Delta x,y-1=\Delta y}\lim_{\substack{\Delta x\to 0\\ \Delta y\to 0}}\frac{f(0+\Delta x,1+\Delta y)-f(0,1)-2\Delta x+\Delta y}{\sqrt{(\Delta x)^2+(\Delta y)^2}},$$

故 $f'_x(0,1)=2$，$f'_y(0,1)=-1$，且 $dz\big|_{(0,1)}=2dx-dy$.

§5.2 偏导数与全微分的计算

十年真题

考点一 多元复合函数的偏导数与全微分的计算

1.【答案】(C)

【解】$F(x,y)=(x-y)\int_0^{x-y}f(t)dt-\int_0^{x-y}tf(t)dt$.

$$\frac{\partial F}{\partial x}=\int_0^{x-y}f(t)dt+(x-y)f(x-y)-(x-y)f(x-y)=\int_0^{x-y}f(t)dt.$$

$$\frac{\partial F}{\partial y}=-\int_0^{x-y}f(t)dt-(x-y)f(x-y)+(x-y)f(x-y)=-\int_0^{x-y}f(t)dt.$$

故 $\dfrac{\partial F}{\partial x}=-\dfrac{\partial F}{\partial y}$，$\dfrac{\partial^2 F}{\partial x^2}=\dfrac{\partial^2 F}{\partial y^2}=f(x-y)$.

2.【答案】(C).

【解】由 $f(x+1,e^x)=x(x+1)^2$ 知 $[f'_1(x+1,e^x)+e^xf'_2(x+1,e^x)]\big|_{x=0}=[(x+1)^2+2x(x+1)]\big|_{x=0}$，即 $f'_1(1,1)+f'_2(1,1)=1$.

又由 $f(x,x^2)=2x^2\ln x$ 知 $[f'_1(x,x^2)+2xf'_2(x,x^2)]\big|_{x=1}=(4x\ln x+2x)\big|_{x=1}$，即 $f'_1(1,1)+2f'_2(1,1)=2$.

解得 $f'_1(1,1)=0$，$f'_2(1,1)=1$，故 $df(1,1)=dy$.

3.【答案】(D).

【解】由 $f'_x=\dfrac{e^x(x-y-1)}{(x-y)^2}$，$f'_y=\dfrac{e^x}{(x-y)^2}$ 知 $f'_x+f'_y=f$.

4.【答案】(D).

【解】由 $\begin{cases}u=x+y=1,\\ v=\dfrac{y}{x}=1\end{cases}$ 得 $x=y=\dfrac{1}{2}$.

由于 $\begin{cases}\dfrac{\partial f}{\partial x}=\dfrac{\partial f}{\partial u}+\dfrac{\partial f}{\partial v}\cdot\left(-\dfrac{y}{x^2}\right)=2x,\\ \dfrac{\partial f}{\partial y}=\dfrac{\partial f}{\partial u}+\dfrac{\partial f}{\partial v}\cdot\dfrac{1}{x}=-2y,\end{cases}$ 故

$$\begin{cases}\dfrac{\partial f}{\partial x}\Big|_{\substack{x=\frac12\\ y=\frac12}}=\dfrac{\partial f}{\partial u}\Big|_{\substack{u=1\\ v=1}}-2\dfrac{\partial f}{\partial v}\Big|_{\substack{u=1\\ v=1}}=1,\\ \dfrac{\partial f}{\partial y}\Big|_{\substack{x=\frac12\\ y=\frac12}}=\dfrac{\partial f}{\partial u}\Big|_{\substack{u=1\\ v=1}}-2\dfrac{\partial f}{\partial v}\Big|_{\substack{u=1\\ v=1}}=-1,\end{cases}$$

解得 $\begin{cases}\dfrac{\partial f}{\partial u}\Big|_{\substack{u=1\\ v=1}}=0,\\ \dfrac{\partial f}{\partial v}\Big|_{\substack{u=1\\ v=1}}=-\dfrac{1}{2}.\end{cases}$

5.【答案】5.

【解】$\dfrac{dy}{dx}=-\sin x f'_1+2xf'_2$.

$$\frac{d^2y}{dx^2}=-\cos x f'_1-\sin x(-\sin x f''_{11}+2xf''_{12})+2f'_2+2x(-\sin x f''_{21}+2xf''_{22}).$$

由 $df(1,1)=3du+4dv$ 知 $f'_1(1,1)=3$，$f'_2(1,1)=4$，故

$$\frac{d^2y}{dx^2}\Big|_{x=0}=-f'_1(1,1)+2f'_2(1,1)=5.$$

6.【答案】4e.

【解】$\dfrac{\partial f}{\partial y}=xe^{x(xy)^2}=xe^{x^3y^2}$，$\dfrac{\partial^2 f}{\partial x\partial y}=e^{x^3y^2}+3x^3y^2e^{x^3y^2}$. 故 $\dfrac{\partial^2 f}{\partial x\partial y}\Big|_{(1,1)}=4e$.

7.【答案】$(\pi-1)dx-dy$.

【解】由

$$\frac{\partial z}{\partial x}\Big|_{(0,\pi)}=\frac{1}{1+[xy+\sin(x+y)]^2}[y+\cos(x+y)]\Big|_{(0,\pi)}=\pi-1,$$

$$\frac{\partial z}{\partial y}\Big|_{(0,\pi)}=\frac{1}{1+[xy+\sin(x+y)]^2}[x+\cos(x+y)]\Big|_{(0,\pi)}=-1$$

知 $dz\big|_{(0,\pi)}=(\pi-1)dx-dy$.

8.【答案】$\dfrac{y}{\cos x}+\dfrac{x}{\cos y}$.

【解】由 $\dfrac{\partial z}{\partial x}=-\cos x f'(\sin y-\sin x)+y$，$\dfrac{\partial z}{\partial y}=\cos y f'(\sin y-\sin x)+x$ 知

$$\frac{1}{\cos x}\cdot\frac{\partial z}{\partial x}+\frac{1}{\cos y}\cdot\frac{\partial z}{\partial y}=\frac{y}{\cos x}+\frac{x}{\cos y}.$$

9.【答案】$yf\left(\dfrac{y^2}{x}\right)$.

【解】由 $\dfrac{\partial z}{\partial x}=-\dfrac{y^3}{x^2}f'\left(\dfrac{y^2}{x}\right)$，$\dfrac{\partial z}{\partial y}=f\left(\dfrac{y^2}{x}\right)+\dfrac{2y^2}{x}f'\left(\dfrac{y^2}{x}\right)$ 知 $2x\dfrac{\partial z}{\partial x}+y\dfrac{\partial z}{\partial y}=yf\left(\dfrac{y^2}{x}\right)$.

10.【解】$\frac{\partial g}{\partial x}=y-f_1'-f_2',\frac{\partial g}{\partial y}=x-f_1'+f_2'.$

$$\frac{\partial^2 g}{\partial x^2}=-(f_{11}''+f_{12}'')-(f_{21}''+f_{22}'')=-f_{11}''-2f_{12}''-f_{22}''.$$

$$\frac{\partial^2 g}{\partial x\partial y}=1-(f_{11}''-f_{12}'')-(f_{21}''-f_{22}'')=1-f_{11}''+f_{22}''.$$

$$\frac{\partial^2 g}{\partial y^2}=-(f_{11}''-f_{12}'')+(f_{21}''-f_{22}'')=-f_{11}''+2f_{12}''-f_{22}''.$$

故$\frac{\partial^2 g}{\partial x^2}+\frac{\partial^2 g}{\partial x\partial y}+\frac{\partial^2 g}{\partial y^2}=1-3f_{11}''-f_{22}''.$

11.【解】$\frac{dy}{dx}=e^x f_1'-\sin x f_2',\frac{d^2y}{dx^2}=e^x f_1'+e^x(e^x f_{11}''-\sin x f_{12}'')-\cos x f_2'-\sin x(e^x f_{21}''-\sin x f_{22}'').$

故$\left.\frac{dy}{dx}\right|_{x=0}=f_1'(1,1),\left.\frac{d^2y}{dx^2}\right|_{x=0}=f_1'(1,1)+f_{11}''(1,1)-f_2'(1,1).$

考点二　多元隐函数的偏导数与全微分的计算

1.【答案】$-\frac{3}{2}$.

【解】在$e^z+xz=2x-y$两边对x求导，

$$e^z\frac{\partial z}{\partial x}+z+x\frac{\partial z}{\partial x}=2,$$

故$\frac{\partial z}{\partial x}=\frac{2-z}{e^z+x}$. 两边再对$x$求导，

$$\frac{\partial^2 z}{\partial x^2}=\frac{-\frac{\partial z}{\partial x}(e^z+x)-(2-z)\left(e^z\frac{\partial z}{\partial x}+1\right)}{(e^z+x)^2}.$$

由于$z(1,1)=0,\left.\frac{\partial z}{\partial x}\right|_{(1,1)}=1$,故$\left.\frac{\partial^2 z}{\partial x^2}\right|_{(1,1)}=-\frac{3}{2}$.

2.【答案】1.

【解】记$F(x,y,z)=(x+1)z+y\ln z-\arctan(2xy)-1$,则$F_x'=z-\frac{2y}{1+(2xy)^2},F_z'=x+1+\frac{y}{z}$,故$\frac{\partial z}{\partial x}=-\frac{F_x'}{F_z'}=\frac{\frac{2y}{1+(2xy)^2}-z}{x+1+\frac{y}{z}}$,

从而$\left.\frac{\partial z}{\partial x}\right|_{(0,2)}=1$.

3.【答案】$\frac{1}{4}$.

【解】记$F(x,y,z)=\ln z+e^{z-1}-xy$,则$F_x'=-y,F_z'=\frac{1}{z}+e^{z-1}$,故$\frac{\partial z}{\partial x}=-\frac{F_x'}{F_z'}=\frac{y}{\frac{1}{z}+e^{z-1}}$,从而$\left.\frac{\partial z}{\partial x}\right|_{(2,\frac{1}{2})}=\frac{1}{4}$.

4.【答案】$-dx+2dy$.

【解】记$F(x,y,z)=(x+1)z-y^2-x^2f(x-z,y)$,则

$F_x'(0,1,1)=[z-2xf(x-z,y)-x^2f_1'(x-z,y)]|_{(0,1,1)}=1,$

$F_y'(0,1,1)=[-2y-x^2f_2'(x-z,y)]|_{(0,1,1)}=-2,$

$F_z'(0,1,1)=[x+1+x^2f_1'(x-z,y)]|_{(0,1,1)}=1,$

故$\left.\frac{\partial z}{\partial x}\right|_{(0,1)}=-\frac{F_x'(0,1,1)}{F_z'(0,1,1)}=-1,\left.\frac{\partial z}{\partial y}\right|_{(0,1)}=-\frac{F_y'(0,1,1)}{F_z'(0,1,1)}=2,$

从而$dz|_{(0,1)}=-dx+2dy$.

5.【答案】$-dx$.

【解】记$F(x,y,z)=e^z+xyz+x+\cos x-2$,则

$F_x'(0,1,0)=(yz+1-\sin x)|_{(0,1,0)}=1,F_y'(0,1,0)=xz|_{(0,1,0)}=0,$

$$F_z'(0,1,0)=(e^z+xy)|_{(0,1,0)}=1,$$

故$\left.\frac{\partial z}{\partial x}\right|_{(0,1)}=-\frac{F_x'(0,1,0)}{F_z'(0,1,0)}=-1,\left.\frac{\partial z}{\partial y}\right|_{(0,1)}=-\frac{F_y'(0,1,0)}{F_z'(0,1,0)}=0,$

从而$dz|_{(0,1)}=-dx$.

6.【答案】$-\frac{1}{3}dx-\frac{2}{3}dy$.

【解】记$F(x,y,z)=e^{x+2y+3z}+xyz-1$,则

$$F_x'(0,0,0)=(e^{x+2y+3z}+yz)|_{(0,0,0)}=1,$$

$$F_y'(0,0,0)=(2e^{x+2y+3z}+xz)|_{(0,0,0)}=2,$$

$$F_z'(0,0,0)=(3e^{x+2y+3z}+xy)|_{(0,0,0)}=3,$$

故$\left.\frac{\partial z}{\partial x}\right|_{(0,0)}=-\frac{F_x'(0,0,0)}{F_z'(0,0,0)}=-\frac{1}{3},\left.\frac{\partial z}{\partial y}\right|_{(0,0)}=-\frac{F_y'(0,0,0)}{F_z'(0,0,0)}=-\frac{2}{3}$,从而$dz|_{(0,0)}=-\frac{1}{3}dx-\frac{2}{3}dy$.

7.【解】两边分别对x和y求偏导数，得

$$\begin{cases}\frac{\partial z}{\partial x}+e^x-\frac{2yz}{1+z^2}\frac{\partial z}{\partial x}=0,\\ \frac{\partial z}{\partial y}-\ln(1+z^2)-\frac{2yz}{1+z^2}\frac{\partial z}{\partial y}=0,\end{cases}$$

即
$$\begin{cases}(1+z^2)\frac{\partial z}{\partial x}+e^x(1+z^2)-2yz\frac{\partial z}{\partial x}=0,\\ (1+z^2)\frac{\partial z}{\partial y}-(1+z^2)\ln(1+z^2)-2yz\frac{\partial z}{\partial y}=0.\end{cases}\quad ①$$

把$x=0,y=0,z=-1$代入①中两式，得$\left.\frac{\partial z}{\partial x}\right|_{(0,0)}=-1,\left.\frac{\partial z}{\partial y}\right|_{(0,0)}=\ln 2$.

对①中两式两边分别再对x和y求偏导数，得

$$\begin{cases}2z\left(\frac{\partial z}{\partial x}\right)^2+(1+z^2)\frac{\partial^2 z}{\partial x^2}+e^x(1+z^2)+2ze^x\frac{\partial z}{\partial x}-2y\left(\frac{\partial z}{\partial x}\right)^2-2yz\frac{\partial^2 z}{\partial x^2}=0,\\ 2z\left(\frac{\partial z}{\partial y}\right)^2+(1+z^2)\frac{\partial^2 z}{\partial y^2}-2z[1+\ln(1+z^2)]\frac{\partial z}{\partial y}-2z\frac{\partial z}{\partial y}-2y\left(\frac{\partial z}{\partial y}\right)^2-2yz\frac{\partial^2 z}{\partial y^2}=0.\end{cases}\quad ②$$

把$x=0,y=0,z=-1$代入②中两式，得$\left.\frac{\partial^2 z}{\partial x^2}\right|_{(0,0)}=-1,\left.\frac{\partial^2 z}{\partial y^2}\right|_{(0,0)}=-2\ln 2$.

故$\left.\left(\frac{\partial^2 z}{\partial x^2}+\frac{\partial^2 z}{\partial y^2}\right)\right|_{(0,0)}=-2\ln 2-1$.

方法探究

考点一　多元复合函数的偏导数与全微分的计算

变式【解】$\frac{\partial z}{\partial x}=yf_1'+yg'(x)f_2',\frac{\partial^2 z}{\partial x\partial y}=f_1'+y[xf_{11}''+g(x)f_{12}'']+g'(x)f_2'+yg'(x)[xf_{21}''+g(x)f_{22}'']$.

由题意，$g(1)=1,g'(1)=0$,故$\left.\frac{\partial^2 z}{\partial x\partial y}\right|_{\substack{x=1\\y=1}}=f_1'(1,1)+f_{11}''(1,1)+f_{12}''(1,1)$.

考点二　多元隐函数的偏导数与全微分的计算

变式1【答案】$\frac{1}{1+e^u}-\frac{xye^u}{(1+e^u)^3}$.

【解】令$F(x,y,u)=u+e^u-xy$,则$F_x'=-y,F_y'=-x,F_u'=1+e^u$,于是

$$\frac{\partial u}{\partial x}=-\frac{F_x'}{F_u'}=\frac{y}{1+e^u},\quad \frac{\partial u}{\partial y}=-\frac{F_y'}{F_u'}=\frac{x}{1+e^u},$$

故$\frac{\partial^2 u}{\partial x\partial y}=\frac{1+e^u-ye^u\frac{\partial u}{\partial y}}{(1+e^u)^2}=\frac{1+e^u-ye^u\cdot\frac{x}{1+e^u}}{(1+e^u)^2}=\frac{1}{1+e^u}-\frac{xye^u}{(1+e^u)^3}$.

变式 2【解】对于 $\begin{cases}z=xf(x+y),\\F(x,y,z)=0,\end{cases}$ 每个方程两边对 x 求导，得

$$\begin{cases}\dfrac{dz}{dx}=f+x\left(1+\dfrac{dy}{dx}\right)f',\\F'_x+F'_y\dfrac{dy}{dx}+F'_z\dfrac{dz}{dx}=0,\end{cases}\text{移项得}\begin{cases}-xf'\dfrac{dy}{dx}+\dfrac{dz}{dx}=f+xf',\\F'_y\dfrac{dy}{dx}+F'_z\dfrac{dz}{dx}=-F'_x.\end{cases}$$

根据克拉默法则，当 $\begin{vmatrix}-xf' & 1\\F'_y & F'_z\end{vmatrix}=-xf'F'_z-F'_y\neq0$ 时，

$$\frac{dz}{dx}=\frac{\begin{vmatrix}-xf' & f+xf'\\F'_y & -F'_x\end{vmatrix}}{\begin{vmatrix}-xf' & 1\\F'_y & F'_z\end{vmatrix}}=\frac{F'_y(f+xf')-xf'F'_x}{xf'F'_z+F'_y}.$$

真题精选

考点一　多元复合函数的偏导数与全微分的计算

1.【答案】(B).

【解】$\dfrac{\partial u}{\partial x}=\varphi'(x+y)+\varphi'(x-y)+\varphi(x+y)-\varphi(x-y)$.

$\dfrac{\partial u}{\partial y}=\varphi'(x+y)-\varphi'(x-y)+\varphi(x+y)+\varphi(x-y)$.

$\dfrac{\partial^2 u}{\partial x^2}=\varphi''(x+y)+\varphi''(x-y)+\varphi'(x+y)-\varphi'(x-y)$.

$\dfrac{\partial^2 u}{\partial x\partial y}=\varphi''(x+y)-\varphi''(x-y)+\varphi'(x+y)+\varphi'(x-y)$.

$\dfrac{\partial^2 u}{\partial y^2}=\varphi''(x+y)+\varphi''(x-y)+\varphi'(x+y)-\varphi'(x-y)$.

故 $\dfrac{\partial^2 u}{\partial x^2}=\dfrac{\partial^2 u}{\partial y^2}$.

2.【答案】$(2\ln2+1)(dx-dy)$.

【解】由 $z=\left(1+\dfrac{x}{y}\right)^{\frac{x}{y}}=e^{\frac{x}{y}\ln\left(1+\frac{x}{y}\right)}$ 知

$$\frac{\partial z}{\partial x}=e^{\frac{x}{y}\ln\left(1+\frac{x}{y}\right)}\left[\frac{1}{y}\ln\left(1+\frac{x}{y}\right)+\frac{x}{y}\cdot\frac{\frac{1}{y}}{1+\frac{x}{y}}\right],$$

$$\frac{\partial z}{\partial y}=e^{\frac{x}{y}\ln\left(1+\frac{x}{y}\right)}\left[-\frac{x}{y^2}\ln\left(1+\frac{x}{y}\right)+\frac{x}{y}\cdot\frac{-\frac{x}{y^2}}{1+\frac{x}{y}}\right],$$

故 $dz\big|_{(1,1)}=(2\ln2+1)(dx-dy)$.

3.【答案】$-\dfrac{g'(v)}{[g(v)]^2}$.

【解】令 $u=xg(y)$，$v=y$，则 $f(u,v)=\dfrac{u}{g(v)}+g(v)$，故 $\dfrac{\partial f}{\partial u}=\dfrac{1}{g(v)}$，$\dfrac{\partial^2 f}{\partial u\partial v}=-\dfrac{g'(v)}{[g(v)]^2}$.

4.【答案】51.

【解】$\dfrac{d}{dx}\varphi^3(x)=3\varphi^2(x)\{f'_1(x,f(x,x))+f'_2(x,f(x,x))[f'_1(x,x)+f'_2(x,x)]\}$.

故 $\dfrac{d}{dx}\varphi^3(x)\Big|_{x=1}=3[f(1,f(1,1))]^2\{f'_1(1,f(1,1))+f'_2(1,f(1,1))[f'_1(1,1)+f'_2(1,1)]\}=3[f(1,1)]^2\{f'_1(1,1)+f'_2(1,1)[f'_1(1,1)+f'_2(1,1)]\}=3\times1\times[2+3\times(2+3)]=51$.

5.【解】$\dfrac{\partial z}{\partial x}=f'_1[x+y,f(x,y)]+f'_2[x+y,f(x,y)]\cdot f'_1(x,y)$.

$$\begin{aligned}\frac{\partial^2 z}{\partial x\partial y}=&\{f''_{11}[x+y,f(x,y)]+f''_{12}[x+y,f(x,y)]\cdot\\&f'_2(x,y)\}+f'_2[x+y,f(x,y)]f''_{12}(x,y)+\\&f'_1(x,y)\{f''_{21}[x+y,f(x,y)]+\\&f''_{22}[x+y,f(x,y)]\cdot f'_2(x,y)\}.\end{aligned}$$

由于 $f(1,1)=2$ 是 $f(u,v)$ 的极值，故 $f'_1(1,1)=f'_2(1,1)=0$.

所以，$\dfrac{\partial^2 z}{\partial x\partial y}\Big|_{(1,1)}=f''_{11}(2,2)+f'_2(2,2)f''_{12}(1,1)$.

6.【解】$\dfrac{\partial z}{\partial x}=f'_1+f'_2+yf'_3$，$\dfrac{\partial z}{\partial y}=f'_1-f'_2+xf'_3$.

故 $dz=(f'_1+f'_2+yf'_3)dx+(f'_1-f'_2+xf'_3)dy$，

$$\begin{aligned}\frac{\partial^2 z}{\partial x\partial y}&=(f''_{11}-f''_{12}+xf''_{13})+(f''_{21}-f''_{22}+xf''_{23})+\\&\quad f'_3+y(f''_{31}-f''_{32}+xf''_{33})\\&=f'_3+f''_{11}+(x+y)f''_{13}-f''_{22}+(x-y)f''_{23}+xyf''_{33}.\end{aligned}$$

7.【解】$\dfrac{\partial g}{\partial x}=yf'_1+xf'_2$，$\dfrac{\partial g}{\partial y}=xf'_1-yf'_2$.

$$\begin{aligned}\frac{\partial^2 g}{\partial x^2}&=y(yf''_{11}+xf''_{12})+f'_2+x(yf''_{21}+xf''_{22})\\&=y^2f''_{11}+2xyf''_{21}+x^2f''_{22}+f'_2.\end{aligned}$$

$$\begin{aligned}\frac{\partial^2 g}{\partial y^2}&=x(xf''_{11}-yf''_{12})-f'_2-y(xf''_{21}-yf''_{22})\\&=x^2f''_{11}-2xyf''_{21}+y^2f''_{22}-f'_2.\end{aligned}$$

由 $f''_{11}+f''_{22}=1$ 知 $\dfrac{\partial^2 g}{\partial x^2}+\dfrac{\partial^2 g}{\partial y^2}=x^2+y^2$.

8.【解】在 $e^{xy}-xy=2$ 两边对 x 求导，得 $e^{xy}\left(y+x\dfrac{dy}{dx}\right)-\left(y+x\dfrac{dy}{dx}\right)=0$，从而 $\dfrac{dy}{dx}=-\dfrac{y}{x}$.

在 $e^x=\displaystyle\int_0^{x-z}\frac{\sin t}{t}dt$ 两边对 x 求导，得 $e^x=\dfrac{\sin(x-z)}{x-z}\left(1-\dfrac{dz}{dx}\right)$，从而 $\dfrac{dz}{dx}=1-\dfrac{(x-z)e^x}{\sin(x-z)}$. 故 $\dfrac{du}{dx}=f'_1-\dfrac{y}{x}f'_2+\left[1-\dfrac{(x-z)e^x}{\sin(x-z)}\right]f'_3$.

9.【解】$\dfrac{\partial z}{\partial x}=yf'_1+\dfrac{1}{y}f'_2-\dfrac{y}{x^2}g'$.

$$\begin{aligned}\frac{\partial^2 z}{\partial x\partial y}&=f'_1+y\left(xf''_{11}-\frac{x}{y^2}f''_{12}\right)-\frac{1}{y^2}f'_2+\frac{1}{y}\left(xf''_{21}-\frac{x}{y^2}f''_{22}\right)\\&\quad-\frac{1}{x^2}g'-\frac{y}{x^3}g''\\&=f'_1+xyf''_{11}-\frac{1}{y^2}f'_2-\frac{x}{y^3}f''_{22}-\frac{1}{x^2}g'-\frac{y}{x^3}g''.\end{aligned}$$

10.【解】在 $\varphi(x^2,e^{\sin x},z)=0$ 两边对 x 求导，得 $2x\varphi'_1+e^{\sin x}\cos x\cdot\varphi'_2+\dfrac{dz}{dx}\varphi'_3=0$，从而 $\dfrac{dz}{dx}=\dfrac{-2x\varphi'_1-e^{\sin x}\cos x\cdot\varphi'_2}{\varphi'_3}$.

故 $\dfrac{du}{dx}=f'_1+\cos xf'_2-\dfrac{2x\varphi'_1+e^{\sin x}\cos x\cdot\varphi'_2}{\varphi'_3}f'_3$.

考点二　多元隐函数的偏导数与全微分的计算

1.【答案】(B)

【解】由于 $F'_x=-\dfrac{y}{x^2}F'_1-\dfrac{z}{x^2}F'_2$，$F'_y=\dfrac{1}{x}F'_1$，$F'_z=\dfrac{1}{x}F'_2$，故 $\dfrac{\partial z}{\partial x}=-\dfrac{F'_x}{F'_z}=\dfrac{\frac{y}{x}F'_1+\frac{z}{x}F'_2}{F'_2}$，$\dfrac{\partial z}{\partial y}=-\dfrac{F'_y}{F'_z}=-\dfrac{F'_1}{F'_2}$，从而 $\dfrac{\partial z}{\partial x}+\dfrac{\partial z}{\partial y}=z$.

2.【答案】(D).

【解】记 $F(x,y,z)=xy-z\ln y+e^{xz}-1$，则

$$F'_x(0,1,1)=(y+ze^{xz})\big|_{(0,1,1)}=2\neq0,$$

$$F'_y(0,1,1)=\left(x-\frac{z}{y}\right)\Big|_{(0,1,1)}=-1\neq0,$$

$$F'_z(0,1,1)=(-\ln y+xe^{xz})\big|_{(0,1,1)}=0,$$

故选(D).

3.【解】(1) 记 $F(x,y,z)=x^2+y^2-z-\varphi(x+y+z)$，则 $F'_x=2x-\varphi'$，$F'_y=2y-\varphi'$，$F'_z=-1-\varphi'$，故 $\dfrac{\partial z}{\partial x}=-\dfrac{F'_x}{F'_z}=\dfrac{2x-\varphi'}{1+\varphi'}$，$\dfrac{\partial z}{\partial y}=$

$-\dfrac{F'_y}{F'_z}=\dfrac{2y-\varphi'}{1+\varphi'}$，从而 $dz=\dfrac{1}{1+\varphi'}[(2x-\varphi')dx+(2y-\varphi')dy]$.

(2) 由 $u(x,y)=\dfrac{2}{1+\varphi'}$ 知 $\dfrac{\partial u}{\partial x}=-\dfrac{2\varphi''}{(1+\varphi')^2}\left(1+\dfrac{\partial z}{\partial x}\right)=-\dfrac{2(2x+1)\varphi''}{(1+\varphi')^3}$.

4.【解】记 $F(x,y,u)=u-\varphi(u)-\int_y^x P(t)dt$，则 $F'_x=-P(x)$，$F'_y=P(y)$，$F'_u=1-\varphi'(u)$，故 $\dfrac{\partial u}{\partial x}=-\dfrac{F'_x}{F'_u}=\dfrac{P(x)}{1-\varphi'(u)}$，$\dfrac{\partial u}{\partial y}=-\dfrac{F'_y}{F'_u}=-\dfrac{P(y)}{1-\varphi'(u)}$，从而 $\dfrac{\partial z}{\partial x}=f'(u)\dfrac{P(x)}{1-\varphi'(u)}$，$\dfrac{\partial z}{\partial y}=-f'(u)\dfrac{P(y)}{1-\varphi'(u)}$.

故 $P(y)\dfrac{\partial z}{\partial x}+P(x)\dfrac{\partial z}{\partial y}=0$.

§5.3 已知偏导数问题

十年真题

考点 已知偏导数问题

1.【答案】(B).

【解】由 $\dfrac{\partial z}{\partial x}=yf\left(\dfrac{y}{x}\right)-\dfrac{y^2}{x}f'\left(\dfrac{y}{x}\right)$，$\dfrac{\partial z}{\partial y}=xf\left(\dfrac{y}{x}\right)+yf'\left(\dfrac{y}{x}\right)$ 知 $x\dfrac{\partial z}{\partial x}+y\dfrac{\partial z}{\partial y}=2xyf\left(\dfrac{y}{x}\right)$，故 $2xyf\left(\dfrac{y}{x}\right)=y^2(\ln y-\ln x)$，即 $f\left(\dfrac{y}{x}\right)=\dfrac{y}{2x}\ln\dfrac{y}{x}$.

令 $\dfrac{y}{x}=u$，则 $f(u)=\dfrac{1}{2}u\ln u$，$f'(u)=\dfrac{1}{2}(\ln u+1)$，从而 $f(1)=0$，$f'(1)=\dfrac{1}{2}$.

2.【答案】$\dfrac{\pi}{3}$.

【解】由 $df(x,y)=\dfrac{x\,dy-y\,dx}{x^2+y^2}$ 知

$$\frac{\partial f}{\partial x}=-\frac{y}{x^2+y^2}, \quad ①$$

$$\frac{\partial f}{\partial y}=\frac{x}{x^2+y^2}, \quad ②$$

等式①、②两边分别对 x、y 积分得

$$f(x,y)=-y\int\frac{dx}{x^2+y^2}=-\frac{1}{y}\int\frac{dx}{1+\left(\frac{x}{y}\right)^2}=-\arctan\frac{x}{y}+\varphi(y),$$

$$f(x,y)=x\int\frac{dy}{x^2+y^2}=\frac{1}{x}\int\frac{dy}{1+\left(\frac{y}{x}\right)^2}=\arctan\frac{y}{x}+\psi(x)=\frac{\pi}{2}-\arctan\frac{x}{y}+\psi(x),$$

比较两式得 $f(x,y)=-\arctan\dfrac{x}{y}+C$.

由 $f(1,1)=\dfrac{\pi}{4}$ 得 $C=\dfrac{\pi}{2}$，故 $f(x,y)=\dfrac{\pi}{2}-\arctan\dfrac{x}{y}(x,y>0)$，从而 $f(\sqrt{3},3)=\dfrac{\pi}{3}$.

3.【答案】xye^y.

【解】由 $df(x,y)=ye^ydx+x(1+y)e^ydy$ 知

$$\frac{\partial f}{\partial x}=ye^y, \quad ①$$

$$\frac{\partial f}{\partial y}=x(1+y)e^y, \quad ②$$

等式①、②两边分别对 x、y 积分得

$$f(x,y)=xye^y+\varphi(y),$$

$$f(x,y)=x\int(1+y)e^ydy=xye^y+\psi(x),$$

比较两式得 $f(x,y)=xye^y+C$，

由 $f(0,0)=0$ 得 $C=0$，故 $f(x,y)=xye^y$.

4.【解】(1) $\dfrac{\partial g}{\partial x}=2f'_1+3f'_2$，$\dfrac{\partial g}{\partial y}=f'_1-f'_2$.

$$\frac{\partial^2 g}{\partial x^2}=2(2f''_{11}+3f''_{12})+3(2f''_{21}+3f''_{22})=4f''_{11}+12f''_{12}+9f''_{22}.$$

$$\frac{\partial^2 g}{\partial x\partial y}=2(f''_{11}-f''_{12})+3(f''_{21}-f''_{22})=2f''_{11}+f''_{12}-3f''_{22}.$$

$$\frac{\partial^2 g}{\partial y^2}=(f''_{11}-f''_{12})-(f''_{21}-f''_{22})=f''_{11}-2f''_{12}+f''_{22}.$$

由 $\dfrac{\partial^2 g}{\partial x^2}+\dfrac{\partial^2 g}{\partial x\partial y}-6\dfrac{\partial^2 g}{\partial y^2}=25f''_{12}=1$ 知 $\dfrac{\partial^2 f}{\partial u\partial v}=f''_{12}=\dfrac{1}{25}$.

(2) 在 $\dfrac{\partial^2 f}{\partial u\partial v}=\dfrac{1}{25}$ 两端对 v 积分，得 $\dfrac{\partial f}{\partial u}=\dfrac{1}{25}v+C_1(u)$.

由 $\dfrac{\partial f(u,0)}{\partial u}=ue^{-u}$ 知 $C_1(u)=ue^{-u}$，故 $\dfrac{\partial f}{\partial u}=\dfrac{1}{25}v+ue^{-u}$.

两端再对 u 积分，得

$$f(u,v)=\frac{1}{25}uv+\int ue^{-u}du=\frac{1}{25}uv-ue^{-u}+\int e^{-u}du=\frac{1}{25}uv-(u+1)e^{-u}+C_2(v).$$

由 $f(0,v)=\dfrac{1}{50}v^2-1$ 知 $C_2(v)=\dfrac{1}{50}v^2$，故 $f(u,v)=\dfrac{1}{25}uv-(u+1)e^{-u}+\dfrac{1}{50}v^2$.

5.【解】$\dfrac{\partial u}{\partial x}=\dfrac{\partial v}{\partial x}e^{ax+by}+ae^{ax+by}v$，$\dfrac{\partial u}{\partial y}=\dfrac{\partial v}{\partial y}e^{ax+by}+be^{ax+by}v$.

$$\frac{\partial^2 u}{\partial x^2}=\frac{\partial^2 v}{\partial x^2}e^{ax+by}+2ae^{ax+by}\frac{\partial v}{\partial x}+a^2e^{ax+by}v,$$

$$\frac{\partial^2 u}{\partial y^2}=\frac{\partial^2 v}{\partial y^2}e^{ax+by}+2be^{ax+by}\frac{\partial v}{\partial y}+b^2e^{ax+by}v.$$

代入 $2\dfrac{\partial^2 u}{\partial x^2}-2\dfrac{\partial^2 u}{\partial y^2}+3\dfrac{\partial u}{\partial x}+3\dfrac{\partial u}{\partial y}=0$，得

$$2\frac{\partial^2 v}{\partial x^2}-2\frac{\partial^2 v}{\partial y^2}+(3+4a)\frac{\partial v}{\partial x}+(3-4b)\frac{\partial v}{\partial y}+(2a^2-2b^2+3a+3b)v=0.$$

由 $3+4a=3-4b=0$ 得 $a=-\dfrac{3}{4}$，$b=\dfrac{3}{4}$. 此时，原等式化为 $\dfrac{\partial^2 v}{\partial x^2}-\dfrac{\partial^2 v}{\partial y^2}=0$.

真题精选

考点 已知偏导数问题

1.【解】$\dfrac{\partial z}{\partial x}=e^x\cos y f'(e^x\cos y)$，$\dfrac{\partial^2 z}{\partial x^2}=e^x\cos y[f'(e^x\cos y)+e^x\cos y f''(e^x\cos y)]$.

$\dfrac{\partial z}{\partial y}=-e^x\sin y f'(e^x\cos y)$，$\dfrac{\partial^2 z}{\partial y^2}=-e^x[\cos y f'(e^x\cos y)-e^x\sin^2 y f''(e^x\cos y)]$.

故 $\dfrac{\partial^2 z}{\partial x^2}+\dfrac{\partial^2 z}{\partial y^2}=(4z+e^x\cos y)e^{2x}$ 可化为 $f''(e^x\cos y)=4f(e^x\cos y)+e^x\cos y$，即 $f''(u)-4f(u)=u$.

记 $y=f(u)$，则 $y''-4y=u$.

由 $r^2-4=0$ 得 $r_1=2$，$r_2=-2$，故 $y''-4y=0$ 的通解为 $Y=$

$C_1e^{2u}+C_2e^{-2u}$.

设 $y''-4y=u$ 的一个特解为 $y^*=b_0+b_1u$，则 $y^{*\prime}=b_1, y^{*\prime\prime}=0$，代入得 $-4b_0-4b_1u=u$. 解方程组 $\begin{cases}-4b_1=1,\\-4b_0=0\end{cases}$ 得 $\begin{cases}b_0=0,\\b_1=-\dfrac{1}{4},\end{cases}$ 故 $y^*=-\dfrac{u}{4}$，从而 $y=f(u)=Y+y^*=C_1e^{2u}+C_2e^{-2u}-\dfrac{u}{4}$.

由 $f(0)=0, f'(0)=0$ 得 $C_1=\dfrac{1}{16}, C_2=-\dfrac{1}{16}$，故 $f(u)=\dfrac{1}{16}(e^{2u}-e^{-2u}-4u)$.

2.【解】由 $\dfrac{\partial f}{\partial y}=2(y+1)$ 知 $f(x,y)=\int 2(y+1)dy=(y+1)^2+\varphi(x)$. 又由 $f(y,y)=(y+1)^2-(2-y)\ln y$ 得 $\varphi(y)=-(2-y)\ln y$，故 $f(x,y)=(y+1)^2-(2-x)\ln x$，从而 $f(x,y)=0$ 的方程为 $(y+1)^2=(2-x)\ln x(1\leqslant x\leqslant 2)$.

于是所求体积为

$$\begin{aligned}\int_1^2\pi(2-x)\ln x\,dx&=-\frac{\pi}{2}\int_1^2\ln x\,d[(2-x)^2]\\&=-\frac{\pi}{2}[(2-x)^2\ln x]_1^2+\frac{\pi}{2}\int_1^2\frac{(2-x)^2}{x}dx\\&=\left(2\ln 2-\frac{5}{4}\right)\pi.\end{aligned}$$

3.【解】$\dfrac{\partial u}{\partial x}=\dfrac{\partial u}{\partial \zeta}+\dfrac{\partial u}{\partial \eta}, \dfrac{\partial^2 u}{\partial x^2}=\dfrac{\partial^2 u}{\partial \zeta^2}+2\dfrac{\partial^2 u}{\partial \zeta\partial \eta}+\dfrac{\partial^2 u}{\partial \eta^2}$,

$\dfrac{\partial^2 u}{\partial x\partial y}=a\dfrac{\partial^2 u}{\partial \zeta^2}+(a+b)\dfrac{\partial^2 u}{\partial \zeta\partial \eta}+b\dfrac{\partial^2 u}{\partial \eta^2}$.

$\dfrac{\partial u}{\partial y}=a\dfrac{\partial u}{\partial \zeta}+b\dfrac{\partial u}{\partial \eta}, \dfrac{\partial^2 u}{\partial y^2}=a^2\dfrac{\partial^2 u}{\partial \zeta^2}+2ab\dfrac{\partial^2 u}{\partial \zeta\partial \eta}+b^2\dfrac{\partial^2 u}{\partial \eta^2}$.

代入 $4\dfrac{\partial^2 u}{\partial x^2}+12\dfrac{\partial^2 u}{\partial x\partial y}+5\dfrac{\partial^2 u}{\partial y^2}=0$，得

$$(5a^2+12a+4)\frac{\partial^2 u}{\partial \zeta^2}+[10ab+12(a+b)+8]\frac{\partial^2 u}{\partial \zeta\partial \eta}+(5b^2+12b+4)\frac{\partial^2 u}{\partial \eta^2}=0.$$

由 $\begin{cases}5a^2+12a+4=0,\\5b^2+12b+4=0,\\10ab+12(a+b)+8\neq 0\end{cases}$ 得 $\begin{cases}a=-2,\\b=-\dfrac{2}{5}\end{cases}$ 或 $\begin{cases}a=-\dfrac{2}{5},\\b=-2.\end{cases}$

§5.4 多元函数的极值与最值

十年真题

考点一 多元函数的无条件极值

1.【答案】(D).

【解】由 $\begin{cases}\dfrac{\partial z}{\partial x}=3y-2xy-y^2=0,\\\dfrac{\partial z}{\partial y}=3x-2xy-x^2=0\end{cases}$ 得驻点(0,0),(0,3),(3,0),(1,1).

$$A=\frac{\partial^2 z}{\partial x^2}=-2y,\quad B=\frac{\partial^2 z}{\partial x\partial y}=3-2x-2y,\quad C=\frac{\partial^2 z}{\partial y^2}=-2x.$$

由于在点(0,0),(0,3),(3,0)处都有 $AC-B^2=-9<0$，故这些点都不是极值点；又由于在点(1,1)处，$AC-B^2=3>0$，故点(1,1)是极值点.

2.【答案】(1,1).

【解】由 $\begin{cases}\dfrac{\partial f}{\partial x}=6x^2-18x+12=0,\\\dfrac{\partial f}{\partial y}=-24y^3+24=0\end{cases}$ 得驻点(1,1),(2,1).

$$A=\frac{\partial^2 f}{\partial x^2}=12x-18, B=\frac{\partial^2 f}{\partial x\partial y}=0, C=\frac{\partial^2 f}{\partial y^2}=-72y^2.$$

在点(1,1)处，由于 $AC-B^2=432>0$，故点(1,1)是 $f(x,y)$ 的极值点.

在点(2,1)处，由于 $AC-B^2=-432<0$，故点(2,1)不是 $f(x,y)$ 的极值点.

3.【解】由 $\begin{cases}\dfrac{\partial f}{\partial x}=x(5x^3-2y-3xy)=0,\\\dfrac{\partial f}{\partial y}=2y-x^2-x^3=0\end{cases}$ 得驻点(0,0),(1,1),$\left(\dfrac{2}{3},\dfrac{10}{27}\right)$.

$$A=\frac{\partial^2 f}{\partial x^2}=2(10x^3-y-3xy),$$

$$B=\frac{\partial^2 f}{\partial x\partial y}=-2x-3x^2,$$

$$C=\frac{\partial^2 f}{\partial y^2}=2.$$

在点(1,1)处，由于 $AC-B^2=-1<0$，故点(1,1)不是 $f(x,y)$ 的极值点.

在点 $\left(\dfrac{2}{3},\dfrac{10}{27}\right)$ 处，由于 $AC-B^2=\dfrac{8}{27}>0, A=\dfrac{100}{27}>0$，故点 $\left(\dfrac{2}{3},\dfrac{10}{27}\right)$ 是 $f(x,y)$ 的极小值点，极小值为 $f\left(\dfrac{2}{3},\dfrac{10}{27}\right)=-\dfrac{4}{729}$.

在点(0,0)处，$AC-B^2=0$ 且 $f(0,0)=0$. 在点(0,0)附近，当 $y>x^2$ 时，$f(x,y)>0$；当 $x^3<y<x^2$ 时，$f(x,y)<0$. 故根据二元函数极值的定义，点(0,0)不是 $f(x,y)$ 的极值点.

4.【解】由 $\begin{cases}\dfrac{\partial f}{\partial x}=e^{\cos y}+x=0,\\\dfrac{\partial f}{\partial y}=-xe^{\cos y}\sin y=0\end{cases}$ 得驻点 $(-e^{(-1)^k},k\pi)(k\in\mathbf{Z})$.

$$A=\frac{\partial^2 f}{\partial x^2}=1,$$

$$B=\frac{\partial^2 f}{\partial x\partial y}=-e^{\cos y}\sin y,$$

$$C=\frac{\partial^2 f}{\partial y^2}=xe^{\cos y}(\sin^2 y-\cos y).$$

当 k 为奇数时，在点 $(-e^{-1},k\pi)$ 处，由于 $AC-B^2=-e^{-2}<0$，故点 $(-e^{-1},k\pi)$ 不是 $f(x,y)$ 的极值点.

当 k 为偶数时，在点 $(-e,k\pi)$ 处，由于 $AC-B^2=e^2>0, A=1>0$，故点 $(-e,k\pi)$ 是 $f(x,y)$ 的极小值点，极小值为 $f(-e,k\pi)=-\dfrac{e^2}{2}$.

5.【解】(1) 记 $u=x, v=y-x$，则 $\dfrac{\partial g(x,y)}{\partial x}=\dfrac{\partial f(u,v)}{\partial u}-\dfrac{\partial f(u,v)}{\partial v}=2(u-v)e^{-(u+v)}=2(2x-y)e^{-y}$.

(2) 在 $\dfrac{\partial g(x,y)}{\partial x}=2(2x-y)e^{-y}$ 两端对 x 积分，得 $g(x,y)=2e^{-y}(x^2-xy)+C(y)$，从而

$$f(u,v)=g(u,u+v)=-2uve^{-(u+v)}+C(u+v).$$

由 $f(u,0)=u^2e^{-u}$ 知 $C(u)=u^2e^{-u}$，故 $C(u+v)=(u+v)^2e^{-(u+v)}$，从而

$$f(u,v)=-2uve^{-(u+v)}+(u+v)^2e^{-(u+v)}=(u^2+v^2)e^{-(u+v)}.$$

由 $\begin{cases}\dfrac{\partial f}{\partial u}=(2u-u^2-v^2)e^{-(u+v)}=0,\\\dfrac{\partial f}{\partial v}=(2v-u^2-v^2)e^{-(u+v)}=0\end{cases}$ 得驻点(0,0),(1,1).

$$A=\frac{\partial^2 f}{\partial u^2}=(2-4u+u^2+v^2)e^{-(u+v)},$$

$$B=\frac{\partial^2 f}{\partial u\partial v}=(u^2+v^2-2u-2v)e^{-(u+v)},$$

$$C=\frac{\partial^2 f}{\partial v^2}=(2-4v+u^2+v^2)e^{-(u+v)}.$$

在点(0,0)处，由于$AC-B^2=4>0$，$A=2>0$，故点(0,0)是$f(u,v)$的极小值点，极小值为$f(0,0)=0$。

在点(1,1)处，由于$AC-B^2<0$，故点(1,1)不是$f(u,v)$的极值点。

6.【解】 利润 $L=pQ-6x-8y=(1\,160-1.5Q)Q-6x-8y$

$$=13\,920x^{\frac{1}{2}}y^{\frac{1}{6}}-216xy^{\frac{1}{3}}-6x-8y.$$

令

$$L'_x=6\,960x^{-\frac{1}{2}}y^{\frac{1}{6}}-216y^{\frac{1}{3}}-6=0,$$

$$L'_y=2\,320x^{\frac{1}{2}}y^{-\frac{5}{6}}-72xy^{-\frac{2}{3}}-8=0, \quad ①$$

两式相比，得$\frac{3y}{x}-\frac{3}{4}=0$，即$x=4y$。代入①，得$4\,640y^{-\frac{1}{3}}-288y^{\frac{1}{3}}-8=0$，即$36y^{\frac{2}{3}}+y^{\frac{1}{3}}-580=0$，解得$y^{\frac{1}{3}}=4$，从而得唯一驻点(256,64)。故利润最大时的产量$Q=12\times\sqrt{256}\times\sqrt[6]{64}=384$。

7.【解】 由$\begin{cases}\dfrac{\partial f}{\partial x}=\dfrac{x-1-y^2+2x^2}{x^3}=0,\\ \dfrac{\partial f}{\partial y}=\dfrac{y}{x^2}=0\end{cases}$得驻点$(-1,0)$，$\left(\frac{1}{2},0\right)$。

$$A=\frac{\partial^2 f}{\partial x^2}=\frac{3(y^2+1)-2x-2x^2}{x^4},$$

$$B=\frac{\partial^2 f}{\partial x\partial y}=-\frac{2y}{x^3},\quad C=\frac{\partial^2 f}{\partial y^2}=\frac{1}{x^2}.$$

在点(−1,0)处，由于$AC-B^2=3>0$，$A=3>0$，故点(−1,0)是$f(x,y)$的极小值点，极小值为$f(-1,0)=2$。

在点$\left(\frac{1}{2},0\right)$处，由于$AC-B^2=96>0$，$A=24>0$，故点$\left(\frac{1}{2},0\right)$是$f(x,y)$的极小值点，极小值为$f\left(\frac{1}{2},0\right)=\frac{1}{2}-2\ln2$。

8.【解】 由$\begin{cases}\dfrac{\partial f}{\partial x}=3x^2-y=0,\\ \dfrac{\partial f}{\partial y}=24y^2-x=0\end{cases}$得驻点(0,0)，$\left(\frac{1}{6},\frac{1}{12}\right)$。

$$A=\frac{\partial^2 f}{\partial x^2}=6x,\quad B=\frac{\partial^2 f}{\partial x\partial y}=-1,\quad C=\frac{\partial^2 f}{\partial y^2}=48y.$$

在点(0,0)处，由于$AC-B^2=-1<0$，故点(0,0)不是$f(x,y)$的极值点。在点$\left(\frac{1}{6},\frac{1}{12}\right)$处，由于$AC-B^2=3>0$，$A>0$，故点$\left(\frac{1}{6},\frac{1}{12}\right)$是$f(x,y)$的极小值点，极小值为$f\left(\frac{1}{6},\frac{1}{12}\right)=-\frac{1}{216}$。

9.【解】 两边分别对x和y求偏导数，得

$$\begin{cases}2xz+(x^2+y^2)\dfrac{\partial z}{\partial x}+\dfrac{1}{z}\dfrac{\partial z}{\partial x}+2=0,\\ 2yz+(x^2+y^2)\dfrac{\partial z}{\partial y}+\dfrac{1}{z}\dfrac{\partial z}{\partial y}+2=0.\end{cases} \quad ①$$

令$\frac{\partial z}{\partial x}=0$，$\frac{\partial z}{\partial y}=0$，解得$x=y=-\frac{1}{z}$。

将$x=y=-\frac{1}{z}$代入原方程，得$x=-1$，$y=-1$，$z=1$。

对①中两式两边分别再对x和y求偏导数，得

$$\begin{cases}2z+4x\dfrac{\partial z}{\partial x}+(x^2+y^2)\dfrac{\partial^2 z}{\partial x^2}-\dfrac{1}{z^2}\left(\dfrac{\partial z}{\partial x}\right)^2+\dfrac{1}{z}\dfrac{\partial^2 z}{\partial x^2}=0,\\ 2x\dfrac{\partial z}{\partial y}+2y\dfrac{\partial z}{\partial x}+(x^2+y^2)\dfrac{\partial^2 z}{\partial x\partial y}-\dfrac{1}{z^2}\dfrac{\partial z}{\partial x}\dfrac{\partial z}{\partial y}+\dfrac{1}{z}\dfrac{\partial^2 z}{\partial x\partial y}=0,\\ 2z+4y\dfrac{\partial z}{\partial y}+(x^2+y^2)\dfrac{\partial^2 z}{\partial y^2}-\dfrac{1}{z^2}\left(\dfrac{\partial z}{\partial y}\right)^2+\dfrac{1}{z}\dfrac{\partial^2 z}{\partial y^2}=0.\end{cases} \quad ②$$

把$x=-1$，$y=-1$，$z=1$代入②中各式，得

$$A=\left.\frac{\partial^2 z}{\partial x^2}\right|_{(-1,-1)}=-\frac{2}{3},$$

$$B=\left.\frac{\partial^2 z}{\partial x\partial y}\right|_{(-1,-1)}=0,$$

$$C=\left.\frac{\partial^2 z}{\partial y^2}\right|_{(-1,-1)}=-\frac{2}{3}.$$

由于$AC-B^2>0$，$A<0$，故$z(-1,-1)=1$是$z(x,y)$的极大值。

10.【解】 在$f''_{xy}(x,y)=2(y+1)e^x$两端对y积分，得

$$f'_x(x,y)=(y^2+2y)e^x+\varphi(x),$$

则有 $\quad f'_x(x,0)=\varphi(x)=(x+1)e^x,$

故 $\quad f'_x(x,y)=(y^2+2y)e^x+(x+1)e^x.$

在上式两端对x积分，得

$$f(x,y)=(y^2+2y)e^x+xe^x+C(y),$$

则由$f(0,y)=y^2+2y$得$C(y)=0$，故

$$f(x,y)=(y^2+2y)e^x+xe^x.$$

解方程组$\begin{cases}f'_x(x,y)=(y^2+2y)e^x+e^x+xe^x=0,\\ f'_y(x,y)=(2y+2)e^x=0,\end{cases}$得驻点(0,−1)。

$$A=f''_{xx}(x,y)=(y^2+2y)e^x+2e^x+xe^x,$$

$$B=f''_{xy}(x,y)=(2y+2)e^x,C=f''_{yy}(x,y)=2e^x.$$

在点(0,−1)处，$AC-B^2=2>0$，又$A=1>0$，故$f(x,y)$有极小值$f(0,-1)=-1$。

考点二　多元函数的条件极值

1.【解】 记$L(x,y,z,\lambda)=z^2+\lambda(x^2+2y^2-z-6)+\mu(4x+2y+z-30)$。

令

$$L'_x=2x\lambda+4\mu=0, \quad ①$$

$$L'_y=4y\lambda+2\mu=0, \quad ②$$

$$L'_z=2z-\lambda+\mu=0,$$

$$L'_\lambda=x^2+2y^2-z-6=0, \quad ③$$

$$L'_\mu=4x+2y+z-30=0. \quad ④$$

由①、②得$x=4y$，代入③、④得$\begin{cases}18y^2-z-6=0,\\ 18y+z-30=0,\end{cases}$解得可能的极值点(4,1,12)，(−8,−2,66)。

故所求距离最大值为66。

【注】 2008年数学一曾考查过极其类似的解答题。

2.【解】 设圆的半径为x，正方形和正三角形的边长分别为y和z，则三个图形的面积之和为$f(x,y,z)=\pi x^2+y^2+\frac{\sqrt{3}}{4}z^2$，且$2\pi x+4y+3z=2(x>0,y>0,z>0)$。

记$L(x,y,z,\lambda)=\pi x^2+y^2+\frac{\sqrt{3}}{4}z^2+\lambda(2\pi x+4y+3z-2)$。

解方程组

$$\begin{cases}L'_x=2\pi x+2\pi\lambda=0,\\ L'_y=2y+4\lambda=0,\\ L'_z=\dfrac{\sqrt{3}}{2}z+3\lambda=0,\\ L'_\lambda=2\pi x+4y+3z-2=0\end{cases}$$

得$\left(\frac{1}{\pi+4+\sqrt{3}},\frac{2}{\pi+4+3\sqrt{3}},\frac{2\sqrt{3}}{\pi+4+3\sqrt{3}}\right)$，且$f\left(\frac{1}{\pi+4+3\sqrt{3}},\frac{2}{\pi+4+3\sqrt{3}},\frac{2\sqrt{3}}{\pi+4+3\sqrt{3}}\right)=\frac{1}{\pi+4+3\sqrt{3}}$。

又当$2\pi x+4y+3z=2$且$xyz=0$时，$f(x,y,z)$的最小值为$f\left(0,\frac{2}{4+3\sqrt{3}},\frac{2\sqrt{3}}{4+3\sqrt{3}}\right)=\frac{1}{4+3\sqrt{3}}$，故三个图形的面积之和存在最小值，最小值为$\frac{1}{\pi+4+3\sqrt{3}}$。

考点三　多元函数在闭区域上的最值

【答案】 $[4e^{-2},+\infty)$。

【解】 由$x^2+y^2\leqslant ke^{x+y}$知$k\geqslant(x^2+y^2)e^{-(x+y)}$。

记$f(x,y)=(x^2+y^2)e^{-(x+y)}$，且$D=\{(x,y)\mid x\geqslant0,y\geqslant0\}$。

由$\begin{cases}\dfrac{\partial f}{\partial x}=(2x-x^2-y^2)\mathrm{e}^{-(x+y)}=0,\\ \dfrac{\partial f}{\partial y}=(2y-x^2-y^2)\mathrm{e}^{-(x+y)}=0\end{cases}$得 D 内部的驻点 $(1,1)$，且 $f(1,1)=2\mathrm{e}^{-2}$.

在 D 的边界 $y=0(x\geqslant 0)$ 上，对于 $z=f(x,0)=x^2\mathrm{e}^{-x}$，由 $z'=(2x-x^2)\mathrm{e}^{-x}=0$ 得 $x=0$ 或 $x=2$，且 $z\big|_{x=0}=0,z\big|_{x=2}=4\mathrm{e}^{-2}$，

$\lim\limits_{x\to+\infty}z=\lim\limits_{x\to+\infty}\dfrac{x^2}{\mathrm{e}^x}=0$.

类似可知在 D 的边界 $x=0(y\geqslant 0)$ 上的情形.

故 $f(x,y)$ 在 D 上的最大值为 $4\mathrm{e}^{-2}$，从而 $k\geqslant 4\mathrm{e}^{-2}$.

方法探究

考点一 多元函数的无条件极值

变式【解】 两边分别对 x 和 y 求偏导数，得

$$\begin{cases}2x-6y-2y\dfrac{\partial z}{\partial x}-2z\dfrac{\partial z}{\partial x}=0,\\ -6x+20y-2z-2y\dfrac{\partial z}{\partial y}-2z\dfrac{\partial z}{\partial y}=0.\end{cases}\qquad ①$$

令 $\dfrac{\partial z}{\partial x}=0,\dfrac{\partial z}{\partial y}=0$，解得 $y=z=\dfrac{x}{3}$.

将 $y=z=\dfrac{x}{3}$ 代入原方程，得 $\begin{cases}x=9,\\y=3\\z=3\end{cases}$，或 $\begin{cases}x=-9,\\y=-3,\\z=-3.\end{cases}$

对①中两式两边分别再对 x 和 y 求偏导数，得

$$\begin{cases}2-2y\dfrac{\partial^2 z}{\partial x^2}-2\left(\dfrac{\partial z}{\partial x}\right)^2-2z\dfrac{\partial^2 z}{\partial x^2}=0,\\ -6-2\dfrac{\partial z}{\partial x}-2y\dfrac{\partial^2 z}{\partial x\partial y}-2\dfrac{\partial z}{\partial x}\dfrac{\partial z}{\partial y}-2z\dfrac{\partial^2 z}{\partial x\partial y}=0,\\ 20-4\dfrac{\partial z}{\partial y}-2y\dfrac{\partial^2 z}{\partial y^2}-2\left(\dfrac{\partial z}{\partial y}\right)^2-2z\dfrac{\partial^2 z}{\partial y^2}=0.\end{cases}\qquad ②$$

把 $x=9,y=3,z=3$ 代入②中各式，得

$$A=\frac{\partial^2 z}{\partial x^2}\bigg|_{(9,3)}=\frac{1}{6},\quad B=\frac{\partial^2 z}{\partial x\partial y}\bigg|_{(9,3)}=-\frac{1}{2},$$
$$C=\frac{\partial^2 z}{\partial y^2}\bigg|_{(9,3)}=\frac{5}{3}.$$

由于 $AC-B^2>0,A>0$，故 $z(9,3)=3$ 是 $z(x,y)$ 的极小值.

把 $x=-9,y=-3,z=-3$ 代入②中各式，得

$$A=\frac{\partial^2 z}{\partial x^2}\bigg|_{(-9,-3)}=-\frac{1}{6},\quad B=\frac{\partial^2 z}{\partial x\partial y}\bigg|_{(-9,-3)}=\frac{1}{2},$$
$$C=\frac{\partial^2 z}{\partial y^2}\bigg|_{(-9,-3)}=-\frac{5}{3}.$$

由于 $AC-B^2>0,A<0$，故 $z(-9,-3)=-3$ 是 $z(x,y)$ 的极大值.

考点二 多元函数的条件极值

变式【解】 记 $L(x,y,z,\lambda)=x^2+y^2+z^2+\lambda(z-x^2-y^2)+\mu(x+y+z-4)$. 令

$$L'_x=2x-2x\lambda+\mu=0,\qquad ①$$
$$L'_y=2y-2y\lambda+\mu=0,\qquad ②$$
$$L'_z=2z+\lambda+\mu=0,$$
$$L'_\lambda=z-x^2-y^2=0,\qquad ③$$
$$L'_\mu=x+y+z-4=0.\qquad ④$$

由①、②得 $x=y$，代入③、④得 $\begin{cases}z-2y^2=0,\\2y+z-4=0,\end{cases}$ 解得可能的极值点 $(1,1,2),(-2,-2,8)$.

由 $u(1,1,2)=6,u(-2,-2,8)=72$ 知所求最大值为 72，最小值为 6.

真题精选

考点一 多元函数的无条件极值

1.【答案】(A).

【解】$\dfrac{\partial z}{\partial x}=f'(x)\ln f(y),\dfrac{\partial z}{\partial y}=f(x)\dfrac{f'(y)}{f(y)}$.

$\dfrac{\partial^2 z}{\partial x^2}=f''(x)\ln f(y),\quad \dfrac{\partial^2 z}{\partial x\partial y}=f'(x)\dfrac{f'(y)}{f(y)}$,

$\dfrac{\partial^2 z}{\partial y^2}=f(x)\dfrac{f''(y)f(y)-[f'(y)]^2}{f^2(y)}$.

在 $(0,0)$ 处，$A=f''(0)\ln f(0),B=0,C=f''(0)$. 当 $f(0)>1,f''(0)>0$ 时，

$AC-B^2>0,A>0$，从而 $z=f(x)\ln f(y)$ 在 $(0,0)$ 处取得极小值.

2.【答案】(D).

【解】由 $\mathrm{d}z=x\mathrm{d}x+y\mathrm{d}y$ 知 $\dfrac{\partial z}{\partial x}=x,\dfrac{\partial z}{\partial y}=y$，则 $A=\dfrac{\partial^2 z}{\partial x^2}=1,B=\dfrac{\partial^2 z}{\partial x\partial y}=0,C=\dfrac{\partial^2 z}{\partial y^2}=1$.

由于 $\dfrac{\partial z}{\partial x}\bigg|_{(0,0)}=\dfrac{\partial z}{\partial y}\bigg|_{(0,0)}=0$，且 $AC-B^2>0,A>0$，故 $(0,0)$ 是 $f(x,y)$ 的极小值点.

3.【答案】(A).

【解】法一：取 $f(x,y)=(x^2+y^2)^2+xy$，则 $f'_x(0,0)=[4x(x^2+y^2)+y]\big|_{(0,0)}=0$.

由 $A=f''_{xx}(0,0)=(12x^2+4y^2)\big|_{(0,0)}=0,B=f''_{xy}(0,0)=(8xy+1)\big|_{(0,0)}=1$ 知 $AC-B^2<0$，故 $(0,0)$ 不是 $f(x,y)$ 的极值点.

法二：由 $\lim\limits_{\substack{x\to0\\y\to0}}\dfrac{f(x,y)-xy}{(x^2+y^2)^2}=1$ 知当 $(x,y)\to(0,0)$ 时，$\dfrac{f(x,y)-xy}{(x^2+y^2)^2}=1+\alpha(x,y)(\alpha(x,y)\to0)$，即 $f(x,y)=[1+\alpha(x,y)](x^2+y^2)^2+xy$.

取 $y=x$，当 $x\to0$ 时，$f(x,y)=4[1+\alpha(x,x)]x^4+x^2>0$；取 $y=-x$，当 $x\to0$ 时，$f(x,y)=4[1+\alpha(x,-x)]x^4-x^2<0$. 又 $f(0,0)=0$，故根据极值定义，$(0,0)$ 不是 $f(x,y)$ 的极值点.

4.【答案】(A).

【解】由 $f(x,y)$ 可微知 $f(x,y)$ 偏导数存在，故根据极值存在的必要条件，$\dfrac{\mathrm{d}f(x_0,y)}{\mathrm{d}y}\bigg|_{y=y_0}=f'_y(x_0,y_0)=0$.

考点二 多元函数的条件极值

1.【答案】(D).

【解】设 $L(x,y,\lambda)=f(x,y)+\lambda\varphi(x,y)$，并设 λ_0 是对应 x_0,y_0 的 λ 的值，则有

$$\begin{cases}L'_x(x_0,y_0,\lambda_0)=f'_x(x_0,y_0)+\lambda_0\varphi'_x(x_0,y_0)=0,\\ L'_y(x_0,y_0,\lambda_0)=f'_y(x_0,y_0)+\lambda_0\varphi'_y(x_0,y_0)=0.\end{cases}$$

若 $f'_x(x_0,y_0)=0$，则 $\lambda_0\varphi'_x(x_0,y_0)=0$. 这时，如果 $\lambda_0=0$，则 $\lambda_0\varphi'_y(x_0,y_0)=0$，从而 $f'_y(x_0,y_0)=0$；如果 $\lambda_0\neq0$，由 $\varphi'_y(x_0,y_0)\neq0$ 知 $\lambda_0\varphi'_y(x_0,y_0)\neq0$，从而 $f'_y(x_0,y_0)\neq0$，因此 $f'_y(x_0,y_0)$ 是否为零不能确定.

若 $f'_x(x_0,y_0)\neq0$，则 $\lambda_0\varphi'_x(x_0,y_0)\neq0$，从而 $\lambda_0\neq0$，即 $\lambda_0\varphi'_y(x_0,y_0)\neq0$，必有 $f'_y(x_0,y_0)\neq0$.

2.【解】记 $f(x,y)=x^2+y^2,L(x,y,\lambda)=x^2+y^2+\lambda(x^3-xy+y^3-1)$.

令

$$L'_x=2x+\lambda(3x^2-y)=0,\qquad ①$$
$$L'_y=2y+\lambda(3y^2-x)=0,\qquad ②$$
$$L'_\lambda=x^3-xy+y^3-1=0.\qquad ③$$

当 $x>0,y>0$ 时,由①、②得 $\lambda=\frac{-2x}{3x^2-y}=\frac{-2y}{3y^2-x}$,即 $(x-y)(x+y+3xy)=0$,得 $x=y$ 或 $x+y=-3xy$(舍去).

把 $x=y$ 代入③得 $2x^3-x^2-1=0$,解得 $x=1$,从而 $(1,1)$ 为唯一可能的极值点.

又当 $x=0$ 时,$y=1$;当 $y=0$ 时,$x=1$.

由于 $f(1,1)=2,f(0,1)=f(1,0)=1$,故所求最长距离为 $\sqrt{2}$,最短距离为 1.

3.【解】(1) 由 $\frac{\partial C}{\partial x}=20+\frac{x}{2},\frac{\partial C}{\partial y}=6+y$ 知

$$C(x,y)=\int\left(20+\frac{x}{2}\right)\mathrm{d}x=20x+\frac{x^2}{4}+\varphi(y),$$

$$C(x,y)=\int(6+y)\mathrm{d}y=6y+\frac{y^2}{2}+\psi(x),$$

即 $C(x,y)=20x+\frac{x^2}{4}+6y+\frac{y^2}{2}+C$. 又由于 $C(0,0)=10\ 000$,故 $C=10\ 000$,从而

$$C(x,y)=20x+\frac{x^2}{4}+6y+\frac{y^2}{2}+10\ 000.$$

(2) **法一**:由于 $x+y=50$,故记

$$\begin{aligned}f(x)&=C(x,50-x)\\&=20x+\frac{x^2}{4}+6(50-x)+\\&\quad\frac{(50-x)^2}{2}+10\ 000,\quad 0\leqslant x\leqslant 50.\end{aligned}$$

由 $f'(x)=\frac{3x}{2}-36=0$ 知 $x=24$,而 $f''(24)>0$,故当 $x=24,y=26$ 时,$C(x,y)$ 取得最小值,即当甲的产量为 24 件,乙的产量为 26 件时,可使总成本最小,最小总成本为 $C(24,26)=11\ 118$(万元).

法二:记拉格朗日函数 $L(x,y,\lambda)=C(x,y)+\lambda(x+y-50)$.

列方程组

$$\begin{cases}L'_x=20+\frac{1}{2}x+\lambda=0,\\L'_y=6+y+\lambda=0,\\L'_\lambda=x+y-50=0,\end{cases}$$

解得 $x=24,y=26$,故最小成本为 $C(24,26)=11\ 118$(万元).

(3) 所求边际成本为 $\left.\frac{\partial C}{\partial x}\right|_{\substack{x=24\\y=26}}=\left.\left(20+\frac{x}{2}\right)\right|_{\substack{x=24\\y=26}}=32$,其经济意义为:当生产乙产品 26 件时,生产第 25 件甲产品需 32 万元.

4.【解】记 $L(x,y,z,\lambda)=z^2+\lambda(x^2+y^2-2z^2)+\mu(x+y+3z-5)$.

令

$$\begin{aligned}&L'_x=2x\lambda+\mu=0, &①\\&L'_y=2y\lambda+\mu=0, &②\\&L'_z=2z-4z\lambda+3\mu=0,\\&L'_\lambda=x^2+y^2-2z^2=0, &③\\&L'_\mu=x+y+3z-5=0. &④\end{aligned}$$

由①、②得 $x=y$,代入③、④得 $\begin{cases}y^2-z^2=0,\\2y+3z-5=0,\end{cases}$ 解得可能的极值点 $(-5,-5,5),(1,1,1)$.

故曲线 C 上距离 xOy 面最远的点为 $(-5,-5,5)$,最近的点为 $(1,1,1)$.

【注】2021 年数学一又考查了极其类似的解答题.

5.【解】(1) 总利润函数 $L=R-C=p_1Q_1+p_2Q_2-(2Q+5)$

$$=-2Q_1^2-Q_2^2+16Q_1+10Q_2-5.$$

由 $\begin{cases}L'_{Q_1}=-4Q_1+16=0,\\L'_{Q_2}=-2Q_2+10=0,\end{cases}$ 得唯一驻点 $(4,5)$.

故当 $Q_1=4,Q_2=5$ 且 $p_1=10,p_2=7$ 时,获得最大利润 52(万元).

(2) 由 $p_1=p_2$ 知 $Q_2=2Q_1-6$.

法一:对于 $L=-2Q_1^2-(2Q_1-6)^2+16Q_1+10(2Q_1-6)-5=-6Q_1^2+60Q_1-101$,令 $\frac{\mathrm{d}L}{\mathrm{d}Q_1}=-12Q_1+60=0$,得唯一驻点 $Q_1=5$.

又由于 $\frac{\mathrm{d}^2L}{\mathrm{d}Q_1^2}=-12<0$,故当 $Q_1=5,Q_2=4$ 且 $p_1=p_2=8$ 时,获得最大利润 49(万元),从而实行价格差别策略所获总利润更大.

法二:记 $F(Q_1,Q_2,\lambda)=-2Q_1^2-Q_2^2+16Q_1+10Q_2-5+\lambda(Q_2-2Q_1+6)$.

解方程组 $\begin{cases}F'_{Q_1}=-4Q_1+16-2\lambda=0,\\F'_{Q_2}=-2Q_2+10+\lambda=0,\\F'_\lambda=Q_2-2Q_1+6=0\end{cases}$ 得唯一驻点 $(5,4)$.

故当 $Q_1=5,Q_2=4$ 且 $p_1=p_2=8$ 时,获得最大利润 49(万元),从而实行价格差别策略所获总利润更大.

考点三　多元函数在闭区域上的最值

1.【答案】(A).

【解】由于 $u(x,y)$ 在 D 上连续,故 $u(x,y)$ 在 D 上必存在最大值和最小值.

记 $A=\frac{\partial^2u}{\partial x^2},B=\frac{\partial^2u}{\partial x\partial y},C=\frac{\partial^2u}{\partial y^2}$,则由 $\frac{\partial^2u}{\partial x\partial y}\neq0$ 及 $\frac{\partial^2u}{\partial x^2}+\frac{\partial^2u}{\partial y^2}=0$ 知 $AC-B^2<0$,故 $u(x,y)$ 的最大值和最小值都不可能在 D 的内部取得,只能在 D 的边界上取得.

2.【解】由 $\mathrm{d}z=2x\mathrm{d}x-2y\mathrm{d}y$ 知 $\frac{\partial z}{\partial x}=2x,\frac{\partial z}{\partial y}=-2y$.

两边分别对 x、y 积分得 $f(x,y)=x^2+\varphi(y),f(x,y)=-y^2+\psi(x)$.

比较两式得 $f(x,y)=x^2-y^2+C$.

又由 $f(1,1)=2$ 得 $C=2$,故 $f(x,y)=x^2-y^2+2$.

1° 在 D 的内部,由 $\begin{cases}f'_x(x,y)=2x=0,\\f'_y(x,y)=-2y=0\end{cases}$ 得驻点 $(0,0)$,且 $f(0,0)=2$.

2° 在 D 的边界 $x^2+\frac{y^2}{4}=1$ 上,把 $y^2=4(1-x^2)$ 代入 $f(x,y)$,得

$$z=x^2-4(1-x^2)+2=5x^2-2,\quad(-1\leqslant x\leqslant1).$$

令 $z'=10x=0$,得 $x=0$,且 $z\big|_{x=0}=-2,z\big|_{x=\pm1}=3$.

综上所述,$f(x,y)$ 在 D 上的最大值为 3,最小值为 -2.

3.【解】由 $\begin{cases}\frac{\partial z}{\partial x}=2xy(4-x-y)-x^2y=0,\\\frac{\partial z}{\partial y}=x^2(4-x-y)-x^2y=0\end{cases}$ 得 D 内部的驻点 $(2,1)$.

$$A=\frac{\partial^2z}{\partial x^2}=8y-6xy-2y^2,\quad B=\frac{\partial^2z}{\partial x\partial y}=8x-3x^2-4xy,$$

$$C=\frac{\partial^2z}{\partial y^2}=-2x^2.$$

由于在点 $(2,1)$ 处 $AC-B^2=32>0,A=-6<0$,故 $f(2,1)=4$ 是 $f(x,y)$ 的极大值.

在 D 的边界 $x=0(0<y<6)$ 和 $y=0(0<x<6)$ 上,$z=0$.

在 D 的边界 $x+y=6(0\leqslant x\leqslant6)$ 上,对于 $z=f(x,6-x)=2x^3-12x^2(0\leqslant x\leqslant6)$,令 $z'=6x^2-24x=0$,得 $x_1=0,x_2=4$,且 $z\big|_{x=0}=0,z\big|_{x=4}=-64,z\big|_{x=6}=0$.

综上所述,$f(x,y)$ 在 D 上的最大值为 4,最小值为 -64.

§5.5　多元函数微分学的应用(仅数学一)

十年真题

考点一　向量代数与空间解析几何

【解】由 C 的方程 $\begin{cases}z=\sqrt{x^2+y^2},\\z^2=2x,\end{cases}$ 得 C 到 xOy 面的投影柱面 x^2+

$y^2=2x$，故所求投影曲线的方程为$\begin{cases}x^2+y^2=2x,\\z=0.\end{cases}$

考点二 曲面的切平面和法线及空间曲线的切线和法平面

1. 【答案】(B).

【解】设切点为(x_0,y_0,z_0)，则法向量为$(-2x_0,-2y_0,1)$，从而切平面方程为

$$-2x_0(x-1)-2y_0(y-0)+(z-0)=0,$$

即$2x_0x+2y_0y-z-2x_0=0$.

由$\begin{cases}z_0=x_0^2+y_0^2,\\2x_0^2+2y_0^2-z_0-2x_0=0,\\2y_0-2x_0=0\end{cases}$得$\begin{cases}x_0=0,\\y_0=0,\\z_0=0\end{cases}$或$\begin{cases}x_0=1,\\y_0=1,\\z_0=2.\end{cases}$

故所求切平面方程为$z=0$或$2x+2y-z=2$.

2. 【答案】$x+2y-z=0$.

【解】记$F(x,y,z)=x+2y+\ln(1+x^2+y^2)-z$，则

$$F'_x(0,0,0)=\left[1+\frac{2x}{1+x^2+y^2}\right]\Big|_{(0,0,0)}=1,$$

$$F'_y(0,0,0)=\left[2+\frac{2y}{1+x^2+y^2}\right]\Big|_{(0,0,0)}=2,$$

$$F'_z(0,0,0)=-1,$$

故$z=x+2y+\ln(1+x^2+y^2)$在点$(0,0,0)$处的法向量为$(1,2,-1)$，从而切平面方程为$x+2y-z=0$.

3. 【解】(1) 记$F(x,y,z)=x^3+y^3-(x+y)^2+3-z$，则

$$F'_x(1,1,1)=[3x^2-2(x+y)]\big|_{(1,1,1)}=-1,$$

$$F'_y(1,1,1)=[3y^2-2(x+y)]\big|_{(1,1,1)}=-1,$$

$$F'_z(1,1,1)=-1,$$

故$z=f(x,y)$在点$(1,1,1)$处的法向量为$(1,1,1)$，从而T的方程为$(x-1)+(y-1)+(z-1)=0$，即$x+y+z-3=0$.

(2) D为$x+y=3$与x轴和y轴所围成的区域.

由$\begin{cases}\dfrac{\partial f}{\partial x}=3x^2-2(x+y)=0,\\\dfrac{\partial f}{\partial y}=3y-2(x+y)=0\end{cases}$得$D$内部的驻点$\left(\dfrac{4}{3},\dfrac{4}{3}\right)$，且$f\left(\dfrac{4}{3},\dfrac{4}{3}\right)=\dfrac{17}{27}$.

在D的边界$y=0(0<x<3)$上，对于$z=f(x,0)=x^3-x^2+3(0<x<3)$，令$z'=3x^2-2x=0$，得$x=\dfrac{2}{3}$，且$z\big|_{x=\frac{2}{3}}=\dfrac{77}{27}$. 类似可得在$D$的边界$x=0(0<y<3)$上的情形.

在D的边界$x+y=3(0\leqslant x\leqslant 3)$上，对于$z=f(x,3-x)=x^3-(x-3)^3-6(0\leqslant x\leqslant 3)$，令$z'=3x^2-3(x-3)^2=0$，得$x=\dfrac{3}{2}$，且$z\big|_{x=\frac{3}{2}}=\dfrac{3}{4}$，$z\big|_{x=0}=z\big|_{x=3}=21$.

综上所述，$f(x,y)$在D上的最大值为21，最小值为$\dfrac{17}{27}$.

考点三 方向导数与梯度

1. 【答案】(D).

【解】$f'_x(1,2,0)=4$，$f'_y(1,2,0)=1$，$f'_z(1,2,0)=0$.

$\boldsymbol{n}=(1,2,2)$的方向余弦为$\cos\alpha=\dfrac{1}{3}$，$\cos\beta=\cos\gamma=\dfrac{2}{3}$.

故$\dfrac{\partial f}{\partial \boldsymbol{n}}\Big|_{(1,2,0)}=4\times\dfrac{1}{3}+1\times\dfrac{2}{3}+0\times\dfrac{2}{3}=2$.

2. 【答案】4.

【解】由于$f(x,y)$在点$(0,1)$处的梯度为$\mathbf{grad}f(0,1)=4\boldsymbol{j}$，故所求最大值为$|\mathbf{grad}f(0,1)|=4$.

3. 【解】由于$z=2+ax^2+by^2$在点$(3,4)$处的梯度为$\mathbf{grad}z\big|_{(3,4)}=6a\boldsymbol{i}+8b\boldsymbol{j}$，沿$\boldsymbol{l}=-3\boldsymbol{i}-4\boldsymbol{j}$的方向导数为$\dfrac{\partial z}{\partial \boldsymbol{l}}\Big|_{(3,4)}=6a\cdot\left(-\dfrac{3}{5}\right)+8b\cdot\left(-\dfrac{4}{5}\right)=-\dfrac{18a+32b}{5}$，故由$\begin{cases}-\dfrac{18a+32b}{5}=10,\\\sqrt{(6a)^2+(8b)^2}=10\end{cases}$得$a=b=-1$.

4. 【解】由$\mathbf{grad}f(x,y)=(1+y)\boldsymbol{i}+(1+x)\boldsymbol{j}$知$|\mathbf{grad}f(x,y)|=\sqrt{(1+y)^2+(1+x)^2}$. 记$L(x,y,\lambda)=(1+x)^2+(1+y)^2+\lambda(x^2+y^2+xy-3)$.

令

$$L'_x=2(1+x)+\lambda(2x+y)=0,\quad ①$$

$$L'_y=2(1+y)+\lambda(2y+x)=0,\quad ②$$

$$L'_\lambda=x^2+y^2+xy-3=0.\quad ③$$

由①、②得$\lambda=\dfrac{-2(1+x)}{2x+y}=\dfrac{-2(1+y)}{2y+x}$，从而$(1+x)(2y+x)=(1+y)(2x+y)$，即$(x-y)(x+y-1)=0$，得$x=y$或$y=1-x$.

把$x=y$代入③得$x^2-1=0$，解得$\begin{cases}x=1,\\y=1\end{cases}$或$\begin{cases}x=-1,\\y=-1;\end{cases}$把$y=1-x$代入③得$x^2-x-2=0$，解得$\begin{cases}x=2,\\y=-1\end{cases}$或$\begin{cases}x=-1,\\y=2.\end{cases}$

由于$|\mathbf{grad}f(1,1)|=2\sqrt{2}$，$|\mathbf{grad}f(-1,-1)|=0$，$|\mathbf{grad}f(2,-1)|=|\mathbf{grad}f(-1,2)|=3$，故$f(x,y)$在曲线$C$上的最大方向导数为3.

方法探究

考点一 向量代数与空间解析几何

变式【解】由于l的方向向量$\boldsymbol{s}=(1,1,-1)$，π的法向量$\boldsymbol{n}=(1,-1,2)$，

故投影柱面π_1的法向量$\boldsymbol{n}_1=\boldsymbol{s}\times\boldsymbol{n}=\begin{vmatrix}\boldsymbol{i}&\boldsymbol{j}&\boldsymbol{k}\\1&1&-1\\1&-1&2\end{vmatrix}=(1,-3,-2)$.

由l过点$(1,0,1)$知π_1也过点$(1,0,1)$，故π_1的方程为$(x-1)-3y-2(z-1)=0$，即$x-3y-2z+1=0$，从而l_0的方程为$\begin{cases}x-3y-2z+1=0,\\x-y+2z-1=0.\end{cases}$

由$\begin{cases}x^2+z^2=x_1^2+z_1^2,\\x_1-3y-2z_1+1=0,\\x_1-y+2z_1-1=0\end{cases}$得$\begin{cases}x^2+z^2=x_1^2+z_1^2,\\x_1=2y,\\z_1=\dfrac{1}{2}(1-y),\end{cases}$从而所求旋转曲面方程为$x^2+z^2=4y^2+\dfrac{1}{4}(1-y)^2$，即$4x^2-17y^2+4z^2+2y=1$.

考点二 曲面的切平面和法线及空间曲线的切线和法平面

变式【答案】(B).

【解】已知曲线在点$(t_0,-t_0^2,t_0^3)$处的切向量为$\boldsymbol{T}=(1,-2t_0,3t_0^2)$，已知平面的法向量为$\boldsymbol{n}=(1,2,1)$. 由于$\boldsymbol{T}\perp\boldsymbol{n}$，故$1-4t_0+3t_0^2=0$，从而由$\Delta=4>0$知方程有2个不同的实根，即所求切线只有2条.

真题精选

考点一 向量代数与空间解析几何

1. 【答案】(C).

【解】由于L_1的方向向量$\boldsymbol{s}_1=(1,-2,1)$，$L_2$的方向向量$\boldsymbol{s}_2=(1,-1,0)\times(0,2,1)=\begin{vmatrix}\boldsymbol{i}&\boldsymbol{j}&\boldsymbol{k}\\1&-1&0\\0&2&1\end{vmatrix}=(-1,-1,2)$，故所求夹角为$\arccos\dfrac{|\boldsymbol{s}_1\cdot\boldsymbol{s}_2|}{|\boldsymbol{s}_1||\boldsymbol{s}_2|}=\dfrac{\pi}{3}$.

2. 【答案】$\sqrt{2}$.

【解】$d=\dfrac{|3\times2+4\times1+5\times0|}{\sqrt{3^2+4^2+5^2}}=\sqrt{2}$.

3. 【答案】$2x+2y-3z=0$.

【解】由于所求平面的法向量为$\boldsymbol{n}=(4,-1,2)\times(6,-3,2)=\begin{vmatrix}\boldsymbol{i}&\boldsymbol{j}&\boldsymbol{k}\\4&-1&2\\6&-3&2\end{vmatrix}=2(2,2,-3)$，故其方程为$2x+2y-3z=0$.

4. 【答案】4.

【解】$[(\boldsymbol{a}+\boldsymbol{b})\times(\boldsymbol{b}+\boldsymbol{c})]\cdot(\boldsymbol{c}+\boldsymbol{a})=(\boldsymbol{a}\times\boldsymbol{b}+\boldsymbol{a}\times\boldsymbol{c}+\boldsymbol{b}\times\boldsymbol{c})\cdot(\boldsymbol{c}+\boldsymbol{a})$
$=(\boldsymbol{a}\times\boldsymbol{b})\cdot\boldsymbol{c}+(\boldsymbol{b}\times\boldsymbol{c})\cdot\boldsymbol{a}=4$

5. 【答案】$x-y+z=0$.

【解】由于所求平面的法向量为 $\boldsymbol{n}=(0,1,1)\times(1,2,1)=\begin{vmatrix}\boldsymbol{i}&\boldsymbol{j}&\boldsymbol{k}\\0&1&1\\1&2&1\end{vmatrix}=(-1,1,-1)$，故其方程为 $x-y+z=0$.

6. 【解】(1) S_1 的方程为 $\dfrac{x^2}{4}+\dfrac{(\pm\sqrt{y^2+z^2})^2}{3}=1$，即 $\dfrac{x^2}{4}+\dfrac{y^2+z^2}{3}=1$.

$\dfrac{x^2}{4}+\dfrac{y^2}{3}=1$ 在 (x_0,y_0) 处的切线方程为 $y-y_0=-\dfrac{3x_0}{4y_0}(x-x_0)$.

把(4,0)代入切线方程，得 $4y_0^2=12x_0-3x_0^2$. 解方程组 $\begin{cases}4y_0^2=12x_0-3x_0^2,\\ \dfrac{x_0^2}{4}+\dfrac{y_0^2}{3}=1\end{cases}$ 得 $\begin{cases}x_0=1,\\ y_0=\pm\dfrac{3}{2},\end{cases}$ 从而切线方程为 $y=\dfrac{1}{2}(x-4)$ 或 $y=-\dfrac{1}{2}(x-4)$.

故 S_1 的方程为 $y^2+z^2=\dfrac{1}{4}(x-4)^2$，即 $(x-4)^2-4y^2-4z^2=0$.

(2) $V_1=\dfrac{1}{3}\pi\left(\dfrac{3}{2}\right)^2\cdot 3=\dfrac{9}{4}\pi$.

$$V_2=\pi\int_1^2 3\left(1-\frac{x^2}{4}\right)\mathrm{d}x=\frac{5}{4}\pi.$$

故所求体积为 $V_1-V_2=\pi$.

考点二　曲面的切平面和法线及空间曲线的切线和法平面

1. 【答案】(C).

【解】由于 $f(x,y)$ 在点 $(0,0)$ 不一定可微，故(A)错误；由于 $z=f(x,y)$ 在点 $(0,0,f(0,0))$ 不一定存在切平面，故(B)错误.

由 $\begin{cases}x=t,\\ y=0,\\ z=f(t,0)\end{cases}$ 在点 $(0,0,f(0,0))$ 的切向量为 $\boldsymbol{T}=(1,0,f'_x(0,0))=(1,0,3)$ 知(C)正确.

2. 【答案】$\dfrac{x-1}{1}=\dfrac{y+2}{-4}=\dfrac{z-2}{6}$.

【解】记 $F(x,y,z)=x^2+2y^2+3z^2-21$，则 $F'_x(1,-2,2)=2$，$F'_y(1,-2,2)=-8$，$F'_z(1,-2,2)=12$，故 $x^2+2y^2+3z^2=1$ 在点 $(1,-2,2)$ 处的法向量为 $2(1,-4,6)$，从而法线方程为 $\dfrac{x-1}{1}=\dfrac{y+2}{-4}=\dfrac{z-2}{6}$.

3. 【答案】$\dfrac{\sqrt{30}}{30}(0,2\sqrt{3},3\sqrt{2})$.

【解】旋转曲面方程为 $3x^2+2y^2+3z^2=12$. 记 $F(x,y,z)=3x^2+2y^2+3z^2-12$，则

$F'_x(0,\sqrt{3},\sqrt{2})=0$，$F'_y(0,\sqrt{3},\sqrt{2})=4\sqrt{3}$，$F'_z(0,\sqrt{3},\sqrt{2})=6\sqrt{2}$，

故 $\boldsymbol{n}=(0,4\sqrt{3},6\sqrt{2})$，从而所求单位法向量为 $\dfrac{\sqrt{30}}{30}(0,2\sqrt{3},3\sqrt{2})$.

考点三　方向导数与梯度

1. 【答案】$\boldsymbol{i}+\boldsymbol{j}+\boldsymbol{k}$.

【解】记 $f(x,y,z)=xy+\dfrac{z}{y}$，则 $f'_x(2,1,1)=f'_y(2,1,1)=f'_z(2,1,1)=1$，故 $\mathbf{grad}\left(xy+\dfrac{z}{y}\right)\Big|_{(2,1,1)}=\boldsymbol{i}+\boldsymbol{j}+\boldsymbol{k}$.

2. 【答案】$\dfrac{11}{7}$.

【解】记 $F(x,y,z)=2x^2+3y^2+z^2-6$，则 $F'_x(1,1,1)=4$，$F'_y(1,1,1)=6$，$F'_z(1,1,1)=2$，故 $\boldsymbol{n}=2(2,3,1)$.

$$\frac{\partial u}{\partial x}\Big|_P=\frac{6x}{z\sqrt{6x^2+8y^2}}\Big|_P=\frac{6}{\sqrt{14}},$$

$$\frac{\partial u}{\partial y}\Big|_P=\frac{8y}{z\sqrt{6x^2+8y^2}}\Big|_P=\frac{8}{\sqrt{14}},$$

$$\frac{\partial u}{\partial z}\Big|_P=-\frac{\sqrt{6x^2+8y^2}}{z^2}\Big|_P=-\sqrt{14}.$$

$\boldsymbol{n}=2(2,3,1)$ 的方向余弦为 $\cos\alpha=\dfrac{2}{\sqrt{14}}$，$\cos\beta=\dfrac{3}{\sqrt{14}}$，$\cos\gamma=\dfrac{1}{\sqrt{14}}$.

故 $\dfrac{\partial u}{\partial \boldsymbol{n}}\Big|_P=\dfrac{6}{\sqrt{14}}\times\dfrac{2}{\sqrt{14}}+\dfrac{8}{\sqrt{14}}\times\dfrac{3}{\sqrt{14}}-\sqrt{14}\times\dfrac{1}{\sqrt{14}}=\dfrac{11}{7}$.

3. 【解】(1) $h(x,y)$ 在 $M(x_0,y_0)$ 沿 $\mathbf{grad}h(x_0,y_0)=(y_0-2x_0,x_0-2y_0)$ 方向的方向导数最大，且 $g(x_0,y_0)=|\mathbf{grad}h(x_0,y_0)|=\sqrt{(y_0-2x_0)^2+(x_0-2y_0)^2}=\sqrt{5x_0^2+5y_0^2-8x_0y_0}$.

(2) 记 $L(x,y,\lambda)=5x^2+5y^2-8xy+\lambda(75-x^2-y^2+xy)$.

令

$$L'_x=10x-8y+\lambda(y-2x)=0,\quad ①$$
$$L'_y=10y-8x+\lambda(x-2y)=0,\quad ②$$
$$L'_\lambda=75-x^2-y^2+xy=0.\quad ③$$

由①、②得 $\lambda=\dfrac{8y-10x}{y-2x}=\dfrac{8x-10y}{x-2y}$，从而 $(8y-10x)(x-2y)=(8x-10y)(y-2x)$，得 $x=y$ 或 $y=-x$.

把 $x=y$ 代入③得 $x^2-75=0$，解得 $\begin{cases}x=5\sqrt{3},\\ y=5\sqrt{3}\end{cases}$ 或 $\begin{cases}x=-5\sqrt{3},\\ y=-5\sqrt{3};\end{cases}$ 把 $y=-x$ 代入③得 $x^2-25=0$，解得 $\begin{cases}x=5,\\ y=-5\end{cases}$ 或 $\begin{cases}x=-5,\\ y=5.\end{cases}$

由 $g(5\sqrt{3},5\sqrt{3})=g(-5\sqrt{3},-5\sqrt{3})=5\sqrt{6}$，$g(5,-5)=g(-5,5)=15\sqrt{2}$ 知点 $(5,-5)$ 或 $(-5,5)$ 可作为攀登起点.

第六章　多元函数积分学

§6.1　二重积分

十年真题

考点一　二重积分的概念与性质

1. 【答案】(A).

【解】当 $|x|+|y|\leqslant\dfrac{\pi}{2}$ 时，$x^2+y^2\leqslant\left(\dfrac{\pi}{2}\right)^2$，从而 $0\leqslant\sqrt{x^2+y^2}\leqslant\dfrac{\pi}{2}$. 由于当 $0\leqslant u\leqslant\dfrac{\pi}{2}$ 时，$1-\cos u\leqslant\sin u\leqslant u$，故在 D 内，$1-\cos\sqrt{x^2+y^2}\leqslant\sin\sqrt{x^2+y^2}\leqslant\sqrt{x^2+y^2}$，从而根据二重积分的保号性，$I_3<I_2<I_1$.

2. 【答案】(C).

【解】记 $f(x,y)=xy$，$g(x,y)=1$. 如下图所示，由于积分区域关于 y 轴对称，且 $f(-x,y)=-f(x,y)$，$g(-x,y)=g(x,y)$，故

原式 $=2\int_0^1\mathrm{d}x\int_x^{2-x^2}\mathrm{d}y=2\int_0^1(2-x^2-x)\mathrm{d}x=\dfrac{7}{3}$.

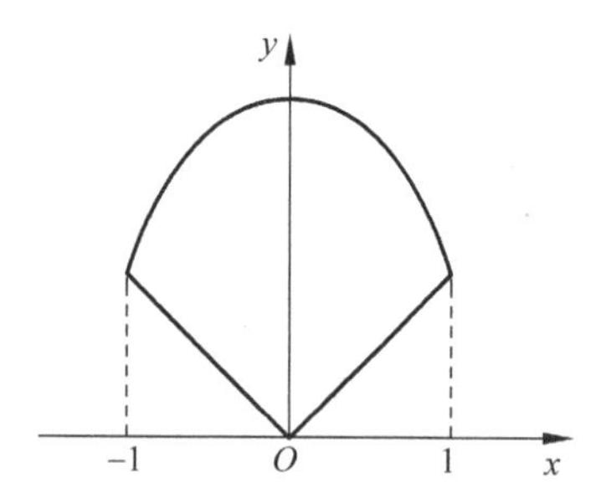

3.【答案】(B).

【解】记 $f(x,y)=\sqrt[3]{x-y}$.

由于 D_1 关于 $y=x$ 对称，且 $f(x,y)=-f(y,x)$，故 $J_1=0$.

如下图(a)所示，记 $D_4=\{(x,y)\mid 0\leqslant x\leqslant 1,x^2\leqslant y\leqslant\sqrt{x}\}$，$D_5=\{(x,y)\mid 0\leqslant x\leqslant 1,0\leqslant y\leqslant x^2\}$. 由于 D_4 关于 $y=x$ 对称，且 $f(x,y)=-f(y,x)$，故 $\iint\limits_{D_4}\sqrt[3]{x-y}\,\mathrm{d}x\mathrm{d}y=0$. 又由于在 D_5 内 $\sqrt[3]{x-y}>0$，故 $\iint\limits_{D_5}\sqrt[3]{x-y}\,\mathrm{d}x\mathrm{d}y>0$，从而 $J_2=\iint\limits_{D_4}\sqrt[3]{x-y}\,\mathrm{d}x\mathrm{d}y+\iint\limits_{D_5}\sqrt[3]{x-y}\,\mathrm{d}x\mathrm{d}y>0$. 如下图(b)所示，记 $D_6=\{(x,y)\mid 0\leqslant x\leqslant 1,\sqrt{x}\leqslant y\leqslant 1\}$. 由于在 D_6 内 $\sqrt[3]{x-y}<0$，故 $\iint\limits_{D_6}\sqrt[3]{x-y}\,\mathrm{d}x\mathrm{d}y<0$，从而 $J_3=\iint\limits_{D_4}\sqrt[3]{x-y}\,\mathrm{d}x\mathrm{d}y+\iint\limits_{D_6}\sqrt[3]{x-y}\,\mathrm{d}x\mathrm{d}y<0$.

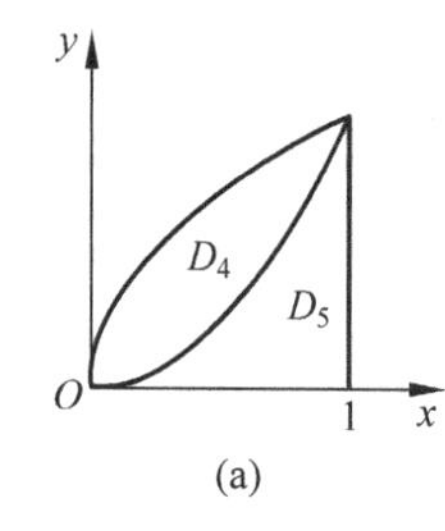

(a)

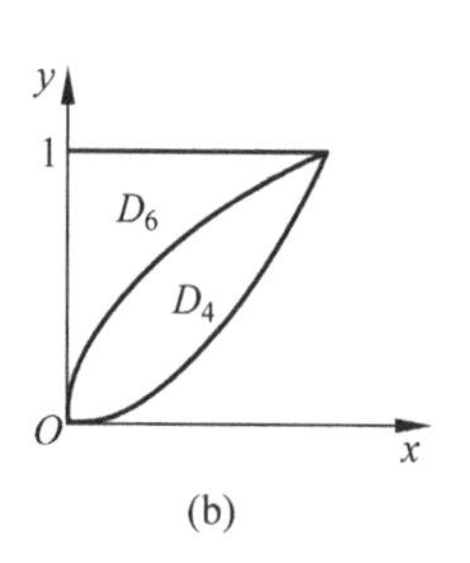

(b)

综上所述，$J_3<J_1<J_2$.

考点二 二重积分的计算

1.【答案】(B).

【解】$2xy=1,4xy=1,y=x,y=\sqrt{3}x$ 的极坐标方程分别为 $2r^2\cos\theta\sin\theta=1$ $\left(即\ r=\dfrac{1}{\sqrt{\sin2\theta}}\right)$，$4r^2\cos\theta\sin\theta=1$ $\left(即\ r=\dfrac{1}{\sqrt{2\sin2\theta}}\right)$，$\theta=\dfrac{\pi}{4},\theta=\dfrac{\pi}{3}$. 故

$$\iint\limits_D f(x,y)\mathrm{d}x\mathrm{d}y=\int_{\frac{\pi}{4}}^{\frac{\pi}{3}}\mathrm{d}\theta\int_{\frac{1}{\sqrt{2\sin2\theta}}}^{\frac{1}{\sqrt{\sin2\theta}}}f(r\cos\theta,r\sin\theta)r\mathrm{d}r.$$

2.【答案】(B).

【解】由于 $x^2+y^2=2x,x^2+y^2=2y$ 的极坐标方程分别为 $r=2\cos\theta,r=2\sin\theta$，而 D 表示下图中阴影部分的区域，故

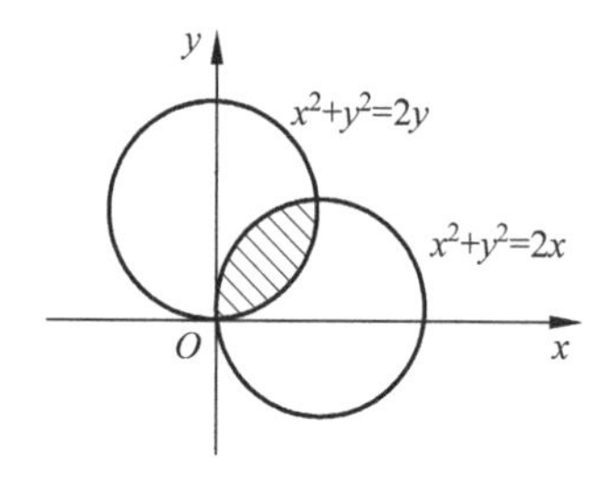

$$\iint\limits_D f(x,y)\mathrm{d}x\mathrm{d}y=\int_0^{\frac{\pi}{4}}\mathrm{d}\theta\int_0^{2\sin\theta}f(r\cos\theta,r\sin\theta)r\mathrm{d}r+\int_{\frac{\pi}{4}}^{\frac{\pi}{2}}\mathrm{d}\theta\int_0^{2\cos\theta}f(r\cos\theta,r\sin\theta)r\mathrm{d}r.$$

3.【答案】$(\mathrm{e}-1)^2$.

【解】记 $D=\{(x,y)\mid 0\leqslant x\leqslant 1,0\leqslant y-x\leqslant 1\}$，则

$$原式=\iint\limits_D \mathrm{e}^x\cdot\mathrm{e}^{y-x}\mathrm{d}x\mathrm{d}y=\int_0^1\mathrm{d}x\int_x^{x+1}\mathrm{e}^y\mathrm{d}y$$

$$=\int_0^1(\mathrm{e}^{x+1}-\mathrm{e}^x)\mathrm{d}x=(\mathrm{e}-1)^2.$$

【注】2003年数学三曾考查过非常类似的填空题.

4.【解】如下图所示，设 D_1 是 $x=\sqrt{1-y^2}$ 与 y 轴围成的平面区域，则

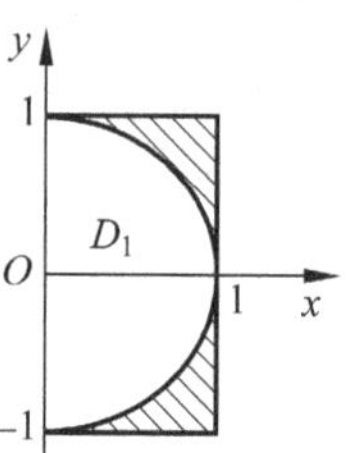

$$原式=\iint\limits_{D+D_1}\frac{x}{\sqrt{x^2+y^2}}\mathrm{d}x\mathrm{d}y-\iint\limits_{D_1}\frac{x}{\sqrt{x^2+y^2}}\mathrm{d}x\mathrm{d}y.$$

$$\iint\limits_{D_1}\frac{x}{\sqrt{x^2+y^2}}\mathrm{d}x\mathrm{d}y=2\int_0^{\frac{\pi}{2}}\mathrm{d}\theta\int_0^1 r\cos\theta\mathrm{d}r=\int_0^{\frac{\pi}{2}}\cos\theta\mathrm{d}\theta=1.$$

$$\iint\limits_{D+D_1}\frac{x}{\sqrt{x^2+y^2}}\mathrm{d}x\mathrm{d}y=2\int_0^1\mathrm{d}y\int_0^1\frac{x}{\sqrt{x^2+y^2}}\mathrm{d}x$$

$$=\int_0^1\mathrm{d}y\int_0^1\frac{\mathrm{d}(x^2+y^2)}{\sqrt{x^2+y^2}}$$

$$=2\int_0^1(\sqrt{1+y^2}-y)\mathrm{d}y$$

$$\xlongequal{令\ y=\tan t}2\int_0^{\frac{\pi}{4}}\sec^3t\mathrm{d}t-1$$

$$=2[\sec t\tan t]_0^{\frac{\pi}{4}}-2\int_0^{\frac{\pi}{4}}\tan^2t\sec t\mathrm{d}t-1$$

$$=2\sqrt{2}-2\int_0^{\frac{\pi}{4}}(\sec^3t-\sec t)\mathrm{d}t-1$$

$$=\sqrt{2}+\int_0^{\frac{\pi}{4}}\sec t\mathrm{d}t-1=\ln(\sqrt{2}+1)+\sqrt{2}-1.$$

故原式 $=\ln(\sqrt{2}+1)+\sqrt{2}-2$.

5.【解】如下图所示，因为 D 关于 $y=x$ 对称，故

$$原式=\iint\limits_D(1+y-x)\mathrm{d}x\mathrm{d}y=\iint\limits_D\mathrm{d}x\mathrm{d}y$$

$$=\int_{\frac{1}{3}}^1\left(3x-\frac{1}{3x}\right)\mathrm{d}x+\int_1^3\left(\frac{3}{x}-\frac{x}{3}\right)\mathrm{d}x$$

$$=\left[\frac{3}{2}x^2-\frac{1}{3}\ln|x|\right]_{\frac{1}{3}}^1+\left[3\ln|x|-\frac{x^2}{6}\right]_1^3=\frac{8}{3}\ln3.$$

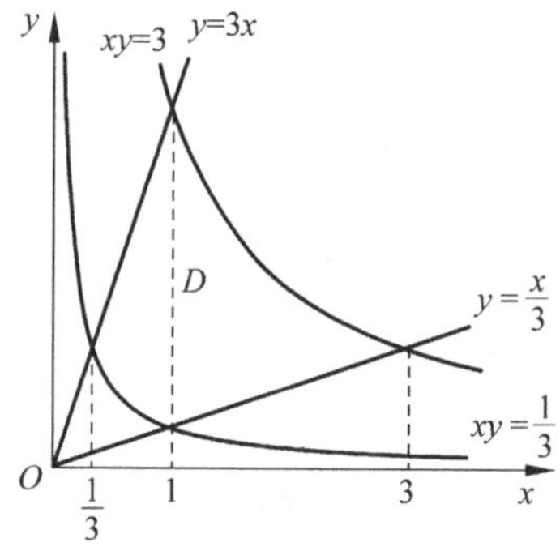

6.【解】原式$=\int_0^{\frac{\pi}{3}}d\theta\int_{\sqrt{\frac{1}{1-\sin\theta\cos\theta}}}^{\sqrt{\frac{2}{1-\sin\theta\cos\theta}}}\frac{r}{3r^2\cos^2\theta+r^2\sin^2\theta}dr$

$=\int_0^{\frac{\pi}{3}}d\theta\int_{\sqrt{\frac{1}{1-\sin\theta\cos\theta}}}^{\sqrt{\frac{2}{1-\sin\theta\cos\theta}}}\frac{1}{r(3\cos^2\theta+\sin^2\theta)}dr$

$=\int_0^{\frac{\pi}{3}}\frac{\ln\sqrt{\frac{2}{1-\sin\theta\cos\theta}}-\ln\sqrt{\frac{1}{1-\sin\theta\cos\theta}}}{3\cos^2\theta+\sin^2\theta}d\theta$

$=\ln\sqrt{2}\int_0^{\frac{\pi}{3}}\frac{d\theta}{\cos^2\theta(3+\tan^2\theta)}$

$=\frac{\ln\sqrt{2}}{3}\int_0^{\frac{\pi}{3}}\frac{d(\tan\theta)}{1+\left(\frac{\tan\theta}{\sqrt{3}}\right)^2}$

$=\frac{\ln\sqrt{2}}{\sqrt{3}}\left[\arctan\left(\frac{\tan\theta}{\sqrt{3}}\right)\right]_0^{\frac{\pi}{3}}=\frac{\ln 2}{8\sqrt{3}}\pi.$

7.【解】如下图所示，设 D_1 是 D 在 x 轴上侧的部分，D_2 是 $y=\sqrt{2x-x^2}$，$y=\sqrt{1-x^2}$ 及 x 轴围成的平面区域.

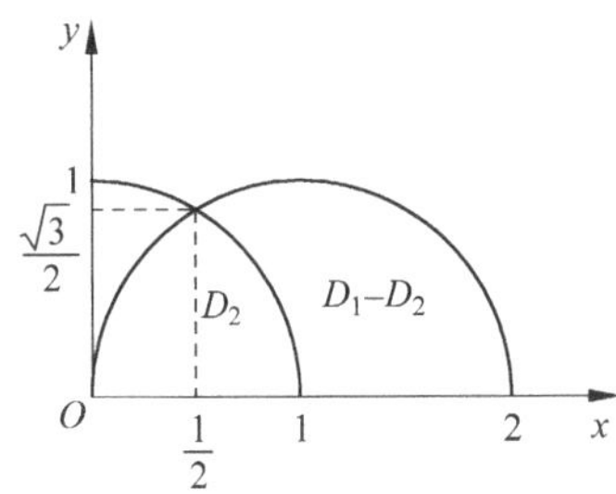

原式$=2\iint\limits_{D_1}\left|\sqrt{x^2+y^2}-1\right|dxdy$

$=2\iint\limits_{D_2}(1-\sqrt{x^2+y^2})dxdy+2\iint\limits_{D_1-D_2}(\sqrt{x^2+y^2}-1)dxdy$

$=2\iint\limits_{D_1}\sqrt{x^2+y^2}dxdy-4\iint\limits_{D_2}\sqrt{x^2+y^2}dxdy+$

$4\iint\limits_{D_2}dxdy-2\iint\limits_{D_1}dxdy.$

$\iint\limits_{D_1}dxdy=\frac{1}{2}\pi\cdot 1^2=\frac{\pi}{2}.$

$\iint\limits_{D_2}dxdy=2\int_{\frac{1}{2}}^1\sqrt{1-x^2}dx\xlongequal{令x=\sin t}2\int_{\frac{\pi}{6}}^{\frac{\pi}{2}}\cos^2 t\,dt$

$=\int_{\frac{\pi}{6}}^{\frac{\pi}{2}}(1+\cos 2t)dt=\frac{\pi}{3}-\frac{\sqrt{3}}{4}.$

$\iint\limits_{D_1}\sqrt{x^2+y^2}dxdy=\int_0^{\frac{\pi}{2}}d\theta\int_0^{2\cos\theta}r^2dr=\frac{8}{3}\int_0^{\frac{\pi}{2}}\cos^3\theta d\theta$

$=\frac{8}{3}\cdot\frac{2}{3}=\frac{16}{9}.$

$\iint\limits_{D_2}\sqrt{x^2+y^2}dxdy=\int_0^{\frac{\pi}{3}}d\theta\int_0^1 r^2dr+\int_{\frac{\pi}{3}}^{\frac{\pi}{2}}d\theta\int_0^{2\cos\theta}r^2dr$

$=\frac{1}{3}\int_0^{\frac{\pi}{3}}d\theta+\frac{8}{3}\int_{\frac{\pi}{3}}^{\frac{\pi}{2}}\cos^3\theta d\theta$

$=\frac{\pi}{9}+\frac{8}{3}\int_{\frac{\pi}{3}}^{\frac{\pi}{2}}(1-\sin^2\theta)d(\sin\theta)$

$=\frac{\pi+16-9\sqrt{3}}{9}.$

故原式$=2\cdot\frac{16}{9}-4\cdot\frac{\pi+16-9\sqrt{3}}{9}+4\cdot\left(\frac{\pi}{3}-\frac{\sqrt{3}}{4}\right)-2\cdot\frac{\pi}{2}=\frac{27\sqrt{3}-32-\pi}{9}.$

8.【解】如下图所示，

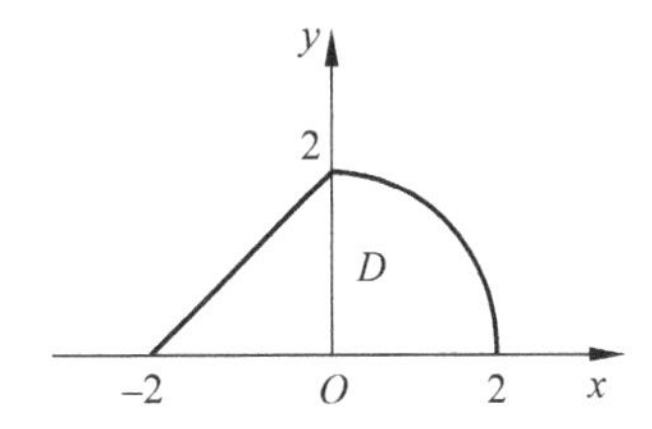

$I=\int_0^{\frac{\pi}{2}}d\theta\int_0^2(\cos\theta-\sin\theta)^2rdr+\int_{\frac{\pi}{2}}^{\pi}d\theta\int_0^{\frac{2}{\sin\theta-\cos\theta}}(\cos\theta-\sin\theta)^2rdr$

$=2\int_0^{\frac{\pi}{2}}(\cos\theta-\sin\theta)^2d\theta+2\int_{\frac{\pi}{2}}^{\pi}d\theta$

$=2\int_0^{\frac{\pi}{2}}(1-\sin 2\theta)d\theta+\pi=2(\pi-1).$

9.【解】原式$=\int_0^{\frac{\pi}{4}}d\theta\int_0^{\sqrt{\cos 2\theta}}r^3\cos\theta\sin\theta dr=\frac{1}{8}\int_0^{\frac{\pi}{4}}\cos^2 2\theta\sin 2\theta d\theta=\frac{1}{48}.$

【注】曲线$(x^2+y^2)^2=a^2(x^2-y^2)$(即 $r^2=a^2\cos 2\theta$)称为双纽线，其图形如下图所示. 记忆一些常用曲线(如摆线、星形线、心形线、双纽线)的方程和图形有时会对解题有所帮助. 而 1993 年数学一关于平面图形面积的选择题曾考查过双纽线.

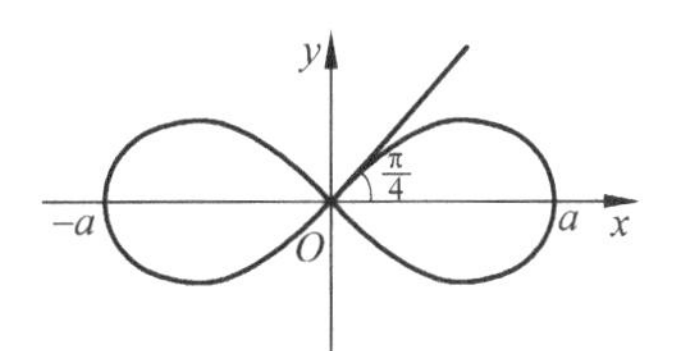

10.【解】**法一**：原式$=\int_0^{\frac{\pi}{4}}d\theta\int_0^1 r^3e^{r^2(1+\sin 2\theta)}\cos 2\theta dr$

$=\int_0^1 dr\int_0^{\frac{\pi}{4}}r^3e^{r^2(1+\sin 2\theta)}\cos 2\theta d\theta$

$=\frac{1}{2}\int_0^1 rdr\int_0^{\frac{\pi}{4}}e^{r^2(1+\sin 2\theta)}d[r^2(1+\sin 2\theta)]$

$=\frac{1}{2}\int_0^1 r(e^{2r^2}-e^{r^2})dr=\frac{1}{8}(e-1)^2.$

法二：令 $u=x+y$，$v=x-y$，则 $x=\frac{1}{2}(u+v)$，$y=\frac{1}{2}(u-v)$，D 变为 $D'=\{(u,v)\mid u^2+v^2\leqslant 2, u\geqslant v\geqslant 0\}$，且 $J=\begin{vmatrix}\frac{\partial x}{\partial u}&\frac{\partial x}{\partial v}\\\frac{\partial y}{\partial u}&\frac{\partial y}{\partial v}\end{vmatrix}=\begin{vmatrix}\frac{1}{2}&\frac{1}{2}\\\frac{1}{2}&-\frac{1}{2}\end{vmatrix}=-\frac{1}{2}$，于是原式$=\iint\limits_{D'}uve^{u^2}\cdot\frac{1}{2}dudv=\frac{1}{2}\int_0^1 dv\int_v^{\sqrt{2-v^2}}uve^{u^2}du=\frac{1}{4}\int_0^1 v(e^{2-v^2}-e^{v^2})dv=\frac{1}{8}(e-1)^2.$

11.【解】如下图所示，

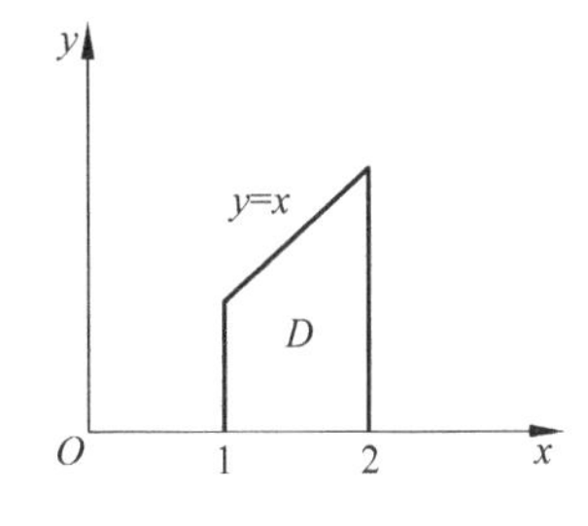

$$原式=\int_0^{\frac{\pi}{4}}d\theta\int_{\frac{1}{\cos\theta}}^{\frac{2}{\cos\theta}}\frac{r^2}{r\cos\theta}dr=\frac{3}{2}\int_0^{\frac{\pi}{4}}\frac{1}{\cos^3\theta}d\theta$$

$$=\frac{3}{2}\int_0^{\frac{\pi}{4}}\frac{\cos\theta}{\cos^4\theta}d\theta=\frac{3}{2}\int_0^{\frac{\pi}{4}}\frac{1}{(1-\sin^2\theta)^2}d(\sin\theta)$$

$$\xlongequal{令x=\sin\theta}\frac{3}{2}\int_0^{\frac{\sqrt{2}}{2}}\frac{1}{(1-t^2)^2}dt$$

$$=\frac{3}{2}\cdot\frac{1}{4}\int_0^{\frac{\sqrt{2}}{2}}\left[\frac{1}{(1+t)^2}+\frac{1}{(1-t)^2}+\frac{1}{1+t}+\frac{1}{1-t}\right]dt$$

$$=\frac{3}{4}[\sqrt{2}+\ln(\sqrt{2}+1)].$$

12.【解】 设 $\iint_D f(x,y)dxdy=a$，则 $f(x,y)=y\sqrt{1-x^2}+ax$，从而

$$a=\iint_D f(x,y)dxdy=\iint_D y\sqrt{1-x^2}dxdy+a\iint_D xdxdy.$$

由 $\iint_D xdxdy=0$，

$$\iint_D y\sqrt{1-x^2}dxdy=2\int_0^1dx\int_0^{\sqrt{1-x^2}}y\sqrt{1-x^2}dy$$

$$=\int_0^1(\sqrt{1-x^2})^3dx$$

$$\xlongequal{令x=\sin t}\int_0^{\frac{\pi}{2}}\cos^4tdt$$

$$=\frac{3}{4}\cdot\frac{1}{2}\cdot\frac{\pi}{2}=\frac{3\pi}{16}$$

知 $a=\frac{3\pi}{16}$，故 $f(x,y)=y\sqrt{1-x^2}+\frac{3\pi}{16}x$.

于是，$\iint_D xf(x,y)dxdy=\iint_D xy\sqrt{1-x^2}dxdy+\frac{3\pi}{16}\iint_D x^2dxdy$

$$=0+\frac{3\pi}{16}\int_0^{\pi}d\theta\int_0^1r^3\cos^2\theta dr=\frac{3\pi^2}{128}.$$

【注】 (i) $\int_0^{\frac{\pi}{2}}\sin^nxdx=\int_0^{\frac{\pi}{2}}\cos^nxdx$

$$=\begin{cases}\frac{n-1}{n}\cdot\frac{n-3}{n-2}\cdot\cdots\cdot\frac{1}{2}\cdot\frac{\pi}{2}, & n为正偶数,\\ \frac{n-1}{n}\cdot\frac{n-3}{n-2}\cdot\cdots\cdot\frac{2}{3}, & n为大于1的奇数.\end{cases}$$

(ii) 1999年数学三曾考查过类似的选择题.

13.【解】 由于把 $(-x,y)$ 代入 D 后 D 不变，故 D 关于 y 轴对称，从而

$$\iint_D\frac{x}{\sqrt{x^2+y^2}}dxdy=0,$$

$$\iint_D\frac{y}{\sqrt{x^2+y^2}}dxdy=2\iint_{D_1}\frac{y}{\sqrt{x^2+y^2}}dxdy,$$

其中 D_1 是 D 位于 y 轴右侧的部分.

在极坐标系中，$D_1=\left\{(r,\theta)\ \middle|\ \frac{\pi}{4}\leqslant\theta\leqslant\frac{\pi}{2},0\leqslant r\leqslant\sin^2\theta\right\}$，故

$$原式=2\int_{\frac{\pi}{4}}^{\frac{\pi}{2}}d\theta\int_0^{\sin^2\theta}r\sin\theta dr=\int_{\frac{\pi}{4}}^{\frac{\pi}{2}}\sin^5\theta d\theta$$

$$=-\int_{\frac{\pi}{4}}^{\frac{\pi}{2}}(1-\cos^2\theta)^2d(\cos\theta)=\frac{43\sqrt{2}}{120}.$$

14.【解】 设 $\begin{cases}x=t-\sin t,\\y=1-\cos t\end{cases}(0\leqslant t\leqslant 2\pi)$ 的直角坐标方程为 $y=y(x)$ $(0\leqslant x\leqslant 2\pi)$，则

$$原式=\int_0^{2\pi}dx\int_0^{y(x)}(x+2y)dy=\int_0^{2\pi}[xy(x)+y^2(x)]dx$$

$$=\int_0^{2\pi}xy(x)dx+\int_0^{2\pi}y^2(x)dx$$

$$\int_0^{2\pi}xy(x)dx=\int_0^{2\pi}(t-\sin t)(1-\cos t)d(t-\sin t)$$

$$=\int_0^{2\pi}(t-\sin t)(1-\cos t)^2dt$$

$$=\int_0^{2\pi}(t-2t\cos t+t\cos^2t-\sin t+2\sin t\cos t-\sin t\cos^2t)dt$$

$$=2\pi^2-0+\pi^2-0+0=3\pi^2.$$

$$\int_0^{2\pi}y^2(x)dx=\int_0^{2\pi}(1-\cos t)^2d(t-\sin t)=\int_0^{2\pi}(1-\cos t)^3dt$$

$$=\int_0^{2\pi}(1-3\cos t+3\cos^2t-\cos^3t)dt$$

$$=2\pi-0+3\pi-0=5\pi.$$

故原式 $=3\pi^2+5\pi$.

【注】 曲线 $\begin{cases}x=a(t-\sin t),\\y=a(1-\cos t)\end{cases}$ 称为摆线，其图形如下图所示. 记忆一些常用曲线(如摆线、星形线、心形线、双纽线)的方程和图形有时会对解题有所帮助.

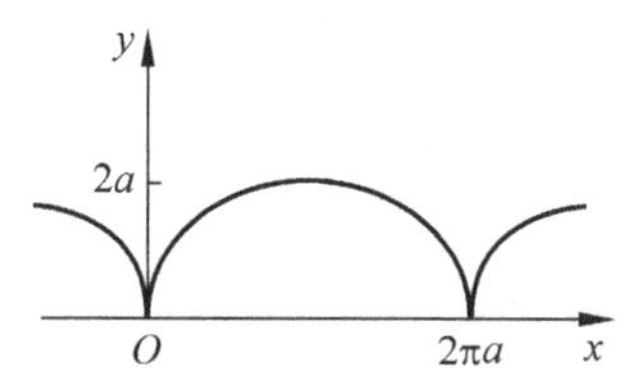

15.【解】 由于 D 表示下图中阴影部分的区域，故

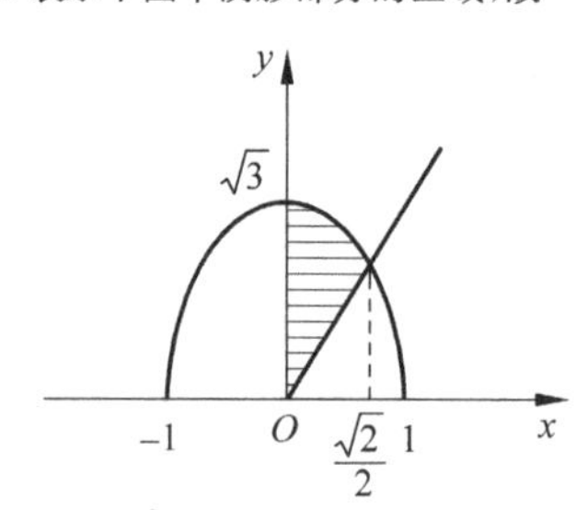

$$原式=\int_0^{\frac{\sqrt{2}}{2}}dx\int_{\sqrt{3}x}^{\sqrt{3(1-x^2)}}x^2dy=\sqrt{3}\int_0^{\frac{\sqrt{2}}{2}}x^2\sqrt{1-x^2}dx-\sqrt{3}\int_0^{\frac{\sqrt{2}}{2}}x^3dx.$$

由 $\int_0^{\frac{\sqrt{2}}{2}}x^3dx=\frac{1}{16}$，

$$\int_0^{\frac{\sqrt{2}}{2}}x^2\sqrt{1-x^2}dx\xlongequal{令x=\sin t}\int_0^{\frac{\pi}{4}}\sin^2t\cos^2tdt$$

$$=\frac{1}{8}\int_0^{\frac{\pi}{4}}(1-\cos4t)dt=\frac{\pi}{32}$$

知原式 $=\frac{\sqrt{3}}{16}\left(\frac{\pi}{2}-1\right)$.

16.【解】 原式 $=\iint_D(x^2+2x+1)dxdy$.

由 $\iint_D 2xdxdy=0$，$\iint_D dxdy=\pi$，

$$\iint_D x^2dxdy=2\int_0^{\frac{\pi}{2}}d\theta\int_0^{2\sin\theta}r^3\cos^2\theta dr=8\int_0^{\frac{\pi}{2}}\sin^4\theta\cos^2\theta d\theta$$

$$=8\int_0^{\frac{\pi}{2}}(\sin^4\theta-\sin^6\theta)d\theta$$

$$=8\left(\frac{3}{4}\cdot\frac{1}{2}\cdot\frac{\pi}{2}-\frac{5}{6}\cdot\frac{3}{4}\cdot\frac{1}{2}\cdot\frac{\pi}{2}\right)=\frac{\pi}{4}$$

知原式 $=\frac{\pi}{4}+\pi=\frac{5\pi}{4}$.

17.【解】原式$=\int_0^{+\infty}\mathrm{d}x\int_0^{\sqrt{x}}\frac{y^3}{(1+x^2+y^4)^2}\mathrm{d}y$

$$=\frac{1}{4}\int_0^{+\infty}\mathrm{d}x\int_0^{\sqrt{x}}\frac{1}{(1+x^2+y^4)^2}\mathrm{d}(1+x^2+y^4)$$

$$=\frac{1}{4}\int_0^{+\infty}\left(\frac{1}{1+x^2}-\frac{1}{1+2x^2}\right)\mathrm{d}x$$

$$=\frac{2-\sqrt{2}}{16}\pi.$$

18.【解】原式$=\int_{-\frac{\pi}{2}}^{\frac{\pi}{2}}\mathrm{d}\theta\int_2^{2(1+\cos\theta)}r^2\cos\theta\mathrm{d}r$

$$=\frac{8}{3}\int_{-\frac{\pi}{2}}^{\frac{\pi}{2}}[(1+\cos\theta)^3-1]\cos\theta\mathrm{d}\theta$$

$$=\frac{8}{3}\int_{-\frac{\pi}{2}}^{\frac{\pi}{2}}(3\cos^2\theta+3\cos^3\theta+\cos^4\theta)\mathrm{d}\theta$$

$$=\frac{16}{3}\int_0^{\frac{\pi}{2}}(3\cos^2\theta+3\cos^3\theta+\cos^4\theta)\mathrm{d}\theta$$

$$=\frac{16}{3}\left(3\cdot\frac{1}{2}\cdot\frac{\pi}{2}+3\cdot\frac{2}{3}+\frac{3}{4}\cdot\frac{1}{2}\cdot\frac{\pi}{2}\right)$$

$$=\frac{32}{3}+5\pi.$$

【注】曲线 $r=a(1+\cos\theta)$ 称为心形线，其图形如下图所示. 记忆一些常用曲线(如摆线、星形线、心形线、双纽线)的方程和图形有时会对解题有所帮助.

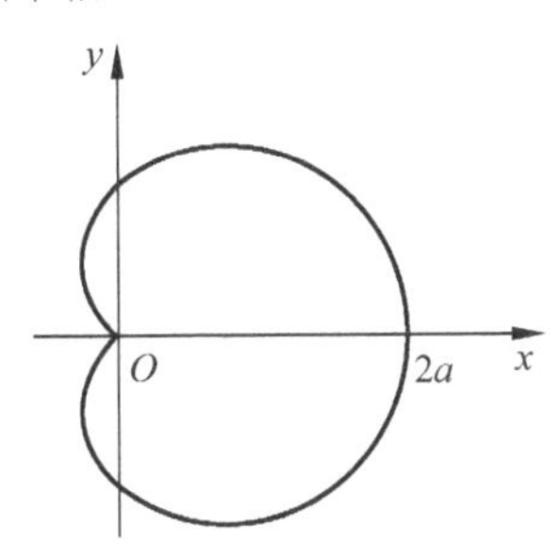

19.【解】如下图所示，

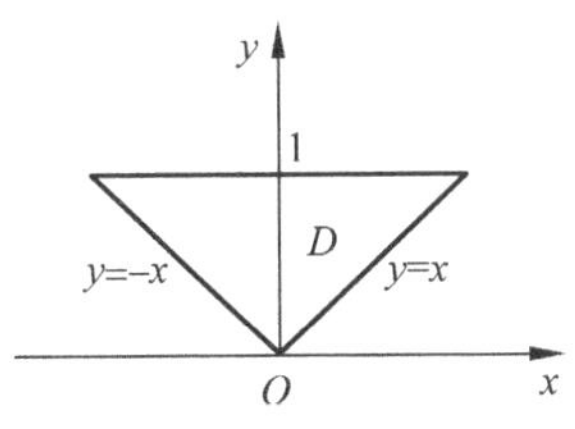

原式$=\iint\limits_D\frac{x^2-y^2}{x^2+y^2}\mathrm{d}x\mathrm{d}y=2\int_{\frac{\pi}{4}}^{\frac{\pi}{2}}\mathrm{d}\theta\int_0^{\frac{1}{\sin\theta}}\frac{r^2\cos^2\theta-r^2\sin^2\theta}{r^2}r\mathrm{d}r$

$$=\int_{\frac{\pi}{4}}^{\frac{\pi}{2}}(\cos^2\theta-\sin^2\theta)\frac{1}{\sin^2\theta}\mathrm{d}\theta$$

$$=\int_{\frac{\pi}{4}}^{\frac{\pi}{2}}(\cot^2\theta-1)\mathrm{d}\theta=\int_{\frac{\pi}{4}}^{\frac{\pi}{2}}(\csc^2\theta-2)\mathrm{d}\theta=1-\frac{\pi}{2}.$$

20.【解】如下图所示，

原式$=\iint\limits_D x^2\mathrm{d}x\mathrm{d}y=2\int_0^1\mathrm{d}x\int_{x^2}^{\sqrt{2-x^2}}x^2\mathrm{d}y$

$$=2\int_0^1(x^2\sqrt{2-x^2}-x^4)\mathrm{d}x.$$

由$\int_0^1 x^4\mathrm{d}x=\frac{1}{5}$，

$$\int_0^1 x^2\sqrt{2-x^2}\mathrm{d}x\xlongequal{\text{令 }x=\sqrt{2}\sin t}4\int_0^{\frac{\pi}{4}}\sin^2t\cos^2t\mathrm{d}t$$

$$=\frac{1}{2}\int_0^{\frac{\pi}{4}}(1-\cos4t)\mathrm{d}t=\frac{\pi}{8}$$

知原式$=\frac{\pi}{4}-\frac{2}{5}$.

考点三　二次积分的积分次序与坐标系的转换

1.【答案】(A).

【解】由题意，积分区域可表示为

$$D=\left\{(x,y)\mid \sin x\leqslant y\leqslant 1,\frac{\pi}{6}\leqslant x\leqslant\frac{\pi}{2}\right\},$$

即是由 $y=\sin x\left(\frac{\pi}{6}\leqslant x\leqslant\frac{\pi}{2}\right)$，$y=1$ 与 $x=\frac{\pi}{6}$ 围成的图形.

由于当 $x=\frac{\pi}{6}$ 时，$y=\frac{1}{2}$，故

$$\int_{\frac{\pi}{6}}^{\frac{\pi}{2}}\mathrm{d}x\int_{\sin x}^1 f(x,y)\mathrm{d}y=\int_{\frac{1}{2}}^1\mathrm{d}y\int_{\frac{\pi}{6}}^{\arcsin y}f(x,y)\mathrm{d}x.$$

【注】2007 年数学二、三曾考查过非常类似但难度更高的选择题.

2.【答案】(D).

【解】法一：原式$\xlongequal{\text{交换积分次序}}\int_0^2\mathrm{d}x\int_0^x\frac{y}{\sqrt{1+x^3}}\mathrm{d}y$

$$=\frac{1}{2}\int_0^2\frac{x^2}{\sqrt{1+x^3}}\mathrm{d}x$$

$$=\frac{1}{6}\int_0^2\frac{\mathrm{d}(1+x^3)}{\sqrt{1+x^3}}=\frac{2}{3}.$$

法二：原式$=\int_0^2 y\left(\int_y^2\frac{\mathrm{d}x}{\sqrt{1+x^3}}\right)\mathrm{d}y$

$$=\left[\frac{y^2}{2}\int_y^2\frac{\mathrm{d}x}{\sqrt{1+x^3}}\right]_0^2-\int_0^2\frac{y^2}{2}\mathrm{d}\left(\int_y^2\frac{\mathrm{d}x}{\sqrt{1+x^3}}\right)$$

$$=\int_0^2\frac{y^2}{2}\cdot\frac{1}{\sqrt{1+y^3}}\mathrm{d}y=\frac{1}{6}\int_0^2\frac{\mathrm{d}(1+y^3)}{\sqrt{1+y^3}}=\frac{2}{3}.$$

3.【答案】$\frac{\pi}{2}\cos\frac{2}{\pi}$.

【解】由于 $f(t)\xlongequal{\text{交换积分次序}}\int_1^t\mathrm{d}y\int_1^{y^2}\sin\frac{x}{y}\mathrm{d}x=\int_1^t y\left(\cos\frac{1}{y}-\cos y\right)\mathrm{d}y$，故 $f'(t)=t\left(\cos\frac{1}{t}-\cos t\right)$，从而 $f'\left(\frac{\pi}{2}\right)=\frac{\pi}{2}\cos\frac{2}{\pi}$.

4.【答案】$\frac{2}{9}(2\sqrt{2}-1)$.

【解】法一：原式$\xlongequal{\text{交换积分次序}}\int_0^1\mathrm{d}x\int_0^{x^2}\sqrt{x^3+1}\mathrm{d}y$

$$=\int_0^1 x^2\sqrt{x^3+1}\mathrm{d}x=\frac{1}{3}\int_0^1\sqrt{x^3+1}\mathrm{d}(x^3+1)$$

$$=\frac{2}{9}(2\sqrt{2}-1).$$

法二：原式$=\int_0^1\left(\int_{\sqrt{y}}^1\sqrt{x^3+1}\mathrm{d}x\right)\mathrm{d}y$

$$=\left[y\int_{\sqrt{y}}^1\sqrt{x^3+1}\mathrm{d}x\right]_0^1-\int_0^1 y\mathrm{d}\left(\int_{\sqrt{y}}^1\sqrt{x^3+1}\mathrm{d}x\right)$$

$$=\int_0^1 y\sqrt{y^{\frac{3}{2}}+1}\mathrm{d}(\sqrt{y})\xlongequal{\text{令 }t=\sqrt{y}}\int_0^1 t^2\sqrt{t^3+1}\mathrm{d}t$$

$$=\frac{2}{9}(2\sqrt{2}-1).$$

5.【答案】$-\ln(\cos1)$.

【解】法一：原式$\xlongequal{\text{交换积分次序}}\int_0^1\mathrm{d}x\int_0^x\frac{\tan x}{x}\mathrm{d}y=\int_0^1\tan x\mathrm{d}x$

$$=-\int_0^1\frac{\mathrm{d}(\cos x)}{\cos x}=-\ln(\cos1).$$

法二：原式$=\int_0^1\left(\int_y^1\frac{\tan x}{x}\mathrm{d}x\right)\mathrm{d}y$

$$=\left[y\int_y^1\frac{\tan x}{x}\mathrm{d}x\right]_0^1-\int_0^1 y\mathrm{d}\left(\int_y^1\frac{\tan x}{x}\mathrm{d}x\right)$$

$$=\int_0^1 y\frac{\tan y}{y}\mathrm{d}y$$

$$=-\int_0^1\frac{\mathrm{d}(\cos y)}{\cos y}=-\ln(\cos 1).$$

6. (1)**【解】**$f(x)=\int_0^x\frac{\cos t}{2t-3\pi}\mathrm{d}t$.

所求平均值为

$$\bar{f}=\frac{1}{\frac{3}{2}\pi-0}\int_0^{\frac{3}{2}\pi}\mathrm{d}x\int_0^x\frac{\cos t}{2t-3\pi}\mathrm{d}t$$

$$\xlongequal{\text{交换积分次序}}\frac{2}{3\pi}\int_0^{\frac{3}{2}\pi}\mathrm{d}t\int_t^{\frac{3}{2}\pi}\frac{\cos t}{2t-3\pi}\mathrm{d}x$$

$$=\frac{2}{3\pi}\int_0^{\frac{3}{2}\pi}\left(\frac{3}{2}\pi-t\right)\frac{\cos t}{2t-3\pi}\mathrm{d}t$$

$$=-\frac{1}{3\pi}\int_0^{\frac{3}{2}\pi}\cos t\,\mathrm{d}t=\frac{1}{3\pi}.$$

(2)**【证】**令$f'(x)=\frac{\cos x}{2x-3\pi}=0$,则$x=\frac{\pi}{2}$.

x	$\left(0,\frac{\pi}{2}\right)$	$\frac{\pi}{2}$	$\left(\frac{\pi}{2},\frac{3\pi}{2}\right)$
$f'(x)$	$-$	0	$+$
$f(x)$	↘	$f\left(\frac{\pi}{2}\right)$	↗

如上表所列,由于$f(x)$在$\left(0,\frac{\pi}{2}\right)$内单调递减,在$\left(\frac{\pi}{2},\frac{3\pi}{2}\right)$内单调递增,故$f(x)$在$\left(0,\frac{\pi}{2}\right)$和$\left(\frac{\pi}{2},\frac{3\pi}{2}\right)$内各至多存在一个零点.

在$\left(0,\frac{\pi}{2}\right)$内,由$f(x)$单调递减知$f(x)<f(0)=0$,故$f(x)$无零点,且$f\left(\frac{\pi}{2}\right)<0$.

在$\left(\frac{\pi}{2},\frac{3\pi}{2}\right)$内,根据积分中值定理,存在$\eta\in\left[0,\frac{3\pi}{2}\right]$,使得$f(\eta)=\bar{f}=\frac{1}{3\pi}>0$. 故根据零点定理,存在$\xi\in\left(\frac{\pi}{2},\eta\right)\subset\left(\frac{\pi}{2},\frac{3\pi}{2}\right)$,使得$f(\xi)=0$,即$x=\xi$为$f(x)$在$\left(0,\frac{3\pi}{2}\right)$内的唯一零点.

方法探究

考点一 二重积分的概念与性质

变式【答案】(D).

【解】因为D关于$y=x$对称,故根据轮换对称性,

原式$=\iint\limits_D\frac{a\sqrt{f(y)}+b\sqrt{f(x)}}{\sqrt{f(y)}+\sqrt{f(x)}}\mathrm{d}\sigma$

$$=\frac{1}{2}\iint\limits_D\left[\frac{a\sqrt{f(y)}+b\sqrt{f(x)}}{\sqrt{f(y)}+\sqrt{f(x)}}+\frac{a\sqrt{f(x)}+b\sqrt{f(y)}}{\sqrt{f(x)}+\sqrt{f(y)}}\right]\mathrm{d}\sigma$$

$$=\frac{1}{2}\iint\limits_D(a+b)\mathrm{d}\sigma=\frac{a+b}{2}\pi.$$

考点二 二重积分的计算

变式1【解】令$u=x-1,v=y-1$,则D变为$D'=\{(u,v)\mid u^2+v^2\leqslant 2,v\geqslant u\}$,且$J=\begin{vmatrix}\frac{\partial x}{\partial u}&\frac{\partial x}{\partial v}\\\frac{\partial y}{\partial u}&\frac{\partial y}{\partial v}\end{vmatrix}=\begin{vmatrix}1&0\\0&1\end{vmatrix}=1$,于是原式$=\iint\limits_{D'}(u-v)\mathrm{d}u\mathrm{d}v=\int_{\frac{\pi}{4}}^{\frac{5\pi}{4}}\mathrm{d}\theta\int_0^{\sqrt{2}}(r\cos\theta-r\sin\theta)r\mathrm{d}r=\frac{2\sqrt{2}}{3}\int_{\frac{\pi}{4}}^{\frac{5\pi}{4}}(\cos\theta-\sin\theta)\mathrm{d}\theta=-\frac{8}{3}$.

【注】1994年数学三曾考查过类似的解答题.

变式2【解】如下图所示,记$D_1=\{(x,y)\mid xy\geqslant 1\}$,$D_2=\{(x,y)\mid xy\leqslant 1\}$,则

$$\text{原式}=\iint\limits_{D\cap D_1}xy\mathrm{d}x\mathrm{d}y+\iint\limits_{D\cap D_2}\mathrm{d}x\mathrm{d}y.$$

$$\iint\limits_{D\cap D_1}xy\mathrm{d}x\mathrm{d}y=\int_{\frac{1}{2}}^2\mathrm{d}x\int_{\frac{1}{x}}^2 xy\mathrm{d}y=\int_{\frac{1}{2}}^2\left(2x-\frac{1}{2x}\right)\mathrm{d}x=\frac{15}{4}-\ln 2.$$

$$\iint\limits_{D\cap D_2}\mathrm{d}x\mathrm{d}y=1+\int_{\frac{1}{2}}^2\frac{1}{x}\mathrm{d}x=1+2\ln 2.$$

故原式$=\frac{19}{4}+\ln 2$.

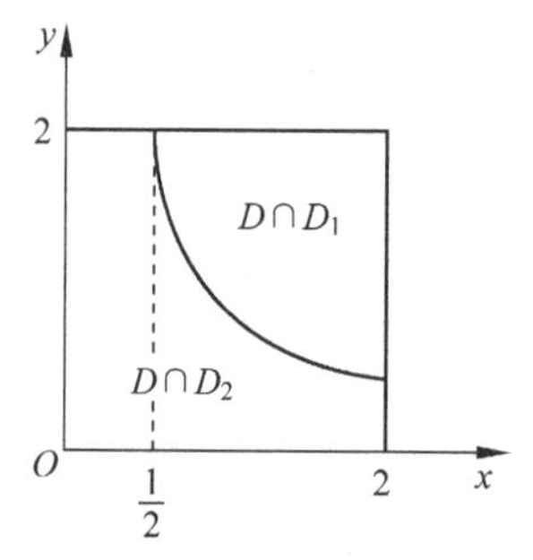

考点三 二次积分的积分次序与坐标系的转换

变式【解】$I=\iint\limits_D y\sqrt{1-x^2+y^2}\mathrm{d}x\mathrm{d}y=\int_0^1\mathrm{d}x\int_0^x y\sqrt{1-x^2+y^2}\mathrm{d}y$

$$=\frac{1}{3}\int_0^1\left[1-(1-x^2)^{\frac{3}{2}}\right]\mathrm{d}x$$

$$\xlongequal{\text{令}x=\sin t}\frac{1}{3}-\frac{1}{3}\int_0^{\frac{\pi}{2}}\cos^4 t\mathrm{d}t$$

$$=\frac{1}{3}-\frac{1}{3}\cdot\frac{3}{4}\cdot\frac{1}{2}\cdot\frac{\pi}{2}=\frac{1}{3}-\frac{\pi}{16}.$$

真题精选

考点一 二重积分的概念与性质

1. **【答案】**(B).

【解】记$f(x,y)=y-x$. 由于D_1和D_3都关于$y=x$对称,且$f(x,y)=-f(y,x)$,故$I_1=I_3=0$.

由在D_2内$y-x>0$知$I_2>0$;又由在D_4内$y-x<0$知$I_4<0$.

2. **【答案】**(D).

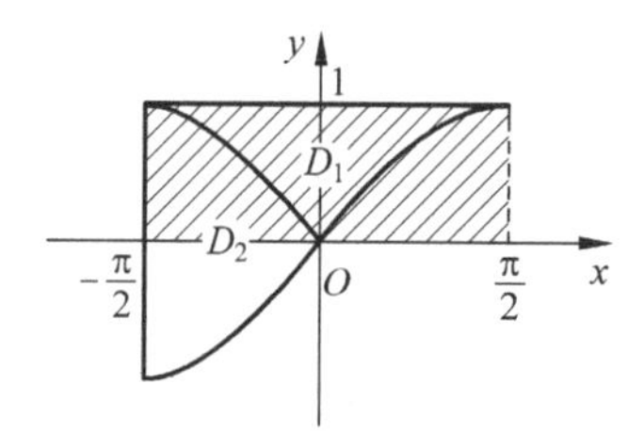

【解】如上图所示,记

$$D_1=\left\{(x,y)\left|-\frac{\pi}{2}\leqslant x\leqslant\frac{\pi}{2},\left|\sin x\right|\leqslant y\leqslant 1\right.\right\},$$

$$D_2=\left\{(x,y)\left|-\frac{\pi}{2}\leqslant x\leqslant 0,\sin x\leqslant y\leqslant -\sin x\right.\right\},$$

$f(x,y)=xy^5$. 由于D_1关于y轴对称,且$f(x,y)=-f(-x,y)$,故$\iint\limits_{D_1}xy^5\mathrm{d}x\mathrm{d}y=0$.

又由于 D_2 关于 x 轴对称，且 $f(x,y)=-f(x,-y)$，故 $\iint\limits_{D_2} xy^5\mathrm{d}x\mathrm{d}y=0$，从而

$$\iint\limits_{D} xy^5\mathrm{d}x\mathrm{d}y=\iint\limits_{D_1} xy^5\mathrm{d}x\mathrm{d}y+\iint\limits_{D_2} xy^5\mathrm{d}x\mathrm{d}y=0.$$

于是 $\iint\limits_{D}(x^5y-1)\mathrm{d}x\mathrm{d}y=-\iint\limits_{D}\mathrm{d}x\mathrm{d}y$.

又由区域 D 的面积等于上图中阴影部分的面积可知，$\iint\limits_{D}(x^5y-1)\mathrm{d}x\mathrm{d}y=-\pi$.

【注】 1991 年数学一、二和 2001 年数学三曾分别考查过类似的选择题和解答题.

3. **【答案】**(D).

【解】 原式 $=\lim\limits_{n\to\infty}\dfrac{1}{n^2}\sum\limits_{i=1}^{n}\sum\limits_{j=1}^{n}\dfrac{n^3}{(n+i)(n^2+j^2)}$

$$=\lim_{n\to\infty}\frac{1}{n^2}\sum_{i=1}^{n}\sum_{j=1}^{n}\frac{1}{\left(1+\frac{i}{n}\right)\left[1+\left(\frac{j}{n}\right)^2\right]}$$

$$=\int_0^1\mathrm{d}x\int_0^1\frac{1}{(1+x)(1+y^2)}\mathrm{d}y.$$

4. **【答案】**(A).

【解】 由在 D 上 $(x^2+y^2)^2\leqslant x^2+y^2\leqslant\sqrt{x^2+y^2}$ 知在 D 上 $\cos(x^2+y^2)^2\geqslant\cos(x^2+y^2)\geqslant\cos\sqrt{x^2+y^2}$，故 $I_3>I_2>I_1$.

5. **【答案】**(A).

【解】 如右图所示，设 D_2 是以 $(1,1),(-1,1)$ 和原点为顶点的三角形区域，D_3 是以 $(-1,-1),(-1,1)$ 和原点为顶点的三角形区域，且 $f(x,y)=xy,g(x,y)=\cos x\sin y$.

由于 D_3 关于 x 轴对称，且 $f(x,y)=-f(x,-y),g(x,y)=-g(x,-y)$，故 $\iint\limits_{D}(xy+\cos x\sin y)\mathrm{d}x\mathrm{d}y=0$.

又由于 D_2 关于 y 轴对称，且 $f(x,y)=-f(-x,y),g(x,y)=g(-x,y)$，故

$$\iint\limits_{D_2}(xy+\cos x\sin y)\mathrm{d}x\mathrm{d}y=\iint\limits_{D_2}\cos x\sin y\mathrm{d}x\mathrm{d}y=2\iint\limits_{D_1}\cos x\sin y\mathrm{d}x\mathrm{d}y,$$

从而 $\iint\limits_{D}(xy+\cos x\sin y)\mathrm{d}x\mathrm{d}y=\iint\limits_{D_2}(xy+\cos x\sin y)\mathrm{d}x\mathrm{d}y+\iint\limits_{D_3}(xy+\cos x\sin y)\mathrm{d}x\mathrm{d}y=2\iint\limits_{D_1}\cos x\sin y\mathrm{d}x\mathrm{d}y.$

【注】 2001 年数学三和 2012 年数学二又分别考查了类似的解答题和选择题.

考点二 二重积分的计算

1. **【答案】**(C).

【解】 设 $\iint\limits_{D}f(u,v)\mathrm{d}u\mathrm{d}v=a$，则 $f(x,y)=xy+a$. 于是

$$a=\iint(xy+a)\mathrm{d}x\mathrm{d}y=\int_0^1\mathrm{d}x\int_0^{x^2}(xy+a)\mathrm{d}y$$

$$=\int_0^1\left(\frac{1}{2}x^5+ax^2\right)\mathrm{d}x=\frac{1}{12}+\frac{a}{3}.$$

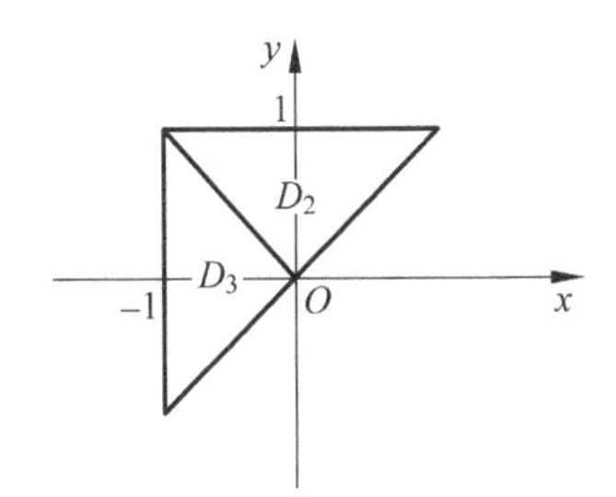

解之得 $a=\dfrac{1}{8}$，故 $f(x,y)=xy+\dfrac{1}{8}$.

【注】 2020 年数学三又考查了类似的解答题.

2. **【答案】** a^2.

【解】 由于 $D_1=\{(x,y)\mid 0\leqslant x\leqslant 1,0\leqslant y-x\leqslant 1\}$ 的面积为 1(如下图所示)，故 $I=\iint\limits_{D_1}a^2\mathrm{d}x\mathrm{d}y=a^2$.

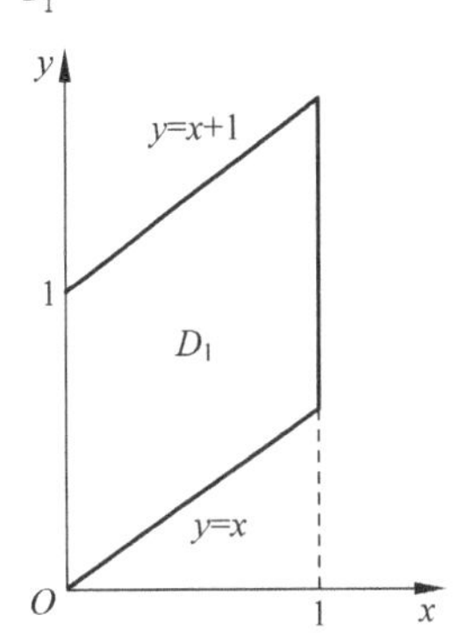

【注】 2022 年数学三又考查了非常类似的填空题.

3. **【解】** 因为 D 关于 $y=x$ 对称，故

原式 $=\iint\limits_{D}\dfrac{y\sin(\pi\sqrt{y^2+x^2})}{y+x}\mathrm{d}x\mathrm{d}y$

$$=\frac{1}{2}\iint\limits_{D}\left[\frac{x\sin(\pi\sqrt{x^2+y^2})}{x+y}+\frac{y\sin(\pi\sqrt{y^2+x^2})}{y+x}\right]\mathrm{d}x\mathrm{d}y$$

$$=\frac{1}{2}\iint\limits_{D}\sin(\pi\sqrt{x^2+y^2})\mathrm{d}x\mathrm{d}y=\frac{1}{2}\int_0^{\frac{\pi}{2}}\mathrm{d}\theta\int_1^2 r\sin\pi r\mathrm{d}r$$

$$=-\frac{1}{2\pi}\cdot\frac{\pi}{2}\int_1^2 r\mathrm{d}(\cos\pi r)$$

$$=-\frac{1}{4}\left([r\cos\pi r]_1^2-\int_1^2\cos\pi r\mathrm{d}r\right)=-\frac{3}{4}.$$

4. **【解】** 由 $f(x,1)=0$ 知 $f'(x,1)=0$.

$$I=\int_0^1\mathrm{d}x\int_0^1 xyf''_{xy}(x,y)\mathrm{d}y=\int_0^1 x\mathrm{d}x\int_0^1 y\mathrm{d}[f'_x(x,y)]$$

$$=\int_0^1 x\left\{[yf'_x(x,y)]_0^1-\int_0^1 f'_x(x,y)\mathrm{d}y\right\}\mathrm{d}x$$

$$=-\int_0^1\mathrm{d}y\int_0^1 xf'_x(x,y)\mathrm{d}x=-\int_0^1\mathrm{d}y\int_0^1 x\mathrm{d}[f(x,y)]$$

$$=-\int_0^1\left\{[xf(x,y)]_0^1-\int_0^1 f(x,y)\mathrm{d}x\right\}\mathrm{d}y$$

$$=\int_0^1\mathrm{d}y\int_0^1 f(x,y)\mathrm{d}x=a.$$

5. **【解】** 由 $\iint\limits_{D_t}f'(x+y)\mathrm{d}x\mathrm{d}y=\int_0^t\mathrm{d}x\int_0^{t-x}f'(x+y)\mathrm{d}y=\int_0^t[f(t)-f(x)]\mathrm{d}x=tf(t)-\int_0^t f(x)\mathrm{d}x$，$\iint\limits_{D_t}f(t)\mathrm{d}x\mathrm{d}y=\dfrac{t^2}{2}f(t)$ 知 $tf(t)-\int_0^t f(x)\mathrm{d}x=\dfrac{t^2}{2}f(t)$.

两边求导，得 $f'(t)=f(t)+\dfrac{t}{2}f'(t)$. 解此微分方程，得 $f(t)=\dfrac{C}{(2-t)^2}$. 由 $f(0)=1$ 得 $C=4$，故 $f(x)=\dfrac{4}{(2-x)^2}(0\leqslant x\leqslant 1)$.

6. **【解】** 如下图所示，记 $D_1=\{(x,y)\mid |x|+|y|\leqslant 1\}$，则

$$\iint\limits_{D}f(x,y)\mathrm{d}\sigma=\iint\limits_{D_1}x^2\mathrm{d}\sigma+\iint\limits_{D-D_1}\frac{\mathrm{d}\sigma}{\sqrt{x^2+y^2}}.$$

$$\iint\limits_{D_1}x^2\mathrm{d}\sigma=4\int_0^1\mathrm{d}x\int_0^{1-x}x^2\mathrm{d}y=4\int_0^1 x^2(1-x)\mathrm{d}x=\frac{1}{3}.$$

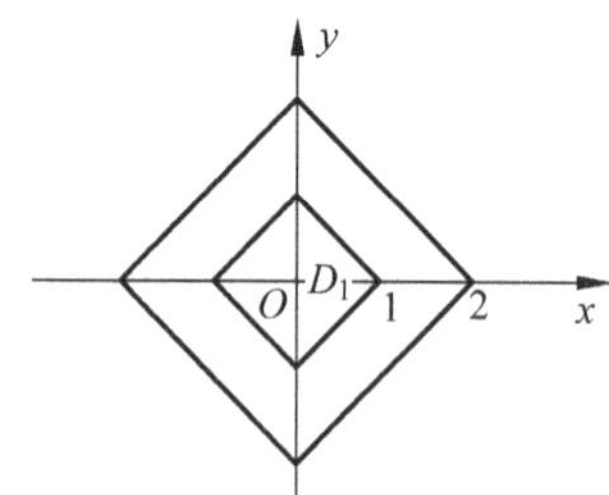

$$\iint_{D-D_1}\frac{\mathrm{d}\sigma}{\sqrt{x^2+y^2}}=4\int_0^{\frac{\pi}{2}}\mathrm{d}\theta\int_{\frac{1}{\cos\theta+\sin\theta}}^{\frac{2}{\cos\theta+\sin\theta}}\mathrm{d}r=4\int_0^{\frac{\pi}{2}}\frac{1}{\cos\theta+\sin\theta}\mathrm{d}\theta$$

$$=2\sqrt{2}\int_0^{\frac{\pi}{2}}\csc\left(\theta+\frac{\pi}{4}\right)\mathrm{d}\theta=2\sqrt{2}\ln(2\sqrt{2}+3).$$

故$\iint\limits_D f(x,y)\mathrm{d}\sigma=\dfrac{1}{3}+2\sqrt{2}\ln(2\sqrt{2}+3)$.

7.【解】原式$=\int_0^1\mathrm{d}y\int_0^y\sqrt{y^2-xy}\,\mathrm{d}x$

$$=-\int_0^1\frac{1}{y}\mathrm{d}y\int_0^y\sqrt{y^2-xy}\,\mathrm{d}(y^2-xy)$$

$$=-\int_0^1\frac{1}{y}\cdot\frac{2}{3}\left[(\sqrt{y^2-xy})^{\frac{3}{2}}\right]_0^y\mathrm{d}y$$

$$=\frac{2}{3}\int_0^1 y^2\mathrm{d}y=\frac{2}{9}.$$

8.【解】记$D_1=\{(x,y)\mid 0\leqslant x^2+y^2<1,x\leqslant 0,y\leqslant 0\}$,$D_2=\{(x,y)\mid 1\leqslant x^2+y^2\leqslant\sqrt{2},x\geqslant 0,y\geqslant 0\}$,则

$$原式=\iint_{D_1}xy\mathrm{d}x\mathrm{d}y+\iint_{D_2}2xy\mathrm{d}x\mathrm{d}y$$

$$=\int_0^{\frac{\pi}{2}}\mathrm{d}\theta\int_0^1 r^3\sin\theta\cos\theta\mathrm{d}r+\int_0^{\frac{\pi}{2}}\mathrm{d}\theta\int_1^{\sqrt[4]{2}}2r^3\sin\theta\cos\theta\mathrm{d}r$$

$$=\frac{3}{8}\int_0^{\frac{\pi}{2}}\sin2\theta\mathrm{d}\theta=\frac{3}{8}.$$

9.【解】如下图所示,设D_1是$y=x$,$y=-1$及$y=-x$围成的平面区域,D_2是$y=x$,$x=1$及$y=-x$围成的平面区域,且$f(x,y)=xye^{\frac{1}{2}(x^2+y^2)}$.

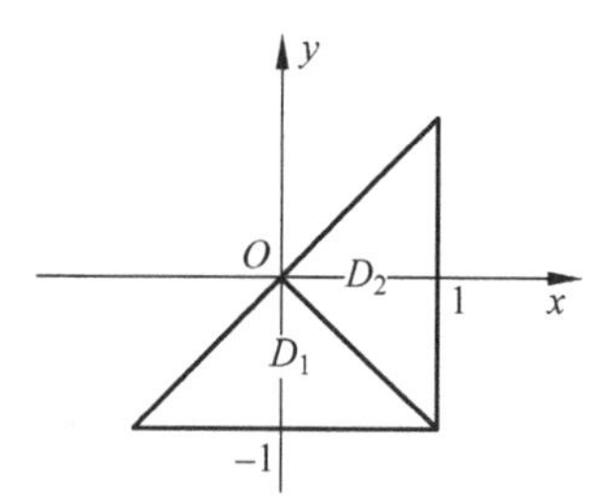

由于D_1关于y轴对称,且$f(x,y)=-f(-x,y)$,故$\iint\limits_{D_1}xye^{\frac{1}{2}(x^2+y^2)}\mathrm{d}x\mathrm{d}y=0$. 又由于$D_2$关于$x$轴对称,且$f(x,y)=-f(x,-y)$,故$\iint\limits_{D_2}xye^{\frac{1}{2}(x^2+y^2)}\mathrm{d}x\mathrm{d}y=0$,从而

$$\iint_D xye^{\frac{1}{2}(x^2+y^2)}\mathrm{d}x\mathrm{d}y=\iint_{D_1}xye^{\frac{1}{2}(x^2+y^2)}\mathrm{d}x\mathrm{d}y+\iint_{D_2}xye^{\frac{1}{2}(x^2+y^2)}\mathrm{d}x\mathrm{d}y=0.$$

于是原式$=\iint\limits_D y\mathrm{d}x\mathrm{d}y=\iint\limits_{D_1}y\mathrm{d}x\mathrm{d}y=2\int_0^1\mathrm{d}x\int_{-1}^{-x}y\mathrm{d}y=-\dfrac{2}{3}$.

【注】1991年数学一、二曾考查过类似的选择题,2012年数学二又考查了类似的选择题.

10.【解】如下图所示,设D_1是$x=-\sqrt{2y-y^2}$与y轴围成的平面区域,则

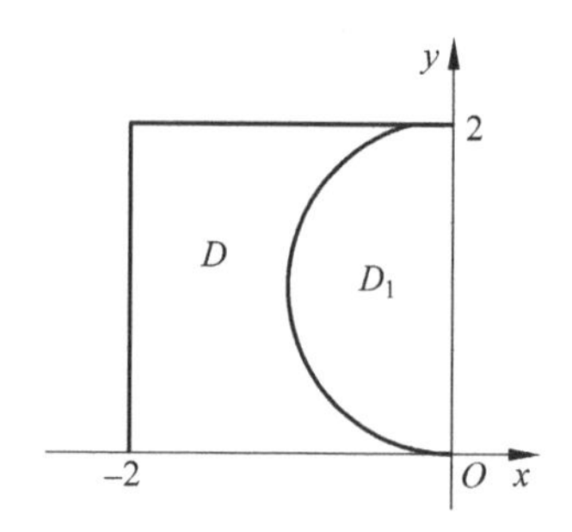

$$原式=\iint_{D+D_1}y\mathrm{d}x\mathrm{d}y-\iint_{D_1}y\mathrm{d}x\mathrm{d}y.$$

$$\iint_{D+D_1}y\mathrm{d}x\mathrm{d}y=\int_{-2}^0\mathrm{d}x\int_0^2 y\mathrm{d}y=4.$$

$$\iint_{D_1}y\mathrm{d}x\mathrm{d}y=\int_{\frac{\pi}{2}}^{\pi}\mathrm{d}\theta\int_0^{2\sin\theta}r^2\sin\theta\mathrm{d}r=\frac{8}{3}\int_{\frac{\pi}{2}}^{\pi}\sin^4\theta\mathrm{d}\theta$$

$$=\frac{2}{3}\int_{\frac{\pi}{2}}^{\pi}(1-\cos2\theta)^2\mathrm{d}\theta=\frac{\pi}{2}.$$

故原式$=4-\dfrac{\pi}{2}$.

11.【解】由$\iint\limits_{x^2+y^2\leqslant 4t^2}f\left(\dfrac{1}{2}\sqrt{x^2+y^2}\right)\mathrm{d}x\mathrm{d}y=\int_0^{2\pi}\mathrm{d}\theta\int_0^{2t}f\left(\dfrac{r}{2}\right)r\mathrm{d}r=2\pi\int_0^{2t}rf\left(\dfrac{r}{2}\right)\mathrm{d}r$知$f(t)=e^{4\pi t^2}+2\pi\int_0^{2t}rf\left(\dfrac{r}{2}\right)\mathrm{d}r$.

两边求导,得$f'(t)=8\pi te^{4\pi t^2}+8\pi tf(t)$,从而

$$f(t)=e^{\int 8\pi t\mathrm{d}t}\left(\int 8\pi te^{4\pi t^2}e^{-\int 8\pi t\mathrm{d}t}\mathrm{d}t+C\right)$$

$$=e^{4\pi t^2}\left(\int 8\pi t\mathrm{d}t+C\right)=e^{4\pi t^2}(4\pi t^2+C).$$

对$f(t)=e^{4\pi t^2}+2\pi\int_0^{2t}rf\left(\dfrac{r}{2}\right)\mathrm{d}r$令$t=0$得$f(0)=1$,从而$C=1$,故$f(t)=e^{4\pi t^2}(4\pi t^2+1)$.

12.【解】$I=\int_{-\infty}^{+\infty}\mathrm{d}y\int_{-\infty}^{y}xe^{-(x^2+y^2)}\mathrm{d}x+\int_{-\infty}^{+\infty}\mathrm{d}x\int_{-\infty}^{x}ye^{-(x^2+y^2)}\mathrm{d}y=2\int_{-\infty}^{+\infty}\mathrm{d}x\int_{-\infty}^{x}ye^{-(x^2+y^2)}\mathrm{d}y=-\int_{-\infty}^{+\infty}e^{-2x^2}\mathrm{d}x=-\sqrt{\dfrac{\pi}{2}}$.

【注】$\int_{-\infty}^{+\infty}e^{-x^2}\mathrm{d}x=\sqrt{\pi}$.

13.【解】由$x^2+y^2\leqslant x+y+1$得$\left(x-\dfrac{1}{2}\right)^2+\left(y-\dfrac{1}{2}\right)^2\leqslant\dfrac{3}{2}$.

令$u=x-\dfrac{1}{2}$,$v=y-\dfrac{1}{2}$,则D变为$D'=\left\{(u,v)\,\middle|\,u^2+v^2\leqslant\dfrac{3}{2}\right\}$,且$J=\begin{vmatrix}\dfrac{\partial x}{\partial u}&\dfrac{\partial x}{\partial v}\\\dfrac{\partial y}{\partial u}&\dfrac{\partial y}{\partial v}\end{vmatrix}=\begin{vmatrix}1&0\\0&1\end{vmatrix}=1$,于是

$$原式=\iint_{D'}(u+v+1)\mathrm{d}u\mathrm{d}v=\iint_{D'}\mathrm{d}u\mathrm{d}v=\frac{3}{2}\pi.$$

【注】2009年数学二、三又考查了类似的解答题.

考点三 二次积分的积分次序与坐标系的转换

1.【答案】(B).

【解】由题意,积分区域可表示为

$$D=\{(x,y)\mid\sqrt{2x-x^2}\leqslant y\leqslant\sqrt{4-x^2},0\leqslant x\leqslant 2\},$$

即是由 $x^2+y^2=4(x\leqslant 0,y\leqslant 0)$，$x^2+y^2=2x(y\geqslant 0)$ 与 y 轴围成的图形(如下图所示).

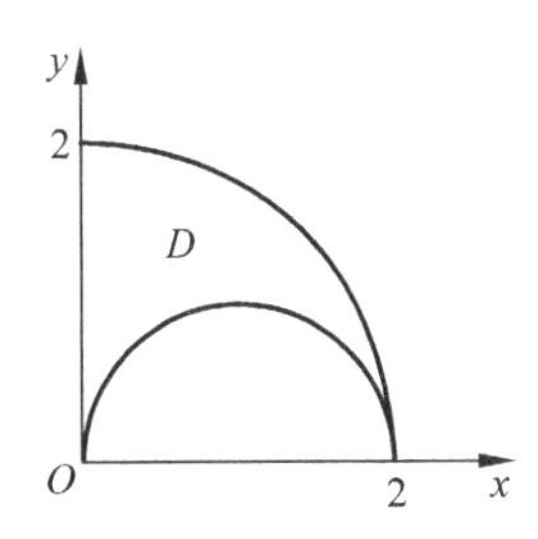

于是，$\int_0^{\frac{\pi}{2}}\mathrm{d}\theta\int_{2\cos\theta}^{2}f(r^2)r\mathrm{d}r=\int_0^2\mathrm{d}x\int_{\sqrt{2x-x^2}}^{\sqrt{4-x^2}}f(x^2+y^2)\mathrm{d}y$.

2.【答案】(B).

【解】由题意，积分区域可表示为

$$D=\left\{(x,y)\mid \sin x\leqslant y\leqslant 1,\frac{\pi}{2}\leqslant x\leqslant \pi\right\},$$

即是由 $y=\sin x\left(\frac{\pi}{2}\leqslant x\leqslant \pi\right)$，$y=1$ 与 $x=\pi$ 围成的图形.

由于当 $\frac{\pi}{2}\leqslant x\leqslant \pi\left(0\leqslant \pi-x\leqslant \frac{\pi}{2}\right)$ 时，$y=\sin x=\sin(\pi-x)$ 可表示为 $x=\pi-\arcsin y$，故

$$\int_{\frac{\pi}{2}}^{\pi}\mathrm{d}x\int_{\sin x}^{1}f(x,y)\mathrm{d}y=\int_0^1\mathrm{d}y\int_{\pi-\arcsin y}^{\pi}f(x,y)\mathrm{d}x.$$

3.【答案】$\frac{1}{2}(\mathrm{e}-1)$.

【解】法一：原式 $=\int_0^1\mathrm{d}y\int_y^1\frac{\mathrm{e}^{x^2}}{x}\mathrm{d}x-\int_0^1\mathrm{d}y\int_y^1\mathrm{e}^{y^2}\mathrm{d}x$

$$=\int_0^1\mathrm{d}x\int_0^x\frac{\mathrm{e}^{x^2}}{x}\mathrm{d}y-\int_0^1(1-y)\mathrm{e}^{y^2}\mathrm{d}y$$

$$=\int_0^1\mathrm{e}^{x^2}\mathrm{d}x-\int_0^1\mathrm{e}^{y^2}\mathrm{d}y+\int_0^1y\mathrm{e}^{y^2}\mathrm{d}y$$

$$=\int_0^1y\mathrm{e}^{y^2}\mathrm{d}y=\frac{1}{2}(\mathrm{e}-1).$$

法二：原式 $=\int_0^1\left(\int_y^1\frac{\mathrm{e}^{x^2}}{x}\mathrm{d}x\right)\mathrm{d}y-\int_0^1\mathrm{d}y\int_y^1\mathrm{e}^{y^2}\mathrm{d}x$

$$=\left[y\int_y^1\frac{\mathrm{e}^{x^2}}{x}\mathrm{d}x\right]_0^1-\int_0^1y\mathrm{d}\left(\int_y^1\frac{\mathrm{e}^{x^2}}{x}\mathrm{d}x\right)-\int_0^1(1-y)\mathrm{e}^{y^2}\mathrm{d}y$$

$$=\int_0^1y\frac{\mathrm{e}^{y^2}}{y}\mathrm{d}y-\int_0^1(1-y)\mathrm{e}^{y^2}\mathrm{d}y$$

$$=\int_0^1\mathrm{e}^{y^2}\mathrm{d}y-\int_0^1\mathrm{e}^{y^2}\mathrm{d}y+\int_0^1y\mathrm{e}^{y^2}\mathrm{d}y=\frac{1}{2}(\mathrm{e}-1).$$

4.【解】法一：原式 $\xlongequal{\text{交换积分次序}}\int_0^1\mathrm{d}y\int_0^yf(x)f(y)\mathrm{d}x$

$$=\int_0^1\mathrm{d}x\int_0^xf(y)f(x)\mathrm{d}y$$

$$=\frac{1}{2}\left[\int_0^1\mathrm{d}x\int_0^xf(y)f(x)\mathrm{d}y+\int_0^1\mathrm{d}x\int_x^1f(x)f(y)\mathrm{d}y\right]$$

$$=\frac{1}{2}\int_0^1\mathrm{d}x\int_0^1f(y)f(x)\mathrm{d}y$$

$$=\frac{1}{2}\int_0^1f(x)\mathrm{d}x\int_0^1f(y)\mathrm{d}y=\frac{1}{2}A^2.$$

法二：记 $F(x)=\int_x^1f(y)\mathrm{d}y$，则 $F'(x)=-f(x)$，于是

$$原式=-\int_0^1F'(x)F(x)\mathrm{d}x=-\int_0^1F(x)\mathrm{d}[F(x)]$$

$$=-\frac{1}{2}[F^2(x)]_0^1=\frac{1}{2}A^2.$$

§6.2 三重积分(仅数学一)

十年真题

考点 三重积分

【答案】$\frac{1}{4}$.

【解】根据对称性，$\iiint\limits_{\Omega}x\mathrm{d}x\mathrm{d}y\mathrm{d}z=\iiint\limits_{\Omega}y\mathrm{d}x\mathrm{d}y\mathrm{d}z=\iiint\limits_{\Omega}z\mathrm{d}x\mathrm{d}y\mathrm{d}z$.

法一：原式 $=6\iiint\limits_{\Omega}z\mathrm{d}x\mathrm{d}y\mathrm{d}z=6\int_0^1\mathrm{d}x\int_0^{1-x}\mathrm{d}y\int_0^{1-x-y}z\mathrm{d}z$

$$=3\int_0^1\mathrm{d}x\int_0^{1-x}(1-x-y)^2\mathrm{d}y=\int_0^1(1-x)^3\mathrm{d}x=\frac{1}{4}.$$

法二：如下图所示，

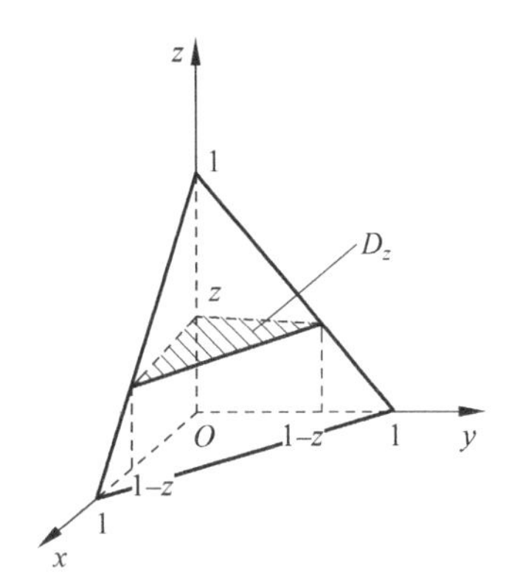

原式 $=6\iiint\limits_{\Omega}z\mathrm{d}x\mathrm{d}y\mathrm{d}z=6\int_0^1\mathrm{d}z\iint\limits_{D_z}z\mathrm{d}x\mathrm{d}y$

$$=6\int_0^1z\left(\iint\limits_{D_z}\mathrm{d}x\mathrm{d}y\right)\mathrm{d}z=6\int_0^1z\cdot\frac{1}{2}(1-z)^2\mathrm{d}z=\frac{1}{4}.$$

真题精选

考点 三重积分

1.【答案】(C).

【解】对于 $f(x,y,z)=x$，有 $f(-x,y,z)=-f(x,y,z)$，且 Ω_1 关于 yOz 面对称，故 $\iiint x\mathrm{d}v=0$. 而 $\iiint x\mathrm{d}v>0$，则排除(A). 同理可排除(B)、(D).

对于 $g(x,y,z)=z$，有 $g(x,-y,z)=g(x,y,z)$，且 Ω_1 关于 zOx 面对称，故 $\iiint\limits_{\Omega_1}z\mathrm{d}v=2\iiint\limits_{\Omega_3}z\mathrm{d}v$($\Omega_3$ 为 Ω_1 在 zOx 面右侧的部分).

又由于 $g(-x,y,z)=g(x,y,z)$，且 Ω_3 关于 yOz 面对称，故 $\iiint\limits_{\Omega_3}z\mathrm{d}v=2\iiint\limits_{\Omega_2}z\mathrm{d}v$，即 $\iiint\limits_{\Omega_1}z\mathrm{d}v=4\iiint\limits_{\Omega_2}z\mathrm{d}v$.

2.【解】$\begin{cases}y^2=2z,\\x=0\end{cases}$ 绕 z 轴旋转一周形成的曲面为 $z=\frac{x^2+y^2}{2}$.

$$I=\iint\limits_{x^2+y^2\leqslant 16}\mathrm{d}x\mathrm{d}y\int_{\frac{x^2+y^2}{2}}^{8}(x^2+y^2)\mathrm{d}z=\int_0^{2\pi}\mathrm{d}\theta\int_0^4r\mathrm{d}r\int_{\frac{r^2}{2}}^{8}r^2\mathrm{d}z$$

$$=2\pi\int_0^4r^3\left(8-\frac{r^2}{2}\right)\mathrm{d}r=\frac{1\,024\pi}{3}.$$

3.【解】原式 $=\iiint\limits_{\Omega}z\mathrm{d}v=\int_0^{2\pi}\mathrm{d}\theta\int_0^{\frac{\pi}{4}}\mathrm{d}\varphi\int_0^1r\cos\varphi\cdot r^2\sin\varphi\mathrm{d}r$

$$=2\pi\int_0^{\frac{\pi}{4}}\cos\varphi\cdot\sin\varphi\mathrm{d}\varphi\int_0^1r^3\mathrm{d}r=\frac{\pi}{8}.$$

§6.3 第一类曲线、曲面积分(仅数学一)

十年真题

考点 第一类曲线、曲面积分

【答案】$-\frac{\pi}{3}$.

【解】根据对称性,

$$\oint_L xy\mathrm{d}s=\oint_L xz\mathrm{d}s=\oint_L yz\mathrm{d}s=\frac{1}{3}\oint_L(xy+yz+xz)\mathrm{d}s$$
$$=\frac{1}{6}\oint_L[(x+y+z)^2-(x^2+y^2+z^2)]\mathrm{d}s$$
$$=\frac{1}{6}\oint_L(0^2-1)\mathrm{d}s=-\frac{1}{6}\cdot 2\pi=-\frac{\pi}{3}.$$

方法探究

考点 第一类曲线、曲面积分

变式【解】由于 S 在点 P 处的法向量为$(2x,2y-z,2z-y)$,故由 S 在点 P 处的切平面与 xOy 面垂直知 $2z-y=0$,从而 C 的方程为

$$\begin{cases}2z-y=0,\\x^2+y^2+z^2-yz=1,\end{cases}\text{即}\begin{cases}2z-y=0,\\x^2+\frac{3}{4}y^2=1.\end{cases}$$

对于 $x^2+y^2+z^2-yz=1$,$\frac{\partial z}{\partial x}=\frac{2x}{y-2z}$,$\frac{\partial z}{\partial y}=\frac{2y-z}{y-2z}$,故

$$\sqrt{1+\left(\frac{\partial z}{\partial x}\right)^2+\left(\frac{\partial z}{\partial y}\right)^2}=\sqrt{1+\left(\frac{2x}{y-2z}\right)^2+\left(\frac{2y-z}{y-2z}\right)^2}$$
$$=\frac{\sqrt{4x^2+5y^2+5z^2-8yz}}{|y-2z|}$$
$$=\frac{\sqrt{4+y^2+z^2-4yz}}{|y-2z|}.$$

于是,$I=\iint\limits_{x^2+\frac{3}{4}y^2\leqslant 1}(x+\sqrt{3})\mathrm{d}\sigma=\sqrt{3}\iint\limits_{x^2+\frac{3}{4}y^2\leqslant 1}\mathrm{d}\sigma=\sqrt{3}\cdot\frac{2}{\sqrt{3}}\pi=2\pi$.

真题精选

考点 第一类曲线、曲面积分

1.【答案】$\frac{\sqrt{3}}{12}$.

【解】原式$=\sqrt{3}\int_0^1\mathrm{d}y\int_0^{1-y}y^2\mathrm{d}x=\sqrt{3}\int_0^1 y^2(1-y)\mathrm{d}y=\frac{\sqrt{3}}{12}$.

2.【答案】$\frac{13}{6}$.

【解】原式$=\int_0^{\sqrt{2}}x\sqrt{1+(2x)^2}\mathrm{d}x$

$$=\frac{1}{8}\int_0^{\sqrt{2}}\sqrt{1+4x^2}\mathrm{d}(1+4x^2)=\frac{13}{6}.$$

3.【答案】π.

【解】由 $y=-\sqrt{1-x^2}$ 知 $x^2+y^2=1(y\leqslant 0)$,将其代入,则原式$=\int_L\mathrm{d}s=\pi$.

4.【解】由于 S 在点 P 处的法向量为$(x,y,2z)$,故切平面为 $x(X-x)+y(Y-y)+2z(Z-z)=0$,即 $xX+yY+2zZ-2=0$,从而 $\rho(x,y,z)=\frac{2}{\sqrt{x^2+y^2+4z^2}}$.

对于 $\frac{x^2}{2}+\frac{y^2}{2}+z^2=1$,$\frac{\partial z}{\partial x}=-\frac{x}{2z}$,$\frac{\partial z}{\partial y}=-\frac{y}{2z}$,故

$$\sqrt{1+\left(\frac{\partial z}{\partial x}\right)^2+\left(\frac{\partial z}{\partial y}\right)^2}=\sqrt{1+\frac{x^2}{4z^2}+\frac{y^2}{4z^2}}=\frac{\sqrt{x^2+y^2+4z^2}}{2z}.$$

于是,原式$=\frac{1}{4}\iint\limits_{x^2+y^2\leqslant 2}(4-x^2-y^2)\mathrm{d}\sigma=\frac{1}{4}\int_0^{2\pi}\mathrm{d}\theta\int_0^{\sqrt{2}}(4-r^2)r\mathrm{d}r=\frac{3}{2}\pi$.

5.【解】原式$=\iint\limits_{x^2+y^2\leqslant 2x}\sqrt{x^2+y^2}\cdot\sqrt{2}\mathrm{d}\sigma=2\sqrt{2}\int_0^{\frac{\pi}{2}}\mathrm{d}\theta\int_0^{2\cos\theta}r^2\mathrm{d}r$

$$=\frac{16}{3}\sqrt{2}\int_0^{\frac{\pi}{2}}\cos^3\theta\mathrm{d}\theta=\frac{32}{9}\sqrt{2}.$$

§6.4 第二类曲线、曲面积分(仅数学一)

十年真题

考点一 第二类平面曲线积分

1.【答案】(D).

【解】由题意,$\frac{\partial P}{\partial y}=\frac{\partial Q}{\partial x}=\frac{1}{y^2}$,故排除(A)、(B).又由于$\frac{1}{x}-\frac{1}{y}$在正 y 轴上无定义,故排除(C).

2.【答案】-1.

【解】记 $P=\frac{x}{x^2+y^2-1}$,$Q=\frac{-ay}{x^2+y^2-1}$.由$\frac{\partial P}{\partial y}=\frac{\partial Q}{\partial x}$得 $a=-1$.

3.【解】(1) 由题意,$D_1=\{(x,y)\mid x^2+y^2\leqslant 4\}$.

$$I(D_1)=\int_0^{2\pi}\mathrm{d}\theta\int_0^2(4-r^2)r\mathrm{d}r=2\pi\int_0^2(4-r^2)r\mathrm{d}r=8\pi.$$

(2) 取 L 为 $x^2+4y^2=\varepsilon^2(0<\varepsilon<2)$,方向为逆时针方向.

记 $P=\frac{xe^{x^2+4y^2}+y}{x^2+4y^2}$,$Q=\frac{4ye^{x^2+4y^2}-x}{x^2+4y^2}$,则根据格林公式,由$\frac{\partial P}{\partial y}=\frac{\partial Q}{\partial x}$得

$$\oint_{\partial D_1+L^-}\frac{(xe^{x^2+4y^2}+y)\mathrm{d}x+(4ye^{x^2+4y^2}-x)\mathrm{d}y}{x^2+4y^2}=0.$$

故又由格林公式知

$$\text{原式}=-\oint_{L^-}\frac{(xe^{x^2+4y^2}+y)\mathrm{d}x+(4ye^{x^2+4y^2}-x)\mathrm{d}y}{x^2+4y^2}$$
$$=\frac{1}{\varepsilon^2}\oint_L(xe^{\varepsilon^2}+y)\mathrm{d}x+(4ye^{\varepsilon^2}-x)\mathrm{d}y$$
$$=-\frac{1}{\varepsilon^2}\int_{x^2+4y^2\leqslant\varepsilon^2}2\mathrm{d}x\mathrm{d}y=-\frac{2}{\varepsilon^2}\pi\cdot\varepsilon\cdot\frac{\varepsilon}{2}=-\pi.$$

【注】对于本题第(2)问,2020年才考查过类似的解答题,而此类问题早在2000年就曾考查过解答题.

4.【解】取 L_1 为 $4x^2+y^2=\varepsilon^2(0<\varepsilon<\sqrt{2})$,方向为逆时针方向.

记 $P=\frac{4x-y}{4x^2+y^2}$,$Q=\frac{x+y}{4x^2+y^2}$,则根据格林公式,由$\frac{\partial P}{\partial y}=\frac{\partial Q}{\partial x}$得

$$\oint_{L+L_1^-}\frac{4x-y}{4x^2+y^2}\mathrm{d}x+\frac{x+y}{4x^2+y^2}\mathrm{d}y=0.$$

故又由格林公式知

$$I=-\oint_{L_1^-}\frac{4x-y}{4x^2+y^2}\mathrm{d}x+\frac{x+y}{4x^2+y^2}\mathrm{d}y$$
$$=\frac{1}{\varepsilon^2}\oint_{L_1}(4x-y)\mathrm{d}x+(x+y)\mathrm{d}y$$
$$=\frac{1}{\varepsilon^2}\iint\limits_{4x^2+y^2\leqslant\varepsilon^2}2\mathrm{d}x\mathrm{d}y=\frac{2}{\varepsilon^2}\pi\cdot\varepsilon\cdot\frac{\varepsilon}{2}=\pi.$$

5.【解】$f(x,y)=\int(2x+1)e^{2x-y}\mathrm{d}x=\frac{1}{2}(2x+1)e^{2x-y}-\int e^{2x-y}\mathrm{d}x=xe^{2x-y}+\varphi(y)$.

由 $f(0,y)=y+1$ 得 $\varphi(y)=y+1$,故 $f(x,y)=xe^{2x-y}+y+1$.

根据式(6-9),$I(t)=f(1,t)-f(0,0)=e^{2-t}+t$.

令 $I'(t)=-e^{2-t}+1$,则 $t=2$.由于 $I''(2)=1>0$,故 $I(t)$的最小值

为 $I(2)=3$.

考点二 第二类曲面积分

1.【答案】(A).

【解】对于 $z=\sqrt{1-x^2-y^2}\,(x\leqslant 0,y\geqslant 0)$,

$$z'_x=\frac{-x}{\sqrt{1-x^2-y^2}}=-\frac{x}{z},\quad z'_y=\frac{-y}{\sqrt{1-x^2-y^2}}=-\frac{y}{z},$$

故根据式(6-10),(A)正确.

2.【答案】4π.

【解】根据高斯公式,原式 $=\iiint\limits_{\Omega}(2x+2y+1)\mathrm{d}v=\iiint\limits_{\Omega}\mathrm{d}v=\pi\cdot 2\cdot 1\cdot 2=4\pi$.

3.【答案】$\frac{32}{3}$.

【解】原式$=\iint\limits_{x^2+y^2\leqslant 4}|y|\,\mathrm{d}x\mathrm{d}y=4\int_0^{\frac{\pi}{2}}\mathrm{d}\theta\int_0^2 r^2\sin\theta\,\mathrm{d}r$

$$=4\int_0^{\frac{\pi}{2}}\sin\theta\,\mathrm{d}\theta\int_0^2 r^2\mathrm{d}r=\frac{32}{3}.$$

4.【解】根据高斯公式,

$$I=\iiint\limits_{\Omega}(2z-xz\sin y+3y\sin x)\mathrm{d}v=\iiint\limits_{\Omega}2z\,\mathrm{d}v$$

$$=2\iint\limits_{x^2+y^2\leqslant 1}\mathrm{d}x\mathrm{d}y\int_0^{1-x}z\,\mathrm{d}z=2\int_0^{2\pi}\mathrm{d}\theta\int_0^1 r\,\mathrm{d}r\int_0^{1-r\cos\theta}z\,\mathrm{d}z$$

$$=\int_0^{2\pi}\mathrm{d}\theta\int_0^1 r(1-r\cos\theta)^2\mathrm{d}r$$

$$=\int_0^{2\pi}\left(\frac{1}{2}+\frac{1}{4}\cos^2\theta-\frac{2}{3}\cos\theta\right)\mathrm{d}\theta=\frac{5}{4}\pi.$$

5.【解】根据式(6-10),

$$I=-\iint\limits_{1\leqslant x^2+y^2\leqslant 4}\left\{[xf(xy)+2x-y]\frac{-x}{\sqrt{x^2+y^2}}+[yf(xy)+2y+x]\frac{-y}{\sqrt{x^2+y^2}}+[f(xy)+1]\sqrt{x^2+y^2}\right\}\mathrm{d}x\mathrm{d}y$$

$$=\iint\limits_{1\leqslant x^2+y^2\leqslant 4}\sqrt{x^2+y^2}\,\mathrm{d}x\mathrm{d}y=\int_0^{2\pi}\mathrm{d}\theta\int_1^2 r^2\mathrm{d}r=\frac{14}{3}\pi.$$

6.【解】如下图所示,取 Σ_1 为 $x=0(3y^2+3z^2\leqslant 1)$ 的后侧.记 Σ 与 Σ_1 围成区域 Ω,则根据高斯公式,

$$I=\oiint\limits_{\Sigma+\Sigma_1}x\mathrm{d}y\mathrm{d}z+(y^3+2)\mathrm{d}x\mathrm{d}z+z^3\mathrm{d}x\mathrm{d}y-\iint\limits_{\Sigma_1}x\mathrm{d}y\mathrm{d}z+(y^3+2)\mathrm{d}x\mathrm{d}z+z^3\mathrm{d}x\mathrm{d}y$$

$$=\iiint\limits_{\Omega}(1+3y^2+3z^2)\mathrm{d}v-0$$

$$=\iint\limits_{3y^2+3z^2\leqslant 1}\mathrm{d}y\mathrm{d}z\int_0^{\sqrt{1-3y^2-3z^2}}(1+3y^2+3z^2)\mathrm{d}x$$

$$=\int_0^{2\pi}\mathrm{d}\theta\int_0^{\frac{\sqrt{3}}{3}}r\,\mathrm{d}r\int_0^{\sqrt{1-3r^2}}(1+3r^2)\mathrm{d}x$$

$$=\int_0^{2\pi}\mathrm{d}\theta\int_0^{\frac{\sqrt{3}}{3}}r(1+3r^2)\sqrt{1-3r^2}\,\mathrm{d}r$$

$$\xlongequal{\text{令} r=\frac{\sqrt{3}}{3}\sin u}2\pi\int_0^{\frac{\pi}{2}}\frac{1}{3}\sin u(1+\sin^2u)\cos^2u\,\mathrm{d}u$$

$$=-\frac{2\pi}{3}\int_0^{\frac{\pi}{2}}(2-\cos^2u)\cos^2u\,\mathrm{d}(\cos u)=\frac{14\pi}{45}.$$

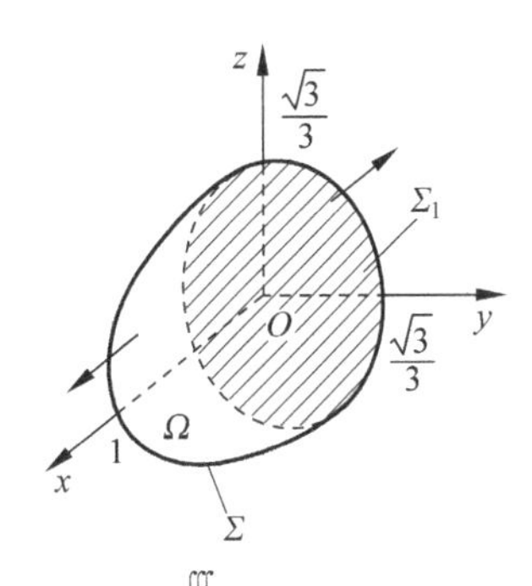

7.【解】根据高斯公式,$I=\iiint\limits_{\Omega}(2x+1)\mathrm{d}x\mathrm{d}y\mathrm{d}z$.

$$\iiint\limits_{\Omega}\mathrm{d}x\mathrm{d}y\mathrm{d}z=\frac{1}{3}\cdot\frac{1}{2}\cdot 2\cdot 1\cdot 1=\frac{1}{3}.$$

$$\iiint\limits_{\Omega}x\,\mathrm{d}x\mathrm{d}y\mathrm{d}z=\int_0^1\mathrm{d}x\int_0^{2-2x}\mathrm{d}y\int_0^{1-x-\frac{y}{2}}x\,\mathrm{d}z$$

$$=\int_0^1\mathrm{d}x\int_0^{2-2x}x\left(1-x-\frac{y}{2}\right)\mathrm{d}y$$

$$=\int_0^1 x(1-x)^2\mathrm{d}x=\frac{1}{12}.$$

故 $I=2\cdot\frac{1}{12}+\frac{1}{3}=\frac{1}{2}$.

考点三 第二类空间曲线积分

1.【解】由$\begin{cases}x^2+y^2+z^2=2x,\\2x-z-1=0\end{cases}$得 L 到 xOy 面的投影柱面 $5x^2+y^2=6x-1\left(5\left(x-\frac{3}{5}\right)^2+y^2=\frac{4}{5}\right)$,故 L 在 xOy 面上的投影曲线的方程为$\begin{cases}5\left(x-\frac{3}{5}\right)^2+y^2=\frac{4}{5},\\z=0.\end{cases}$

记 Σ 为平面 $2x-z-1=0$ 上在球面 $x^2+y^2+z^2=2x$ 内的部分,其法向量 $\boldsymbol{n}=\left(-\frac{2}{\sqrt{5}},0,\frac{1}{\sqrt{5}}\right)$.根据斯托克斯公式,

$$\text{原式}=\iint\limits_{\Sigma}\begin{vmatrix}-\frac{2}{\sqrt{5}} & 0 & \frac{1}{\sqrt{5}}\\ \frac{\partial}{\partial x} & \frac{\partial}{\partial y} & \frac{\partial}{\partial z}\\ 6xyz-yz^2 & 2x^2z & xyz\end{vmatrix}\mathrm{d}S$$

$$=\iint\limits_{\Sigma}\frac{1}{\sqrt{5}}(4x^2+z^2-4xz)\mathrm{d}S$$

$$=\iint\limits_{5\left(x-\frac{3}{5}\right)^2+y^2\leqslant\frac{4}{5}}\mathrm{d}x\mathrm{d}y=\frac{4}{25}\sqrt{5}\pi.$$

2.【解】法一:记 L_1 为$\begin{cases}4x^2+y^2=1,\\z=0,\end{cases}$其参数方程为$\begin{cases}x=\frac{1}{2}\cos t\\y=\sin t,\\z=0,\end{cases}$其中 t 从 0 变到 $\frac{\pi}{2}$,则

$$I_1=\int_{L_1}(yz^2-\cos z)\mathrm{d}x+2xz^2\mathrm{d}y+(2xyz+x\sin z)\mathrm{d}z$$

$$=\int_0^{\frac{\pi}{2}}(-1)\cdot\left(-\frac{1}{2}\sin t\right)\mathrm{d}t=\frac{1}{2}.$$

记 L_2 为$\begin{cases}y^2+z^2=1,\\x=0,\end{cases}$其参数方程为$\begin{cases}x=0,\\y=\cos t,\\z=\sin t,\end{cases}$其中 t 从 0 变到 $\frac{\pi}{2}$,则

$$I_2=\int_{L_2}(yz^2-\cos z)\mathrm{d}x+2xz^2\mathrm{d}y+(2xyz+x\sin z)\mathrm{d}z=0.$$

记 L_3 为 $\begin{cases}4x^2+z^2=1,\\y=0,\end{cases}$ 其参数方程为 $\begin{cases}x=\frac{1}{2}\cos t,\\y=0,\\z=\sin t,\end{cases}$ 其中 t 从 $\frac{\pi}{2}$ 变到 0,则

$$I_3=\int_{L_3}(yz^2-\cos z)dx+2xz^2dy+(2xyz+x\sin z)dz$$
$$=\int_{\frac{\pi}{2}}^{0}[-\cos(\sin t)]\cdot\left(-\frac{1}{2}\sin t\right)dt+\int_{\frac{\pi}{2}}^{0}\left[\frac{1}{2}\cos t\cdot\sin(\sin t)\right]\cos t\,dt$$
$$=-\frac{1}{2}\int_0^{\frac{\pi}{2}}[\sin t\cdot\cos(\sin t)+\cos^2 t\cdot\sin(\sin t)]\,dt$$
$$=\frac{1}{2}\int_0^{\frac{\pi}{2}}[\cos t\cdot\cos(\sin t)]'dt=-\frac{1}{2}.$$

故 $I=I_1+I_2+I_3=0$.

法二:取 Σ_1 为 $z=0(4x^2+y^2\leqslant1)$ 的上侧,其法向量 $\boldsymbol{n}_1=(0,0,1)$,则

$$I_1=\iint_{\Sigma_1}\begin{vmatrix}0&0&1\\\frac{\partial}{\partial x}&\frac{\partial}{\partial y}&\frac{\partial}{\partial z}\\yz^2-\cos z&2xz^2&2xyz+x\sin z\end{vmatrix}dS=\iint_{\Sigma_1}z^2dS=0.$$

取 Σ_2 为 $x=0(y^2+z^2\leqslant1)$ 的前侧,其法向量 $\boldsymbol{n}_2=(1,0,0)$,则

$$I_2=\iint_{\Sigma_2}\begin{vmatrix}1&0&0\\\frac{\partial}{\partial x}&\frac{\partial}{\partial y}&\frac{\partial}{\partial z}\\yz^2-\cos z&2xz^2&2xyz+x\sin z\end{vmatrix}dS=-\iint_{\Sigma_2}2xzdS=0.$$

取 Σ_3 为 $y=0(4x^2+z^2\leqslant1)$ 的右侧,其法向量 $\boldsymbol{n}_3=(0,1,0)$,则

$$I_3=\iint_{\Sigma_3}\begin{vmatrix}0&1&0\\\frac{\partial}{\partial x}&\frac{\partial}{\partial y}&\frac{\partial}{\partial z}\\yz^2-\cos z&2xz^2&2xyz+x\sin z\end{vmatrix}dS=0.$$

故 $I=I_1+I_2+I_3=0$.

3.【解】**法一**:L 的参数方程为 $\begin{cases}x=\cos t,\\y=\sqrt{2}\sin t,\\z=\cos t,\end{cases}$ 其中 t 从 $\frac{\pi}{2}$ 变到 $-\frac{\pi}{2}$.

于是 $I=\int_{\frac{\pi}{2}}^{-\frac{\pi}{2}}[(\sqrt{2}\sin t+\cos t)\cdot(-\sin t)+\sqrt{2}\sin t\cdot\sqrt{2}\cos t+2\cos^2 t\sin^2 t\cdot(-\sin t)]\,dt$

$$=2\int_0^{\frac{\pi}{2}}\sqrt{2}\sin^2 t\,dt=\frac{\sqrt{2}}{2}\pi.$$

法二:取 L_1 为从点 B 到点 A 的直线段,则

$$I=\oint_{L+L_1}(y+z)dx+(z^2-x^2+y)dy+x^2y^2dz-\int_{L_1}(y+z)dx+(z^2-x^2+y)dy+x^2y^2dz.$$

记 Σ 为平面 $z=x$ 上由 L 与 L_1 围成的曲面,其法向量 $\boldsymbol{n}=\left(\frac{1}{\sqrt{2}},0,-\frac{1}{\sqrt{2}}\right)$,则根据斯托克斯公式,

$$\oint_{L+L_1}(y+z)dx+(z^2-x^2+y)dy+x^2y^2dz$$
$$=\iint_{\Sigma}\begin{vmatrix}\frac{1}{\sqrt{2}}&0&-\frac{1}{\sqrt{2}}\\\frac{\partial}{\partial x}&\frac{\partial}{\partial y}&\frac{\partial}{\partial z}\\y+z&z^2-x^2+y&x^2y^2\end{vmatrix}dS$$
$$=\iint_{\Sigma}\frac{1}{\sqrt{2}}(2x^2y-2z+2x+1)dS=\frac{1}{\sqrt{2}}\iint_{\Sigma}dS=\frac{\sqrt{2}}{2}\pi.$$

又由 $\int_{L_1}(y+z)dx+(z^2-x^2+y)dy+x^2y^2dz=\int_{-\sqrt{2}}^{\sqrt{2}}ydy=0$ 知 $I=\frac{\sqrt{2}}{2}\pi$.

方法探究

考点二 第二类曲面积分

变式【解】 取 Σ_1 为 $x^2+y^2+z^2=\varepsilon^2(0<\varepsilon<\sqrt{2})$ 的外侧.

记 $P=\frac{x}{(x^2+y^2+z^2)^{\frac{3}{2}}},Q=\frac{y}{(x^2+y^2+z^2)^{\frac{3}{2}}},R=\frac{z}{(x^2+y^2+z^2)^{\frac{3}{2}}}$,则根据高斯公式,由 $\frac{\partial P}{\partial x}+\frac{\partial Q}{\partial y}+\frac{\partial R}{\partial z}=0$ 得 $\oiint_{\Sigma+\Sigma_1^-}\frac{xdydz+ydzdx+zdxdy}{(x^2+y^2+z^2)^{\frac{3}{2}}}=0$.

故又由高斯公式知

$$I=-\oiint_{\Sigma_1^-}\frac{xdydz+ydzdx+zdxdy}{(x^2+y^2+z^2)^{\frac{3}{2}}}$$
$$=\frac{1}{\varepsilon^3}\oiint_{\Sigma_1}xdydz+ydzdx+zdxdy$$
$$=\frac{1}{\varepsilon^3}\iiint_{x^2+y^2+z^2\leqslant\varepsilon^2}3dv=\frac{3}{\varepsilon^3}\cdot\frac{4}{3}\pi\varepsilon^3=4\pi.$$

真题精选

考点一 第二类平面曲线积分

1.【答案】(D).

【解】根据格林公式,$I_i=\iint_{D_i}\left[1-\left(x^2+\frac{1}{2}y^2\right)\right]dxdy$,其中 D_i 为 L_i 所围成的区域.

由于 $I_4=I_1+\iint_{D_4-D_1}\left[1-\left(x^2+\frac{1}{2}y^2\right)\right]dxdy$,而在 D_4-D_1 上 $x^2+\frac{1}{2}y^2\geqslant1$,故 $I_4>I_1$.

由于 $I_2=I_4+\iint_{D_2-D_4}\left[1-\left(x^2+\frac{1}{2}y^2\right)\right]dxdy$,而在 D_2-D_4 上 $x^2+\frac{1}{2}y^2\leqslant1$,故 $I_4>I_2$.

由于

$$I_3=\iint_{D_3\cap D_4}\left[1-\left(x^2+\frac{1}{2}y^2\right)\right]dxdy+\iint_{D_3-(D_3\cap D_4)}\left[1-\left(x^2+\frac{1}{2}y^2\right)\right]dxdy,$$

而在 $D_3-(D_3\cap D_4)$ 上 $x^2+\frac{1}{2}y^2\geqslant1$,故 $I_3<\iint_{D_3\cap D_4}\left[1-\left(x^2+\frac{1}{2}y^2\right)\right]dxdy$.

又由于

$$I_4=\iint_{D_3\cap D_4}\left[1-\left(x^2+\frac{1}{2}y^2\right)\right]dxdy+\iint_{D_4-(D_3\cap D_4)}\left[1-\left(x^2+\frac{1}{2}y^2\right)\right]dxdy,$$

而在 $D_4-(D_3\cap D_4)$ 上 $x^2+\frac{1}{2}y^2\leqslant1$,故 $I_4>\iint_{D_3\cap D_4}\left[1-\left(x^2+\frac{1}{2}y^2\right)\right]dxdy>I_3$.

2.【答案】(B).

【解】设 $M(x_1,y_1),N(x_2,y_2),x_1<0,y_1>0,x_2>0,y_2<0$，则 $\int_{\Gamma}f(x,y)dx=\int_{x_1}^{x_2}dx=x_2-x_1>0,\int_{\Gamma}f(x,y)dy=\int_{y_1}^{y_2}dy=y_2-y_1<0,\int_{\Gamma}f(x,y)ds=\int_{\Gamma}ds=l>0$($l$ 为 Γ 的长度)，$\int_{\Gamma}f'_x(x,y)dx+f'_y(x,y)dy=0$.

3.【答案】0.

【解】补曲线 L_1：$y=0$(x 由 1 变到 -1).

根据格林公式，$\oint_{L+L_1}xydx+x^2dy=-\iint\limits_D x d\sigma=0$，其中 D 为 L 与 L_1 围成的区域.

又由于 $\int_{L_1}xydx+x^2dy=0$，故原式 $=\oint_{L+L_1}xydx+x^2dy-\int_{L_1}xydx+x^2dy=0$.

4.【答案】$\frac{3}{2}\pi$.

【解】取 L_1 为 $x=0$(y 由 $\sqrt{2}$ 变到 0)，L_2 为 $y=0$(x 由 0 变到 $\sqrt{2}$).

根据格林公式，$\oint_{L+L_1+L_2}xdy-2ydx=\iint\limits_D 3d\sigma=3\cdot\frac{1}{4}\pi\cdot 2=\frac{3}{2}\pi$，其中 D 为 L 与 L_1，L_2 围成的区域.

又由于 $\int_{L_1}xdy-2ydx=\int_{L_2}xdy-2ydx=0$，故原式 $=\frac{3}{2}\pi$.

5.【解】如下图所示，取 L_1 为 $x=0$(起点对应 $y=2$，终点对应 $y=0$)，则

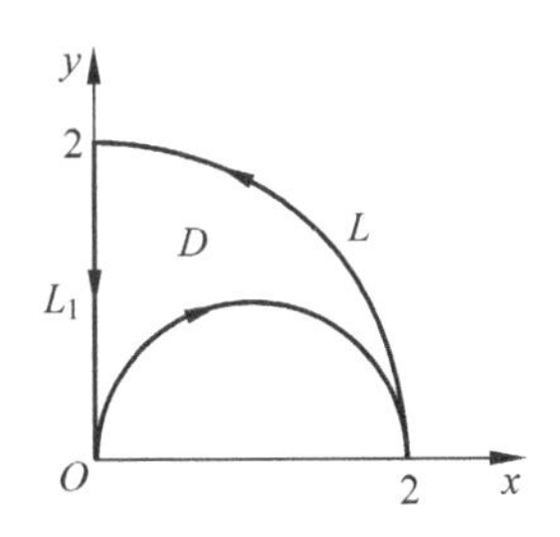

$$I=\oint_{L+L_1}3x^2ydx+(x^3+x-2y)dy-\int_{L_1}3x^2ydx+(x^3+x-2y)dy.$$

记 L 与 L_1 围成区域 D，则根据格林公式，

$$\oint_{L+L_1}3x^2ydx+(x^3+x-2y)dy=\iint\limits_D dxdy=\frac{1}{4}\pi\cdot 2^2-\frac{1}{2}\pi\cdot 1^2=\frac{\pi}{2}.$$

$$\int_{L_1}3x^2ydx+(x^3+x-2y)dy=\int_2^0(-2y)dy=4.$$

故 $I=\frac{\pi}{2}-4$.

6.【解】由题意知 $du=2xy(x^4+y^2)^{\lambda}dx-x^2(x^4+y^2)^{\lambda}dy$. 记 $P=2xy(x^4+y^2)^{\lambda}$，$Q=-x^2(x^4+y^2)^{\lambda}$，则由 $\frac{\partial P}{\partial y}=\frac{\partial Q}{\partial x}$ 知 $\lambda=-1$.

取 L_1 为 $y=0$(x 由 1 变到 x)，L_2 为 $x=x$(y 由 0 变到 y)，则

$$u(x,y)=\int_{(1,0)}^{(x,y)}\frac{2xydx-x^2dy}{x^4+y^2}+C=\int_{L_1+L_2}\frac{2xydx-x^2dy}{x^4+y^2}+C$$
$$=-\int_0^y\frac{x^2dy}{x^4+y^2}+C=-\arctan\frac{y}{x^2}+C.$$

7.【解】由 $\frac{\partial Q}{\partial x}=\frac{\partial(2xy)}{\partial y}=2x$ 知 $Q(x,y)=x^2+\varphi(y)$.

取 L_1 为 $y=0$(x 由 0 变到 t)，L_2 为 $x=t$(y 由 0 变到 1)，则

$$\int_{(0,0)}^{(t,1)}2xydx+Q(x,y)dy=\int_{L_1+L_2}2xydx+[x^2+\varphi(y)]dy$$
$$=\int_0^1[t^2+\varphi(y)]dy=t^2+\int_0^1\varphi(y)dy.$$

取 L_3 为 $y=0$(x 由 0 变到 1)，L_4 为 $x=1$(y 由 0 变到 t)，则

$$\int_{(0,0)}^{(1,t)}2xydx+Q(x,y)dy=\int_{L_3+L_4}2xydx+[x^2+\varphi(y)]dy$$
$$=\int_0^t[1+\varphi(y)]dy=t+\int_0^t\varphi(y)dy.$$

由题意知 $t^2+\int_0^1\varphi(y)dy=t+\int_0^t\varphi(y)dy$. 两边求导，得 $2t=1+\varphi(t)$，从而 $\varphi(y)=2y-1$.

故 $Q(x,y)=x^2+2y-1$.

8.【解】记 L_a 为 $y=a\sin x$(x 由 0 变到 π)，取 L_1 为 $y=0$(x 由 π 变到 0)，则

$$\oint_{L_a+L_1}(1+y^3)dx+(2x+y)dy$$
$$=-\iint\limits_D(2-3y^2)d\sigma=-\int_0^{\pi}dx\int_0^{a\sin x}(2-3y^2)dy$$
$$=-\int_0^{\pi}(2a\sin x-a^3\sin^3x)dx$$
$$=\frac{4}{3}a^3-4a,$$

其中 D 为 L_a 与 L_1 围成的区域.

又由于 $\int_{L_1}(1+y^3)dx+(2x+y)dy=\int_{\pi}^0dx=-\pi$，故记 $I(a)=\int_{L_a}(1+y^3)dx+(2x+y)dy=\frac{4}{3}a^3-4a+\pi$.

由 $I'(a)=4a^2-4=0$ 得 $a=1$. 又由于 $I''(1)=8>0$，故 $I(a)$ 在 $a=1$ 处取得最小值 $\pi-\frac{8}{3}$，从而 L 为 $y=\sin x(0\leqslant x\leqslant\pi)$.

考点二　第二类曲面积分

1.【答案】4π.

【解】取 Σ_1 为 $z=0(x^2+y^2\leqslant 4)$ 的下侧. 记 Σ 与 Σ_1 围成区域 Ω，则根据高斯公式，

$$\iint\limits_{\Sigma}xydydz+xdzdx+x^2dxdy=\oiint\limits_{\Sigma+\Sigma_1}xydydz+xdzdx+x^2dxdy-\iint\limits_{\Sigma_1}xydydz+xdzdx+x^2dxdy$$
$$=\iiint\limits_{\Omega}ydv+\iint\limits_{x^2+y^2\leqslant 4}x^2d\sigma$$
$$=0+\frac{1}{2}\iint\limits_{x^2+y^2\leqslant 4}(x^2+y^2)d\sigma$$
$$=\frac{1}{2}\int_0^{2\pi}d\theta\int_0^2r^3dr=\pi\int_0^2r^3dr=4\pi.$$

2.【答案】2π

【解】取 Σ_1 为 $z=1(x^2+y^2\leqslant 1)$ 的上侧. 记 Σ 与 Σ_1 围成区域 Ω，则根据高斯公式，

$$\iint\limits_{\Sigma}xdydz+2ydzdx+3(z-1)dxdy$$
$$=\oiint\limits_{\Sigma+\Sigma_1}xdydz+2ydzdx+3(z-1)dxdy-\iint\limits_{\Sigma_1}xdydz+2ydzdx+3(z-1)dxdy$$
$$=\iiint\limits_{\Omega}6dv-0=6\cdot\frac{1}{3}\pi\cdot 1^2\cdot 1=2\pi.$$

3.【答案】$(2-\sqrt{2})\pi R^3$.

【解】根据高斯公式，原式 $=\iiint\limits_{\Omega}3\mathrm{d}v=3\int_0^{2\pi}\mathrm{d}\theta\int_0^{\frac{\pi}{4}}\mathrm{d}\varphi\int_0^R r^2\sin\varphi\mathrm{d}r=6\pi\int_0^{\frac{\pi}{4}}\sin\varphi\mathrm{d}\varphi\int_0^R r^2\mathrm{d}r=(2-\sqrt{2})\pi R^3$.

4.【解】如下图所示，取 Σ_1 为 $z=1(x^2+y^2\leqslant 1)$ 的下侧. 记 Σ 与 Σ_1 围成区域 Ω，则根据高斯公式，

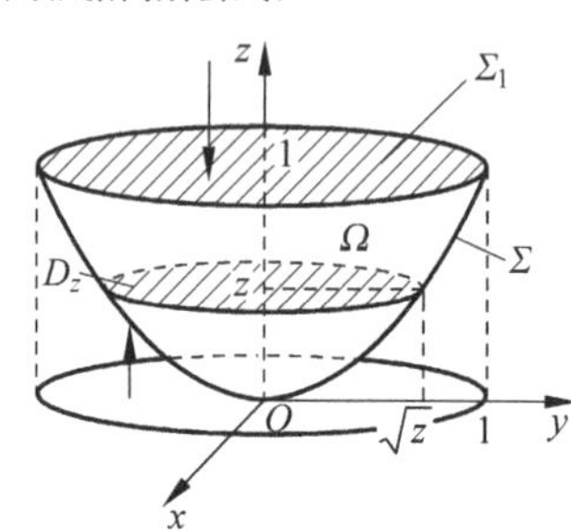

$$I=\oiint\limits_{\Sigma+\Sigma_1}(x-1)^3\mathrm{d}y\mathrm{d}z+(y-1)^3\mathrm{d}z\mathrm{d}x+(z-1)\mathrm{d}x\mathrm{d}y-\iint\limits_{\Sigma_1}(x-1)^3\mathrm{d}y\mathrm{d}z+(y-1)^3\mathrm{d}z\mathrm{d}x+(z-1)\mathrm{d}x\mathrm{d}y$$
$$=-\iiint\limits_{\Omega}[3(x-1)^2+3(y-1)^2+1]\mathrm{d}v-0$$
$$=-3\iiint\limits_{\Omega}(x^2+y^2)\mathrm{d}v+6\iiint\limits_{\Omega}x\mathrm{d}v+6\iiint\limits_{\Omega}y\mathrm{d}v-7\iiint\limits_{\Omega}\mathrm{d}v.$$

由于 Ω 关于 yOz 面与 zOx 面对称，故 $\iiint\limits_{\Omega}x\mathrm{d}v=\iiint\limits_{\Omega}y\mathrm{d}v=0$.

$$\iiint\limits_{\Omega}(x^2+y^2)\mathrm{d}v=\int_0^{2\pi}\mathrm{d}\theta\int_0^1 r\mathrm{d}r\int_{r^2}^1 r^2\mathrm{d}z=\int_0^{2\pi}\mathrm{d}\theta\int_0^1(r^3-r^5)\mathrm{d}r=\frac{\pi}{6}.$$

$$\iiint\limits_{\Omega}\mathrm{d}v=\int_0^1\mathrm{d}z\iint\limits_{D_z}\mathrm{d}x\mathrm{d}y=\int_0^1\pi(\sqrt{z})^2\mathrm{d}z=\frac{\pi}{2}.$$

故 $I=-3\cdot\frac{\pi}{6}-7\cdot\frac{\pi}{2}=-4\pi$.

5.【解】取 Σ_1 为 $z=0(x^2+y^2\leqslant 1)$ 的下侧. 记 Σ 与 Σ_1 围成区域 Ω，则根据高斯公式，

$$I=\oiint\limits_{\Sigma+\Sigma_1}2x^3\mathrm{d}y\mathrm{d}z+2y^3\mathrm{d}z\mathrm{d}x+3(z^2-1)\mathrm{d}x\mathrm{d}y-\iint\limits_{\Sigma_1}2x^3\mathrm{d}y\mathrm{d}z+2y^3\mathrm{d}z\mathrm{d}x+3(z^2-1)\mathrm{d}x\mathrm{d}y$$
$$=6\iiint\limits_{\Omega}(x^2+y^2+z)\mathrm{d}v-3\iint\limits_{x^2+y^2\leqslant 1}\mathrm{d}\sigma$$
$$=6\iint\limits_{x^2+y^2\leqslant 1}\mathrm{d}x\mathrm{d}y\int_0^{1-x^2-y^2}(x^2+y^2+z)\mathrm{d}z-3\pi$$
$$=6\int_0^{2\pi}\mathrm{d}\theta\int_0^1 r\mathrm{d}r\int_0^{1-r^2}(r^2+z)\mathrm{d}z-3\pi$$
$$=12\pi\int_0^1\frac{1}{2}r(1-r^4)\mathrm{d}r-3\pi=-\pi.$$

6.【解】取 S_1 为 $z=0(x^2+y^2\leqslant 4)$ 的下侧，S_2 为 $x+z=2(x^2+y^2\leqslant 4)$ 的上侧.

$$\iint\limits_{S_1}-y\mathrm{d}z\mathrm{d}x+(z+1)\mathrm{d}x\mathrm{d}y=-\iint\limits_{x^2+y^2\leqslant 4}\mathrm{d}\sigma=-4\pi.$$
$$\iint\limits_{S_2}-y\mathrm{d}z\mathrm{d}x+(z+1)\mathrm{d}x\mathrm{d}y=\iint\limits_{x^2+y^2\leqslant 4}(2-x+1)\mathrm{d}\sigma=3\iint\limits_{x^2+y^2\leqslant 4}\mathrm{d}\sigma=12\pi.$$

根据高斯公式，

$$\oiint\limits_{S+S_1+S_2}-y\mathrm{d}z\mathrm{d}x+(z+1)\mathrm{d}x\mathrm{d}y=0.$$

故 $I=\oiint\limits_{S+S_1+S_2}-y\mathrm{d}z\mathrm{d}x+(z+1)\mathrm{d}x\mathrm{d}y-\iint\limits_{S_1}-y\mathrm{d}z\mathrm{d}x+(z+1)\mathrm{d}x\mathrm{d}y-\iint\limits_{S_2}-y\mathrm{d}z\mathrm{d}x+(z+1)\mathrm{d}x\mathrm{d}y=-8\pi$.

考点三　第二类空间曲线积分

1.【解】记 Σ 为平面 $x+y+z=2$ 上在柱面 $|x|+|y|=1$ 内的部分，其法向量 $\boldsymbol{n}=\left(\frac{1}{\sqrt{3}},\frac{1}{\sqrt{3}},\frac{1}{\sqrt{3}}\right)$.

根据斯托克斯公式，

$$\text{原式}=\iint\limits_{\Sigma}\begin{vmatrix}\frac{1}{\sqrt{3}}&\frac{1}{\sqrt{3}}&\frac{1}{\sqrt{3}}\\\frac{\partial}{\partial x}&\frac{\partial}{\partial y}&\frac{\partial}{\partial z}\\y^2-z^2&2z^2-x^2&3x^2-y^2\end{vmatrix}\mathrm{d}S$$
$$=-\frac{2}{\sqrt{3}}\iint\limits_{\Sigma}(4x+2y+3z)\mathrm{d}S$$
$$=-2\iint\limits_{|x|+|y|\leqslant 1}(6+x-y)\mathrm{d}\sigma$$
$$=-12\iint\limits_{|x|+|y|\leqslant 1}\mathrm{d}\sigma=-24.$$

2.【解】**法一**：L 的参数方程为 $\begin{cases}x=\cos t,\\y=\sin t,\\z=2-\cos t+\sin t,\end{cases}$ 其中 t 从 2π 变到 0.

于是原式 $=\int_{2\pi}^0(3\cos^2 t-\sin^2 t-2\cos t-2\sin t)\mathrm{d}t$
$=\int_{2\pi}^0(2\cos 2t-2\cos t-2\sin t-1)\mathrm{d}t=-2\pi$.

法二：记 Σ 为平面 $x-y+z=2$ 上在柱面 $x^2+y^2=1$ 内的部分，其法向量 $\boldsymbol{n}=\left(-\frac{1}{\sqrt{3}},\frac{1}{\sqrt{3}},-\frac{1}{\sqrt{3}}\right)$.

根据斯托克斯公式，原式 $=\iint\limits_{\Sigma}\begin{vmatrix}-\frac{1}{\sqrt{3}}&\frac{1}{\sqrt{3}}&-\frac{1}{\sqrt{3}}\\\frac{\partial}{\partial x}&\frac{\partial}{\partial y}&\frac{\partial}{\partial z}\\z-y&x-z&x-y\end{vmatrix}\mathrm{d}S=-\iint\limits_{\Sigma}\frac{2}{\sqrt{3}}\mathrm{d}S=-2\iint\limits_{x^2+y^2\leqslant 1}\mathrm{d}x\mathrm{d}y=-2\pi$.

§6.5　多元函数积分学的应用(仅数学一)

十年真题

考点一　多元函数积分学的几何应用

【解】(1) 由于 $z=2+ax^2+by^2$ 在点(3,4)处的梯度为 $\mathbf{grad}z\big|_{(3,4)}=6a\boldsymbol{i}+8b\boldsymbol{j}$，沿 $\boldsymbol{l}=-3\boldsymbol{i}-4\boldsymbol{j}$ 的方向导数为 $\frac{\partial z}{\partial \boldsymbol{l}}\Big|_{(3,4)}=6a\cdot\left(-\frac{3}{5}\right)+8b\cdot\left(-\frac{4}{5}\right)=-\frac{18a+32b}{5}$，故由 $\begin{cases}-\frac{18a+32b}{5}=10,\\\sqrt{(6a)^2+(8b)^2}=10\end{cases}$ 得 $a=b=-1$.

(2) 记曲面 $z=2+ax^2+by^2(z\geqslant 0)$ 为 Σ，则所求面积为

$$S=\iint\limits_{\Sigma}\mathrm{d}S=\iint\limits_{x^2+y^2\leqslant 2}\sqrt{1+4x^2+4y^2}\mathrm{d}x\mathrm{d}y$$
$$=\int_0^{2\pi}\mathrm{d}\theta\int_0^{\sqrt{2}}r\sqrt{1+4r^2}\mathrm{d}r$$
$$=\frac{\pi}{4}\int_0^{\sqrt{2}}\sqrt{1+4r^2}\mathrm{d}(1+4r^2)=\frac{13\pi}{3}.$$

考点二　多元函数积分学的物理应用

1.【解】**法一**：由于 Ω 关于 yOz 面对称，故 $\iiint\limits_{\Omega}x\mathrm{d}v=0$.

由于 $D_z=\{(x,y)\,|\,x^2+(y-z)^2\leqslant(1-z)^2\}(0\leqslant z\leqslant 1)$ 表示以

$1-z$ 为半径的圆域,故

$$\iiint_\Omega \mathrm{d}v=\int_0^1\mathrm{d}z\iint_{D_z}\mathrm{d}x\mathrm{d}y=\int_0^1\pi(1-z)^2\mathrm{d}z=\frac{\pi}{3},$$

$$\iiint_\Omega z\mathrm{d}v=\int_0^1 z\mathrm{d}z\iint_{D_z}\mathrm{d}x\mathrm{d}y=\int_0^1 z\cdot\pi(1-z)^2\mathrm{d}z=\frac{\pi}{12},$$

$$\iiint_\Omega y\mathrm{d}v=\int_0^1\mathrm{d}z\iint_{D_z}y\mathrm{d}x\mathrm{d}y\xlongequal[y-z=r\sin\theta]{x=r\cos\theta}\int_0^1\mathrm{d}z\int_0^{2\pi}\mathrm{d}\theta\int_0^{1-z}(z+r\sin\theta)r\mathrm{d}r$$

$$=\int_0^1\pi z(1-z)^2\mathrm{d}z=\frac{\pi}{12},$$

从而 $\dfrac{\iiint_\Omega y\mathrm{d}v}{\iiint_\Omega \mathrm{d}v}=\dfrac{\iiint_\Omega z\mathrm{d}v}{\iiint_\Omega \mathrm{d}v}=\dfrac{1}{4}$,即 Ω 的形心坐标为 $\left(0,\dfrac{1}{4},\dfrac{1}{4}\right)$.

法二:令 $u=x,v=y-z,w=1-z$,则 Ω 变为 $w=\sqrt{u^2+v^2}\,(0\leqslant w\leqslant 1)$ 与 $w=1$ 围成的锥体 Ω',且 $J=\begin{vmatrix}\frac{\partial x}{\partial u}&\frac{\partial x}{\partial v}&\frac{\partial x}{\partial w}\\\frac{\partial y}{\partial u}&\frac{\partial y}{\partial v}&\frac{\partial y}{\partial w}\\\frac{\partial z}{\partial u}&\frac{\partial z}{\partial v}&\frac{\partial z}{\partial w}\end{vmatrix}=\begin{vmatrix}1&0&0\\0&1&-1\\0&0&-1\end{vmatrix}=-1$,于是根据式(6-8),$\iiint_\Omega\mathrm{d}x\mathrm{d}y\mathrm{d}z=\iiint_{\Omega'}\mathrm{d}u\mathrm{d}v\mathrm{d}w=\dfrac{\pi}{3}$,

$$\iiint_\Omega x\mathrm{d}x\mathrm{d}y\mathrm{d}z=\iiint_{\Omega'}u\mathrm{d}u\mathrm{d}v\mathrm{d}w=0,$$

$$\iiint_\Omega y\mathrm{d}x\mathrm{d}y\mathrm{d}z=\iiint_{\Omega'}(v-w+1)\mathrm{d}u\mathrm{d}v\mathrm{d}w$$

$$=\iiint_\Omega \mathrm{d}u\mathrm{d}v\mathrm{d}w-\iiint_\Omega w\mathrm{d}u\mathrm{d}v\mathrm{d}w$$

$$=\frac{\pi}{3}-\int_0^1 w\cdot\pi w^2\mathrm{d}w=\frac{\pi}{12},$$

$$\iiint_\Omega z\mathrm{d}x\mathrm{d}y\mathrm{d}z=\iiint_{\Omega'}(1-w)\mathrm{d}u\mathrm{d}v\mathrm{d}w=\frac{\pi}{12},$$

故 Ω 的形心坐标为 $\left(0,\dfrac{1}{4},\dfrac{1}{4}\right)$.

2.【解】(1) 由 C 的方程 $\begin{cases}z=\sqrt{x^2+y^2},\\z^2=2x\end{cases}$ 得 C 到 xOy 面的投影柱面 $x^2+y^2=2x$,故所求投影曲线的方程为 $\begin{cases}x^2+y^2=2x,\\z=0.\end{cases}$

(2) $M=\iint_S 9\sqrt{x^2+y^2+z^2}\,\mathrm{d}S=\iint_{x^2+y^2\leqslant 2x}9\sqrt{2(x^2+y^2)}\cdot\sqrt{2}\mathrm{d}x\mathrm{d}y$

$$=36\int_0^{\frac{\pi}{2}}\mathrm{d}\theta\int_0^{2\cos\theta}r^2\mathrm{d}r=96\int_0^{\frac{\pi}{2}}\cos^3\theta\mathrm{d}\theta=64.$$

考点三　散度与旋度

1.【答案】$\boldsymbol{i}-\boldsymbol{k}$.

【解】由 $\mathbf{rot}\boldsymbol{F}(x,y,z)=\begin{vmatrix}\boldsymbol{i}&\boldsymbol{j}&\boldsymbol{k}\\\frac{\partial}{\partial x}&\frac{\partial}{\partial y}&\frac{\partial}{\partial z}\\xy&-yz&zx\end{vmatrix}=y\boldsymbol{i}-z\boldsymbol{j}-x\boldsymbol{k}$ 知 $\mathbf{rot}\boldsymbol{F}(1,1,0)=\boldsymbol{i}-\boldsymbol{k}$.

2.【答案】$\boldsymbol{j}+(y-1)\boldsymbol{k}$.

【解】$\mathbf{rot}\boldsymbol{A}=\begin{vmatrix}\boldsymbol{i}&\boldsymbol{j}&\boldsymbol{k}\\\frac{\partial}{\partial x}&\frac{\partial}{\partial y}&\frac{\partial}{\partial z}\\x+y+z&xy&z\end{vmatrix}=\boldsymbol{j}+(y-1)\boldsymbol{k}$.

真题精选

考点一　多元函数积分学的几何应用

【解】直线 AB 的方程为 $\dfrac{x-1}{1}=\dfrac{y}{-1}=\dfrac{z}{-1}$.

由 $\begin{cases}x^2+y^2=x_1^2+y_1^2,\\\frac{x_1-1}{1}=\frac{y_1}{-1}=\frac{z}{-1}\end{cases}$ 得 $\begin{cases}x^2+y^2=x_1^2+y_1^2,\\x_1=1-z,\\y_1=z,\end{cases}$ 从而 S 的方程为 $x^2+y^2=(1-z)^2+z^2$,即 $x^2+y^2=2z^2-2z+1$.

记 S 及 $z=0,z=1$ 所围成的立体为 Ω. 由于 $D_z=\{(x,y)\mid x^2+y^2\leqslant 2z^2-2z+1\}$ 表示以 $\sqrt{2z^2-2z+1}$ 为半径的圆域,故所求体积为 $\iiint_\Omega\mathrm{d}v=\int_0^1\mathrm{d}z\iint_{D_z}\mathrm{d}x\mathrm{d}y=\int_0^1\pi(2z^2-2z+1)\mathrm{d}z=\dfrac{2}{3}\pi$.

【注】2013 年数学一又考查了极其类似的求形心的解答题.

考点二　多元函数积分学的物理应用

1.【解】(1) L 的方程为 $\dfrac{x-1}{1}=\dfrac{y}{-1}=\dfrac{z}{-1}$.

由 $\begin{cases}x^2+y^2=x_1^2+y_1^2,\\\frac{x_1-1}{1}=\frac{y_1}{-1}=\frac{z}{-1}\end{cases}$ 得 $\begin{cases}x^2+y^2=x_1^2+y_1^2,\\x_1=1-z,\\y_1=z,\end{cases}$ 从而 Σ 的方程为 $x^2+y^2=(1-z)^2+z^2$,即 $x^2+y^2-2z^2+2z=1$.

(2) 由于 Ω 关于 yOz 面与 zOx 面对称,故 $\iiint_\Omega x\mathrm{d}v=\iiint_\Omega y\mathrm{d}v=0$.

由于 $D_z=\{(x,y)\mid x^2+y^2\leqslant 2z^2-2z+1\}$ 表示以 $\sqrt{2z^2-2z+1}$ 为半径的圆域,故

$$\iiint_\Omega\mathrm{d}v=\int_0^2\mathrm{d}z\iint_{D_z}\mathrm{d}x\mathrm{d}y=\int_0^2\pi(2z^2-2z+1)\mathrm{d}z=\frac{10}{3}\pi,$$

$$\iiint_\Omega z\mathrm{d}v=\int_0^2 z\mathrm{d}z\iint_{D_z}\mathrm{d}x\mathrm{d}y=\int_0^2 z\cdot\pi(2z^2-2z+1)\mathrm{d}z=\frac{14}{3}\pi,$$

从而 $\dfrac{\iiint_\Omega z\mathrm{d}v}{\iiint_\Omega\mathrm{d}v}=\dfrac{7}{5}$,即 Ω 的形心坐标为 $\left(0,0,\dfrac{7}{5}\right)$.

【注】1994 年数学一曾考查过极其类似的求体积的解答题.

2.【解】记该球体为 Ω,以球心为原点 O,射线 OP_0 为 x 轴正向建立直角坐标系,则点 P_0 的坐标为 $(R,0,0)$,球面方程为 $x^2+y^2+z^2=R^2$,Ω 的密度为 $k[(x-R)^2+y^2+z^2]$.

$$\iiint_\Omega k[(x-R)^2+y^2+z^2]\mathrm{d}v$$

$$=k\iiint_\Omega(x^2+y^2+z^2)\mathrm{d}v+kR^2\iiint_\Omega\mathrm{d}v-2kR\iiint_\Omega x\mathrm{d}v$$

$$=k\int_0^{2\pi}\mathrm{d}\theta\int_0^\pi\mathrm{d}\varphi\int_0^R r^2\cdot r^2\sin\varphi\mathrm{d}r+kR^2\cdot\frac{4}{3}\pi R^3$$

$$=2\pi k\int_0^\pi\sin\varphi\mathrm{d}\varphi\int_0^R r^4\mathrm{d}r+\frac{4}{3}k\pi R^5=\frac{32}{15}k\pi R^5.$$

$$\iiint_\Omega x\cdot k[(x-R)^2+y^2+z^2]\mathrm{d}v$$

$$=-2kR\iiint_\Omega x^2\mathrm{d}v$$

$$=-2kR\iiint_\Omega y^2\mathrm{d}v=-2kR\iiint_\Omega z^2\mathrm{d}v$$

$$=-\frac{2}{3}kR\iiint_\Omega(x^2+y^2+z^2)\mathrm{d}v$$

$$=-\frac{8}{15}k\pi R^6.$$

$$\iiint_{\Omega} y\cdot k[(x-R)^2+y^2+z^2]\mathrm{d}v$$
$$=\iiint_{\Omega} z\cdot k[(x-R)^2+y^2+z^2]\mathrm{d}v=0.$$

故 $\dfrac{\iiint_{\Omega} x\cdot k[(x-R)^2+y^2+z^2]\mathrm{d}v}{\iiint_{\Omega} k[(x-R)^2+y^2+z^2]\mathrm{d}v}=-\dfrac{R}{4}$，从而 Ω 的重心位置为 $\left(-\dfrac{R}{4},0,0\right)$.

考点三 散度与旋度

【答案】$\dfrac{2}{3}$.

【解】$\mathbf{grad}r=\dfrac{x}{r}\boldsymbol{i}+\dfrac{y}{r}\boldsymbol{j}+\dfrac{z}{r}\boldsymbol{k}$.

故 $\operatorname{div}(\mathbf{grad}r)=\dfrac{r-\dfrac{x^2}{r}}{r^2}+\dfrac{r-\dfrac{y^2}{r}}{r^2}+\dfrac{r-\dfrac{z^2}{r}}{r^2}=\dfrac{3r^2-x^2-y^2-z^2}{r^3}$，从而 $\operatorname{div}(\mathbf{grad}r)\big|_{(1,-2,2)}=\dfrac{2}{3}$.

第七章 无穷级数(仅数学一、三)

§7.1 常数项级数

十年真题

考点 常数项级数的收敛性

1.【答案】(A).

由 $\sum\limits_{n=1}^{\infty}a_n$ 与 $\sum\limits_{n=1}^{\infty}b_n$ 收敛知正项级数 $\sum\limits_{n=1}^{\infty}(b_n-a_n)$ 收敛.

若 $\sum\limits_{n=1}^{\infty}a_n$ 绝对收敛，则由

$|b_n|=|b_n-a_n+a_n|\leqslant|b_n-a_n|+|a_n|=(b_n-a_n)+|a_n|$

知 $\sum\limits_{n=1}^{\infty}b_n$ 绝对收敛；

若 $\sum\limits_{n=1}^{\infty}b_n$ 绝对收敛，则由

$|a_n|=|a_n-b_n+b_n|\leqslant|a_n-b_n|+|b_n|=(b_n-a_n)+|b_n|$

知 $\sum\limits_{n=1}^{\infty}a_n$ 绝对收敛.

2.【答案】(D).

【解】法一(反面做)：取 $u_n=1-\dfrac{1}{n}$，则由 $\lim\limits_{n\to\infty}\dfrac{\frac{n-1}{n^2}}{\frac{1}{n}}=1$ 知 $\sum\limits_{n=1}^{\infty}\dfrac{u_n}{n}=\sum\limits_{n=1}^{\infty}\dfrac{n-1}{n^2}$ 发散，且由 $\lim\limits_{n\to\infty}\dfrac{n}{n-1}=1\neq0$ 知 $\sum\limits_{n=1}^{\infty}(-1)^n\dfrac{1}{u_n}=\sum\limits_{n=1}^{\infty}(-1)^n\dfrac{n}{n-1}$ 发散，故排除(A)、(B)；取 $u_n=-\dfrac{1}{n}$，则 $\sum\limits_{n=1}^{\infty}\left(1-\dfrac{u_n}{u_{n+1}}\right)=-\sum\limits_{n=1}^{\infty}\dfrac{1}{n}$ 发散，故排除(C).

法二(正面做)：由于 $\{u_n\}$ 是单调增加的有界数列，故 $\lim\limits_{n\to\infty}u_n$ 存在，从而 $\lim\limits_{n\to\infty}u_n^2$ 存在. 于是由

$$s_n=(u_2^2-u_1^2)+(u_3^2-u_2^2)+\cdots+(u_{n+1}^2-u_n^2)=u_{n+1}^2-u_1^2$$

知 $\lim\limits_{n\to\infty}s_n$ 存在，即 $\sum\limits_{n=1}^{\infty}(u_{n+1}^2-u_n^2)$ 收敛.

3.【答案】(B).

【解】法一(反面做)：取 $u_n=\dfrac{1}{n^3}$，$v_n=(-1)^n$，则 $\sum\limits_{n=1}^{\infty}u_nv_n$ 绝对收敛，$\sum\limits_{n=1}^{\infty}(u_n+v_n)$ 发散，故排除(A)、(C)；取 $u_n=\dfrac{1}{n^3}$，$v_n=\dfrac{(-1)^n}{\ln n}$，则 $\sum\limits_{n=1}^{\infty}(u_n+v_n)$ 收敛，故排除(D).

法二(正面做)：由 $\sum\limits_{n=1}^{\infty}\dfrac{v_n}{n}$ 条件收敛知 $\lim\limits_{n\to\infty}\dfrac{v_n}{n}=0$，从而 $\left\{\dfrac{v_n}{n}\right\}$ 有界，即存在 $M>0$，对于任意正整数 n，有 $\left|\dfrac{v_n}{n}\right|\leqslant M$.

由于 $|u_nv_n|=\left|nu_n\cdot\dfrac{v_n}{n}\right|\leqslant M|nu_n|$，又 $\sum\limits_{n=1}^{\infty}|nu_n|$ 收敛，故 $\sum\limits_{n=1}^{\infty}|u_nv_n|$ 收敛，即 $\sum\limits_{n=1}^{\infty}u_nv_n$ 绝对收敛.

4.【答案】(C)

【解】
$$\sin\frac{1}{n}-k\ln\left(1-\frac{1}{n}\right)=\left[\frac{1}{n}-\frac{1}{6n^3}+o\left(\frac{1}{n^3}\right)\right]-k\left[-\frac{1}{n}-\frac{1}{2n^2}+o\left(\frac{1}{n^2}\right)\right]$$
$$=\frac{k+1}{n}+\frac{k}{2n^2}+o\left(\frac{1}{n^2}\right).$$

当 $k=-1$ 时，由

$\lim\limits_{n\to\infty}\dfrac{\left|\sin\frac{1}{n}-k\ln\left(1-\frac{1}{n}\right)\right|}{\frac{1}{n^2}}=\lim\limits_{n\to\infty}\dfrac{\left|-\frac{1}{2n^2}+o\left(\frac{1}{n^2}\right)\right|}{\frac{1}{n^2}}=\dfrac{1}{2}$ 知级数绝对收敛，即收敛.

5.【答案】(A).

【解】由于 $\left|\left(\dfrac{1}{\sqrt{n}}-\dfrac{1}{\sqrt{n+1}}\right)\sin(n+k)\right|\leqslant\dfrac{1}{\sqrt{n}}-\dfrac{1}{\sqrt{n+1}}=\dfrac{1}{\sqrt{n(n+1)}(\sqrt{n}+\sqrt{n+1})}=\dfrac{1}{\sqrt{n^2(n+1)}+\sqrt{n(n+1)^2}}$，又由

$\lim\limits_{n\to\infty}\dfrac{\frac{1}{\sqrt{n^2(n+1)}+\sqrt{n(n+1)^2}}}{\frac{1}{n^{\frac{3}{2}}}}=\lim\limits_{n\to\infty}\dfrac{\sqrt{n^3}}{\sqrt{n^2(n+1)}+\sqrt{n(n+1)^2}}=\lim\limits_{n\to\infty}\dfrac{1}{\sqrt{1+\frac{1}{n}}+\sqrt{\left(1+\frac{1}{n}\right)^2}}=\dfrac{1}{2}$ 知 $\sum\limits_{n=1}^{\infty}\dfrac{1}{\sqrt{n^2(n+1)}+\sqrt{n(n+1)^2}}$ 收敛，故原级数绝对收敛.

【注】本题也可由

$$\lim_{n\to\infty}\sum_{k=1}^{n}\left(\frac{1}{\sqrt{k}}-\frac{1}{\sqrt{k+1}}\right)$$
$$=\lim_{n\to\infty}\left(1-\frac{1}{\sqrt{2}}+\frac{1}{\sqrt{2}}-\frac{1}{\sqrt{3}}+\cdots+\frac{1}{\sqrt{n}}-\frac{1}{\sqrt{n+1}}\right)$$
$$=\lim_{n\to\infty}\left(1-\frac{1}{\sqrt{n+1}}\right)=1$$

得到 $\sum\limits_{n=1}^{\infty}\left(\dfrac{1}{\sqrt{n}}-\dfrac{1}{\sqrt{n+1}}\right)$ 收敛.

6.【答案】(C).

【解】对于(A),因为 $\lim\limits_{n\to\infty}\dfrac{u_{n+1}}{u_n}=\lim\limits_{n\to\infty}\dfrac{n+1}{3^{n+1}}\cdot\dfrac{3^n}{n}=\dfrac{1}{3}\lim\limits_{n\to\infty}\dfrac{n+1}{n}=\dfrac{1}{3}<1$,故级数收敛;

对于(B),因为 $\lim\limits_{n\to\infty}\dfrac{\frac{1}{\sqrt{n}}\ln\left(1+\frac{1}{n}\right)}{\frac{1}{n^{\frac{3}{2}}}}=\lim\limits_{n\to\infty}\dfrac{\frac{1}{\sqrt{n}}\cdot\frac{1}{n}}{\frac{1}{n^{\frac{3}{2}}}}=1$,而 $\sum\limits_{n=1}^{\infty}\dfrac{1}{n^{\frac{3}{2}}}$ 收敛,故级数收敛;

对于(C),由于 $\sum\limits_{n=2}^{\infty}\dfrac{(-1)^n+1}{\ln n}=\sum\limits_{n=2}^{\infty}\dfrac{(-1)^n}{\ln n}+\sum\limits_{n=2}^{\infty}\dfrac{1}{\ln n}$,而根据莱布尼茨判别法,$\sum\limits_{n=2}^{\infty}\dfrac{(-1)^n}{\ln n}$ 收敛,又由 $\dfrac{1}{\ln n}>\dfrac{1}{n}$ 知 $\sum\limits_{n=2}^{\infty}\dfrac{1}{\ln n}$ 发散,故级数发散;

对于(D),因为 $\lim\limits_{n\to\infty}\dfrac{u_{n+1}}{u_n}=\lim\limits_{n\to\infty}\dfrac{(n+1)!}{(n+1)^{n+1}}\cdot\dfrac{n^n}{n!}=\lim\limits_{n\to\infty}\left(\dfrac{n}{n+1}\right)^n=\dfrac{1}{\lim\limits_{n\to\infty}\left(1+\frac{1}{n}\right)^n}=\dfrac{1}{\mathrm{e}}<1$,故级数收敛.

7.【证】(1) 根据拉格朗日中值定理,

$|x_{n+1}-x_n|=|f(x_n)-f(x_{n-1})|=|f'(\xi)(x_n-x_{n-1})|\leqslant\dfrac{1}{2}|x_n-x_{n-1}|\leqslant\dfrac{1}{2^2}|x_{n-1}-x_{n-2}|\leqslant\cdots\leqslant\dfrac{1}{2^{n-1}}|x_2-x_1|$,

其中 ξ 介于 x_n 与 x_{n-1} 之间.

又由于 $\sum\limits_{n=1}^{\infty}\dfrac{1}{2^{n-1}}|x_2-x_1|$ 收敛,故 $\sum\limits_{n=1}^{\infty}(x_{n+1}-x_n)$ 绝对收敛.

(2) 由于 $s_n=(x_2-x_1)+(x_3-x_2)+\cdots+(x_{n+1}-x_n)=x_{n+1}-x_1$,又由(1)知 $\lim\limits_{n\to\infty}s_n$ 存在,故 $\lim\limits_{n\to\infty}x_n$ 存在.

设 $\lim\limits_{n\to\infty}x_n=\lim\limits_{n\to\infty}x_{n+1}=a$,对 $x_{n+1}=f(x_n)$ 两边同时取极限,有 $a=f(a)$,即 a 是 $F(x)=f(x)-x$ 的零点.

由 $F'(x)=f'(x)-1<0$ 知 $F(x)$ 单调递增.

又由于 $F(0)=f(0)=1>0$,而根据拉格朗日中值定理,存在 $\eta\in(0,2)$,使得

$$F(2)=f(2)-2=f(2)-f(0)-1=2f'(\eta)-1<0,$$

故 $F(x)$ 在 $(0,2)$ 内存在唯一零点,即 $0<\lim\limits_{n\to\infty}x_n<2$.

【注】本题第(2)问的思路曾在过去的考题中有所涉及:在1997年数学一的解答题(例3)中,曾考查过 $\sum\limits_{n=1}^{\infty}(a_n-a_{n+1})$ 的前 n 项和;在2009年数学二关于曲率圆的选择题(见§3.5)中,曾考查过利用拉格朗日中值定理来判断函数值的正负,从而证明函数存在零点.

方法探究

考点 常数项级数的收敛性

变式2.1【答案】(D).

【解】法一(正面做):根据收敛级数的性质,由 $\sum\limits_{n=1}^{\infty}u_n$ 收敛知 $\sum\limits_{n=1}^{\infty}u_{n+1}$ 收敛,从而 $\sum\limits_{n=1}^{\infty}(u_n+u_{n+1})$ 收敛.

法二(反面做):取 $u_n=\dfrac{(-1)^n}{\ln n}$,则排除(A);取 $u_n=\dfrac{(-1)^n}{\sqrt{n}}$,则排除(B),且由 $\lim\limits_{n\to\infty}\dfrac{\frac{1}{\sqrt{2n-1}}+\frac{1}{\sqrt{2n}}}{\frac{1}{\sqrt{n}}}=\lim\limits_{n\to\infty}\left(\sqrt{\dfrac{n}{2n-1}}+\sqrt{\dfrac{n}{2n}}\right)=\sqrt{2}$ 知 $\sum\limits_{n=1}^{\infty}(u_{2n-1}-u_{2n})=-\sum\limits_{n=1}^{\infty}\left(\dfrac{1}{\sqrt{2n-1}}+\dfrac{1}{\sqrt{2n}}\right)$ 发散,从而排除(C).

变式2.2【答案】(C).

【解】$\dfrac{|a_n|}{\sqrt{n^2+\lambda}}\leqslant\dfrac{1}{2}\left(a_n^2+\dfrac{1}{n^2+\lambda}\right)$.

由于 $\sum\limits_{n=1}^{\infty}a_n^2$ 和 $\sum\limits_{n=1}^{\infty}\dfrac{1}{n^2+\lambda}$ 都收敛,故 $\sum\limits_{n=1}^{\infty}\dfrac{1}{2}\left(a_n^2+\dfrac{1}{n^2+\lambda}\right)$ 收敛,从而根据比较判别法,原级数绝对收敛.

变式3【证】记 $f(x)=x^n+nx-1$,则由 $f'(x)=nx^{n-1}+n>0(x>0)$ 知 $f(x)$ 在 $(0,+\infty)$ 内单调递增.

又由于 $f(0)=-1<0,f(1)=n>0$,故原方程存在唯一正实根 x_n,且 $0<x_n<1$.

由 $x_n^n+nx_n-1=0$ 知 $0<x_n=\dfrac{1-x_n^n}{n}<\dfrac{1}{n}$,从而 $0<x_n^\alpha<\dfrac{1}{n^\alpha}$.

当 $\alpha>1$ 时,由于 $\sum\limits_{n=1}^{\infty}\dfrac{1}{n^\alpha}$ 收敛,故根据比较判别法,$\sum\limits_{n=1}^{\infty}x_n^\alpha$ 收敛.

真题精选

考点 常数项级数的收敛性

1.【答案】(D).

【解】由 $\sum\limits_{n=1}^{\infty}\dfrac{(-1)^n}{n^{2-\alpha}}$ 条件收敛知 $0<2-\alpha\leqslant1$,即 $1\leqslant\alpha<2$.

由 $\sum\limits_{n=1}^{\infty}(-1)^n\sqrt{n}\sin\dfrac{1}{n^\alpha}$ 绝对收敛,且 $\lim\limits_{n\to\infty}\dfrac{\sqrt{n}\sin\frac{1}{n^\alpha}}{\frac{1}{n^{\alpha-\frac{1}{2}}}}=\lim\limits_{n\to\infty}\dfrac{\sqrt{n}\cdot\frac{1}{n^\alpha}}{\frac{1}{n^{\alpha-\frac{1}{2}}}}=1$ 知 $\sum\limits_{n=1}^{\infty}\dfrac{1}{n^{\alpha-\frac{1}{2}}}$ 收敛,故 $\alpha-\dfrac{1}{2}>1$,即 $\alpha>\dfrac{3}{2}$,从而又由 $1\leqslant\alpha<2$ 得 $\dfrac{3}{2}<\alpha<2$.

2.【答案】(D).

【解】法一(正面做):根据收敛级数的性质,由 $\sum\limits_{n=1}^{\infty}a_n$ 收敛知 $\sum\limits_{n=1}^{\infty}a_{n+1}$ 收敛,从而 $\sum\limits_{n=1}^{\infty}\dfrac{a_n+a_{n+1}}{2}$ 收敛.

法二(反面做):取 $a_n=\dfrac{(-1)^n}{\sqrt{n}}$,则排除(A)、(B),且由 $\lim\limits_{n\to\infty}\dfrac{\frac{1}{\sqrt{n(n+1)}}}{\frac{1}{n}}=\lim\limits_{n\to\infty}\sqrt{\dfrac{n^2}{n(n+1)}}=1$ 知 $\sum\limits_{n=1}^{\infty}a_na_{n+1}=-\sum\limits_{n=1}^{\infty}\dfrac{1}{\sqrt{n(n+1)}}$ 发散,从而排除(C).

3.【答案】(B).

【解】法一(正面做):对于(B),由于 $\sum\limits_{n=1}^{\infty}\dfrac{1}{n}$ 发散,故根据比较判别法,$\sum\limits_{n=1}^{\infty}a_n$ 发散.

法二(反面做):取 $a_n=\dfrac{1}{n\ln n}$,则排除(A)、(D);取 $a_n=\dfrac{1}{n^2}$,则排除(C).

4.【答案】(B).

【解】法一(反面做):取 $u_n=(-1)^n$,则①错误;取 $u_n=1,v_n=-1$,则④错误.

法二(正面做):由"在级数中去掉、加上或改变有限项,不会改变级数的收敛性"知(2)正确;由 $\lim\limits_{n\to\infty}\dfrac{u_{n+1}}{u_n}>1$ 知 $\lim\limits_{n\to\infty}u_n\neq0$,故③正确.

5.【答案】(B).

【解】若 $\sum\limits_{n=1}^{\infty}a_n$ 条件收敛,则 $\sum\limits_{n=1}^{\infty}a_n$ 收敛,$\sum\limits_{n=1}^{\infty}|a_n|$ 发散,从而 $\sum\limits_{n=1}^{\infty}p_n$

与$\sum\limits_{n=1}^{\infty}q_n$都发散；若$\sum\limits_{n=1}^{\infty}a_n$绝对收敛，则$\sum\limits_{n=1}^{\infty}a_n$与$\sum\limits_{n=1}^{\infty}|a_n|$都收敛，从而$\sum\limits_{n=1}^{\infty}p_n$与$\sum\limits_{n=1}^{\infty}q_n$都收敛.

6.【答案】(C).

【解】由于$\lim\limits_{n\to\infty}\frac{n}{u_n}=1$，故根据极限的保号性，当$n\to\infty$时$u_n>0$. 又由于

$$\lim_{n\to\infty}\frac{\frac{1}{u_n}+\frac{1}{u_{n+1}}}{\frac{1}{n}}=\lim_{n\to\infty}\left(\frac{n}{u_n}+\frac{n+1}{u_{n+1}}\cdot\frac{n}{n+1}\right)=2,$$

故根据比较判别法，$\sum\limits_{n=1}^{\infty}\left(\frac{1}{u_n}+\frac{1}{u_{n+1}}\right)$发散.

记$s_n=\left(\frac{1}{u_1}+\frac{1}{u_2}\right)-\left(\frac{1}{u_2}+\frac{1}{u_3}\right)+\cdots+(-1)^{n+1}\left(\frac{1}{u_n}+\frac{1}{u_{n+1}}\right)=\frac{1}{u_1}+(-1)^{n+1}\frac{1}{u_{n+1}}$，则由$\lim\limits_{n\to\infty}\frac{n}{u_n}=1$知$\lim\limits_{n\to\infty}s_n=\frac{1}{u_1}$，故原级数条件收敛.

7.【答案】(A).

【解】因为正项级数$\sum\limits_{n=1}^{\infty}a_n$收敛，故$\sum\limits_{n=1}^{\infty}a_{2n}$也收敛. 又由于$\lim\limits_{n\to\infty}\left|\frac{\left(n\tan\frac{\lambda}{n}\right)a_{2n}}{a_{2n}}\right|=\lim\limits_{n\to\infty}n\cdot\frac{\lambda}{n}=\lambda$，故根据比较判别法，$\sum\limits_{n=1}^{\infty}(-1)^n\cdot\left(n\tan\frac{\lambda}{n}\right)a_{2n}$绝对收敛.

8.【答案】(A).

【解】法一(反面做)：取$u_n=\frac{1}{\sqrt{n}}$，$v_n=\frac{1}{n}$，则排除(B)；取$u_n=\frac{1}{2n}$，则排除(C)；取$u_n=\frac{1}{n^2}$，$v_n=-\frac{1}{n}$，则排除(D).

法二(正面做)：由于$0\leqslant(u_n+v_n)^2\leqslant2(u_n^2+v_n^2)$，又由$\sum\limits_{n=1}^{\infty}u_n^2$和$\sum\limits_{n=1}^{\infty}v_n^2$都收敛知$\sum\limits_{n=1}^{\infty}2(u_n^2+v_n^2)$收敛，故根据比较判别法，$\sum\limits_{n=1}^{\infty}(u_n+v_n)^2$收敛.

9.【答案】(D).

【解】法一(正面做)：由$0\leqslant a_n<\frac{1}{n}$知$0\leqslant a_n^2<\frac{1}{n^2}$，故根据比较判别法，$\sum\limits_{n=1}^{\infty}(-1)^na_n^2$绝对收敛，从而收敛.

法二(反面做)：取$a_n=\frac{1}{2n}$，则排除(A)、(C)；取$a_n=\begin{cases}\frac{1}{2n^2}, & n\text{ 为奇数},\\ \frac{1}{2n}, & n\text{ 为偶数},\end{cases}$，则由于$\sum\limits_{n=1}^{\infty}(-1)^na_n=-\sum\limits_{n=1}^{\infty}\frac{1}{2(2n-1)^2}+\sum\limits_{n=1}^{\infty}\frac{1}{4n}$，而$\sum\limits_{n=1}^{\infty}\frac{1}{2(2n-1)^2}$收敛，$\sum\limits_{n=1}^{\infty}\frac{1}{4n}$发散，故$\sum\limits_{n=1}^{\infty}(-1)^na_n$发散，排除(B).

10.【答案】(C).

【解】由于$\left|\frac{\sin(na)}{n^2}\right|\leqslant\frac{1}{n^2}$，又$\sum\limits_{n=1}^{\infty}\frac{1}{n^2}$收敛，故$\sum\limits_{n=1}^{\infty}\frac{\sin(na)}{n^2}$绝对收敛，从而收敛.

又由于$\sum\limits_{n=1}^{\infty}\frac{1}{\sqrt{n}}$发散，故原级数发散.

11.【证】(1)由$\cos a_n-\cos b_n=a_n>0$得$\cos a_n>\cos b_n$，从而$0<a_n<b_n$.

又由$\sum\limits_{n=1}^{\infty}b_n$收敛知$\lim\limits_{n\to\infty}b_n=0$，故根据夹逼准则，$\lim\limits_{n\to\infty}a_n=0$.

(2)由于$\lim\limits_{n\to\infty}\frac{a_n}{b_n^2}=\lim\limits_{n\to\infty}\frac{a_n}{1-\cos b_n}\cdot\frac{1-\cos b_n}{b_n^2}=\lim\limits_{n\to\infty}\frac{a_n}{1-\cos a_n+a_n}\cdot\frac{\frac{1}{2}b_n^2}{b_n^2}=\frac{1}{2}\lim\limits_{n\to\infty}\frac{1}{\frac{1-\cos a_n}{a_n}+1}=\frac{1}{2}$，又$\sum\limits_{n=1}^{\infty}b_n$收敛，故$\sum\limits_{n=1}^{\infty}\frac{a_n}{b_n}$收敛.

12.(1)【解】由$a_n+a_{n+2}=\int_0^{\frac{\pi}{4}}\tan^nx(1+\tan^2x)\mathrm{d}x=\int_0^{\frac{\pi}{4}}\tan^nx\sec^2x\mathrm{d}x=\int_0^{\frac{\pi}{4}}\tan^nx\,\mathrm{d}(\tan x)=\frac{1}{n+1}$知$s_n=\sum\limits_{k=1}^{n}\frac{1}{k(k+1)}=\sum\limits_{k=1}^{n}\left(\frac{1}{k}-\frac{1}{k+1}\right)=1-\frac{1}{n+1}$，故$\sum\limits_{n=1}^{\infty}\frac{1}{n}(a_n+a_{n+2})=\lim\limits_{n\to\infty}s_n=1$.

(2)【证】由$0<a_n<a_n+a_{n+2}=\frac{1}{n+1}<\frac{1}{n}$知$0<\frac{a_n}{n^{\lambda}}<\frac{1}{n^{\lambda+1}}$.

当$\lambda>0$时，由于$\sum\limits_{n=1}^{\infty}\frac{1}{n^{\lambda+1}}$收敛，故根据比较判别法，$\sum\limits_{n=1}^{\infty}\frac{a_n}{n^{\lambda}}$收敛.

13.【证】由$\lim\limits_{x\to0}\frac{f(x)}{x}=0$知$f(0)=f'(0)=0$.

根据泰勒公式，$f\left(\frac{1}{n}\right)=f(0)+f'(0)\frac{1}{n}+\frac{1}{2}f''(\xi)\frac{1}{n^2}=\frac{1}{2}f''(\xi)\frac{1}{n^2}\left(0<\xi<\frac{1}{n}\right)$.

由于$f''(x)$在点$x=0$的某一邻域内连续，故当$n\to\infty$时，存在$M>0$，使得$|f''(\xi)|\leqslant M$，从而$\left|f\left(\frac{1}{n}\right)\right|\leqslant\frac{M}{2}\cdot\frac{1}{n^2}$.

又由于$\sum\limits_{n=1}^{\infty}\frac{1}{n^2}$收敛，故根据比较判别法，$\sum\limits_{n=1}^{\infty}f\left(\frac{1}{n}\right)$绝对收敛.

§7.2 幂 级 数

十年真题

考点一 幂级数的收敛域

1.【答案】(A).

【解】当$|r|<R$时，$\sum\limits_{n=1}^{\infty}a_nr^n$绝对收敛，从而$\sum\limits_{n=1}^{\infty}a_{2n}r^{2n}$绝对收敛.

故当$\sum\limits_{n=1}^{\infty}a_{2n}r^{2n}$发散时，$|r|\geqslant R$.

2.【答案】(B).

【解】由于$\sum\limits_{n=1}^{\infty}na_n(x-2)^n$的收敛区间关于$x=2$对称，故$\sum\limits_{n=1}^{\infty}na_nx^n$的收敛半径为4，从而$\sum\limits_{n=1}^{\infty}a_nx^n$的收敛半径也为4. 故由$(x+1)^2<4$得$-3<x<1$.

3.【答案】(B)，

【解】由$\sum\limits_{n=1}^{\infty}a_n$条件收敛知$\sum\limits_{n=1}^{\infty}a_nx^n$在$x=1$处条件收敛，故其收敛半径为1，从而$\sum\limits_{n=1}^{\infty}na_nx^n$的收敛半径也为1. 又由于$\sum\limits_{n=1}^{\infty}na_n(x-1)^n$的收敛区间关于$x=1$对称，故其收敛区间为(0,2)，从而$\sum\limits_{n=1}^{\infty}na_n(x-1)^n$在$x=\sqrt{3}$处收敛，在$x=3$处发散.

4.【答案】-1.

【解】令$\mathrm{e}^{-x}=t$，则$\sum\limits_{n=1}^{\infty}\frac{n!}{n^n}\mathrm{e}^{-nx}$变成$\sum\limits_{n=1}^{\infty}\frac{n!}{n^n}t^n$.

$$R=\lim_{n\to\infty}\left|\frac{n!}{n^n}\cdot\frac{(n+1)^{n+1}}{(n+1)!}\right|=\lim_{n\to\infty}\left(1+\frac{1}{n}\right)^n=\mathrm{e}.$$

由 $\mathrm{e}^{-x}<\mathrm{e}$ 得 $x>-1$，故 $a=-1$.

【注】2021 年数学一的解答题曾涉及到求 $\sum\limits_{n=1}^{\infty}\mathrm{e}^{-nx}$ 的收敛域及和函数.

考点二　幂级数的和函数

1.【答案】(B).

【解】由 $\sin x=\sum\limits_{n=0}^{\infty}(-1)^n\dfrac{x^{2n+1}}{(2n+1)!}$，$\cos x=\sum\limits_{n=0}^{\infty}(-1)^n\dfrac{x^{2n}}{(2n)!}$ 知

$$\begin{aligned}\sum_{n=0}^{\infty}(-1)^n\frac{2n+3}{(2n+1)!}&=\sum_{n=0}^{\infty}(-1)^n\frac{2n+1}{(2n+1)!}+\sum_{n=0}^{\infty}(-1)^n\frac{2}{(2n+1)!}\\&=\sum_{n=0}^{\infty}(-1)^n\frac{1}{(2n)!}+2\sum_{n=0}^{\infty}(-1)^n\frac{1}{(2n+1)!}\\&=\cos1+2\sin1.\end{aligned}$$

2.【解】记 $s(x)=\sum\limits_{n=0}^{\infty}\dfrac{x^{2n}}{(2n)!}$，则 $s'(x)=\sum\limits_{n=1}^{\infty}\dfrac{x^{2n-1}}{(2n-1)!}$，

$$s''(x)=\sum_{n=1}^{\infty}\frac{x^{2n-2}}{(2n-2)!}\xlongequal{\text{令}n-1=k}\sum_{k=0}^{\infty}\frac{x^{2k}}{(2k)!}=s(x).$$

解微分方程 $s''(x)-s(x)=0$ 得 $s(x)=C_1\mathrm{e}^x+C_2\mathrm{e}^{-x}$.

由 $s(0)=1$，$s'(0)=0$ 知 $C_1=C_2=\dfrac{1}{2}$，故 $s(x)=\dfrac{\mathrm{e}^x+\mathrm{e}^{-x}}{2}$.

3.【答案】$\cos\sqrt{x}$.

【解】由 $\cos x=\sum\limits_{n=0}^{\infty}(-1)^n\dfrac{x^{2n}}{(2n)!}$ 知在 $(0,+\infty)$ 内 $\sum\limits_{n=0}^{\infty}\dfrac{(-1)^n}{(2n)!}x^n=\sum\limits_{n=0}^{\infty}\dfrac{(-1)^n}{(2n)!}(\sqrt{x})^{2n}=\cos\sqrt{x}$.

4.【答案】$\dfrac{1}{(1+x)^2}$.

【解】
$$\begin{aligned}\sum_{n=1}^{\infty}(-1)^{n-1}nx^{n-1}&=\left[\sum_{n=1}^{\infty}(-1)^{n-1}x^n\right]'=\left(\frac{x}{1+x}\right)'\\&=\frac{1}{(1+x)^2}.\end{aligned}$$

5.【解】由 $\lim\limits_{n\to\infty}\left|\dfrac{(-4)^n+1}{4^n(2n+1)}\cdot\dfrac{4^{n+1}(2n+3)}{(-4)^{n+1}+1}\right|=4\lim\limits_{n\to\infty}\left|\dfrac{2n+3}{2n+1}\cdot\dfrac{1+\left(-\frac{1}{4}\right)^n}{-4+\left(-\frac{1}{4}\right)^n}\right|=1$ 知 $\sum\limits_{n=0}^{\infty}\dfrac{(-4)^n+1}{4^n(2n+1)}x^{2n}$ 的收敛半径为 1.

当 $x=\pm1$ 时，由于 $\sum\limits_{n=0}^{\infty}\dfrac{(-4)^n+1}{4^n(2n+1)}=\sum\limits_{n=0}^{\infty}\dfrac{(-1)^n}{2n+1}+\sum\limits_{n=0}^{\infty}\dfrac{1}{4^n(2n+1)}$，且 $\sum\limits_{n=0}^{\infty}\dfrac{(-1)^n}{2n+1}$ 与 $\sum\limits_{n=0}^{\infty}\dfrac{1}{4^n(2n+1)}$ 均收敛，故原级数的收敛域为 $[-1,1]$.

$$S(x)=\sum_{n=0}^{\infty}\frac{(-1)^n}{2n+1}x^{2n}+\sum_{n=0}^{\infty}\frac{1}{2n+1}\left(\frac{x}{2}\right)^{2n}.$$

当 $x\in[-1,0)\cup(0,1]$ 时，

$$\begin{aligned}\sum_{n=0}^{\infty}\frac{(-1)^n}{2n+1}x^{2n}&=\frac{1}{x}\sum_{n=0}^{\infty}\frac{(-1)^n}{2n+1}x^{2n+1}=\frac{1}{x}\int_0^x\left[\sum_{n=0}^{\infty}(-1)^nt^{2n}\right]\mathrm{d}t\\&=\frac{1}{x}\int_0^x\frac{1}{1+t^2}\mathrm{d}t=\frac{\arctan x}{x},\end{aligned}$$

$$\begin{aligned}\sum_{n=0}^{\infty}\frac{1}{2n+1}\left(\frac{x}{2}\right)^{2n}&=\frac{2}{x}\sum_{n=0}^{\infty}\frac{1}{2n+1}\left(\frac{x}{2}\right)^{2n+1}\\&=\frac{2}{x}\int_0^x\left[\sum_{n=0}^{\infty}\left(\frac{t}{2}\right)^{2n}\right]\mathrm{d}\left(\frac{t}{2}\right)\\&=\frac{2}{x}\int_0^x\frac{1}{1-\left(\frac{t}{2}\right)^2}\mathrm{d}\left(\frac{t}{2}\right)=-\frac{1}{x}\ln\frac{2-x}{2+x}.\end{aligned}$$

$$S(0)=2-\frac{1}{4}x^2+\frac{17}{80}x^4+\cdots\bigg|_{x=0}=2.$$

故
$$S(x)=\begin{cases}\dfrac{\arctan x}{x}-\dfrac{1}{x}\ln\dfrac{2-x}{2+x}, & x\in[-1,0)\cup(0,1],\\2, & x=0.\end{cases}$$

6.【解】由 $\lim\limits_{n\to\infty}\left|\dfrac{(n+1)(n+2)}{n(n+1)}\right|=1$ 知 $\sum\limits_{n=1}^{\infty}\dfrac{x^{n+1}}{n(n+1)}$ 的收敛半径为 1.

当 $x=1$ 时，$\sum\limits_{n=1}^{\infty}\dfrac{1}{n(n+1)}$ 收敛；当 $x=-1$ 时，$\sum\limits_{n=1}^{\infty}\dfrac{(-1)^{n+1}}{n(n+1)}$ 收敛.

故 $\sum\limits_{n=1}^{\infty}\dfrac{x^{n+1}}{n(n+1)}$ 的收敛域为 $[-1,1]$.

由 $\mathrm{e}^{-x}<1$ 知 $x>0$，故 $\sum\limits_{n=1}^{\infty}\mathrm{e}^{-nx}$ 的收敛域为 $(0,+\infty)$，从而 $\sum\limits_{n=1}^{\infty}u_n(x)$ 的收敛域为 $(0,1]$.

$$\sum_{n=1}^{\infty}\mathrm{e}^{-nx}=\frac{\mathrm{e}^{-x}}{1-\mathrm{e}^{-x}}=\frac{1}{\mathrm{e}^x-1}.$$

当 $x\in(0,1)$ 时，

$$\begin{aligned}\sum_{n=1}^{\infty}\frac{x^{n+1}}{n(n+1)}&=\sum_{n=1}^{\infty}\frac{x^{n+1}}{n}-\sum_{n=1}^{\infty}\frac{x^{n+1}}{n+1}\\&=x\int_0^x\left(\sum_{n=1}^{\infty}t^{n-1}\right)\mathrm{d}t-\int_0^x\left(\sum_{n=1}^{\infty}t^n\right)\mathrm{d}t\\&=x\int_0^x\frac{1}{1-t}\mathrm{d}t-\int_0^x\frac{t}{1-t}\mathrm{d}t\\&=(1-x)\ln(1-x)+x;\end{aligned}$$

当 $x=1$ 时，

$$\begin{aligned}\sum_{n=1}^{\infty}\frac{1}{n(n+1)}&=\sum_{n=1}^{\infty}\left(\frac{1}{n}-\frac{1}{n+1}\right)\\&=\lim_{n\to\infty}\left(1-\frac{1}{2}+\frac{1}{2}-\frac{1}{3}+\frac{1}{3}-\frac{1}{4}+\cdots+\frac{1}{n}-\frac{1}{n+1}\right)\\&=\lim_{n\to\infty}\left(1-\frac{1}{n+1}\right)=1.\end{aligned}$$

故 $\sum\limits_{n=1}^{\infty}u_n(x)$ 的和函数为

$$s(x)=\begin{cases}\dfrac{1}{\mathrm{e}^x-1}+(1-x)\ln(1-x)+x, & x\in(0,1),\\\dfrac{1}{\mathrm{e}-1}+1, & x=1.\end{cases}$$

7.【解】(1) 由 $xy'-(n+1)y=0$ 知 $\displaystyle\int\frac{\mathrm{d}y}{y}=(n+1)\int\frac{\mathrm{d}x}{x}$，解得 $y_n(x)=Cx^{n+1}$. 由 $y_n(1)=\dfrac{1}{n(n+1)}$ 得 $C=\dfrac{1}{n(n+1)}$，故 $y_n(x)=\dfrac{x^{n+1}}{n(n+1)}$.

(2) 由 $\lim\limits_{n\to\infty}\left|\dfrac{(n+1)(n+2)}{n(n+1)}\right|=1$ 知收敛半径为 1.

当 $x=1$ 时，$\sum\limits_{n=1}^{\infty}\dfrac{1}{n(n+1)}$ 收敛；当 $x=-1$ 时，$\sum\limits_{n=1}^{\infty}\dfrac{(-1)^{n+1}}{n(n+1)}$ 收敛.

故 $\sum\limits_{n=1}^{\infty}y_n(x)$ 的收敛域为 $[-1,1]$.

当 $x\in[-1,1)$ 时，

$$\begin{aligned}\sum_{n=1}^{\infty}\frac{x^{n+1}}{n(n+1)}&=\sum_{n=1}^{\infty}\frac{x^{n+1}}{n}-\sum_{n=1}^{\infty}\frac{x^{n+1}}{n+1}\\&=x\int_0^x\left(\sum_{n=1}^{\infty}t^{n-1}\right)\mathrm{d}t-\int_0^x\left(\sum_{n=1}^{\infty}t^n\right)\mathrm{d}t\\&=x\int_0^x\frac{1}{1-t}\mathrm{d}t-\int_0^x\frac{t}{1-t}\mathrm{d}t=(1-x)\ln(1-x)+x;\end{aligned}$$

当 $x=1$ 时，

$$\sum_{n=1}^{\infty}\frac{1}{n(n+1)}$$

$$=\sum_{n=1}^{\infty}\left(\frac{1}{n}-\frac{1}{n+1}\right)$$

$$=\lim_{n\to\infty}\left(1-\frac{1}{2}+\frac{1}{2}-\frac{1}{3}+\frac{1}{3}-\frac{1}{4}+\cdots+\frac{1}{n}-\frac{1}{n+1}\right)$$

$$=\lim_{n\to\infty}\left(1-\frac{1}{n+1}\right)=1.$$

故 $\sum\limits_{n=1}^{\infty}y_n(x)$ 的和函数为

$$s(x)=\begin{cases}(1-x)\ln(1-x)+x, & x\in[-1,1),\\ 1, & x=1.\end{cases}$$

【注】2001年数学三曾考查过类似的解答题.

8.【解】 由 $\lim\limits_{n\to\infty}\left|\dfrac{a_n}{a_{n+1}}\right|=\lim\limits_{n\to\infty}\left|\dfrac{n+1}{n+\frac{1}{2}}\right|=1$ 知收敛半径为 1，故当 $|x|<1$ 时，$\sum\limits_{n=1}^{\infty}a_nx^n$ 收敛.

由 $S(x)=\sum\limits_{n=1}^{\infty}a_nx^n$ 知

$$S'(x)=\sum_{n=1}^{\infty}na_nx^{n-1}\xlongequal{\text{令 }n=k+1}\sum_{k=0}^{\infty}(k+1)a_{k+1}x^k$$

$$=1+\sum_{n=1}^{\infty}(n+1)a_{n+1}x^n=1+\sum_{n=1}^{\infty}\left(n+\frac{1}{2}\right)a_nx^n$$

$$=1+\sum_{n=1}^{\infty}na_nx^n+\frac{1}{2}\sum_{n=1}^{\infty}a_nx^n=1+xS'(x)+\frac{1}{2}S(x),$$

从而 $S'(x)-\dfrac{1}{2(1-x)}S(x)=\dfrac{1}{1-x}$.

$$S(x)=e^{\int\frac{1}{2(1-x)}dx}\left(\int\frac{1}{1-x}e^{-\int\frac{1}{2(1-x)}dx}dx+C\right)$$

$$=\frac{1}{\sqrt{1-x}}\left(\int\frac{1}{\sqrt{1-x}}dx+C\right)=\frac{1}{\sqrt{1-x}}(-2\sqrt{1-x}+C).$$

由 $S(0)=0$ 得 $C=2$，故 $S(x)=2\left(\dfrac{1}{\sqrt{1-x}}-1\right)$.

9.【解】(1) 由 $a_{n+1}=\dfrac{1}{n+1}(na_n+a_{n-1})$ 知

$$a_{n+1}-a_n=\frac{n}{n+1}a_n-a_n+\frac{1}{n+1}a_{n-1}$$

$$=\frac{-1}{n+1}(a_n-a_{n-1})=\frac{-1}{n+1}\cdot\frac{-1}{n}(a_{n-1}-a_{n-2})$$

$$=\cdots=\frac{(-1)^n}{(n+1)!}(a_1-a_0)=\frac{(-1)^{n+1}}{(n+1)!}.$$

故又由

$$a_n-a_{n-1}=\frac{(-1)^n}{n!},$$

$$a_{n-1}-a_{n-2}=\frac{(-1)^{n-1}}{(n-1)!},$$

$$\vdots$$

$$a_2-a_1=\frac{(-1)^2}{2!},$$

$$a_1-a_0=\frac{(-1)^1}{1!}$$

知 $a_n=a_0+\dfrac{(-1)^1}{1!}+\dfrac{(-1)^2}{2!}+\cdots+\dfrac{(-1)^n}{n!}$，从而 $\lim\limits_{n\to\infty}a_n=\sum\limits_{n=0}^{\infty}\dfrac{(-1)^n}{n!}=e^{-1}$.

于是 $\lim\limits_{n\to\infty}\left|\dfrac{a_n}{a_{n+1}}\right|=\dfrac{\lim\limits_{n\to\infty}|a_n|}{\lim\limits_{n\to\infty}|a_{n+1}|}=\dfrac{e^{-1}}{e^{-1}}=1$，故 $\sum\limits_{n=0}^{\infty}a_nx^n$ 的收敛半径为 1.

(2) $(1-x)S'(x)-xS(x)=(1-x)\sum\limits_{n=1}^{\infty}na_nx^{n-1}-x\sum\limits_{n=0}^{\infty}a_nx^n=\sum\limits_{n=1}^{\infty}na_nx^{n-1}-\sum\limits_{n=1}^{\infty}na_nx^n-\sum\limits_{n=0}^{\infty}a_nx^{n+1}$.

由

$$\sum_{n=1}^{\infty}na_nx^{n-1}\xlongequal{\text{令 }n-1=k}\sum_{k=0}^{\infty}(k+1)a_{k+1}x^k=\sum_{n=0}^{\infty}(n+1)a_{n+1}x^n,$$

$$\sum_{n=0}^{\infty}a_nx^{n+1}\xlongequal{\text{令 }n+1=m}\sum_{m=1}^{\infty}a_{m-1}x^m=\sum_{n=1}^{\infty}a_{n-1}x^n$$

知 $(1-x)S'(x)-xS(x)=\sum\limits_{n=0}^{\infty}(n+1)a_{n+1}x^n-\sum\limits_{n=1}^{\infty}na_nx^n-\sum\limits_{n=1}^{\infty}a_{n-1}x^n=a_1+\sum\limits_{n=1}^{\infty}[(n+1)a_{n+1}-na_n-a_{n-1}]x^n=0$.

由 $\int\dfrac{dS}{S}=\int\dfrac{x}{1-x}dx$ 得 $S(x)=\dfrac{Ce^{-x}}{1-x}$. 又由 $S(0)=a_0=1$ 得 $C=1$，故 $S(x)=\dfrac{e^{-x}}{1-x}$.

10.【解】 由 $\lim\limits_{n\to\infty}\left|\dfrac{(n+2)(2n+3)}{(n+1)(2n+1)}\right|=1$ 知收敛半径为 1.

当 $x=\pm1$ 时，$\sum\limits_{n=0}^{\infty}\dfrac{1}{(n+1)(2n+1)}$ 收敛，故原级数的收敛域为 $[-1,1]$.

$$S(x)=\sum_{n=0}^{\infty}\frac{x^{2n+2}}{(n+1)(2n+1)}=2\sum_{n=0}^{\infty}\frac{x^{2n+2}}{2n+1}-\sum_{n=0}^{\infty}\frac{x^{2n+2}}{n+1}.$$

$$\sum_{n=0}^{\infty}\frac{x^{2n+2}}{2n+1}=x\sum_{n=0}^{\infty}\frac{x^{2n+1}}{2n+1}=x\int_0^x\left(\sum_{n=0}^{\infty}t^{2n}\right)dt=x\int_0^x\frac{1}{1-t^2}dt$$

$$=-\frac{x}{2}\int_0^x\left(\frac{1}{t-1}-\frac{1}{t+1}\right)dt=\frac{x}{2}\ln\frac{1+x}{1-x},$$

$$\sum_{n=0}^{\infty}\frac{x^{2n+2}}{n+1}=2\sum_{n=0}^{\infty}\frac{x^{2n+2}}{2n+2}=2\int_0^x\left(\sum_{n=0}^{\infty}t^{2n+1}\right)dt$$

$$=-\ln\quad(1-x^2)(|x|<1).$$

当 $x=\pm1$ 时，

$$S(x)=\sum_{n=0}^{\infty}\frac{1}{(n+1)(2n+1)}=2\sum_{n=0}^{\infty}\left(\frac{1}{2n+1}-\frac{1}{2n+2}\right)$$

$$=2\left(1-\frac{1}{2}+\frac{1}{3}-\frac{1}{4}+\cdots+\frac{(-1)^{n-1}}{n}+\cdots\right)=2\ln2.$$

故 $S(x)=\begin{cases}x\ln\dfrac{1+x}{1-x}+\ln(1-x^2), & -1<x<1,\\ 2\ln2, & x=\pm1.\end{cases}$

考点三 把函数展开成幂级数

1.【答案】(A).

【解】 由 $\ln(2+x)=\ln\left(1+\dfrac{x}{2}\right)+\ln2=\sum\limits_{n=1}^{\infty}\dfrac{(-1)^{n-1}}{n}\left(\dfrac{x}{2}\right)^n+\ln2=\sum\limits_{n=1}^{\infty}\dfrac{(-1)^{n-1}}{n\cdot2^n}x^n+\ln2$ 知 $a_n=\begin{cases}\dfrac{(-1)^{n-1}}{n\cdot2^n}, & n=1,2,\cdots,\\ \ln2, & n=0,\end{cases}$ 故

$$\sum_{n=1}^{\infty}na_{2n}=\sum_{n=1}^{\infty}n\frac{(-1)^{2n-1}}{2n\cdot2^{2n}}=-\frac{1}{2}\sum_{n=1}^{\infty}\left(\frac{1}{4}\right)^n$$

$$=-\frac{1}{2}\frac{\frac{1}{4}}{1-\frac{1}{4}}=-\frac{1}{6}.$$

2.【解】 由

$$\cos2x=\sum_{n=0}^{\infty}\frac{(-1)^n(2x)^{2n}}{(2n)!}=\sum_{n=0}^{\infty}\frac{(-1)^n4^nx^{2n}}{(2n)!},$$

$$-\frac{1}{(1+x)^2}=\left(\frac{1}{1+x}\right)'=\left[\sum_{n=0}^{\infty}(-1)^nx^n\right]'=\sum_{n=1}^{\infty}(-1)^nnx^{n-1}$$

$$=\sum_{n=0}^{\infty}(-1)^{n+1}(n+1)x^n\quad(-1<x<1)$$

知 $\sum_{n=0}^{\infty}a_nx^n=\sum_{n=0}^{\infty}\frac{(-1)^n4^nx^{2n}}{(2n)!}+\sum_{n=0}^{\infty}(-1)^{n+1}(n+1)x^n(-1<x<1)$，故

$$\begin{cases}a_{2n}=\frac{(-1)^n4^n}{(2n)!}-2n-1,\\ a_{2n+1}=2n+2\end{cases}(n=0,1,2,\cdots).$$

方法探究

考点一　幂级数的收敛域

变式【答案】(B)

【解】因为 $\sum_{n=1}^{\infty}a_n(x-1)^n$ 的收敛区间关于 $x=1$ 对称，而它在 $x=-1$ 处收敛，故它在 $(-1,3)$ 内一定绝对收敛.

考点二　幂级数的和函数

变式 1【解】设 $s(x)=\sum_{n=0}^{\infty}(n^2-n+1)x^n(|x|<1)$，则

$$s(x)=\sum_{n=0}^{\infty}n(n-1)x^n+\sum_{n=0}^{\infty}x^n=\sum_{n=0}^{\infty}n(n-1)x^n+\frac{1}{1-x}.$$

$$\sum_{n=0}^{\infty}n(n-1)x^n=x^2\sum_{n=0}^{\infty}n(n-1)x^{n-2}=x^2\Big(\sum_{n=0}^{\infty}nx^{n-1}\Big)'$$

$$=x^2\Big(\sum_{n=0}^{\infty}x^n\Big)''=x^2\left(\frac{1}{1-x}\right)''=\frac{2x^2}{(1-x)^3}.$$

故 $s(x)=\frac{2x^2}{(1-x)^3}+\frac{1}{1-x}$，从而 $\sum_{n=0}^{\infty}\frac{(-1)^n(n^2-n+1)}{2^n}=s\left(-\frac{1}{2}\right)=\frac{22}{27}$.

变式 2【解】(1) $S'(x)=\frac{x^3}{2}+\frac{x^5}{2\cdot4}+\frac{x^7}{2\cdot4\cdot6}+\cdots=\frac{x^3}{2}+x\left(\frac{x^4}{2\cdot4}+\frac{x^6}{2\cdot4\cdot6}+\cdots\right)=\frac{x^3}{2}+xS(x)$，且 $S(0)=0$.

(2) $S(x)=e^{\int x\mathrm{d}x}\left(\int\frac{x^3}{2}e^{-\int x\mathrm{d}x}\mathrm{d}x+C\right)=e^{\frac{x^2}{2}}\left(\int\frac{x^3}{2}e^{-\frac{x^2}{2}}\mathrm{d}x+C\right)$

$$=Ce^{\frac{x^2}{2}}-\frac{x^2}{2}-1.$$

由 $S(0)=0$ 得 $C=1$，故 $S(x)=e^{\frac{x^2}{2}}-\frac{x^2}{2}-1$.

考点三　把函数展开成幂级数

变式【解】$y=\ln(1-2x)(1+x)=\ln(1-2x)+\ln(1+x)$.

由于 $\ln(1+x)=\sum_{n=1}^{\infty}(-1)^{n-1}\frac{x^n}{n}$，$\ln(1-2x)=\sum_{n=1}^{\infty}(-1)^{n-1}\frac{(-2x)^n}{n}=-\sum_{n=1}^{\infty}\frac{2^nx^n}{n}$，故 $y=\sum_{n=1}^{\infty}\frac{(-1)^{n+1}-2^n}{n}x^n$.

由 $\begin{cases}-1<x\leqslant1,\\ -1<-2x\leqslant1\end{cases}$ 知 $-\frac{1}{2}\leqslant x<\frac{1}{2}$，故展开成的幂级数的收敛区间是 $\left(-\frac{1}{2},\frac{1}{2}\right)$.

真题精选

考点一　幂级数的收敛域

1.【答案】(C).

【解】由于 $\{a_n\}$ 单调减少，且 $\lim_{n\to\infty}a_n=0$，故根据莱布尼茨判别法，$\sum_{n=1}^{\infty}(-1)^na_n$ 收敛.

由 $S_n=\sum_{k=1}^{n}a_k$ 无界知 $\sum_{n=1}^{\infty}a_n$ 发散.

由于 $\sum_{n-1}^{\infty}a_n(x-1)^n$ 的收敛区间关于 $x=1$ 对称，且它在 $x=0$ 处收敛，在 $x=2$ 处发散，故其收敛域为 $[0,2)$.

2.【答案】$(-2,4)$

【解】由于 $\sum_{n=0}^{\infty}na_n(x-1)^{n+1}$ 的收敛区间关于 $x=1$ 对称，且其收敛半径与 $\sum_{n=0}^{\infty}a_nx^n$ 相同，故其收敛区间为 $(-2,4)$.

3.【解】由 $\lim_{n\to\infty}\left|\frac{3^{n+1}+(-2)^{n+1}}{3^n+(-2)^n}\cdot\frac{n+1}{n}\right|=\lim_{n\to\infty}\frac{3-2\left(-\frac{2}{3}\right)^n}{1+\left(-\frac{2}{3}\right)^n}=3$ 知收敛半径为 3，收敛区间为 $(-3,3)$.

当 $x=3$ 时，由于 $\frac{3^n}{3^n+(-2)^n}\frac{1}{n}>\frac{1}{2n}$，而 $\sum_{n=1}^{\infty}\frac{1}{n}$ 发散，故原级数在 $x=3$ 处发散.

当 $x=-3$ 时，$\frac{(-3)^n}{3^n+(-2)^n}\frac{1}{n}=\frac{(-3)^n+2^n-2^n}{3^n+(-2)^n}\frac{1}{n}=\frac{(-1)^n}{n}-\frac{2^n}{3^n+(-2)}\frac{1}{n}$. 由于 $\sum_{n=1}^{\infty}\frac{(-1)^n}{n}$ 收敛，又由 $\lim_{n\to\infty}\frac{\frac{2^{n+1}}{3^{n+1}+(-2)^{n+1}}\frac{1}{n+1}}{\frac{2^n}{3^n+(-2)^n}\frac{1}{n}}=$

$2\lim_{n\to\infty}\frac{3^n+(-2)^n}{3^{n+1}+(-2)^{n+1}}\frac{n}{n+1}=2\lim_{n\to\infty}\frac{1+\left(-\frac{2}{3}\right)^n}{3-2\left(-\frac{2}{3}\right)^n}=\frac{2}{3}<1$ 知

$\sum_{n=1}^{\infty}\frac{2^n}{3^n+(-2)^n}\frac{1}{n}$ 收敛，故原级数在 $x=-3$ 处收敛.

考点二　幂级数的和函数

1.【解】由 $\lim_{n\to\infty}\left|\frac{(n+1)(n+3)}{(n+2)(n+4)}\right|=1$ 知收敛半径为 1.

当 $x=1$ 时，$\sum_{n=0}^{\infty}(n+1)(n+3)$ 发散；当 $x=-1$ 时，$\sum_{n=0}^{\infty}(n+1)(n+3)(-1)^n$ 发散. 故原级数的收敛域为 $(-1,1)$.

$$S(x)=\sum_{n=0}^{\infty}(n+1)(n+3)x^n=\sum_{n=0}^{\infty}n^2x^n+4\sum_{n=0}^{\infty}nx^n+3\sum_{n=0}^{\infty}x^n.$$

由 $\sum_{n=0}^{\infty}x^n=\frac{1}{1-x}$，$\sum_{n=0}^{\infty}nx^n=x\sum_{n=0}^{\infty}nx^{n-1}=x\left(\sum_{n=0}^{\infty}x^n\right)'=x\left(\frac{1}{1-x}\right)'=\frac{x}{(1-x)^2}$，

$$\sum_{n=0}^{\infty}n^2x^n=x\sum_{n=0}^{\infty}n^2x^{n-1}=x\left(\sum_{n=0}^{\infty}nx^n\right)'=x\left(x\sum_{n=0}^{\infty}nx^{n-1}\right)'$$

$$=x\left[x\left(\sum_{n=0}^{\infty}x^n\right)'\right]'=x\left[x\left(\frac{1}{1-x}\right)'\right]'=\frac{x+x^2}{(1-x)^3}$$

知 $S(x)=\frac{x+x^2}{(1-x)^3}+\frac{4x}{(1-x)^2}+\frac{3}{1-x}=\frac{3-x}{(1-x)^3}(|x|<1)$.

2.【解】(1) 由 $S(x)=\sum_{n=0}^{\infty}a_nx^n$ 知 $S'(x)=\sum_{n=1}^{\infty}na_nx^{n-1}$，$S''(x)=\sum_{n=2}^{\infty}n(n-1)a_nx^{n-2}$.

由于 $a_{n-2}-n(n-1)a_n=0$，故 $S''(x)=\sum_{n=2}^{\infty}a_{n-2}x^{n-2}\xlongequal{令k=n-2}\sum_{k=0}^{\infty}a_kx^k=S(x)$，即 $S''(x)-S(x)=0$.

(2) 由 $r^2-1=0$ 得 $r_1=1,r_2=-1$. 故 $S''(x)-S(x)=0$ 的通解为 $S(x)=C_1e^x+C_2e^{-x}$.

由 $\begin{cases}S(0)=a_0=3,\\ S'(0)=a_1=1\end{cases}$ 得 $\begin{cases}C_1=2,\\ C_2=1,\end{cases}$ 从而 $S(x)=2e^x+e^{-x}$.

3.【解】由 $\lim_{n\to\infty}\left|\frac{4n^2+4n+3}{2n+1}\cdot\frac{2n+3}{4(n+1)^2+4(n+1)+3}\right|=1$ 知收

敛半径为1. 当 $x=\pm1$ 时，$\sum\limits_{n=0}^{\infty}\dfrac{4n^2+4n+3}{2n+1}$ 发散，故原级数的收敛域为 $(-1,1)$.

$$S(x)=\sum_{n=0}^{\infty}\frac{4n^2+4n+3}{2n+1}x^{2n}=\sum_{n=0}^{\infty}(2n+1)x^{2n}+2\sum_{n=0}^{\infty}\frac{x^{2n}}{2n+1}.$$

$$\sum_{n=0}^{\infty}(2n+1)x^{2n}=\left(\sum_{n=0}^{\infty}x^{2n+1}\right)'=\left(\frac{x}{1-x^2}\right)'=\frac{1+x^2}{(1-x^2)^2}\quad(|x|<1).$$

$$\sum_{n=0}^{\infty}\frac{x^{2n}}{2n+1}=\frac{1}{x}\sum_{n=0}^{\infty}\frac{x^{2n+1}}{2n+1}=\frac{1}{x}\int_0^x\left(\sum_{n=0}^{\infty}t^{2n}\right)\mathrm{d}t=\frac{1}{x}\int_0^x\frac{1}{1-t^2}\mathrm{d}t=\frac{1}{2x}\ln\frac{1+x}{1-x}\quad(0<|x|<1).$$

$$S(0)=3+\frac{11}{3}x+\frac{27}{5}x^2+\cdots\Big|_{x=0}=3.$$

故 $S(x)=\begin{cases}\dfrac{1+x^2}{(1-x^2)^2}+\dfrac{1}{x}\ln\dfrac{1+x}{1-x}, & 0<|x|<1,\\ 3, & x=0.\end{cases}$

4.【解】$a_n=\int_0^1(x^n-x^{n+1})\mathrm{d}x=\dfrac{1}{n+1}-\dfrac{1}{n+2}$.

$$S_1=\lim_{n\to\infty}\left[\left(\frac{1}{2}-\frac{1}{3}\right)+\left(\frac{1}{3}-\frac{1}{4}\right)+\cdots+\left(\frac{1}{n+1}-\frac{1}{n+2}\right)\right]=\lim_{n\to\infty}\left(\frac{1}{2}-\frac{1}{n+2}\right)=\frac{1}{2}.$$

$$S_2=\sum_{n=1}^{\infty}\left(\frac{1}{2n}-\frac{1}{2n+1}\right)=\sum_{n=2}^{\infty}\frac{(-1)^n}{n}.$$

记 $S_2(x)=\sum\limits_{n=2}^{\infty}\dfrac{x^n}{n}(-1\leqslant x<1)$，则 $S_2(x)=\int_0^x\left(\sum\limits_{n=2}^{\infty}t^{n-1}\right)\mathrm{d}t=\int_0^x\dfrac{t}{1-t}\mathrm{d}t=-x-\ln(1-x)$，故 $S_2=S_2(-1)=1-\ln2$.

5.【解】由于第 n 年的现值为 $(10+9n)(1+r)^{-n}$，故

$$A=\sum_{n=1}^{\infty}(10+9n)(1+r)^{-n}.$$

记 $S(x)=\sum\limits_{n=1}^{\infty}(10+9n)x^n(|x|<1)$，则

$$S(x)=\sum_{n=1}^{\infty}(10+9n)x^n=10\sum_{n=1}^{\infty}x^n+9x\sum_{n=1}^{\infty}nx^{n-1}=\frac{10x}{1-x}+9x\left(\sum_{n=1}^{\infty}x^n\right)'=\frac{10x}{1-x}+9x\left(\frac{x}{1-x}\right)'=\frac{10x}{1-x}+\frac{9x}{(1-x)^2}.$$

故 $A=S\left(\dfrac{1}{1+r}\right)=S\left(\dfrac{1}{1.05}\right)=3\,980$（万元）.

6.【解】(1) 由 $y(x)=\sum\limits_{n=0}^{\infty}a_nx^n$ 知 $y'(x)=\sum\limits_{n=1}^{\infty}na_nx^{n-1}$，$y''(x)=\sum\limits_{n=2}^{\infty}n(n-1)a_nx^{n-2}=\sum\limits_{n=0}^{\infty}(n+2)(n+1)a_{n+2}x^n$.

于是 $y''-2xy'-4y=\sum\limits_{n=0}^{\infty}(n+2)(n+1)a_{n+2}x^n-2\sum\limits_{n=1}^{\infty}na_nx^n-4\sum\limits_{n=0}^{\infty}a_nx^n=\sum\limits_{n=0}^{\infty}[(n+2)(n+1)a_{n+2}-2(n+2)a_n]x^n$.

故由 $y''-2xy'-4y=0$ 得 $(n+2)(n+1)a_{n+2}-2(n+2)a_n=0$，即 $a_{n+2}=\dfrac{2}{n+1}a_n$.

(2) 由 $y(0)=0$ 知 $a_0=0$.

$$\left(\frac{y}{x}\right)'=\left(\sum_{n=1}^{\infty}a_nx^{n-1}\right)'=\sum_{n=2}^{\infty}(n-1)a_nx^{n-2}=\sum_{n=0}^{\infty}(n+1)a_{n+2}x^n=2\sum_{n=0}^{\infty}a_nx^n=2y.$$

令 $\dfrac{y}{x}=u$，则 $u'=2ux$，从而 $\int\dfrac{\mathrm{d}u}{u}=\int2x\,\mathrm{d}x$，解得 $u=C\mathrm{e}^{x^2}$，即 $y=Cx\mathrm{e}^{x^2}$.

由 $y'(0)=1$ 得 $C=1$，故 $y(x)=x\mathrm{e}^{x^2}$.

7.【解】由 $\lim\limits_{n\to\infty}\left|\dfrac{n(2n-1)+1}{n(2n-1)}\cdot\dfrac{(n+1)(2n+1)}{(n+1)(2n+1)+1}\right|=1$ 知收敛半径为1，收敛区间为 $(-1,1)$.

$$f(x)=\sum_{n=1}^{\infty}(-1)^{n-1}x^{2n}-\sum_{n=1}^{\infty}\frac{(-1)^{n-1}x^{2n}}{n}+2\sum_{n=1}^{\infty}\frac{(-1)^{n-1}x^{2n}}{2n-1}.$$

$$\sum_{n=1}^{\infty}(-1)^{n-1}x^{2n}=\frac{x^2}{1+x^2}$$

$$\sum_{n=1}^{\infty}\frac{(-1)^{n-1}x^{2n}}{n}=2\sum_{n=1}^{\infty}\frac{(-1)^{n-1}x^{2n}}{2n}=2\int_0^x\left[\sum_{n=1}^{\infty}(-1)^{n-1}t^{2n-1}\right]\mathrm{d}t=2\int_0^x\frac{t}{1+t^2}\mathrm{d}t=\ln(1+x^2).$$

$$\sum_{n=1}^{\infty}\frac{(-1)^{n-1}x^{2n}}{2n-1}=x\sum_{n=1}^{\infty}\frac{(-1)^{n-1}x^{2n-1}}{2n-1}=x\int_0^x\left[\sum_{n=1}^{\infty}(-1)^{n-1}t^{2n-2}\right]\mathrm{d}t=x\int_0^x\frac{\mathrm{d}t}{1+t^2}=x\arctan x.$$

故 $f(x)=2x\arctan x-\ln(1+x^2)+\dfrac{x^2}{1+x^2}$，$x\in(-1,1)$.

【注】2006 年数学三又考查了极其类似的解答题.

8.【解】$f_n(x)=\mathrm{e}^{\int\mathrm{d}x}\left(\int x^{n-1}\mathrm{e}^x\mathrm{e}^{-\int\mathrm{d}x}\mathrm{d}x+C\right)=\mathrm{e}^x\left(\int x^{n-1}\mathrm{d}x+C\right)=C\mathrm{e}^x+\dfrac{x^n\mathrm{e}^x}{n}$.

由 $f_n(1)=\dfrac{\mathrm{e}}{n}$ 得 $C=0$，故 $f_n(x)=\dfrac{x^n\mathrm{e}^x}{n}$.

$$\sum_{n=1}^{\infty}f_n(x)=\sum_{n=1}^{\infty}\frac{x^n\mathrm{e}^x}{n}=\mathrm{e}^x\sum_{n=1}^{\infty}\frac{x^n}{n}=\mathrm{e}^x\int_0^x\left(\sum_{n=1}^{\infty}t^{n-1}\right)\mathrm{d}t=\mathrm{e}^x\int_0^x\frac{1}{1-t}\mathrm{d}t=-\mathrm{e}^x\ln(1-x)(-1\leqslant x<1).$$

【注】2021 年数学三又考查了类似的解答题.

9.【解】$I_n=\int_0^{\frac{\pi}{4}}\sin^nx\cos x\,\mathrm{d}x=\int_0^{\frac{\pi}{4}}\sin^nx\,\mathrm{d}(\sin x)=\dfrac{1}{n+1}\left(\dfrac{\sqrt2}{2}\right)^{n+1}$.

记 $S(x)=\sum\limits_{n=0}^{\infty}\dfrac{x^{n+1}}{n+1}(-1\leqslant x<1)$，则 $S(x)=\int_0^x\left(\sum\limits_{n=0}^{\infty}t^n\right)\mathrm{d}t=\int_0^x\dfrac{1}{1-t}\mathrm{d}t=-\ln(1-x)$，故 $\sum\limits_{n=0}^{\infty}I_n=\sum\limits_{n=0}^{\infty}\dfrac{1}{n+1}\left(\dfrac{\sqrt2}{2}\right)^{n+1}=s\left(\dfrac{\sqrt2}{2}\right)=-\ln\left(1-\dfrac{\sqrt2}{2}\right)=\ln(2+\sqrt2)$.

10.【解】记 $S(x)=\sum\limits_{n=2}^{\infty}\dfrac{x^n}{n^2-1}$，则

$$S(x)=\frac{1}{2}\sum_{n=2}^{\infty}\frac{x^n}{n-1}-\frac{1}{2}\sum_{n=2}^{\infty}\frac{x^n}{n+1}=\frac{x}{2}\sum_{n=2}^{\infty}\frac{x^{n-1}}{n-1}-\frac{1}{2x}\sum_{n=2}^{\infty}\frac{x^{n+1}}{n+1}$$

$$=\frac{x}{2}\int_0^x\left(\sum_{n=2}^{\infty}t^{n-2}\right)\mathrm{d}t-\frac{1}{2x}\int_0^x\left(\sum_{n=2}^{\infty}t^n\right)\mathrm{d}t=\frac{x}{2}\int_0^x\frac{1}{1-t}\mathrm{d}t-\frac{1}{2x}\int_0^x\frac{t^2}{1-t}\mathrm{d}t$$

$$=\frac{x+2}{4}+\frac{1-x^2}{2x}\ln(1-x)\quad(-1<x<1\text{ 且 }x\neq0).$$

故 $\sum\limits_{n=2}^{\infty}\dfrac{1}{(n^2-1)2^n}=\dfrac{5}{8}-\dfrac{3}{4}\ln2$.

11.【解】由 $\lim\limits_{n\to\infty}\left|\dfrac{2n+1}{2n+3}\right|=1$ 知收敛半径为 1.

当 $x=1$ 时，$\sum\limits_{n=0}^{\infty}(2n+1)$ 发散；当 $x=-1$ 时，$\sum\limits_{n=0}^{\infty}(-1)^n(2n+1)$ 发散. 故原级数的收敛域为 $(-1,1)$.

$$\sum_{n=0}^{\infty}(2n+1)x^n=\sum_{n=0}^{\infty}x^n+2x\sum_{n=0}^{\infty}nx^{n-1}=\frac{1}{1-x}+2x\left(\sum_{n=0}^{\infty}x^n\right)'$$
$$=\frac{1}{1-x}+2x\left(\frac{1}{1-x}\right)'=\frac{1+x}{(1-x)^2}\quad(-1<x<1).$$

考点三　把函数展开成幂级数

1.【解】$f(x)=\dfrac{x}{(2-x)(1+x)}$

$$=\frac{1}{3}\left(\frac{2}{2-x}-\frac{1}{1+x}\right)=\frac{1}{3}\left(\frac{1}{1-\frac{x}{2}}-\frac{1}{1+x}\right)$$
$$=\frac{1}{3}\left[\sum_{n=0}^{\infty}\left(\frac{x}{2}\right)^n-\sum_{n=0}^{\infty}(-1)^nx^n\right]$$
$$=\frac{1}{3}\sum_{n=0}^{\infty}\left[\frac{1}{2^n}-(-1)^n\right]x^n\quad(-1<x<1).$$

2.【解】记 $g(x)=\arctan x$，则 $g'(x)=\dfrac{1}{1+x^2}=\sum\limits_{n=0}^{\infty}(-1)^nx^{2n}$.

$$g(x)=\int_0^x g'(t)\mathrm{d}t=\sum_{n=0}^{\infty}\frac{(-1)^n}{2n+1}x^{2n+1}.$$

当 $x\neq0$ 时，

$$f(x)=\frac{1+x^2}{x}\sum_{n=0}^{\infty}\frac{(-1)^n}{2n+1}x^{2n+1}$$
$$=\sum_{n=0}^{\infty}\frac{(-1)^n}{2n+1}x^{2n}+\sum_{n=0}^{\infty}\frac{(-1)^n}{2n+1}x^{2n+2}$$
$$=1+\sum_{n=1}^{\infty}\frac{(-1)^n}{2n+1}x^{2n}+\sum_{n=1}^{\infty}\frac{(-1)^{n-1}}{2n-1}x^{2n}$$
$$=1+2\sum_{n=1}^{\infty}\frac{(-1)^n}{1-4n^2}x^{2n};$$

当 $x=0$ 时，上述级数满足 $f(0)=1$.

由 $|x^2|<1$ 知 $-1<x<1$，又由于当 $x=\pm1$ 时，$\sum\limits_{n=1}^{\infty}\dfrac{(-1)^n}{1-4n^2}x^{2n}$ 成为 $\sum\limits_{n=1}^{\infty}\dfrac{(-1)^n}{1-4n^2}$，它是收敛的，故展开式成立的范围是 $[-1,1]$.

对展开式令 $x=1$，则 $f(1)=1+2\sum\limits_{n=1}^{\infty}\dfrac{(-1)^n}{1-4n^2}$，从而 $\sum\limits_{n=1}^{\infty}\dfrac{(-1)^n}{1-4n^2}=\dfrac{\pi}{4}-\dfrac{1}{2}$.

§7.3　傅里叶级数(仅数学一)

十年真题

考点　傅里叶级数

1.【答案】$-\dfrac{1}{\pi}$.

【解】由

$$a_n=\frac{2}{\pi}\int_0^{\pi}(1+x)\cos nx\,\mathrm{d}x=\frac{2}{n\pi}[(1+x)\sin nx]_0^{\pi}-\frac{2}{n\pi}\int_0^{\pi}\sin nx\,\mathrm{d}x$$
$$=\frac{2}{n^2\pi}[(-1)^n-1]\quad(n=1,2,\cdots)$$

知 $\lim\limits_{n\to\infty}n^2\sin a_{2n-1}=\lim\limits_{n\to\infty}n^2\sin\left[-\dfrac{4}{(2n-1)^2\pi}\right]=-\lim\limits_{n\to\infty}\dfrac{4n^2}{(2n-1)^2\pi}=-\dfrac{1}{\pi}$.

2.【答案】0.

【解】由

$$a_n=2\int_0^1(1-x)\cos n\pi x\,\mathrm{d}x$$
$$=\frac{2}{n\pi}[(1-x)\sin n\pi x]_0^1+\frac{2}{n\pi}\int_0^1\sin n\pi x\,\mathrm{d}x$$
$$=\frac{2}{n^2\pi^2}[1-(-1)^n]\quad(n=1,2,\cdots)$$

知 $a_{2n}=0$，故 $\sum\limits_{n=1}^{\infty}a_{2n}=0$.

真题精选

考点　傅里叶级数

1.【答案】(C).

【解】由于 $S(x)=\sum\limits_{n=1}^{\infty}b_n\sin n\pi x$ 是以 2 为周期的正弦级数的和函数，且为奇函数，又由 $b_n=2\int_0^1 f(x)\sin n\pi x\,\mathrm{d}x\ (n=1,2,\cdots)$ 知在 $[0,1]$ 上 $S(x)=f(x)$，故 $S\left(-\dfrac{9}{4}\right)=S\left(-\dfrac{1}{4}\right)=-S\left(\dfrac{1}{4}\right)=-f\left(\dfrac{1}{4}\right)=-\dfrac{1}{4}$.

2.【答案】1.

【解】$a_2=\dfrac{2}{\pi}\int_0^{\pi}x^2\cos2x\,\mathrm{d}x=\dfrac{1}{\pi}[x^2\sin2x]_0^{\pi}-\dfrac{2}{\pi}\int_0^{\pi}x\sin2x\,\mathrm{d}x$

$$=\frac{1}{\pi}[x\cos2x]_0^{\pi}-\frac{1}{\pi}\int_0^{\pi}\cos2x\,\mathrm{d}x=1.$$

3.【答案】$\dfrac{\pi^2}{2}$.

【解】对 $f(x)$ 作周期延拓，得到以 2π 为周期的周期函数 $F(x)$（图形如下图所示）.

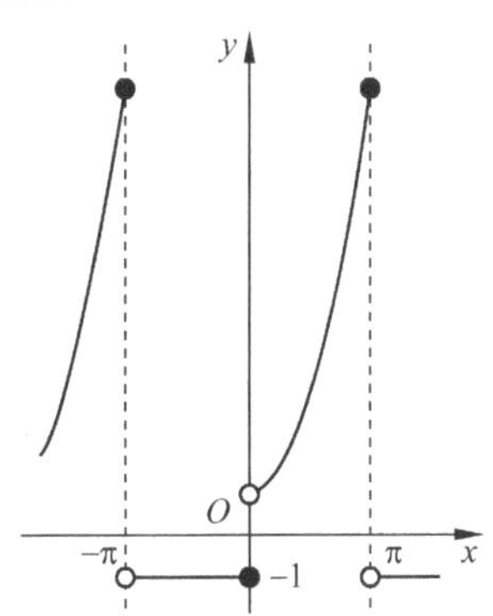

$F(x)$ 的傅里叶级数在 $x=\pi$ 处收敛于

$$\frac{F(\pi^-)+F(\pi^+)}{2}=\frac{1+\pi^2-1}{2}=\frac{\pi^2}{2}.$$

4.【解】对 $f(x)$ 作周期延拓，得到以 2 为周期的偶函数 $F(x)$.

由于 $F(x)$ 是偶函数，故 $b_n=0(n=1,2,3,\cdots)$.

$$a_0=2\int_0^1(2+x)\mathrm{d}x=5.$$
$$a_n=2\int_0^1(2+x)\cos n\pi x\,\mathrm{d}x$$
$$=\frac{2}{n\pi}[(2+x)\sin n\pi x]_0^1-\frac{2}{n\pi}\int_0^1\sin n\pi x\,\mathrm{d}x$$
$$=\frac{2(-1)^n-2}{n^2\pi^2}\quad(n=1,2,3,\cdots).$$

故 $f(x)=F(x)=\dfrac{5}{2}+\dfrac{2}{\pi^2}\sum\limits_{n=1}^{\infty}\dfrac{(-1)^n-1}{n^2}\cos n\pi x\ (-1\leqslant x\leqslant1)$.

令 $x=0$，则 $f(0)=\dfrac{5}{2}+\dfrac{2}{\pi^2}\sum\limits_{n=1}^{\infty}\dfrac{(-1)^n-1}{n^2}$，从而 $\sum\limits_{n=1}^{\infty}\dfrac{(-1)^n-1}{n^2}=\sum\limits_{n=0}^{\infty}\dfrac{-2}{(2n+1)^2}=-\dfrac{\pi^2}{4}$，即 $\sum\limits_{n=0}^{\infty}\dfrac{1}{(2n+1)^2}=\dfrac{\pi^2}{8}$.

又由 $\sum\limits_{n=1}^{\infty}\dfrac{1}{n^2}=\sum\limits_{n=0}^{\infty}\dfrac{1}{(2n+1)^2}+\sum\limits_{n=1}^{\infty}\dfrac{1}{(2n)^2}=\sum\limits_{n=0}^{\infty}\dfrac{1}{(2n+1)^2}+\dfrac{1}{4}\sum\limits_{n=1}^{\infty}\dfrac{1}{n^2}$ 得 $\sum\limits_{n=1}^{\infty}\dfrac{1}{n^2}=\dfrac{4}{3}\sum\limits_{n=0}^{\infty}\dfrac{1}{(2n+1)^2}=\dfrac{\pi^2}{6}$.

第二部分 线性代数

第一章 行列式

十年真题

考点 具体行列式的计算

1.【答案】(B).

【解】 $|\boldsymbol{A}|=-\begin{vmatrix}1&1&2\\a&\frac{b}{2}&1\\a+1&b&3\end{vmatrix}=-\begin{vmatrix}1&1&2\\0&\frac{b}{2}-a&1-2a\\0&b-a-1&1-2a\end{vmatrix}=$

$(2a-1)\left(1-\frac{b}{2}\right)$.

$$-M_{21}+M_{22}-M_{23}=A_{21}+A_{22}+A_{23}=\begin{vmatrix}a+1&b&3\\1&1&1\\1&1&2\end{vmatrix}$$

$$=\begin{vmatrix}a+1&b&3\\1&1&1\\0&0&1\end{vmatrix}=a-b+1.$$

由$\begin{cases}(2a-1)\left(1-\frac{b}{2}\right)=-\frac{1}{2},\\a-b+1=0\end{cases}$得$\begin{cases}a=0,\\b=1\end{cases}$或$\begin{cases}a=\frac{3}{2},\\b=\frac{5}{2}.\end{cases}$

2.【答案】-5.

【解】 按第一行展开,则 $f(x)=x\begin{vmatrix}x&2&-1\\1&x&1\\-1&1&x\end{vmatrix}-$

$x\begin{vmatrix}1&2&-1\\2&x&1\\2&1&x\end{vmatrix}+\begin{vmatrix}1&x&-1\\2&1&1\\2&-1&x\end{vmatrix}-2x\begin{vmatrix}1&x&2\\2&1&x\\2&-1&1\end{vmatrix}$.

根据3阶行列式的计算公式,x^3 项为$-x^3-4x^3=-5x^3$,其系数为-5.

3.【答案】$a^2(a^2-4)$.

【解】 原式$\xlongequal{r_1\leftrightarrow r_4}-\begin{vmatrix}1&-1&0&a\\0&a&1&-1\\-1&1&a&0\\a&0&-1&1\end{vmatrix}$

$$\xlongequal{r_3+r_1}-\begin{vmatrix}1&-1&0&a\\0&a&1&-1\\0&0&a&a\\0&a&-1&1-a^2\end{vmatrix}$$

$$\xlongequal{r_4-r_2}-\begin{vmatrix}1&-1&0&a\\0&a&1&-1\\0&0&a&a\\0&0&-2&2-a^2\end{vmatrix}$$

$$=-a\begin{vmatrix}1&-1&0&a\\0&a&1&-1\\0&0&1&1\\0&0&-2&2-a^2\end{vmatrix}$$

$$\xlongequal{r_4+2r_3}-a\begin{vmatrix}1&-1&0&a\\0&a&1&-1\\0&0&1&1\\0&0&0&4-a^2\end{vmatrix}=a^2(a^2-4).$$

4.【答案】-4.

【解】 $A_{11}-A_{12}=|\boldsymbol{A}|=\begin{vmatrix}1&-1&0&0\\-2&1&-1&1\\3&-2&2&-1\\0&0&3&4\end{vmatrix}=-4.$

5.【答案】$\lambda^4+\lambda^3+2\lambda^2+3\lambda+4$.

【解】法一:当$\lambda\neq0$时,

原式$\xlongequal{c_2+\frac{1}{\lambda}c_1}\begin{vmatrix}\lambda&0&0&0\\0&\lambda&-1&0\\0&0&\lambda&-1\\4&3+\frac{4}{\lambda}&2&\lambda+1\end{vmatrix}$

$$\xlongequal{c_3+\frac{1}{\lambda}c_2}\begin{vmatrix}\lambda&0&0&0\\0&\lambda&0&0\\0&0&\lambda&-1\\4&3+\frac{4}{\lambda}&2+\frac{3}{\lambda}+\frac{4}{\lambda^2}&\lambda+1\end{vmatrix}$$

$$\xlongequal{c_4+\frac{1}{\lambda}c_3}\begin{vmatrix}\lambda&0&0&0\\0&\lambda&0&0\\0&0&\lambda&0\\4&3+\frac{4}{\lambda}&2+\frac{3}{\lambda}+\frac{4}{\lambda^2}&\lambda+1+\frac{2}{\lambda}+\frac{3}{\lambda^2}+\frac{4}{\lambda^3}\end{vmatrix}$$

$=\lambda^4+\lambda^3+2\lambda^2+3\lambda+4$.

当$\lambda=0$时,$\begin{vmatrix}0&-1&0&0\\0&0&-1&0\\0&0&0&-1\\4&3&2&1\end{vmatrix}\xlongequal{\text{按}c_1\text{展开}}-4\begin{vmatrix}-1&0&0\\0&-1&0\\0&0&-1\end{vmatrix}=$

4,亦成立.

法二:原式$\xlongequal{\text{按}c_1\text{展开}}\lambda\begin{vmatrix}\lambda&-1&0\\0&\lambda&-1\\3&2&\lambda+1\end{vmatrix}-4\begin{vmatrix}-1&0&0\\\lambda&-1&0\\0&\lambda&-1\end{vmatrix}$

$$=\lambda\begin{vmatrix}\lambda&-1&0\\0&\lambda&-1\\3&2&\lambda+1\end{vmatrix}+4$$

$$\xlongequal{\text{按}c_1\text{展开}}\lambda\left(\lambda\begin{vmatrix}\lambda&-1\\2&\lambda+1\end{vmatrix}+3\begin{vmatrix}-1&0\\\lambda&-1\end{vmatrix}\right)+4$$

$=\lambda^4+\lambda^3+2\lambda^2+3\lambda+4$.

6.【答案】$2^{n+1}-2$.

【解】法一:原式$\xlongequal{r_2+\frac{1}{2}r_1}\begin{vmatrix}2&&&&&2\\0&2&&&&2+1\\&-1&2&&&2\\&&\ddots&\ddots&&\vdots\\&&&-1&2&2\\&&&&-1&2\end{vmatrix}$

$$\xlongequal{r_3+\frac{1}{2}r_2}\begin{vmatrix}2&&&&&2\\&2&&&&2+1\\&0&2&&&2+1+\frac{1}{2}\\&&\ddots&\ddots&&\vdots\\&&&-1&2&2\\&&&&-1&2\end{vmatrix}$$

$=\cdots$

$$\xlongequal{r_n+\frac{1}{2}r_{n-1}}\begin{vmatrix} 2 & & & & & 2 \\ & 2 & & & & 2+1 \\ & & 2 & & & 2+1+\frac{1}{2} \\ & & & \ddots & & \vdots \\ & & & & 2 & 2+1+\frac{1}{2}+\cdots+\frac{1}{2^{n-3}} \\ & & & & & 2+1+\frac{1}{2}+\cdots+\frac{1}{2^{n-2}} \end{vmatrix}$$

$$=2^{n-1}\left[3+\frac{\frac{1}{2}\left(1-\frac{1}{2^{n-2}}\right)}{1-\frac{1}{2}}\right]=2^{n+1}-2.$$

法二：记原式为 D_n，按第 1 行展开，则

$$D_n=2\begin{vmatrix} 2 & & & & 2 \\ -1 & 2 & & & 2 \\ & \ddots & \ddots & & \vdots \\ & & -1 & 2 & 2 \\ & & & -1 & 2 \end{vmatrix}_{(n-1)\times(n-1)}+2(-1)^{n+1}\begin{vmatrix} -1 & 2 & & & \\ & -1 & 2 & & \\ & & \ddots & \ddots & \\ & & & -1 & 2 \\ & & & & -1 \end{vmatrix}_{(n-1)\times(n-1)}$$

$$=2D_{n-1}+2,$$

故 $D_n+2=2(D_{n-1}+2)$. 以此作为递推公式，即有

$$D_n+2=2^2(D_{n-2}+2)=2^3(D_{n-3}+2)=\cdots$$
$$=2^{n-1}(D_1+2)=2^{n-1}(2+2)=2^{n+1},$$

从而 $D_n=2^{n+1}-2$.

【注】其实，本题行列式的转置行列式与上一题的行列式有相同的元素分布特征.

真题精选

考点 具体行列式的计算

1. **【答案】**(B).

【解】原式 $\xlongequal{r_2\leftrightarrow r_3}-\begin{vmatrix} 0 & a & b & 0 \\ 0 & c & d & 0 \\ a & 0 & 0 & b \\ c & 0 & 0 & d \end{vmatrix}\xlongequal{c_1\leftrightarrow c_3}\begin{vmatrix} b & a & 0 & 0 \\ d & c & 0 & 0 \\ 0 & 0 & a & b \\ 0 & 0 & c & d \end{vmatrix}$

$$=\begin{vmatrix} b & a \\ d & c \end{vmatrix}\begin{vmatrix} a & b \\ c & d \end{vmatrix}=-(ad-bc)^2.$$

2. **【答案】**(B).

【解】由 $f(x)\xlongequal[c_4-c_1]{c_2-c_1 \atop c_3-c_1}\begin{vmatrix} x-2 & 1 & 0 & -1 \\ 2x-2 & 1 & 0 & -1 \\ 3x-3 & 1 & x-2 & -2 \\ 4x & -3 & x-7 & -3 \end{vmatrix}$

$$\xlongequal{c_4+c_2}\begin{vmatrix} x-2 & 1 & 0 & 0 \\ 2x-2 & 1 & 0 & 0 \\ 3x-3 & 1 & x-2 & -1 \\ 4x & -3 & x-7 & -6 \end{vmatrix}$$

$$=\begin{vmatrix} x-2 & 1 \\ 2x-2 & 1 \end{vmatrix}\cdot\begin{vmatrix} x-2 & -1 \\ x-7 & -6 \end{vmatrix}=5x(x-1)$$

知 $f(x)=0$ 的根的个数为 2.

3. **【答案】**$1-a+a^2-a^3+a^4-a^5$.

【解】原式 $\xlongequal{r_2+\frac{1}{1-a}r_1}\begin{vmatrix} 1-a & a & 0 & 0 & 0 \\ 0 & \frac{1-a+a^2}{1-a} & a & 0 & 0 \\ 0 & -1 & 1-a & a & 0 \\ 0 & 0 & -1 & 1-a & a \\ 0 & 0 & 0 & -1 & 1-a \end{vmatrix}$

$$\xlongequal{r_3+\frac{1-a}{1-a+a^2}r_2}\begin{vmatrix} 1-a & a & 0 & 0 & 0 \\ 0 & \frac{1-a+a^2}{1-a} & a & 0 & 0 \\ 0 & 0 & \frac{1-a+a^2-a^3}{1-a+a^2} & a & 0 \\ 0 & 0 & -1 & 1-a & a \\ 0 & 0 & 0 & -1 & 1-a \end{vmatrix}$$

$$=\begin{vmatrix} 1-a & a & 0 & 0 & 0 \\ 0 & \frac{1-a+a^2}{1-a} & a & 0 & 0 \\ 0 & 0 & \frac{1-a+a^2-a^3}{1-a+a^2} & a & 0 \\ 0 & 0 & 0 & \frac{1-a+a^2-a^3+a^4}{1-a+a^2-a^3} & a \\ 0 & 0 & 0 & 0 & \frac{1-a+a^2-a^3+a^4-a^5}{1-a+a^2-a^3+a^4} \end{vmatrix}$$

$$=1-a+a^2-a^3+a^4-a^5.$$

4. **【解】**$|\boldsymbol{A}|\xlongequal{\text{按 } c_1 \text{ 展开}}\begin{vmatrix} 1 & a & 0 \\ 0 & 1 & a \\ 0 & 0 & 1 \end{vmatrix}-a\begin{vmatrix} a & 0 & 0 \\ 1 & a & 0 \\ 0 & 1 & a \end{vmatrix}=1-a^4$.

第二章 矩 阵

十年真题

考点一 矩阵的运算

1. **【答案】**(D).

【解】由于 $\begin{vmatrix} \boldsymbol{A} & \boldsymbol{E} \\ \boldsymbol{O} & \boldsymbol{B} \end{vmatrix}=|\boldsymbol{A}|\cdot|\boldsymbol{B}|\neq 0$，故

$$\begin{pmatrix} \boldsymbol{A} & \boldsymbol{E} \\ \boldsymbol{O} & \boldsymbol{B} \end{pmatrix}^*=\begin{vmatrix} \boldsymbol{A} & \boldsymbol{E} \\ \boldsymbol{O} & \boldsymbol{B} \end{vmatrix}\begin{pmatrix} \boldsymbol{A} & \boldsymbol{E} \\ \boldsymbol{O} & \boldsymbol{B} \end{pmatrix}^{-1}$$

$$=|\boldsymbol{A}|\cdot|\boldsymbol{B}|\begin{pmatrix} \boldsymbol{A}^{-1} & -\boldsymbol{A}^{-1}\boldsymbol{B}^{-1} \\ \boldsymbol{O} & \boldsymbol{B}^{-1} \end{pmatrix}$$

$$=|\boldsymbol{A}|\cdot|\boldsymbol{B}|\begin{pmatrix} \frac{\boldsymbol{A}^*}{|\boldsymbol{A}|} & -\frac{\boldsymbol{A}^*}{|\boldsymbol{A}|}\frac{\boldsymbol{B}^*}{|\boldsymbol{B}|} \\ \boldsymbol{O} & \frac{\boldsymbol{B}^*}{|\boldsymbol{B}|} \end{pmatrix}$$

$$=\begin{pmatrix} |\boldsymbol{B}|\boldsymbol{A}^* & -\boldsymbol{A}^*\boldsymbol{B}^* \\ \boldsymbol{O} & |\boldsymbol{A}|\boldsymbol{B}^* \end{pmatrix}.$$

2. **【答案】**(C).

【解】将选项逐一代入验证，由于

$$\begin{pmatrix} 1 & 0 & 0 \\ 2 & -1 & 0 \\ -3 & 2 & 1 \end{pmatrix}\begin{pmatrix} 1 & 0 & -1 \\ 2 & -1 & 1 \\ -1 & 2 & -5 \end{pmatrix}\begin{pmatrix} 1 & 0 & 1 \\ 0 & 1 & 3 \\ 0 & 0 & 1 \end{pmatrix}=\begin{pmatrix} 1 & 0 & 0 \\ 0 & 1 & 0 \\ 0 & 0 & 0 \end{pmatrix},$$

故选(C).

3.【答案】$[0,+\infty)$.

【解】$(\boldsymbol{\alpha}^T A\boldsymbol{\beta})^2-\boldsymbol{\alpha}^T A\boldsymbol{\alpha}\cdot\boldsymbol{\beta}^T A\boldsymbol{\beta}=\boldsymbol{\alpha}^T A\boldsymbol{\beta}\boldsymbol{\alpha}^T A\boldsymbol{\beta}-\boldsymbol{\alpha}^T A\boldsymbol{\alpha}\boldsymbol{\beta}^T A\boldsymbol{\beta}=\boldsymbol{\alpha}^T A(\boldsymbol{\beta}\boldsymbol{\alpha}^T-\boldsymbol{\alpha}\boldsymbol{\beta}^T)A\boldsymbol{\beta}$.

由$\boldsymbol{\beta}\boldsymbol{\alpha}^T-\boldsymbol{\alpha}\boldsymbol{\beta}^T=(x_1y_2-x_2y_1)\begin{pmatrix}0&-1\\1&0\end{pmatrix}$知

$$A(\boldsymbol{\beta}\boldsymbol{\alpha}^T-\boldsymbol{\alpha}\boldsymbol{\beta}^T)A=(x_1y_2-x_2y_1)\begin{pmatrix}a+1&a\\a&a\end{pmatrix}\begin{pmatrix}0&-1\\1&0\end{pmatrix}\begin{pmatrix}a+1&a\\a&a\end{pmatrix}=a(x_1y_2-x_2y_1)\begin{pmatrix}0&-1\\1&0\end{pmatrix},$$

故由

$$\boldsymbol{\alpha}^T A(\boldsymbol{\beta}\boldsymbol{\alpha}^T-\boldsymbol{\alpha}\boldsymbol{\beta}^T)A\boldsymbol{\beta}=a(x_1y_2-x_2y_1)(x_1,x_2)\begin{pmatrix}0&-1\\1&0\end{pmatrix}\begin{pmatrix}y_1\\y_2\end{pmatrix}=-a(x_1y_2-x_2y_1)^2\leqslant 0$$

知$a\geqslant 0$.

4.【答案】$-E$.

【解】由$[E-(E-A)^{-1}]B=A$知$[(E-A)(E-A)^{-1}-(E-A)^{-1}]B=A$,即$-A(E-A)^{-1}B=A$.

由于A可逆,故$-A^{-1}A(E-A)^{-1}B=A^{-1}A$,从而$-B=E-A$,即$B-A=-E$.

考点二 矩阵的初等变换与初等矩阵

1.【答案】(C).

【解】
$$A=(P^T)^{-1}\begin{pmatrix}a+2c&0&c\\0&b&0\\2c&0&c\end{pmatrix}(P^2)^{-1}=\begin{pmatrix}1&0&1\\0&1&0\\0&0&1\end{pmatrix}^{-1}\begin{pmatrix}a+2c&0&c\\0&b&0\\2c&0&c\end{pmatrix}\begin{pmatrix}1&0&0\\0&1&0\\2&0&1\end{pmatrix}^{-1}$$
$$=\begin{pmatrix}1&0&-1\\0&1&0\\0&0&1\end{pmatrix}\begin{pmatrix}a+2c&0&c\\0&b&0\\2c&0&c\end{pmatrix}\begin{pmatrix}1&0&0\\0&1&0\\-2&0&1\end{pmatrix}=\begin{pmatrix}a&0&0\\0&b&0\\2c&0&c\end{pmatrix}\begin{pmatrix}1&0&0\\0&1&0\\-2&0&1\end{pmatrix}=\begin{pmatrix}a&0&0\\0&b&0\\0&0&c\end{pmatrix}.$$

2.【答案】(B).

【解】由于A经初等列变换化成B,故存在初等矩阵$P_1,P_2,\cdots,P_s$,使得$AP_1P_2\cdots P_s=B$.记$P_1P_2\cdots P_s=Q$,则$AQ=B$,从而由Q可逆知$BQ^{-1}=A$.再记$Q^{-1}=P$,则(B)正确.

【注】若A经初等行变换化成B,则(A)、(C)、(D)都正确.

3.【答案】-1.

【解】由题意,$\begin{pmatrix}1&0&0\\0&0&1\\0&1&0\end{pmatrix}A\begin{pmatrix}1&0&0\\-1&1&0\\0&0&1\end{pmatrix}=\begin{pmatrix}-2&1&-1\\1&-1&0\\-1&0&0\end{pmatrix}$,从而$A=\begin{pmatrix}1&0&0\\0&0&1\\0&1&0\end{pmatrix}^{-1}\begin{pmatrix}-2&1&-1\\1&-1&0\\-1&0&0\end{pmatrix}\begin{pmatrix}1&0&0\\-1&1&0\\0&0&1\end{pmatrix}^{-1}$,则

$$A^{-1}=\begin{pmatrix}1&0&0\\-1&1&0\\0&0&1\end{pmatrix}\begin{pmatrix}-2&1&-1\\1&-1&0\\-1&0&0\end{pmatrix}^{-1}\begin{pmatrix}1&0&0\\0&0&1\\0&1&0\end{pmatrix}=\begin{pmatrix}1&0&0\\-1&1&0\\0&0&1\end{pmatrix}\begin{pmatrix}0&0&-1\\0&-1&-1\\-1&-1&1\end{pmatrix}\begin{pmatrix}1&0&0\\0&0&1\\0&1&0\end{pmatrix}=\begin{pmatrix}0&-1&0\\0&0&-1\\-1&1&-1\end{pmatrix},$$

故$tr(A^{-1})=-1$.

考点三 矩阵的秩与等价

1.【答案】(D).

【解】由于$A\neq A^*$,故$A\neq O$(若$A=O$,则$A^*=O$)且$A-A^*\neq O$,从而$r(A)\geqslant 1$,$r(A-A^*)\geqslant 1$.

由$A(A-A^*)=O$知$r(A)+r(A-A^*)\leqslant 4$,故$r(A)\leqslant 4-r(A-A^*)\leqslant 3$,从而$|A|=0$.

由$A(A-A^*)=O$又知$A^2=AA^*=|A|E=O$,故$r(A)+r(A)\leqslant 4$,即$r(A)\leqslant 2$,从而$r(A)$可能为1或2.

2.【答案】2.

【解】显然,矩阵$\begin{pmatrix}1&1&0\\0&-1&1\\1&0&1\end{pmatrix}$的秩为2,故矩阵$\begin{pmatrix}a&-1&-1\\-1&a&-1\\-1&-1&a\end{pmatrix}$的秩也为2.

由
$$\begin{vmatrix}a&-1&-1\\-1&a&-1\\-1&-1&a\end{vmatrix}=\begin{vmatrix}a-2&a-2&a-2\\-1&a&-1\\-1&-1&a\end{vmatrix}=(a-2)\begin{vmatrix}1&1&1\\-1&a&-1\\-1&-1&a\end{vmatrix}=(a-2)\begin{vmatrix}1&1&1\\0&a+1&0\\0&0&a+1\end{vmatrix}=(a-2)(a+1)^2=0$$

知$a=2$或$a=-1$.

当$a=-1$时,$\begin{pmatrix}a&-1&-1\\-1&a&-1\\-1&-1&a\end{pmatrix}$的秩为1;当$a=2$时,$\begin{pmatrix}a&-1&-1\\-1&a&-1\\-1&-1&a\end{pmatrix}$的秩为2.故$a=2$.

方法探究

考点一 矩阵的运算

变式1.1【答案】1.

【解】由于$A^3=\begin{pmatrix}0&0&0&1\\0&0&0&0\\0&0&0&0\\0&0&0&0\end{pmatrix}$,故$A^3$的秩为1.

变式1.2【答案】$O_{3\times 3}$.

【解】由于$A^2=2A$,故$A^n-2A^{n-1}=A^{n-2}(A^2-2A)=O$.

变式2.1【答案】3.

【解】法一:
$$|A+B^{-1}|=|B^{-1}BA+B^{-1}|=|B^{-1}(BA+E)|=|B^{-1}(BA+A^{-1}A)|=|B^{-1}(B+A^{-1})A|=|B^{-1}||B+A^{-1}||A|=|B|^{-1}|B+A^{-1}||A|=3.$$

法二:
$$|A+B^{-1}|=|A+AA^{-1}B^{-1}|=|A(E+A^{-1}B^{-1})|=|A(BB^{-1}+A^{-1}B^{-1})|=|A(B+A^{-1})B^{-1}|=|A||B+A^{-1}||B^{-1}|=|A||B+A^{-1}||B|^{-1}=3.$$

变式2.2【答案】2.

【解】由$BA=B+2E$可知$B(A-E)=2E$,故$|B(A-E)|=|2E|$,从而

$$|B|\cdot|A-E|=2^2|E|.$$

由于$|A-E|=\begin{vmatrix}1&1\\-1&1\end{vmatrix}=2$,故$|B|=\dfrac{4}{|A-E|}=2$.

变式3.1【答案】$\begin{pmatrix}0&0&\cdots&0&\frac{1}{a_n}\\\frac{1}{a_1}&0&\cdots&0&0\\0&\frac{1}{a_2}&\cdots&0&0\\\vdots&\vdots&&\vdots&\vdots\\0&0&\cdots&\frac{1}{a_{n-1}}&0\end{pmatrix}$.

【解】记 $B=\begin{pmatrix} a_1 & & & \\ & a_2 & & \\ & & \ddots & \\ & & & a_{n-1}\end{pmatrix}$，则 $A^{-1}=\begin{pmatrix} O & B \\ a_n & O\end{pmatrix}^{-1}=$

$\begin{pmatrix} O & \frac{1}{a_n} \\ B^{-1} & O\end{pmatrix}$，

其中 $B^{-1}=\begin{pmatrix} \frac{1}{a_1} & & & \\ & \frac{1}{a_2} & & \\ & & \ddots & \\ & & & \frac{1}{a_{n-1}}\end{pmatrix}$.

变式 3.2【答案】 $\begin{pmatrix} 1 & 0 & 0 & 0 \\ -1 & 2 & 0 & 0 \\ 0 & -2 & 3 & 0 \\ 0 & 0 & -3 & 4\end{pmatrix}$.

【解】由于 $E+B=E+(E+A)^{-1}(E-A)=(E+A)^{-1}(E+A)+(E+A)^{-1}(E-A)=2(E+A)^{-1}$，故 $(E+B)^{-1}=\frac{1}{2}(E+A)=$

$\begin{pmatrix} 1 & 0 & 0 & 0 \\ -1 & 2 & 0 & 0 \\ 0 & -2 & 3 & 0 \\ 0 & 0 & -3 & 4\end{pmatrix}$.

变式 4【答案】 $\frac{1}{2}(A+2E)$.

【解】设 $(A-E)(A+\lambda E)=\mu E$，则 $A^2+(\lambda-1)A-(\lambda+\mu)E=O$.

列方程组 $\begin{cases}\lambda-1=1, \\ -(\lambda+\mu)=-4,\end{cases}$ 解得 $\begin{cases}\lambda=2, \\ \mu=2,\end{cases}$ 故 $(A-E)(A+2E)=2E$，

从而

$$(A-E)\frac{A+2E}{2}=E.$$

因此，$A-E$ 可逆，且 $(A-E)^{-1}=\frac{1}{2}(A+2E)$.

变式 5【证】 由 $A^*=A^{\mathrm T}$ 知 $A_{ij}=a_{ij}\ (i,j=1,2,\cdots,n)$，故

$$\begin{aligned} n\,|A| &= \sum_{i=1}^{n}(a_{i1}A_{i1}+a_{i2}A_{i2}+\cdots+a_{in}A_{in}) \\ &= \sum_{i=1}^{n}(a_{i1}^2+a_{i2}^2+\cdots+a_{in}^2)\neq 0,\end{aligned}$$

从而 $|A|\neq 0$.

考点三　矩阵的秩与等价

变式 1【答案】(A).

【解】由于 $r(AB)=r(E)=m$，而 $r(AB)\leqslant\min\{r(A),r(B)\}$，故 $r(A)\geqslant m, r(B)\geqslant m$.

又由于 A 为 $m\times n$ 矩阵，B 为 $n\times m$ 矩阵，故 $r(A)\leqslant m, r(B)\leqslant m$.

因此，$r(A)=r(B)=m$.

变式 2【答案】(C).

【解】$Q\to\begin{pmatrix} 1 & 2 & 3 \\ 0 & 0 & t-6 \\ 0 & 0 & 0\end{pmatrix}$.

当 $t=6$ 时，$r(Q)=1$. 由 $r(P)+r(Q)\leqslant 3$ 知 $r(P)\leqslant 3-r(Q)=2$. 又因为 $P\neq O$，故 $r(P)\geqslant 1$，从而 $r(P)=1$ 或 $r(P)=2$，则(A)和(B)错误.

当 $t\neq 6$ 时，$r(Q)=2$. 由 $r(P)+r(Q)\leqslant 3$ 知 $r(P)\leqslant 3-r(Q)=1$. 又因为 $P\neq O$，故 $r(P)\geqslant 1$，从而 $r(P)=1$，则(C)正确，(D)错误

真题精选

考点一　矩阵的运算

1.【答案】(B).

【解】由于 $\begin{vmatrix} O & A \\ B & O\end{vmatrix}=(-1)^{2\times 2}|A|\cdot|B|=6\neq 0$，故

$$\begin{aligned}\begin{pmatrix} O & A \\ B & O\end{pmatrix}^* &= \begin{vmatrix} O & A \\ B & O\end{vmatrix}\begin{pmatrix} O & A \\ B & O\end{pmatrix}^{-1}=6\begin{pmatrix} O & B^{-1} \\ A^{-1} & O\end{pmatrix} \\ &= 6\begin{pmatrix} O & \frac{B^*}{|B|} \\ \frac{A^*}{|A|} & O\end{pmatrix}=\begin{pmatrix} O & 2B^* \\ 3A^* & O\end{pmatrix},\end{aligned}$$

选(B).

【注】2023 年数学二、三又考查了类似的选择题.

2.【答案】(C).

【解】$(A^{-1}+B^{-1})^{-1}=(B^{-1}BA^{-1}+B^{-1}AA^{-1})^{-1}=(B^{-1}(B+A)A^{-1})^{-1}=((B+A)A^{-1})^{-1}(B^{-1})^{-1}=A(A+B)^{-1}B$.

3.【答案】(D).

【解】由 $ABC=E$ 知 $A^{-1}=BC$，故 $BCA=E$.

4.【答案】(C).

【解】由 $AB=O$ 知 $|AB|=|A|\cdot|B|=0$，从而 $|A|=0$ 或 $|B|=0$.

5.【答案】 -1.

【解】由 $A_{ij}+a_{ij}=0$ 可知 $A^*=-A^{\mathrm T}$.

由 $A^*=-A^{\mathrm T}\Rightarrow|A^*|=|-A^{\mathrm T}|\Rightarrow|A^*|=(-1)^3|A^{\mathrm T}|\Rightarrow|A|^2=-|A|$.

由于 $3|A|=\sum_{i=1}^{3}(a_{i1}A_{i1}+a_{i2}A_{i2}+a_{i3}A_{i3})=\sum_{i=1}^{3}(a_{i1}^2+a_{i2}^2+a_{i3}^2)\neq 0$，故 $|A|\neq 0$，从而 $|A|=-1$.

6.【答案】 2.

【解】由题意，

$$\begin{aligned} B &= (\alpha_1+\alpha_2+\alpha_3, \alpha_1+2\alpha_2+4\alpha_3, \alpha_1+3\alpha_2+9\alpha_3) \\ &= (\alpha_1,\alpha_2,\alpha_3)\begin{pmatrix} 1 & 1 & 1 \\ 1 & 2 & 3 \\ 1 & 4 & 9\end{pmatrix},\end{aligned}$$

故

$$|B|=|A|\begin{vmatrix} 1 & 1 & 1 \\ 1 & 2 & 3 \\ 1 & 4 & 9\end{vmatrix}=2.$$

7.【答案】 $\frac{1}{9}$.

【解】由 $ABA^*=2BA^*$ 可知 $(A-2E)BA^*=E$，故

$$|(A-2E)BA^*|=|E|,$$

从而

$$|A-2E|\cdot|B|\cdot|A^*|=1.$$

由于 $|A|=\begin{vmatrix} 2 & 1 & 0 \\ 1 & 2 & 0 \\ 0 & 0 & 1\end{vmatrix}=3$，$|A-2E|=\begin{vmatrix} 0 & 1 & 0 \\ 1 & 0 & 0 \\ 0 & 0 & -1\end{vmatrix}=1$，故

$|B|=\frac{1}{|A-2E|\cdot|A^*|}=\frac{1}{|A-2E|\cdot|A|^2}=\frac{1}{9}$.

8.【答案】 3.

【解】$\alpha^{\mathrm T}\alpha$ 为 $\alpha\alpha^{\mathrm T}$ 的主对角线元素之和 3.

【注】设 α,β 为同维数的列向量，则 $\alpha^{\mathrm T}\beta$ 与 $\beta^{\mathrm T}\alpha$ 都等于 α 与 β 的内积，也等于各行成比例的方阵 $\alpha\beta^{\mathrm T}$ 或 $\beta\alpha^{\mathrm T}$ 的主对角线元素之和.

9.【答案】 -1.

【解】由于 $\alpha^{\mathrm T}\alpha=2a^2$，故

$$\begin{aligned} AB &= (E-\alpha\alpha^{\mathrm T})\left(E+\frac{1}{a}\alpha\alpha^{\mathrm T}\right) \\ &= E+\left(\frac{1}{a}-1\right)\alpha\alpha^{\mathrm T}-\frac{1}{a}\alpha(\alpha^{\mathrm T}\alpha)\alpha^{\mathrm T} \\ &= E+\left(\frac{1}{a}-1-2a\right)\alpha\alpha^{\mathrm T},\end{aligned}$$

从而由 $AB=E$ 知 $\frac{1}{a}-1-2a=0$，解得 $a=-1$.

10.【答案】0.

【解】由 $|A+E|=|A+AA^T|=|A(E+A^T)|=|A|\cdot|E+A^T|=|A|\cdot|E+A|$ 知 $(|A|-1)|A+E|=0$.

又由 $|A|<0$ 知 $|A|-1<0$，故 $|A+E|=0$.

11.【答案】$\frac{1}{10}\begin{pmatrix}1&0&0\\2&2&0\\3&4&5\end{pmatrix}$.

【解】$(A^*)^{-1}=(|A|A^{-1})^{-1}=\frac{1}{|A|}(A^{-1})^{-1}=\frac{A}{|A|}$

$$=\frac{1}{10}\begin{pmatrix}1&0&0\\2&2&0\\3&4&5\end{pmatrix}.$$

12.【答案】40.

【解】$|A+B|=|\boldsymbol{\alpha}+\boldsymbol{\beta},2\boldsymbol{\gamma}_2,2\boldsymbol{\gamma}_3,2\boldsymbol{\gamma}_4|=2^3|\boldsymbol{\alpha}+\boldsymbol{\beta},\boldsymbol{\gamma}_2,\boldsymbol{\gamma}_3,\boldsymbol{\gamma}_4|$

$=8(|\boldsymbol{\alpha},\boldsymbol{\gamma}_2,\boldsymbol{\gamma}_3,\boldsymbol{\gamma}_4|+|\boldsymbol{\beta},\boldsymbol{\gamma}_2,\boldsymbol{\gamma}_3,\boldsymbol{\gamma}_4|)=40.$

13.【答案】$-\frac{16}{27}$.

【解】$|(3A)^{-1}-2A^*|=\left|\frac{1}{3}A^{-1}-2|A|A^{-1}\right|=\left|-\frac{2}{3}A^{-1}\right|$

$=\left(-\frac{2}{3}\right)^3|A^{-1}|=\left(-\frac{2}{3}\right)^3|A|^{-1}$

$=-\frac{16}{27}.$

考点二 矩阵的初等变换与初等矩阵

1.【答案】(A).

【解】由题意，$Q=P\begin{pmatrix}1&0&0\\1&1&0\\0&0&1\end{pmatrix}$.

于是 $Q^TAQ=\begin{pmatrix}1&0&0\\1&1&0\\0&0&1\end{pmatrix}^T P^TAP\begin{pmatrix}1&0&0\\1&1&0\\0&0&1\end{pmatrix}$

$=\begin{pmatrix}1&1&0\\0&1&0\\0&0&1\end{pmatrix}\begin{pmatrix}1&0&0\\0&1&0\\0&0&2\end{pmatrix}\begin{pmatrix}1&0&0\\1&1&0\\0&0&1\end{pmatrix}=\begin{pmatrix}2&1&0\\1&1&0\\0&0&2\end{pmatrix}.$

2.【答案】(C).

【解】不妨取 $n=3$，则 $B=\begin{pmatrix}0&1&0\\1&0&0\\0&0&1\end{pmatrix}A$.

因为 $|B|=\begin{vmatrix}0&1&0\\1&0&0\\0&0&1\end{vmatrix}|A|=-|A|\neq 0$，故

$$B^*=|B|B^{-1}=-|A|A^{-1}\begin{pmatrix}0&1&0\\1&0&0\\0&0&1\end{pmatrix}^{-1}=-A^*\begin{pmatrix}0&1&0\\1&0&0\\0&0&1\end{pmatrix},$$

从而 $-B^*=A^*\begin{pmatrix}0&1&0\\1&0&0\\0&0&1\end{pmatrix}$，选(C).

3.【答案】(C).

【解】由题意，$B=AP_2P_1$，故 $B^{-1}=P_1^{-1}P_2^{-1}A^{-1}=P_1P_2A^{-1}$.

考点三 矩阵的秩与等价

1.【答案】(D).

【解】由于 A 与 B 等价，故 $r(A)=r(B)$，从而当 $|A|=0$ 时，$|B|=0$.

2.【答案】(D).

【解】法一：取 $P=A^{-1}$，$Q=B$，则 $PAQ=B$.

法二：由于 A，B 为同阶可逆矩阵，故 $r(A)=r(B)$，从而 A，B 等价，即存在可逆矩阵 P 和 Q，使 $PAQ=B$.

【注】两个同阶可逆矩阵必等价.

3.【答案】-3.

【解】由于

$$|A|=\begin{vmatrix}k&1&1&1\\1&k&1&1\\1&1&k&1\\1&1&1&k\end{vmatrix}=\begin{vmatrix}k+3&k+3&k+3&k+3\\1&k&1&1\\1&1&k&1\\1&1&1&k\end{vmatrix}$$

$$=(k+3)\begin{vmatrix}1&1&1&1\\1&k&1&1\\1&1&k&1\\1&1&1&k\end{vmatrix}$$

$$=(k+3)\begin{vmatrix}1&1&1&1\\0&k-1&0&0\\0&0&k-1&0\\0&0&0&k-1\end{vmatrix}=(k+3)(k-1)^3,$$

故由 $|A|=0$ 可知 $k=-3$ 或 $k=1$.

而当 $k=1$ 时，$A=\begin{pmatrix}1&1&1&1\\1&1&1&1\\1&1&1&1\\1&1&1&1\end{pmatrix}$，显然 $r(A)=1$，故舍去.

因此，$k=-3$.

4.【答案】2.

【解】由于 $|B|=10\neq 0$，故 B 可逆，从而 $r(AB)=r(A)=2$.

5.【证】(1) 由于 $r(A)=r(\boldsymbol{\alpha\alpha}^T+\boldsymbol{\beta\beta}^T)\leqslant r(\boldsymbol{\alpha\alpha}^T)+r(\boldsymbol{\beta\beta}^T)$，又 $r(\boldsymbol{\alpha\alpha}^T)\leqslant 1$，$r(\boldsymbol{\beta\beta}^T)\leqslant 1$，故 $r(A)\leqslant 2$.

(2) 由于 $\boldsymbol{\alpha}$，$\boldsymbol{\beta}$ 线性相关，故不妨设 $\boldsymbol{\alpha}=k\boldsymbol{\beta}$. 于是

$r(A)=r(k^2\boldsymbol{\beta\beta}^T+\boldsymbol{\beta\beta}^T)=r((k^2+1)\boldsymbol{\beta\beta}^T)=r(\boldsymbol{\beta\beta}^T)<2.$

【注】$\boldsymbol{\alpha\alpha}^T$，$\boldsymbol{\beta\beta}^T$ 都是各行成比例的方阵，其秩为0或1.

第三章 向量与线性方程组

§3.1 线性方程组的解

十年真题

考点一 线性方程组的解的情况及求解

1.【答案】(B).

【解】由于三张平面有无穷多个交点，故以 $\begin{pmatrix}\boldsymbol{\alpha}_1\\\boldsymbol{\alpha}_2\\\boldsymbol{\alpha}_3\end{pmatrix}$ 为系数矩阵，$\begin{pmatrix}\boldsymbol{\beta}_1\\\boldsymbol{\beta}_2\\\boldsymbol{\beta}_3\end{pmatrix}$ 为增广矩阵的方程组有无穷多解，从而选(B).

2.【答案】(D).

【解】由 $|A|=\begin{vmatrix}1&1&1\\1&a&a^2\\1&b&b^2\end{vmatrix}=\begin{vmatrix}1&1&1\\1&a&b\\1&a^2&b^2\end{vmatrix}=(a-1)(b-1)(b-a)=0$

得 $a=1$ 或 $b=1$ 或 $a=b$.

当 $a\neq 1$ 且 $b\neq 1$ 且 $a\neq b$ 时，$|A|\neq 0$，故 $Ax=b$ 有唯一解；

当 $a=1$ 时，$(\boldsymbol{A},\boldsymbol{b})=\begin{pmatrix}1&1&1&1\\1&1&1&2\\1&b&b^2&4\end{pmatrix}\to\begin{pmatrix}1&1&1&1\\0&b-1&b^2-1&3\\0&0&0&1\end{pmatrix}$，故 $\boldsymbol{Ax}=\boldsymbol{b}$ 无解；

当 $b=1$ 时，$(\boldsymbol{A},\boldsymbol{b})=\begin{pmatrix}1&1&1&1\\1&a&a^2&2\\1&1&1&4\end{pmatrix}\to\begin{pmatrix}1&1&1&1\\0&a-1&a^2-1&1\\0&0&0&3\end{pmatrix}$，故 $\boldsymbol{Ax}=\boldsymbol{b}$ 无解；

当 $a=b$ 时，$(\boldsymbol{A},\boldsymbol{b})=\begin{pmatrix}1&1&1&1\\1&b&b^2&2\\1&b&b^2&4\end{pmatrix}\to\begin{pmatrix}1&1&1&1\\0&b-1&b^2-1&1\\0&0&0&2\end{pmatrix}$，故 $\boldsymbol{Ax}=\boldsymbol{b}$ 无解.

3. **【答案】**(A)

【解】由于系数矩阵 $\boldsymbol{A}$ 的秩等于各平面的法向量所组成的向量组的秩，故 $r(\boldsymbol{A})=2$. 又由于 3 张平面没有公共的交点，即方程组无解，故 $r(\overline{\boldsymbol{A}})=r(\boldsymbol{A})+1=3$.

4. **【答案】**(D).

【解】$(\boldsymbol{A},\boldsymbol{b})=\begin{pmatrix}1&1&1&1\\1&2&a&d\\1&4&a^2&d^2\end{pmatrix}$

$$\to\begin{pmatrix}1&1&1&1\\0&1&a-1&d-1\\0&0&(a-1)(a-2)&(d-1)(d-2)\end{pmatrix}.$$

由 $r(\boldsymbol{A},\boldsymbol{b})=r(\boldsymbol{A})<3$ 知 $a=1$ 或 $a=2$，且 $d=1$ 或 $d=2$.

5. **【答案】**8.

【解】记 $\boldsymbol{A}=\begin{pmatrix}a&0&1\\1&a&1\\1&2&a\\a&b&0\end{pmatrix}$，$\boldsymbol{b}=\begin{pmatrix}1\\0\\0\\2\end{pmatrix}$.

由 $r(\boldsymbol{A},\boldsymbol{b})=r(\boldsymbol{A})\leqslant 3$ 知

$$|\boldsymbol{A},\boldsymbol{b}|=\begin{vmatrix}a&0&1&1\\1&a&1&0\\1&2&a&0\\a&b&0&2\end{vmatrix}=-\begin{vmatrix}1&a&1\\1&2&a\\a&b&0\end{vmatrix}+2\begin{vmatrix}a&0&1\\1&a&1\\1&2&a\end{vmatrix}=0,$$

故 $\begin{vmatrix}1&a&1\\1&2&a\\a&b&0\end{vmatrix}=2\begin{vmatrix}a&0&1\\1&a&1\\1&2&a\end{vmatrix}=8$.

6. **【答案】**1.

【解】$(\boldsymbol{A},\boldsymbol{b})=\begin{pmatrix}1&0&-1&0\\1&1&-1&1\\0&1&a^2-1&a\end{pmatrix}$

$$\to\begin{pmatrix}1&0&-1&0\\0&1&0&1\\0&0&(a-1)(a+1)&a-1\end{pmatrix}.$$

由 $r(\boldsymbol{A},\boldsymbol{b})=r(\boldsymbol{A})<3$ 知 $a=1$.

7. **【解】**(1) $(\boldsymbol{A},\boldsymbol{\beta})=\begin{pmatrix}1&1&1-a&0\\1&0&a&1\\a+1&1&a+1&2a-2\end{pmatrix}$

$$\to\begin{pmatrix}1&1&1-a&0\\0&-1&2a-1&1\\0&0&-a(a-2)&a-2\end{pmatrix}.$$

由 $r(\boldsymbol{A},\boldsymbol{\beta})=r(\boldsymbol{A})+1$ 知 $a=0$.

(2) 由

$$(\boldsymbol{A}^{\mathrm{T}}\boldsymbol{A},\boldsymbol{A}^{\mathrm{T}}\boldsymbol{\beta})=\begin{pmatrix}3&2&2&-1\\2&2&2&-2\\2&2&2&-2\end{pmatrix}\to\begin{pmatrix}1&0&0&1\\0&1&1&-2\\0&0&0&0\end{pmatrix}$$

知 $\boldsymbol{A}^{\mathrm{T}}\boldsymbol{Ax}=\boldsymbol{A}^{\mathrm{T}}\boldsymbol{\beta}$ 的通解为 $\boldsymbol{x}=k(0,-1,1)^{\mathrm{T}}+(1,-2,0)^{\mathrm{T}}$，其中 k 为任意常数.

考点二　矩阵方程的解的情况及求解

1. **【解】**(1) 由于

$$\boldsymbol{A}\to\begin{pmatrix}1&2&a\\0&1&-a\\0&0&0\end{pmatrix},\quad \boldsymbol{B}\to\begin{pmatrix}1&a&2\\0&1&1\\0&0&2-a\end{pmatrix},$$

故由 $r(\boldsymbol{A})=r(\boldsymbol{B})$ 可知 $a=2$.

(2) 记 $\boldsymbol{\beta}_1=(1,0,-1)^{\mathrm{T}}$，$\boldsymbol{\beta}_2=\boldsymbol{\beta}_3=(2,1,1)^{\mathrm{T}}$，并且设 $\boldsymbol{P}=(\boldsymbol{x}_1,\boldsymbol{x}_2,\boldsymbol{x}_3)$，则由 $\boldsymbol{AP}=\boldsymbol{B}$ 可知

$$\boldsymbol{A}(\boldsymbol{x}_1,\boldsymbol{x}_2,\boldsymbol{x}_3)=(\boldsymbol{\beta}_1,\boldsymbol{\beta}_2,\boldsymbol{\beta}_3),$$

即得到方程组

$$\boldsymbol{Ax}_1=\boldsymbol{\beta}_1,\quad \boldsymbol{Ax}_2=\boldsymbol{\beta}_2,\quad \boldsymbol{Ax}_3=\boldsymbol{\beta}_3.$$

由

$$(\boldsymbol{A},\boldsymbol{B})=\begin{pmatrix}1&2&2&1&2&2\\1&3&0&0&1&1\\2&7&-2&-1&1&1\end{pmatrix}\to\begin{pmatrix}1&0&6&3&4&4\\0&1&-2&-1&-1&-1\\0&0&0&0&0&0\end{pmatrix}$$

可知 $\boldsymbol{Ax}_1=\boldsymbol{\beta}_1$，$\boldsymbol{Ax}_2=\boldsymbol{\beta}_2$，$\boldsymbol{Ax}_3=\boldsymbol{\beta}_3$ 的通解分别为

$$\boldsymbol{x}_1=k_1(-6,2,1)^{\mathrm{T}}+(3,-1,0)^{\mathrm{T}},$$

$$\boldsymbol{x}_2=k_2(-6,2,1)^{\mathrm{T}}+(4,-1,0)^{\mathrm{T}},$$

$$\boldsymbol{x}_3=k_3(-6,2,1)^{\mathrm{T}}+(4,-1,0)^{\mathrm{T}},$$

从而 $\boldsymbol{P}=(\boldsymbol{x}_1,\boldsymbol{x}_2,\boldsymbol{x}_3)=\begin{pmatrix}-6k_1&-6k_2&-6k_3\\2k_1&2k_2&2k_3\\k_1&k_2&k_3\end{pmatrix}+\begin{pmatrix}3&4&4\\-1&-1&-1\\0&0&0\end{pmatrix}$，其中 $k_2\neq k_3$.

2. **【解】**记 $\boldsymbol{\beta}_1=(2,1,-a-1)^{\mathrm{T}}$，$\boldsymbol{\beta}_2=(2,a,-2)^{\mathrm{T}}$，并且设 $\boldsymbol{X}=(\boldsymbol{x}_1,\boldsymbol{x}_2)$，则由 $\boldsymbol{AX}=\boldsymbol{B}$ 可知

$$\boldsymbol{A}(\boldsymbol{x}_1,\boldsymbol{x}_2)=(\boldsymbol{\beta}_1,\boldsymbol{\beta}_2),$$

即得到方程组

$$\boldsymbol{Ax}_1=\boldsymbol{\beta}_1,\quad \boldsymbol{Ax}_2=\boldsymbol{\beta}_2.$$

对矩阵($\boldsymbol{A},\boldsymbol{B}$ 作初等行变换变成行阶梯形矩阵，有

$$(\boldsymbol{A},\boldsymbol{B})=\begin{pmatrix}1&-1&-1&2&2\\2&a&1&1&a\\-1&1&a&-a-1&-2\end{pmatrix}$$

$$\to\begin{pmatrix}1&-1&-1&2&2\\0&a+2&3&-3&a-4\\0&0&a-1&1-a&0\end{pmatrix}.$$

1°当 $a=-2$ 时，由于

$$(\boldsymbol{A},\boldsymbol{B})\to\begin{pmatrix}1&-1&-1&2&2\\0&0&3&-3&-6\\0&0&0&0&-6\end{pmatrix},$$

故 $r(\boldsymbol{A},\boldsymbol{B})>r(\boldsymbol{A})$，从而方程 $\boldsymbol{AX}=\boldsymbol{B}$ 无解.

2°当 $a=1$ 时，由于

$$(\boldsymbol{A},\boldsymbol{B})\to\begin{pmatrix}1&-1&-1&2&2\\0&3&3&-3&-3\\0&0&0&0&0\end{pmatrix},$$

故 $r(\boldsymbol{A},\boldsymbol{B})=r(\boldsymbol{A})=2<3$，从而方程 $\boldsymbol{AX}=\boldsymbol{B}$ 有无穷多解. 又由于

$$(\boldsymbol{A},\boldsymbol{B})\to\begin{pmatrix}1&0&0&1&1\\0&1&1&-1&-1\\0&0&0&0&0\end{pmatrix},$$

故分别得方程组 $\boldsymbol{Ax}_1=\boldsymbol{\beta}_1$，$\boldsymbol{Ax}_2=\boldsymbol{\beta}_2$ 的通解

$$\boldsymbol{x}_1=k_1(0,-1,1)^{\mathrm{T}}+(1,-1,0)^{\mathrm{T}},$$

$$\boldsymbol{x}_2=k_2(0,-1,1)^{\mathrm{T}}+(1,-1,0)^{\mathrm{T}},$$

从而

$$\boldsymbol{X}=(\boldsymbol{x}_1,\boldsymbol{x}_2)=\begin{pmatrix}0&0\\-k_1&-k_2\\k_1&k_2\end{pmatrix}+\begin{pmatrix}1&1\\-1&-1\\0&0\end{pmatrix},$$

其中 k_1,k_2 为任意常数.

3°当 $a\neq-2$ 且 $a\neq1$ 时,由于 $r(\boldsymbol{A},\boldsymbol{B})=r(\boldsymbol{A})=3$,故方程 $\boldsymbol{AX}=\boldsymbol{B}$ 有唯一解.又由于

$$(\boldsymbol{A},\boldsymbol{B})\to\begin{pmatrix}1&0&0&1&\frac{3a}{a+2}\\0&1&0&0&\frac{a-4}{a+2}\\0&0&1&-1&0\end{pmatrix},$$

故分别得方程组 $\boldsymbol{Ax}_1=\boldsymbol{\beta}_1,\boldsymbol{Ax}_2=\boldsymbol{\beta}_2$ 的解

$$\boldsymbol{x}_1=(1,0,-1)^{\mathrm{T}},$$
$$\boldsymbol{x}_2=\left(\frac{3a}{a+2},\frac{a-4}{a+2},0\right)^{\mathrm{T}},$$

从而

$$\boldsymbol{X}=(\boldsymbol{x}_1,\boldsymbol{x}_2)=\begin{pmatrix}1&\frac{3a}{a+2}\\0&\frac{a-4}{a+2}\\-1&0\end{pmatrix},$$

3.【解】(1) 由 $\boldsymbol{A}^3=\boldsymbol{O}$ 知 $|\boldsymbol{A}|=\begin{vmatrix}a&1&0\\1&a&-1\\0&1&a\end{vmatrix}=a^3=0$,得 $a=0$.

(2) 由 $\boldsymbol{X}-\boldsymbol{XA}^2-\boldsymbol{AX}+\boldsymbol{AXA}^2=\boldsymbol{E}$ 知

$$\boldsymbol{X}(\boldsymbol{E}-\boldsymbol{A}^2)-\boldsymbol{AX}(\boldsymbol{E}-\boldsymbol{A}^2)=\boldsymbol{E},$$

从而

$$(\boldsymbol{X}-\boldsymbol{AX})(\boldsymbol{E}-\boldsymbol{A}^2)=\boldsymbol{E},$$

即

$$(\boldsymbol{E}-\boldsymbol{A})\boldsymbol{X}(\boldsymbol{E}-\boldsymbol{A}^2)=\boldsymbol{E}.$$

由于 $\boldsymbol{E}-\boldsymbol{A}=\begin{pmatrix}1&-1&0\\-1&1&1\\0&-1&1\end{pmatrix},\boldsymbol{E}-\boldsymbol{A}^2=\begin{pmatrix}0&0&1\\0&1&0\\-1&0&2\end{pmatrix}$,且 $\boldsymbol{E}-\boldsymbol{A}$,$\boldsymbol{E}-\boldsymbol{A}^2$ 可逆,故

$$\boldsymbol{X}=(\boldsymbol{E}-\boldsymbol{A})^{-1}(\boldsymbol{E}-\boldsymbol{A}^2)^{-1}=\begin{pmatrix}2&1&-1\\1&1&-1\\1&1&0\end{pmatrix}\begin{pmatrix}2&0&-1\\0&1&0\\1&0&0\end{pmatrix}$$
$$=\begin{pmatrix}3&1&-2\\1&1&-1\\2&1&-1\end{pmatrix}.$$

方法探究

考点一 线性方程组的解的情况及求解

变式【解】$|\boldsymbol{A}|=\begin{vmatrix}1+a&1&\cdots&1\\2&2+a&\cdots&2\\\vdots&\vdots&&\vdots\\n&n&\cdots&n+a\end{vmatrix}$

$$=\left[a+\frac{(n+1)n}{2}\right]\begin{vmatrix}1&1&\cdots&1\\2&2+a&\cdots&2\\\vdots&\vdots&&\vdots\\n&n&\cdots&n+a\end{vmatrix}$$

$$=\left[a+\frac{(n+1)n}{2}\right]\begin{vmatrix}1&1&\cdots&1\\0&a&\cdots&0\\\vdots&\vdots&&\vdots\\0&0&\cdots&a\end{vmatrix}$$

$$=\left[a+\frac{(n+1)n}{2}\right]a^{n-1}.$$

当 $a=0$ 或 $a=-\frac{(n+1)n}{2}$ 时,$|\boldsymbol{A}|=0$,原方程组有非零解.

1°当 $a=0$ 时,由

$$\boldsymbol{A}=\begin{pmatrix}1&1&\cdots&1\\2&2&\cdots&2\\\vdots&\vdots&&\vdots\\n&n&\cdots&n\end{pmatrix}\to\begin{pmatrix}1&1&\cdots&1\\0&0&\cdots&0\\\vdots&\vdots&&\vdots\\0&0&\cdots&0\end{pmatrix}$$

知原方程组的通解为 $k_1(-1,1,0,\cdots,0)^{\mathrm{T}}+k_2(-1,0,1,\cdots,0)^{\mathrm{T}}+\cdots+k_{n-1}(-1,0,0,\cdots,1)^{\mathrm{T}}$,其中 $k_1,k_2,\cdots,k_{n-1}$ 为任意常数.

2°当 $a=-\frac{(n+1)n}{2}$ 时,由

$$\boldsymbol{A}=\begin{pmatrix}1-\frac{(n+1)n}{2}&1&\cdots&1\\2&2-\frac{(n+1)n}{2}&\cdots&2\\\vdots&\vdots&&\vdots\\n&n&\cdots&n-\frac{(n+1)n}{2}\end{pmatrix}$$

$$\to\begin{pmatrix}1&0&\cdots&0&-\frac{1}{n}\\0&1&\cdots&0&-\frac{2}{n}\\\vdots&\vdots&&\vdots&\vdots\\0&0&\cdots&1&-\frac{n-1}{n}\\0&0&\cdots&0&0\end{pmatrix}$$

知原方程组的通解为 $k(1,2,\cdots,n)^{\mathrm{T}}$,其中 k 为任意常数.

【注】根据 $\begin{pmatrix}-9&1&1&1\\2&-8&2&2\\3&3&-7&3\\4&4&4&-6\end{pmatrix}\to\begin{pmatrix}1&0&0&-\frac{1}{4}\\0&1&0&-\frac{2}{4}\\0&0&1&-\frac{3}{4}\\0&0&0&0\end{pmatrix}$ 可写出 $\begin{pmatrix}1-\frac{(n+1)n}{2}&1&\cdots&1\\2&2-\frac{(n+1)n}{2}&\cdots&2\\\vdots&\vdots&&\vdots\\n&n&\cdots&n-\frac{(n+1)n}{2}\end{pmatrix}$ 的行最简形矩阵.

考点二 矩阵方程的解的情况及求解

变式1【答案】$\begin{pmatrix}3&0&0\\0&2&0\\0&0&1\end{pmatrix}$.

【解】对 $\boldsymbol{A}^{-1}\boldsymbol{BA}=6\boldsymbol{A}+\boldsymbol{BA}$ 两边右乘 $\boldsymbol{A}^{-1}$,则

$$\boldsymbol{A}^{-1}\boldsymbol{B}=6\boldsymbol{E}+\boldsymbol{B},$$

从而

$$(\boldsymbol{A}^{-1}-\boldsymbol{E})\boldsymbol{B}=6\boldsymbol{E},$$

故

$$\boldsymbol{B}=6(\boldsymbol{A}^{-1}-\boldsymbol{E})^{-1}=6\begin{pmatrix}2&0&0\\0&3&0\\0&0&6\end{pmatrix}^{-1}=\begin{pmatrix}3&0&0\\0&2&0\\0&0&1\end{pmatrix}.$$

变式2【答案】$\begin{pmatrix}-k_1+k_2&-k_1\\k_1&k_2\end{pmatrix}$($k_1,k_2$ 为任意常数).

【解】设 $\boldsymbol{B}=\begin{pmatrix}x_1&x_2\\x_3&x_4\end{pmatrix}$,则由 $\boldsymbol{AB}=\boldsymbol{BA}$ 可知

$$\begin{pmatrix}1&-1\\1&2\end{pmatrix}\begin{pmatrix}x_1&x_2\\x_3&x_4\end{pmatrix}=\begin{pmatrix}x_1&x_2\\x_3&x_4\end{pmatrix}\begin{pmatrix}1&-1\\1&2\end{pmatrix},$$

故

$$\begin{pmatrix}x_1-x_3&x_2-x_4\\x_1+2x_3&x_2+2x_4\end{pmatrix}=\begin{pmatrix}x_1+x_2&-x_1+2x_2\\x_3+x_4&-x_3+2x_4\end{pmatrix},$$

从而

$$\begin{cases}x_1-x_3=x_1+x_2,\\x_2-x_4=-x_1+2x_2,\\x_1+2x_3=x_3+x_4,\\x_2+2x_4=-x_3+2x_4,\end{cases}$$

即

$$\begin{cases}x_2+x_3=0,\\x_1-x_2-x_4=0,\\x_1+x_3-x_4=0.\end{cases}$$

由

$$\begin{pmatrix}0&1&1&0\\1&-1&0&-1\\1&0&1&-1\end{pmatrix}\xrightarrow{r}\begin{pmatrix}1&0&1&-1\\0&1&1&0\\0&0&0&0\end{pmatrix}$$

得

$$(x_1,x_2,x_3,x_4)^{\mathrm T}=k_1(-1,-1,1,0)^{\mathrm T}+k_2(1,0,0,1)^{\mathrm T},$$

故所有与 $\boldsymbol A$ 可交换的矩阵

$$\boldsymbol B=\begin{pmatrix}-k_1+k_2&-k_1\\k_1&k_2\end{pmatrix},$$

其中 k_1,k_2 为任意常数.

真题精选

考点一　线性方程组的解的情况及求解

1. **【答案】**(B).

【解】由题意知三张平面有无穷多个交点,故选(B).

2. **【答案】**(D).

【解】由于 $\boldsymbol A$ 是 n 阶矩阵,而 $\begin{pmatrix}\boldsymbol A&\boldsymbol\alpha\\\boldsymbol\alpha^{\mathrm T}&0\end{pmatrix}$ 是 $n+1$ 阶矩阵,故

$$r\begin{pmatrix}\boldsymbol A&\boldsymbol\alpha\\\boldsymbol\alpha^{\mathrm T}&0\end{pmatrix}=r(\boldsymbol A)\leqslant n<n+1,$$

从而(D)正确.

【注】由于

$$r(\boldsymbol A)\leqslant r(\boldsymbol A,\boldsymbol\alpha)\leqslant r\begin{pmatrix}\boldsymbol A&\boldsymbol\alpha\\\boldsymbol\alpha^{\mathrm T}&0\end{pmatrix}=r(\boldsymbol A),$$

故 $r(\boldsymbol A,\boldsymbol\alpha)=r(\boldsymbol A)$,从而可知 $\boldsymbol{Ax}=\boldsymbol\alpha$ 有解,但无法确定其是有唯一解还是有无穷多解.

3. **【答案】**(C).

【解】法一(利用方程组):由于 $\boldsymbol{AB}=\boldsymbol O$,又 $\boldsymbol B\neq\boldsymbol O$,故 $\boldsymbol{Ax}=\boldsymbol 0$ 有非零解,

从而由 $|\boldsymbol A|=\begin{vmatrix}\lambda&1&\lambda^2\\1&\lambda&1\\1&1&\lambda\end{vmatrix}=0$ 知 $\lambda=1$.

由 $\boldsymbol{AB}=\boldsymbol O$ 知 $\boldsymbol B^{\mathrm T}\boldsymbol A^{\mathrm T}=\boldsymbol O$. 又由于 $\boldsymbol A\neq\boldsymbol O$,故 $\boldsymbol B^{\mathrm T}\boldsymbol x=\boldsymbol 0$ 有非零解,从而 $|\boldsymbol B^{\mathrm T}|=|\boldsymbol B|=0$.

法二(利用秩):由 $\boldsymbol{AB}=\boldsymbol O$ 知 $r(\boldsymbol A)+r(\boldsymbol B)\leqslant3$. 又由 $\boldsymbol B\neq\boldsymbol O$ 知 $r(\boldsymbol B)\geqslant1$,

故 $r(\boldsymbol A)\leqslant3-r(\boldsymbol B)\leqslant2<3$,从而由 $|\boldsymbol A|=\begin{vmatrix}\lambda&1&\lambda^2\\1&\lambda&1\\1&1&\lambda\end{vmatrix}=0$ 知 $\lambda=1$.

又由 $r(\boldsymbol B)\leqslant3-r(\boldsymbol A)=2<3$ 知 $|\boldsymbol B|=0$.

【注】对于 $\boldsymbol{AB}=\boldsymbol O$,常见的思路有两个:一是 $r(\boldsymbol A)+r(\boldsymbol B)\leqslant n$($n$ 为 $\boldsymbol A$ 的列数及 $\boldsymbol B$ 的行数),二是 $\boldsymbol B$ 的列向量都是 $\boldsymbol{Ax}=\boldsymbol 0$ 的解.

4. **【答案】**(D).

【解】若 $\boldsymbol{Ax}=\boldsymbol b$ 有无穷多解,则 $r(\boldsymbol A,\boldsymbol b)=r(\boldsymbol A)<n$,从而 $\boldsymbol{Ax}=\boldsymbol 0$ 有非零解,即(D)正确,(C)错误.

由于 $\begin{cases}x_1+2x_2=0,\\2x_1+4x_2=0\end{cases}$ 有非零解,而 $\begin{cases}x_1+2x_2=3,\\2x_1+4x_2=5\end{cases}$ 无解,故(B)错误.

由于 $\begin{cases}x_1+x_2=0,\\x_1-x_2=0,\\x_1+2x_2=0\end{cases}$ 只有零解,而 $\begin{cases}x_1+x_2=2,\\x_1-x_2=0,\\x_1+2x_2=4\end{cases}$ 无解,故(A)错误.

【注】因为(A)和(B)都无法确保 $r(\boldsymbol A,\boldsymbol b)=r(\boldsymbol A)$,故 $\boldsymbol{Ax}=\boldsymbol b$ 可能无解.

5. **【答案】**$(1,0,\cdots,0)^{\mathrm T}$.

【解】由于 $a_i\neq a_j\ (i\neq j;\ i,j=1,2,\cdots,n)$,故 $|\boldsymbol A^{\mathrm T}|=|\boldsymbol A|=\prod\limits_{1\leqslant j<i\leqslant n}(a_i-a_j)\neq0$,从而 $\boldsymbol A^{\mathrm T}\boldsymbol x=\boldsymbol b$ 有唯一解.

又由于用 $\boldsymbol b$ 的各分量分别代替 $|\boldsymbol A^{\mathrm T}|$ 第 $2,3,\cdots,n$ 列各元素后所得到的各行列式都为零,故根据克拉默法则,$x_2=x_3=\cdots=x_n=0$,$x_1=\dfrac{|\boldsymbol A^{\mathrm T}|}{|\boldsymbol A^{\mathrm T}|}=1$,即 $\boldsymbol A^{\mathrm T}\boldsymbol x=\boldsymbol b$ 的解是 $(1,0,\cdots,0)^{\mathrm T}$.

6. **【解】**(1) $(\boldsymbol A,\boldsymbol b)=\begin{pmatrix}\lambda&1&1&a\\0&\lambda-1&0&1\\1&1&\lambda&1\end{pmatrix}\to\begin{pmatrix}1&1&\lambda&1\\0&\lambda-1&0&1\\0&0&1-\lambda^2&a-\lambda+1\end{pmatrix}$.

由 $\begin{cases}1-\lambda^2=0,\\a-\lambda+1=0\end{cases}$ 得 $\begin{cases}\lambda=1,\\a=0\end{cases}$ 或 $\begin{cases}\lambda=-1,\\a=-2.\end{cases}$

当 $\lambda=1,a=0$ 时,

$$(\boldsymbol A,\boldsymbol b)\to\begin{pmatrix}1&1&1&1\\0&0&0&1\\0&0&0&0\end{pmatrix}.$$

由于 $r(\boldsymbol A,\boldsymbol b)=r(\boldsymbol A)+1$,故方程组无解,舍去.

当 $\lambda=-1,a=-2$ 时,

$$(\boldsymbol A,\boldsymbol b)\to\begin{pmatrix}1&1&-1&1\\0&-2&0&1\\0&0&0&0\end{pmatrix}.$$

由于 $r(\boldsymbol A,\boldsymbol b)=r(\boldsymbol A)=2<3$,故符合题意.

综上所述,$\lambda=-1,a=-2$.

(2) 当 $\lambda=-1,a=-2$ 时,由于

$$(\boldsymbol A,\boldsymbol b)\to\begin{pmatrix}1&0&-1&\dfrac32\\0&1&0&-\dfrac12\\0&0&0&0\end{pmatrix},$$

故 $\boldsymbol{Ax}=\boldsymbol b$ 的通解为

$$k(1,0,1)^{\mathrm T}+\left(\frac32,-\frac12,0\right)^{\mathrm T},$$

其中 k 为任意常数.

7. **【解】**(1) **法一(数学归纳法)**:记 $|\boldsymbol A|=D_n$,按第 1 行展开,则

$$D_n=2a\begin{vmatrix}2a&1&&&&\\a^2&2a&1&&&\\&a^2&2a&1&&\\&&\ddots&\ddots&\ddots&\\&&&a^2&2a&1\\&&&&a^2&2a\end{vmatrix}_{(n-1)\times(n-1)}-\begin{vmatrix}a^2&1&&&&\\&2a&1&&&\\&a^2&2a&1&&\\&&\ddots&\ddots&\ddots&\\&&&a^2&2a&1\\&&&&a^2&2a\end{vmatrix}_{(n-1)\times(n-1)}$$

$$=2aD_{n-1}-a^2\begin{vmatrix}2a&1&&&\\a^2&2a&1&&\\&\ddots&\ddots&\ddots&\\&&a^2&2a&1\\&&&a^2&2a\end{vmatrix}_{(n-2)\times(n-2)}$$

$$=2aD_{n-1}-a^2D_{n-2}.$$

当 $n=1$ 时,$D_1=2a$,结论正确;当 $n=2$ 时,$D_2=\begin{vmatrix}2a&1\\a^2&2a\end{vmatrix}=3a^2$,结论正确.

假设当 $n<k$ 时,结论正确,则当 $n=k-1$ 时,$D_{k-1}=ka^{k-1}$;当

$n=k-2$ 时，$D_{k-2}=(k-1)a^{k-2}$.

于是当 $n=k$ 时，

$$\begin{aligned}D_k&=2aD_{k-1}-a^2D_{k-2}=2a\cdot ka^{k-1}-a^2\cdot(k-1)a^{k-2}\\&=(k+1)a^k,\end{aligned}$$

即 $D_n=(n+1)a^n$.

法二：

$$\begin{vmatrix}2a&1&&&&\\a^2&2a&1&&&\\&a^2&2a&1&&\\&&\ddots&\ddots&\ddots&\\&&&a^2&2a&1\\&&&&a^2&2a\end{vmatrix}\xlongequal{r_2-\frac{1}{2}ar_1}\begin{vmatrix}2a&1&&&&\\0&\frac{3}{2}a&1&&&\\&a^2&2a&1&&\\&&\ddots&\ddots&\ddots&\\&&&a^2&2a&1\\&&&&a^2&2a\end{vmatrix}$$

$$\xlongequal{r_3-\frac{2}{3}ar_2}\begin{vmatrix}2a&1&&&&\\&\frac{3}{2}a&1&&&\\&0&\frac{4}{3}a&1&&\\&&\ddots&\ddots&\ddots&\\&&&a^2&2a&1\\&&&&a^2&2a\end{vmatrix}$$

$$=\cdots\xlongequal{r_n-\frac{n-1}{n}ar_{n-1}}\begin{vmatrix}2a&1&&&&\\&\frac{3}{2}a&1&&&\\&&\frac{4}{3}a&1&&\\&&&\ddots&\ddots&\\&&&&\frac{n}{n-1}a&1\\&&&&&\frac{(n+1)}{n}a\end{vmatrix}$$

$=(n+1)a^n$.

(2) 当 $a\neq0$ 时，由于 $|\boldsymbol{A}|\neq0$，故 $\boldsymbol{Ax}=\boldsymbol{b}$ 有唯一解，并且根据克拉默法则，

$$x_1=\frac{\begin{vmatrix}1&1&&&&\\0&2a&1&&&\\&a^2&2a&1&&\\&&\ddots&\ddots&\ddots&\\&&&a^2&2a&1\\&&&&a^2&2a\end{vmatrix}}{|\boldsymbol{A}|}=\frac{n\cdot a^{n-1}}{(n+1)a^n}=\frac{n}{(n+1)a}.$$

(3) 当 $a=0$ 时，

$$(\boldsymbol{A},\boldsymbol{b})=\begin{pmatrix}0&1&0&\cdots&0&1\\0&0&1&\cdots&0&0\\\vdots&\vdots&\vdots&&\vdots&\vdots\\0&0&0&\cdots&1&0\\0&0&0&\cdots&0&0\end{pmatrix}.$$

由于 $r(\boldsymbol{A},b)=r(\boldsymbol{A})=n-1<n$，故 $\boldsymbol{Ax}=\boldsymbol{b}$ 有无穷多解，并且其通解为

$$(0,1,0,\cdots,0)^{\mathrm{T}}+k(1,0,0,\cdots,0)^{\mathrm{T}},$$

其中 k 为任意常数.

8.【解】$|\boldsymbol{A}|=\begin{vmatrix}a&b&b&\cdots&b\\b&a&b&\cdots&b\\\vdots&\vdots&\vdots&&\vdots\\b&b&b&\cdots&a\end{vmatrix}$

$$=[a+(n-1)b]\begin{vmatrix}1&1&1&\cdots&1\\b&a&b&\cdots&b\\\vdots&\vdots&\vdots&&\vdots\\b&b&b&\cdots&a\end{vmatrix}$$

$$=[a+(n-1)b]\begin{vmatrix}1&1&1&\cdots&1\\0&a-b&0&\cdots&0\\\vdots&\vdots&\vdots&&\vdots\\0&0&0&\cdots&a-b\end{vmatrix}$$

$=[a+(n-1)b](a-b)^{n-1}$.

1°当 $a\neq b$ 且 $a\neq(1-n)b$ 时，由于 $|\boldsymbol{A}|\neq0$，故原方程组仅有零解.

2°当 $a=b$ 或 $a=(1-n)b$ 时，由于 $|\boldsymbol{A}|=0$，故原方程组有无穷多解.

① 当 $a=b$ 时，由于

$$\boldsymbol{A}=\begin{pmatrix}a&a&a&\cdots&a\\a&a&a&\cdots&a\\\vdots&\vdots&\vdots&&\vdots\\a&a&a&\cdots&a\end{pmatrix}\to\begin{pmatrix}1&1&1&\cdots&1\\0&0&0&\cdots&0\\\vdots&\vdots&\vdots&&\vdots\\0&0&0&\cdots&0\end{pmatrix},$$

故原方程组的通解为

$k_1(-1,1,0,\cdots,0)^{\mathrm{T}}+k_2(-1,0,1,\cdots,0)^{\mathrm{T}}+\cdots+k_{n-1}(-1,0,0,\cdots,1)^{\mathrm{T}}$,

其中 $k_1,k_2,\cdots,k_{n-1}$ 为任意常数，并且

$$(-1,1,0,\cdots,0)^{\mathrm{T}},(-1,0,1,\cdots,0)^{\mathrm{T}},\cdots,(-1,0,0,\cdots,1)^{\mathrm{T}}$$

是它的一个基础解系.

② 当 $a=(1-n)b$ 时，由于

$$\boldsymbol{A}=\begin{pmatrix}(1-n)b&b&b&\cdots&b\\b&(1-n)b&b&\cdots&b\\\vdots&\vdots&\vdots&&\vdots\\b&b&b&\cdots&(1-n)b\end{pmatrix}$$

$$\to\begin{pmatrix}1-n&1&1&\cdots&1\\1&1-n&1&\cdots&1\\\vdots&\vdots&\vdots&&\vdots\\1&1&1&\cdots&1-n\end{pmatrix}$$

$$\to\begin{pmatrix}1&0&0&\cdots&0&-1\\0&1&0&\cdots&0&-1\\\vdots&\vdots&\vdots&&\vdots&\vdots\\0&0&0&\cdots&1&-1\\0&0&0&\cdots&0&0\end{pmatrix},$$

故原方程组的通解为 $k(1,1,\cdots,1)^{\mathrm{T}}$，其中 k 为任意常数，并且 $(1,1,\cdots,1)^{\mathrm{T}}$ 是它的一个基础解系.

【注】根据 $\begin{pmatrix}-3&1&1&1\\1&-3&1&1\\1&1&-3&1\\1&1&1&-3\end{pmatrix}\to\begin{pmatrix}1&0&0&-1\\0&1&0&-1\\0&0&1&-1\\0&0&0&0\end{pmatrix}$ 可写出 $\begin{pmatrix}1-n&1&1&\cdots&1\\1&1-n&1&\cdots&1\\\vdots&\vdots&\vdots&&\vdots\\1&1&1&\cdots&1-n\end{pmatrix}$ 的行最简形矩阵.

9.【解】由 $\boldsymbol{A}=\begin{pmatrix}1\\2\\1\end{pmatrix}\left(1,\frac{1}{2},0\right)=\begin{pmatrix}1&\frac{1}{2}&0\\2&1&0\\1&\frac{1}{2}&0\end{pmatrix}$，$\boldsymbol{B}=\left(1,\frac{1}{2},0\right)\begin{pmatrix}1\\2\\1\end{pmatrix}=2$，$\boldsymbol{A}^2=2\boldsymbol{A}$，$\boldsymbol{A}^4=8\boldsymbol{A}$ 知

$$16\boldsymbol{Ax}=8\boldsymbol{Ax}+16\boldsymbol{x}+\boldsymbol{\gamma},$$

即 $(\boldsymbol{A}-2\boldsymbol{E})\boldsymbol{x}=\frac{1}{8}\boldsymbol{\gamma}$.

由于

$$\left(\boldsymbol{A}-2\boldsymbol{E},\frac{1}{8}\boldsymbol{\gamma}\right)=\begin{pmatrix}-1&\frac{1}{2}&0&0\\2&-1&0&0\\1&\frac{1}{2}&-2&1\end{pmatrix}\to\begin{pmatrix}1&0&-1&\frac{1}{2}\\0&1&-2&1\\0&0&0&0\end{pmatrix},$$

故 $\boldsymbol{x}=k(1,2,1)^{\mathrm{T}}+\left(\frac{1}{2},1,0\right)^{\mathrm{T}}$,其中 k 为任意常数.

【注】若 $\boldsymbol{A}$ 为各行成比例的方阵,则 $\boldsymbol{A}^n=l^{n-1}\boldsymbol{A}$,其中 l 为 $\boldsymbol{A}$ 的主对角线元素之和.

10.【解】$(\boldsymbol{A},\boldsymbol{b})=\begin{pmatrix}1&3&2&1&1\\0&1&a&-a&-1\\1&2&0&3&3\end{pmatrix}\to\begin{pmatrix}1&3&2&1&1\\0&1&a&-a&-1\\0&0&a-2&2-a&1\end{pmatrix}$.

当 $a\neq2$ 时,由于 $r(\boldsymbol{A},\boldsymbol{b})=r(\boldsymbol{A})=3$,故方程组有解.此时,由

$$(\boldsymbol{A},\boldsymbol{b})\to\begin{pmatrix}1&3&2&1&1\\0&1&a&-a&-1\\0&0&1&-1&\frac{1}{a-2}\end{pmatrix}$$

$$\to\begin{pmatrix}1&3&0&3&\frac{a-4}{a-2}\\0&1&0&0&\frac{2-2a}{a-2}\\0&0&1&-1&\frac{1}{a-2}\end{pmatrix}$$

$$\to\begin{pmatrix}1&0&0&3&\frac{7a-10}{a-2}\\0&1&0&0&\frac{2-2a}{a-2}\\0&0&1&-1&\frac{1}{a-2}\end{pmatrix}$$

知方程组的通解为 $k(-3,0,1,1)^{\mathrm{T}}+\left(\frac{7a-10}{a-2},\frac{2-2a}{a-2},\frac{1}{a-2},0\right)^{\mathrm{T}}$,

其中 k 为任意常数.

考点二　矩阵方程的解的情况及求解

1.【解】(1) 由

$$\boldsymbol{A}=\begin{pmatrix}1&-2&3&-4\\0&1&-1&1\\1&2&0&-3\end{pmatrix}\to\begin{pmatrix}1&0&0&1\\0&1&0&-2\\0&0&1&-3\end{pmatrix}$$

知 $\boldsymbol{Ax}=\boldsymbol{0}$ 的一个基础解系为 $(-1,2,3,1)^{\mathrm{T}}$.

(2) 记 $\boldsymbol{e}_1=(1,0,0)^{\mathrm{T}},\boldsymbol{e}_2=(0,1,0)^{\mathrm{T}},\boldsymbol{e}_3=(0,0,1)^{\mathrm{T}}$,并且设 $\boldsymbol{B}=(\boldsymbol{x}_1,\boldsymbol{x}_2,\boldsymbol{x}_3)$,则由 $\boldsymbol{AB}=\boldsymbol{E}$ 可知

$$\boldsymbol{A}(\boldsymbol{x}_1,\boldsymbol{x}_2,\boldsymbol{x}_3)=(\boldsymbol{e}_1,\boldsymbol{e}_2,\boldsymbol{e}_3),$$

即得到方程组

$$\boldsymbol{Ax}_1=\boldsymbol{e}_1,\quad \boldsymbol{Ax}_2=\boldsymbol{e}_2,\quad \boldsymbol{Ax}_3=\boldsymbol{e}_3.$$

由

$$(\boldsymbol{A},\boldsymbol{E})=\begin{pmatrix}1&-2&3&-4&1&0&0\\0&1&-1&1&0&1&0\\1&2&0&-3&0&0&1\end{pmatrix}$$

$$\to\begin{pmatrix}1&0&0&1&2&6&-1\\0&1&0&-2&-1&-3&1\\0&0&1&-3&-1&-4&1\end{pmatrix}$$

可知 $\boldsymbol{Ax}=\boldsymbol{e}_1,\boldsymbol{Ax}_2=\boldsymbol{e}_2,\boldsymbol{Ax}_3=\boldsymbol{e}_3$ 的通解分别为

$$\boldsymbol{x}_1=k_1(-1,2,3,1)^{\mathrm{T}}+(2,-1,-1,0)^{\mathrm{T}},$$

$$\boldsymbol{x}_2=k_2(-1,2,3,1)^{\mathrm{T}}+(6,-3,-4,0)^{\mathrm{T}},$$

$$\boldsymbol{x}_3=k_3(-1,2,3,1)^{\mathrm{T}}+(-1,1,1,0)^{\mathrm{T}},$$

从而 $\boldsymbol{B}=(\boldsymbol{x}_1,\boldsymbol{x}_2,\boldsymbol{x}_3)=\begin{pmatrix}-k_1&-k_2&-k_3\\2k_1&2k_2&2k_3\\3k_1&3k_2&3k_3\\k_1&k_2&k_3\end{pmatrix}+\begin{pmatrix}2&6&-1\\-1&-3&1\\-1&-4&1\\0&0&0\end{pmatrix}$,其中 k_1,k_2,k_3 为任意常数.

2.【解】设 $\boldsymbol{C}=\begin{pmatrix}x_1&x_2\\x_3&x_4\end{pmatrix}$,则

$$\begin{aligned}\boldsymbol{AC}-\boldsymbol{CA}&=\begin{pmatrix}1&a\\1&0\end{pmatrix}\begin{pmatrix}x_1&x_2\\x_3&x_4\end{pmatrix}-\begin{pmatrix}x_1&x_2\\x_3&x_4\end{pmatrix}\begin{pmatrix}1&a\\1&0\end{pmatrix}\\&=\begin{pmatrix}x_1+ax_3&x_2+ax_4\\x_1&x_2\end{pmatrix}-\begin{pmatrix}x_1+x_2&ax_1\\x_3+x_4&ax_3\end{pmatrix}\\&=\begin{pmatrix}-x_2+ax_3&-ax_1+x_2+ax_4\\x_1-x_3-x_4&x_2-ax_3\end{pmatrix}.\end{aligned}$$

根据矩阵 $\boldsymbol{AC}-\boldsymbol{CA}$ 与矩阵 $\boldsymbol{B}$ 对应元素相等,便能得到

$$\begin{cases}-x_2+ax_3=0,\\-ax_1+x_2+ax_4=1,\\x_1-x_3-x_4=1,\\x_2-ax_3=b.\end{cases}$$

对该方程组的增广矩阵作初等行变换,有

$$\begin{pmatrix}0&-1&a&0&0\\-a&1&0&a&1\\1&0&-1&-1&1\\0&1&-a&0&b\end{pmatrix}\to\begin{pmatrix}1&0&-1&-1&1\\0&1&-a&0&1+a\\0&0&0&0&1+a\\0&0&0&0&b\end{pmatrix}.$$

由此可知,当且仅当 $a=-1$ 且 $b=0$ 时,方程组有解,并且由同解方程组

$$\begin{cases}x_1-x_3-x_4=1,\\x_2+x_3=0\end{cases}$$

可得其通解 $(x_1,x_2,x_3,x_4)^{\mathrm{T}}=k_1(1,-1,1,0)^{\mathrm{T}}+k_2(1,0,0,1)^{\mathrm{T}}+(1,0,0,0)^{\mathrm{T}}$.

综上所述,当且仅当 $a=-1$ 且 $b=0$ 时,存在满足条件的矩阵 $\boldsymbol{C}$,且

$$\boldsymbol{C}=\begin{pmatrix}k_1+k_2+1&-k_1\\k_1&k_2\end{pmatrix},$$

其中 k_1,k_2 为任意常数.

3.【解】由 $\boldsymbol{AXA}+\boldsymbol{BXB}=\boldsymbol{AXB}+\boldsymbol{BXA}+\boldsymbol{E}$ 知

$$\boldsymbol{AX}(\boldsymbol{A}-\boldsymbol{B})+\boldsymbol{BX}(\boldsymbol{B}-\boldsymbol{A})=\boldsymbol{E},$$

即

$$(\boldsymbol{A}-\boldsymbol{B})\boldsymbol{X}(\boldsymbol{A}-\boldsymbol{B})=\boldsymbol{E}.$$

由于 $|\boldsymbol{A}-\boldsymbol{B}|=\begin{vmatrix}1&-1&-1\\0&1&-1\\0&0&1\end{vmatrix}=1\neq0$,故 $\boldsymbol{A}-\boldsymbol{B}$ 可逆,从而 $\boldsymbol{X}=[(\boldsymbol{A}-\boldsymbol{B})^{-1}]^2$.

由

$$(\boldsymbol{A}-\boldsymbol{B},\boldsymbol{E})=\begin{pmatrix}1&-1&-1&1&0&0\\0&1&-1&0&1&0\\0&0&1&0&0&1\end{pmatrix}\to\begin{pmatrix}1&0&0&1&1&2\\0&1&0&0&1&1\\0&0&1&0&0&1\end{pmatrix},$$

知 $(\boldsymbol{A}-\boldsymbol{B})^{-1}=\begin{pmatrix}1&1&2\\0&1&1\\0&0&1\end{pmatrix}$,故 $\boldsymbol{X}=\begin{pmatrix}1&1&2\\0&1&1\\0&0&1\end{pmatrix}^2=\begin{pmatrix}1&2&5\\0&1&2\\0&0&1\end{pmatrix}$.

4.【解】由于 $|\boldsymbol{A}^*|=|\boldsymbol{A}|^3=8$,故 $|\boldsymbol{A}|=2$.

由 $\boldsymbol{ABA}^{-1}=\boldsymbol{BA}^{-1}+3\boldsymbol{E}$ 知 $\boldsymbol{B}=\boldsymbol{A}^{-1}\boldsymbol{B}+3\boldsymbol{E}$,即 $(\boldsymbol{E}-\boldsymbol{A}^{-1})\boldsymbol{B}=3\boldsymbol{E}$,

从而 $\left(\boldsymbol{E}-\frac{\boldsymbol{A}^*}{|\boldsymbol{A}|}\right)\boldsymbol{B}=3\boldsymbol{E}$,故 $(2\boldsymbol{E}-\boldsymbol{A}^*)\boldsymbol{B}=6\boldsymbol{E}$.

由于 $2\boldsymbol{E}-\boldsymbol{A}^*=\begin{pmatrix}1&0&0&0\\0&1&0&0\\-1&0&1&0\\0&3&0&-6\end{pmatrix}$ 可逆,且 $(2\boldsymbol{E}-\boldsymbol{A}^*)^{-1}=$

$\begin{pmatrix}1&0&0&0\\0&1&0&0\\1&0&1&0\\0&\frac{1}{2}&0&-\frac{1}{6}\end{pmatrix}$,故 $\boldsymbol{B}=6(2\boldsymbol{E}-\boldsymbol{A}^*)^{-1}=\begin{pmatrix}6&0&0&0\\0&6&0&0\\6&0&6&0\\0&3&0&-1\end{pmatrix}$.

5.【解】由于 $\boldsymbol{A}(\boldsymbol{E}-\boldsymbol{C}^{-1}\boldsymbol{B})^{\mathrm{T}}\boldsymbol{C}^{\mathrm{T}}=\boldsymbol{A}[\boldsymbol{C}(\boldsymbol{E}-\boldsymbol{C}^{-1}\boldsymbol{B})]^{\mathrm{T}}=\boldsymbol{A}(\boldsymbol{C}-\boldsymbol{B})^{\mathrm{T}}$,

故 $A(C-B)^{\mathrm{T}}=E$.

又由于 $(C-B)^{\mathrm{T}}=\begin{pmatrix}1&0&0&0\\2&1&0&0\\3&2&1&0\\4&3&2&1\end{pmatrix}$ 可逆，故 $A=[(C-B)^{\mathrm{T}}]^{-1}=\begin{pmatrix}1&0&0&0\\-2&1&0&0\\1&-2&1&0\\0&1&-2&1\end{pmatrix}$.

§3.2 向量组的线性相关性

十年真题

考点 向量组的线性相关性、线性表示及秩

1.【答案】(D).

【解】$(\boldsymbol{\alpha}_1,\boldsymbol{\alpha}_2,\boldsymbol{\alpha}_3)^{\mathrm{T}}=\begin{pmatrix}a&1&-1&1\\1&1&b&a\\1&a&-1&1\end{pmatrix}$

$$\rightarrow\begin{pmatrix}1&a&-1&1\\0&1-a&b+1&a-1\\0&0&ab+b+2&(a-1)(a+2)\end{pmatrix}.$$

由题意知 $\boldsymbol{\alpha}_1,\boldsymbol{\alpha}_2,\boldsymbol{\alpha}_3$ 的秩为 2，故由 $\begin{cases}ab+b+2=0,\\(a-1)(a+2)=0\end{cases}$ 得 $\begin{cases}a=1,\\b=-1\end{cases}$ 或 $\begin{cases}a=-2,\\b=2.\end{cases}$

当 $a=1,b=-1$ 时，$\boldsymbol{\alpha}_1,\boldsymbol{\alpha}_2,\boldsymbol{\alpha}_3$ 中任意两个向量均线性相关，故舍去；

当 $a=-2,b=2$ 时，符合题意.

2.【答案】(B).

【解】由于 $\begin{pmatrix}O&A\\BC&E\end{pmatrix}$ 能经初等列变换变成 $\begin{pmatrix}-ABC&A\\O&E\end{pmatrix}=\begin{pmatrix}O&A\\O&E\end{pmatrix}$，$\begin{pmatrix}O&A\\O&E\end{pmatrix}$ 又能经初等行变换变成 $\begin{pmatrix}O&O\\O&E\end{pmatrix}$，故

$$r_1=r\begin{pmatrix}O&O\\O&E\end{pmatrix}=n.$$

由于 $\begin{pmatrix}AB&C\\O&E\end{pmatrix}$ 能经初等行变换变成 $\begin{pmatrix}AB&O\\O&E\end{pmatrix}$，故

$$r_2=r\begin{pmatrix}AB&O\\O&E\end{pmatrix}=r(AB)+n\geqslant r_1.$$

由于 $\begin{pmatrix}E&AB\\AB&O\end{pmatrix}$ 能经初等列变换变成 $\begin{pmatrix}E&O\\AB&-ABAB\end{pmatrix}$，$\begin{pmatrix}E&O\\AB&-ABAB\end{pmatrix}$ 又能经初等行变换变成 $\begin{pmatrix}E&O\\O&-ABAB\end{pmatrix}$，故

$$r_3=r\begin{pmatrix}E&O\\O&-ABAB\end{pmatrix}=r(ABAB)+n\geqslant r_1.$$

又由 $r(ABAB)\leqslant r(AB)$ 知 $r_1\leqslant r_3\leqslant r_2$.

【注】本题的思路与 2021 年数学一的选择题非常类似.

3.【答案】(D).

设 $\boldsymbol{\gamma}=y_1\boldsymbol{\alpha}_1+y_2\boldsymbol{\alpha}_2=-z_1\boldsymbol{\beta}_1-z_2\boldsymbol{\beta}_2$，则

$$y_1\boldsymbol{\alpha}_1+y_2\boldsymbol{\alpha}_2+z_1\boldsymbol{\beta}_1+z_2\boldsymbol{\beta}_2=\mathbf{0}.$$

由

$$(\boldsymbol{\alpha}_1,\boldsymbol{\alpha}_2,\boldsymbol{\beta}_1,\boldsymbol{\beta}_2)=\begin{pmatrix}1&2&2&1\\2&1&5&0\\3&1&9&1\end{pmatrix}\rightarrow\begin{pmatrix}1&0&0&-3\\0&1&0&1\\0&0&1&1\end{pmatrix}$$

得 $(y_1,y_2,z_1,z_2)^{\mathrm{T}}=k(3,-1,-1,1)^{\mathrm{T}}$.

故 $\boldsymbol{\gamma}=y_1\boldsymbol{\alpha}_1+y_2\boldsymbol{\alpha}_2=3k(1,2,3)^{\mathrm{T}}-k(2,1,1)^{\mathrm{T}}=k(1,5,8)^{\mathrm{T}}(k\in\mathbf{R})$.

【注】类似的方法有时可用于求方程组的公共解(可参看§3.3中2002年数学四和1994年数学一的解答题).

4.【答案】(C).

【解】$(\boldsymbol{\alpha}_1,\boldsymbol{\alpha}_2,\boldsymbol{\alpha}_3,\boldsymbol{\alpha}_4)=\begin{pmatrix}\lambda&1&1&1\\1&\lambda&1&\lambda\\1&1&\lambda&\lambda^2\end{pmatrix}$

$$\rightarrow\begin{pmatrix}1&1&\lambda&\lambda^2\\0&\lambda-1&1-\lambda&\lambda(1-\lambda)\\0&0&(1-\lambda)(\lambda+2)&(1-\lambda)(\lambda+1)^2\end{pmatrix}.$$

当 $\lambda=1$ 时，显然符合题意.

当 $\lambda\neq1$ 时，$(\boldsymbol{\alpha}_1,\boldsymbol{\alpha}_2,\boldsymbol{\alpha}_3,\boldsymbol{\alpha}_4)\rightarrow\begin{pmatrix}1&1&\lambda&\lambda^2\\0&1&-1&-\lambda\\0&0&\lambda+2&(\lambda+1)^2\end{pmatrix}$，由 $r(\boldsymbol{\alpha}_1,\boldsymbol{\alpha}_2,\boldsymbol{\alpha}_3)=r(\boldsymbol{\alpha}_1,\boldsymbol{\alpha}_2,\boldsymbol{\alpha}_4)=r(\boldsymbol{\alpha}_1,\boldsymbol{\alpha}_2,\boldsymbol{\alpha}_3,\boldsymbol{\alpha}_4)$ 知 $\lambda\neq-1$ 且 $\lambda\neq-2$.

5.【答案】(A).

【解】由于 $\boldsymbol{\beta}_2=\boldsymbol{\alpha}_2-\dfrac{(\boldsymbol{\beta}_1,\boldsymbol{\alpha}_2)}{(\boldsymbol{\beta}_1,\boldsymbol{\beta}_1)}\boldsymbol{\beta}_1=\begin{pmatrix}1\\2\\1\end{pmatrix}-\begin{pmatrix}1\\0\\1\end{pmatrix}=\begin{pmatrix}0\\2\\0\end{pmatrix}$，故 $l_1=\dfrac{(\boldsymbol{\beta}_1,\boldsymbol{\alpha}_3)}{(\boldsymbol{\beta}_1,\boldsymbol{\beta}_1)}=\dfrac{5}{2}$，$l_2=\dfrac{(\boldsymbol{\beta}_2,\boldsymbol{\alpha}_3)}{(\boldsymbol{\beta}_2,\boldsymbol{\beta}_2)}=\dfrac{1}{2}$.

6.【答案】(C).

【解】法一(反面做)：取 $A=\begin{pmatrix}1&1\\0&0\end{pmatrix}$，$B=\begin{pmatrix}1&1\\1&1\end{pmatrix}$，则

$$r\begin{pmatrix}A&BA\\O&AA^{\mathrm{T}}\end{pmatrix}=r\begin{pmatrix}1&1&1&1\\0&0&1&1\\0&0&2&0\\0&0&0&0\end{pmatrix}=3\neq2,\text{故(C)不成立.}$$

法二(正面做)：由 $r\begin{pmatrix}A&O\\O&A^{\mathrm{T}}A\end{pmatrix}=r(A)+r(A^{\mathrm{T}}A)=2r(A)$ 知(A)成立. 由于 AB 的列向量组能由 A 的列向量组线性表示，故 $\begin{pmatrix}A&AB\\O&A^{\mathrm{T}}\end{pmatrix}$ 能经初等列变换变成 $\begin{pmatrix}A&O\\O&A^{\mathrm{T}}\end{pmatrix}$，从而由 $r\begin{pmatrix}A&AB\\O&A^{\mathrm{T}}\end{pmatrix}=r\begin{pmatrix}A&O\\O&A^{\mathrm{T}}\end{pmatrix}=r(A)+r(A^{\mathrm{T}})=2r(A)$ 知(B)成立.

由于 BA 的行向量组能由 A 的行向量组线性表示，故 $\begin{pmatrix}A&O\\B&A^{\mathrm{T}}\end{pmatrix}$ 能经初等行变换变成 $\begin{pmatrix}A&O\\O&A^{\mathrm{T}}\end{pmatrix}$，从而由 $r\begin{pmatrix}A&O\\BA&A^{\mathrm{T}}\end{pmatrix}=r\begin{pmatrix}A&O\\O&A^{\mathrm{T}}\end{pmatrix}=2r(A)$ 知(D)成立.

【注】本题在 2018 年数学一、二、三的选择题的基础上考查了矩阵的秩，而 2023 年数学一的选择题的思路又与本题非常类似.

7.【答案】(C).

【解】法一：由 l_1 与 l_2 相交于一点知其方向向量不共线，即 $\boldsymbol{\alpha}_1,\boldsymbol{\alpha}_2$ 线性无关.

在 l_1 与 l_2 上分别取点 $A(a_2,b_2,c_2)$，$B(a_3,b_3,c_3)$，则 $\overrightarrow{AB}=(a_3-a_2,b_3-b_2,c_3-c_2)$.

由 $\overrightarrow{AB}$ 与两直线的方向向量共面知 $\begin{vmatrix}a_1&a_2&a_3-a_2\\b_1&b_2&b_3-b_2\\c_1&c_2&c_3-c_2\end{vmatrix}=\begin{vmatrix}a_1&a_2&a_3\\b_1&b_2&b_3\\c_1&c_2&c_3\end{vmatrix}=|\boldsymbol{\alpha}_1,\boldsymbol{\alpha}_2,\boldsymbol{\alpha}_3|=0$，故 $\boldsymbol{\alpha}_1,\boldsymbol{\alpha}_2,\boldsymbol{\alpha}_3$ 线性相关，从而 $\boldsymbol{\alpha}_3$ 可由 $\boldsymbol{\alpha}_1,\boldsymbol{\alpha}_2$ 线性表示.

法二：设 l_1 与 l_2 的交点为 (x_0,y_0,z_0)，且

$$\frac{x_0-a_2}{a_1}=\frac{y_0-b_2}{b_1}=\frac{z_0-c_2}{c_1}=k_1,$$

$$\frac{x_0-a_3}{a_2}=\frac{y_0-b_3}{b_2}=\frac{z_0-c_3}{c_2}=k_2,$$

则

$$\begin{cases}x_0-a_2=k_1a_1,\\ y_0-b_2=k_1b_1,\\ z_0-c_2=k_1c_1,\end{cases}\quad \begin{cases}x_0-a_3=k_2a_2,\\ y_0-b_3=k_2b_2,\\ z_0-c_3=k_2c_2.\end{cases}$$

记$\boldsymbol{\alpha}_0=(x_0,y_0,z_0)$，则$\boldsymbol{\alpha}_0=k_1\boldsymbol{\alpha}_1+\boldsymbol{\alpha}_2$，$\boldsymbol{\alpha}_0=k_2\boldsymbol{\alpha}_2+\boldsymbol{\alpha}_3$，即$k_1\boldsymbol{\alpha}_1+(1-k_2)\boldsymbol{\alpha}_2=\boldsymbol{\alpha}_3$，故$\boldsymbol{\alpha}_3$可由$\boldsymbol{\alpha}_1,\boldsymbol{\alpha}_2$线性表示.

【注】1998年数学一曾考查过类似的选择题.

8.【答案】(A).

【解】法一(反面做)：取$\boldsymbol{A}=\begin{pmatrix}1&1\\0&0\end{pmatrix}$，$\boldsymbol{B}=\begin{pmatrix}0&0\\1&1\end{pmatrix}$，则$r(\boldsymbol{A})=r(\boldsymbol{B})=r(\boldsymbol{A}^{\mathrm{T}}\quad\boldsymbol{B}^{\mathrm{T}})=1$，$r(\boldsymbol{A}\quad\boldsymbol{B})=2$，可排除(C)、(D)；再取$\boldsymbol{A}=\begin{pmatrix}1&1\\0&0\end{pmatrix}$，$\boldsymbol{B}=\begin{pmatrix}0&1\\1&0\end{pmatrix}$，则$\boldsymbol{BA}=\begin{pmatrix}0&0\\1&1\end{pmatrix}$，从而$r(\boldsymbol{A}\quad\boldsymbol{BA})=2$，可排除(B).

法二(正面做)：记$\boldsymbol{AB}=\boldsymbol{C}$，则$\boldsymbol{C}$的列向量组能由$\boldsymbol{A}$的列向量组线性表示，故

$$r(\boldsymbol{A}\quad\boldsymbol{AB})=r(\boldsymbol{A}\quad\boldsymbol{C})=r(\boldsymbol{A}).$$

【注】2021年数学一的选择题又在本题的基础上考查了矩阵的秩.

9.【答案】-4.

【解】
$$(\boldsymbol{\alpha}_1,\boldsymbol{\alpha}_2,\boldsymbol{\alpha}_3)^{\mathrm{T}}=\begin{pmatrix}a&1&-1&1\\1&1&b&a\\1&a&-1&1\end{pmatrix}\to\begin{pmatrix}1&a&-1&1\\0&1-a&b+1&a-1\\0&0&ab+b+2&(a-1)(a+2)\end{pmatrix}.$$

由题意知$\boldsymbol{\alpha}_1,\boldsymbol{\alpha}_2,\boldsymbol{\alpha}_3$的秩为2，故由$\begin{cases}ab+b+2=0,\\(a-1)(a+2)=0\end{cases}$得$\begin{cases}a=1,\\b=-1\end{cases}$或$\begin{cases}a=-2,\\b=2.\end{cases}$

当$a=1,b=-1$时，$\boldsymbol{\alpha}_1,\boldsymbol{\alpha}_2,\boldsymbol{\alpha}_3$中任意两个向量均线性相关，故舍去；

当$a=-2,b=2$时，符合题意，故$ab=-4$.

10.【答案】$\frac{11}{9}$.

【解】由$\boldsymbol{\gamma}^{\mathrm{T}}\boldsymbol{\alpha}_i=\boldsymbol{\beta}^{\mathrm{T}}\boldsymbol{\alpha}_i$知$\boldsymbol{\alpha}_i^{\mathrm{T}}\boldsymbol{\gamma}=\boldsymbol{\alpha}_i^{\mathrm{T}}\boldsymbol{\beta}$.

由于$\boldsymbol{\alpha}_1,\boldsymbol{\alpha}_2,\boldsymbol{\alpha}_3$两两正交，且$\boldsymbol{\alpha}_i^{\mathrm{T}}\boldsymbol{\alpha}_i=\|\boldsymbol{\alpha}_i\|^2=3(i=1,2,3)$，故

$$\boldsymbol{\alpha}_i^{\mathrm{T}}\boldsymbol{\gamma}=k_1\boldsymbol{\alpha}_i^{\mathrm{T}}\boldsymbol{\alpha}_1+k_2\boldsymbol{\alpha}_i^{\mathrm{T}}\boldsymbol{\alpha}_2+k_3\boldsymbol{\alpha}_i^{\mathrm{T}}\boldsymbol{\alpha}_3=3k_i$$

又由$\boldsymbol{\alpha}_1^{\mathrm{T}}\boldsymbol{\beta}=1,\boldsymbol{\alpha}_2^{\mathrm{T}}\boldsymbol{\beta}=-3,\boldsymbol{\alpha}_3^{\mathrm{T}}\boldsymbol{\beta}=-1$知$k_1=\frac{1}{3},k_2=-1,k_3=-\frac{1}{3}$，故$k_1^2+k_2^2+k_3^2=\frac{11}{9}$.

11.【答案】2.

【解】由

$$\begin{aligned}\boldsymbol{A}(\boldsymbol{\alpha}_1,\boldsymbol{\alpha}_2,\boldsymbol{\alpha}_3)&=(\boldsymbol{A\alpha}_1,\boldsymbol{A\alpha}_2,\boldsymbol{A\alpha}_3)\\&=(\boldsymbol{\alpha}_1+\boldsymbol{\alpha}_2,\boldsymbol{\alpha}_2+\boldsymbol{\alpha}_3,\boldsymbol{\alpha}_1+\boldsymbol{\alpha}_3)\\&=(\boldsymbol{\alpha}_1,\boldsymbol{\alpha}_2,\boldsymbol{\alpha}_3)\begin{pmatrix}1&0&1\\1&1&0\\0&1&1\end{pmatrix}\end{aligned}$$

知$|\boldsymbol{A}||\boldsymbol{\alpha}_1,\boldsymbol{\alpha}_2,\boldsymbol{\alpha}_3|=|\boldsymbol{\alpha}_1,\boldsymbol{\alpha}_2,\boldsymbol{\alpha}_3|\begin{vmatrix}1&0&1\\1&1&0\\0&1&1\end{vmatrix}$.

由于$\boldsymbol{\alpha}_1,\boldsymbol{\alpha}_2,\boldsymbol{\alpha}_3$线性无关，故$|\boldsymbol{\alpha}_1,\boldsymbol{\alpha}_2,\boldsymbol{\alpha}_3|\neq0$，从而$|\boldsymbol{A}|=\begin{vmatrix}1&0&1\\1&1&0\\0&1&1\end{vmatrix}=2$.

12.【答案】2.

【解】由$\boldsymbol{A}=\begin{pmatrix}1&0&1\\1&1&2\\0&1&1\end{pmatrix}\to\begin{pmatrix}1&0&1\\0&1&1\\0&0&0\end{pmatrix}$知$r(\boldsymbol{A})=2$.

记$\boldsymbol{P}=(\boldsymbol{\alpha}_1,\boldsymbol{\alpha}_2,\boldsymbol{\alpha}_3)$，则由$\boldsymbol{\alpha}_1,\boldsymbol{\alpha}_2,\boldsymbol{\alpha}_3$线性无关知$\boldsymbol{P}$可逆.

于是$r(\boldsymbol{A\alpha}_1,\boldsymbol{A\alpha}_2,\boldsymbol{A\alpha}_3)=r(\boldsymbol{AP})=r(\boldsymbol{A})=2$.

13.【解】记$\boldsymbol{A}=(\boldsymbol{\alpha}_1,\boldsymbol{\alpha}_2,\boldsymbol{\alpha}_3)$，$\boldsymbol{B}=(\boldsymbol{\beta}_1,\boldsymbol{\beta}_2,\boldsymbol{\beta}_3)$，则

$$(\boldsymbol{A},\boldsymbol{B})=\begin{pmatrix}1&1&1&1&0&1\\1&0&2&1&2&3\\4&4&a^2+3&a+3&1-a&a^2+3\end{pmatrix}\to\begin{pmatrix}1&0&2&1&2&3\\0&1&-1&0&-2&-2\\0&0&(a-1)(a+1)&a-1&1-a&(a-1)(a+1)\end{pmatrix}.$$

当$a=-1$时，由

$$(\boldsymbol{A},\boldsymbol{B})\to\begin{pmatrix}1&0&2&1&2&3\\0&1&-1&0&-2&-2\\0&0&0&-2&2&0\end{pmatrix}$$

知$r(\boldsymbol{A},\boldsymbol{B})>r(\boldsymbol{A})$，故向量组Ⅱ不能由向量组Ⅰ线性表示，从而向量组Ⅰ与向量组Ⅱ不等价.

当$a=1$时，由

$$(\boldsymbol{A},\boldsymbol{B})\to\begin{pmatrix}1&0&2&1&2&3\\0&1&-1&0&-2&-2\\0&0&0&0&0&0\end{pmatrix}$$

知$r(\boldsymbol{A},\boldsymbol{B})=r(\boldsymbol{A})=r(\boldsymbol{B})=2$，故向量组Ⅰ与向量组Ⅱ等价，且$\boldsymbol{\beta}_3=3\boldsymbol{\alpha}_1-2\boldsymbol{\alpha}_2$.

当$a\neq\pm1$时，由

$$(\boldsymbol{A},\boldsymbol{B})\to\begin{pmatrix}1&0&2&1&2&3\\0&1&-1&0&-2&-2\\0&0&a+1&1&-1&a+1\end{pmatrix},$$

$$\boldsymbol{B}\to\begin{pmatrix}1&2&3\\0&-2&-2\\1&-1&a+1\end{pmatrix}\to\begin{pmatrix}1&2&3\\0&1&1\\0&0&a+1\end{pmatrix}$$

知$r(\boldsymbol{A},\boldsymbol{B})=r(\boldsymbol{A})=r(\boldsymbol{B})=3$，故向量组Ⅰ与向量组Ⅱ等价，且由

$$(\boldsymbol{A},\boldsymbol{\beta}_3)\to\begin{pmatrix}1&0&2&3\\0&1&-1&-2\\0&0&a+1&a+1\end{pmatrix}\to\begin{pmatrix}1&0&0&1\\0&1&0&-1\\0&0&1&1\end{pmatrix}$$

知$\boldsymbol{\beta}_3=\boldsymbol{\alpha}_1-\boldsymbol{\alpha}_2+\boldsymbol{\alpha}_3$.

方法探究

考点　向量组的线性相关性、线性表示及秩

变式1【解】(1) 由于

$$(\boldsymbol{\beta}_1,\boldsymbol{\beta}_2,\boldsymbol{\beta}_3,\boldsymbol{\alpha}_1,\boldsymbol{\alpha}_2,\boldsymbol{\alpha}_3)=\begin{pmatrix}1&1&3&1&0&1\\1&2&4&0&1&3\\1&3&a&1&1&5\end{pmatrix}\to\begin{pmatrix}1&1&3&1&0&1\\0&1&1&-1&1&2\\0&0&a-5&2&-1&0\end{pmatrix},$$

故由$r(\boldsymbol{\beta}_1,\boldsymbol{\beta}_2,\boldsymbol{\beta}_3)<r(\boldsymbol{\beta}_1,\boldsymbol{\beta}_2,\boldsymbol{\beta}_3,\boldsymbol{\alpha}_1,\boldsymbol{\alpha}_2,\boldsymbol{\alpha}_3)$知$a=5$.

(2) 由

$$(\boldsymbol{\alpha}_1,\boldsymbol{\alpha}_2,\boldsymbol{\alpha}_3,\boldsymbol{\beta}_1,\boldsymbol{\beta}_2,\boldsymbol{\beta}_3)=\begin{pmatrix}1&0&1&1&1&3\\0&1&3&1&2&4\\1&1&5&1&3&5\end{pmatrix}\to\begin{pmatrix}1&0&0&2&1&5\\0&1&0&4&2&10\\0&0&1&-1&0&-2\end{pmatrix}$$

知$\boldsymbol{\beta}_1=2\boldsymbol{\alpha}_1+4\boldsymbol{\alpha}_2-\boldsymbol{\alpha}_3$，$\boldsymbol{\beta}_2=\boldsymbol{\alpha}_1+2\boldsymbol{\alpha}_2$，$\boldsymbol{\beta}_3=5\boldsymbol{\alpha}_1+10\boldsymbol{\alpha}_2-2\boldsymbol{\alpha}_3$.

变式3【证】由题意可知$\boldsymbol{A}^k\boldsymbol{\alpha}=\boldsymbol{0}$.

设

$$x_1\boldsymbol{\alpha}+x_2\boldsymbol{A\alpha}+\cdots+x_k\boldsymbol{A}^{k-1}\boldsymbol{\alpha}=\mathbf{0}.$$

两边同时左乘 $\boldsymbol{A}^{k-1}$,则

$$x_1\boldsymbol{A}^{k-1}\boldsymbol{\alpha}+x_2\boldsymbol{A}^k\boldsymbol{\alpha}+x_3\boldsymbol{A}^{k+1}\boldsymbol{\alpha}+\cdots+x_k\boldsymbol{A}^{2k-2}\boldsymbol{\alpha}=\mathbf{0}.$$

由于 $\boldsymbol{A}^k\boldsymbol{\alpha}=\boldsymbol{A}^{k+1}\boldsymbol{\alpha}=\cdots=\boldsymbol{A}^{2k-2}\boldsymbol{\alpha}=\mathbf{0}$,故 $x_1\boldsymbol{A}^{k-1}\boldsymbol{\alpha}=\mathbf{0}$. 又由于 $\boldsymbol{A}^{k-1}\boldsymbol{\alpha}\neq\mathbf{0}$,故 $x_1=0$.

于是

$$x_2\boldsymbol{A\alpha}+x_3\boldsymbol{A}^2\boldsymbol{\alpha}+\cdots+x_k\boldsymbol{A}^{k-1}\boldsymbol{\alpha}=\mathbf{0}.$$

两边同时左乘 $\boldsymbol{A}^{k-2}$,则

$$x_2\boldsymbol{A}^{k-1}\boldsymbol{\alpha}+x_3\boldsymbol{A}^k\boldsymbol{\alpha}+x_4\boldsymbol{A}^{k+1}\boldsymbol{\alpha}+\cdots+x_k\boldsymbol{A}^{2k-3}\boldsymbol{\alpha}=\mathbf{0}.$$

由于 $\boldsymbol{A}^k\boldsymbol{\alpha}=\boldsymbol{A}^{k+1}\boldsymbol{\alpha}=\cdots=\boldsymbol{A}^{2k-3}\boldsymbol{\alpha}=\mathbf{0}$,故 $x_2\boldsymbol{A}^{k-1}\boldsymbol{\alpha}=\mathbf{0}$. 又由于 $\boldsymbol{A}^{k-1}\boldsymbol{\alpha}\neq\mathbf{0}$,故 $x_2=0$.

同理可得 $x_3=x_4=\cdots=x_k=0$.

因此,向量组 $\boldsymbol{\alpha},\boldsymbol{A\alpha},\cdots,\boldsymbol{A}^{k-1}\boldsymbol{\alpha}$ 线性无关.

变式4【答案】(B).

【解】法一(利用方程组):当 $m>n$ 时,由于 $\boldsymbol{Bx}=\mathbf{0}$ 有非零解,故 $(\boldsymbol{AB})\boldsymbol{x}=\mathbf{0}$ 也有非零解,从而 $|\boldsymbol{AB}|=0$.

法二(利用秩):当 $m>n$ 时,由 $r(\boldsymbol{AB})\leqslant r(\boldsymbol{B})\leqslant n<m$ 知 $|\boldsymbol{AB}|=0$.

【注】 $\boldsymbol{Bx}=\mathbf{0}$ 的解必为 $(\boldsymbol{AB})\boldsymbol{x}=\mathbf{0}$ 的解.

变式5【答案】(C).

【解】法一(定义法):由于 $\boldsymbol{\alpha},\boldsymbol{\beta},\boldsymbol{\delta}$ 线性相关,故存在不全为零的数 x_1,x_2,x_3,使

$$x_1\boldsymbol{\alpha}+x_2\boldsymbol{\beta}+x_3\boldsymbol{\delta}=\mathbf{0}.$$

当 $x_3=0$ 时,$x_1\boldsymbol{\alpha}+x_2\boldsymbol{\beta}=\mathbf{0}$,且 x_1,x_2 不全为零. 因此,存在不全为零的数 x_1,x_2,x_4,使 $x_1\boldsymbol{\alpha}+x_2\boldsymbol{\beta}+x_4\boldsymbol{\gamma}=\mathbf{0}$,与 $\boldsymbol{\alpha},\boldsymbol{\beta},\boldsymbol{\gamma}$ 线性无关矛盾. 所以,$x_3\neq0$.

当 $x_3\neq0$ 时,$\boldsymbol{\delta}=-\dfrac{x_1}{x_3}\boldsymbol{\alpha}-\dfrac{x_2}{x_3}\boldsymbol{\beta}+0\boldsymbol{\gamma}$,即 δ 必可由 $\boldsymbol{\alpha},\boldsymbol{\beta},\boldsymbol{\gamma}$ 线性表示.

法二(利用性质):由于 $\boldsymbol{\alpha},\boldsymbol{\beta},\boldsymbol{\gamma}$ 线性无关,故 $\boldsymbol{\alpha},\boldsymbol{\beta}$ 线性无关. 又由于 $\boldsymbol{\alpha},\boldsymbol{\beta},\boldsymbol{\delta}$ 线性相关,故 $\boldsymbol{\delta}$ 可由 $\boldsymbol{\alpha},\boldsymbol{\beta}$ 线性表示,即可由 $\boldsymbol{\alpha},\boldsymbol{\beta},\boldsymbol{\gamma}$ 线性表示.

真题精选

考点 向量组的线性相关性、线性表示及秩

1. **【答案】**(A).

【解】 设 $x_1(\boldsymbol{\alpha}_1+k\boldsymbol{\alpha}_3)+x_2(\boldsymbol{\alpha}_2+l\boldsymbol{\alpha}_3)=\mathbf{0}$,则

$$x_1\boldsymbol{\alpha}_1+x_2\boldsymbol{\alpha}_2+(x_1k+x_2l)\boldsymbol{\alpha}_3=\mathbf{0}.$$

若 $\boldsymbol{\alpha}_1,\boldsymbol{\alpha}_2,\boldsymbol{\alpha}_3$ 线性无关,则 $x_1=x_2=x_1k+x_2l=0$,从而 $\boldsymbol{\alpha}_1+k\boldsymbol{\alpha}_3$,$\boldsymbol{\alpha}_2+l\boldsymbol{\alpha}_3$ 线性无关. 取 $\boldsymbol{\alpha}_1,\boldsymbol{\alpha}_2$ 线性无关,$\boldsymbol{\alpha}_3=\mathbf{0}$,则对任意常数 k,l,$\boldsymbol{\alpha}_1+k\boldsymbol{\alpha}_3,\boldsymbol{\alpha}_2+l\boldsymbol{\alpha}_3$ 线性无关,但 $\boldsymbol{\alpha}_1,\boldsymbol{\alpha}_2,\boldsymbol{\alpha}_3$ 线性相关.

【注】 如下图所示,根据向量组的线性相关性的几何意义,若 $\boldsymbol{\alpha}_1,\boldsymbol{\alpha}_2,\boldsymbol{\alpha}_3$ 线性无关,则 $\boldsymbol{\alpha}_1,\boldsymbol{\alpha}_2,\boldsymbol{\alpha}_3$ 必不共面,从而 $\boldsymbol{\alpha}_1+k\boldsymbol{\alpha}_3,\boldsymbol{\alpha}_2+l\boldsymbol{\alpha}_3$ 必不共线,即线性无关.

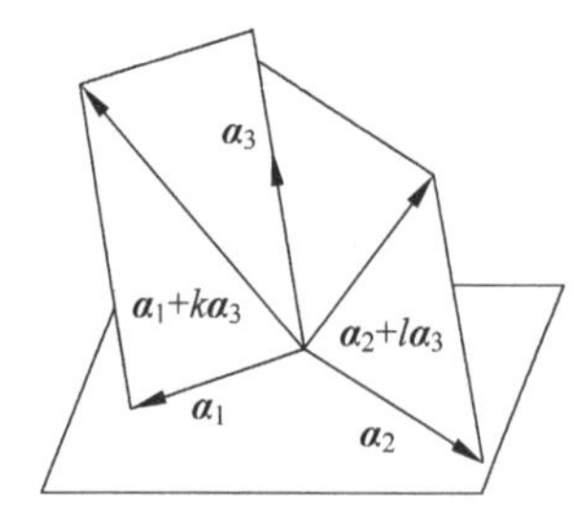

2. **【答案】**(B)

【解】 由 $\boldsymbol{AB}=\boldsymbol{C}$ 知 $\boldsymbol{C}$ 的列向量组能由 $\boldsymbol{A}$ 的列向量组线性表示. 由于 $\boldsymbol{B}$ 可逆,故由 $\boldsymbol{CB}^{-1}=\boldsymbol{A}$ 又知 $\boldsymbol{A}$ 的列向量组能由 $\boldsymbol{C}$ 的列向量组线性表示,从而 $\boldsymbol{C}$ 的列向量组与 $\boldsymbol{A}$ 的列向量组等价.

3. **【答案】**(A).

【解】 由 $(\boldsymbol{\alpha}_1-\boldsymbol{\alpha}_2)+(\boldsymbol{\alpha}_2-\boldsymbol{\alpha}_3)+(\boldsymbol{\alpha}_3-\boldsymbol{\alpha}_1)=\mathbf{0}$ 知选(A).

4. **【答案】**(A).

【解】法一(正面做):若 $\boldsymbol{\alpha}_1,\boldsymbol{\alpha}_2,\cdots,\boldsymbol{\alpha}_s$ 线性相关,则存在不全为零的数 $x_1,x_2,\cdots,x_s$,使

$$x_1\boldsymbol{\alpha}_1+x_2\boldsymbol{\alpha}_2+\cdots+x_s\boldsymbol{\alpha}_s=\mathbf{0}.$$

两边同时左乘 $\boldsymbol{A}$,则

$$x_1\boldsymbol{A\alpha}_1+x_2\boldsymbol{A\alpha}_2+\cdots+x_s\boldsymbol{A\alpha}_s=\mathbf{0},$$

从而 $\boldsymbol{A\alpha}_1,\boldsymbol{A\alpha}_2,\cdots,\boldsymbol{A\alpha}_3$ 线性相关.

法二(反面做):取 $\boldsymbol{A}=\boldsymbol{O}$,则排除(B)、(D);取 $\boldsymbol{A}=\boldsymbol{E}$,则排除(C).

5. **【答案】**(A)

【解】法一(反面做):取 $k=0$,则由于 $\boldsymbol{\beta}_1$ 可由 $\boldsymbol{\alpha}_1,\boldsymbol{\alpha}_2,\boldsymbol{\alpha}_3$ 线性表示,故排除(C);由于 $\boldsymbol{\beta}_2$ 不能由 $\boldsymbol{\alpha}_1,\boldsymbol{\alpha}_2,\boldsymbol{\alpha}_3$ 线性表示,故排除(B).

取 $k=1$. 若 $\boldsymbol{\alpha}_1,\boldsymbol{\alpha}_2,\boldsymbol{\alpha}_3,\boldsymbol{\beta}_1+\boldsymbol{\beta}_2$ 线性相关,则 $\boldsymbol{\beta}_1+\boldsymbol{\beta}_2$ 能由 $\boldsymbol{\alpha}_1,\boldsymbol{\alpha}_2,\boldsymbol{\alpha}_3$ 线性表示. 又由于 $\boldsymbol{\beta}_1$ 能由 $\boldsymbol{\alpha}_1,\boldsymbol{\alpha}_2,\boldsymbol{\alpha}_3$ 线性表示,故 $\boldsymbol{\beta}_2$ 也能由 $\boldsymbol{\alpha}_1,\boldsymbol{\alpha}_2,\boldsymbol{\alpha}_3$ 线性表示,与已知条件矛盾,从而排除(D).

法二(正面做):设 $x_1\boldsymbol{\alpha}_1+x_2\boldsymbol{\alpha}_2+x_3\boldsymbol{\alpha}_3+x_4(k\boldsymbol{\beta}_1+\boldsymbol{\beta}_2)=\mathbf{0}$.

当 $x_4\neq0$ 时,$\boldsymbol{\beta}_2=-\dfrac{x_1}{x_4}\boldsymbol{\alpha}_1-\dfrac{x_2}{x_4}\boldsymbol{\alpha}_2-\dfrac{x_3}{x_4}\boldsymbol{\alpha}_3-k\boldsymbol{\beta}_1$. 由于 $\boldsymbol{\beta}_1$ 能由 $\boldsymbol{\alpha}_1,\boldsymbol{\alpha}_2,\boldsymbol{\alpha}_3$ 线性表示,故 $\boldsymbol{\beta}_2$ 也能由 $\boldsymbol{\alpha}_1,\boldsymbol{\alpha}_2,\boldsymbol{\alpha}_3$ 线性表示,与已知条件矛盾. 因此,$x_4=0$.

当 $x_4=0$ 时,$x_1\boldsymbol{\alpha}_1+x_2\boldsymbol{\alpha}_2+x_3\boldsymbol{\alpha}_3=0$. 由 $\boldsymbol{\alpha}_1,\boldsymbol{\alpha}_2,\boldsymbol{\alpha}_3$ 线性无关知 $x_1=x_2=x_3=0$,故 $\boldsymbol{\alpha}_1,\boldsymbol{\alpha}_2,\boldsymbol{\alpha}_3,k\boldsymbol{\beta}_1+\boldsymbol{\beta}_2$ 线性无关.

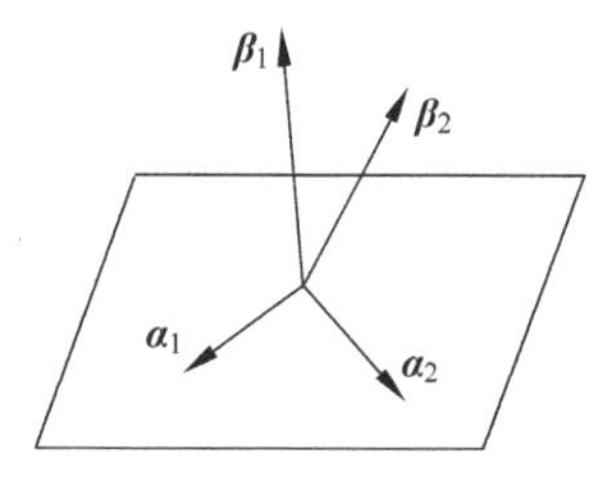

6. **【答案】**(D).

【解】法一(反面做):取 $m=2,n=3$,则 $\boldsymbol{\alpha}_1,\boldsymbol{\alpha}_2$ 不共线却共面. 当 $\boldsymbol{\beta}_1,\boldsymbol{\beta}_2$ 线性无关(即 $\boldsymbol{\beta}_1,\boldsymbol{\beta}_2$ 不共线)时,若 $\boldsymbol{\beta}_1,\boldsymbol{\beta}_2$ 都与 $\boldsymbol{\alpha}_1,\boldsymbol{\alpha}_2$ 不共面(如上图所示),则排除(A)、(B)、(C).

法二(正面做):$\boldsymbol{\beta}_1,\boldsymbol{\beta}_2,\cdots,\boldsymbol{\beta}_m$ 线性无关 $\Leftrightarrow r(\boldsymbol{B})=r(\boldsymbol{A})=m\Leftrightarrow\boldsymbol{A},\boldsymbol{B}$ 等价.

7. **【答案】**(A).

【解】 由于 $\begin{vmatrix}a_1&b_1&c_1\\a_2&b_2&c_2\\a_3&b_3&c_3\end{vmatrix}=\begin{vmatrix}a_1-a_2&b_1-b_2&c_1-c_2\\a_2-a_3&b_2-b_3&c_2-c_3\\a_3&b_3&c_3\end{vmatrix}\neq0$,故两直线不平行.

在两直线上分别取点 $A(a_3,b_3,c_3)$,$B(a_1,b_1,c_1)$,则 $\overrightarrow{AB}=(a_1-a_3,b_1-b_3,c_1-c_3)$.

由 $\begin{vmatrix}a_1-a_2&b_1-b_2&c_1-c_2\\a_2-a_3&b_2-b_3&c_2-c_3\\a_1-a_3&b_1-b_3&c_1-c_3\end{vmatrix}=\begin{vmatrix}a_1-a_2&b_1-b_2&c_1-c_2\\a_1-a_3&b_1-b_3&c_1-c_3\\a_1-a_3&b_1-b_3&c_1-c_3\end{vmatrix}=0$

知 $\overrightarrow{AB}$ 与两直线的方向向量共面,故两直线相交于一点.

【注】 2020年数学一又考查了类似的选择题.

8. **【答案】**(D).

【解】 三条直线相交于一点 $\Leftrightarrow\begin{cases}a_1x+b_1y=-c_1,\\a_2x+b_2y=-c_2,\\a_3x+b_3y=-c_3\end{cases}$ 有唯一解 $\Leftrightarrow$

$(\boldsymbol{\alpha}_1,\boldsymbol{\alpha}_2)\begin{pmatrix}x\\y\end{pmatrix}=-\boldsymbol{\alpha}_3$ 有唯一解 $\Leftrightarrow r(\boldsymbol{\alpha}_1,\boldsymbol{\alpha}_2,\boldsymbol{\alpha}_3)=r(\boldsymbol{\alpha}_1,\boldsymbol{\alpha}_2)=2\Leftrightarrow\boldsymbol{\alpha}_1,\boldsymbol{\alpha}_2,\boldsymbol{\alpha}_3$ 线性相关,$\boldsymbol{\alpha}_1,\boldsymbol{\alpha}_2$ 线性无关.

9. **【答案】**(D).

【解】 由 $(\lambda_1+k_1)\boldsymbol{\alpha}_1+\cdots+(\lambda_m+k_m)\boldsymbol{\alpha}_m+(\lambda_1-k_1)\boldsymbol{\beta}_1+\cdots+(\lambda_m-k_m)\boldsymbol{\beta}_m=\mathbf{0}$ 知

$$\lambda_1(\boldsymbol{\alpha}_1+\boldsymbol{\beta}_1)+\cdots+\lambda_m(\boldsymbol{\alpha}_m+\boldsymbol{\beta}_m)+k_1(\boldsymbol{\alpha}_1-\boldsymbol{\beta}_1)+\cdots+k_m(\boldsymbol{\alpha}_m-\boldsymbol{\beta}_m)=\mathbf{0}.$$

由于 $\lambda_1,\cdots,\lambda_m,k_1,\cdots,k_m$ 不全为零,故 $\boldsymbol{\alpha}_1+\boldsymbol{\beta}_1,\cdots,\boldsymbol{\alpha}_m+\boldsymbol{\beta}_m,\boldsymbol{\alpha}_1-$

$\boldsymbol{\beta}_1,\cdots,\boldsymbol{\alpha}_m-\boldsymbol{\beta}_m$ 线性相关.

10.【答案】(C).

【解】若矩阵 $\boldsymbol{B}$ 满足 $\boldsymbol{BA}=\boldsymbol{O}$,则由 $r(\boldsymbol{B})+r(\boldsymbol{A})\leqslant m$ 知 $r(\boldsymbol{B})\leqslant m-r(\boldsymbol{A})=0$,从而 $\boldsymbol{B}=\boldsymbol{O}$.

【注】若将(A)、(B)中的"任意"改为"存在",则(A)、(B)正确;若将(D)中的"初等行变换"改为"初等变换",则(D)正确.

11.【答案】$\frac{1}{2}$.

【解】$|\boldsymbol{A}|=\begin{vmatrix}2&2&3&4\\1&1&2&3\\1&a&1&2\\1&a&a&1\end{vmatrix}=(a-1)(2a-1)$.

由 $|\boldsymbol{A}|=0$ 得 $a=\frac{1}{2}$ 或 $a=1$(舍去).

12.【答案】3.

【解】由 $(\boldsymbol{\alpha}_1,\boldsymbol{\alpha}_2,\boldsymbol{\alpha}_3)=\begin{pmatrix}1&2&0\\2&0&-4\\-1&t&5\\1&0&-2\end{pmatrix}\to\begin{pmatrix}1&2&0\\0&1&1\\0&0&3-t\\0&0&0\end{pmatrix}$ 知 $t=3$.

13.【答案】-1.

【解】$\boldsymbol{A\alpha}=\begin{pmatrix}1&2&-2\\2&1&2\\3&0&4\end{pmatrix}\begin{pmatrix}a\\1\\1\end{pmatrix}=\begin{pmatrix}a\\2a+3\\3a+4\end{pmatrix}$. 设 $\boldsymbol{A\alpha}=k\boldsymbol{\alpha}$,则 $a=-1,k=1$.

14.【解】由于

$$(\boldsymbol{\alpha}_1,\boldsymbol{\alpha}_2,\boldsymbol{\alpha}_3,\boldsymbol{\beta}_1,\boldsymbol{\beta}_2,\boldsymbol{\beta}_3)=\begin{pmatrix}1&1&a&1&-2&-2\\1&a&1&1&a&a\\a&1&1&a&4&a\end{pmatrix}\to$$

$$\begin{pmatrix}1&1&a&1&-2&-2\\0&a-1&1-a&0&a+2&a+2\\0&0&(1-a)(a+2)&0&3(a+2)&4a+2\end{pmatrix}$$

故由 $r(\boldsymbol{\alpha}_1,\boldsymbol{\alpha}_2,\boldsymbol{\alpha}_3)<r(\boldsymbol{\alpha}_1,\boldsymbol{\alpha}_2,\boldsymbol{\alpha}_3,\boldsymbol{\beta}_1,\boldsymbol{\beta}_2,\boldsymbol{\beta}_3)$ 知 $a=1$ 或 $a=-2$.

当 $a=-2$ 时,由

$$(\boldsymbol{\beta}_1,\boldsymbol{\beta}_2,\boldsymbol{\beta}_3,\boldsymbol{\alpha}_1,\boldsymbol{\alpha}_2,\boldsymbol{\alpha}_3)=\begin{pmatrix}1&-2&-2&1&1&-2\\1&-2&-2&1&-2&1\\-2&4&-2&-2&1&1\end{pmatrix}$$

$$\to\begin{pmatrix}1&-2&-2&1&1&-2\\0&0&-6&0&3&-3\\0&0&0&0&-3&3\end{pmatrix}$$

知 $r(\boldsymbol{\beta}_1,\boldsymbol{\beta}_2,\boldsymbol{\beta}_3)<r(\boldsymbol{\beta}_1,\boldsymbol{\beta}_2,\boldsymbol{\beta}_3,\boldsymbol{\alpha}_1,\boldsymbol{\alpha}_2,\boldsymbol{\alpha}_3)$,故 $\boldsymbol{\alpha}_1,\boldsymbol{\alpha}_2,\boldsymbol{\alpha}_3$ 不能由 $\boldsymbol{\beta}_1,\boldsymbol{\beta}_2,\boldsymbol{\beta}_3$ 线性表示,从而舍去.

当 $a=1$ 时,$\boldsymbol{\alpha}_1=\boldsymbol{\alpha}_2=\boldsymbol{\alpha}_3=\boldsymbol{\beta}_1=(1,1,1)^{\mathrm{T}}$,故 $\boldsymbol{\alpha}_1,\boldsymbol{\alpha}_2,\boldsymbol{\alpha}_3$ 可由 $\boldsymbol{\beta}_1,\boldsymbol{\beta}_2,\boldsymbol{\beta}_3$ 线性表示.

综上所述,$a=1$.

15.【解】记 $\boldsymbol{A}=(\boldsymbol{\alpha}_1,\boldsymbol{\alpha}_2,\boldsymbol{\alpha}_3)$,则

$$(\boldsymbol{A},\boldsymbol{\beta})=\begin{pmatrix}1&1&-1&1\\2&a+2&-b-2&3\\0&-3a&a+2b&-3\end{pmatrix}\to\begin{pmatrix}1&1&-1&1\\0&a&-b&1\\0&0&a-b&0\end{pmatrix}.$$

(1) 当 $a=0$ 时,由于

$$(\boldsymbol{A},\boldsymbol{\beta})\to\begin{pmatrix}1&1&-1&1\\0&0&-b&1\\0&0&0&-1\end{pmatrix},$$

故 $r(\boldsymbol{A},\boldsymbol{\beta})=r(\boldsymbol{A})+1$,从而 $\boldsymbol{\beta}$ 不能由 $\boldsymbol{\alpha}_1,\boldsymbol{\alpha}_2,\boldsymbol{\alpha}_3$ 线性表示.

(2) 当 $a\neq0$ 且 $a\neq b$ 时,由于

$$(\boldsymbol{A},\boldsymbol{\beta})\to\begin{pmatrix}1&0&0&1-\frac{1}{a}\\0&1&0&\frac{1}{a}\\0&0&1&0\end{pmatrix},$$

故 $r(\boldsymbol{A},\boldsymbol{\beta})=r(\boldsymbol{A})=3$,从而 $\boldsymbol{\beta}$ 可由 $\boldsymbol{\alpha}_1,\boldsymbol{\alpha}_2,\boldsymbol{\alpha}_3$ 唯一地线性表示,并且 $\boldsymbol{Ax}=\boldsymbol{\beta}$ 的解为 $\left(1-\frac{1}{a},\frac{1}{a},0\right)^{\mathrm{T}}$,即

$$\boldsymbol{\beta}=\left(1-\frac{1}{a}\right)\boldsymbol{\alpha}_1+\frac{1}{a}\boldsymbol{\alpha}_2.$$

(3) 当 $a\neq0$ 且 $a=b$ 时,由于

$$(\boldsymbol{A},\boldsymbol{\beta})\to\begin{pmatrix}1&1&-1&1\\0&a&-a&1\\0&0&0&0\end{pmatrix}\to\begin{pmatrix}1&0&0&1-\frac{1}{a}\\0&1&-1&\frac{1}{a}\\0&0&0&0\end{pmatrix},$$

故 $r(\boldsymbol{A},\boldsymbol{\beta})=r(\boldsymbol{A})=2<3$,从而 $\boldsymbol{\beta}$ 可由 $\boldsymbol{\alpha}_1,\boldsymbol{\alpha}_2,\boldsymbol{\alpha}_3$ 线性表示,但表示式不唯一,并且 $\boldsymbol{Ax}=\boldsymbol{\beta}$ 的通解为 $k(0,1,1)^{\mathrm{T}}+\left(1-\frac{1}{a},\frac{1}{a},0\right)^{\mathrm{T}}$,即

$$\boldsymbol{\beta}=\left(1-\frac{1}{a}\right)\boldsymbol{\alpha}_1+\left(k+\frac{1}{a}\right)\boldsymbol{\alpha}_2+k\boldsymbol{\alpha}_3,$$

其中 k 为任意常数.

16.【证】由题意知 $\boldsymbol{\alpha}_1,\boldsymbol{\alpha}_2,\boldsymbol{\alpha}_3$ 线性无关,$\boldsymbol{\alpha}_1,\boldsymbol{\alpha}_2,\boldsymbol{\alpha}_3,\boldsymbol{\alpha}_4$ 线性相关,故 $\boldsymbol{\alpha}_4$ 可由 $\boldsymbol{\alpha}_1,\boldsymbol{\alpha}_2,\boldsymbol{\alpha}_3$ 线性表示,即存在 y_1,y_2,y_3,使 $\boldsymbol{\alpha}_4=y_1\boldsymbol{\alpha}_1+y_2\boldsymbol{\alpha}_2+y_3\boldsymbol{\alpha}_3$.

设 $x_1\boldsymbol{\alpha}_1+x_2\boldsymbol{\alpha}_2+x_3\boldsymbol{\alpha}_3+x_4(\boldsymbol{\alpha}_5-\boldsymbol{\alpha}_4)=\mathbf{0}$,则 $x_1\boldsymbol{\alpha}_1+x_2\boldsymbol{\alpha}_2+x_3\boldsymbol{\alpha}_3+x_4\boldsymbol{\alpha}_5-x_4(y_1\boldsymbol{\alpha}_1+y_2\boldsymbol{\alpha}_2+y_3\boldsymbol{\alpha}_3)=\mathbf{0}$,即

$(x_1-y_1x_4)\boldsymbol{\alpha}_1+(x_2-y_2x_4)\boldsymbol{\alpha}_2+(x_3-y_3x_4)\boldsymbol{\alpha}_3+x_4\boldsymbol{\alpha}_5=\mathbf{0}$.

由 $\boldsymbol{\alpha}_1,\boldsymbol{\alpha}_2,\boldsymbol{\alpha}_3,\boldsymbol{\alpha}_5$ 线性无关知 $\begin{cases}x_1-y_1x_4=0,\\x_2-y_2x_4=0,\\x_3-y_3x_4=0,\\x_4=0,\end{cases}$ 解得 $x_1=x_2=x_3=x_4=0$,故 $\boldsymbol{\alpha}_1,\boldsymbol{\alpha}_2,\boldsymbol{\alpha}_3,\boldsymbol{\alpha}_5-\boldsymbol{\alpha}_4$ 线性无关,从而其秩为 4.

17.【证】记 $\boldsymbol{A}=(\boldsymbol{\alpha}_1,\boldsymbol{\alpha}_2,\cdots,\boldsymbol{\alpha}_n)$,则 $\begin{vmatrix}\boldsymbol{\alpha}_1^{\mathrm{T}}\boldsymbol{\alpha}_1&\boldsymbol{\alpha}_1^{\mathrm{T}}\boldsymbol{\alpha}_2&\cdots&\boldsymbol{\alpha}_1^{\mathrm{T}}\boldsymbol{\alpha}_n\\\boldsymbol{\alpha}_2^{\mathrm{T}}\boldsymbol{\alpha}_1&\boldsymbol{\alpha}_2^{\mathrm{T}}\boldsymbol{\alpha}_2&\cdots&\boldsymbol{\alpha}_2^{\mathrm{T}}\boldsymbol{\alpha}_n\\\vdots&\vdots&&\vdots\\\boldsymbol{\alpha}_n^{\mathrm{T}}\boldsymbol{\alpha}_1&\boldsymbol{\alpha}_n^{\mathrm{T}}\boldsymbol{\alpha}_2&\cdots&\boldsymbol{\alpha}_n^{\mathrm{T}}\boldsymbol{\alpha}_n\end{vmatrix}=$

$\begin{vmatrix}\boldsymbol{\alpha}_1^{\mathrm{T}}\\\boldsymbol{\alpha}_2^{\mathrm{T}}\\\vdots\\\boldsymbol{\alpha}_3^{\mathrm{T}}\end{vmatrix}(\boldsymbol{\alpha}_1,\boldsymbol{\alpha}_2,\cdots,\boldsymbol{\alpha}_n)=\boldsymbol{A}^{\mathrm{T}}\boldsymbol{A}$.

$\boldsymbol{\alpha}_1,\boldsymbol{\alpha}_2,\cdots,\boldsymbol{\alpha}_n$ 线性无关 $\Leftrightarrow|\boldsymbol{A}|\neq0$

$\Leftrightarrow D=|\boldsymbol{A}^{\mathrm{T}}\boldsymbol{A}|=|\boldsymbol{A}^{\mathrm{T}}|\cdot|\boldsymbol{A}|=|\boldsymbol{A}|^2\neq0$.

§3.3 线性方程组的解的结构

十年真题

考点 线性方程组的解的结构

1.【答案】(C).

【解】记 $\boldsymbol{y}=\begin{pmatrix}\boldsymbol{u}\\\boldsymbol{v}\end{pmatrix}$,其中 $\boldsymbol{u},\boldsymbol{v}$ 为 n 维列向量.

由于 $\begin{pmatrix}\boldsymbol{A}&\boldsymbol{B}\\\boldsymbol{O}&\boldsymbol{B}\end{pmatrix}\xrightarrow{r}\begin{pmatrix}\boldsymbol{A}&\boldsymbol{O}\\\boldsymbol{O}&\boldsymbol{B}\end{pmatrix}$,$\begin{pmatrix}\boldsymbol{B}&\boldsymbol{A}\\\boldsymbol{O}&\boldsymbol{A}\end{pmatrix}\xrightarrow{r}\begin{pmatrix}\boldsymbol{B}&\boldsymbol{O}\\\boldsymbol{O}&\boldsymbol{A}\end{pmatrix}$,又 $\begin{pmatrix}\boldsymbol{A}&\boldsymbol{O}\\\boldsymbol{O}&\boldsymbol{B}\end{pmatrix}\begin{pmatrix}\boldsymbol{u}\\\boldsymbol{v}\end{pmatrix}=\mathbf{0}$ 与 $\begin{cases}\boldsymbol{Au}=\mathbf{0},\\\boldsymbol{Bv}=\mathbf{0}\end{cases}$ 同解,$\begin{pmatrix}\boldsymbol{B}&\boldsymbol{O}\\\boldsymbol{O}&\boldsymbol{A}\end{pmatrix}\begin{pmatrix}\boldsymbol{u}\\\boldsymbol{v}\end{pmatrix}=\mathbf{0}$ 与 $\begin{cases}\boldsymbol{Bu}=\mathbf{0},\\\boldsymbol{Av}=\mathbf{0}\end{cases}$ 同解,故由 $\boldsymbol{Ax}=\mathbf{0}$ 与 $\boldsymbol{Bx}=\mathbf{0}$ 同解知(C)正确.

【注】取 $\boldsymbol{A}=\boldsymbol{B}=\boldsymbol{O}$,则排除(A)、(B);取 $\boldsymbol{A}=\begin{pmatrix}1&1\\0&0\end{pmatrix}$,$\boldsymbol{B}=\begin{pmatrix}1&1\\-1&-1\end{pmatrix}$,则排除(D).

2. 【答案】(D).

【解】由于$\boldsymbol{A}$的列向量组能由$\boldsymbol{B}$的列向量组线性表示,故存在3阶矩阵$\boldsymbol{P}$使$\boldsymbol{BP}=\boldsymbol{A}$,从而$\boldsymbol{P}^T\boldsymbol{B}^T=\boldsymbol{A}^T$.

若$\boldsymbol{\alpha}$是$\boldsymbol{B}^T\boldsymbol{x}=\boldsymbol{0}$的解,则$\boldsymbol{B}^T\boldsymbol{\alpha}=\boldsymbol{0}$,从而由$\boldsymbol{A}^T\boldsymbol{\alpha}=\boldsymbol{P}^T\boldsymbol{B}^T\boldsymbol{\alpha}=\boldsymbol{P}^T\boldsymbol{0}=\boldsymbol{0}$知$\boldsymbol{\alpha}$必为$\boldsymbol{A}^T\boldsymbol{x}=\boldsymbol{0}$的解,故$\boldsymbol{B}^T\boldsymbol{x}=\boldsymbol{0}$的解均为$\boldsymbol{A}^T\boldsymbol{x}=\boldsymbol{0}$的解.

【注】$\boldsymbol{Bx}=\boldsymbol{0}$的解必为$(\boldsymbol{AB})\boldsymbol{x}=\boldsymbol{0}$的解.

3. 【答案】(D).

【解】由于$\boldsymbol{A}=(\boldsymbol{\alpha}_1,\boldsymbol{\alpha}_2,\boldsymbol{\alpha}_3,\boldsymbol{\alpha}_4)$为正交矩阵,故$\boldsymbol{\alpha}_1,\boldsymbol{\alpha}_2,\boldsymbol{\alpha}_3,\boldsymbol{\alpha}_4$都是单位向量,且两两正交,从而$\boldsymbol{\alpha}_1^T\boldsymbol{\alpha}_1=\|\boldsymbol{\alpha}_1\|^2=1,\boldsymbol{\alpha}_2^T\boldsymbol{\alpha}_2=\|\boldsymbol{\alpha}_2\|^2=1,\boldsymbol{\alpha}_3^T\boldsymbol{\alpha}_3=\|\boldsymbol{\alpha}_3\|^2=1$,且$(\boldsymbol{\alpha}_1,\boldsymbol{\alpha}_2)=\boldsymbol{\alpha}_1^T\boldsymbol{\alpha}_2=\boldsymbol{\alpha}_2^T\boldsymbol{\alpha}_1=0,(\boldsymbol{\alpha}_1,\boldsymbol{\alpha}_3)=\boldsymbol{\alpha}_1^T\boldsymbol{\alpha}_3=\boldsymbol{\alpha}_3^T\boldsymbol{\alpha}_1=0,(\boldsymbol{\alpha}_2,\boldsymbol{\alpha}_3)=\boldsymbol{\alpha}_2^T\boldsymbol{\alpha}_3=\boldsymbol{\alpha}_3^T\boldsymbol{\alpha}_2=0,(\boldsymbol{\alpha}_1,\boldsymbol{\alpha}_4)=\boldsymbol{\alpha}_1^T\boldsymbol{\alpha}_4=0,(\boldsymbol{\alpha}_2,\boldsymbol{\alpha}_4)=\boldsymbol{\alpha}_2^T\boldsymbol{\alpha}_4=0,(\boldsymbol{\alpha}_3,\boldsymbol{\alpha}_4)=\boldsymbol{\alpha}_3^T\boldsymbol{\alpha}_4=0$.

于是,由$\boldsymbol{B}(\boldsymbol{\alpha}_1+\boldsymbol{\alpha}_2+\boldsymbol{\alpha}_3)=\begin{pmatrix}\boldsymbol{\alpha}_1^T\\\boldsymbol{\alpha}_2^T\\\boldsymbol{\alpha}_3^T\end{pmatrix}(\boldsymbol{\alpha}_1+\boldsymbol{\alpha}_2+\boldsymbol{\alpha}_3)=\begin{pmatrix}\boldsymbol{\alpha}_1^T\boldsymbol{\alpha}_1+\boldsymbol{\alpha}_1^T\boldsymbol{\alpha}_2+\boldsymbol{\alpha}_1^T\boldsymbol{\alpha}_3\\\boldsymbol{\alpha}_2^T\boldsymbol{\alpha}_1+\boldsymbol{\alpha}_2^T\boldsymbol{\alpha}_2+\boldsymbol{\alpha}_2^T\boldsymbol{\alpha}_3\\\boldsymbol{\alpha}_3^T\boldsymbol{\alpha}_1+\boldsymbol{\alpha}_3^T\boldsymbol{\alpha}_2+\boldsymbol{\alpha}_3^T\boldsymbol{\alpha}_3\end{pmatrix}=\begin{pmatrix}1\\1\\1\end{pmatrix}$知$\boldsymbol{\alpha}_1+\boldsymbol{\alpha}_2+\boldsymbol{\alpha}_3$是$\boldsymbol{Bx}=\boldsymbol{\beta}$的一个解.

又由$\boldsymbol{B\alpha}_4=\begin{pmatrix}\boldsymbol{\alpha}_1^T\\\boldsymbol{\alpha}_2^T\\\boldsymbol{\alpha}_3^T\end{pmatrix}\boldsymbol{\alpha}_4=\begin{pmatrix}\boldsymbol{\alpha}_1^T\boldsymbol{\alpha}_4\\\boldsymbol{\alpha}_2^T\boldsymbol{\alpha}_4\\\boldsymbol{\alpha}_3^T\boldsymbol{\alpha}_4\end{pmatrix}=\begin{pmatrix}0\\0\\0\end{pmatrix}$知$\boldsymbol{\alpha}_4$是$\boldsymbol{Bx}=\boldsymbol{0}$的一个解.

由于$r(\boldsymbol{B})=3$,故$\boldsymbol{\alpha}_4$是$\boldsymbol{Bx}=\boldsymbol{0}$的一个基础解系,从而$\boldsymbol{Bx}=\boldsymbol{\beta}$的通解为$\boldsymbol{x}=\boldsymbol{\alpha}_1+\boldsymbol{\alpha}_2+\boldsymbol{\alpha}_3+k\boldsymbol{\alpha}_4$.

4. 【答案】(C).

【解】由于$\boldsymbol{A}^*\boldsymbol{A}=|\boldsymbol{A}|\boldsymbol{E}$,而由$\boldsymbol{A}$不可逆知$|\boldsymbol{A}|=0$,故$\boldsymbol{A}^*\boldsymbol{A}=\boldsymbol{O}$,从而

$$\boldsymbol{A}^*(\boldsymbol{\alpha}_1,\boldsymbol{\alpha}_2,\boldsymbol{\alpha}_3,\boldsymbol{\alpha}_4)=(\boldsymbol{0},\boldsymbol{0},\boldsymbol{0},\boldsymbol{0}),$$

即 $$\boldsymbol{A}^*\boldsymbol{\alpha}_1=\boldsymbol{0},\boldsymbol{A}^*\boldsymbol{\alpha}_2=\boldsymbol{0},\boldsymbol{A}^*\boldsymbol{\alpha}_3=\boldsymbol{0},\boldsymbol{A}^*\boldsymbol{\alpha}_4=\boldsymbol{0}.$$

故$\boldsymbol{\alpha}_1,\boldsymbol{\alpha}_2,\boldsymbol{\alpha}_3,\boldsymbol{\alpha}_4$都是$\boldsymbol{A}^*\boldsymbol{x}=\boldsymbol{0}$的解.

对于$\boldsymbol{A}$,由于$|\boldsymbol{A}|=0$,且存在一个3阶子式$M_{12}=-A_{12}\neq0$,故$r(\boldsymbol{A})=3$,从而$r(\boldsymbol{A}^*)=1$,则$\boldsymbol{A}^*\boldsymbol{x}=\boldsymbol{0}$的基础解系中有$4-r(\boldsymbol{A}^*)=4-1=3$个向量.

又由$A_{12}=-\begin{vmatrix}a_{21}&a_{23}&a_{24}\\a_{31}&a_{33}&a_{34}\\a_{41}&a_{43}&a_{44}\end{vmatrix}\neq0$知$\boldsymbol{\alpha}_1,\boldsymbol{\alpha}_3,\boldsymbol{\alpha}_4$线性无关,故$\boldsymbol{\alpha}_1,\boldsymbol{\alpha}_3,\boldsymbol{\alpha}_4$是$\boldsymbol{A}^*\boldsymbol{x}=\boldsymbol{0}$的基础解系,从而其通解为$x=k_1\boldsymbol{\alpha}_1+k_2\boldsymbol{\alpha}_3+k_3\boldsymbol{\alpha}_4$,其中$k_1,k_2,k_3$为任意常数.

【注】(i) $r(\boldsymbol{A}^*)=\begin{cases}n,r(\boldsymbol{A})=n,\\1,r(\boldsymbol{A})=n-1,\\0,r(\boldsymbol{A})<n-1\end{cases}$($\boldsymbol{A}$为$n$阶矩阵,且$n\geqslant2$).

(ii) 2011年数学一、二曾考查过类似的选择题.

5. 【答案】(A).

【解】由$\boldsymbol{Ax}=\boldsymbol{0}$的基础解系中只有$4-r(\boldsymbol{A})=2$个向量知$r(\boldsymbol{A})=2$,故$r(\boldsymbol{A}^*)=0$.

6. 【答案】$\boldsymbol{x}=k\begin{pmatrix}1\\-2\\1\end{pmatrix}$($k$为任意常数).

【解】由于$\boldsymbol{\alpha}_1,\boldsymbol{\alpha}_2$线性无关,故$r(\boldsymbol{A})\geqslant2$;又由$\boldsymbol{\alpha}_3=-\boldsymbol{\alpha}_1+2\boldsymbol{\alpha}_2$知$\boldsymbol{\alpha}_1,\boldsymbol{\alpha}_2,\boldsymbol{\alpha}_3$线性相关,故$r(\boldsymbol{A})\geqslant2$,从而$r(\boldsymbol{A})=2$,则$\boldsymbol{Ax}=\boldsymbol{0}$的基础解系中只有$3-r(\boldsymbol{A})=1$个向量.

由$\boldsymbol{\alpha}_3=-\boldsymbol{\alpha}_1+2\boldsymbol{\alpha}_2$又可知$\boldsymbol{\alpha}_1-2\boldsymbol{\alpha}_2+\boldsymbol{\alpha}_3=\boldsymbol{0}$,即有$(\boldsymbol{\alpha}_1,\boldsymbol{\alpha}_2,\boldsymbol{\alpha}_3)\begin{pmatrix}1\\-2\\1\end{pmatrix}=\boldsymbol{0}$,故$\begin{pmatrix}1\\-2\\1\end{pmatrix}$是$\boldsymbol{Ax}=\boldsymbol{0}$的一个解,且是$\boldsymbol{Ax}=\boldsymbol{0}$的一个基础解系,从而其通解为$\boldsymbol{x}=k\begin{pmatrix}1\\-2\\1\end{pmatrix}$($k$为任意常数).

7. (1)【证】由

$$(\boldsymbol{A},\boldsymbol{\alpha})=\begin{pmatrix}1&-1&0&-1&0\\1&1&0&3&2\\2&1&2&6&3\end{pmatrix}\to\begin{pmatrix}1&0&0&1&1\\0&1&0&2&1\\0&0&1&1&0\end{pmatrix}$$

知$\boldsymbol{Ax}=\boldsymbol{\alpha}$的通解为

$$\begin{aligned}\boldsymbol{x}&=k(-1,-2,-1,1)^T+(1,1,0,0)^T\\&=(1-k,1-2k,-k,k)^T,\end{aligned}$$

其中k为任意常数.

由于

$$\boldsymbol{B}\begin{pmatrix}1-k\\1-2k\\-k\\k\end{pmatrix}=\begin{pmatrix}1&0&1&2\\1&-1&a&a-1\\2&-3&2&-2\end{pmatrix}\begin{pmatrix}1-k\\1-2k\\-k\\k\end{pmatrix}=\begin{pmatrix}1\\0\\-1\end{pmatrix}=\boldsymbol{\beta},$$

故$\boldsymbol{Ax}=\boldsymbol{\alpha}$的解均为$\boldsymbol{Bx}=\boldsymbol{\beta}$的解.

(2)【解】$$(\boldsymbol{B},\boldsymbol{\beta})=\begin{pmatrix}1&0&1&2&1\\1&-1&a&a-1&0\\2&-3&2&-2&-1\end{pmatrix}\to\begin{pmatrix}1&0&1&2&1\\0&1&0&2&1\\0&0&a-1&a-1&0\end{pmatrix}.$$

当$a\neq1$时,由

$$(\boldsymbol{B},\boldsymbol{\beta})\to\begin{pmatrix}1&0&0&1&1\\0&1&0&2&1\\0&0&1&1&0\end{pmatrix}$$

知$\boldsymbol{Bx}=\boldsymbol{\beta}$与$\boldsymbol{Ax}=\boldsymbol{\alpha}$同解,故$a=1$.

方法探究

考点 线性方程组的解的结构

变式【解】对于方程组

$$\begin{cases}x_1+x_2+x_3=0,\\x_1+2x_2+ax_3=0,\\x_1+4x_2+a^2x_3=0,\\x_1+2x_2+x_3=a-1,\end{cases}$$

由于

$$(\boldsymbol{A},\boldsymbol{\beta})=\begin{pmatrix}1&1&1&0\\1&2&a&0\\1&4&a^2&0\\1&2&1&a-1\end{pmatrix}\to\begin{pmatrix}1&1&1&0\\0&1&a-1&0\\0&0&1-a&a-1\\0&0&0&(a-1)(a-2)\end{pmatrix}$$

故由$r(\boldsymbol{A},\boldsymbol{\beta})=r(\boldsymbol{A})$知$a=1$或$a=2$.

1°当$a=1$时,由于

$$(\boldsymbol{A},\boldsymbol{\beta})\to\begin{pmatrix}1&0&1&0\\0&1&0&0\\0&0&0&0\\0&0&0&0\end{pmatrix},$$

故所求公共解为$k(-1,0,1)^T$(k为任意常数).

2°当$a=2$时,由于

$$(\boldsymbol{A},\boldsymbol{\beta})\to\begin{pmatrix}1&0&0&0\\0&1&0&1\\0&0&1&-1\\0&0&0&0\end{pmatrix},$$

故所求公共解为$(0,1,-1)^T$.

真题精选

考点　线性方程组的解的结构

1. 【答案】(D).

【解】由于 $\boldsymbol{Ax}=\boldsymbol{0}$ 的基础解系中只有 1 个向量,故 $r(\boldsymbol{A})=4-1=3$,即 $r(\boldsymbol{A}^*)=1$,从而 $\boldsymbol{A}^*\boldsymbol{x}=\boldsymbol{0}$ 的基础解系中有 $4-r(\boldsymbol{A}^*)=4-1=3$ 个向量. 排除(A)、(B).

由 $(1,0,1,0)^{\mathrm{T}}$ 是 $\boldsymbol{Ax}=\boldsymbol{0}$ 的解知 $\boldsymbol{A}\begin{pmatrix}1\\0\\1\\0\end{pmatrix}=\boldsymbol{0}$,即 $(\boldsymbol{\alpha}_1,\boldsymbol{\alpha}_2,\boldsymbol{\alpha}_3,\boldsymbol{\alpha}_4)\begin{pmatrix}1\\0\\1\\0\end{pmatrix}=0$,从而 $\boldsymbol{\alpha}_1+\boldsymbol{\alpha}_3=0$,故 $\boldsymbol{\alpha}_1,\boldsymbol{\alpha}_2,\boldsymbol{\alpha}_3$ 线性相关,排除(C).

此外,由于 $\boldsymbol{A}^*\boldsymbol{A}=|\boldsymbol{A}|\boldsymbol{E}$,而由 $r(\boldsymbol{A})=3<4$ 知 $|\boldsymbol{A}|=0$,故 $\boldsymbol{A}^*\boldsymbol{A}=\boldsymbol{O}$,从而

$$\boldsymbol{A}^*(\boldsymbol{\alpha}_1,\boldsymbol{\alpha}_2,\boldsymbol{\alpha}_3,\boldsymbol{\alpha}_4)=(\boldsymbol{0},\boldsymbol{0},\boldsymbol{0},\boldsymbol{0})$$

即 $\quad \boldsymbol{A}^*\boldsymbol{\alpha}_1=\boldsymbol{0},\quad \boldsymbol{A}^*\boldsymbol{\alpha}_2=\boldsymbol{0},\quad \boldsymbol{A}^*\boldsymbol{\alpha}_3=\boldsymbol{0},\quad \boldsymbol{A}^*\boldsymbol{\alpha}_4=\boldsymbol{0}.$

故 $\boldsymbol{\alpha}_1,\boldsymbol{\alpha}_2,\boldsymbol{\alpha}_3,\boldsymbol{\alpha}_4$ 都是 $\boldsymbol{A}^*\boldsymbol{x}=\boldsymbol{0}$ 的解.

【注】2020 年数学二、三又考查了类似的选择题.

2. 【答案】(C).

【解】由 $\boldsymbol{A}\dfrac{\boldsymbol{\eta}_2+\boldsymbol{\eta}_3}{2}=\dfrac{1}{2}(\boldsymbol{A\eta}_2+\boldsymbol{A\eta}_3)=\dfrac{1}{2}(\boldsymbol{\beta}+\boldsymbol{\beta})=\boldsymbol{\beta}$ 知 $\dfrac{\boldsymbol{\eta}_2+\boldsymbol{\eta}_3}{2}$ 是 $\boldsymbol{Ax}=\boldsymbol{\beta}$ 的一个解.

由于 $\boldsymbol{\eta}_1,\boldsymbol{\eta}_2,\boldsymbol{\eta}_3$ 是 $\boldsymbol{Ax}=\boldsymbol{\beta}$ 的解,故 $\boldsymbol{\eta}_2-\boldsymbol{\eta}_1,\boldsymbol{\eta}_3-\boldsymbol{\eta}_1$ 是 $\boldsymbol{Ax}=\boldsymbol{0}$ 的解.

设 $x_1(\boldsymbol{\eta}_2-\boldsymbol{\eta}_1)+x_2(\boldsymbol{\eta}_3-\boldsymbol{\eta}_1)=\boldsymbol{0}$,则 $-(x_1+x_2)\boldsymbol{\eta}_1+x_1\boldsymbol{\eta}_2+x_2\boldsymbol{\eta}_3=\boldsymbol{0}$. 由 $\boldsymbol{\eta}_1,\boldsymbol{\eta}_2,\boldsymbol{\eta}_3$ 线性无关知

$$\begin{cases}x_1+x_2=0,\\x_1=0,\\x_2=0,\end{cases}$$

即 $x_1=x_2=0$,故 $\boldsymbol{\eta}_2-\boldsymbol{\eta}_1,\boldsymbol{\eta}_3-\boldsymbol{\eta}_1$ 线性无关.

由于 $\boldsymbol{Ax}=\boldsymbol{0}$ 有 2 个线性无关的解 $\boldsymbol{\eta}_2-\boldsymbol{\eta}_1,\boldsymbol{\eta}_3-\boldsymbol{\eta}_1$,故其基础解系中至少有 2 个向量,从而 $3-r(\boldsymbol{A})\geqslant 2$,即 $r(\boldsymbol{A})\leqslant 1$. 又由于 $\boldsymbol{A}\neq\boldsymbol{O}$(若 $\boldsymbol{A}=\boldsymbol{O}$,则非齐次线性方程组 $\boldsymbol{Ax}=\boldsymbol{\beta}$ 无解,与已知矛盾),故 $r(\boldsymbol{A})\geqslant 1$. 因此,$r(\boldsymbol{A})=1$,并且 $\boldsymbol{Ax}=\boldsymbol{0}$ 的基础解系中只有 $3-r(\boldsymbol{A})=3-1=2$ 个向量.

综上所述,$\boldsymbol{\eta}_2-\boldsymbol{\eta}_1,\boldsymbol{\eta}_3-\boldsymbol{\eta}_1$ 是 $\boldsymbol{Ax}=\boldsymbol{0}$ 的一个基础解系,从而 $\boldsymbol{Ax}=\boldsymbol{\beta}$ 的通解为 $\dfrac{\boldsymbol{\eta}_2+\boldsymbol{\eta}_3}{2}+k_1(\boldsymbol{\eta}_2-\boldsymbol{\eta}_1)+k_2(\boldsymbol{\eta}_3-\boldsymbol{\eta}_1)$($k_1,k_2$ 为任意常数).

3. 【答案】(B).

【解】由 $\boldsymbol{A}^*\neq\boldsymbol{O}$ 知 $\boldsymbol{A}$ 有 $n-1$ 阶子式不为零,故 $r(\boldsymbol{A})\geqslant n-1$. 又由 $\boldsymbol{Ax}=\boldsymbol{b}$ 有无穷多解知 $r(\boldsymbol{A})\leqslant n-1$,故 $r(\boldsymbol{A})=n-1$,从而 $\boldsymbol{Ax}=\boldsymbol{0}$ 的基础解系中含有 $n-r(\boldsymbol{A})=1$ 个向量.

4. 【答案】(B).

【解】若 $\boldsymbol{Ax}=\boldsymbol{0}$ 的解均是 $\boldsymbol{Bx}=\boldsymbol{0}$ 的解,则 $\boldsymbol{Ax}=\boldsymbol{0}$ 基础解系中向量的个数不超过 $\boldsymbol{Bx}=\boldsymbol{0}$,故由 $n-r(\boldsymbol{A})\leqslant n-r(\boldsymbol{B})$ 知 $r(\boldsymbol{A})\geqslant r(\boldsymbol{B})$.

若 $\boldsymbol{Ax}=\boldsymbol{0}$ 与 $\boldsymbol{Bx}=\boldsymbol{0}$ 同解,则 $\boldsymbol{Ax}=\boldsymbol{0}$ 基础解系中向量的个数等于 $\boldsymbol{Bx}=\boldsymbol{0}$,故由 $n-r(\boldsymbol{A})=n-r(\boldsymbol{B})$ 知 $r(\boldsymbol{A})=r(\boldsymbol{B})$.

5. 【答案】(C).

【解】由 $\boldsymbol{A}\left(\boldsymbol{\alpha}_1-\dfrac{\boldsymbol{\alpha}_2+\boldsymbol{\alpha}_3}{2}\right)=\boldsymbol{A\alpha}_1-\dfrac{1}{2}(\boldsymbol{A\alpha}_2+\boldsymbol{A\alpha}_3)=\boldsymbol{b}-\dfrac{1}{2}(\boldsymbol{b}+\boldsymbol{b})=\boldsymbol{0}$ 知 $\boldsymbol{\alpha}_1-\dfrac{\boldsymbol{\alpha}_2+\boldsymbol{\alpha}_3}{2}=(2,3,4,5)^{\mathrm{T}}$ 是 $\boldsymbol{Ax}=\boldsymbol{0}$ 的解.

又由于 $r(\boldsymbol{A})=3$,故 $(2,3,4,5)^{\mathrm{T}}$ 是 $\boldsymbol{Ax}=\boldsymbol{0}$ 的一个基础解系,从而 $\boldsymbol{Ax}=\boldsymbol{b}$ 的通解 $\boldsymbol{x}=(1,2,3,4)^{\mathrm{T}}+c(2,3,4,5)^{\mathrm{T}}$.

6. 【答案】(A).

【解】若 $\boldsymbol{\alpha}$ 是 $\boldsymbol{Ax}=\boldsymbol{0}$ 的解,则 $\boldsymbol{A\alpha}=\boldsymbol{0}$,从而 $\boldsymbol{A}^{\mathrm{T}}\boldsymbol{A\alpha}=\boldsymbol{A}^{\mathrm{T}}(\boldsymbol{A\alpha})=\boldsymbol{A}^{\mathrm{T}}\boldsymbol{0}=\boldsymbol{0}$,故向量 $\boldsymbol{\alpha}$ 也是 $\boldsymbol{A}^{\mathrm{T}}\boldsymbol{Ax}=\boldsymbol{0}$ 的解.

若 $\boldsymbol{\alpha}$ 是 $\boldsymbol{A}^{\mathrm{T}}\boldsymbol{Ax}=\boldsymbol{0}$ 的解,则 $\boldsymbol{A}^{\mathrm{T}}\boldsymbol{A\alpha}=\boldsymbol{0}$. 两边左乘 $\boldsymbol{\alpha}^{\mathrm{T}}$,则 $\boldsymbol{\alpha}^{\mathrm{T}}\boldsymbol{A}^{\mathrm{T}}\boldsymbol{A\alpha}=\boldsymbol{\alpha}^{\mathrm{T}}\boldsymbol{0}$,即 $(\boldsymbol{A\alpha})^{\mathrm{T}}(\boldsymbol{A\alpha})=0$. 又由于 $(\boldsymbol{A\alpha})^{\mathrm{T}}(\boldsymbol{A\alpha})=\|\boldsymbol{A\alpha}\|^2$,故 $\boldsymbol{A\alpha}=\boldsymbol{0}$,从而 $\boldsymbol{\alpha}$ 也是 $\boldsymbol{Ax}=\boldsymbol{0}$ 的解.

7. 【答案】$(1,0,0)^{\mathrm{T}}$.

【解】由于 $\boldsymbol{A}$ 为正交矩阵,故由 $\boldsymbol{A}^{-1}=\boldsymbol{A}^{\mathrm{T}}$ 知 $|\boldsymbol{A}^{-1}|=|\boldsymbol{A}^{\mathrm{T}}|$,即 $|\boldsymbol{A}|^2=1\neq 0$,从而 $\boldsymbol{Ax}=\boldsymbol{b}$ 有唯一解.

由 $\boldsymbol{AA}^{\mathrm{T}}=\boldsymbol{E}$ 知 $\boldsymbol{Ax}=\boldsymbol{b}$ 的解为 $(a_{11},a_{12},a_{13})^{\mathrm{T}}$.

又由于 $(a_{11},a_{12},a_{13})^{\mathrm{T}}$ 是单位向量,而 $a_{11}=1$,故 $\boldsymbol{Ax}=\boldsymbol{b}$ 的解为 $(1,0,0)^{\mathrm{T}}$.

【注】若 $\boldsymbol{A}$ 为正交矩阵,则 $|\boldsymbol{A}|^2=1$.

8. 【答案】$k_1(a_{11},a_{12},\cdots,a_{1,2n})^{\mathrm{T}}+k_2(a_{21},a_{22},\cdots,a_{2,2n})^{\mathrm{T}}+\cdots+k_n(a_{n1},a_{n2},\cdots,a_{n,2n})^{\mathrm{T}}$($k_1,k_2,\cdots,k_n$ 为任意常数).

【解】设 $\boldsymbol{A}=\begin{pmatrix}a_{11}&a_{12}&\cdots&a_{1,2n}\\a_{21}&a_{22}&\cdots&a_{2,2n}\\\vdots&\vdots&&\vdots\\a_{n1}&a_{n2}&\cdots&a_{n,2n}\end{pmatrix}$,$\boldsymbol{B}=\begin{pmatrix}b_{11}&b_{12}&\cdots&b_{1,2n}\\b_{21}&b_{22}&\cdots&b_{2,2n}\\\vdots&\vdots&&\vdots\\b_{n1}&b_{n2}&\cdots&b_{n,2n}\end{pmatrix}$,

则 $\boldsymbol{B}$ 的行向量的转置都是 $\boldsymbol{Ax}=\boldsymbol{0}$ 的解,故 $\boldsymbol{AB}^{\mathrm{T}}=\boldsymbol{O}$,从而 $\boldsymbol{BA}^{\mathrm{T}}=\boldsymbol{O}$,即 $\boldsymbol{A}$ 的行向量的转置都是 $\boldsymbol{Bx}=\boldsymbol{0}$ 的解.

由于 $\boldsymbol{B}$ 的行向量组线性无关,故 $r(\boldsymbol{B})=n$,从而 $\boldsymbol{Bx}=\boldsymbol{0}$ 的基础解系中有 $2n-n=n$ 个向量. 又由于 $\boldsymbol{Ax}=\boldsymbol{0}$ 的基础解系中有 n 个向量,故 $r(\boldsymbol{A})=2n-n=n$,从而 $\boldsymbol{A}$ 的行向量组线性无关. 因此,$\boldsymbol{Bx}=\boldsymbol{0}$ 的通解为 $k_1(a_{11},a_{12},\cdots,a_{1,2n})^{\mathrm{T}}+k_2(a_{21},a_{22},\cdots,a_{2,2n})^{\mathrm{T}}+\cdots+k_n(a_{n1},a_{n2},\cdots,a_{n,2n})^{\mathrm{T}}$($k_1,k_2,\cdots,k_n$ 为任意常数).

9. 【答案】$k(1,1,\cdots,1)^{\mathrm{T}}$($k$ 为任意常数).

【解】由 $\boldsymbol{A}$ 的各行元素之和均为零知 $(1,1,\cdots,1)^{\mathrm{T}}$ 是 $\boldsymbol{Ax}=\boldsymbol{0}$ 的解. 又由 $r(\boldsymbol{A})=n-1$ 知 $\boldsymbol{Ax}=\boldsymbol{0}$ 的基础解系中有 $n-(n-1)=1$ 个向量,故 $\boldsymbol{Ax}=\boldsymbol{0}$ 的通解为 $k(1,1,\cdots,1)^{\mathrm{T}}$($k$ 为任意常数).

10. 【解】$\boldsymbol{B}\to\begin{pmatrix}1&2&3\\0&0&k-9\\0&0&0\end{pmatrix}$.

1°当 $k\neq 9$ 时,$r(\boldsymbol{B})=2$. 由 $\boldsymbol{AB}=\boldsymbol{O}$ 知 $r(\boldsymbol{A})+r(\boldsymbol{B})\leqslant 3$,即 $r(\boldsymbol{A})\leqslant 3-r(\boldsymbol{B})=1$. 又由 $\boldsymbol{A}\neq\boldsymbol{O}$ 知 $r(\boldsymbol{A})\geqslant 1$,故 $r(\boldsymbol{A})=1$,从而 $\boldsymbol{Ax}=\boldsymbol{0}$ 的基础解系中有 $3-r(\boldsymbol{A})=2$ 个向量.

由 $\boldsymbol{AB}=\boldsymbol{O}$ 又知 $\boldsymbol{B}$ 的列向量都是 $\boldsymbol{Ax}=\boldsymbol{0}$ 的解,而 $(1,2,3)^{\mathrm{T}},(3,6,k)^{\mathrm{T}}$ 线性无关,故它是 $\boldsymbol{Ax}=\boldsymbol{0}$ 的一个基础解系,从而其通解为

$$c_1(1,2,3)^{\mathrm{T}}+c_2(3,6,k)^{\mathrm{T}},$$

其中 c_1,c_2 为任意常数.

2°当 $k=9$ 时,$r(\boldsymbol{B})=1$. 由 $\boldsymbol{AB}=\boldsymbol{O}$ 知 $r(\boldsymbol{A})+r(\boldsymbol{B})\leqslant 3$,即 $r(\boldsymbol{A})\leqslant 3-r(\boldsymbol{B})=2$. 又由 $\boldsymbol{A}\neq\boldsymbol{O}$ 知 $r(\boldsymbol{A})\geqslant 1$,故 $r(\boldsymbol{A})=1$ 或 $r(\boldsymbol{A})=2$.

① 当 $r(\boldsymbol{A})=2$ 时,$\boldsymbol{Ax}=\boldsymbol{0}$ 的基础解系中有 $3-r(\boldsymbol{A})=1$ 个向量,故其通解为

$$c_3(1,2,3)^{\mathrm{T}},$$

其中 c_3 为任意常数.

② 当 $r(\boldsymbol{A})=1$ 时,$\boldsymbol{Ax}=\boldsymbol{0}$ 的基础解系中有 $3-r(\boldsymbol{A})=2$ 个向量. 由于 $\boldsymbol{A}$ 的第一行是 (a,b,c),故 $\boldsymbol{Ax}=\boldsymbol{0}$ 与 $ax_1+bx_2+cx_3=0$ 同解. 又由于 a,b,c 不全为零,故不妨设 $a\neq 0$,从而 $\boldsymbol{Ax}=\boldsymbol{0}$ 的通解为

$$c_4\left(-\frac{b}{a},1,0\right)^{\mathrm{T}}+c_5\left(-\frac{c}{a},0,1\right)^{\mathrm{T}},$$

其中 c_4,c_5 为任意常数.

11. 【证】法一(定义法):设 $x_1\boldsymbol{\beta}+x_2(\boldsymbol{\beta}+\boldsymbol{\alpha}_1)+x_3(\boldsymbol{\beta}+\boldsymbol{\alpha}_2)+\cdots+x_{t+1}(\boldsymbol{\beta}+\boldsymbol{\alpha}_t)=\boldsymbol{0}$,则

$$(x_1+x_2+\cdots+x_{t+1})\boldsymbol{\beta}+x_2\boldsymbol{\alpha}_1+x_3\boldsymbol{\alpha}_2+\cdots+x_{t+1}\boldsymbol{\alpha}_t=\mathbf{0}.$$

两边同时左乘 $\boldsymbol{A}$，则 $(x_1+x_2+\cdots+x_{t+1})\boldsymbol{A\beta}+x_2\boldsymbol{A\alpha}_1+x_3\boldsymbol{A\alpha}_2+\cdots+x_{t+1}\boldsymbol{A\alpha}_t=\mathbf{0}$.

由于 $\boldsymbol{A\alpha}_1=\boldsymbol{A\alpha}_2=\cdots=\boldsymbol{A\alpha}_t=\mathbf{0},\boldsymbol{A\beta}\neq\mathbf{0}$，故 $x_1+x_2+\cdots+x_{t+1}=0$，即 $x_2\boldsymbol{\alpha}_1+x_3\boldsymbol{\alpha}_2+\cdots+x_{t+1}\boldsymbol{\alpha}_t=\mathbf{0}$.

又由于 $\boldsymbol{\alpha}_1,\boldsymbol{\alpha}_2,\cdots,\boldsymbol{\alpha}_t$ 线性无关，故 $x_2=x_3=\cdots=x_{t+1}=0$，从而 $x_1=0$，即 $\boldsymbol{\beta},\boldsymbol{\beta}+\boldsymbol{\alpha}_1,\boldsymbol{\beta}+\boldsymbol{\alpha}_2,\cdots,\boldsymbol{\beta}+\boldsymbol{\alpha}_t$ 线性无关.

法二(利用秩)：$r(\boldsymbol{\beta},\boldsymbol{\beta}+\boldsymbol{\alpha}_1,\boldsymbol{\beta}+\boldsymbol{\alpha}_2,\cdots,\boldsymbol{\beta}+\boldsymbol{\alpha}_t)=r(\boldsymbol{\beta},\boldsymbol{\alpha}_1,\boldsymbol{\alpha}_2,\cdots,\boldsymbol{\alpha}_t)$.

由于 $\boldsymbol{\alpha}_1,\boldsymbol{\alpha}_2,\cdots,\boldsymbol{\alpha}_t$ 线性无关，故 $r(\boldsymbol{\alpha}_1,\boldsymbol{\alpha}_2,\cdots,\boldsymbol{\alpha}_t)=t$. 又由 $\boldsymbol{\beta}$ 不是 $\boldsymbol{Ax}=\mathbf{0}$ 的解知 $\boldsymbol{\beta}$ 不能由 $\boldsymbol{\alpha}_1,\boldsymbol{\alpha}_2,\cdots,\boldsymbol{\alpha}_t$ 线性表示，故 $r(\boldsymbol{\beta},\boldsymbol{\alpha}_1,\boldsymbol{\alpha}_2,\cdots,\boldsymbol{\alpha}_t)=r(\boldsymbol{\alpha}_1,\boldsymbol{\alpha}_2,\cdots,\boldsymbol{\alpha}_t)+1=t+1$，即 $r(\boldsymbol{\beta},\boldsymbol{\beta}+\boldsymbol{\alpha}_1,\boldsymbol{\beta}+\boldsymbol{\alpha}_2,\cdots,\boldsymbol{\beta}+\boldsymbol{\alpha}_t)=t+1$，从而 $\boldsymbol{\beta},\boldsymbol{\beta}+\boldsymbol{\alpha}_1,\boldsymbol{\beta}+\boldsymbol{\alpha}_2,\cdots,\boldsymbol{\beta}+\boldsymbol{\alpha}_t$ 线性无关.

12.【解】(1) 由

$$\begin{pmatrix}1&1&0&0\\0&1&0&-1\end{pmatrix}\to\begin{pmatrix}1&0&0&1\\0&1&0&-1\end{pmatrix}$$

知方程组(Ⅰ)的一个基础解系为 $\boldsymbol{\alpha}_1=(0,0,1,0)^{\mathrm{T}},\boldsymbol{\alpha}_2=(-1,1,0,1)^{\mathrm{T}}$.

(2) 方程组(Ⅱ)的一个基础解系为 $\boldsymbol{\beta}_1=(0,1,1,0)^{\mathrm{T}},\boldsymbol{\beta}_2=(-1,2,2,1)^{\mathrm{T}}$.

设方程组(Ⅰ)和(Ⅱ)的公共解 $\boldsymbol{\gamma}=y_1\boldsymbol{\alpha}_1+y_2\boldsymbol{\alpha}_2=-z_1\boldsymbol{\beta}_1-z_2\boldsymbol{\beta}_2$，则

$$y_1\boldsymbol{\alpha}_1+y_2\boldsymbol{\alpha}_2+z_1\boldsymbol{\beta}_1+z_2\boldsymbol{\beta}_2=\mathbf{0}.$$

由

$$(\boldsymbol{\alpha}_1,\boldsymbol{\alpha}_2,\boldsymbol{\beta}_1,\boldsymbol{\beta}_2)=\begin{pmatrix}0&-1&0&-1\\0&1&1&2\\1&0&1&2\\0&1&0&1\end{pmatrix}\to\begin{pmatrix}1&0&0&1\\0&1&0&1\\0&0&1&1\\0&0&0&0\end{pmatrix}$$

得 $(y_1,y_2,z_1,z_2)^{\mathrm{T}}=k(-1,-1,-1,1)^{\mathrm{T}}$.

故方程组(Ⅰ)和(Ⅱ)有非零公共解，且其非零公共解为

$$\begin{aligned}\boldsymbol{\gamma}&=y_1\boldsymbol{\alpha}_1+y_2\boldsymbol{\alpha}_2=-k(0,0,1,0)^{\mathrm{T}}-k(-1,1,0,1)^{\mathrm{T}}\\&=k(1,-1,-1,-1)^{\mathrm{T}},\end{aligned}$$

其中 k 为任意非零常数.

13.【解】(1) 记原方程组的系数矩阵为 $\boldsymbol{A}$，增广矩阵为 $(\boldsymbol{A},\boldsymbol{b})$，则

$$|\boldsymbol{A},\boldsymbol{b}|=\begin{vmatrix}1&a_1&a_1^2&a_1^3\\1&a_2&a_2^2&a_2^3\\1&a_3&a_3^2&a_3^3\\1&a_4&a_4^2&a_4^3\end{vmatrix}=\begin{vmatrix}1&1&1&1\\a_1&a_2&a_3&a_4\\a_1^2&a_2^2&a_3^2&a_4^2\\a_1^3&a_2^3&a_3^3&a_4^3\end{vmatrix}$$

$$=(a_4-a_3)(a_4-a_2)(a_4-a_1)(a_3-a_2)(a_3-a_1)(a_2-a_1).$$

若 a_1,a_2,a_3,a_4 两两不相等，则 $|\boldsymbol{A},\boldsymbol{b}|\neq0$，故 $r(\boldsymbol{A},\boldsymbol{b})=4>r(\boldsymbol{A})$，从而原方程组无解.

(2) 对于 $\begin{cases}x_1+kx_2+k^2x_3=k^3,\\x_1-kx_2+k^2x_3=-k^3,\end{cases}$ 由于其系数矩阵的秩为2，故其对应齐次线性方程组的基础解系中有 $3-2=1$ 个向量. 又由于 $\boldsymbol{\beta}_1-\boldsymbol{\beta}_2=(-2,0,2)^{\mathrm{T}}$ 是其对应齐次线性方程组的解，故其对应齐次线性方程组的一个基础解系为 $(-2,0,2)^{\mathrm{T}}$，从而原方程组的通解为 $c(-2,0,2)^{\mathrm{T}}+(-1,1,1)^{\mathrm{T}}$，其中 c 为任意常数.

【注】 $\begin{vmatrix}1&1&\cdots&1\\x_1&x_2&\cdots&x_n\\x_1^2&x_2^2&\cdots&x_n^2\\\vdots&\vdots&&\vdots\\x_1^{n-1}&x_2^{n-1}&\cdots&x_n^{n-1}\end{vmatrix}=\prod\limits_{1\leqslant j<i\leqslant n}(x_i-x_j).$

§3.4 向量空间(仅数学一)

十年真题

考点 向量空间

1.【解】(1) 由于 $\boldsymbol{\beta}$ 在基 $\boldsymbol{\alpha}_1,\boldsymbol{\alpha}_2,\boldsymbol{\alpha}_3$ 下的坐标为 $(b,c,1)^{\mathrm{T}}$，故由

$$b\boldsymbol{\alpha}_1+c\boldsymbol{\alpha}_2+\boldsymbol{\alpha}_3=\boldsymbol{\beta}$$

可知

$$\begin{cases}b+c+1=1,\\2b+3c+a=1,\\b+2c+3=1,\end{cases}$$

解得 $a=3,b=2,c=-2$.

(2) 由于

$$|\boldsymbol{\alpha}_2,\boldsymbol{\alpha}_3,\boldsymbol{\beta}|=\begin{vmatrix}1&1&1\\3&3&1\\2&3&1\end{vmatrix}=2\neq0$$

故 $\boldsymbol{\alpha}_2,\boldsymbol{\alpha}_3,\boldsymbol{\beta}$ 线性无关，从而它为 $\mathbf{R}^3$ 的一个基.

由

$$(\boldsymbol{\alpha}_2,\boldsymbol{\alpha}_3,\boldsymbol{\beta},\boldsymbol{E})=\begin{pmatrix}1&1&1&1&0&0\\3&3&1&0&1&0\\2&3&1&0&0&1\end{pmatrix}\to\begin{pmatrix}1&0&0&0&1&-1\\0&1&0&-\frac{1}{2}&-\frac{1}{2}&1\\0&0&1&\frac{3}{2}&-\frac{1}{2}&0\end{pmatrix}$$

可知 $(\boldsymbol{\alpha}_2,\boldsymbol{\alpha}_3,\boldsymbol{\beta})^{-1}=\begin{pmatrix}0&1&-1\\-\frac{1}{2}&-\frac{1}{2}&1\\\frac{3}{2}&-\frac{1}{2}&0\end{pmatrix}$.

于是 $\boldsymbol{\alpha}_2,\boldsymbol{\alpha}_3,\boldsymbol{\beta}$ 到 $\boldsymbol{\alpha}_1,\boldsymbol{\alpha}_2,\boldsymbol{\alpha}_3$ 的过渡矩阵

$$\begin{aligned}\boldsymbol{P}&=(\boldsymbol{\alpha}_2,\boldsymbol{\alpha}_3,\boldsymbol{\beta})^{-1}(\boldsymbol{\alpha}_1,\boldsymbol{\alpha}_2,\boldsymbol{\alpha}_3)\\&=\begin{pmatrix}0&1&-1\\-\frac{1}{2}&-\frac{1}{2}&1\\\frac{3}{2}&-\frac{1}{2}&0\end{pmatrix}\begin{pmatrix}1&1&1\\2&3&3\\1&2&3\end{pmatrix}\\&=\begin{pmatrix}1&1&0\\-\frac{1}{2}&0&1\\\frac{1}{2}&0&0\end{pmatrix}.\end{aligned}$$

2. (1)**【证】** $(\boldsymbol{\beta}_1,\boldsymbol{\beta}_2,\boldsymbol{\beta}_3)=(\boldsymbol{\alpha}_1,\boldsymbol{\alpha}_2,\boldsymbol{\alpha}_3)\begin{pmatrix}2&0&1\\0&2&0\\2k&0&k+1\end{pmatrix}$.

由于 $\begin{vmatrix}2&0&1\\0&2&0\\2k&0&k+1\end{vmatrix}=4\neq0$，故 $\begin{pmatrix}2&0&1\\0&2&0\\2k&0&k+1\end{pmatrix}$ 可逆，从而 $r(\boldsymbol{\beta}_1,\boldsymbol{\beta}_2,\boldsymbol{\beta}_3)=r(\boldsymbol{\alpha}_1,\boldsymbol{\alpha}_2,\boldsymbol{\alpha}_3)=3$，则 $\boldsymbol{\beta}_1,\boldsymbol{\beta}_2,\boldsymbol{\beta}_3$ 线性无关，为 $\mathbf{R}^3$ 的一个基.

(2)**【解】**设 $\boldsymbol{\xi}=x_1\boldsymbol{\alpha}_1+x_2\boldsymbol{\alpha}_2+x_3\boldsymbol{\alpha}_3=x_1\boldsymbol{\beta}_1+x_2\boldsymbol{\beta}_2+x_3\boldsymbol{\beta}_3$，即

$$\begin{aligned}(\boldsymbol{\alpha}_1,\boldsymbol{\alpha}_2,\boldsymbol{\alpha}_3)\begin{pmatrix}x_1\\x_2\\x_3\end{pmatrix}&=(\boldsymbol{\beta}_1,\boldsymbol{\beta}_2,\boldsymbol{\beta}_3)\begin{pmatrix}x_1\\x_2\\x_3\end{pmatrix}\\&=(\boldsymbol{\alpha}_1,\boldsymbol{\alpha}_2,\boldsymbol{\alpha}_3)\begin{pmatrix}2&0&1\\0&2&0\\2k&0&k+1\end{pmatrix}\begin{pmatrix}x_1\\x_2\\x_3\end{pmatrix},\end{aligned}$$

从而

$$\begin{pmatrix}x_1\\x_2\\x_3\end{pmatrix}=\begin{pmatrix}2&0&1\\0&2&0\\2k&0&k+1\end{pmatrix}\begin{pmatrix}x_1\\x_2\\x_3\end{pmatrix},$$

$$\begin{pmatrix}1&0&1\\0&1&0\\2k&0&k\end{pmatrix}\begin{pmatrix}x_1\\x_2\\x_3\end{pmatrix}=\mathbf{0}.\quad①$$

由 $\begin{vmatrix}1&0&1\\0&1&0\\2k&0&k\end{vmatrix}=-k$ 知，当 $k=0$ 时，方程组①有非零解，即存在

非零向量$\boldsymbol{\xi}$，使得$\boldsymbol{\xi}$在基$\boldsymbol{\alpha}_1,\boldsymbol{\alpha}_2,\boldsymbol{\alpha}_3$与基$\boldsymbol{\beta}_1,\boldsymbol{\beta}_2,\boldsymbol{\beta}_3$下的坐标相同.

当$k=0$时，解方程组①得$\begin{pmatrix}x_1\\x_2\\x_3\end{pmatrix}=c\begin{pmatrix}1\\0\\-1\end{pmatrix}$，故$\boldsymbol{\xi}=(\boldsymbol{\alpha}_1,\boldsymbol{\alpha}_2,\boldsymbol{\alpha}_3)c\begin{pmatrix}1\\0\\-1\end{pmatrix}=c(\boldsymbol{\alpha}_1-\boldsymbol{\alpha}_3)$，其中$c$为任意非零常数.

真题精选

考点　向量空间

1.【答案】$\begin{pmatrix}2&3\\-1&-2\end{pmatrix}$.

【解】所求过渡矩阵为$\boldsymbol{P}=(\boldsymbol{\alpha}_1,\boldsymbol{\alpha}_2)^{-1}(\boldsymbol{\beta}_1,\boldsymbol{\beta}_2)=\begin{pmatrix}1&1\\0&-1\end{pmatrix}^{-1}\begin{pmatrix}1&1\\1&2\end{pmatrix}=\begin{pmatrix}1&1\\0&-1\end{pmatrix}\begin{pmatrix}1&1\\1&2\end{pmatrix}=\begin{pmatrix}2&3\\-1&-2\end{pmatrix}$.

2.【解】由$r(\boldsymbol{B})=2$知解空间的维数为$4-2=2$.

取$\boldsymbol{\beta}_1=\boldsymbol{\alpha}_1=(1,1,2,3)^{\mathrm{T}}$，$\boldsymbol{\beta}_2=\boldsymbol{\alpha}_2-\dfrac{(\boldsymbol{\beta}_1,\boldsymbol{\alpha}_2)}{(\boldsymbol{\beta}_1,\boldsymbol{\beta}_1)}\boldsymbol{\beta}_1=(-1,1,4,-1)^{\mathrm{T}}-\dfrac{1}{3}(1,1,2,3)^{\mathrm{T}}=\left(-\dfrac{4}{3},\dfrac{2}{3},\dfrac{10}{3},-2\right)^{\mathrm{T}}$，则$\boldsymbol{\gamma}_1=\dfrac{1}{\sqrt{15}}(1,1,2,3)^{\mathrm{T}}$，$\boldsymbol{\gamma}_2=\dfrac{1}{\sqrt{39}}(-2,1,5,-3)^{\mathrm{T}}$是所求的一个标准正交基.

第四章　矩阵的特征值和特征向量

§4.1　矩阵的特征值和特征向量

十年真题

考点　矩阵的特征值和特征向量

1.【答案】(A).

【解】由于$\boldsymbol{A}$是秩为2的3阶矩阵，故0是$\boldsymbol{A}$的特征值，且对应着1个线性无关的特征向量.

由于对满足$\boldsymbol{\beta}^{\mathrm{T}}\boldsymbol{\alpha}=0$(与$\boldsymbol{\alpha}$正交)的3维列向量$\boldsymbol{\beta}$，均有$\boldsymbol{A}\boldsymbol{\beta}=\boldsymbol{\beta}$，故1是$\boldsymbol{A}$的特征值，且至少对应着2个线性无关的特征向量.

因此，$\boldsymbol{A}$的特征值为0,1,1，从而$\boldsymbol{A}^2$和$\boldsymbol{A}^3$的特征值都为0,1,1，则它们的迹都为2.

2.【答案】(A).

【解】$\boldsymbol{\alpha}\boldsymbol{\alpha}^{\mathrm{T}}$的全部特征值为$\lambda_1=\lambda_2=\cdots=\lambda_{n-1}=0,\lambda_n=\boldsymbol{\alpha}^{\mathrm{T}}\boldsymbol{\alpha}=\|\boldsymbol{\alpha}\|^2=1$. 于是，$\boldsymbol{E}-\boldsymbol{\alpha}\boldsymbol{\alpha}^{\mathrm{T}}$的全部特征值为$\lambda_1=\lambda_2=\cdots=\lambda_{n-1}=1,\lambda_n=0$；$\boldsymbol{E}+\boldsymbol{\alpha}\boldsymbol{\alpha}^{\mathrm{T}}$的全部特征值为$\lambda_1=\lambda_2=\cdots=\lambda_{n-1}=1,\lambda_n=2$；$\boldsymbol{E}+2\boldsymbol{\alpha}\boldsymbol{\alpha}^{\mathrm{T}}$的全部特征值为$\lambda_1=\lambda_2=\cdots=\lambda_{n-1}=1,\lambda_n=3$；$\boldsymbol{E}-2\boldsymbol{\alpha}\boldsymbol{\alpha}^{\mathrm{T}}$的全部特征值为$\lambda_1=\lambda_2=\cdots=\lambda_{n-1}=1,\lambda_n=-1$.

由于0是$\boldsymbol{E}-\boldsymbol{\alpha}\boldsymbol{\alpha}^{\mathrm{T}}$的特征值，故$\boldsymbol{E}-\boldsymbol{\alpha}\boldsymbol{\alpha}^{\mathrm{T}}$不可逆. 而对于$\boldsymbol{E}+\boldsymbol{\alpha}\boldsymbol{\alpha}^{\mathrm{T}}$、$\boldsymbol{E}+2\boldsymbol{\alpha}\boldsymbol{\alpha}^{\mathrm{T}}$和$\boldsymbol{E}-2\boldsymbol{\alpha}\boldsymbol{\alpha}^{\mathrm{T}}$，由于0都不是它们的特征值，故都可逆.

【注】1996年数学一曾考查过极其类似的解答题.

3.【答案】16.

【解】由于$r(2\boldsymbol{E}-\boldsymbol{A})=1$，故$(\boldsymbol{A}-2\boldsymbol{E})\boldsymbol{x}=\boldsymbol{0}$基础解系中向量个数为$3-1=2$，从而2是$\boldsymbol{A}$的特征值，且对应着2个线性无关的特征向量.

同理，由$r(\boldsymbol{E}+\boldsymbol{A})=2$知$-1$是$\boldsymbol{A}$的特征值，且对应着1个线性无关的特征向量.

故$\boldsymbol{A}$的特征值为$2,2,-1$，从而$|\boldsymbol{A}|=2\times2\times(-1)=-4$，$|\boldsymbol{A}^*|=|\boldsymbol{A}|^2=16$.

4.【答案】$\dfrac{3}{2}$.

【解】由$\boldsymbol{A}$的每行元素之和均为2知

$$\boldsymbol{A}(1,1,1)^{\mathrm{T}}=(2,2,2)^{\mathrm{T}}=2(1,1,1)^{\mathrm{T}},$$

故$\boldsymbol{A}$有一个特征值2，且$(1,1,1)^{\mathrm{T}}$为其对应的一个特征向量，从而$\boldsymbol{A}^*$有一个特征值$\dfrac{|\boldsymbol{A}|}{2}=\dfrac{3}{2}$，且$(1,1,1)^{\mathrm{T}}$为其对应的一个特征向量.

于是，由$\boldsymbol{A}^*\begin{pmatrix}1\\1\\1\end{pmatrix}=\begin{pmatrix}A_{11}&A_{21}&A_{31}\\A_{12}&A_{22}&A_{32}\\A_{13}&A_{23}&A_{33}\end{pmatrix}\begin{pmatrix}1\\1\\1\end{pmatrix}=\begin{pmatrix}A_{11}+A_{21}+A_{31}\\A_{12}+A_{22}+A_{32}\\A_{13}+A_{23}+A_{33}\end{pmatrix}=\dfrac{3}{2}\begin{pmatrix}1\\1\\1\end{pmatrix}$知$A_{11}+A_{21}+A_{31}=\dfrac{3}{2}$.

【注】若A的各行元素之和均为a，则$\boldsymbol{A}$就有对应于特征值a的特征向量$(1,1,1)^{\mathrm{T}}$. 在2006年数学三关于矩阵的相似对角化的解答题和2011年数学三关于二次型的填空题中，都曾出现过类似的条件.

5.【答案】-1.

【解】设λ_1,λ_2为的$\boldsymbol{A}$两个不同特征值，对应的特征向量分别为$\boldsymbol{\alpha}_1,\boldsymbol{\alpha}_2$，则$\boldsymbol{A}\boldsymbol{\alpha}_1=\lambda_1\boldsymbol{\alpha}_1,\boldsymbol{A}\boldsymbol{\alpha}_2=\lambda_2\boldsymbol{\alpha}_2$，从而$\boldsymbol{A}^2(\boldsymbol{\alpha}_1+\boldsymbol{\alpha}_2)=\boldsymbol{A}^2\boldsymbol{\alpha}_1+\boldsymbol{A}^2\boldsymbol{\alpha}_2=\lambda_1\boldsymbol{A}\boldsymbol{\alpha}_1+\lambda_2\boldsymbol{A}\boldsymbol{\alpha}_2=\lambda_1^2\boldsymbol{\alpha}_1+\lambda_2^2\boldsymbol{\alpha}_2=\boldsymbol{\alpha}_1+\boldsymbol{\alpha}_2$，故$\lambda_1^2=\lambda_2^2=1$.

由于$\lambda_1\neq\lambda_2$，故λ_1,λ_2中一个为1，另一个为-1，从而$|\boldsymbol{A}|=-1$.

6.【答案】-1.

【解】设$(1,1,2)^{\mathrm{T}}$为矩阵$\boldsymbol{A}$的特征值λ所对应的特征向量，则

$$\boldsymbol{A}\begin{pmatrix}1\\1\\2\end{pmatrix}=\begin{pmatrix}4&1&-2\\1&2&a\\3&1&-1\end{pmatrix}\begin{pmatrix}1\\1\\2\end{pmatrix}=\lambda\begin{pmatrix}1\\1\\2\end{pmatrix},$$

即

$$\begin{pmatrix}1\\2a+3\\2\end{pmatrix}=\begin{pmatrix}\lambda\\\lambda\\2\lambda\end{pmatrix}.$$

由$\begin{cases}1=\lambda,\\2a+3=\lambda\end{cases}$可得$a=-1$.

7.【答案】21.

【解】$\boldsymbol{B}=\boldsymbol{A}^2-\boldsymbol{A}+\boldsymbol{E}$的特征值$\lambda_1=2^2-2+1=3,\lambda_2=(-2)^2-(-2)+1=7,\lambda_3=1^2-1+1=1$.

于是$|\boldsymbol{B}|=\lambda_1\lambda_2\lambda_3=21$.

8.(1)【证】由于$\boldsymbol{\alpha}_3=\boldsymbol{\alpha}_1+2\boldsymbol{\alpha}_2$，故$\boldsymbol{\alpha}_1,\boldsymbol{\alpha}_2,\boldsymbol{\alpha}_3$线性相关，从而$r(\boldsymbol{A})\leqslant2$.

又由于$|\boldsymbol{A}|=0$，且$\boldsymbol{A}$有3个不同的特征值，故0是$\boldsymbol{A}$的1重特征值. 因此，方程组$\boldsymbol{A}\boldsymbol{x}=\boldsymbol{0}$至多有1个线性无关的解，即$3-r(\boldsymbol{A})\leqslant1$，从而$r(\boldsymbol{A})\geqslant2$.

综上所述，$r(\boldsymbol{A})=2$.

(2)【解】由于$\boldsymbol{\alpha}_3=\boldsymbol{\alpha}_1+2\boldsymbol{\alpha}_2$，即$\boldsymbol{\alpha}_1+2\boldsymbol{\alpha}_2-\boldsymbol{\alpha}_3=\boldsymbol{0}$，故$(1,2,-1)^{\mathrm{T}}$是$\boldsymbol{A}\boldsymbol{x}=\boldsymbol{0}$的解. 由$r(\boldsymbol{A})=2$又可知$\boldsymbol{A}\boldsymbol{x}=\boldsymbol{0}$的基础解系中有$3-r(\boldsymbol{A})=1$个向量，从而$(1,2,-1)^{\mathrm{T}}$是$\boldsymbol{A}\boldsymbol{x}=\boldsymbol{0}$的一个基础解系.

又由于$\boldsymbol{\beta}=\boldsymbol{\alpha}_1+\boldsymbol{\alpha}_2+\boldsymbol{\alpha}_3$，故$(1,1,1)^{\mathrm{T}}$是$\boldsymbol{A}\boldsymbol{x}=\boldsymbol{\beta}$的解，从而$\boldsymbol{A}\boldsymbol{x}=\boldsymbol{\beta}$的通解为

$$k(1,2,-1)^{\mathrm{T}}+(1,1,1)^{\mathrm{T}},$$

其中k为任意常数.

【注】2002年数学一、二曾考查过与本题第(2)问类似的解答题(§3.3中的例1).

方法探究

考点 矩阵的特征值和特征向量

变式 1.1【答案】 3.

【解】 $4A^{-1}-E$ 的特征值 $\lambda_1=4\times1-1=3,\lambda_2=\lambda_3=4\times\frac{1}{2}-1=1$.

于是 $|4A^{-1}-E|=\lambda_1\lambda_2\lambda_3=3$.

变式 1.2【解】 由 $A^2=A$ 知 A 的特征值 λ 满足 $\lambda^2-\lambda=0$,故 A 的特征值只可能为 0,1.

又由 $r(A)=2$ 知 $Ax=0$ 的基础解系中有 $3-r(A)=1$ 个向量,即 A 的特征值 0 对应着 1 个线性无关的特征向量,故 0 是 A 的 1 重特征值,从而 A 的全部特征值为 0,1,1.

由 $A(1,-1,1)^T=0$ 知 A 对应于特征值 0 的全部特征向量为 $k(1,-1,1)^T(k\neq0)$.

设 $(x_1,x_2,x_3)^T$ 为 A 对应于特征值 1 的特征向量,则由它与 $(1,-1,1)^T$ 相互正交知

$$x_1-x_2+x_3=0,$$

解得 A 对应于特征值 1 的全部特征向量为 $k_1(1,1,0)^T+k_2(-1,0,1)^T$ (k_1,k_2 不同时为零).

真题精选

考点 矩阵的特征值和特征向量

1. **【答案】** (C).

【解】 由 $A^3=O$ 知的 A 的特征值 λ 满足 $\lambda^3=0$,故 A 的特征值全为零,从而 $E-A$ 和 $E+A$ 的特征值都全为 1. 于是 $|E-A|=|E+A|=1\neq0$,即 $E-A$ 和 $E+A$ 都可逆.

2. **【答案】** (B).

【解】 设 $x_1\alpha_1+x_2A(\alpha_1+\alpha_2)=0$,则由 $A\alpha_1=\lambda_1\alpha_1,A\alpha_2=\lambda_2\alpha_2$ 知

$$(x_1+\lambda_1x_2)\alpha_1+\lambda_2x_2\alpha_2=0.$$

由于 A 的不同特征值所对应的特征向量 α_1,α_2 线性无关,故

$$\begin{cases}x_1+\lambda_1x_2=0,\\ \lambda_2x_2=0.\end{cases}$$

于是 $\alpha_1,A(\alpha_1+\alpha_2)$ 线性无关的充分必要条件是方程组 $\begin{cases}x_1+\lambda_1x_2=0,\\ \lambda_2x_2=0\end{cases}$ 只有零解,从而 $\begin{vmatrix}1&\lambda_1\\0&\lambda_2\end{vmatrix}\neq0$,即 $\lambda_2\neq0$.

3. **【答案】** (B).

【解】 由 $A\alpha=\lambda\alpha$ 知 $(P^{-1}AP)^T(P^T\alpha)=P^TA^T(P^{-1})^TP^T\alpha=P^TA\alpha=\lambda(P^T\alpha)$.

4. **【答案】** -1.

【解】 由 $|2A|=2^3|A|=8\cdot6\lambda=-48$ 知 $\lambda=-1$.

5. **【答案】** $\frac{4}{3}$.

【解】 由 $|3E+A|=0$ 知 A 有一个特征值 -3. 又由 $AA^T=2E$ 知 $|AA^T|=|A|\cdot|A^T|=|A|^2=2^4|E|=16$,从而 $|A|=-4$. 故 A^* 有一个特征值 $-\frac{|A|}{3}=\frac{4}{3}$.

6. **【证】** (1) $A^2=(E-\xi\xi^T)(E-\xi\xi^T)=E-2\xi\xi^T+\xi\xi^T\xi\xi^T=E-(2-\xi^T\xi)\xi\xi^T$. 由于 $\xi\neq0$,故 $\xi\xi^T\neq O$,从而 $A^2=A\Leftrightarrow2-\xi^T\xi=1\Leftrightarrow\xi^T\xi=1$.

(2) 由于 $\xi\xi^T$ 的全部特征值为 $\lambda_1=\lambda_2=\cdots=\lambda_{n-1}=0,\lambda_n=\xi^T\xi=1$,故 $A=E-\xi\xi^T$ 的全部特征值为 $\lambda_1=\lambda_2=\cdots=\lambda_{n-1}=1,\lambda_n=0$,从而 $|A|=0$,即 A 不可逆.

【注】 2017 年数学一、三又考查了与本题第(2)问极其类似的选择题.

§4.2 矩阵的相似和相似对角化

十年真题

考点 矩阵的相似和相似对角化

1. **【答案】** (B).

【解】 取 $A=B=E$,则 B 可对角化,但 A 的特征值为 1,1,故排除(A)、(C).

设 $A\alpha_i=\lambda_i\alpha_i(i=1,2)$ 且 $\lambda_1\neq\lambda_2$,则 $BA\alpha_i=\lambda_iB\alpha_i$,即 $A(B\alpha_i)=\lambda_i(B\alpha_i)$.

当 $B\alpha_i\neq0$ 时,$B\alpha_i$ 为 A 对应于 λ_i 的特征向量,故存在 $k_i\neq0$,使 $B\alpha_i=k_i\alpha_i$,即 α_i 为 B 对应于特征值 k_i 的特征向量;

当 $B\alpha_i=0$ 时,α_i 为 B 对应于特征值 0 的特征向量.

由于 α_1,α_2 线性无关,故 B 有 2 个线性无关的特征值向量,从而 B 可对角化,选(B).

2. **【答案】** (D).

【解】 记(A)、(B)、(C)、(D)中的矩阵分别为 A,B,C,D. 由于 A 的特征值为 1,2,3(全不同),故必能相似对角化.

由于 B 为实对称矩阵,故必能相似对角化.

C,D 的特征值都为 1,2,2. 由于 $r(C-2E)=1,r(D-2E)=2\neq1$,故 C 能相似对角化,而 D 不能相似对角化.

3. **【答案】** (A).

【解】 (A)是充分但不必要条件,(B)是充分必要条件,(C)是必要但不充分条件,(D)是既不充分也不必要条件.

4. **【答案】** (B).

【解】 A 的特征值为 $1,-1,0\Leftrightarrow A$ 与 Λ 相似 $\Leftrightarrow$ 存在可逆矩阵 P,使得 $P^{-1}AP=\Lambda$,即 $A=P\Lambda P^{-1}$.

【注】 (A)表示 A 与 Λ 等价,(D)表示 A 与 Λ 合同. 当 A 为实对称矩阵时,(C)正确.

5. **【答案】** (D).

【解】 由

$$P^{-1}AP=\begin{pmatrix}1&0&0\\0&-1&0\\0&0&1\end{pmatrix}$$

知 A 的特征值 1 和 -1 所对应的特征向量应分别写在 P 的第 1,3 列和第 2 列.

因为 $\alpha_1+\alpha_2$ 和 α_2 都是 A 的特征值 1 所对应的特征向量,$-\alpha_3$ 是 A 的特征值 -1 所对应的特征向量,故 P 可为 $(\alpha_1+\alpha_2,-\alpha_3,\alpha_2)$.

6. **【答案】** (A).

【解】 若 A 与 B 相似,则 $A-E$ 与 $B-E$ 相似,从而 $r(A-E)=r(B-E)$. 因此,若 $r(A-E)\neq r(B-E)$,则 A 与 B 必不相似.

记 $A=\begin{pmatrix}1&1&0\\0&1&1\\0&0&1\end{pmatrix}$,(A)、(B)、(C)、(D)中的矩阵分别为 B_1,B_2,B_3,B_4.

因为 $r(A-E)=r(B_1-E)=2$,而 $r(B_2-E)=r(B_3-E)=r(B_4-E)=1$,故 B_2,B_3,B_4 都与 A 不相似,从而排除(B)、(C)、(D).

7. **【答案】** (B).

【解】 显然,A,B,C 的特征值都为 2,2,1.

由于

$$A-2E=\begin{pmatrix}0&0&0\\0&0&1\\0&0&-1\end{pmatrix}\to\begin{pmatrix}0&0&1\\0&0&0\\0&0&0\end{pmatrix},$$

故 $r(A-2E)=1$,从而 A 能相似对角化,即与 C 相似.

又由于

$$B-2E=\begin{pmatrix}0&1&0\\0&0&0\\0&0&-1\end{pmatrix}\to\begin{pmatrix}0&1&0\\0&0&-1\\0&0&0\end{pmatrix},$$

故 $r(\boldsymbol{B}-2\boldsymbol{E})=2\neq 1$，从而 $\boldsymbol{B}$ 不能相似对角化，即与 $\boldsymbol{C}$ 不相似.

【注】若 $\boldsymbol{A}$ 与对角矩阵 $\boldsymbol{\Lambda}$ 相似，而 $\boldsymbol{B}$ 与 $\boldsymbol{\Lambda}$ 不相似，则 $\boldsymbol{A},\boldsymbol{B}$ 不相似.

8.【答案】(B).

【解】由 $\boldsymbol{P}^{-1}\boldsymbol{AP}=\begin{pmatrix}0&0&0\\0&1&0\\0&0&2\end{pmatrix}$ 知 $\boldsymbol{\alpha}_1,\boldsymbol{\alpha}_2,\boldsymbol{\alpha}_3$ 分别为 $\boldsymbol{A}$ 的特征值 0,1,2 所对应的特征向量，故 $\boldsymbol{A\alpha}_1=\boldsymbol{0}$，$\boldsymbol{A\alpha}_2=\boldsymbol{\alpha}_2$，$\boldsymbol{A\alpha}_3=2\boldsymbol{\alpha}_3$，从而 $\boldsymbol{A}(\boldsymbol{\alpha}_1+\boldsymbol{\alpha}_2+\boldsymbol{\alpha}_3)=\boldsymbol{A\alpha}_1+\boldsymbol{A\alpha}_2+\boldsymbol{A\alpha}_3=\boldsymbol{\alpha}_2+2\boldsymbol{\alpha}_3$.

9.【答案】(C).

【解】由于 $\boldsymbol{A}$ 与 $\boldsymbol{B}$ 相似，故存在可逆矩阵 $\boldsymbol{P}$，使得 $\boldsymbol{P}^{-1}\boldsymbol{AP}=\boldsymbol{B}$，从而

$$\boldsymbol{P}^{\mathrm{T}}\boldsymbol{A}^{\mathrm{T}}(\boldsymbol{P}^{\mathrm{T}})^{-1}=\boldsymbol{B}^{\mathrm{T}},\quad \boldsymbol{P}^{-1}\boldsymbol{A}^{-1}\boldsymbol{P}=\boldsymbol{B}^{-1},$$

即有

$$\boldsymbol{P}^{-1}(\boldsymbol{A}+\boldsymbol{A}^{-1})\boldsymbol{P}=\boldsymbol{P}^{-1}\boldsymbol{AP}+\boldsymbol{P}^{-1}\boldsymbol{A}^{-1}\boldsymbol{P}=\boldsymbol{B}+\boldsymbol{B}^{-1}.$$

故 $\boldsymbol{A}^{\mathrm{T}}$ 与 $\boldsymbol{B}^{\mathrm{T}}$、$\boldsymbol{A}^{-1}$ 与 $\boldsymbol{B}^{-1}$、$\boldsymbol{A}+\boldsymbol{A}^{-1}$ 与 $\boldsymbol{B}+\boldsymbol{B}^{-1}$ 都相似.

10.【答案】2.

【解】由 $\boldsymbol{A\alpha}_1=2\boldsymbol{\alpha}_1+\boldsymbol{\alpha}_2+\boldsymbol{\alpha}_3$，$\boldsymbol{A\alpha}_2=\boldsymbol{\alpha}_2+2\boldsymbol{\alpha}_3$，$\boldsymbol{A\alpha}_3=-\boldsymbol{\alpha}_2+\boldsymbol{\alpha}_3$ 可知

$$(\boldsymbol{A\alpha}_1,\boldsymbol{A\alpha}_2,\boldsymbol{A\alpha}_3)=(2\boldsymbol{\alpha}_1+\boldsymbol{\alpha}_2+\boldsymbol{\alpha}_3,\boldsymbol{\alpha}_2+2\boldsymbol{\alpha}_3,-\boldsymbol{\alpha}_2+\boldsymbol{\alpha}_3),$$

从而

$$\boldsymbol{A}(\boldsymbol{\alpha}_1,\boldsymbol{\alpha}_2,\boldsymbol{\alpha}_3)=(\boldsymbol{\alpha}_1,\boldsymbol{\alpha}_2,\boldsymbol{\alpha}_3)\begin{pmatrix}2&0&0\\1&1&-1\\1&2&1\end{pmatrix}.$$

记 $\boldsymbol{P}=(\boldsymbol{\alpha}_1,\boldsymbol{\alpha}_2,\boldsymbol{\alpha}_3)$，$\boldsymbol{B}=\begin{pmatrix}2&0&0\\1&1&-1\\1&2&1\end{pmatrix}$，则由 $\boldsymbol{\alpha}_1,\boldsymbol{\alpha}_2,\boldsymbol{\alpha}_3$ 线性无关可知 $\boldsymbol{P}$ 可逆，于是 $\boldsymbol{P}^{-1}\boldsymbol{AP}=\boldsymbol{B}$，即 $\boldsymbol{A}$ 与 $\boldsymbol{B}$ 相似，从而 $\boldsymbol{A}$ 与 $\boldsymbol{B}$ 的特征值相同，故由

$$|\boldsymbol{B}-\lambda\boldsymbol{E}|=\begin{vmatrix}2-\lambda&0&0\\1&1-\lambda&-1\\1&2&1-\lambda\end{vmatrix}=(2-\lambda)(\lambda^2-2\lambda+3)$$

知 $\boldsymbol{A}$ 的实特征值为 2.

【注】2005 年数学四曾考查过类似的解答题.

11.【解】由 $\begin{pmatrix}x_n\\y_n\\z_n\end{pmatrix}=\begin{pmatrix}-2&0&2\\0&-2&-2\\-6&-3&3\end{pmatrix}\begin{pmatrix}x_{n-1}\\y_{n-1}\\z_{n-1}\end{pmatrix}$ 知 $\boldsymbol{A}=\begin{pmatrix}-2&0&2\\0&-2&-2\\-6&-3&3\end{pmatrix}$.

$$\begin{aligned}|\boldsymbol{A}-\lambda\boldsymbol{E}|&=\begin{vmatrix}-2-\lambda&0&2\\0&-2-\lambda&-2\\-6&-3&3-\lambda\end{vmatrix}=\begin{vmatrix}-2-\lambda&-2-\lambda&0\\0&-2-\lambda&-2\\-6&-3&3-\lambda\end{vmatrix}\\&=\begin{vmatrix}-2-\lambda&0&0\\0&-2-\lambda&-2\\-6&3&3-\lambda\end{vmatrix}=-(2+\lambda)\begin{vmatrix}-2-\lambda&-2\\3&3-\lambda\end{vmatrix}\\&=-\lambda(\lambda+2)(\lambda-1).\end{aligned}$$

由 $|\boldsymbol{A}-\lambda\boldsymbol{E}|=0$ 得 $\boldsymbol{A}$ 的特征值为 $-2,0,1$.

解方程组 $(\boldsymbol{A}+2\boldsymbol{E})\boldsymbol{x}=\boldsymbol{0}$，得 $\boldsymbol{A}$ 对应于特征值 -2 的特征向量 $\boldsymbol{\alpha}_1=(-1,2,0)^{\mathrm{T}}$；

解方程组 $\boldsymbol{Ax}=\boldsymbol{0}$，得 $\boldsymbol{A}$ 对应于特征值 0 的特征向量 $\boldsymbol{\alpha}_2=(1,-1,1)^{\mathrm{T}}$；

解方程组 $(\boldsymbol{A}-\boldsymbol{E})\boldsymbol{x}=\boldsymbol{0}$，得 $\boldsymbol{A}$ 对应于特征值 1 的特征向量 $\boldsymbol{\alpha}_3=(2,-2,3)^{\mathrm{T}}$.

令 $\boldsymbol{\Lambda}=\begin{pmatrix}-2&0&0\\0&0&0\\0&0&1\end{pmatrix}$，$\boldsymbol{P}=(\boldsymbol{\alpha}_1,\boldsymbol{\alpha}_2,\boldsymbol{\alpha}_3)$，则

$$\begin{aligned}\boldsymbol{A}^n&=\boldsymbol{P\Lambda}^n\boldsymbol{P}^{-1}\\&=\begin{pmatrix}-1&1&2\\2&-1&-2\\0&1&3\end{pmatrix}\begin{pmatrix}(-2)^n&0&0\\0&0&0\\0&0&1\end{pmatrix}\begin{pmatrix}1&1&0\\6&3&-2\\-2&-1&1\end{pmatrix}\\&=\begin{pmatrix}-(-2)^n-4&-(-2)^n-2&2\\2(-2)^n+4&2(-2)^n+2&-2\\-6&-3&3\end{pmatrix}.\end{aligned}$$

$\boldsymbol{\alpha}_n=\boldsymbol{A\alpha}_{n-1}=\boldsymbol{A}^2\boldsymbol{\alpha}_{n-2}=\cdots=\boldsymbol{A}^n\boldsymbol{\alpha}_0$.

由 $\begin{pmatrix}x_n\\y_n\\z_n\end{pmatrix}=\begin{pmatrix}-(-2)^n-4&-(-2)^n-2&2\\2(-2)^n+4&2(-2)^n+2&-2\\-6&-3&3\end{pmatrix}\begin{pmatrix}-1\\0\\2\end{pmatrix}=\begin{pmatrix}(-2)^n+8\\(-2)^{n+1}-8\\12\end{pmatrix}$ 知

$$x_n=(-2)^n+8,\quad y_n=(-2)^{n+1}-8,\quad z_n=12.$$

【注】2000 年数学一曾考查过类似的解答题.

12.【解】(1) 由于 $\boldsymbol{A}\begin{pmatrix}x_1\\x_2\\x_3\end{pmatrix}=\begin{pmatrix}x_1+x_2+x_3\\2x_1-x_2+x_3\\x_2-x_3\end{pmatrix}=\begin{pmatrix}1&1&1\\2&-1&1\\0&1&-1\end{pmatrix}\begin{pmatrix}x_1\\x_2\\x_3\end{pmatrix}$，

故 $\boldsymbol{A}=\begin{pmatrix}1&1&1\\2&-1&1\\0&1&-1\end{pmatrix}$.

(2)
$$\begin{aligned}|\boldsymbol{A}-\lambda\boldsymbol{E}|&=\begin{vmatrix}1-\lambda&1&1\\2&-1-\lambda&1\\0&1&-1-\lambda\end{vmatrix}\\&=\frac{1}{2}\begin{vmatrix}0&3-\lambda^2&1+\lambda\\2&-1-\lambda&1\\0&1&-1-\lambda\end{vmatrix}\\&=-\begin{vmatrix}3-\lambda^2&1+\lambda\\1&-1-\lambda\end{vmatrix}\\&=-(\lambda+1)(\lambda+2)(\lambda-2).\end{aligned}$$

由 $|\boldsymbol{A}-\lambda\boldsymbol{E}|=0$ 得 $\boldsymbol{A}$ 的特征值为 $-1,-2,2$.

解方程组 $(\boldsymbol{A}+\boldsymbol{E})\boldsymbol{x}=\boldsymbol{0}$，得 $\boldsymbol{A}$ 对应于特征值 -1 的特征向量 $\boldsymbol{\alpha}_1=(1,0,-2)^{\mathrm{T}}$；

解方程组 $(\boldsymbol{A}+2\boldsymbol{E})\boldsymbol{x}=\boldsymbol{0}$，得 $\boldsymbol{A}$ 对应于特征值 -2 的特征向量 $\boldsymbol{\alpha}_2=(0,-1,1)^{\mathrm{T}}$；

解方程组 $(\boldsymbol{A}-2\boldsymbol{E})\boldsymbol{x}=\boldsymbol{0}$，得 $\boldsymbol{A}$ 对应于特征值 2 的特征向量 $\boldsymbol{\alpha}_3=(4,3,1)^{\mathrm{T}}$.

故令

$$\boldsymbol{\Lambda}=\begin{pmatrix}-1&0&0\\0&-2&0\\0&0&2\end{pmatrix},\quad \boldsymbol{P}=(\boldsymbol{\alpha}_1,\boldsymbol{\alpha}_2,\boldsymbol{\alpha}_3)=\begin{pmatrix}1&0&4\\0&-1&3\\-2&1&1\end{pmatrix},$$

则 $\boldsymbol{P}^{-1}\boldsymbol{AP}=\boldsymbol{\Lambda}$.

13.【解】$|\boldsymbol{A}-\lambda\boldsymbol{E}|=\begin{vmatrix}2-\lambda&1&0\\1&2-\lambda&0\\1&a&b-\lambda\end{vmatrix}=(b-\lambda)(\lambda-1)(\lambda-3)$.

由于 $\boldsymbol{A}$ 仅有两个不同的特征值，故 $b=1$ 或 $b=3$.

当 $b=1$ 时，$\boldsymbol{A}$ 的特征值为 1,1,3. 由于 $\boldsymbol{A}$ 相似于对角矩阵，而

$$\boldsymbol{A}-\boldsymbol{E}=\begin{pmatrix}1&1&0\\1&1&0\\1&a&0\end{pmatrix}\to\begin{pmatrix}1&1&0\\0&a-1&0\\0&0&0\end{pmatrix},$$

故由 $r(\boldsymbol{A}-\boldsymbol{E})=1$ 知 $a=1$.

解方程组 $(\boldsymbol{A}-\boldsymbol{E})\boldsymbol{x}=\boldsymbol{0}$，得 $\boldsymbol{A}$ 对应于特征值 1 的线性无关的特征向量 $\boldsymbol{\alpha}_1=(-1,1,0)^{\mathrm{T}}$，$\boldsymbol{\alpha}_2=(0,0,1)^{\mathrm{T}}$；

解方程组$(\boldsymbol{A}-3\boldsymbol{E})\boldsymbol{x}=\boldsymbol{0}$,得$\boldsymbol{A}$对应于特征值3的特征向量$\boldsymbol{\alpha}_3=(1,1,1)^{\mathrm{T}}$.

故令

$$\boldsymbol{\Lambda}=\begin{pmatrix}1&0&0\\0&1&0\\0&0&3\end{pmatrix},\quad \boldsymbol{P}=(\boldsymbol{\alpha}_1,\boldsymbol{\alpha}_2,\boldsymbol{\alpha}_3)=\begin{pmatrix}-1&0&1\\1&0&1\\0&1&1\end{pmatrix},$$

则$\boldsymbol{P}^{-1}\boldsymbol{A}\boldsymbol{P}=\boldsymbol{\Lambda}$.

当$b=3$时,$\boldsymbol{A}$的特征值为1,3,3.由于$\boldsymbol{A}$相似于对角矩阵,而

$$\boldsymbol{A}-3\boldsymbol{E}=\begin{pmatrix}-1&1&0\\1&-1&0\\1&a&0\end{pmatrix}\to\begin{pmatrix}1&-1&0\\0&a+1&0\\0&0&0\end{pmatrix},$$

故由$r(\boldsymbol{A}-3\boldsymbol{E})=1$知$a=-1$.

解方程组$(\boldsymbol{A}-3\boldsymbol{E})\boldsymbol{x}=\boldsymbol{0}$,得$\boldsymbol{A}$对应于特征值3的线性无关的特征向量$\boldsymbol{\beta}_1=(1,1,0)^{\mathrm{T}}$,$\boldsymbol{\beta}_2=(0,0,1)^{\mathrm{T}}$;

解方程组$(\boldsymbol{A}-\boldsymbol{E})\boldsymbol{x}=\boldsymbol{0}$,得$\boldsymbol{A}$对应于特征值1的特征向量$\boldsymbol{\beta}_3=(-1,1,1)^{\mathrm{T}}$.

故令

$$\boldsymbol{\Lambda}=\begin{pmatrix}3&0&0\\0&3&0\\0&0&1\end{pmatrix},\quad \boldsymbol{P}=(\boldsymbol{\beta}_1,\boldsymbol{\beta}_2,\boldsymbol{\beta}_3)=\begin{pmatrix}1&0&-1\\1&0&1\\0&1&1\end{pmatrix}$$

则$\boldsymbol{P}^{-1}\boldsymbol{A}\boldsymbol{P}=\boldsymbol{\Lambda}$.

14. (1)【证】设$x_1\boldsymbol{\alpha}+x_2\boldsymbol{A}\boldsymbol{\alpha}=\boldsymbol{0}$.假设$x_2\neq0$,则$\boldsymbol{A}\boldsymbol{\alpha}=-\dfrac{x_1}{x_2}\boldsymbol{\alpha}$,与$\boldsymbol{\alpha}$不是$\boldsymbol{A}$的特征向量矛盾,故$x_2=0$,即$x_1\boldsymbol{\alpha}=\boldsymbol{0}$,又由$\boldsymbol{\alpha}$是非零向量知$x_1=0$.所以,$\boldsymbol{\alpha}$,$\boldsymbol{A}\boldsymbol{\alpha}$线性无关,从而$\boldsymbol{P}$可逆.

(2)【解】由$\boldsymbol{A}\boldsymbol{P}=(\boldsymbol{A}\boldsymbol{\alpha},\boldsymbol{A}^2\boldsymbol{\alpha})=(\boldsymbol{A}\boldsymbol{\alpha},6\boldsymbol{\alpha}-\boldsymbol{A}\boldsymbol{\alpha})=(\boldsymbol{\alpha},\boldsymbol{A}\boldsymbol{\alpha})\begin{pmatrix}0&6\\1&-1\end{pmatrix}=\boldsymbol{P}\begin{pmatrix}0&6\\1&-1\end{pmatrix}$知

$$\boldsymbol{P}^{-1}\boldsymbol{A}\boldsymbol{P}=\begin{pmatrix}0&6\\1&-1\end{pmatrix},$$

故$\boldsymbol{A}$与$\begin{pmatrix}0&6\\1&-1\end{pmatrix}$相似.由$\begin{vmatrix}-\lambda&6\\1&-1-\lambda\end{vmatrix}=(\lambda-2)(\lambda+3)$又知$\boldsymbol{A}$恰有两个不同的特征值2,$-3$,故$\boldsymbol{A}$相似于对角矩阵$\begin{pmatrix}2&0\\0&-3\end{pmatrix}$.

【注】本题第(2)问的思路与2001年数学一的解答题第(1)问非常类似.

15.【解】(1)由于$\boldsymbol{A}$,$\boldsymbol{B}$相似,故$\boldsymbol{A}$,$\boldsymbol{B}$的特征值相同,从而根据特征值的性质,

$$\begin{cases}-2+x-2=2-1+y,\\|\boldsymbol{A}|=|\boldsymbol{B}|.\end{cases}$$

又由$|\boldsymbol{A}|=-2\begin{vmatrix}-2&-2\\2&x\end{vmatrix}=4x-8$,$|\boldsymbol{B}|=-2y$知$\begin{cases}x-4=1+y,\\4x-8=-2y,\end{cases}$解得$\begin{cases}x=3,\\y=-2.\end{cases}$

(2)$\boldsymbol{A}$,$\boldsymbol{B}$的特征值都为2,-1,-2.

解方程组$(\boldsymbol{A}-2\boldsymbol{E})\boldsymbol{x}=\boldsymbol{0}$,得$\boldsymbol{A}$对应于特征值2的特征向量$\boldsymbol{\alpha}_1=(1,-2,0)^{\mathrm{T}}$;

解方程组$(\boldsymbol{A}+\boldsymbol{E})\boldsymbol{x}=\boldsymbol{0}$,得$\boldsymbol{A}$对应于特征值$-1$的特征向量$\boldsymbol{\alpha}_2=(-2,1,0)^{\mathrm{T}}$;

解方程组$(\boldsymbol{A}+2\boldsymbol{E})\boldsymbol{x}=\boldsymbol{0}$,得$\boldsymbol{A}$对应于特征值$-2$的特征向量$\boldsymbol{\alpha}_3=(1,-2,-4)^{\mathrm{T}}$.

令$\boldsymbol{P}_1=(\boldsymbol{\alpha}_1,\boldsymbol{\alpha}_2,\boldsymbol{\alpha}_3)$,则$\boldsymbol{P}_1^{-1}\boldsymbol{A}\boldsymbol{P}_1=\begin{pmatrix}2&0&0\\0&-1&0\\0&0&-2\end{pmatrix}$.

解方程组$(\boldsymbol{B}-2\boldsymbol{E})\boldsymbol{x}=\boldsymbol{0}$,得$\boldsymbol{B}$对应于特征值2的特征向量$\boldsymbol{\beta}_1=(1,0,0)^{\mathrm{T}}$;

解方程组$(\boldsymbol{B}+\boldsymbol{E})\boldsymbol{x}=\boldsymbol{0}$,得$\boldsymbol{B}$对应于特征值$-1$的特征向量$\boldsymbol{\beta}_2=(1,-3,0)^{\mathrm{T}}$;

解方程组$(\boldsymbol{B}+2\boldsymbol{E})\boldsymbol{x}=\boldsymbol{0}$,得$\boldsymbol{B}$对应于特征值$-2$的特征向量$\boldsymbol{\beta}_3=(0,0,1)^{\mathrm{T}}$.

令$\boldsymbol{P}_2=(\boldsymbol{\beta}_1,\boldsymbol{\beta}_2,\boldsymbol{\beta}_3)$,则$\boldsymbol{P}_2^{-1}\boldsymbol{B}\boldsymbol{P}_2=\begin{pmatrix}2&0&0\\0&-1&0\\0&0&-2\end{pmatrix}$.

由$\boldsymbol{P}_1^{-1}\boldsymbol{A}\boldsymbol{P}_1=\boldsymbol{P}_2^{-1}\boldsymbol{B}\boldsymbol{P}_2$可知$(\boldsymbol{P}_1\boldsymbol{P}_2^{-1})^{-1}\boldsymbol{A}(\boldsymbol{P}_1\boldsymbol{P}_2^{-1})=\boldsymbol{B}$.

$$令\ \boldsymbol{P}=\boldsymbol{P}_1\boldsymbol{P}_2^{-1}=\begin{pmatrix}1&-2&1\\-2&1&-2\\0&0&-4\end{pmatrix}\begin{pmatrix}1&\frac{1}{3}&0\\0&-\frac{1}{3}&0\\0&0&1\end{pmatrix}=\begin{pmatrix}1&1&1\\-2&-1&-2\\0&0&-4\end{pmatrix},$$

则$\boldsymbol{P}^{-1}\boldsymbol{A}\boldsymbol{P}=\boldsymbol{B}$.

【注】2020年数学一、三又考查了类似的关于二次型的解答题.

16.【解】(1)由$|\boldsymbol{A}-\lambda\boldsymbol{E}|=\begin{vmatrix}-\lambda&-1&1\\2&-3-\lambda&0\\0&0&-\lambda\end{vmatrix}=-\lambda\begin{vmatrix}-\lambda&-1\\2&-3-\lambda\end{vmatrix}=-\lambda(\lambda+2)(\lambda+1)$知$\boldsymbol{A}$的特征值为$-1$,$-2$,0.

解方程组$(\boldsymbol{A}+\boldsymbol{E})\boldsymbol{x}=\boldsymbol{0}$,得$\boldsymbol{A}$对应于特征值$-1$的特征向量$\boldsymbol{\alpha}_1=(1,1,0)^{\mathrm{T}}$;

解方程组$(\boldsymbol{A}+2\boldsymbol{E})\boldsymbol{x}=\boldsymbol{0}$,得$\boldsymbol{A}$对应于特征值$-2$的特征向量$\boldsymbol{\alpha}_2=(1,2,0)^{\mathrm{T}}$;

解方程组$\boldsymbol{A}\boldsymbol{x}=\boldsymbol{0}$,得$\boldsymbol{A}$对应于特征值0的特征向量$\boldsymbol{\alpha}_3=(3,2,2)^{\mathrm{T}}$.

令$\boldsymbol{\Lambda}=\begin{pmatrix}-1&0&0\\0&-2&0\\0&0&0\end{pmatrix}$,$\boldsymbol{P}=(\boldsymbol{\alpha}_1,\boldsymbol{\alpha}_2,\boldsymbol{\alpha}_3)$,则

$$\boldsymbol{A}^{99}=\boldsymbol{P}\boldsymbol{\Lambda}^{99}\boldsymbol{P}^{-1}=\begin{pmatrix}1&1&3\\1&2&2\\0&0&2\end{pmatrix}\begin{pmatrix}(-1)^{99}&0&0\\0&(-2)^{99}&0\\0&0&0\end{pmatrix}\begin{pmatrix}2&-1&-2\\-1&1&\frac{1}{2}\\0&0&\frac{1}{2}\end{pmatrix}$$

$$=\begin{pmatrix}2^{99}-2&1-2^{99}&2-2^{98}\\2^{100}-2&1-2^{100}&2-2^{99}\\0&0&0\end{pmatrix}.$$

(2)由$\boldsymbol{B}^2=\boldsymbol{B}\boldsymbol{A}$知$\boldsymbol{B}^{100}=\boldsymbol{B}^{98}\boldsymbol{B}^2=\boldsymbol{B}^{99}\boldsymbol{A}=\boldsymbol{B}^{97}\boldsymbol{B}^2\boldsymbol{A}=\boldsymbol{B}^{98}\boldsymbol{A}^2=\cdots=\boldsymbol{B}\boldsymbol{A}^{99}$,即

$$(\boldsymbol{\beta}_1,\boldsymbol{\beta}_2,\boldsymbol{\beta}_3)=(\boldsymbol{\alpha}_1,\boldsymbol{\alpha}_2,\boldsymbol{\alpha}_3)\begin{pmatrix}2^{99}-2&1-2^{99}&2-2^{98}\\2^{100}-2&1-2^{100}&2-2^{99}\\0&0&0\end{pmatrix}$$

故$\begin{cases}\boldsymbol{\beta}_1=(2^{99}-2)\boldsymbol{\alpha}_1+(2^{100}-2)\boldsymbol{\alpha}_2,\\\boldsymbol{\beta}_2=(1-2^{99})\boldsymbol{\alpha}_1+(1-2^{100})\boldsymbol{\alpha}_2,\\\boldsymbol{\beta}_3=(2-2^{98})\boldsymbol{\alpha}_1+(2-2^{99})\boldsymbol{\alpha}_2.\end{cases}$

17.【解】(1)由于$\boldsymbol{A}$,$\boldsymbol{B}$相似,故$\boldsymbol{A}$,$\boldsymbol{B}$的特征值相同,从而根据特征值的性质,

$$\begin{cases}0+3+a=1+b+1,\\|\boldsymbol{A}|=|\boldsymbol{B}|.\end{cases}$$

又由

$$|\boldsymbol{A}|=\begin{vmatrix}0&2&-3\\-1&3&-3\\1&-2&a\end{vmatrix}=-\begin{vmatrix}1&-2&a\\-1&3&-3\\0&2&-3\end{vmatrix}$$

$$=-\begin{vmatrix}1&-2&a\\0&1&a-3\\0&2&-3\end{vmatrix}=2a-3,$$

$$|\boldsymbol{B}|=\begin{vmatrix}1&-2&0\\0&b&0\\0&3&1\end{vmatrix}=b$$

可知 $\begin{cases}a+3=b+2,\\2a-3=b,\end{cases}$ 解得 $\begin{cases}a=4,\\b=5.\end{cases}$

(2) 当 $a=4$ 时，$\boldsymbol{A}=\begin{pmatrix}0&2&-3\\-1&3&-3\\1&-2&4\end{pmatrix}$.

$$|\boldsymbol{A}-\lambda\boldsymbol{E}|=\begin{vmatrix}-\lambda&2&-3\\-1&3-\lambda&-3\\1&-2&4-\lambda\end{vmatrix}=\begin{vmatrix}1-\lambda&0&1-\lambda\\-1&3-\lambda&-3\\1&-2&4-\lambda\end{vmatrix}$$

$$=\begin{vmatrix}1-\lambda&0&0\\-1&3-\lambda&-2\\1&-2&3-\lambda\end{vmatrix}=(1-\lambda)\begin{vmatrix}3-\lambda&-2\\-2&3-\lambda\end{vmatrix}$$

$$=(5-\lambda)(\lambda-1)^2.$$

由 $|\boldsymbol{A}-\lambda\boldsymbol{E}|=0$ 得 $\boldsymbol{A}$ 的特征值为 $\lambda_1=5,\lambda_2=\lambda_3=1$.

解方程组 $(\boldsymbol{A}-5\boldsymbol{E})\boldsymbol{x}=\boldsymbol{0}$，得 $\boldsymbol{A}$ 对应于特征值 $\lambda_1=5$ 的线性无关的特征向量 $\boldsymbol{\alpha}_1=(1,1,-1)^{\mathrm T}$.

解方程组 $(\boldsymbol{A}-\boldsymbol{E})\boldsymbol{x}=\boldsymbol{0}$，得 $\boldsymbol{A}$ 对应于特征值 $\lambda_2=\lambda_3=1$ 的线性无关的特征向量 $\boldsymbol{\alpha}_2=(2,1,0)^{\mathrm T},\boldsymbol{\alpha}_3=(-3,0,1)^{\mathrm T}$.

故令

$$\boldsymbol{\Lambda}=\begin{pmatrix}5&0&0\\0&1&0\\0&0&1\end{pmatrix},\quad \boldsymbol{P}=(\boldsymbol{\alpha}_1,\boldsymbol{\alpha}_2,\boldsymbol{\alpha}_3)=\begin{pmatrix}1&2&-3\\1&1&0\\-1&0&1\end{pmatrix},$$

则 $\boldsymbol{P}^{-1}\boldsymbol{A}\boldsymbol{P}=\boldsymbol{\Lambda}$.

方法探究

考点　矩阵的相似和相似对角化

变式 1【解】 由于 $(1,2,1)^{\mathrm T}$ 是 $\boldsymbol{A}$ 的特征向量，故设其对应的特征值为 λ_1，则由

$$\boldsymbol{A}\begin{pmatrix}1\\2\\1\end{pmatrix}=\begin{pmatrix}0&-1&4\\-1&3&a\\4&a&0\end{pmatrix}\begin{pmatrix}1\\2\\1\end{pmatrix}=\begin{pmatrix}2\\5+a\\4+2a\end{pmatrix}=\lambda_1\begin{pmatrix}1\\2\\1\end{pmatrix}$$

知 $\lambda_1=2,a=-1$.

$$|\boldsymbol{A}-\lambda\boldsymbol{E}|=\begin{vmatrix}-\lambda&-1&4\\-1&3-\lambda&-1\\4&-1&-\lambda\end{vmatrix}=\begin{vmatrix}-\lambda-4&0&\lambda+4\\-1&3-\lambda&-1\\4&-1&-\lambda\end{vmatrix}$$

$$=\begin{vmatrix}-\lambda-4&0&0\\-1&3-\lambda&-2\\4&-1&4-\lambda\end{vmatrix}=-(\lambda+4)(\lambda-2)(\lambda-5).$$

由 $|\boldsymbol{A}-\lambda\boldsymbol{E}|=0$ 得 $\boldsymbol{A}$ 的特征值 $\lambda_1=2,\lambda_2=5,\lambda_3=-4$.

解方程组 $(\boldsymbol{A}-5\boldsymbol{E})\boldsymbol{x}=\boldsymbol{0}$，得 $\boldsymbol{A}$ 对应于特征值 $\lambda_2=5$ 的特征向量 $\boldsymbol{\alpha}_2=(1,-1,1)^{\mathrm T}$.

解方程组 $(\boldsymbol{A}+4\boldsymbol{E})\boldsymbol{x}=\boldsymbol{0}$，得 $\boldsymbol{A}$ 对应于特征值 $\lambda_3=-4$ 的特征向量 $\boldsymbol{\alpha}_3=(-1,0,1)^{\mathrm T}$.

将 $\boldsymbol{\alpha}_2,\boldsymbol{\alpha}_3$ 单位化：取 $\boldsymbol{\gamma}_2=\frac{1}{\sqrt3}(1,-1,1)^{\mathrm T},\boldsymbol{\gamma}_3=\frac{1}{\sqrt2}(-1,0,1)^{\mathrm T}$.

故令

$$\boldsymbol{\Lambda}=\begin{pmatrix}2&0&0\\0&5&0\\0&0&-4\end{pmatrix},\quad \boldsymbol{Q}=\begin{pmatrix}\frac{1}{\sqrt6}&\frac{1}{\sqrt3}&-\frac{1}{\sqrt2}\\\frac{2}{\sqrt6}&-\frac{1}{\sqrt3}&0\\\frac{1}{\sqrt6}&\frac{1}{\sqrt3}&\frac{1}{\sqrt2}\end{pmatrix},$$

则 $\boldsymbol{Q}^{\mathrm T}\boldsymbol{A}\boldsymbol{Q}=\boldsymbol{\Lambda}$.

变式 2【解】 (1) 由题意，

$$\boldsymbol{A}(1,0,-1)^{\mathrm T}=-(1,0,-1)^{\mathrm T},\quad \boldsymbol{A}(1,0,1)^{\mathrm T}=(1,0,1)^{\mathrm T},$$

故 -1 是 $\boldsymbol{A}$ 的特征值，且 $\boldsymbol{A}$ 对应于它的全部特征向量为 $k_1\boldsymbol{\alpha}_1=k_1(1,0,-1)^{\mathrm T}(k_1\neq0)$；1 也是 $\boldsymbol{A}$ 的特征值，且 $\boldsymbol{A}$ 对应于它的全部特征向量为 $k_2\boldsymbol{\alpha}_2=k_2(1,0,1)^{\mathrm T}(k_2\neq0)$.

由于 $r(\boldsymbol{A})=2<3$，故 0 是 $\boldsymbol{A}$ 的特征值. 设 $(x_1,x_2,x_3)^{\mathrm T}$ 是 $\boldsymbol{A}$ 对应于特征值 0 的特征向量，则根据它与 $\boldsymbol{\alpha}_1,\boldsymbol{\alpha}_2$ 都正交，列方程组

$$\begin{cases}x_1-x_3=0,\\x_1+x_3=0,\end{cases}$$

解得 $\boldsymbol{A}$ 对应于特征值 0 的全部特征向量为 $k_3\boldsymbol{\alpha}_3=k_3(0,1,0)^{\mathrm T}(k_3\neq0)$.

(2) 将 $\boldsymbol{\alpha}_1,\boldsymbol{\alpha}_2,\boldsymbol{\alpha}_3$ 单位化：取

$$\boldsymbol{\gamma}_1=\frac{1}{\sqrt2}(1,0,-1)^{\mathrm T},\quad \boldsymbol{\gamma}_2=\frac{1}{\sqrt2}(1,0,1)^{\mathrm T},\quad \boldsymbol{\gamma}_3=(0,1,0)^{\mathrm T}.$$

令

$$\boldsymbol{\Lambda}=\begin{pmatrix}-1&0&0\\0&1&0\\0&0&0\end{pmatrix},\quad \boldsymbol{Q}=(\boldsymbol{\gamma}_1,\boldsymbol{\gamma}_2,\boldsymbol{\gamma}_3)=\begin{pmatrix}\frac{1}{\sqrt2}&\frac{1}{\sqrt2}&0\\0&0&1\\-\frac{1}{\sqrt2}&\frac{1}{\sqrt2}&0\end{pmatrix},$$

则

$$\boldsymbol{A}=\boldsymbol{Q}\boldsymbol{\Lambda}\boldsymbol{Q}^{\mathrm T}=\begin{pmatrix}\frac{1}{\sqrt2}&\frac{1}{\sqrt2}&0\\0&0&1\\-\frac{1}{\sqrt2}&\frac{1}{\sqrt2}&0\end{pmatrix}\begin{pmatrix}-1&0&0\\0&1&0\\0&0&0\end{pmatrix}\begin{pmatrix}\frac{1}{\sqrt2}&0&-\frac{1}{\sqrt2}\\\frac{1}{\sqrt2}&0&\frac{1}{\sqrt2}\\0&1&0\end{pmatrix}$$

$$=\begin{pmatrix}0&0&1\\0&0&0\\1&0&0\end{pmatrix}.$$

【注】 本题也可令 $\boldsymbol{P}=(\boldsymbol{\alpha}_1,\boldsymbol{\alpha}_2,\boldsymbol{\alpha}_3)=\begin{pmatrix}1&1&0\\0&0&1\\-1&1&0\end{pmatrix}$，并求出 $\boldsymbol{P}^{-1}$，再根据 $\boldsymbol{A}=\boldsymbol{P}\boldsymbol{\Lambda}\boldsymbol{P}^{-1}$ 来求矩阵 $\boldsymbol{A}$.

真题精选

考点　矩阵的相似和相似对角化

1.【答案】 (B).

【解】 由于 $\boldsymbol{P}=(\boldsymbol{\alpha}_1,\boldsymbol{\alpha}_2,\boldsymbol{\alpha}_3)$，且

$$\boldsymbol{P}^{-1}\boldsymbol{A}\boldsymbol{P}=\begin{pmatrix}1&0&0\\0&1&0\\0&0&2\end{pmatrix},$$

故 $\boldsymbol{\alpha}_1,\boldsymbol{\alpha}_2,\boldsymbol{\alpha}_3$ 分别为 $\boldsymbol{A}$ 的特征值 1,1,2 所对应的特征向量. 又由于 $\boldsymbol{\alpha}_1+\boldsymbol{\alpha}_2$ 仍然为 $\boldsymbol{A}$ 的二重特征值 1 所对应的特征向量，即 $\boldsymbol{Q}$ 的第 1，2，3 列仍然分别为 $\boldsymbol{A}$ 的特征值 1,1,2 所对应的特征向量，故

$$\boldsymbol{Q}^{-1}\boldsymbol{A}\boldsymbol{Q}=\begin{pmatrix}1&0&0\\0&1&0\\0&0&2\end{pmatrix}.$$

2.【答案】 (D).

【解】 由 $\boldsymbol{A}^2+\boldsymbol{A}=\boldsymbol{O}$ 知 $\boldsymbol{A}$ 的特征值 λ 满足 $\lambda^2+\lambda=0$，故 $\boldsymbol{A}$ 的特征值只可能为 $0,-1$. 又由 $r(\boldsymbol{A})=3$ 知 $\boldsymbol{A}\boldsymbol{x}=\boldsymbol{0}$ 的基础解系中有 $4-r(\boldsymbol{A})=1$ 个向量，即 $\boldsymbol{A}$ 的特征值 0 对应着 1 个线性无关的特征向量，从而 0 是 $\boldsymbol{A}$ 的 1 重特征值，且 $\boldsymbol{A}$ 的全部特征值为 $0,-1,-1,-1$. 由于与 $\boldsymbol{A}$ 相似的矩阵的特征值与 $\boldsymbol{A}$ 相同，故选(D).

3.【答案】 (C).

【解】 由于 $\boldsymbol{A}$ 相似于 $\boldsymbol{B}$，故 $\boldsymbol{A}-2\boldsymbol{E}$ 相似于 $\boldsymbol{B}-2\boldsymbol{E}$，$\boldsymbol{A}-\boldsymbol{E}$ 相似于 $\boldsymbol{B}-\boldsymbol{E}$，从而

$$r(\boldsymbol{A}-2\boldsymbol{E})+r(\boldsymbol{A}-\boldsymbol{E})=r(\boldsymbol{B}-2\boldsymbol{E})+r(\boldsymbol{B}-\boldsymbol{E})=3+1=4.$$

4.【答案】 2.

【解】 由于 $\boldsymbol{\alpha}\boldsymbol{\beta}^{\mathrm T}$ 相似于 $\begin{pmatrix}2&0&0\\0&0&0\\0&0&0\end{pmatrix}$，故 $\boldsymbol{\alpha}\boldsymbol{\beta}^{\mathrm T}$ 的特征值为 0,0,2，从而其非零特征值 $\boldsymbol{\beta}^{\mathrm T}\boldsymbol{\alpha}=\boldsymbol{\alpha}^{\mathrm T}\boldsymbol{\beta}=2$.

5.【证】记 $A=\begin{pmatrix}1&1&\cdots&1\\1&1&\cdots&1\\\vdots&\vdots&&\vdots\\1&1&\cdots&1\end{pmatrix}$，$B=\begin{pmatrix}0&\cdots&0&1\\0&\cdots&0&2\\\vdots&&\vdots&\vdots\\0&\cdots&0&n\end{pmatrix}$.

由

$$|A-\lambda E|=\begin{vmatrix}1-\lambda&1&\cdots&1\\1&1-\lambda&\cdots&1\\\vdots&\vdots&&\vdots\\1&1&\cdots&1-\lambda\end{vmatrix}=\begin{vmatrix}n-\lambda&n-\lambda&\cdots&n-\lambda\\1&1-\lambda&\cdots&1\\\vdots&\vdots&&\vdots\\1&1&\cdots&1-\lambda\end{vmatrix}$$

$$=(n-\lambda)\begin{vmatrix}1&1&\cdots&1\\0&-\lambda&\cdots&0\\\vdots&\vdots&&\vdots\\0&0&\cdots&-\lambda\end{vmatrix}=(n-\lambda)(-\lambda)^{n-1},$$

$$|B-\lambda E|=\begin{vmatrix}-\lambda&0&\cdots&1\\0&-\lambda&\cdots&2\\\vdots&\vdots&&\vdots\\0&0&\cdots&n-\lambda\end{vmatrix}=(n-\lambda)(-\lambda)^{n-1}$$

知 A,B 有相同的特征值 $\lambda_1=n,\lambda_2=0(n-1$ 重).

由于 A 为实对称矩阵，故 A 相似于对角矩阵 $\Lambda=\begin{pmatrix}n&&&\\&0&&\\&&\ddots&\\&&&0\end{pmatrix}$.

又由于 $r(B-\lambda_2E)=r(B)=1$，故 B 的特征值 $\lambda_2=0$ 对应着 $n-1$ 个线性无关的特征向量，从而 B 也相似于 A，即 A 与 B 相似.

【注】证明 A,B 相似的常用方法是证明 A,B 都相似于同一对角矩阵.

6.【解】(1) 设

$$x_1\alpha_1+x_2\alpha_2+x_3\alpha_3=\mathbf{0}.$$

两边同时左乘 A，则

$$x_1A\alpha_1+x_2A\alpha_2+x_3A\alpha_3=\mathbf{0}.$$

由于 α_1,α_2 为 A 的分别属于特征值 $-1,1$ 的特征向量，故 $A\alpha_1=-\alpha_1,A\alpha_2=\alpha_2$，从而

$$-x_1\alpha_1+x_2\alpha_2+x_3(\alpha_2+\alpha_3)=\mathbf{0},$$

即由 $x_1\alpha_1+x_2\alpha_2+x_3\alpha_3=\mathbf{0}$ 得

$$2x_1\alpha_1-x_3\alpha_2=\mathbf{0}.$$

由于 A 的不同特征值所对应的特征向量 α_1,α_2 线性无关，故 $x_1=x_3=0$，即 $x_2\alpha_2=\mathbf{0}$. 又由于 α_2 是 A 的特征向量，故 $\alpha_2\neq\mathbf{0}$，从而 $x_2=0$. 因此，$\alpha_1,\alpha_2,\alpha_3$ 线性无关.

(2) 由于 $A\alpha_1=-\alpha_1,A\alpha_2=\alpha_2,A\alpha_3=\alpha_2+\alpha_3$，故

$$AP=A(\alpha_1,\alpha_2,\alpha_3)=(A\alpha_1,A\alpha_2,A\alpha_3)=(-\alpha_1,\alpha_2,\alpha_2+\alpha_3)$$

$$=(\alpha_1,\alpha_2,\alpha_3)\begin{pmatrix}-1&0&0\\0&1&1\\0&0&1\end{pmatrix}=P\begin{pmatrix}-1&0&0\\0&1&1\\0&0&1\end{pmatrix}.$$

由(1)知 P 可逆，于是 $P^{-1}AP=\begin{pmatrix}-1&0&0\\0&1&1\\0&0&1\end{pmatrix}$.

7.【解】(1) 由 $A\alpha_1=\alpha_1$ 知 $B\alpha_1=(A^5-4A^3+E)\alpha_1=A^5\alpha_1-4A^3\alpha_1+\alpha_1=-2\alpha_1$，故 α_1 是 B 对应于特征值 -2 的一个特征向量，其全部特征向量为 $k\alpha_1(k\neq0)$.

B 的特征值为 $-2,2^5-4\times2^3+1=1,(-2)^5-4\times(-2)^3+1=1$.

设 $(x_1,x_2,x_3)^{\mathrm T}$ 为 B 对应于特征值 1 的特征向量，由于 B 为实对称矩阵，故由 $(x_1,x_2,x_3)^{\mathrm T}$ 与 α_1 相互正交知

$$x_1-x_2+x_3=0,$$

解得 B 对应于特征值 1 的全部特征向量为 $k_1(1,1,0)^{\mathrm T}+k_2(-1,0,1)^{\mathrm T}$ (k_1,k_2 不同时为零).

(2) 记 $\Lambda=\begin{pmatrix}-2&0&0\\0&1&0\\0&0&1\end{pmatrix}$，$P=\begin{pmatrix}1&1&-1\\-1&1&0\\1&0&1\end{pmatrix}$，则

$$B=P\Lambda P^{-1}=\begin{pmatrix}1&1&-1\\-1&1&0\\1&0&1\end{pmatrix}\begin{pmatrix}-2&0&0\\0&1&0\\0&0&1\end{pmatrix}\frac13\begin{pmatrix}1&-1&1\\1&2&1\\-1&1&2\end{pmatrix}$$

$$=\begin{pmatrix}0&1&-1\\1&0&1\\-1&1&0\end{pmatrix}.$$

8.【解】(1) 由 $A\alpha_1=\alpha_1+\alpha_2+\alpha_3,A\alpha_2=2\alpha_2+\alpha_3,A\alpha_3=2\alpha_2+3\alpha_3$ 知

$$(A\alpha_1,A\alpha_2,A\alpha_3)=(\alpha_1+\alpha_2+\alpha_3,2\alpha_2+\alpha_3,2\alpha_2+3\alpha_3),$$

从而

$$A(\alpha_1,\alpha_2,\alpha_3)=(\alpha_1,\alpha_2,\alpha_3)\begin{pmatrix}1&0&0\\1&2&2\\1&1&3\end{pmatrix},$$

故 $B=\begin{pmatrix}1&0&0\\1&2&2\\1&1&3\end{pmatrix}$.

(2) 记 $P=(\alpha_1,\alpha_2,\alpha_3)$，则 $AP=PB$. 由 $\alpha_1,\alpha_2,\alpha_3$ 线性无关知 P 可逆，故 $P^{-1}AP=B$，即 A 与 B 相似，从而 A 与 B 的特征值相同.

$$|B-\lambda E|=\begin{vmatrix}1-\lambda&0&0\\1&2-\lambda&2\\1&1&3-\lambda\end{vmatrix}=(4-\lambda)(\lambda-1)^2.$$

由 $|B-\lambda E|=0$ 得 B 的特征值，即 A 的特征值为 $\lambda_1=4,\lambda_2=\lambda_3=1$.

(3) 解方程组 $(B-4E)x=\mathbf{0}$，得 B 对应于 $\lambda_1=4$ 的特征向量 $\beta_1=(0,1,1)^{\mathrm T}$.

解方程组 $(B-E)x=\mathbf{0}$，得 B 对应于 $\lambda_2=\lambda_3=1$ 的线性无关的特征向量 $\beta_2=(-1,1,0)^{\mathrm T},\beta_3=(-2,0,1)^{\mathrm T}$.

设 $Bx=\lambda x\ (x\neq\mathbf{0})$，则由 $P^{-1}AP=B$ 知 $P^{-1}APx=\lambda x$，从而 $A(Px)=\lambda(Px)$.

故得 A 对应于 $\lambda_1=4$ 的特征向量

$$P\beta_1=(\alpha_1,\alpha_2,\alpha_3)\begin{pmatrix}0\\1\\1\end{pmatrix}=\alpha_2+\alpha_3;$$

对应于 $\lambda_2=\lambda_3=1$ 的线性无关的特征向量

$$P\beta_2=(\alpha_1,\alpha_2,\alpha_3)\begin{pmatrix}-1\\1\\0\end{pmatrix}=-\alpha_1+\alpha_2,$$

$$P\beta_3=(\alpha_1,\alpha_2,\alpha_3)\begin{pmatrix}-2\\0\\1\end{pmatrix}=-2\alpha_1+\alpha_3.$$

令

$$\Lambda=\begin{pmatrix}4&0&0\\0&1&0\\0&0&1\end{pmatrix},\quad P=(\alpha_2+\alpha_3,-\alpha_1+\alpha_2,-2\alpha_1+\alpha_3),$$

则 $P^{-1}AP=\Lambda$.

【注】2018 年数学二又考查了类似的求特征值的填空题.

9.【解】$|A-\lambda E|=\begin{vmatrix}1-\lambda&2&-3\\-1&4-\lambda&-3\\1&a&5-\lambda\end{vmatrix}=\begin{vmatrix}2-\lambda&\lambda-2&0\\-1&4-\lambda&-3\\1&a&5-\lambda\end{vmatrix}=$

$$\begin{vmatrix}2-\lambda&0&0\\-1&3-\lambda&-3\\1&a+1&5-\lambda\end{vmatrix}=(2-\lambda)(\lambda^2-8\lambda+18+3a).$$

1°若 $\lambda=2$ 是二重根，则由 $2^2-8\times2+18+3a=0$ 得 $a=-2$. 由于

$$A-2E=\begin{pmatrix}-1&2&-3\\-1&2&-3\\1&-2&3\end{pmatrix}\to\begin{pmatrix}-1&2&-3\\0&0&0\\0&0&0\end{pmatrix},$$

故 $r(A-2E)=1$，从而 A 可相似对角化.

2°若 $\lambda=2$ 不是二重根，则由 $18+3a=16$ 得 $a=-\frac{2}{3}$. 此时，A 的特征值为 $2,4,4$. 由于

$$A-4E=\begin{pmatrix}-3&2&-3\\-1&0&-3\\1&-\frac{2}{3}&1\end{pmatrix}\to\begin{pmatrix}-1&0&-3\\0&2&6\\0&0&0\end{pmatrix},$$

故 $r(A-4E)=2\neq1$，从而 A 不可相似对角化.

10.【解】(1) 若 A,B 相似，则存在可逆矩阵 P，使 $P^{-1}AP=B$. 于是

$$\begin{aligned}|B-\lambda E|&=|P^{-1}AP-\lambda E|=|P^{-1}AP-P^{-1}\lambda P|\\&=|P^{-1}(A-\lambda E)P|=|P^{-1}||A-\lambda E||P|\\&=|P|^{-1}|A-\lambda E||P|=|A-\lambda E|,\end{aligned}$$

故 A,B 的特征值多项式相等.

(2) 对于 $A=\begin{pmatrix}1&0\\0&1\end{pmatrix}$，$B=\begin{pmatrix}1&1\\0&1\end{pmatrix}$，$|A-\lambda E|=|B-\lambda E|=(\lambda-1)^2$，但由于对于任意可逆矩阵 P，都有 $P^{-1}AP=E$，故 A 只与自身相似，与 B 不相似.

(3) 由于 A,B 为实对称矩阵，故都能相似对角化. 又由 A,B 的特征多项式相等知其特征值相同，故 A,B 必相似于同一对角矩阵，从而 A,B 相似.

11.【解】(1) 由 $A=PBP^{-1}$ 知 $AP=PB$. 于是，$A(x,Ax,A^2x)=(Ax,A^2x,A^3x)=(Ax,A^2x,3Ax-2A^2x)=(x,Ax,A^2x)\begin{pmatrix}0&0&0\\1&0&3\\0&1&-2\end{pmatrix}$，故 $B=\begin{pmatrix}0&0&0\\1&0&3\\0&1&-2\end{pmatrix}$.

(2) 由(1)知 A 与 B 相似，故 $A+E$ 与 $B+E$ 相似，从而

$$|A+E|=|B+E|=\begin{vmatrix}1&0&0\\1&1&3\\0&1&-1\end{vmatrix}=-4.$$

【注】2020 年数学一、二、三的解答题第(2)问的思路与本题第(1)问非常类似.

12.【解】(1)由 $\begin{cases}x_{n+1}=\frac{5}{6}x_n+\frac{2}{5}\left(\frac{1}{6}x_n+y_n\right)=\frac{9}{10}x_n+\frac{2}{5}y_n,\\ y_{n+1}=\frac{3}{5}\left(\frac{1}{6}x_n+y_n\right)=\frac{1}{10}x_n+\frac{3}{5}y_n\end{cases}$ 得

$$\begin{pmatrix}x_{n+1}\\y_{n+1}\end{pmatrix}=\begin{pmatrix}\frac{9}{10}&\frac{2}{5}\\\frac{1}{10}&\frac{3}{5}\end{pmatrix}\begin{pmatrix}x_n\\y_n\end{pmatrix}，即 A=\begin{pmatrix}\frac{9}{10}&\frac{2}{5}\\\frac{1}{10}&\frac{3}{5}\end{pmatrix}.$$

(2) 由 $A\eta_1=\begin{pmatrix}\frac{9}{10}&\frac{2}{5}\\\frac{1}{10}&\frac{3}{5}\end{pmatrix}\begin{pmatrix}4\\1\end{pmatrix}=\begin{pmatrix}4\\1\end{pmatrix}=\eta_1$ 知 η_1 为 A 对应于特征值 1 的特征向量；

由 $A\eta_2=\begin{pmatrix}\frac{9}{10}&\frac{2}{5}\\\frac{1}{10}&\frac{3}{5}\end{pmatrix}\begin{pmatrix}-1\\1\end{pmatrix}=\begin{pmatrix}-\frac{1}{2}\\\frac{1}{2}\end{pmatrix}=\frac{1}{2}\eta_2$ 知 η_2 为 A 对应于特征值 $\frac{1}{2}$ 的特征向量.

记 $P=(\eta_1,\eta_2)=\begin{pmatrix}4&-1\\1&1\end{pmatrix}$，由 $|P|=5\neq0$ 知 η_1,η_2 线性无关.

(3) $\begin{pmatrix}x_{n+1}\\y_{n+1}\end{pmatrix}=A\begin{pmatrix}x_n\\y_n\end{pmatrix}=A^2\begin{pmatrix}x_{n-1}\\y_{n-1}\end{pmatrix}=\cdots=A^n\begin{pmatrix}x_1\\y_1\end{pmatrix}$.

$$\begin{aligned}A^n&=P\begin{pmatrix}1&0\\0&\frac{1}{2}\end{pmatrix}^nP^{-1}=\begin{pmatrix}4&-1\\1&1\end{pmatrix}\begin{pmatrix}1&0\\0&\frac{1}{2^n}\end{pmatrix}\frac{1}{5}\begin{pmatrix}1&1\\-1&4\end{pmatrix}\\&=\frac{1}{5}\begin{pmatrix}4+\frac{1}{2^n}&4-\frac{1}{2^{n-2}}\\1-\frac{1}{2^n}&1+\frac{1}{2^{n-2}}\end{pmatrix}.\end{aligned}$$

故 $\begin{pmatrix}x_{n+1}\\y_{n+1}\end{pmatrix}=\frac{1}{5}\begin{pmatrix}4+\frac{1}{2^n}&4-\frac{1}{2^{n-2}}\\1-\frac{1}{2^n}&1+\frac{1}{2^{n-2}}\end{pmatrix}\begin{pmatrix}\frac{1}{2}\\\frac{1}{2}\end{pmatrix}=\frac{1}{10}\begin{pmatrix}8-\frac{3}{2^n}\\2+\frac{3}{2^n}\end{pmatrix}$.

【注】2024 年数学一又考查了类似的解答题.

13.【解】(1) $|A-\lambda E|=\begin{vmatrix}-\lambda&1&0&0\\1&-\lambda&0&0\\0&0&y-\lambda&1\\0&0&1&2-\lambda\end{vmatrix}=\begin{vmatrix}-\lambda&1\\1&-\lambda\end{vmatrix}\cdot\begin{vmatrix}y-\lambda&1\\1&2-\lambda\end{vmatrix}=(\lambda^2-1)[\lambda^2-(y+2)\lambda+2y-1]$.

由 $|A-3E|=0$ 知 $y=2$.

(2) $(AP)^{\mathrm T}(AP)=P^{\mathrm T}(A^{\mathrm T}A)P=P^{\mathrm T}A^2P$.

由 $|A-\lambda E|=(\lambda-1)^2(\lambda+1)(\lambda-3)=0$ 得 A 的特征值 $\lambda_1=\lambda_2=1,\lambda_3=-1,\lambda_4=3$.

解方程组 $(A-E)x=0$，得 A 对应于 $\lambda_1=\lambda_2=1$ 的线性无关的特征向量 $\alpha_1=(1,1,0,0)^{\mathrm T}$，$\alpha_2=(0,0,-1,1)^{\mathrm T}$.

解方程组 $(A+E)x=0$，得 A 对应于 $\lambda_3=-1$ 的特征向量 $\alpha_3=(-1,1,0,0)^{\mathrm T}$. 解方程组 $(A-3E)x=0$，得 A 对应于 $\lambda_4=3$ 的特征向量 $\alpha_4=(0,0,1,1)^{\mathrm T}$. 故 A^2 的特征值为 $1,1,1,9$，且对应于 1 的线性无关的特征向量为 $\alpha_1,\alpha_2,\alpha_3$，对应于 9 的特征向量为 α_4.

由于 $\alpha_1,\alpha_2,\alpha_3,\alpha_4$ 两两正交，故只需将其单位化：取

$$\gamma_1=\frac{1}{\sqrt2}(1,1,0,0)^{\mathrm T},\quad\gamma_2=\frac{1}{\sqrt2}(0,0,-1,1)^{\mathrm T},$$

$$\gamma_3=\frac{1}{\sqrt2}(-1,1,0,0)^{\mathrm T},\quad\gamma_4=\frac{1}{\sqrt2}(0,0,1,1)^{\mathrm T}.$$

令

$$\Lambda=\begin{pmatrix}1&0&0&0\\0&1&0&0\\0&0&1&0\\0&0&0&9\end{pmatrix},$$

$$P=(\gamma_1,\gamma_2,\gamma_3,\gamma_4)=\begin{pmatrix}\frac{1}{\sqrt2}&0&-\frac{1}{\sqrt2}&0\\\frac{1}{\sqrt2}&0&\frac{1}{\sqrt2}&0\\0&-\frac{1}{\sqrt2}&0&\frac{1}{\sqrt2}\\0&\frac{1}{\sqrt2}&0&\frac{1}{\sqrt2}\end{pmatrix},$$

则 $(AP)^{\mathrm T}(AP)=\Lambda$.

14.【解】(1) 由

$$(\xi_1,\xi_2,\xi_3,\beta)=\begin{pmatrix}1&1&1&1\\1&2&3&1\\1&4&9&3\end{pmatrix}\to\begin{pmatrix}1&0&0&2\\0&1&0&-2\\0&0&1&1\end{pmatrix}$$

知 $\beta=2\xi_1-2\xi_2+\xi_3$.

(2) 由 $A\xi_i=\lambda_i\xi_i$ 知 $A^n\xi_i=\lambda_i^n\xi_i\,(i=1,2,3)$，故

$$\begin{aligned}A^n\beta&=A^n(2\xi_1-2\xi_2+\xi_3)=2A^n\xi_1-2A^n\xi_2+A^n\xi_3\\&=2\begin{pmatrix}1\\1\\1\end{pmatrix}-2^{n+1}\begin{pmatrix}1\\2\\4\end{pmatrix}+3^n\begin{pmatrix}1\\3\\9\end{pmatrix}=\begin{pmatrix}2-2^{n+1}+3^n\\2-2^{n+2}+3^{n+1}\\2-2^{n+3}+3^{n+2}\end{pmatrix}.\end{aligned}$$

15.【解】(1) 由于 $\boldsymbol{A},\boldsymbol{B}$ 相似，故 $\boldsymbol{A}$ 的特征值为 $-1,2,y$.

由 $\begin{cases}-2+x+1=-1+2+y,\\|\boldsymbol{A}+\boldsymbol{E}|=0\end{cases}$ 知 $\begin{cases}x-y=2,\\-2x=0\end{cases}$ 解得 $\begin{cases}x=0,\\y=-2.\end{cases}$

(2) 解方程组 $(\boldsymbol{A}+\boldsymbol{E})\boldsymbol{x}=\boldsymbol{0}$，得 $\boldsymbol{A}$ 对应于特征值 -1 的特征向量 $\boldsymbol{\alpha}_1=(0,2,-1)^{\mathrm{T}}$.

解方程组 $(\boldsymbol{A}-2\boldsymbol{E})\boldsymbol{x}=\boldsymbol{0}$，得 $\boldsymbol{A}$ 对应于特征值 2 的特征向量 $\boldsymbol{\alpha}_2=(0,1,1)^{\mathrm{T}}$.

解方程组 $(\boldsymbol{A}+2\boldsymbol{E})\boldsymbol{x}=\boldsymbol{0}$，得 $\boldsymbol{A}$ 对应于特征值 -2 的特征向量 $\boldsymbol{\alpha}_3=(1,0,-1)^{\mathrm{T}}$.

故 $\boldsymbol{P}=(\boldsymbol{\alpha}_1,\boldsymbol{\alpha}_2,\boldsymbol{\alpha}_3)=\begin{pmatrix}0&0&1\\2&1&0\\-1&1&-1\end{pmatrix}$.

【注】本题第(1)问若根据 $-2+x+1=-1+2+y$，$|\boldsymbol{A}|=|\boldsymbol{B}|$ 来列方程组，则两方程相同.

第五章 二次型

十年真题

考点一 化二次型为标准形

1.【答案】(C).

【解】由题意知 $\boldsymbol{A}$ 的特征值为 $1,-2,3$，故 $|\boldsymbol{A}|=1\times(-2)\times3=-6$，$\boldsymbol{A}$ 的迹为 $1+(-2)+3=2$.

2.【答案】(B).

【解】$f(x_1,x_2,x_3)=2x_1^2-3x_2^2-3x_3^2+2x_1x_2+2x_1x_3+8x_2x_3$.

二次型 f 的矩阵为 $\boldsymbol{A}=\begin{pmatrix}2&1&1\\1&-3&4\\1&4&-3\end{pmatrix}$.

由

$$|\boldsymbol{A}-\lambda\boldsymbol{E}|=\begin{vmatrix}2-\lambda&1&1\\1&-3-\lambda&4\\1&4&-3-\lambda\end{vmatrix}=\begin{vmatrix}2-\lambda&1&1\\1&-3-\lambda&4\\0&7+\lambda&-7-\lambda\end{vmatrix}=\begin{vmatrix}2-\lambda&2&1\\1&1-\lambda&4\\0&0&-7-\lambda\end{vmatrix}=-\lambda(\lambda-3)(\lambda+7)$$

知 $\boldsymbol{A}$ 的特征值为 $3,-7,0$，故 f 的规范形为 $y_1^2-y_2^2$.

【注】本题容易误选(D). 而事实上，$\begin{cases}x_1+x_2=y_1,\\x_1+x_3=y_2,\\2(x_2-x_3)=y_3\end{cases}$ 不是可逆变换. 2021 年数学一、二、三的选择题和 2018 年数学一、二、三的解答题的第(2)问曾考查过类似的问题.

3.【答案】(B).

【解】$f(x_1,x_2,x_3)=2x_2^2+2x_1x_2+2x_1x_3+2x_2x_3$.

二次型 f 的矩阵为 $\boldsymbol{A}=\begin{pmatrix}0&1&1\\1&2&1\\1&1&0\end{pmatrix}$.

由

$$|\boldsymbol{A}-\lambda E|=\begin{vmatrix}-\lambda&1&1\\1&2-\lambda&1\\1&1&-\lambda\end{vmatrix}=\begin{vmatrix}-\lambda-1&0&1+\lambda\\1&2-\lambda&1\\1&1&-\lambda\end{vmatrix}=\begin{vmatrix}-\lambda-1&0&0\\1&2-\lambda&2\\1&1&1-\lambda\end{vmatrix}=-\lambda(\lambda-3)(\lambda+1)$$

知 $\boldsymbol{A}$ 的特征值为 $3,-1,0$，故 f 在正交变换下的标准形为 $f=3y_1^2-y_2^2$，从而 f 的正惯性指数与负惯性指数依次为 1，1.

【注】本题容易误选(C). 而事实上，$\begin{cases}x_1+x_2=y_1,\\x_2+x_3=y_2,\\x_3-x_1=y_3\end{cases}$ 不是可逆变换.

4.【答案】(C).

【解】由 $\boldsymbol{A}^2+\boldsymbol{A}=2\boldsymbol{E}$ 知 $\boldsymbol{A}$ 的特征值 λ 满足 $\lambda^2+\lambda=2$，故 $\boldsymbol{A}$ 的特征值只可能为 $1,-2$. 又由 $|\boldsymbol{A}|=4$ 知 $\boldsymbol{A}$ 的特征值为 $1,-2,-2$，从而 $\boldsymbol{x}^{\mathrm{T}}\boldsymbol{A}\boldsymbol{x}$ 的正惯性指数为 1，负惯性指数为 2，故其规范形为 $y_1^2-y_2^2-y_3^2$.

5.【答案】(B).

【解】二次型 f 的矩阵为 $\boldsymbol{A}=\begin{pmatrix}1&2&2\\2&1&2\\2&2&1\end{pmatrix}$.

由

$$|\boldsymbol{A}-\lambda\boldsymbol{E}|=\begin{vmatrix}1-\lambda&2&2\\2&1-\lambda&2\\2&2&1-\lambda\end{vmatrix}=\begin{vmatrix}5-\lambda&5-\lambda&5-\lambda\\2&1-\lambda&2\\2&2&1-\lambda\end{vmatrix}=(5-\lambda)\begin{vmatrix}1&1&1\\0&-1-\lambda&0\\0&0&-1-\lambda\end{vmatrix}=(5-\lambda)(\lambda+1)^2$$

知 $\boldsymbol{A}$ 的特征值为 $5,-1,-1$，故 f 在正交变换下的标准形为 $f=5y_1^2-y_2^2-y_3^2$，从而 $5y_1^2-y_2^2-y_3^2=2$ 表示双叶双曲面.

6.【答案】(C).

【解】二次型 f 的矩阵为 $\boldsymbol{A}=\begin{pmatrix}a&1&1\\1&a&1\\1&1&a\end{pmatrix}$.

由

$$|\boldsymbol{A}-\lambda\boldsymbol{E}|=\begin{vmatrix}a-\lambda&1&1\\1&a-\lambda&1\\1&1&a-\lambda\end{vmatrix}=\begin{vmatrix}2+a-\lambda&2+a-\lambda&2+a-\lambda\\1&a-\lambda&1\\1&1&a-\lambda\end{vmatrix}=(2+a-\lambda)\begin{vmatrix}1&1&1\\0&a-1-\lambda&0\\0&0&a-1-\lambda\end{vmatrix}=(2+a-\lambda)(a-1-\lambda)^2$$

知 $\boldsymbol{A}$ 的特征值为 $a+2,a-1,a-1$，故由 $\begin{cases}a+2>0,\\a-1<0\end{cases}$ 得 $-2<a<1$.

7.【答案】(A).

【解】由题意，二次型 f 的矩阵的特征值为 $2,1,-1$，且其所对应的两两正交的单位特征向量分别为 $\boldsymbol{e}_1,\boldsymbol{e}_2,\boldsymbol{e}_3$. 由于 $-\boldsymbol{e}_3$ 仍为 f 的矩阵对应于特征值 -1 的特征向量，故 f 在 $\boldsymbol{x}=\boldsymbol{Q}\boldsymbol{y}$ 下的标准形为 $2y_1^2-y_2^2+y_3^2$.

8.【解】(1) 由 $\boldsymbol{A}\to\begin{pmatrix}1&0&1\\0&1&a\end{pmatrix}$ 知 $\boldsymbol{A}\boldsymbol{x}=\boldsymbol{0}$ 的通解为 $\boldsymbol{x}=k(-1,-a,1)^{\mathrm{T}}$，其中 k 为任意常数.

由 $\boldsymbol{B}^{\mathrm{T}}\begin{pmatrix}-1\\-a\\1\end{pmatrix}=\begin{pmatrix}1&1&b\\1&1&2\end{pmatrix}\begin{pmatrix}-1\\-a\\1\end{pmatrix}=\begin{pmatrix}b-a-1\\1-a\end{pmatrix}=\boldsymbol{0}$ 知 $\begin{cases}b-a-1=0,\\1-a=0\end{cases}$ 解得 $\begin{cases}a=1,\\b=2.\end{cases}$

(2) $\boldsymbol{BA}=\begin{pmatrix}1&1\\1&1\\2&2\end{pmatrix}\begin{pmatrix}0&1&1\\1&0&1\end{pmatrix}=\begin{pmatrix}1&1&2\\1&1&2\\2&2&4\end{pmatrix}$.

$$|\boldsymbol{BA}-\lambda\boldsymbol{E}|=\begin{vmatrix}1-\lambda&1&2\\1&1-\lambda&2\\2&2&4-\lambda\end{vmatrix}=\begin{vmatrix}-\lambda&\lambda&0\\1&1-\lambda&2\\2&2&4-\lambda\end{vmatrix}$$
$$=\begin{vmatrix}-\lambda&0&0\\1&2-\lambda&2\\2&4&4-\lambda\end{vmatrix}=-\lambda\begin{vmatrix}2-\lambda&2\\4&4-\lambda\end{vmatrix}$$
$$=-\lambda^2(\lambda-6).$$

由$|\boldsymbol{BA}-\lambda\boldsymbol{E}|=0$得$\boldsymbol{BA}$的特征值$\lambda_1=\lambda_2=0,\lambda_3=6$.

解方程组$\boldsymbol{BAx}=\boldsymbol{0}$,得$\boldsymbol{BA}$对应于特征值$\lambda_1=\lambda_2=0$的特征向量$\boldsymbol{\alpha}_1=(-1,1,0)^{\mathrm{T}},\boldsymbol{\alpha}_2=(-2,0,1)^{\mathrm{T}}$.

解方程组$(\boldsymbol{BA}-6\boldsymbol{E})\boldsymbol{x}=\boldsymbol{0}$,得$\boldsymbol{BA}$对应于特征值$\lambda_3=6$的特征向量$\boldsymbol{\alpha}_3=(1,1,2)^{\mathrm{T}}$.

将$\boldsymbol{\alpha}_1,\boldsymbol{\alpha}_2$正交化：取

$$\boldsymbol{\beta}_1=\boldsymbol{\alpha}_1=(-1,1,0)^{\mathrm{T}},\quad \boldsymbol{\beta}_2=\boldsymbol{\alpha}_2-\frac{(\boldsymbol{\beta}_1,\boldsymbol{\alpha}_2)}{(\boldsymbol{\beta}_1,\boldsymbol{\beta}_1)}\boldsymbol{\beta}_1=(-1,-1,1)^{\mathrm{T}}.$$

再将$\boldsymbol{\beta}_1,\boldsymbol{\beta}_2,\boldsymbol{\alpha}_3$单位化：取

$$\boldsymbol{\gamma}_1=\frac{1}{\sqrt2}(-1,1,0)^{\mathrm{T}},$$
$$\boldsymbol{\gamma}_2=\frac{1}{\sqrt3}(-1,-1,1)^{\mathrm{T}},$$
$$\boldsymbol{\gamma}_3=\frac{1}{\sqrt6}(1,1,2)^{\mathrm{T}}.$$

令

$$\boldsymbol{Q}=(\boldsymbol{\gamma}_1,\boldsymbol{\gamma}_2,\boldsymbol{\gamma}_3)=\begin{pmatrix}-\frac{1}{\sqrt2}&-\frac{1}{\sqrt3}&\frac{1}{\sqrt6}\\\frac{1}{\sqrt2}&-\frac{1}{\sqrt3}&\frac{1}{\sqrt6}\\0&\frac{1}{\sqrt3}&\frac{2}{\sqrt6}\end{pmatrix},$$

则二次型f在正交变换$\boldsymbol{x}=\boldsymbol{Qy}$下的标准形为$f=6y_3^2$.

9.【解】(1) $f(x_1,x_2,x_3)=x_1^2+4x_2^2+9x_3^2+4x_1x_2+6x_1x_3+12x_2x_3$.

f的矩阵为$\boldsymbol{A}=\begin{pmatrix}1&2&3\\2&4&6\\3&6&9\end{pmatrix}$.

(2) 由于$r(\boldsymbol{A})=1$,故$\boldsymbol{A}$的特征值为$\lambda_1=\lambda_2=0,\lambda_3=14$.

解方程组$\boldsymbol{Ax}=\boldsymbol{0}$,得$\boldsymbol{A}$对应于特征值$\lambda_1=\lambda_2=0$的特征向量$\boldsymbol{\alpha}_1=(-2,1,0)^{\mathrm{T}},\boldsymbol{\alpha}_2=(-3,0,1)^{\mathrm{T}}$.

解方程组$(\boldsymbol{A}-14\boldsymbol{E})\boldsymbol{x}=\boldsymbol{0}$,得$\boldsymbol{A}$对应于特征值$\lambda_3=14$的特征向量$\boldsymbol{\alpha}_3=(1,2,3)^{\mathrm{T}}$.

将$\boldsymbol{\alpha}_1,\boldsymbol{\alpha}_2$正交化：取

$$\boldsymbol{\beta}_1=\boldsymbol{\alpha}_1=(-2,1,0)^{\mathrm{T}},$$
$$\boldsymbol{\beta}_2=\boldsymbol{\alpha}_2-\frac{(\boldsymbol{\beta}_1,\boldsymbol{\alpha}_2)}{(\boldsymbol{\beta}_1,\boldsymbol{\beta}_1)}\boldsymbol{\beta}_1=\frac15(-3,-6,5)^{\mathrm{T}}.$$

再将$\boldsymbol{\beta}_1,\boldsymbol{\beta}_2,\boldsymbol{\alpha}_3$单位化：取

$$\boldsymbol{\gamma}_1=\frac{1}{\sqrt5}(-2,1,0)^{\mathrm{T}},$$
$$\boldsymbol{\gamma}_2=\frac{1}{\sqrt{70}}(-3,-6,5)^{\mathrm{T}},$$
$$\boldsymbol{\gamma}_3=\frac{1}{\sqrt{14}}(1,2,3)^{\mathrm{T}}.$$

令

$$\boldsymbol{Q}=(\boldsymbol{\gamma}_1,\boldsymbol{\gamma}_2,\boldsymbol{\gamma}_3)=\begin{pmatrix}-\frac{2}{\sqrt5}&-\frac{3}{\sqrt{70}}&\frac{1}{\sqrt{14}}\\\frac{1}{\sqrt5}&-\frac{6}{\sqrt{70}}&\frac{2}{\sqrt{14}}\\0&\frac{5}{\sqrt{70}}&\frac{3}{\sqrt{14}}\end{pmatrix},$$

则二次型f在正交变换$\boldsymbol{x}=\boldsymbol{Qy}$下的标准形为$f=14y_3^2$.

(3) 由$f(x_1,x_2,x_3)=0$知$14y_3^2=0$,得$y_3=0$(y_1,y_2为任意常数).

于是

$$\boldsymbol{x}=\boldsymbol{Q}\begin{pmatrix}y_1\\y_2\\0\end{pmatrix}=(\boldsymbol{\gamma}_1,\boldsymbol{\gamma}_2,\boldsymbol{\gamma}_3)\begin{pmatrix}y_1\\y_2\\0\end{pmatrix}=y_1\boldsymbol{\gamma}_1+y_2\boldsymbol{\gamma}_2$$
$$=k_1(-2,1,0)^{\mathrm{T}}+k_2(-3,-6,5)^{\mathrm{T}},$$

其中k_1,k_2为任意常数.

【注】2001年数学三的解答题曾用与本题类似的方式表示过二次型.而本题的第(3)问与2005年数学一的解答题的第(3)问非常类似.

10.【解】(1) f的矩阵为$\boldsymbol{A}=\begin{pmatrix}3&0&1\\0&4&0\\1&0&3\end{pmatrix}$.

$$|\boldsymbol{A}-\lambda\boldsymbol{E}|=\begin{vmatrix}3-\lambda&0&1\\0&4-\lambda&0\\1&0&3-\lambda\end{vmatrix}=(4-\lambda)\begin{vmatrix}3-\lambda&1\\1&3-\lambda\end{vmatrix}=$$
$(2-\lambda)(\lambda-4)^2$.

由$|\boldsymbol{A}-\lambda\boldsymbol{E}|=0$得$\boldsymbol{A}$的特征值$\lambda_1=\lambda_2=4,\lambda_3=2$.

解方程组$(\boldsymbol{A}-4\boldsymbol{E})\boldsymbol{x}=\boldsymbol{0}$,得$\boldsymbol{A}$对应于特征值$\lambda_1=\lambda_2=4$的特征向量$\boldsymbol{\alpha}_1=(0,1,0)^{\mathrm{T}},\boldsymbol{\alpha}_2=(1,0,1)^{\mathrm{T}}$.

解方程组$(\boldsymbol{A}-2\boldsymbol{E})\boldsymbol{x}=\boldsymbol{0}$,得$\boldsymbol{A}$对应于特征值$\lambda_3=2$的特征向量$\boldsymbol{\alpha}_3=(-1,0,1)^{\mathrm{T}}$.

由于$\boldsymbol{\alpha}_1,\boldsymbol{\alpha}_2,\boldsymbol{\alpha}_3$已两两正交,故只需将其单位化：取

$$\boldsymbol{\gamma}_1=(0,1,0)^{\mathrm{T}},\quad \boldsymbol{\gamma}_2=\frac{1}{\sqrt2}(1,0,1)^{\mathrm{T}},\quad \boldsymbol{\gamma}_3=\frac{1}{\sqrt2}(-1,0,1)^{\mathrm{T}}.$$

令

$$\boldsymbol{Q}=(\boldsymbol{\gamma}_1,\boldsymbol{\gamma}_2,\boldsymbol{\gamma}_3)=\begin{pmatrix}0&\frac{1}{\sqrt2}&-\frac{1}{\sqrt2}\\1&0&0\\0&\frac{1}{\sqrt2}&\frac{1}{\sqrt2}\end{pmatrix}.$$

则二次型f在正交变换$\boldsymbol{x}=\boldsymbol{Qy}$下的标准形为$f=4y_1^2+4y_2^2+2y_3^2$.

(2) 由于$\boldsymbol{x}^{\mathrm{T}}\boldsymbol{x}=(\boldsymbol{Qy})^{\mathrm{T}}\boldsymbol{Qy}=\boldsymbol{y}^{\mathrm{T}}\boldsymbol{Q}^{\mathrm{T}}\boldsymbol{Qy}=\boldsymbol{y}^{\mathrm{T}}\boldsymbol{y}$,故$\dfrac{f(\boldsymbol{x})}{\boldsymbol{x}^{\mathrm{T}}\boldsymbol{x}}=$

$\dfrac{4y_1^2+4y_2^2+2y_3^2}{y_1^2+y_2^2+y_3^2}=2+\dfrac{2y_1^2+2y_2^2}{y_1^2+y_2^2+y_3^2}$.

当$y_1=y_2=0,y_3\neq0$时,$\dfrac{f(\boldsymbol{x})}{\boldsymbol{x}^{\mathrm{T}}\boldsymbol{x}}$取得最小值2.

11.【解】(1) 二次型f,g的矩阵分别为

$$\boldsymbol{A}=\begin{pmatrix}1&-2\\-2&4\end{pmatrix},\quad \boldsymbol{B}=\begin{pmatrix}a&2\\2&b\end{pmatrix}.$$

由于$\boldsymbol{A},\boldsymbol{B}$相似,故$\boldsymbol{A},\boldsymbol{B}$的特征值相同,从而根据特征值的性质,

$\begin{cases}a+b=5,\\ab-4=0,\end{cases}$解得$\begin{cases}a=4,\\b=1.\end{cases}$

(2) 由$|\boldsymbol{A}-\lambda\boldsymbol{E}|=\begin{vmatrix}1-\lambda&-2\\-2&4-\lambda\end{vmatrix}=\lambda(\lambda-5)$知$\boldsymbol{A},\boldsymbol{B}$的特征值都为0,5.

$\boldsymbol{A}$对应于特征值0的单位特征向量为$\boldsymbol{\alpha}_1=\dfrac{1}{\sqrt5}(2,1)^{\mathrm{T}}$.

$\boldsymbol{A}$对应于特征值5的单位特征向量为$\boldsymbol{\alpha}_2=\dfrac{1}{\sqrt5}(1,-2)^{\mathrm{T}}$.

令$\boldsymbol{Q}_1=(\boldsymbol{\alpha}_1,\boldsymbol{\alpha}_2)$,则$\boldsymbol{Q}_1^{\mathrm{T}}\boldsymbol{AQ}_1=\begin{pmatrix}0&0\\0&5\end{pmatrix}$.

$\boldsymbol{B}$对应于特征值0的单位特征向量为$\boldsymbol{\beta}_1=\dfrac{1}{\sqrt5}(1,-2)^{\mathrm{T}}$.

$\boldsymbol{B}$ 对应于特征值 5 的单位特征向量为$\boldsymbol{\beta}_2=\frac{1}{\sqrt{5}}(2,1)^{\mathrm{T}}$.

令 $\boldsymbol{Q}_2=(\boldsymbol{\beta}_1,\boldsymbol{\beta}_2)$，则 $\boldsymbol{Q}_2^{\mathrm{T}}\boldsymbol{A}\boldsymbol{Q}_2=\begin{pmatrix}0&0\\0&5\end{pmatrix}$.

由 $\boldsymbol{Q}_1^{\mathrm{T}}\boldsymbol{A}\boldsymbol{Q}_1=\boldsymbol{Q}_2^{\mathrm{T}}\boldsymbol{B}\boldsymbol{Q}_2$ 可知$(\boldsymbol{Q}_1\boldsymbol{Q}_2^{\mathrm{T}})^{\mathrm{T}}\boldsymbol{A}(\boldsymbol{Q}_1\boldsymbol{Q}_2^{\mathrm{T}})=\boldsymbol{B}$. 故

$$\boldsymbol{Q}=\boldsymbol{Q}_1\boldsymbol{Q}_2^{\mathrm{T}}=\begin{pmatrix}\frac{2}{\sqrt{5}}&\frac{1}{\sqrt{5}}\\\frac{1}{\sqrt{5}}&-\frac{2}{\sqrt{5}}\end{pmatrix}\begin{pmatrix}\frac{1}{\sqrt{5}}&-\frac{2}{\sqrt{5}}\\\frac{2}{\sqrt{5}}&\frac{1}{\sqrt{5}}\end{pmatrix}=\frac{1}{5}\begin{pmatrix}4&-3\\-3&-4\end{pmatrix}$$

为所求矩阵.

【注】2019 年数学一、二、三曾考查过类似的关于相似矩阵的解答题.

12.【解】(1) 由 $f(x_1,x_2,x_3)=0$ 得

$$\begin{cases}x_1-x_2+x_3=0,\\x_2+x_3=0,\\x_1+ax_3=0.\end{cases}\quad ①$$

$$\begin{pmatrix}1&-1&1\\0&1&1\\1&0&a\end{pmatrix}\to\begin{pmatrix}1&-1&1\\0&1&1\\0&0&a-2\end{pmatrix}$$

当 $a\neq2$ 时，方程组①只有零解，$f(x_1,x_2,x_3)=0$ 的解为 $\boldsymbol{x}=\boldsymbol{0}$；

当 $a=2$ 时，方程组①有非零解，其通解为 $\boldsymbol{x}=k(-2,-1,1)^{\mathrm{T}}$（$k$ 为任意常数），故 $f(x_1,x_2,x_3)=0$ 的解为 $\boldsymbol{x}=k(-2,-1,1)^{\mathrm{T}}$（$k$ 为任意常数）.

(2) 由(1)知，当 $a\neq2$ 时，$f(x_1,x_2,x_3)$ 的规范形为 $y_1^2+y_2^2+y_3^2$.

当 $a=2$ 时，$f(x_1,x_2,x_3)=2x_1^2+2x_2^2+6x_3^2-2x_1x_2+6x_1x_3$ 的矩阵为

$$\boldsymbol{A}=\begin{pmatrix}2&-1&3\\-1&2&0\\3&0&6\end{pmatrix}.$$

由 $|\boldsymbol{A}-\lambda\boldsymbol{E}|=\begin{vmatrix}2-\lambda&-1&3\\-1&2-\lambda&0\\3&0&6-\lambda\end{vmatrix}=3\begin{vmatrix}-1&3\\2-\lambda&0\end{vmatrix}+(6-\lambda)\begin{vmatrix}2-\lambda&-1\\-1&2-\lambda\end{vmatrix}=-\lambda(\lambda^2-10\lambda+18)$ 知 $\boldsymbol{A}$ 的特征值为 $5+\sqrt{7},5-\sqrt{7},0$，故 $f(x_1,x_2,x_3)$ 的规范形为 $y_1^2+y_2^2$.

【注】值得注意的是，当 $a=2$ 时，$\begin{cases}x_1-x_2+x_3=y_3,\\x_2+x_3=y_2,\\x_1+ax_3=y_1\end{cases}$ 不是可逆变换. 2023 年数学二、三和 2021 年数学一、二、三的选择题又考查了类似的问题.

13.【解】二次型 f 的矩阵为

$$\boldsymbol{A}=\begin{pmatrix}2&1&-4\\1&-1&1\\-4&1&a\end{pmatrix}.$$

$$|\boldsymbol{A}|=\begin{vmatrix}2&1&-4\\1&-1&1\\-4&1&a\end{vmatrix}=-\begin{vmatrix}1&-1&1\\2&1&-4\\-4&1&a\end{vmatrix}$$

$$=-\begin{vmatrix}1&-1&1\\0&3&-6\\0&-3&a+4\end{vmatrix}=-\begin{vmatrix}3&-6\\-3&a+4\end{vmatrix}$$

$$=-3(a-2).$$

由题意，0 是 $\boldsymbol{A}$ 的特征值，故由 $|\boldsymbol{A}|=0$ 得 $a=2$.

$$|\boldsymbol{A}-\lambda\boldsymbol{E}|=\begin{vmatrix}2-\lambda&1&-4\\1&-1-\lambda&1\\-4&1&2-\lambda\end{vmatrix}$$

$$=\begin{vmatrix}6-\lambda&0&\lambda-6\\1&-1-\lambda&1\\-4&1&2-\lambda\end{vmatrix}$$

$$=\begin{vmatrix}6-\lambda&0&0\\1&-1-\lambda&2\\-4&1&-2-\lambda\end{vmatrix}$$

$$=(6-\lambda)\begin{vmatrix}-1-\lambda&2\\1&-2-\lambda\end{vmatrix}$$

$$=-\lambda(\lambda+3)(\lambda-6).$$

由 $|\boldsymbol{A}-\lambda\boldsymbol{E}|=0$ 得 $\boldsymbol{A}$ 的特征值 $\lambda_1=-3,\lambda_2=6,\lambda_3=0$.

解方程组 $(\boldsymbol{A}+3\boldsymbol{E})\boldsymbol{x}=\boldsymbol{0}$，得 $\boldsymbol{A}$ 对应于特征值 $\lambda_1=-3$ 的特征向量 $\boldsymbol{\alpha}_1=(1,-1,1)^{\mathrm{T}}$.

解方程组 $(\boldsymbol{A}-6\boldsymbol{E})\boldsymbol{x}=\boldsymbol{0}$，得 $\boldsymbol{A}$ 对应于特征值 $\lambda_2=6$ 的特征向量 $\boldsymbol{\alpha}_2=(-1,0,1)^{\mathrm{T}}$.

解方程组 $\boldsymbol{A}\boldsymbol{x}=\boldsymbol{0}$，得 $\boldsymbol{A}$ 对应于特征值 $\lambda_3=0$ 的特征向量 $\boldsymbol{\alpha}_3=(1,2,1)^{\mathrm{T}}$.

将 $\boldsymbol{\alpha}_1,\boldsymbol{\alpha}_2,\boldsymbol{\alpha}_3$ 单位化：取

$$\boldsymbol{\gamma}_1=\frac{1}{\sqrt{3}}(1,-1,1)^{\mathrm{T}},$$

$$\boldsymbol{\gamma}_2=\frac{1}{\sqrt{2}}(-1,0,1)^{\mathrm{T}},$$

$$\boldsymbol{\gamma}_3=\frac{1}{\sqrt{6}}(1,2,1)^{\mathrm{T}}.$$

令

$$\boldsymbol{Q}=(\boldsymbol{\gamma}_1,\boldsymbol{\gamma}_2,\boldsymbol{\gamma}_3)=\begin{pmatrix}\frac{1}{\sqrt{3}}&-\frac{1}{\sqrt{2}}&\frac{1}{\sqrt{6}}\\-\frac{1}{\sqrt{3}}&0&\frac{2}{\sqrt{6}}\\\frac{1}{\sqrt{3}}&\frac{1}{\sqrt{2}}&\frac{1}{\sqrt{6}}\end{pmatrix},$$

则二次型 f 在正交变换 $\boldsymbol{x}=\boldsymbol{Q}\boldsymbol{y}$ 下的标准形为 $f=-3y_1^2+6y_2^2$.

考点二　矩阵的合同

1.【解】(1)
$$\begin{aligned}f(x_1,x_2,x_3)&=x_1^2+2x_2^2+2x_3^2+2x_1x_2-2x_1x_3\\&=[x_1^2+2x_1(x_2-x_3)+(x_2-x_3)^2]-(x_2-x_3)^2+2x_2^2+2x_3^2\\&=[x_1+(x_2-x_3)]^2+x_2^2+x_3^2+2x_2x_3\\&=(x_1+x_2-x_3)^2+(x_2+x_3)^2.\end{aligned}$$

令 $\begin{cases}z_1=x_1+x_2-x_3,\\z_2=x_2+x_3,\\z_3=x_3,\end{cases}$ 即 $\begin{pmatrix}z_1\\z_2\\z_3\end{pmatrix}=\begin{pmatrix}1&1&-1\\0&1&1\\0&0&1\end{pmatrix}\begin{pmatrix}x_1\\x_2\\x_3\end{pmatrix}$，则 $f(x_1,x_2,x_3)=z_1^2+z_2^2$.

$g(y_1,y_2,y_3)=y_1^2+y_2^2+y_3^2+2y_2y_3=y_1^2+(y_2+y_3)^2$.

令 $\begin{cases}z_1=y_1,\\z_2=y_2+y_3,\\z_3=y_3,\end{cases}$ 即 $\begin{pmatrix}z_1\\z_2\\z_3\end{pmatrix}=\begin{pmatrix}1&0&0\\0&1&1\\0&0&1\end{pmatrix}\begin{pmatrix}y_1\\y_2\\y_3\end{pmatrix}$，则 $g(y_1,y_2,y_3)=z_1^2+z_2^2$.

由 $\begin{pmatrix}1&1&-1\\0&1&1\\0&0&1\end{pmatrix}\begin{pmatrix}x_1\\x_2\\x_3\end{pmatrix}=\begin{pmatrix}1&0&0\\0&1&1\\0&0&1\end{pmatrix}\begin{pmatrix}y_1\\y_2\\y_3\end{pmatrix}$ 知 $\begin{pmatrix}x_1\\x_2\\x_3\end{pmatrix}=\begin{pmatrix}1&1&-1\\0&1&1\\0&0&1\end{pmatrix}^{-1}\begin{pmatrix}1&0&0\\0&1&1\\0&0&1\end{pmatrix}\begin{pmatrix}y_1\\y_2\\y_3\end{pmatrix}$，故令

$$\boldsymbol{P}=\begin{pmatrix}1&1&-1\\0&1&1\\0&0&1\end{pmatrix}^{-1}\begin{pmatrix}1&0&0\\0&1&1\\0&0&1\end{pmatrix}=\begin{pmatrix}1&-1&1\\0&1&0\\0&0&1\end{pmatrix},$$

则可逆变换 $\boldsymbol{x}=\boldsymbol{P}\boldsymbol{y}$ 能将 $f(x_1,x_2,x_3)$ 化为 $g(y_1,y_2,y_3)$.

(2) 二次型 f,g 的矩阵分别为

$$\boldsymbol{A}=\begin{pmatrix}1&1&-1\\1&2&0\\-1&0&2\end{pmatrix},\quad\boldsymbol{B}=\begin{pmatrix}1&0&0\\0&1&1\\0&1&1\end{pmatrix}.$$

由于 $tr(\boldsymbol{A})\neq tr(\boldsymbol{B})$，故 $\boldsymbol{A},\boldsymbol{B}$ 不相似，从而不存在正交变换 $\boldsymbol{x}=\boldsymbol{Q}\boldsymbol{y}$，将 $f(x_1,x_2,x_3)$ 化为 $g(y_1,y_2,y_3)$.

【注】2020 年数学二曾考查过类似的解答题.

2.【解】(1) 二次型 f,g 的矩阵分别为

$$\boldsymbol{A}=\begin{pmatrix}1&a&a\\a&1&a\\a&a&1\end{pmatrix},\quad \boldsymbol{B}=\begin{pmatrix}1&1&0\\1&1&0\\0&0&4\end{pmatrix}.$$

由于 $\boldsymbol{A},\boldsymbol{B}$ 合同，故 $r(\boldsymbol{B})=r(\boldsymbol{A})=2$.

由 $|\boldsymbol{A}|=\begin{vmatrix}1&a&a\\a&1&a\\a&a&1\end{vmatrix}=(2a+1)(a-1)^2=0$ 得 $a=-\dfrac{1}{2}$ 或 $a=1$.

当 $a=1$ 时，$r(\boldsymbol{A})=1$，故舍去，从而 $a=-\dfrac{1}{2}$.

(2)
$$\begin{aligned}f(x_1,x_2,x_3)&=x_1^2+x_2^2+x_3^2-x_1x_2-x_1x_3-x_2x_3\\&=\left[x_1^2-x_1(x_2+x_3)+\frac{1}{4}(x_2+x_3)^2\right]-\frac{1}{4}(x_2+x_3)^2+x_2^2+x_3^2-x_2x_3\\&=\left[x_1-\frac{1}{2}(x_2+x_3)\right]^2+\frac{3}{4}x_2^2+\frac{3}{4}x_3^2-\frac{3}{2}x_2x_3\\&=\left(x_1-\frac{1}{2}x_2-\frac{1}{2}x_3\right)^2+\frac{3}{4}(x_2-x_3)^2.\end{aligned}$$

令 $\begin{cases}z_1=x_1-\dfrac{1}{2}x_2-\dfrac{1}{2}x_3,\\ z_2=\dfrac{\sqrt{3}}{2}(x_2-x_3),\\ z_3=x_3,\end{cases}$ 即 $\begin{pmatrix}z_1\\z_2\\z_3\end{pmatrix}=\begin{pmatrix}1&-\frac{1}{2}&-\frac{1}{2}\\0&\frac{\sqrt{3}}{2}&-\frac{\sqrt{3}}{2}\\0&0&1\end{pmatrix}\begin{pmatrix}x_1\\x_2\\x_3\end{pmatrix}$，则

$f(x_1,x_2,x_3)=z_1^2+z_2^2$.

$g(y_1,y_2,y_3)=y_1^2+2y_1y_2+y_2^2+4y_3^2=(y_1+y_2)^2+4y_3^2$.

令 $\begin{cases}z_1=y_1+y_2,\\ z_2=2y_3,\\ z_3=y_2,\end{cases}$ 即 $\begin{pmatrix}z_1\\z_2\\z_3\end{pmatrix}=\begin{pmatrix}1&1&0\\0&0&2\\0&1&0\end{pmatrix}\begin{pmatrix}y_1\\y_2\\y_3\end{pmatrix}$，则 $g(y_1,y_2,y_3)=z_1^2+z_2^2$.

由 $\begin{pmatrix}1&-\frac{1}{2}&-\frac{1}{2}\\0&\frac{\sqrt{3}}{2}&-\frac{\sqrt{3}}{2}\\0&0&1\end{pmatrix}\begin{pmatrix}x_1\\x_2\\x_3\end{pmatrix}=\begin{pmatrix}1&1&0\\0&0&2\\0&1&0\end{pmatrix}\begin{pmatrix}y_1\\y_2\\y_3\end{pmatrix}$ 知 $\begin{pmatrix}x_1\\x_2\\x_3\end{pmatrix}=\begin{pmatrix}1&-\frac{1}{2}&-\frac{1}{2}\\0&\frac{\sqrt{3}}{2}&-\frac{\sqrt{3}}{2}\\0&0&1\end{pmatrix}^{-1}\begin{pmatrix}1&1&0\\0&0&2\\0&1&0\end{pmatrix}\begin{pmatrix}y_1\\y_2\\y_3\end{pmatrix}$，故令

$$\boldsymbol{P}=\begin{pmatrix}1&-\frac{1}{2}&-\frac{1}{2}\\0&\frac{\sqrt{3}}{2}&-\frac{\sqrt{3}}{2}\\0&0&1\end{pmatrix}^{-1}\begin{pmatrix}1&1&0\\0&0&2\\0&1&0\end{pmatrix}=\begin{pmatrix}1&2&\frac{2}{\sqrt{3}}\\0&1&\frac{4}{\sqrt{3}}\\0&1&0\end{pmatrix}.$$

【注】本题中的 $\boldsymbol{A},\boldsymbol{B}$ 合同，但不相似. 若 $\boldsymbol{x}^{\mathrm{T}}\boldsymbol{A}\boldsymbol{x}$ 经可逆变换 $\boldsymbol{x}=\boldsymbol{P}\boldsymbol{y}$ 变成 $\boldsymbol{y}^{\mathrm{T}}\boldsymbol{B}\boldsymbol{y}$，则 $\boldsymbol{P}^{\mathrm{T}}\boldsymbol{A}\boldsymbol{P}=\boldsymbol{B}$.

考点三　正定二次型与正定矩阵

【解】(1)
$$\begin{aligned}|\boldsymbol{A}-\lambda\boldsymbol{E}|&=\begin{vmatrix}a-\lambda&1&-1\\1&a-\lambda&-1\\-1&-1&a-\lambda\end{vmatrix}=\begin{vmatrix}a-1-\lambda&0&a-1-\lambda\\1&a-\lambda&-1\\-1&-1&a-\lambda\end{vmatrix}\\&=\begin{vmatrix}a-1-\lambda&0&0\\1&a-\lambda&-2\\-1&-1&a+1-\lambda\end{vmatrix}\\&=(a-1-\lambda)^2(a+2-\lambda).\end{aligned}$$

由 $|\boldsymbol{A}-\lambda\boldsymbol{E}|=0$ 得 $\boldsymbol{A}$ 的特征值 $\lambda_1=a+2,\lambda_2=\lambda_3=a-1$.

解方程组 $[\boldsymbol{A}-(a+2)\boldsymbol{E}]\boldsymbol{x}=\boldsymbol{0}$，得 $\boldsymbol{A}$ 对应于特征值 $\lambda_1=a+2$ 的特征向量 $\boldsymbol{\alpha}_1=(-1,-1,1)^{\mathrm{T}}$.

解方程组 $[\boldsymbol{A}-(a-1)\boldsymbol{E}]\boldsymbol{x}=\boldsymbol{0}$，得 $\boldsymbol{A}$ 对应于特征值 $\lambda_2=\lambda_3=a-1$ 的线性无关的特征向量 $\boldsymbol{\alpha}_2=(-1,1,0)^{\mathrm{T}},\boldsymbol{\alpha}_3=(1,0,1)^{\mathrm{T}}$.

将 $\boldsymbol{\alpha}_2,\boldsymbol{\alpha}_3$ 正交化：取

$$\boldsymbol{\beta}_2=\boldsymbol{\alpha}_2=(-1,1,0)^{\mathrm{T}},$$

$$\boldsymbol{\beta}_3=\boldsymbol{\alpha}_3-\frac{(\boldsymbol{\beta}_2,\boldsymbol{\alpha}_3)}{(\boldsymbol{\beta}_2,\boldsymbol{\beta}_2)}\boldsymbol{\beta}_2=(1,0,1)^{\mathrm{T}}+\frac{1}{2}(-1,1,0)^{\mathrm{T}}=\frac{1}{2}(1,1,2)^{\mathrm{T}}.$$

再将 $\boldsymbol{\alpha}_1,\boldsymbol{\beta}_2,\boldsymbol{\beta}_3$ 单位化：取

$$\boldsymbol{\gamma}_1=\frac{\boldsymbol{\alpha}_1}{\|\boldsymbol{\alpha}_1\|}=\frac{1}{\sqrt{3}}(-1,-1,1)^{\mathrm{T}},$$

$$\boldsymbol{\gamma}_2=\frac{\boldsymbol{\beta}_2}{\|\boldsymbol{\beta}_2\|}=\frac{1}{\sqrt{2}}(-1,1,0)^{\mathrm{T}},$$

$$\boldsymbol{\gamma}_3=\frac{\boldsymbol{\beta}_3}{\|\boldsymbol{\beta}_3\|}=\frac{1}{\sqrt{6}}(1,1,2)^{\mathrm{T}}.$$

故令

$$\boldsymbol{\Lambda}=\begin{pmatrix}a+2&0&0\\0&a-1&0\\0&0&a-1\end{pmatrix},$$

$$\boldsymbol{Q}=(\boldsymbol{\gamma}_1,\boldsymbol{\gamma}_2,\boldsymbol{\gamma}_3)=\begin{pmatrix}-\frac{1}{\sqrt{3}}&-\frac{1}{\sqrt{2}}&\frac{1}{\sqrt{6}}\\-\frac{1}{\sqrt{3}}&\frac{1}{\sqrt{2}}&\frac{1}{\sqrt{6}}\\\frac{1}{\sqrt{3}}&0&\frac{2}{\sqrt{6}}\end{pmatrix},$$

则 $\boldsymbol{Q}^{\mathrm{T}}\boldsymbol{A}\boldsymbol{Q}=\boldsymbol{\Lambda}$.

(2) $(a+3)\boldsymbol{E}-\boldsymbol{A}$ 的特征值为 $1,4,4$，且 γ_1 为其对应于 1 的特征向量，$\boldsymbol{\gamma}_2,\boldsymbol{\gamma}_3$ 为其对应于 4 的特征向量.

令

$$\begin{aligned}\boldsymbol{C}&=\boldsymbol{Q}\begin{pmatrix}1&0&0\\0&2&0\\0&0&2\end{pmatrix}\boldsymbol{Q}^{\mathrm{T}}\\&=\begin{pmatrix}-\frac{1}{\sqrt{3}}&-\frac{1}{\sqrt{2}}&\frac{1}{\sqrt{6}}\\-\frac{1}{\sqrt{3}}&\frac{1}{\sqrt{2}}&\frac{1}{\sqrt{6}}\\\frac{1}{\sqrt{3}}&0&\frac{2}{\sqrt{6}}\end{pmatrix}\begin{pmatrix}1&0&0\\0&2&0\\0&0&2\end{pmatrix}\begin{pmatrix}-\frac{1}{\sqrt{3}}&-\frac{1}{\sqrt{3}}&\frac{1}{\sqrt{3}}\\-\frac{1}{\sqrt{2}}&\frac{1}{\sqrt{2}}&0\\\frac{1}{\sqrt{6}}&\frac{1}{\sqrt{6}}&\frac{2}{\sqrt{6}}\end{pmatrix}\\&=\frac{1}{3}\begin{pmatrix}5&-1&1\\-1&5&1\\1&1&5\end{pmatrix},\end{aligned}$$

则由于 $\boldsymbol{C}$ 的特征值为 $1,2,2$，全大于零，故 $\boldsymbol{C}$ 为正定矩阵，且 $\boldsymbol{C}^2=\boldsymbol{Q}\begin{pmatrix}1&0&0\\0&4&0\\0&0&4\end{pmatrix}\boldsymbol{Q}^{\mathrm{T}}=(a+3)\boldsymbol{E}-\boldsymbol{A}$.

方法探究

考点三　正定二次型与正定矩阵

变式 1【解】(1) 由 $\boldsymbol{A}^2+2\boldsymbol{A}=\boldsymbol{O}$ 知 $\boldsymbol{A}$ 的特征值 λ 满足 $\lambda^2+2\lambda=0$，故 $\boldsymbol{A}$ 的特征值只可能为 $0,-2$.

又由 $r(\boldsymbol{A})=2$ 知 $\boldsymbol{Ax}=\boldsymbol{0}$ 的基础解系中有 $3-r(\boldsymbol{A})=1$ 个向量，即 $\boldsymbol{A}$ 的特征值 0 对应着 1 个线性无关的特征向量，故 0 是 $\boldsymbol{A}$ 的 1 重特征值，从而 $\boldsymbol{A}$ 的全部特征值为 $0,-2,-2$.

(2) $\boldsymbol{A}+k\boldsymbol{E}$ 的特征值为 $-2+k,-2+k,k$.

由 $\begin{cases}-2+k>0,\\ k>0\end{cases}$ 知 $k>2$.

变式 2【答案】 $(-\sqrt{2},\sqrt{2})$.

【解】 二次型 f 的矩阵为 $\boldsymbol{A}=\begin{pmatrix}2&1&0\\1&1&\frac{t}{2}\\0&\frac{t}{2}&1\end{pmatrix}$.

由于 f 为正定二次型，故 $\boldsymbol{A}$ 的各阶顺序主子式全大于零，即

$$|\boldsymbol{A}|=\begin{vmatrix}2&1&0\\1&1&\frac{t}{2}\\0&\frac{t}{2}&1\end{vmatrix}=-\begin{vmatrix}1&1&\frac{t}{2}\\2&1&0\\0&\frac{t}{2}&1\end{vmatrix}$$

$$=-\begin{vmatrix}1&1&\frac{t}{2}\\0&-1&-t\\0&\frac{t}{2}&1\end{vmatrix}=-\begin{vmatrix}-1&-t\\\frac{t}{2}&1\end{vmatrix}$$

$$=1-\frac{1}{2}t^2>0,$$

从而 $-\sqrt{2}<t<\sqrt{2}$.

真题精选

考点一　化二次型为标准形

1.【答案】 (B)

【解】 所给图形是双叶双曲面，其标准方程为 $\frac{(x')^2}{a^2}-\frac{(y')^2}{b^2}-\frac{(z')^2}{c^2}=1$，故选(B).

2.【答案】 $[-2,2]$.

【解】
$$\begin{aligned}f(x_1,x_2,x_3)&=x_1^2+2ax_1x_3-x_2^2+4x_2x_3\\&=(x_1^2+2ax_1x_3+a^2x_3^2)-a^2x_3^2-x_2^2+4x_2x_3\\&=(x_1+ax_3)^2-x_2^2+4x_2x_3-a^2x_3^2\\&=(x_1+ax_3)^2-(x_2^2-4x_2x_3+4x_3^2)+4x_3^2-a^2x_3^2\\&=(x_1+ax_3)^2-(x_2-2x_3)^2+(4-a^2)x_3^2.\end{aligned}$$

由于 f 的负惯性指数是 1，故 $4-a^2\geqslant 0$，从而 $-2\leqslant a\leqslant 2$.

3.【答案】 1.

【解】 二次型 $f(x,y,z)=x^2+3y^2+z^2+2axy+2xz+2yz$ 的矩阵为 $\boldsymbol{A}=\begin{pmatrix}1&a&1\\a&3&1\\1&1&1\end{pmatrix}$.

由于 f 在正交变换下的标准形为 $y_1^2+4z_1^2$，故 0 是 $\boldsymbol{A}$ 的特征值，从而由 $|\boldsymbol{A}|=-(a-1)^2=0$ 知 $a=1$.

4.【答案】 $3y_1^2$.

【解】 由于 $\boldsymbol{A}$ 的各行元素之和为 3，故
$$\boldsymbol{A}(1,1,1)^{\mathrm{T}}=(3,3,3)^{\mathrm{T}}=3(1,1,1)^{\mathrm{T}}.$$
又由于二次型 f 的秩为 1，即 $r(\boldsymbol{A})=1$，故 $\boldsymbol{A}$ 的特征值为 $0,0,3$，从而 f 在正交变换 $\boldsymbol{x}=\boldsymbol{Qy}$ 下的标准形为 $3y_1^2$.

【注】 若 $\boldsymbol{A}$ 的各行元素之和均为 a，则 $\boldsymbol{A}$ 就有对应于特征值 a 的特征向量 $(1,1,1)^{\mathrm{T}}$. 2006 年数学三关于矩阵的相似对角化的解答题中曾出现过类似的条件，2021 年数学一的填空题中又出现了类似的条件.

5.【答案】 2.

【解】 $f(x_1,x_2,x_3)=2x_1^2+2x_2^2+2x_3^2+2x_1x_2+2x_1x_3-2x_2x_3$.

二次型 f 的矩阵为 $\boldsymbol{A}=\begin{pmatrix}2&1&1\\1&2&-1\\1&-1&2\end{pmatrix}$.

由 $r(\boldsymbol{A})=2$ 知 f 的秩为 2.

【注】 本题容易误以为二次型的秩为 3. 而事实上，$\begin{cases}x_1+x_2=y_1,\\x_2-x_3=y_2,\\x_3+x_1=y_3\end{cases}$ 不是可逆变换. 2018 年数学一、二、三的解答题的第(2)问和 2021 年数学一、二、三的选择题又考查了类似的问题.

6.【答案】 2.

【解】 二次型 f 的矩阵为 $\boldsymbol{A}=\begin{pmatrix}a&2&2\\2&a&2\\2&2&a\end{pmatrix}$.

由于 $\boldsymbol{A}$ 的特征值为 $6,0,0$，故由 $a+a+a=6$ 知 $a=2$.

7.【证】 (1) 记 $\boldsymbol{x}=(x_1,x_2,x_3)^{\mathrm{T}}$. 由于
$$f(x_1,x_2,x_3)=2(x_1,x_2,x_3)\begin{pmatrix}a_1\\a_2\\a_3\end{pmatrix}(a_1,a_2,a_3)\begin{pmatrix}x_1\\x_2\\x_3\end{pmatrix}+(x_1,x_2,x_3)\begin{pmatrix}b_1\\b_2\\b_3\end{pmatrix}(b_1,b_2,b_3)\begin{pmatrix}x_1\\x_2\\x_3\end{pmatrix}$$
$$=2\boldsymbol{x}^{\mathrm{T}}\boldsymbol{\alpha}\boldsymbol{\alpha}^{\mathrm{T}}\boldsymbol{x}+\boldsymbol{x}^{\mathrm{T}}\boldsymbol{\beta}\boldsymbol{\beta}^{\mathrm{T}}\boldsymbol{x}=\boldsymbol{x}^{\mathrm{T}}(2\boldsymbol{\alpha}\boldsymbol{\alpha}^{\mathrm{T}}+\boldsymbol{\beta}^{\mathrm{T}})\boldsymbol{x},$$
又 $(2\boldsymbol{\alpha}\boldsymbol{\alpha}^{\mathrm{T}}+\boldsymbol{\beta}\boldsymbol{\beta}^{\mathrm{T}})^{\mathrm{T}}=2\boldsymbol{\alpha}\boldsymbol{\alpha}^{\mathrm{T}}+\boldsymbol{\beta}\boldsymbol{\beta}^{\mathrm{T}}$，即 $2\boldsymbol{\alpha}\boldsymbol{\alpha}^{\mathrm{T}}+\boldsymbol{\beta}\boldsymbol{\beta}^{\mathrm{T}}$ 是对称矩阵，故二次型 f 对应的矩阵为 $2\boldsymbol{\alpha}\boldsymbol{\alpha}^{\mathrm{T}}+\boldsymbol{\beta}\boldsymbol{\beta}^{\mathrm{T}}$.

(2) 记 $\boldsymbol{A}=2\boldsymbol{\alpha}\boldsymbol{\alpha}^{\mathrm{T}}+\boldsymbol{\beta}\boldsymbol{\beta}^{\mathrm{T}}$. 由于 $\boldsymbol{\alpha},\boldsymbol{\beta}$ 正交且均为单位向量，故 $\boldsymbol{\alpha}^{\mathrm{T}}\boldsymbol{\beta}=\boldsymbol{\beta}^{\mathrm{T}}\boldsymbol{\alpha}=0,\boldsymbol{\alpha}^{\mathrm{T}}\boldsymbol{\alpha}=\|\boldsymbol{\alpha}\|^2=1,\boldsymbol{\beta}^{\mathrm{T}}\boldsymbol{\beta}=\|\boldsymbol{\beta}\|^2=1$，从而
$$\boldsymbol{A\alpha}=(2\boldsymbol{\alpha}\boldsymbol{\alpha}^{\mathrm{T}}+\boldsymbol{\beta}\boldsymbol{\beta}^{\mathrm{T}})\boldsymbol{\alpha}=2\boldsymbol{\alpha}(\boldsymbol{\alpha}^{\mathrm{T}}\boldsymbol{\alpha})+\boldsymbol{\beta}(\boldsymbol{\beta}^{\mathrm{T}}\boldsymbol{\alpha})=2\boldsymbol{\alpha},$$
$$\boldsymbol{A\beta}=(2\boldsymbol{\alpha}\boldsymbol{\alpha}^{\mathrm{T}}+\boldsymbol{\beta}\boldsymbol{\beta}^{\mathrm{T}})\boldsymbol{\beta}=2\boldsymbol{\alpha}(\boldsymbol{\alpha}^{\mathrm{T}}\boldsymbol{\beta})+\boldsymbol{\beta}(\boldsymbol{\beta}^{\mathrm{T}}\boldsymbol{\beta})=\boldsymbol{\beta},$$
即 $\lambda_1=2,\lambda_2=1$ 是 $\boldsymbol{A}$ 的特征值.

由于
$$r(\boldsymbol{A})=r(2\boldsymbol{\alpha}\boldsymbol{\alpha}^{\mathrm{T}}+\boldsymbol{\beta}\boldsymbol{\beta}^{\mathrm{T}})\leqslant r(2\boldsymbol{\alpha}\boldsymbol{\alpha}^{\mathrm{T}})+r(\boldsymbol{\beta}\boldsymbol{\beta}^{\mathrm{T}}),$$
又 $r(2\boldsymbol{\alpha}\boldsymbol{\alpha}^{\mathrm{T}})=r(\boldsymbol{\alpha}\boldsymbol{\alpha}^{\mathrm{T}})\leqslant 1,r(\boldsymbol{\beta}\boldsymbol{\beta}^{\mathrm{T}})\leqslant 1$，故 $r(\boldsymbol{A})\leqslant 2$，从而 $\lambda_3=0$ 是 $\boldsymbol{A}$ 的特征值. 因此，二次型 f 在正交变化下的标准形为 $2y_1^2+y_2^2$.

【注】 $\boldsymbol{\alpha}\boldsymbol{\alpha}^{\mathrm{T}},\boldsymbol{\beta}\boldsymbol{\beta}^{\mathrm{T}}$ 都表示各行成比例的方阵，而 $\boldsymbol{\alpha}^{\mathrm{T}}\boldsymbol{\alpha},\boldsymbol{\beta}^{\mathrm{T}}\boldsymbol{\beta},\boldsymbol{\alpha}^{\mathrm{T}}\boldsymbol{\beta},\boldsymbol{\beta}^{\mathrm{T}}\boldsymbol{\alpha}$ 都表示数.

8.【解】 (1) 二次型 f 的矩阵为 $\boldsymbol{A}=\begin{pmatrix}a&0&1\\0&a&-1\\1&-1&a-1\end{pmatrix}$.

$$|\boldsymbol{A}-\lambda\boldsymbol{E}|=\begin{vmatrix}a-\lambda&0&1\\0&a-\lambda&-1\\1&-1&a-1-\lambda\end{vmatrix}=\begin{vmatrix}a-\lambda&a-\lambda&0\\0&a-\lambda&-1\\1&-1&a-1-\lambda\end{vmatrix}=\begin{vmatrix}a-\lambda&0&0\\0&a-\lambda&-1\\1&-2&a-1-\lambda\end{vmatrix}$$
$$=(a-\lambda)[\lambda-(a-2)][\lambda-(a+1)].$$

由 $|\boldsymbol{A}-\lambda\boldsymbol{E}|=0$ 得 $\boldsymbol{A}$ 的特征值为 $\lambda_1=a,\lambda_2=a-2,\lambda_3=a+1$.

(2) 由题意，$\boldsymbol{A}$ 的特征值中一个为零，另两个为正数. 又由于 $a-2<a<a+1$，故由 $a-2=0$ 知 $a=2$.

9.【解】(1) 二次型 f 的矩阵为 $\boldsymbol{A}=\begin{pmatrix}1-a & 1+a & 0\\ 1+a & 1-a & 0\\ 0 & 0 & 2\end{pmatrix}$.

$$|\boldsymbol{A}|=\begin{vmatrix}1-a & 1+a & 0\\ 1+a & 1-a & 0\\ 0 & 0 & 2\end{vmatrix}=2\begin{vmatrix}1-a & 1+a\\ 1+a & 1-a\end{vmatrix}=-8a.$$

由 $r(\boldsymbol{A})=2$ 知 $|\boldsymbol{A}|=0$,即 $a=0$.

(2) 当 $a=0$ 时,$\boldsymbol{A}=\begin{pmatrix}1 & 1 & 0\\ 1 & 1 & 0\\ 0 & 0 & 2\end{pmatrix}$.

$$|\boldsymbol{A}-\lambda\boldsymbol{E}|=\begin{vmatrix}1-\lambda & 1 & 0\\ 1 & 1-\lambda & 0\\ 0 & 0 & 2-\lambda\end{vmatrix}=(2-\lambda)\begin{vmatrix}1-\lambda & 1\\ 1 & 1-\lambda\end{vmatrix}=-\lambda(\lambda-2)^2.$$

由 $|\boldsymbol{A}-\lambda\boldsymbol{E}|=0$ 得 $\boldsymbol{A}$ 的特征值为 $\lambda_1=0,\lambda_2=\lambda_3=2$.

解方程组 $\boldsymbol{Ax}=\boldsymbol{0}$,得 $\boldsymbol{A}$ 对应于 $\lambda_1=0$ 的特征向量 $\boldsymbol{\alpha}_1=(-1,1,0)^{\mathrm{T}}$.

解方程组 $(\boldsymbol{A}-2\boldsymbol{E})\boldsymbol{x}=\boldsymbol{0}$,得 $\boldsymbol{A}$ 对应于 $\lambda_2=\lambda_3=2$ 的线性无关的特征向量 $\boldsymbol{\alpha}_2=(1,1,0)^{\mathrm{T}},\boldsymbol{\alpha}_3=(0,0,1)^{\mathrm{T}}$.

由于 $\boldsymbol{\alpha}_1,\boldsymbol{\alpha}_2,\boldsymbol{\alpha}_3$ 两两正交,故只需将其单位化:取

$$\boldsymbol{\gamma}_1=\frac{1}{\sqrt{2}}(-1,1,0)^{\mathrm{T}},\quad \boldsymbol{\gamma}_2=\frac{1}{\sqrt{2}}(1,1,0)^{\mathrm{T}},\quad \boldsymbol{\gamma}_3=(0,0,1)^{\mathrm{T}}.$$

令

$$\boldsymbol{Q}=(\boldsymbol{\gamma}_1,\boldsymbol{\gamma}_2,\boldsymbol{\gamma}_3)=\begin{pmatrix}-\frac{1}{\sqrt{2}} & \frac{1}{\sqrt{2}} & 0\\ \frac{1}{\sqrt{2}} & \frac{1}{\sqrt{2}} & 0\\ 0 & 0 & 1\end{pmatrix},$$

则二次型 f 在正交变换 $\boldsymbol{x}=\boldsymbol{Qy}$ 下的标准形为

$$f=2y_2^2+2y_3^2.$$

(3) 由 $f(x_1,x_2,x_3)=0$ 知 $2y_2^2+2y_3^2=0$,得 $y_2=y_3=0$(y_1 为任意常数).

于是

$$\boldsymbol{x}=\boldsymbol{Q}\begin{pmatrix}y_1\\ 0\\ 0\end{pmatrix}=(\boldsymbol{\gamma}_1,\boldsymbol{\gamma}_2,\boldsymbol{\gamma}_3)\begin{pmatrix}y_1\\ 0\\ 0\end{pmatrix}=y_1\boldsymbol{\gamma}_1=k(-1,1,0)^{\mathrm{T}},$$

其中 k 为任意常数.

【注】2022 年数学一的解答题的第(3)问与本题的第(3)问非常类似.

考点二　矩阵的合同

【解】(1) $f=(x_1,x_2,\cdots,x_n)\dfrac{1}{|\boldsymbol{A}|}\begin{pmatrix}A_{11} & A_{21} & \cdots & A_{n1}\\ A_{12} & A_{22} & \cdots & A_{n2}\\ \vdots & \vdots & & \vdots\\ A_{1n} & A_{2n} & \cdots & A_{nn}\end{pmatrix}\begin{pmatrix}x_1\\ x_2\\ \vdots\\ x_n\end{pmatrix}$.

由 $r(\boldsymbol{A})=n$ 知 $\boldsymbol{A}$ 可逆,且 $\boldsymbol{A}^{-1}=\dfrac{\boldsymbol{A}^*}{|\boldsymbol{A}|}$. 又由 $(\boldsymbol{A}^{-1})^{\mathrm{T}}=(\boldsymbol{A}^{\mathrm{T}})^{-1}=\boldsymbol{A}^{-1}$ 知 $\boldsymbol{A}^{-1}$ 为实对称矩阵,故 $f(\boldsymbol{x})$ 的矩阵为 $\boldsymbol{A}^{-1}$.

(2) 由于 $(\boldsymbol{A}^{-1})^{\mathrm{T}}\boldsymbol{A}\boldsymbol{A}^{-1}=(\boldsymbol{A}^{\mathrm{T}})^{-1}\boldsymbol{E}=\boldsymbol{A}^{-1}$,故 $\boldsymbol{A}$ 与 $\boldsymbol{A}^{-1}$ 合同,从而 $g(\boldsymbol{x})$ 与 $f(\boldsymbol{x})$ 的规范形相同.

考点三　正定二次型与正定矩阵

1.【解】(1) $\boldsymbol{P}^{\mathrm{T}}\boldsymbol{DP}=\begin{pmatrix}\boldsymbol{E}_m & \boldsymbol{O}\\ -\boldsymbol{C}^{\mathrm{T}}\boldsymbol{A}^{-1} & \boldsymbol{E}_n\end{pmatrix}\begin{pmatrix}\boldsymbol{A} & \boldsymbol{C}\\ \boldsymbol{C}^{\mathrm{T}} & \boldsymbol{B}\end{pmatrix}\begin{pmatrix}\boldsymbol{E}_m & -\boldsymbol{A}^{-1}\boldsymbol{C}\\ \boldsymbol{O} & \boldsymbol{E}_n\end{pmatrix}=$

$$\begin{pmatrix}\boldsymbol{A} & \boldsymbol{C}\\ \boldsymbol{O} & \boldsymbol{B}-\boldsymbol{C}^{\mathrm{T}}\boldsymbol{A}^{-1}\boldsymbol{C}\end{pmatrix}\begin{pmatrix}\boldsymbol{E}_m & -\boldsymbol{A}^{-1}\boldsymbol{C}\\ \boldsymbol{O} & \boldsymbol{E}_n\end{pmatrix}=\begin{pmatrix}\boldsymbol{A} & \boldsymbol{O}\\ \boldsymbol{O} & \boldsymbol{B}-\boldsymbol{C}^{\mathrm{T}}\boldsymbol{A}^{-1}\boldsymbol{C}\end{pmatrix}.$$

(2) 由 $(\boldsymbol{B}-\boldsymbol{C}^{\mathrm{T}}\boldsymbol{A}^{-1}\boldsymbol{C})^{\mathrm{T}}=\boldsymbol{B}^{\mathrm{T}}-\boldsymbol{C}^{\mathrm{T}}(\boldsymbol{A}^{-1})^{\mathrm{T}}\boldsymbol{C}=\boldsymbol{B}-\boldsymbol{C}^{\mathrm{T}}(\boldsymbol{A}^{\mathrm{T}})^{-1}\boldsymbol{C}=\boldsymbol{B}-\boldsymbol{C}^{\mathrm{T}}\boldsymbol{A}^{-1}\boldsymbol{C}$ 知 $\boldsymbol{B}-\boldsymbol{C}^{\mathrm{T}}\boldsymbol{A}^{-1}\boldsymbol{C}$ 为对称矩阵.

由于 $\boldsymbol{P}$ 可逆,故 $\boldsymbol{P}^{\mathrm{T}}\boldsymbol{DP}$ 与 $\boldsymbol{D}$ 合同. 又由 $\boldsymbol{D}$ 为正定矩阵知 $\boldsymbol{P}^{\mathrm{T}}\boldsymbol{DP}$ 也为正定矩阵,故 $\boldsymbol{P}^{\mathrm{T}}\boldsymbol{DP}$ 的各阶顺序主子式全大于零,从而 $\boldsymbol{B}-\boldsymbol{C}^{\mathrm{T}}\boldsymbol{A}^{-1}\boldsymbol{C}$ 的各阶顺序主子式也全大于零,即 $\boldsymbol{B}-\boldsymbol{C}^{\mathrm{T}}\boldsymbol{A}^{-1}\boldsymbol{C}$ 为正定矩阵.

2.【解】f 为正定二次型 $\Leftrightarrow$ 任取 $(x_1,x_2,\cdots,x_n)^{\mathrm{T}}\neq\boldsymbol{0}$,恒有 $f>0$

$\Leftrightarrow$ 当且仅当 $(x_1,x_2,\cdots,x_n)^{\mathrm{T}}=\boldsymbol{0}$ 时,$f=0$

$\Leftrightarrow$ 方程组 $\begin{cases}x_1+a_1x_2=0,\\ x_2+a_2x_3=0,\\ \cdots\cdots\cdots\cdots\\ x_{n-1}+a_{n-1}x_n=0,\\ x_n+a_nx_1=0\end{cases}$ 只有零解

$$\Leftrightarrow\begin{vmatrix}1 & a_1 & 0 & \cdots & 0 & 0\\ 0 & 1 & a_2 & \cdots & 0 & 0\\ \vdots & \vdots & \vdots & & \vdots & \vdots\\ 0 & 0 & 0 & \cdots & 1 & a_{n-1}\\ a_n & 0 & 0 & \cdots & 0 & 1\end{vmatrix}\neq0$$

$\Leftrightarrow 1+(-1)^{n+1}a_1a_2\cdots a_n\neq0$

$\Leftrightarrow a_1a_2\cdots a_n\neq(-1)^n$.

第三部分 概率论与数理统计(仅数学一、三)

第一章 随机事件和概率

十年真题

考点一 概率的五大公式

1.【答案】(D).

【解】对于(A),$P(A|B)=P(A)\Rightarrow P(AB)=P(A)P(B)\Rightarrow P(A)-P(A)P(B)=P(A)-P(AB)\Rightarrow P(A)=\dfrac{P(A)-P(AB)}{1-P(B)}=\dfrac{P(A\overline{B})}{P(\overline{B})}=P(A|\overline{B})$,故(A)正确.

对于(B),$P(A|B)>P(A)\Rightarrow P(AB)>P(A)P(B)\Rightarrow 1-P(A)-P(B)+P(AB)>1-P(A)-P(B)+P(A)P(B)\Rightarrow 1-P(A\cup B)>[1-P(A)][1-P(B)]\Rightarrow P(\overline{A}\,\overline{B})>P(\overline{A})P(\overline{B})\Rightarrow P(\overline{A}|\overline{B})=\dfrac{P(\overline{A}\,\overline{B})}{P(\overline{B})}>P(\overline{A})$,故(B)正确.

对于(C),$P(A|B)>P(A|\overline{B})\Rightarrow\dfrac{P(AB)}{P(B)}>\dfrac{P(A\overline{B})}{P(\overline{B})}=\dfrac{P(A)-P(AB)}{1-P(B)}\Rightarrow P(AB)>P(A)P(B)\Rightarrow P(A|B)>P(A)$,故(C)正确.

对于(D),$P(A|A\cup B)>P(\overline{A}|A\cup B)\Rightarrow\dfrac{P(A)}{P(A\cup B)}>\dfrac{P(\overline{A}B)}{P(A\cup B)}\Rightarrow P(A)>P(B)-P(AB)$,故(D)错误.

【注】$P(A|B)=P(A)$、$P(A|\overline{B})=P(A)$、$P(\overline{A}|\overline{B})=P(\overline{A})$和$P(A|B)=P(A|\overline{B})$都是$A,B$独立的充分必要条件.

2.【答案】(D).

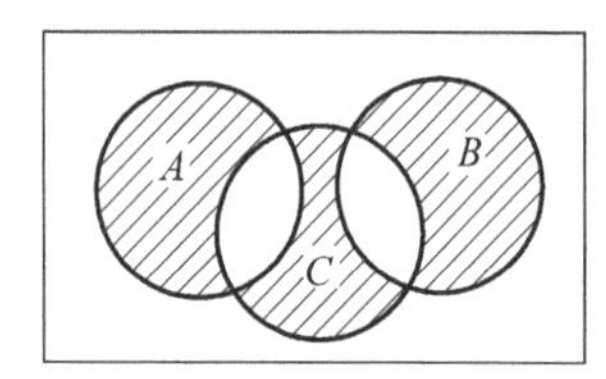

【解】法一:如上图所示,若A,B,C的面积都为$\dfrac{1}{4}$,A,B无相交部分,且A,C的相交部分,及B,C的相交部分的面积都为$\dfrac{1}{12}$,则图中阴影部分的面积为$\dfrac{1}{4}\times3-\dfrac{1}{12}\times2\times2=\dfrac{5}{12}$.

法二:所求概率为$P(A\overline{B}\,\overline{C})+P(\overline{A}B\overline{C})+P(\overline{A}\,\overline{B}C)$.

$$P(A\overline{B}\,\overline{C})=P(A-(B\cup C))=P(A)-P(AB\cup AC)$$
$$=P(A)-[P(AB)+P(AC)-P(ABC)]=\frac{1}{6}.$$

同理,$P(\overline{A}B\overline{C})=P(B)-[P(AB)+P(BC)-P(ABC)]=\dfrac{1}{6}$,

$P(\overline{A}\,\overline{B}C)=P(C)-[P(AC)+P(BC)-P(ABC)]=\dfrac{1}{12}$.

故所求概率为$\dfrac{1}{6}+\dfrac{1}{6}+\dfrac{1}{12}=\dfrac{5}{12}$.

3.【答案】(C).

【解】$P(A\overline{B})=P(B\overline{A})\Leftrightarrow P(A)-P(AB)=P(B)-P(AB)\Leftrightarrow P(A)=P(B)$.

4.【答案】(A).

【解】$P(A|B)>P(A|\overline{B})$

$\Leftrightarrow\dfrac{P(AB)}{P(B)}>\dfrac{P(A\overline{B})}{P(\overline{B})}=\dfrac{P(A)-P(AB)}{1-P(B)}$

$\Leftrightarrow P(AB)-P(B)P(AB)>P(A)P(B)-P(B)P(AB)$

$\Leftrightarrow P(AB)>P(A)P(B)$

$\Leftrightarrow P(AB)-P(A)P(AB)>P(A)P(B)-P(A)P(AB)$

$\Leftrightarrow\dfrac{P(AB)}{P(A)}>\dfrac{P(B)-P(AB)}{1-P(A)}=\dfrac{P(B\overline{A})}{P(\overline{A})}$

$\Leftrightarrow P(B|A)>P(B|\overline{A})$.

【注】$P(B|A)=P(B|\overline{A})$和$P(A|B)=P(A|\overline{B})$都是A,B独立的充分必要条件.

5.【答案】(C).

【解】$A\cup B$与C相互独立

$\Leftrightarrow P((A\cup B)C)=P(A\cup B)P(C)$

$\Leftrightarrow P(AC\cup BC)=[P(A)+P(B)-P(AB)]P(C)$

$\Leftrightarrow P(AC)+P(BC)-P(ABC)=P(A)P(C)+P(B)P(C)-P(AB)P(C)$

$\Leftrightarrow P(ABC)=P(AB)P(C)$

$\Leftrightarrow AB$与C相互独立.

6.【答案】(A).

【解】由$P(A|B)=1$知$\dfrac{P(AB)}{P(B)}=1$,即$P(AB)=P(B)$,故$P(B\overline{A})=P(B)-P(AB)=0$,从而$P(B|\overline{A})=\dfrac{P(B\overline{A})}{P(\overline{A})}=0$,即$P(\overline{B}|\overline{A})=1$.

7.【答案】(C).

【解】由于$AB\subset A,AB\subset B$,故$P(AB)\leqslant P(A),P(AB)\leqslant P(B)$,从而$P(AB)\leqslant\dfrac{P(A)+P(B)}{2}$.

【注】若$A\subset B$,则$P(A)\leqslant P(B)$. 1992年数学三的选择题曾考查过这个问题.

8.【答案】$\dfrac{5}{8}$.

【解】由题意,$P(AB)=P(AC)=0$.又由于$ABC\subset AB$,故由$0\leqslant P(ABC)\leqslant P(AB)=0$知$P(ABC)=0$.

于是,

$$P(B\cup C|A\cup B\cup C)=\frac{P(B\cup C)}{P(A\cup B\cup C)}$$
$$=\frac{P(B)+P(C)-P(B)P(C)}{P(A)+P(B)+P(C)-P(B)P(C)}$$
$$=\frac{5}{8}.$$

【注】若$P(A)=0$,则A与任何事件的积事件的概率都为零. 1992年数学一和2012年数学一、三的填空题曾考查过这个问题.

9.【答案】$\dfrac{1}{4}$.

【解】由于$BC=\varnothing$,故$P(BC)=0$.又由于$ABC\subset BC$,故由$0\leqslant P(ABC)\leqslant P(BC)=0$知$P(ABC)=0$.

于是由

$$P(AC\mid AB\cup C)=\frac{P(AC(AB\cup C))}{P(AB\cup C)}$$
$$=\frac{P(AC)}{P(AB)+P(C)-P(ABC)}$$
$$=\frac{P(A)P(C)}{P(A)P(B)+P(C)}$$
$$=\frac{\frac{1}{2}P(C)}{\frac{1}{2}\times\frac{1}{2}+P(C)}=\frac{1}{4}$$

知 $P(C)=\frac{1}{4}$.

10.【答案】$\frac{1}{3}$.

【解】$P(AC|A\cup B)=\frac{P(AC(A\cup B))}{P(A\cup B)}=\frac{P(AC)}{P(A)+P(B)-P(AB)}$

$$=\frac{P(A)P(C)}{P(A)+P(B)-P(A)P(B)}=\frac{1}{3}.$$

考点二　古典概型与几何概型

【答案】$\frac{2}{9}$.

【解】所求概率为$\frac{3\times3\times2}{3^4}=\frac{2}{9}$.

真题精选

考点一　概率的五大公式

1.【答案】(C).

【解】由 $1=P(A|B)=\frac{P(AB)}{P(B)}$可知 $P(B)=P(AB)$.

因此,$P(A\cup B)=P(A)+P(B)-P(AB)=P(A)$.

2.【答案】(C).

【解】由 $P(A_1)=P(A_2)=P(A_3)=\frac{1}{2}$,$P(A_1A_2)=P(A_1A_3)=P(A_2A_3)=\frac{1}{4}$知 A_1,A_2,A_3 两两独立.

由 $P(A_1A_2A_3)=0$ 知(A)错误；又由 $P(A_3A_4)=0,P(A_4)=\frac{1}{4}$知(B)、(D)错误.

【注】若 $P(AB)=P(A)P(B),P(AC)=P(A)P(C),P(BC)=P(B)P(C)$,且 $P(ABC)=P(A)P(B)P(C)$,则称事件 A,B,C 相互独立.

3.【答案】(A).

【解】A 与 BC 独立$\Leftrightarrow P(ABC)=P(A)P(BC)=P(A)P(B)P(C)$ $\Leftrightarrow A,B,C$ 相互独立.

4.【答案】(C).

【解】
$$P(B|A)=P(B|\overline{A})\Leftrightarrow\frac{P(AB)}{P(A)}=\frac{P(B)-P(AB)}{1-P(A)}$$
$$\Leftrightarrow P(AB)-P(A)P(AB)$$
$$=P(A)P(B)-P(A)P(AB)$$
$$\Leftrightarrow P(AB)=P(A)P(B).$$

【注】$P(B|A)=P(B|\overline{A})$和 $P(A|B)=P(A|\overline{B})$都是 A,B 独立的充分必要条件.2017 年数学一的选择题又考查了 $P(B|A)>P(B|\overline{A})$和 $P(A|B)>P(A|\overline{B})$都是 $P(AB)>P(A)P(B)$的充分必要条件.

5.【答案】(B).

【解】由 $A\subset B,0<P(B)\leqslant1$ 知 $P(A)=P(AB)=P(A|B)P(B)\leqslant P(A|B)$.

6.【答案】(B).

【解】由 $P[(A_1\cup A_2)|B]=P(A_1|B)+P(A_2|B)$ 知 $\frac{P[(A_1\cup A_2)B]}{P(B)}=\frac{P(A_1B)}{P(B)}+\frac{P(A_2B)}{P(B)}$,即得(B).

7.【答案】(B).

【解】由题意知 $AB\subset C$,故由 $P(A)+P(B)-P(AB)=P(A\cup B)\leqslant1$ 得

$$P(C)\geqslant P(AB)\geqslant P(A)+P(B)-1.$$

【注】若 $A\subset B$,则 $P(A)\leqslant P(B)$.2015 年数学一、三的选择题又考查了这个问题.

8.【答案】$\frac{3}{4}$.

【解】$P(AB|\overline{C})=\frac{P(AB\overline{C})}{P(\overline{C})}=\frac{P(AB)-P(ABC)}{1-P(C)}$.

由于 A 与 C 互不相容,故 $AC=\varnothing$,从而 $P(AC)=0$.又由于 $ABC\subset AC$,故由 $0\leqslant P(ABC)\leqslant P(AC)=0$ 知 $P(ABC)=0$.

于是,$P(AB|\overline{C})=\frac{P(AB)-P(ABC)}{1-P(C)}=\frac{\frac{1}{2}}{1-\frac{1}{3}}=\frac{3}{4}$.

【注】若 $P(A)=0$,则 A 与任何事件的积事件的概率都为零.1992 年数学一的填空题曾考查过这个问题,2022 年数学一、三的填空题又考查了这个问题.

9.【答案】$\frac{2}{3}$.

【解】由于 $P(A\overline{B})=P(B\overline{A})$,故 $P(A)-P(AB)=P(B)-P(AB)$,从而 $P(A)=P(B)$.

由 $P(\overline{A}\,\overline{B})=\frac{1}{9}$可知 $P(A\cup B)=1-P(\overline{A}\,\overline{B})=\frac{8}{9}$,即

$$P(A)+P(B)-P(AB)=P(A\cup B)=\frac{8}{9}.$$

又由于 A,B 相互独立,故 $P(AB)=P(A)P(B)$,从而由 $P(A)=P(B)$又可知

$$2P(A)-[P(A)]^2=P(A)+P(B)-P(AB)=\frac{8}{9},$$

解得 $P(A)=\frac{2}{3}$.

10.【答案】$\frac{2}{5}$.

【解】设 $B_1=\{$第一个人取得黄球$\}$,$B_2=\{$第一个人取得白球$\}$,$A=\{$第二个人取得黄球$\}$,则 $P(B_1)=\frac{2}{5},P(B_2)=\frac{3}{5}$,且

$P(A|B_1)=\frac{19}{49},P(A|B_2)=\frac{20}{49}$.

$P(A)=P(A|B_1)P(B_1)+P(A|B_2)P(B_2)=\frac{2}{5}$.

11.【答案】$\frac{11}{24}$.

【解】设 $A_i=\{$第 i 个零件是合格品$\}$,则 $P(\overline{A}_i)=\frac{1}{i+1}$.

$$P\{X=2\}=P(\overline{A}_1A_2A_3)+P(A_1\overline{A}_2A_3)+P(A_1A_2\overline{A}_3)$$
$$=P(\overline{A}_1)P(A_2)P(A_3)+P(A_1)P(\overline{A}_2)P(A_3)+P(A_1)P(A_2)P(\overline{A}_3)$$
$$=\frac{1}{2}\times\frac{2}{3}\times\frac{3}{4}+\frac{1}{2}\times\frac{1}{3}\times\frac{3}{4}+\frac{1}{2}\times\frac{2}{3}\times\frac{1}{4}$$
$$=\frac{11}{24}.$$

12.【答案】$1-p$.

【解】由 $P(AB)=P(\overline{A}\,\overline{B})=1-P(A\cup B)=1-[P(A)+P(B)-P(AB)]=1-p-P(B)+P(AB)$知 $P(B)=1-p$.

13.【答案】$\frac{2}{3}$.

【解】设 $A_1=\{$取出一等品$\}$,$A_2=\{$取出二等品$\}$,$A_3=\{$取出三等品$\}$,则 $P(A_1)=0.6,P(A_2)=0.3,P(A_3)=0.1$.

$P(A_1|A_1\cup A_2)=\frac{P(A_1)}{P(A_1\cup A_2)}=\frac{0.6}{0.6+0.3}=\frac{2}{3}$.

14.【答案】$\frac{7}{12}$.

【解】由于 $ABC\subset AB$,故由 $0\leqslant P(ABC)\leqslant P(AB)=0$ 知 $P(ABC)=0$.$P(\overline{A}\,\overline{B}\,\overline{C})=1-P(A\cup B\cup C)=1-[P(A)+P(B)+P(C)-P(AB)-P(AC)-P(BC)+P(ABC)]=1-$

$\left(\frac{1}{4}\times3-0-\frac{1}{6}\times2+0\right)=\frac{7}{12}$.

【注】若 $P(A)=0$,则 A 与任何事件的积事件的概率都为零. 2022 年和 2012 年数学一、三的填空题又考查了这个问题.

15. 【答案】0.75.

【解】设 $A_1=\{$甲射中目标$\}$,$A_2=\{$乙射中目标$\}$,则 $P(A_1)=0.6$,$P(A_2)=0.5$.

$$P(A_1\mid A_1\cup A_2)=\frac{P(A_1)}{P(A_1\cup A_2)}=\frac{P(A_1)}{P(A_1)+P(A_2)-P(A_1)P(A_2)}=\frac{0.6}{0.6+0.5-0.6\times0.5}=0.75.$$

16. 【解】(1) 设 $A=\{$被挑出的是第一箱$\}$,$B_1=\{$先取出的零件是一等品$\}$.

$$p=P(B_1)=P(B_1\mid A)P(A)+P(B_1\mid\overline{A})P(\overline{A})=\frac{10}{50}\times\frac{1}{2}+\frac{18}{30}\times\frac{1}{2}=\frac{2}{5}.$$

(2) 设 $B_2=\{$第二次取出的零件是一等品$\}$.

$$q=P(B_2\mid B_1)=\frac{P(B_1B_2)}{P(B_1)}$$

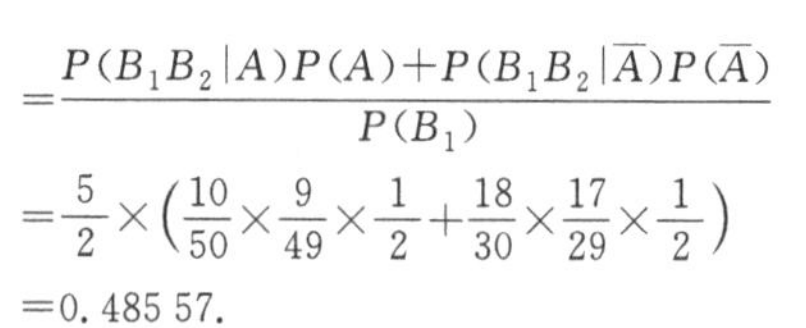

$$=\frac{P(B_1B_2\mid A)P(A)+P(B_1B_2\mid\overline{A})P(\overline{A})}{P(B_1)}$$

$$=\frac{5}{2}\times\left(\frac{10}{50}\times\frac{9}{49}\times\frac{1}{2}+\frac{18}{30}\times\frac{17}{29}\times\frac{1}{2}\right)$$

$$=0.48557.$$

考点二 古典概型与几何概型

【答案】$\frac{1}{\pi}+\frac{1}{2}$.

【解】如下图所示,由于半圆 $0<y<\sqrt{2ax-x^2}$ 的面积为 $\frac{1}{2}\pi a^2$,又曲线 $y=\sqrt{2ax-x^2}$,直线 $y=x$ 及 x 轴所围成的平面区域(图中阴影部分)的面积为 $\frac{1}{2}a^2+\frac{1}{4}\pi a^2$,故所求概率为 $\dfrac{\frac{1}{2}a^2+\frac{1}{4}\pi a^2}{\frac{1}{2}\pi a^2}=\frac{1}{\pi}+\frac{1}{2}$.

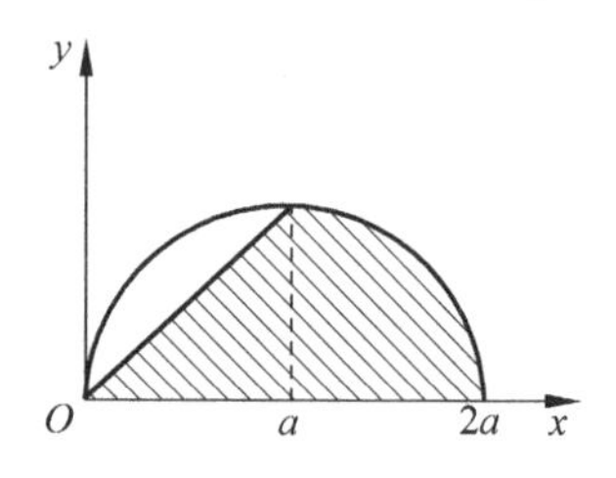

第二章 随机变量及其分布

十年真题

考点一 随机变量的分布

1. 【答案】(A).

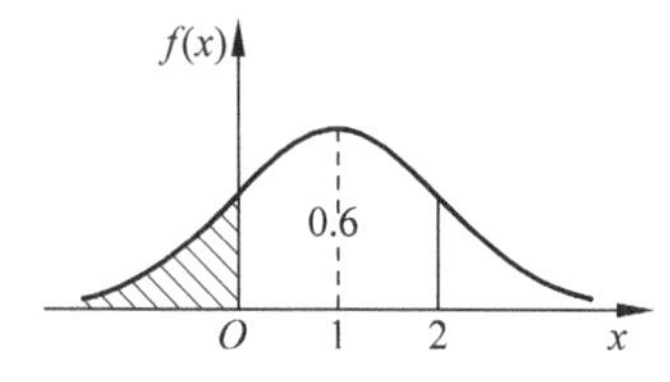

【解】由 $f(1+x)=f(1-x)$ 知 $f(x)$ 的图形关于 $x=1$ 对称,而 $\int_{-\infty}^{+\infty}f(x)\mathrm{d}x=1$,故上图中阴影部分的面积表示 $P\{X<0\}$,即 $P\{X<0\}=\frac{1}{2}(1-0.6)=0.2$.

2. 【答案】(B).

【解】由于 $p=P\left\{\frac{X-\mu}{\sigma}\leqslant\sigma\right\}=\Phi(\sigma)$,而 $\Phi(x)$ 单调递增,故 p 随着 σ 的增加而增加.

3. 【答案】$\frac{2}{3}$.

【解】设随机变量 X 表示三次试验中 A 成功的次数,则 $X\sim B(3,p)$. 由 $P\{X=3\mid X\geqslant1\}=\frac{P\{X=3\}}{P\{X\geqslant1\}}=\frac{p^3}{1-(1-p)^3}=\frac{4}{13}$ 知 $p=\frac{2}{3}$.

4. 【解】由于 $P\{X>3\}=\int_3^{+\infty}2^{-x}\ln2\mathrm{d}x=\frac{1}{8}$,故 Y 的概率分布为

$$P\{Y=k\}=(k-1)\left(\frac{7}{8}\right)^{k-2}\left(\frac{1}{8}\right)^2,\quad k=2,3,\cdots.$$

考点二 随机变量的函数的分布

1. 【解】(1) $F_X(x)=\int_{-\infty}^{x}\frac{\mathrm{e}^t}{(1+\mathrm{e}^t)^2}\mathrm{d}t=\int_{-\infty}^{x}\frac{\mathrm{d}(1+\mathrm{e}^t)}{(1+\mathrm{e}^t)^2}=1-\frac{1}{1+\mathrm{e}^x}$,$-\infty<x<+\infty$.

(2) **法一(分布函数法)**:Y 的分布函数

$$F_Y(y)=P\{Y\leqslant y\}=P\{\mathrm{e}^X\leqslant y\}=\begin{cases}P\{X\leqslant\ln y\}, & y>0,\\ 0, & y\leqslant0.\end{cases}$$

当 $y>0$ 时,$F_Y(y)=\int_{-\infty}^{\ln y}\frac{\mathrm{e}^x}{(1+\mathrm{e}^x)^2}\mathrm{d}x=1-\frac{1}{1+y}$.

故 $F_Y(y)=\begin{cases}1-\frac{1}{1+y}, & y>0,\\ 0, & y\leqslant0,\end{cases}$ 从而 $f_Y(y)=\begin{cases}\frac{1}{(1+y)^2}, & y>0,\\ 0, & y\leqslant0.\end{cases}$

法二(公式法):由于 $g(x)=\mathrm{e}^x$ 在 $(-\infty,+\infty)$ 上处处可导且严格单调,且其反函数 $h(y)=\ln y$,故 $g(x)$ 在 $(-\infty,+\infty)$ 上的值域为 $(0,+\infty)$,且在 $(0,+\infty)$ 上

$$f_Y(y)=f_X[h(y)]\,|h'(y)|=\frac{\mathrm{e}^{\ln y}}{(1+\mathrm{e}^{\ln y})^2}\cdot\frac{1}{y}=\frac{1}{(1+y)^2},$$

从而 $f_Y(y)=\begin{cases}\frac{1}{(1+y)^2}, & y>0,\\ 0, & y\leqslant0.\end{cases}$

2. 【解】(1) 由于 $X\sim U(0,1)$,故 X 的概率密度为 $f_X(x)=\begin{cases}1, & 0<x<1,\\ 0, & 其他.\end{cases}$

(2) $Z=\frac{Y}{X}=\frac{2-X}{X}=\frac{2}{X}-1$.

法一(分布函数法):Z 的分布函数

$$F_Z(z)=P\{Z\leqslant z\}=P\left\{\frac{2}{X}-1\leqslant z\right\}=P\left\{\frac{1}{X}\leqslant\frac{z+1}{2}\right\}=\begin{cases}P\left\{X\geqslant\frac{2}{z+1}\right\}, & z>-1,\\ 0, & z\leqslant-1.\end{cases}$$

如下图所示,

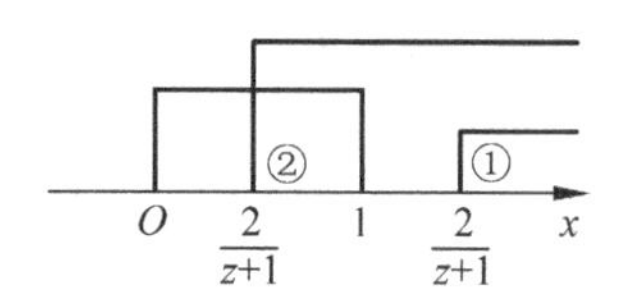

(1) 当$-1<z<1\left(即\dfrac{2}{z+1}>1\right)$时，$F_Z(z)=0$；

(2) 当$z\geqslant1\left(即0<\dfrac{2}{z+1}\leqslant1\right)$时，$F_Z(z)=1-\dfrac{2}{z+1}$.

故$F_Z(z)=\begin{cases}1-\dfrac{2}{z+1}, & z\geqslant1,\\ 0, & z<1,\end{cases}$从而$Z$的概率密度为$f_Z(z)=\begin{cases}\dfrac{2}{(z+1)^2}, & z\geqslant1,\\ 0, & z<1.\end{cases}$

法二(公式法)：由于$g(x)=\dfrac{2}{x}-1$在$(0,1)$内处处可导且严格单调，且其反函数$h(z)=\dfrac{2}{z+1}$，故$g(x)$在$(0,1)$内的值域为$(1,+\infty)$，且在$(1,+\infty)$内$f_Z(z)=f_X[h(z)]|h'(z)|=\left|-\dfrac{2}{(z+1)^2}\right|=\dfrac{2}{(z+1)^2}$，从而

$$f_Z(z)=\begin{cases}\dfrac{2}{(z+1)^2}, & z>1,\\ 0, & z\leqslant1.\end{cases}$$

方法探究

考点一　随机变量的分布

变式【答案】(A).

【解】$P\{|X-\mu_1|<1\}>P\{|Y-\mu_2|<1\}$

$\Rightarrow P\{-1<X-\mu_1<1\}>P\{-1<Y-\mu_2<1\}$

$\Rightarrow P\left\{-\dfrac{1}{\sigma_1}<\dfrac{X-\mu_1}{\sigma_1}\leqslant\dfrac{1}{\sigma_1}\right\}>P\left\{-\dfrac{1}{\sigma_2}<\dfrac{Y-\mu_2}{\sigma_2}\leqslant\dfrac{1}{\sigma_2}\right\}$

$\Rightarrow\Phi\left(\dfrac{1}{\sigma_1}\right)-\Phi\left(-\dfrac{1}{\sigma_1}\right)>\Phi\left(\dfrac{1}{\sigma_2}\right)-\Phi\left(-\dfrac{1}{\sigma_2}\right)$

$\Rightarrow2\Phi\left(\dfrac{1}{\sigma_1}\right)-1>2\Phi\left(\dfrac{1}{\sigma_2}\right)-1$

$\Rightarrow\Phi\left(\dfrac{1}{\sigma_1}\right)>\Phi\left(\dfrac{1}{\sigma_2}\right)$

$\Rightarrow\dfrac{1}{\sigma_1}>\dfrac{1}{\sigma_2}$

$\Rightarrow\sigma_1<\sigma_2$.

真题精选

考点一　随机变量的分布

1. **【答案】**(A).

【解】$p_1=P\{-2\leqslant X_1\leqslant2\}=\Phi(2)-\Phi(-2)=2\Phi(2)-1$.

$p_2=P\{-2\leqslant X_2\leqslant2\}=P\left\{-1<\dfrac{X_2}{2}\leqslant1\right\}$
$=\Phi(1)-\Phi(-1)=2\Phi(1)-1$.

由于$\Phi(x)$单调递增，故$p_1>p_2$.

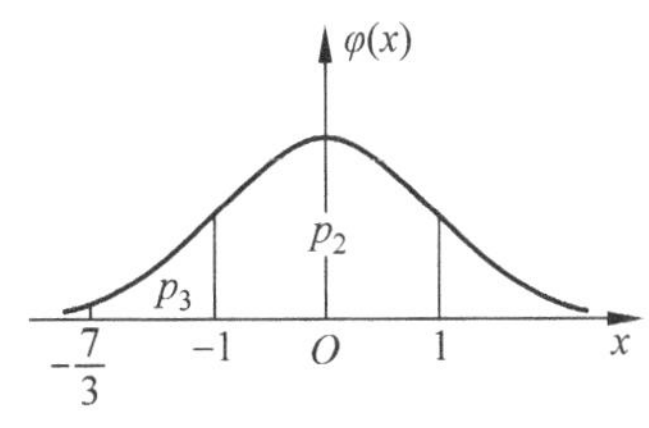

$p_3=P\{-2\leqslant X_3\leqslant2\}=P\left\{\dfrac{-2-5}{3}<\dfrac{X_3-5}{3}\leqslant\dfrac{2-5}{3}\right\}$
$=\Phi(-1)-\Phi\left(-\dfrac{7}{3}\right)$.

如上图所示，$p_2>p_3$.

2. **【答案】**(C).

【解】$P\{X=1\}=F(1)-\lim\limits_{x\to1^-}F(x)=1-e^{-1}-\dfrac{1}{2}=\dfrac{1}{2}-e^{-1}$.

3. **【答案】**(C).

【解】由于在4次射击中，命中目标和没有命中目标各2次，且第1次命中目标可能发生在前3次中的任一次，故所求概率为$3p^2(1-p)^2$.

4. **【答案】**(D).

【解】对于(A)，$\int_{-\infty}^{+\infty}[f_1(x)+f_2(x)]dx=2\neq1$，故错误；

对于(B)，取$f_1(x)=\begin{cases}1, & x\in(0,1],\\ 0, & 其他,\end{cases}$ $f_2(x)=\begin{cases}e^x, & x\in(-\infty,0]\\ 0, & 其他,\end{cases}$则$f_1(x)f_2(x)=0$，故错误；

对于(C)，$\lim\limits_{x\to+\infty}[F_1(x)+F_2(x)]=2\neq1$，故错误；

对于(D)，$F_1(x)F_2(x)$就是$X=\max\{X_1,X_2\}$的分布函数.

5. **【答案】**(A).

【解】由$\lim\limits_{x\to+\infty}F(x)=a\lim\limits_{x\to+\infty}F_1(x)-b\lim\limits_{x\to+\infty}F_2(x)=a-b=1$知(A)正确.

6. **【答案】**(C).

【解】由于$P\{|X-\mu|<\sigma\}=P\{-\sigma<X-\mu<\sigma\}=P\left\{-1<\dfrac{X-\mu}{\sigma}\leqslant1\right\}=\Phi(1)-\Phi(-1)$，故选(C).

7. **【答案】**(B).

【解】由于$\varphi(-x)=\varphi(x)$，故由$\int_{-\infty}^{+\infty}\varphi(x)dx=2\int_0^{+\infty}\varphi(x)dx=1$知$\int_0^{+\infty}\varphi(x)dx=\dfrac{1}{2}$.

于是，$F(-a)=\int_{-\infty}^{-a}\varphi(x)dx\xlongequal{令x=-t}-\int_{+\infty}^{a}\varphi(-t)dt$
$=\int_a^{+\infty}\varphi(t)dt$
$=\int_a^0\varphi(t)dt+\int_0^{+\infty}\varphi(t)dt=-\int_0^a\varphi(x)dx+\dfrac{1}{2}$.

8. **【答案】**$1-e^{-1}$.

【解】由于$Y\sim E(1)$，故Y的概率密度为$f(y)=\begin{cases}e^{-y}, & y>0,\\ 0, & y\leqslant0.\end{cases}$

于是$P\{Y\leqslant a+1\mid Y>a\}=\dfrac{P\{a<Y\leqslant a+1\}}{P\{Y>a\}}=\dfrac{\int_a^{a+1}e^{-y}dy}{\int_a^{+\infty}e^{-y}dy}=1-e^{-1}$.

9. **【答案】**$[1,3]$.

【解】由于$\int_0^1f(x)dx=\dfrac{1}{3}$，$\int_3^6f(x)dx=\dfrac{2}{3}$，故当$k<1$时，$P\{X\geqslant k\}>\dfrac{2}{3}$；当$k>3$时，$P\{X\geqslant k\}<\dfrac{2}{3}$；当$1\leqslant k\leqslant3$时，$P\{X\geqslant k\}=\dfrac{2}{3}$.

10. **【答案】**

X	-1	1	3
P	0.4	0.4	0.2

【解】$P\{X=-1\}=0.4$，$P\{X=1\}=0.8-0.4=0.4$，$P\{X=3\}=1-0.8=0.2$.

11. **【答案】**$\dfrac{2}{3}$.

【解】设该射手的命中率为p，则他4次都没有命中的概率为$(1-p)^4$.

由$(1-p)^4=\dfrac{1}{81}$得$p=\dfrac{2}{3}$.

12. **【答案】**$\dfrac{1}{2}$.

【解】由 $\lim\limits_{x\to\frac{\pi}{2}^+}F(x)=F\left(\frac{\pi}{2}\right)$ 可知 $A=1$.

于是 $P\left\{|X|<\frac{\pi}{6}\right\}=P\left\{-\frac{\pi}{6}<X<\frac{\pi}{6}\right\}=F\left(\frac{\pi}{6}\right)-F\left(-\frac{\pi}{6}\right)=\frac{1}{2}$.

13.【解】$F_Y(y)=P\{Y\leqslant y\}=P\{Y\leqslant y|X=1\}P\{X=1\}+P\{Y\leqslant y|X=2\}P\{X=2\}$

$=\frac{1}{2}(P\{Y\leqslant y|X=1\}+P\{Y\leqslant y|X=2\})$.

① 当 $y<0$ 时,$F_Y(y)=\frac{1}{2}(0+0)=0$;

② 当 $0\leqslant y<1$ 时,$F_Y(y)=\frac{1}{2}\left(y+\frac{y}{2}\right)=\frac{3}{4}y$;

③ 当 $1\leqslant y<2$ 时,$F_Y(y)=\frac{1}{2}\left(1+\frac{y}{2}\right)=\frac{1}{2}+\frac{1}{4}y$;

④ 当 $y\geqslant 2$ 时,$F_Y(y)=\frac{1}{2}(1+1)=1$.

故 $F_Y(y)=\begin{cases}0, & y<0,\\ \frac{3}{4}y, & 0\leqslant y<1,\\ \frac{1}{2}+\frac{1}{4}y, & 1\leqslant y<2,\\ 1, & y\geqslant 2.\end{cases}$

14.【解】由于 $P\{|X|\leqslant 1\}=1$,故当 $x<-1$ 时,$F(x)=P\{X\leqslant x\}=0$;当 $x\geqslant 1$ 时,$F(x)=P\{X\leqslant x\}=1$.

当 $-1\leqslant x<1$ 时,

$F(x)=P\{X\leqslant x\}=P\{X=-1\}+P\{-1<X\leqslant x\}$

$=\frac{1}{8}+P\{-1<X\leqslant x|-1<X<1\}P\{-1<X<1\}$.

由 $P\{|X|\leqslant 1\}=1$ 知 $P\{-1<X<1\}=1-P\{X=1\}-P\{X=-1\}=\frac{5}{8}$. 由题意,设 $P\{-1<X\leqslant x|-1<X<1\}=k(x+1)$,则由

$\lim\limits_{x\to 1^-}P\{-1<X\leqslant x|-1<X<1\}$

$=P\{-1<X<1|-1<X<1\}=1=2k$

知 $k=\frac{1}{2}$,故 $P\{-1<X\leqslant x|-1<X<1\}=\frac{1}{2}(x+1)$,从而

$F(x)=\frac{1}{8}+\frac{1}{2}(x+1)\cdot\frac{5}{8}=\frac{5x+7}{16}$.

综上所述,$F(x)=\begin{cases}0, & x<-1,\\ \frac{5x+7}{16}, & -1\leqslant x<1,\\ 1, & x\geqslant 1.\end{cases}$

考点二 随机变量的函数的分布

1.【答案】(D).

【解】$F_Y(y)=P\{Y\leqslant y\}=P\{\min\{X,2\}\leqslant y\}$

$=P\{X\leqslant y,X\leqslant 2\}+P\{2\leqslant y,X>2\}$.

当 $y<0$ 时,$F_Y(y)=p\{X\leqslant y\}=0$;

当 $0\leqslant y<2$ 时,$F_Y(y)=P\{X\leqslant y\}=\int_0^y\lambda e^{-\lambda x}dx=1-e^{-\lambda y}$;

当 $y\geqslant 2$ 时,$F_Y(y)=P\{X\leqslant 2\}+P\{X>2\}=1$.

故 $F_Y(y)=\begin{cases}0, & y<0,\\ 1-e^{-\lambda y}, & 0\leqslant y<2,\\ 1, & y\geqslant 2,\end{cases}$ 它恰有一个间断点.

【注】离散型随机变量的函数一定是离散型随机变量,连续型随机变量的函数未必是连续型随机变量.

2.【答案】$F_Y(y)=\begin{cases}0, & y<0,\\ y, & 0\leqslant y<1,\\ 1, & y\geqslant 1.\end{cases}$

【解】由于 $Y\sim U(0,1)$,故 Y 的概率密度为 $f_Y(y)=\begin{cases}1, & 0<y<1,\\ 0, & 其他,\end{cases}$ 从而 Y 的分布函数为 $F_Y(y)=\int_{-\infty}^y f_Y(t)dt=\begin{cases}0, & y<0,\\ y, & 0\leqslant y<1,\\ 1, & y\geqslant 1.\end{cases}$

【注】若连续型随机变量 X 有严格单调递增的分布函数 $F(x)$,则 $Y=F(X)$ 在区间 $(0,1)$ 上服从均匀分布.

3.【解】(1) $F_Y(y)=P\{Y\leqslant y\}$

$=P\{2\leqslant y,X\leqslant 1\}+P\{X\leqslant y,1<X<2\}+P\{1\leqslant y,X\geqslant 2\}$

$=P\{2\leqslant y,0<X\leqslant 1\}+P\{X\leqslant y,1<X<2\}+P\{1\leqslant y,2\leqslant X<3\}$.

① 当 $y<1$ 时,

$F_Y(y)=P(\varnothing)+P(\varnothing)+P(\varnothing)=0$;

② 当 $1\leqslant y<2$ 时,

$F_Y(y)=P(\varnothing)+P\{1<X\leqslant y\}+P\{2\leqslant X<3\}$

$=\int_1^y\frac{x^2}{9}dx+\int_2^3\frac{x^2}{9}dx=\frac{y^3+18}{27}$;

(3) 当 $y\geqslant 2$ 时,

$F_Y(y)=P\{0<X\leqslant 1\}+P\{1<X<2\}+P\{2\leqslant X<3\}$

$=P\{0<X<3\}=1$.

故 Y 的分布函数为

$$F_Y(y)=\begin{cases}0, & y<1,\\ \frac{y^3+18}{27}, & 1\leqslant y<2,\\ 1, & y\geqslant 2.\end{cases}$$

(2) $P\{X\leqslant Y\}=P\{X<2\}=\int_0^2\frac{x^2}{9}dx=\frac{8}{27}$.

4.【解】法一(分布函数法):Y 的分布函数

$F_Y(y)=P\{Y\leqslant y\}=P\{e^X\leqslant y\}=\begin{cases}P\{X\leqslant \ln y\}, & y>0,\\ 0, & y\leqslant 0.\end{cases}$

① 当 $0<y<1$(即 $\ln y<0$)时,$F_Y(y)=0$;

② 当 $y\geqslant 1$(即 $\ln y\geqslant 0$)时,$F_Y(y)=\int_0^{\ln y}e^{-x}dx=1-\frac{1}{y}$.

故 $F_Y(y)=\begin{cases}1-\frac{1}{y}, & y\geqslant 1,\\ 0, & y<1,\end{cases}$ 从而 $f_Y(y)=\begin{cases}\frac{1}{y^2}, & y\geqslant 1,\\ 0, & y<1.\end{cases}$

法二(公式法):由于 $g(x)=e^x$ 在 $[0,+\infty)$ 上处处可导且严格单调,且其反函数 $h(y)=\ln y$,故 $g(x)$ 在 $[0,+\infty)$ 上的值域为 $[1,+\infty)$,且在 $[1,+\infty)$ 上 $f_Y(y)=f_X[h(y)]|h'(y)|=e^{-\ln y}\cdot\frac{1}{y}=\frac{1}{y^2}$,从而

$$f_Y(y)=\begin{cases}\frac{1}{y^2}, & y\geqslant 1,\\ 0, & y<1.\end{cases}$$

第三章　多维随机变量及其分布

十年真题

考点一　二维随机变量的分布

1.【答案】(B).

【解】由题意知 $2X+Y\sim N(-2,10)$，$X-Y\sim N(2,4)$.

$P\{2X+Y<a\}=P\left\{\dfrac{2X+Y+2}{\sqrt{10}}\leqslant\dfrac{a+2}{\sqrt{10}}\right\}=\Phi\left(\dfrac{a+2}{\sqrt{10}}\right)$.

$P\{X>Y\}=1-P\{X-Y\leqslant 0\}=1-P\left\{\dfrac{X-Y-2}{2}\leqslant\dfrac{0-2}{2}\right\}$

$=1-\Phi(-1)=\Phi(1)$.

由 $P\{2X+Y<a\}=P\{X>Y\}$ 知 $\Phi\left(\dfrac{a+2}{\sqrt{10}}\right)=\Phi(1)$，即 $\dfrac{a+2}{\sqrt{10}}=1$，解得 $a=-2+\sqrt{10}$.

2.【答案】(B).

【解】由题意知 $2X-Y\sim N(1,9)$，$X-2Y\sim N(2,6)$.

$p_1=1-P\{2X-Y\leqslant 0\}=1-P\left\{\dfrac{2X-Y-1}{3}\leqslant\dfrac{0-1}{3}\right\}$

$=1-\Phi\left(-\dfrac{1}{3}\right)=\Phi\left(\dfrac{1}{3}\right)$.

$p_2=1-P\{X-2Y\leqslant 1\}=1-P\left\{\dfrac{X-2Y-2}{\sqrt6}\leqslant\dfrac{1-2}{\sqrt6}\right\}$

$=1-\Phi\left(-\dfrac{1}{\sqrt6}\right)=\Phi\left(\dfrac{1}{\sqrt6}\right)$.

由于 $\Phi(x)$ 单调递增且 $\Phi(0)=\dfrac{1}{2}$，故 $p_2>p_1>\dfrac{1}{2}$.

3.【答案】(A).

【解】由题意，$X-Y\sim N(0,2\sigma^2)$.

故 $P\{|X-Y|<1\}=P\{-1<X-Y<1\}=P\left\{\dfrac{-1}{\sqrt2\sigma}<\dfrac{X-Y}{\sqrt2\sigma}<\dfrac{1}{\sqrt2\sigma}\right\}$

$=\Phi\left(\dfrac{1}{\sqrt2\sigma}\right)-\Phi\left(-\dfrac{1}{\sqrt2\sigma}\right)$.

4.【答案】$\dfrac{1}{3}$.

【解】$P\{X=Y\}=P\{X=0,Y=0\}+P\{X=1,Y=1\}$

$=P\{X=0\}P\{Y=0\}+P\{X=1\}P\{Y=1\}$

$=\left(1-\dfrac{1}{3}\right)\cdot C_2^0\left(1-\dfrac{1}{2}\right)^2+\dfrac{1}{3}\cdot C_2^1\dfrac{1}{2}\left(1-\dfrac{1}{2}\right)$

$=\dfrac{1}{3}$.

5.【答案】$\dfrac{1}{2}$.

【解】由于 $(X,Y)\sim N(1,0;1,1;0)$，故 $X\sim N(1,1)$，$Y\sim N(0,1)$，且 X,Y 独立.

于是 $P\{XY-Y<0\}=P\{(X-1)Y<0\}$

$=P\{X-1>0,Y<0\}+P\{X-1<0,Y>0\}$

$=P\{X-1>0\}P\{Y<0\}+P\{X-1<0\}P\{Y>0\}$

$=[1-\Phi(0)]\Phi(0)+\Phi(0)[1-\Phi(0)]$

$=\dfrac{1}{2}$.

考点二　两个随机变量的函数的分布

1.【答案】(D).

【解】(X,Y) 的概率密度为 $f(x,y)=\begin{cases}\lambda^2e^{-\lambda(x+y)}, & x>0,y>0,\\ 0, & 其他.\end{cases}$

$$F_Z(z)=P\{Z\leqslant z\}=P\{|X-Y|\leqslant z\}=\begin{cases}P\{X-z\leqslant Y\leqslant X+z\}, & z\geqslant 0,\\ 0, & z<0.\end{cases}$$

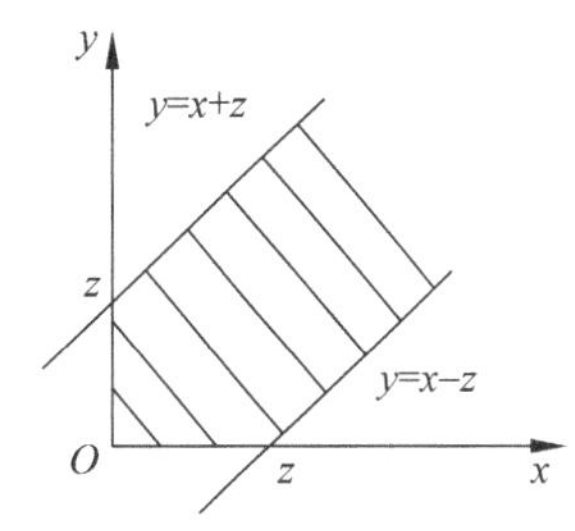

当 $z\geqslant 0$ 时(如上图所示)，

$$F_Z(z)=1-2\int_z^{+\infty}dx\int_0^{x-z}\lambda^2e^{-\lambda(x+y)}dy$$

$$=1-2\lambda\int_z^{+\infty}[e^{-\lambda x}-e^{-\lambda(2x-z)}]dx$$

$$=1-e^{-\lambda z}.$$

故 $F_Z(z)=\begin{cases}0, & z<0,\\ 1-e^{-\lambda z}, & z\geqslant 0,\end{cases}$ 从而 $f_Z(z)=F'_Z(z)=\begin{cases}\lambda e^{-\lambda z}, & z>0,\\ 0, & 其他,\end{cases}$ 选(D).

【注】2001 年数学三的解答题曾考查过 $U=|X-Y|$ 的分布.

2.【解】(1) 当 $-1\leqslant x\leqslant 1$ 时，

$$f_X(x)=\int_{-\sqrt{1-x^2}}^{\sqrt{1-x^2}}\frac{2}{\pi}(x^2+y^2)dy=\frac{4}{3\pi}(1+2x^2)\sqrt{1-x^2}.$$

故 $f_X(x)=\begin{cases}\dfrac{4}{3\pi}(1+2x^2)\sqrt{1-x^2}, & -1\leqslant x\leqslant 1,\\ 0, & 其他.\end{cases}$

同理，$f_Y(y)=\begin{cases}\dfrac{4}{3\pi}(1+2y^2)\sqrt{1-y^2}, & -1\leqslant y\leqslant 1,\\ 0, & 其他.\end{cases}$

由于 $f(x,y)\neq f_X(x)f_Y(y)$，故 X 与 Y 不独立.

(2) $F_Z(z)=P\{Z\leqslant z\}=P\{X^2+Y^2\leqslant z\}$.

① 当 $z<0$ 时，$F_Z(z)=0$；

② 当 $0\leqslant z<1$ 时，

$$F_Z(z)=\iint\limits_{x^2+y^2\leqslant z}\frac{2}{\pi}(x^2+y^2)d\sigma=\frac{2}{\pi}\int_0^{2\pi}d\theta\int_0^{\sqrt z}r^3dr=4\int_0^{\sqrt z}r^3dr=z^2;$$

③ 当 $z\geqslant 1$ 时，$F_Z(z)=1$.

故 $F_Z(z)=\begin{cases}0, & z<0,\\ z^2, & 0\leqslant z<1,\\ 1, & z\geqslant 1,\end{cases}$ 从而 $f_Z(z)=F'_Z(z)=\begin{cases}2z, & 0\leqslant z<1,\\ 0, & 其他.\end{cases}$

3.【解】(1) (X_1,Y) 的分布函数

$F(x,y)=P\{X_1\leqslant x,Y\leqslant y\}$

$=P\{X_1\leqslant x,X_3X_1+(1-X_3)X_2\leqslant y\}$

$=P\{X_1\leqslant x,X_3X_1+(1-X_3)X_2\leqslant y,X_3=0\}+P\{X_1\leqslant x,X_3X_1+(1-X_3)X_2\leqslant y,X_3=1\}$

$=P\{X_1\leqslant x,X_2\leqslant y,X_3=0\}+P\{X_1\leqslant x,X_1\leqslant y,X_3=1\}$

$=P\{X_1\leqslant x\}P\{X_2\leqslant y\}P\{X_3=0\}+P\{X_1\leqslant x,X_1\leqslant y\}P\{X_3=1\}$

$$=\begin{cases}\dfrac{1}{2}\Phi(x)\Phi(y)+\dfrac{1}{2}\Phi(x), & x\leqslant y,\\ \dfrac{1}{2}\Phi(x)\Phi(y)+\dfrac{1}{2}\Phi(y), & x>y.\end{cases}$$

(2) 由于 Y 的分布函数为

$$\begin{aligned}F_Y(y)&=P\{Y\leqslant y\}=P\{X_3X_1+(1-X_3)X_2\leqslant y\}\\&=P\{X_3X_1+(1-X_3)X_2\leqslant y,X_3=0\}+\\&\quad P\{X_3X_1+(1-X_3)X_2\leqslant y,X_3=1\}\\&=P\{X_2\leqslant y,X_3=0\}+P\{X_1\leqslant y,X_3=1\}\\&=P\{X_2\leqslant y\}P\{X_3=0\}+P\{X_1\leqslant y\}P\{X_3=1\}\\&=\frac{1}{2}\Phi(y)+\frac{1}{2}\Phi(y)=\Phi(y),\end{aligned}$$

故 Y 服从标准正态分布.

4.【解】(1) $EY=\int_0^1 2y^2\mathrm{d}y=\frac{2}{3}$.

$P\{Y\leqslant EY\}=P\left\{Y\leqslant\frac{2}{3}\right\}=\int_0^{\frac{2}{3}}2y\mathrm{d}y=\frac{4}{9}$.

(2)
$$\begin{aligned}F_Z(z)&=P\{Z\leqslant z\}=P\{X+Y\leqslant z\}\\&=P\{X+Y\leqslant z,X=0\}+P\{X+Y\leqslant z,X=2\}\\&=P\{Y\leqslant z,X=0\}+P\{Y\leqslant z-2,X=2\}\\&=P\{Y\leqslant z\}P\{X=0\}+P\{Y\leqslant z-2\}P\{X=2\}\\&=\frac{1}{2}(P\{Y\leqslant z\}+P\{Y\leqslant z-2\}).\end{aligned}$$

如下图所示,

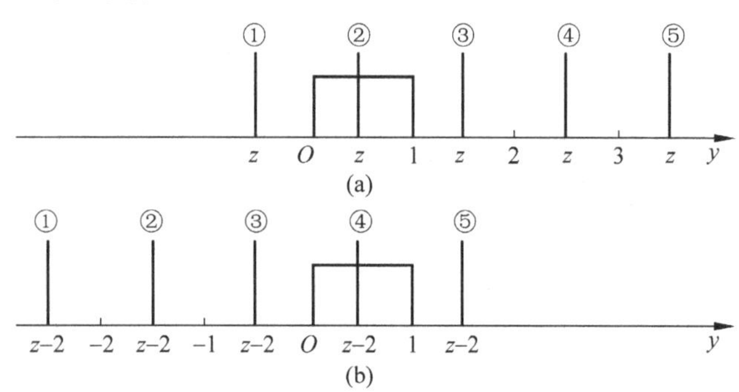

(a)

(b)

① 当 $z<0$(即 $z-2<-2$) 时,$F_Z(z)=\frac{1}{2}(0+0)=0$;

② 当 $0\leqslant z<1$(即 $-2\leqslant z-2<-1$) 时,$F_Z(z)=\frac{1}{2}\left(\int_0^z 2y\mathrm{d}y+0\right)=\frac{1}{2}z^2$;

③ 当 $1\leqslant z<2$(即 $-1\leqslant z-2<0$) 时,$F_Z(z)=\frac{1}{2}\left(\int_0^1 2y\mathrm{d}y+0\right)=\frac{1}{2}$;

④ 当 $2\leqslant z<3$(即 $0\leqslant z-2<1$) 时,$F_Z(z)=\frac{1}{2}\left(\int_0^1 2y\mathrm{d}y+\int_0^{z-2}2y\mathrm{d}y\right)=\frac{1}{2}+\frac{1}{2}(z-2)^2$;

⑤ 当 $z\geqslant 3$(即 $z-2\geqslant 1$) 时,$F_Z(z)=\frac{1}{2}\left(\int_0^1 2y\mathrm{d}y+\int_0^1 2y\mathrm{d}y\right)=1$.

故 $F_Z(z)=\begin{cases}0, & z<0,\\ \frac{1}{2}z^2, & 0\leqslant z<1,\\ \frac{1}{2}, & 1\leqslant z<2,\\ \frac{1}{2}+\frac{1}{2}(z-2)^2, & 2\leqslant z<3,\\ 1, & z\geqslant 3,\end{cases}$ 从而 $f_Z(z)=\begin{cases}z, & 0\leqslant z<1,\\ z-2, & 2\leqslant z<3,\\ 0, & \text{其他}.\end{cases}$

5.【解】(1) 由于区域 D 的面积为 $\int_0^1(\sqrt{x}-x^2)\mathrm{d}x=\frac{1}{3}$,故 (X,Y) 的概率密度为

$$f(x,y)=\begin{cases}3, & (x,y)\in D,\\ 0, & \text{其他}.\end{cases}$$

(2) 如下图(a)所示,$P\{U=0\}=P\{X>Y\}=\frac{1}{2}$.

如下图(b)所示,$P\left\{X\leqslant\frac{1}{2}\right\}=\frac{\int_0^{\frac{1}{2}}(\sqrt{x}-x^2)\mathrm{d}x}{\frac{1}{3}}=\frac{\sqrt{2}}{2}-\frac{1}{8}$.

如下图(c) 所示,$P\left\{U=0,X\leqslant\frac{1}{2}\right\}=P\left\{X>Y,X\leqslant\frac{1}{2}\right\}=\frac{\int_0^{\frac{1}{2}}(x-x^2)\mathrm{d}x}{\frac{1}{3}}=\frac{1}{4}$.

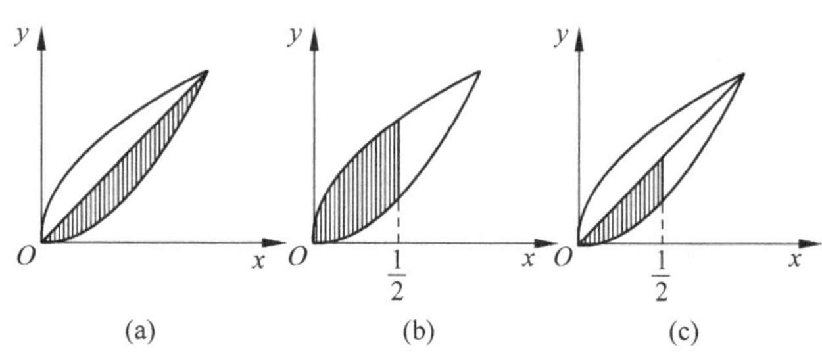

(a) (b) (c)

由于 $P\{U=0\}P\left\{X\leqslant\frac{1}{2}\right\}\neq P\left\{U=0,X\leqslant\frac{1}{2}\right\}$,故 U 与 X 不独立.

(3)
$$\begin{aligned}F(z)&=P\{Z\leqslant z\}=P\{U+X\leqslant z\}\\&=P\{U+X\leqslant z,U=0\}+P\{U+X\leqslant z,U=1\}\\&=P\{X\leqslant z,U=0\}+P\{X\leqslant z-1,U=1\}\\&=P\{X\leqslant z,X>Y\}+P\{X\leqslant z-1,X\leqslant Y\}.\end{aligned}$$

如下图所示,

① 当 $z<0$(即 $z-1<-1$)时,$F(z)=0$;

② 当 $0\leqslant z<1$(即 $-1\leqslant z-1<0$) 时,$F(z)=\frac{\int_0^z(x-x^2)\mathrm{d}x}{\frac{1}{3}}+0=\frac{3}{2}z^2-z^3$;

③ 当 $1\leqslant z<2$(即 $0\leqslant z-1<1$) 时,$F(z)=\frac{1}{2}+\frac{\int_0^{z-1}(\sqrt{x}-x)\mathrm{d}x}{\frac{1}{3}}=\frac{1}{2}+2(z-1)^{\frac{3}{2}}-\frac{3}{2}(z-1)^2$;

④ 当 $z\geqslant 2$(即 $z-1\geqslant 1$)时,$F(z)=\frac{1}{2}+\frac{1}{2}=1$.

故 $F(z)=\begin{cases}0, & z<0,\\ \frac{3}{2}z^2-z^3, & 0\leqslant z<1,\\ \frac{1}{2}+2(z-1)^{\frac{3}{2}}-\frac{3}{2}(z-1)^2, & 1\leqslant z<2,\\ 1, & z\geqslant 2.\end{cases}$

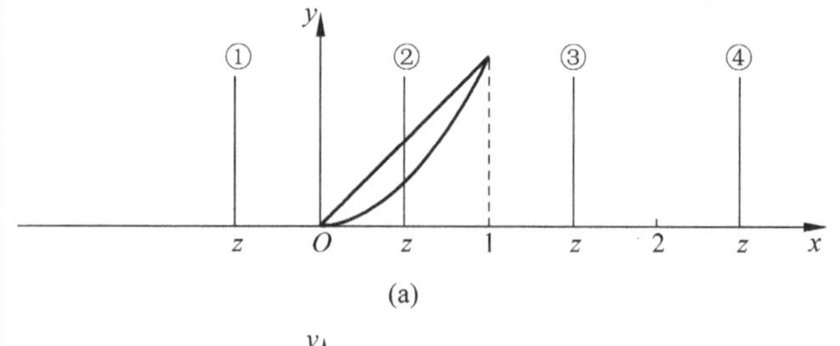

(a)

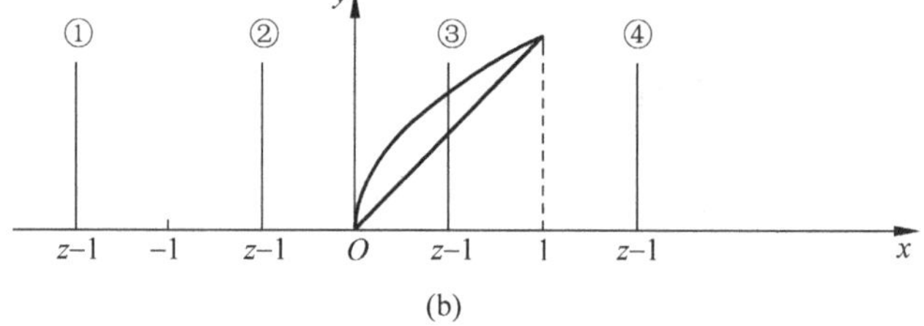

(b)

方法探究

考点一　二维随机变量的分布

变式 2.1【答案】 $\frac{1}{4}$.

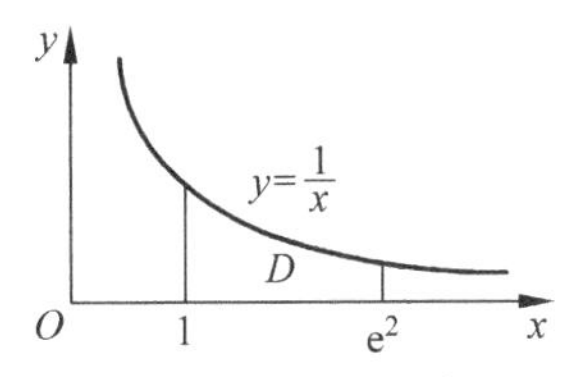

【解】 如上图所示，由于区域 D 的面积为 $\int_1^{e^2}\frac{1}{x}dx=2$，故 (X,Y) 的概率密度为

$$f(x,y)=\begin{cases}\frac{1}{2}, & (x,y)\in D,\\ 0, & \text{其他}.\end{cases}$$

于是，当 $1<x<e^2$ 时，$f_X(x)=\int_0^{\frac{1}{x}}\frac{1}{2}dy=\frac{1}{2x}$，故 $f_X(2)=\frac{1}{4}$.

变式 2.2【答案】 (B).

【解】 由于 $X\sim N(0,1)$，$Y\sim N(1,1)$，故 $X+Y\sim N(1,2)$，$X-Y\sim N(-1,2)$，从而

$$P\{X+Y\leqslant 0\}=P\left\{\frac{X+Y-1}{\sqrt{2}}\leqslant -\frac{1}{\sqrt{2}}\right\}=\Phi\left(-\frac{1}{\sqrt{2}}\right),$$

$$P\{X+Y\leqslant 1\}=P\left\{\frac{X+Y-1}{\sqrt{2}}\leqslant 0\right\}=\Phi(0)=\frac{1}{2},$$

$$P\{X-Y\leqslant 0\}=P\left\{\frac{X-Y+1}{\sqrt{2}}\leqslant \frac{1}{\sqrt{2}}\right\}=\Phi\left(\frac{1}{\sqrt{2}}\right),$$

$$P\{X-Y\leqslant 1\}=P\left\{\frac{X-Y+1}{\sqrt{2}}\leqslant \frac{2}{\sqrt{2}}\right\}=\Phi(\sqrt{2}).$$

真题精选

考点一　二维随机变量的分布

1.【答案】 (C).

【解】
$$\begin{aligned}P\{X+Y=2\}&=P\{X=1,Y=1\}+P\{X=2,Y=0\}+P\{X=3,Y=-1\}\\&=P\{X=1\}P\{Y=1\}+P\{X=2\}P\{Y=0\}+P\{X=3\}P\{Y=-1\}\\&=\frac{1}{4}\times\frac{1}{3}+\frac{1}{8}\times\frac{1}{3}+\frac{1}{8}\times\frac{1}{3}=\frac{1}{6}.\end{aligned}$$

2.【答案】 (A).

【解】 由题意，X,Y 的概率密度分别为

$$f_X(x)=\begin{cases}e^{-x}, & x>0,\\ 0, & x\leqslant 0,\end{cases}\quad f_Y(y)=\begin{cases}4e^{-4y}, & y>0,\\ 0, & y\leqslant 0.\end{cases}$$

由于 X,Y 独立，故

$$f(x,y)=f_X(x)f_Y(y)=\begin{cases}4e^{-x-4y}, & x>0,y>0,\\ 0, & \text{其他}.\end{cases}$$

于是 $P\{X<Y\}=\int_0^{+\infty}dx\int_x^{+\infty}4e^{-x-4y}dy=\int_0^{+\infty}e^{-5x}dx=\frac{1}{5}$.

3.【答案】 (B).

【解】 $P\{X=0\}=P\{X=0,Y=0\}+P\{X=0,Y=1\}=0.4+a$.

$P\{X+Y=1\}=P\{X=0,Y=1\}+P\{X=1,Y=0\}=a+b$.

$P\{X=0,X+Y=1\}=P\{X=0,Y=1\}=a$.

由 $\{X=0\}$ 与 $\{X+Y=1\}$ 独立知 $P\{X=0,X+Y=1\}=P\{X=0\}P\{X+Y=1\}$，故解方程组 $\begin{cases}a=(0.4+a)(a+b),\\ 0.4+a+b+0.1=1,\end{cases}$ 得 $\begin{cases}a=0.4,\\ b=0.1.\end{cases}$

4.【解】 (1) 当 $0<x<1$ 时，$f(x,y)=f_{Y|X}(y\mid x)f_X(x)=\begin{cases}\frac{9y^2}{x}, & 0<y<x,\\ 0, & \text{其他}.\end{cases}$ 由于 $\int_0^1dx\int_0^x\frac{9y^2}{x}dy=\int_0^1 3x^2dx=1$，故当 $x\leqslant 0$ 或 $x\geqslant 1$ 时，$f(x,y)=0$.

故

$$f(x,y)=\begin{cases}\frac{9y^2}{x}, & 0<x<1,0<y<x,\\ 0, & \text{其他}.\end{cases}$$

(2) 当 $0<y<1$ 时，$f_Y(y)=\int_y^1\frac{9y^2}{x}dx=-9y^2\ln y$.

故

$$f_Y(y)=\begin{cases}-9y^2\ln y, & 0<y<1,\\ 0, & \text{其他}.\end{cases}$$

(3) $P\{X>2Y\}=\int_0^1dx\int_0^{\frac{x}{2}}\frac{9y^2}{x}dy=\int_0^1\frac{3}{8}x^2dx=\frac{1}{8}$.

【注】 2004 年数学四曾考查过类似的解答题.

5.【解】
$$\begin{aligned}f_X(x)&=A\int_{-\infty}^{+\infty}e^{-2x^2+2xy-y^2}dy=A\int_{-\infty}^{+\infty}e^{-(y-x)^2-x^2}dy\\&=Ae^{-x^2}\int_{-\infty}^{+\infty}e^{-(y-x)^2}d(y-x)=A\sqrt{\pi}e^{-x^2}.\end{aligned}$$

由 $\int_{-\infty}^{+\infty}f_X(x)dx=A\sqrt{\pi}\int_{-\infty}^{+\infty}e^{-x^2}dx=A\pi=1$ 知 $A=\frac{1}{\pi}$.

$$f_{Y|X}(y\mid x)=\frac{f(x,y)}{f_X(x)}=\frac{\frac{1}{\pi}e^{-2x^2+2xy-y^2}}{\frac{1}{\sqrt{\pi}}e^{-x^2}}=\frac{1}{\sqrt{\pi}}e^{-x^2+2xy-y^2}.$$

【注】 $\int_{-\infty}^{+\infty}e^{-x^2}dx=\sqrt{\pi}$.

6.【解】 (1) $P\{X=1,Z=0\}=\frac{P\{X=1,Z=0\}}{P\{Z=0\}}=\frac{\frac{1\times2\times2}{6\times6}}{\frac{3\times3}{6\times6}}=\frac{4}{9}$.

(2) 由于

$$P\{X=0,Y=0\}=\frac{3\times3}{6\times6}=\frac{1}{4},$$

$$P\{X=0,Y=1\}=\frac{2\times3\times2}{6\times6}=\frac{1}{3},$$

$$P\{X=0,Y=2\}=\frac{2\times2}{6\times6}=\frac{1}{9},$$

$$P\{X=1,Y=0\}=\frac{1\times3\times2}{6\times6}=\frac{1}{6},$$

$$P\{X=1,Y=1\}=\frac{1\times2\times2}{6\times6}=\frac{1}{9},$$

$$P\{X=2,Y=0\}=\frac{1\times1}{6\times6}=\frac{1}{36},$$

且 $P\{X+Y>2\}=0$，故 (X,Y) 的概率分布为

X \ Y	0	1	2
0	$\frac{1}{4}$	$\frac{1}{3}$	$\frac{1}{9}$
1	$\frac{1}{6}$	$\frac{1}{9}$	0
2	$\frac{1}{36}$	0	0

7.【解】 (1) 由题意，$f_X(x)=\begin{cases}1, & 0<x<1,\\ 0, & \text{其他},\end{cases}$ $f_{Y|X}(y\mid x)=\begin{cases}\frac{1}{x}, & 0<y<x,\\ 0, & \text{其他}\end{cases}$ $(0<x<1)$.

当 $0<x<1$ 时，X 和 Y 的联合概率密度

$$f(x,y)=f_{Y|X}(y\mid x)f_X(x)=\begin{cases}\frac{1}{x}, & 0<y<x,\\ 0, & \text{其他}.\end{cases}$$

由于 $\int_0^1dx\int_0^x\frac{1}{x}dy=\int_0^1dx=1$，故当 $x\leqslant 0$ 或 $x\geqslant 1$ 时，$f(x,y)=$

0，从而

$$f(x,y)=\begin{cases}\dfrac{1}{x}, & 0<x<1,0<y<x,\\ 0, & \text{其他}.\end{cases}$$

(2) 当 $0<y<1$ 时，$f_Y(y)=\int_y^1\dfrac{1}{x}\mathrm{d}x=-\ln y$.

故 $f_Y(y)=\begin{cases}-\ln y, & 0<y<1,\\ 0, & \text{其他}.\end{cases}$

(3) $P\{X+Y>1\}=\int_{\frac{1}{2}}^1\mathrm{d}x\int_{1-x}^x\dfrac{1}{x}\mathrm{d}y=\int_{\frac{1}{2}}^1\left(2-\dfrac{1}{x}\right)\mathrm{d}x=1-\ln 2$.

【注】2013 年数学三又考查了类似的解答题.

8.【解】(1) $P\{Y=m|X=n\}=C_n^m p^m(1-p)^{n-m}$，$0\leqslant m\leqslant n$，$n=0,1,2,\cdots$.

(2) $P\{X=n,Y=m\}=P\{Y=m\mid X=n\}P\{X=n\}=C_n^m p^m(1-p)^{n-m}\cdot\dfrac{\mathrm{e}^{-\lambda}}{n!}\lambda^n$，$0\leqslant m\leqslant n$，$n=0,1,2,\cdots$.

9.【解】

Y \ X	y_1	y_2	y_3	$P\{X=x_i\}=p_{i\cdot}$
x_1	$\frac{1}{24}$	$\frac{1}{8}$	$\frac{1}{12}$	$\frac{1}{4}$
x_2	$\frac{1}{8}$	$\frac{3}{8}$	$\frac{1}{4}$	$\frac{3}{4}$
$P\{Y=y_j\}=p_{\cdot j}$	$\frac{1}{6}$	$\frac{1}{2}$	$\frac{1}{3}$	1

【注】离散型随机变量 X,Y 独立的充分必要条件是其联合分布律各行(列)成比例.

10.【解】当 $x<0$ 或 $y<0$ 时，$F(x,y)=\int_{-\infty}^x\mathrm{d}u\int_{-\infty}^y\varphi(u,v)\mathrm{d}v=0$；

当 $0\leqslant x<1$ 且 $0\leqslant y<1$ 时，$F(x,y)=\int_{-\infty}^x\mathrm{d}u\int_{-\infty}^y\varphi(u,v)\mathrm{d}v=\int_0^x\mathrm{d}u\int_0^y 4uv\mathrm{d}v=x^2y^2$；

当 $0\leqslant x<1$ 且 $y\geqslant 1$ 时，$F(x,y)=\int_{-\infty}^x\mathrm{d}u\int_{-\infty}^y\varphi(u,v)\mathrm{d}v=\int_0^x\mathrm{d}u\int_0^1 4uv\mathrm{d}v=x^2$；

当 $x\geqslant 1$ 且 $0\leqslant y<1$ 时，$F(x,y)=\int_{-\infty}^x\mathrm{d}u\int_{-\infty}^y\varphi(u,v)\mathrm{d}v=\int_0^1\mathrm{d}u\int_0^y 4uv\mathrm{d}v=y^2$；

当 $x\geqslant 1$ 且 $y\geqslant 1$ 时，$F(x,y)=\int_{-\infty}^x\mathrm{d}u\int_{-\infty}^y\varphi(u,v)\mathrm{d}v=\int_0^1\mathrm{d}u\int_0^1 4uv\mathrm{d}v=1$.

故 $F(x,y)=\begin{cases}0, & x<0\text{ 或 }y<0,\\ x^2y^2, & 0\leqslant x<1,0\leqslant y<1,\\ x^2, & 0\leqslant x<1,y\geqslant 1,\\ y^2, & x\geqslant 1,0\leqslant y<1,\\ 1, & x\geqslant 1,y\geqslant 1.\end{cases}$

11.【解】(1) $F_X(x)=\lim\limits_{y\to+\infty}F(x,y)=\begin{cases}1-\mathrm{e}^{-0.5x}, & x\geqslant 0,\\ 0, & \text{其他}；\end{cases}$

$F_Y(y)=\lim\limits_{x\to+\infty}F(x,y)=\begin{cases}1-\mathrm{e}^{-0.5y}, & y\geqslant 0,\\ 0, & \text{其他}.\end{cases}$

由于 $F_X(x)F_Y(y)=F(x,y)$，故 X 和 Y 独立.

(2) $\alpha=P\{X>0.1,Y>0.1\}=P\{X>0.1\}P\{Y>0.1\}$
$=[1-F_X(0.1)][1-F_Y(0.1)]=\mathrm{e}^{-0.05}\cdot\mathrm{e}^{-0.05}=\mathrm{e}^{-0.1}$.

考点二　两个随机变量的函数的分布

1.【答案】(B).

【解】$F_Z(z)=P\{Z\leqslant z\}=P\{XY\leqslant z\}$
$=P\{XY\leqslant z,Y=0\}+P\{XY\leqslant z,Y=1\}$
$=P\{0\leqslant z,Y=0\}+P\{X\leqslant z,Y=1\}$
$=P\{0\leqslant z\}P\{Y=0\}+P\{X\leqslant z\}P\{Y=1\}$
$=\dfrac{1}{2}(P\{z\geqslant 0\}+P\{X\leqslant z\})$

$$=\begin{cases}\dfrac{1}{2}\Phi(z), & z<0,\\ \dfrac{1}{2}[1+\Phi(z)], & z\geqslant 0,\end{cases}$$

故 $z=0$ 是唯一间断点.

2.【答案】$\dfrac{1}{9}$.

【解】$P\{\max\{X,Y\}\leqslant 1\}=P\{X\leqslant 1,Y\leqslant 1\}=P\{X\leqslant 1\}P\{Y\leqslant 1\}$
$=(P\{0\leqslant X\leqslant 1\})^2=\dfrac{1}{9}$.

3.【解】(1) $P\{X>2Y\}=\int_0^1\mathrm{d}x\int_0^{\frac{x}{2}}(2-x-y)\mathrm{d}y$
$=\int_0^1\left(x-\dfrac{5}{8}x^2\right)\mathrm{d}x=\dfrac{7}{24}$.

(2) 由于 $z=x+y$ 可表示为 $y=h(x,z)=z-x$，故根据式(3-1)，

$f[x,h(x,z)]\left|\dfrac{\partial h(x,z)}{\partial z}\right|=f(x,z-x)=\begin{cases}2-z, & 0<x<1,0<z-x<1,\\ 0, & \text{其他}.\end{cases}$

由 $\begin{cases}0<x<1,\\ 0<z-x<1\end{cases}$ 知 $\begin{cases}0<x<1,\\ z-1<x<z,\end{cases}$ 故只有当对于 x 的区间 $(0,1)$ 和 $(z-1,z)$ 的交集不为 $\varnothing$ 时，Z 的概率密度 $f_Z(z)$ 才不为零.

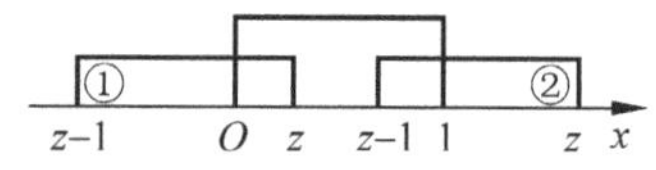

如上图所示，

① 当 $0<z<1$ 时，$f_Z(z)=\int_{-\infty}^{+\infty}f(x,z-x)\mathrm{d}x=\int_0^z(2-z)\mathrm{d}x=z(2-z)$；

② 当 $1\leqslant z<2$(即 $0\leqslant z-1<1$) 时，$f_Z(z)=\int_{-\infty}^{+\infty}f(x,z-x)\mathrm{d}x=\int_{z-1}^1(2-z)\mathrm{d}x=(2-z)^2$.

故 $f_Z(z)=\begin{cases}z(2-z), & 0<z<1,\\ (2-z)^2, & 1\leqslant z<2,\\ 0, & \text{其他}.\end{cases}$

【注】本题第(2)问若用分布函数法，则计算量过大.

4.【解】(1) 当 $0<x<1$ 时，$f_X(x)=\int_0^{2x}\mathrm{d}y=2x$. 故 $f_X(x)=\begin{cases}2x, & 0<x<1,\\ 0, & \text{其他}.\end{cases}$

当 $0<y<2$ 时，$f_Y(y)=\int_{\frac{y}{2}}^1\mathrm{d}x=1-\dfrac{y}{2}$. 故 $f_Y(y)=\begin{cases}1-\dfrac{y}{2}, & 0<y<2,\\ 0, & \text{其他}\end{cases}$

(2) **法一(分布函数法)**：$F_Z(z)=P\{2X-Y\leqslant z\}=P\{Y\geqslant 2X-z\}$.

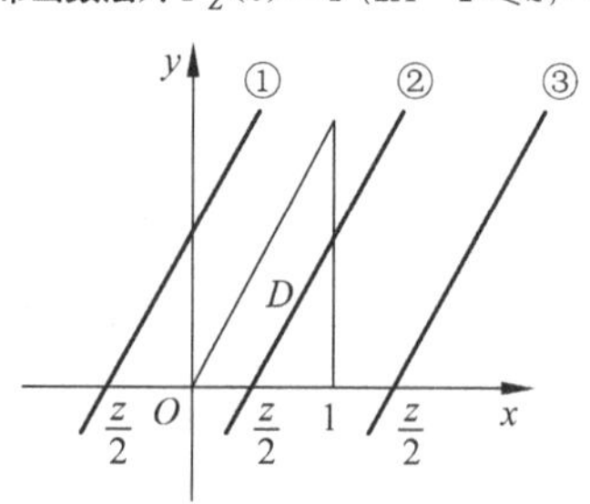

如上图所示，

① 当 $z<0\left(\text{即}\dfrac{z}{2}<0\right)$ 时，$F_Z(z)=0$；

② 当 $0\leqslant z<2\left(\text{即 }0\leqslant\dfrac{z}{2}<1\right)$ 时，$F_Z(z)=1-\dfrac{1}{2}\left(1-\dfrac{z}{2}\right)(2-z)=z-\dfrac{1}{4}z^2$；

③ 当 $z\geqslant 2\left(即\frac{z}{2}\geqslant 1\right)$ 时，$F_Z(z)=1$.

故 $F_Z(z)=\begin{cases}0, & z<0,\\ z-\frac{1}{4}z^2, & 0\leqslant z<2,\\ 1, & z\geqslant 2,\end{cases}$ 从而

$$f_Z(z)=F'_Z(z)=\begin{cases}1-\frac{z}{2}, & 0\leqslant z<2,\\ 0, & 其他.\end{cases}$$

法二(公式法)：由于 $z=2x-y$ 可表示为 $y=h(x,z)=2x-z$，故根据式(3-1)，

$$f[x,h(x,z)]\left|\frac{\partial h(x,z)}{\partial z}\right|=f(x,2x-z)=\begin{cases}1, & 0<x<1,0<2x-z<2x,\\ 0, & 其他.\end{cases}$$

由 $\begin{cases}0<x<1,\\ 0<2x-z<2x\end{cases}$ 知 $\begin{cases}0<x<1,\\ x>\frac{z}{2},\end{cases}$ 故只有当对于 x 的区间(0,1)和 $\left(\frac{z}{2},+\infty\right)$ 的交集不为∅时，$f_Z(z)$才不为零.

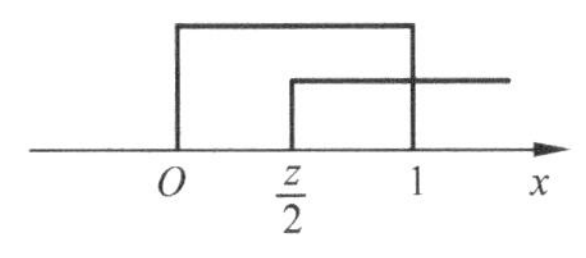

如上图所示，当 $0<z<2\left(即0<\frac{z}{2}<1\right)$ 时，$f_Z(z)=\int_{-\infty}^{+\infty}f(x,2x-z)\mathrm{d}x=\int_{\frac{z}{2}}^{1}\mathrm{d}x=1-\frac{z}{2}$.

故 $f_Z(z)=\begin{cases}1-\frac{z}{2}, & 0<z<2,\\ 0, & 其他.\end{cases}$

(3) $P\left\{Y\leqslant\frac{1}{2}\middle|X\leqslant\frac{1}{2}\right\}=\dfrac{P\left\{X\leqslant\frac{1}{2},Y\leqslant\frac{1}{2}\right\}}{P\left\{X\leqslant\frac{1}{2}\right\}}=\dfrac{3/16}{1/4}=\dfrac{3}{4}$.

5. **【解】** U 的分布函数 $F_U(u)=P\{|X-Y|\leqslant u\}$

$$=\begin{cases}P\{X-u\leqslant Y\leqslant X+u\}, & u\geqslant 0,\\ 0, & u<0.\end{cases}$$

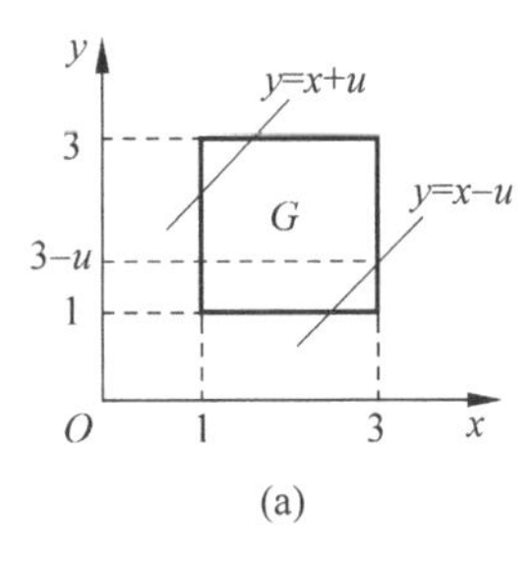

(a)

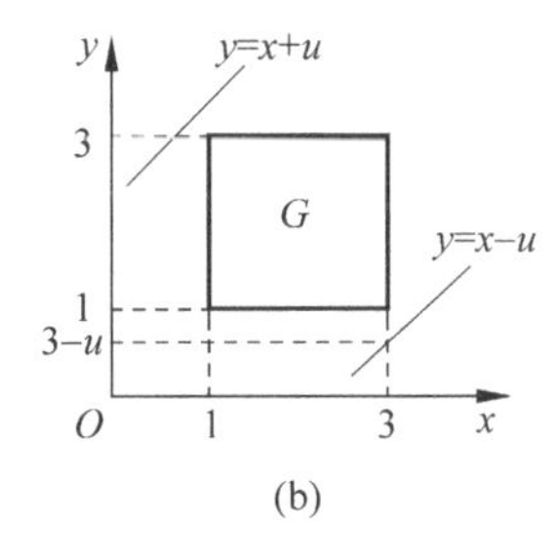

(b)

① 当 $0\leqslant u<2$（即 $1<3-u\leqslant 3$）时，$F_U(u)=\dfrac{4-2\cdot\frac{1}{2}(3-u-1)^2}{4}=1-\dfrac{1}{4}(2-u)^2$

(如上图(a)所示)；

(2) 当 $u\geqslant 2$(即 $3-u\leqslant 1$)时，$F_U(u)=1$(如上图(b)所示)；

故 $F_U(u)=\begin{cases}0, & u<0,\\ 1-\frac{1}{4}(2-u)2, & 0\leqslant u<2,\\ 1, & u\geqslant 2,\end{cases}$ 从而

$$p(u)=F'_U(u)=\begin{cases}1-\frac{u}{2}, & 0\leqslant u<2,\\ 0, & 其他.\end{cases}$$

【注】 2024 年数学一、三的选择题又考查了 $Z=|X-Y|$ 的分布.

6. **【解】** 显然，$Y_1=X_1X_4$ 与 $Y_2=X_2X_3$ 独立同分布.

Y_1 所有可能取的值为 0,1.

由于

$$\begin{aligned}P\{Y_1=0\}&=P\{X_1=0,X_4=0\}+P\{X_1=0,X_4=1\}+P\{X_1=1,X_4=0\}\\&=P\{X_1=0\}P\{X_4=0\}+P\{X_1=0\}P\{X_4=1\}+P\{X_1=1\}P\{X_4=0\}\\&=0.6\times0.6+0.6\times0.4+0.4\times0.6=0.84,\end{aligned}$$

$$P\{Y_1=1\}=P\{X_1=1,X_4=1\}=P\{X_1=1\}P\{X_4=1\}=0.4\times0.4=0.16,$$

故 Y_1,Y_2 的分布律分别为

Y_1	0	1
P	0.84	0.16

Y_2	0	1
P	0.84	0.16

$X=Y_1-Y_2$ 所有可能取的值为 −1,0,1.

由于

$$P\{X=-1\}=P\{Y_1=0,Y_2=1\}=P\{Y_1=0\}P\{Y_2=1\}=0.84\times0.16=0.1344,$$

$$\begin{aligned}P\{X=0\}&=P\{Y_1=0,Y_2=0\}+P\{Y_1=1,Y_2=1\}\\&=P\{Y_1=0\}P\{Y_2=0\}+P\{Y_1=1\}P\{Y_2=1\}\\&=0.84\times0.84+0.16\times0.16=0.7312,\end{aligned}$$

$$P\{X=1\}-P\{Y_1=1,Y_2=0\}=P\{Y_1=1\}P\{Y_2=0\}=0.16\times0.84=0.1344,$$

故 X 的分布律(概率分布)为

X	−1	0	1
P	0.134 4	0.731 2	0.134 4

第四章　随机变量的数字特征

十年真题

考点一　随机变量的数学期望与方差

1. **【答案】** (B).

【解】 由于 $EX=\int_0^1 6x^2(1-x)\mathrm{d}x=\frac{1}{2}$，故

$$E[(X-EX)^3]=E\left[\left(X-\frac{1}{2}\right)^3\right]=\int_0^1\left(x-\frac{1}{2}\right)^3\cdot 6x(1-x)\mathrm{d}x=0.$$

2. **【答案】** (C).

【解】 $|X-EX|=|X-1|=\begin{cases}1, & X=0,\\ X-1, & X=1,2,\cdots.\end{cases}$

$$E(|X-EX|)=P\{X=0\}+\sum_{k=1}^{+\infty}(k-1)P\{X=k\}$$
$$=P\{X=0\}+\sum_{k=1}^{+\infty}kP\{X=k\}-\sum_{k=1}^{+\infty}P\{X=k\}$$
$$=P\{X=0\}+EX-(1-P\{X=0\})$$
$$=2P\{X=0\}=\frac{2}{\mathrm{e}}.$$

3.【答案】(C).

【解】因为 $EX=1,DX=2,EY=1,DY=4$,所以

$$D(XY)=E(X^2Y^2)-[E(XY)]^2=E(X^2)E(Y^2)-(EX\cdot EY)^2$$
$$=[DX+(EX)^2][DY+(EY)^2]-(EX\cdot EY)^2=14.$$

4.【答案】$\frac{8}{7}$.

【解】由

$$P\{Y=0\}=\sum_{k=1}^{\infty}P\{X=3k\}=\sum_{k=1}^{\infty}\frac{1}{2^{3k}}=\frac{\frac{1}{8}}{1-\frac{1}{8}}=\frac{1}{7},$$

$$P\{Y=1\}=\sum_{k=0}^{\infty}P\{X=3k+1\}=\sum_{k=0}^{\infty}\frac{1}{2^{3k+1}}=\frac{\frac{1}{2}}{1-\frac{1}{8}}=\frac{4}{7},$$

$$P\{Y=2\}=\sum_{k=0}^{\infty}P\{X=3k+2\}=\sum_{k=0}^{\infty}\frac{1}{2^{3k+2}}=\frac{\frac{1}{4}}{1-\frac{1}{8}}=\frac{2}{7}$$

知 Y 的分布律为

Y	0	1	2
P	$\frac{1}{7}$	$\frac{4}{7}$	$\frac{2}{7}$

故 $E(Y)=0\times\frac{1}{7}+1\times\frac{4}{7}+2\times\frac{2}{7}=\frac{8}{7}$.

5.【答案】$\frac{2}{3}$.

【解】由于 $EX=\int_0^2\frac{x^2}{2}\mathrm{d}x=\frac{4}{3}$,又 $F(X)\sim U(0,1)$,故

$$P\{F(X)>EX-1\}=P\left\{F(X)>\frac{1}{3}\right\}=\frac{2}{3}.$$

【注】若连续型随机变量 X 有严格单调递增的分布函数 $F(x)$,则 $Y=F(X)$ 在区间 $(0,1)$ 上服从均匀分布.

6.【答案】$\frac{9}{2}$.

【解】由 $EX=(-2)\times\frac{1}{2}+a+3b=0$ 知 $\begin{cases}a+3b=1,\\ a+b+\frac{1}{2}=1,\end{cases}$ 解得 $a=b=\frac{1}{4}$.

故 $E(X^2)=(-2)^2\times\frac{1}{2}+1^2\times\frac{1}{4}+3^2\times\frac{1}{4}=\frac{9}{2}$,从而 $DX=E(X^2)-(EX)^2=\frac{9}{2}$.

7.【答案】2.

【解】由于 X 的概率密度为 $f(x)=F'(x)=0.5\varphi(x)+0.25\varphi\left(\frac{x-4}{2}\right)$(其中 $\varphi(x)$ 为标准正态概率密度),故

$$EX=\int_{-\infty}^{+\infty}xf(x)\mathrm{d}x=0.5\int_{-\infty}^{+\infty}x\varphi(x)\mathrm{d}x+0.25\int_{-\infty}^{+\infty}x\varphi\left(\frac{x-4}{2}\right)\mathrm{d}x$$
$$\xlongequal{令u=\frac{x-4}{2}}0.5\cdot 0+0.5\int_{-\infty}^{+\infty}(2u+4)\varphi(u)\mathrm{d}u$$
$$=\int_{-\infty}^{+\infty}u\varphi(u)\mathrm{d}u+2\int_{-\infty}^{+\infty}\varphi(u)\mathrm{d}u$$
$$=0+2\cdot 1=2.$$

【注】2009年数学一曾考查过极其类似的选择题.

8.【解】(1) $F_X(x)=\int_{-\infty}^{x}\frac{\mathrm{e}^t}{(1+\mathrm{e}^t)^2}\mathrm{d}t=\int_{-\infty}^{x}\frac{\mathrm{d}(1+\mathrm{e}^t)}{(1+\mathrm{e}^t)^2}=1-\frac{1}{1+\mathrm{e}^x},-\infty<x<+\infty$.

(2) 法一(分布函数法):Y 的分布函数

$$F_Y(y)=P\{Y\leqslant y\}=P\{\mathrm{e}^X\leqslant y\}=\begin{cases}P\{X\leqslant \ln y\}, & y>0,\\ 0, & y\leqslant 0.\end{cases}$$

当 $y>0$ 时,$F_Y(y)=\int_{-\infty}^{\ln y}\frac{\mathrm{e}^x}{(1+\mathrm{e}^x)^2}\mathrm{d}x=1-\frac{1}{1+y}$.

故 $F_Y(y)=\begin{cases}1-\frac{1}{1+y}, & y>0,\\ 0, & y\leqslant 0,\end{cases}$ 从而 $f_Y(y)=\begin{cases}\frac{1}{(1+y)^2}, & y>0,\\ 0, & y\leqslant 0.\end{cases}$

法二(公式法):由于 $g(x)=\mathrm{e}^x$ 在 $(-\infty,+\infty)$ 上处处可导且严格单调,且其反函数 $h(y)=\ln y$,故 $g(x)$ 在 $(-\infty,+\infty)$ 上的值域为 $(0,+\infty)$,且在 $(0,+\infty)$ 上

$$f_Y(y)=f_X[h(y)]|h'(y)|=\frac{\mathrm{e}^{\ln y}}{(1+\mathrm{e}^{\ln y})^2}\cdot\frac{1}{y}=\frac{1}{(1+y)^2},$$

从而 $f_Y(y)=\begin{cases}\frac{1}{(1+y)^2}, & y>0,\\ 0, & y\leqslant 0.\end{cases}$

(3) 由 $\int_0^{+\infty}y\frac{1}{(1+y)^2}\mathrm{d}y=\int_0^{+\infty}\frac{1+y-1}{(1+y)^2}\mathrm{d}y=\int_0^{+\infty}\left[\frac{1}{1+y}-\frac{1}{(1+y)^2}\right]\mathrm{d}y=+\infty$ 知 EY 不存在.

9.【解】(1) 由于 $X\sim U(0,1)$,故 X 的概率密度为 $f_X(x)=\begin{cases}1, & 0<x<1,\\ 0, & 其他.\end{cases}$

(2) $Z=\frac{Y}{X}=\frac{2-X}{X}=\frac{2}{X}-1$.

法一(分布函数法):Z 的分布函数

$$F_Z(z)=P\{Z\leqslant z\}=P\left\{\frac{2}{X}-1\leqslant z\right\}=P\left\{\frac{1}{X}\leqslant\frac{z+1}{2}\right\}$$
$$=\begin{cases}P\left\{X\geqslant\frac{2}{z+1}\right\}, & z>-1,\\ 0, & z\leqslant -1.\end{cases}$$

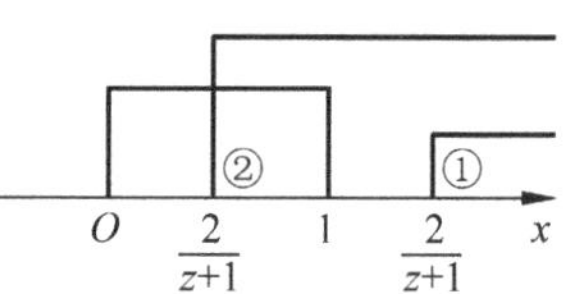

如上图所示,

① 当 $-1<z<1\left(即\frac{2}{z+1}>1\right)$ 时,$F_Z(z)=0$;

② 当 $z\geqslant 1\left(即 0<\frac{2}{z+1}\leqslant 1\right)$ 时,$F_Z(z)=1-\frac{2}{z+1}$.

故 $F_Z(z)=\begin{cases}1-\frac{2}{z+1}, & z\geqslant 1,\\ 0, & z<1,\end{cases}$ 从而 Z 的概率密度为 $f_Z(z)=\begin{cases}\frac{2}{(z+1)^2}, & z\geqslant 1,\\ 0, & z<1.\end{cases}$

法二(公式法):由于 $g(x)=\frac{2}{x}-1$ 在 $(0,1)$ 内处处可导且严格单调,且其反函数 $h(z)=\frac{2}{z+1}$,故 $g(x)$ 在 $(0,1)$ 内的值域为 $(1,+\infty)$,且在 $(1,+\infty)$ 内 $f_Z(z)=f_X[h(z)]|h'(z)|=$

$\left|-\frac{2}{(z+1)^2}\right|=\frac{2}{(z+1)^2}$,从而 $f_Z(z)=\begin{cases}\frac{2}{(z+1)^2}, & z>1,\\ 0, & z\leqslant 1.\end{cases}$

(3) $E\left(\frac{X}{Y}\right)=E\left(\frac{X}{2-X}\right)=\int_0^1\frac{x}{2-x}\mathrm{d}x=\int_0^1\left(\frac{2}{2-x}-1\right)\mathrm{d}x=2\ln 2-1$.

10.【解】(1) 由于 $P\{X>3\}=\int_3^{+\infty}2^{-x}\ln 2\mathrm{d}x=\frac{1}{8}$,故 Y 的概率分布为

$$P\{Y=k\}=(k-1)\left(\frac{7}{8}\right)^{k-2}\left(\frac{1}{8}\right)^2,\quad k=2,3,\cdots.$$

(2) 设 Y_1 表示直到出现第 1 个大于 3 的观测值时所需的观测次数,Y_2 表示出现第 1 个大于 3 的观测值之后到出现第 2 个大于 3 的观测值时所需的观测次数,则 $Y=Y_1+Y_2$,且 Y_1,Y_2 均服从参数为 $\frac{1}{8}$ 的几何分布,故 $E(Y_1)=E(Y_2)=8$,从而 $EY=E(Y_1)+E(Y_2)=16$.

考点二　随机变量的协方差与相关系数

1.【答案】(D).

【解】由题意知 $f_{Y|X}(y\mid x)=\begin{cases}\frac{1}{1-x}, & x<y<1,\\ 0, & 其他\end{cases}(0<x<1)$,

故 (X,Y) 的概率密度为 $f(x,y)=\begin{cases}2, & 0<x<y<1,\\ 0, & 其他,\end{cases}$ 从而 Y 的概率密度为 $f_Y(y)=\begin{cases}\int_0^y 2\mathrm{d}x, & 0<y<1,\\ 0, & 其他\end{cases}=\begin{cases}2y, & 0<y<1,\\ 0, & 其他.\end{cases}$

由于 $EX=\int_0^1 2x(1-x)\mathrm{d}x=\frac{1}{3}$,$EY=\int_0^1 2y^2\mathrm{d}y=\frac{2}{3}$,

$$E(XY)=\int_0^1\mathrm{d}x\int_x^1 2xy\mathrm{d}y=\int_0^1 x(1-x^2)\mathrm{d}x=\frac{1}{4},$$

故 $\mathrm{Cov}(X,Y)=E(XY)-EX\cdot EY=\frac{1}{36}$.

2.【答案】(C)

【解】$D(2X-Y+1)=D(2X-Y)=4DX+DY-2\mathrm{Cov}(2X,Y)$

$$=4\times\frac{3}{4}+2-4\times(-1)=9.$$

3.【答案】(D).

【解】由 $f_X(x)=\frac{1}{\sqrt{2\pi}}\mathrm{e}^{-\frac{x^2}{2}}$,$f_{Y|X}(y|x)=\frac{1}{\sqrt{2\pi}}\mathrm{e}^{-\frac{(y-x)^2}{2}}$ 知

$$f(x,y)=f_{Y|X}(y\mid x)f_X(x)=\frac{1}{2\pi}\mathrm{e}^{-\frac{2x^2-2xy+y^2}{2}}.$$

由于

$$E(XY)=\frac{1}{2\pi}\int_{-\infty}^{+\infty}\mathrm{d}x\int_{-\infty}^{+\infty}xy\mathrm{e}^{-\frac{2x^2-2xy+y^2}{2}}\mathrm{d}y$$

$$=\frac{1}{2\pi}\int_{-\infty}^{+\infty}x\mathrm{e}^{-\frac{x^2}{2}}\mathrm{d}x\int_{-\infty}^{+\infty}y\mathrm{e}^{-\frac{(y-x)^2}{2}}\mathrm{d}y$$

$$\xlongequal{令u=y-x}\frac{1}{2\pi}\int_{-\infty}^{+\infty}x\mathrm{e}^{-\frac{x^2}{2}}\mathrm{d}x\int_{-\infty}^{+\infty}(u+x)\mathrm{e}^{-\frac{u^2}{2}}\mathrm{d}u$$

$$=\frac{1}{2\pi}\int_{-\infty}^{+\infty}x\mathrm{e}^{-\frac{x^2}{2}}\cdot\sqrt{2\pi}x\mathrm{d}x$$

$$=\int_{-\infty}^{+\infty}x^2\cdot\frac{1}{\sqrt{2\pi}}\mathrm{e}^{-\frac{x^2}{2}}\mathrm{d}x=E(X^2)=DX+(EX)^2=1,$$

又由 $f_Y(y)=\frac{1}{2\pi}\int_{-\infty}^{+\infty}\mathrm{e}^{-\frac{2x^2-2xy+y^2}{2}}\mathrm{d}x=\frac{1}{2\pi}\mathrm{e}^{-\frac{y^2}{4}}\int_{-\infty}^{+\infty}\mathrm{e}^{-\left(x-\frac{y}{2}\right)^2}\mathrm{d}x=\frac{1}{2\sqrt{\pi}}\mathrm{e}^{-\frac{y^2}{4}}$ 知 $Y\sim N(0,2)$,故 $\mathrm{Cov}(X,Y)=E(XY)-EX\cdot EY=1$,从而 $\rho_{XY}=\frac{\mathrm{Cov}(X,Y)}{\sqrt{DX}\cdot\sqrt{DY}}=\frac{\sqrt{2}}{2}$.

4.【答案】(D).

【解】$D(X-3Y+1)=D(X-3Y)=DX+9DY-2\mathrm{Cov}(X,3Y)$

$$=4+9\times\frac{2}{3}-6\times 0=10.$$

5.【答案】(B).

【解】$P\{\max\{X,Y\}=2\}=P\{X=-1,Y=2\}+P\{X=1,Y=2\}$

$$=b+0.1.$$

$P\{\min\{X,Y\}=1\}=P\{X=1,Y=1\}+P\{X=1,Y=2\}=0.2$.

$P\{\max\{X,Y\}=2,\min\{X,Y\}=1\}=P\{X=1,Y=2\}=0.1$.

由 $P\{\max\{X,Y\}=2,\min\{X,Y\}=1\}=P\{\max\{X,Y\}=2\}P\{\min\{X,Y\}=1\}$ 知 $b=0.4$,又由 $0.1+0.1+b+a+0.1+0.1=1$ 知 $a=0.2$.

X,Y,XY 的分布律分别为

X	-1	1
P	0.6	0.4

Y	0	1	2
P	0.3	0.2	0.5

XY	-2	-1	0	1	2
P	0.4	0.1	0.3	0.1	0.1

由 $EX=-0.2$,$EY=1.2$,$E(XY)=-0.6$ 得 $\mathrm{Cov}(X,Y)=E(XY)-EX\cdot EY=-0.36$.

6.【答案】(C).

【解】由题意,$X+Y\sim N(0,3)$,$X-Y\sim N(0,7)$,故 $\frac{X+Y}{\sqrt{3}}\sim N(0,1)$,$\frac{X-Y}{\sqrt{7}}\sim N(0,1)$.

由 $\mathrm{Cov}\left(X,\frac{\sqrt{3}}{3}(X+Y)\right)=\frac{\sqrt{3}}{3}\mathrm{Cov}(X,X+Y)=\frac{\sqrt{3}}{3}[\mathrm{Cov}(X,X)+\mathrm{Cov}(X,Y)]=\frac{\sqrt{3}}{3}(DX+\sqrt{DX}\cdot\sqrt{DY}\rho_{XY})=0$ 知 $X,\frac{\sqrt{3}}{3}(X+Y)$ 不相关,即 $X,\frac{\sqrt{3}}{3}(X+Y)$ 独立.

7.【答案】(A).

【解】设 Z 表示试验中结果 A_3 发生的次数,则 $X\sim B\left(2,\frac{1}{3}\right)$,$Y\sim B\left(2,\frac{1}{3}\right)$,$Z\sim B\left(2,\frac{1}{3}\right)$,且 $X+Y+Z=2$. 故 $DX=DY=DZ=\frac{4}{9}$,且由

$$DZ=D(2-Z)=D(X+Y)=DX+DY+2\mathrm{Cov}(X,Y)=\frac{4}{9}$$

知 $\mathrm{Cov}(X,Y)=-\frac{2}{9}$,从而 $\rho_{XY}=\frac{\mathrm{Cov}(X,Y)}{\sqrt{DX}\cdot\sqrt{DY}}=-\frac{1}{2}$.

8.【答案】(D).

【解】$E[X(X+Y-2)]=E(X^2+XY-2X)=E(X^2)+E(XY)-2EX$

$$=DX+(EX)^2+EX\cdot EY-2EX=5.$$

9.【答案】$-\frac{1}{3}$.

【解】$E(X+Y)=p+2p=3p$,$E(X-Y)=p-2p=-p$.

$D(X+Y)=D(X-Y)=p(1-p)+2p(1-p)=3p(1-p)$.

由 $E[(X+Y)(X-Y)]=E(X^2)-E(Y^2)=[p(1-p)+p^2]-[2p(1-p)+4p^2]=-p(1+2p)$ 知 $\mathrm{Cov}(X+Y,X-Y)=-p(1+2p)+3p^2=p(p-1)$.

故 $\rho_{XY}=\frac{p(p-1)}{3p(1-p)}=-\frac{1}{3}$.

10.【答案】$\frac{1}{5}$.

【解】由于

$P\{X=0,Y=0\}=P\{Y=0\mid X=0\}P\{X=0\}=\frac{3}{5}\times\frac{1}{2}=\frac{3}{10}$,

$P\{X=1,Y=0\}=P\{Y=0\mid X=1\}P\{X=1\}=\frac{2}{5}\times\frac{1}{2}=\frac{1}{5}$,

$P\{X=0,Y=1\}=P\{Y=1\mid X=0\}P\{X=0\}=\frac{2}{5}\times\frac{1}{2}=\frac{1}{5}$,

$P\{X=1,Y=1\}=P\{Y=1\mid X=1\}P\{X=1\}=\frac{3}{5}\times\frac{1}{2}=\frac{3}{10}$,

故 (X,Y) 的概率分布为

X \ Y	0	1
0	$\frac{3}{10}$	$\frac{1}{5}$
1	$\frac{1}{5}$	$\frac{3}{10}$

X,Y,XY 的分布律分别为

X	0	1
P	$\frac{1}{2}$	$\frac{1}{2}$

Y	0	1
P	$\frac{1}{2}$	$\frac{1}{2}$

XY	0	1
P	$\frac{7}{10}$	$\frac{3}{10}$

由 $EX=EY=\frac{1}{2}$, $E(X^2)=E(Y^2)=\frac{1}{2}$, $E(XY)=\frac{3}{10}$ 得

$$\mathrm{Cov}(X,Y)=E(XY)-EX\cdot EY=\frac{1}{20},$$

$$DX=DY=\frac{1}{4}.$$

故 $\rho_{XY}=\frac{\mathrm{Cov}(X,Y)}{\sqrt{DX}\cdot\sqrt{DY}}=\frac{1}{5}$.

【注】2003年数学一的解答题曾考查过类似的背景.

11.【答案】$\frac{2}{\pi}$.

【解】由 $EX=0$, $E(XY)=E(X\sin X)=\int_{-\frac{\pi}{2}}^{\frac{\pi}{2}}x\sin x\cdot\frac{1}{\pi}\mathrm{d}x=-\frac{1}{\pi}\left([x\cos x]_{-\frac{\pi}{2}}^{\frac{\pi}{2}}-\int_{-\frac{\pi}{2}}^{\frac{\pi}{2}}\cos x\,\mathrm{d}x\right)=\frac{2}{\pi}$ 知 $\mathrm{Cov}(X,Y)=E(XY)-EX\cdot EY=\frac{2}{\pi}$.

12.【解】(1) 根据二重积分的对称性,

$$EX=\iint\limits_{x^2+y^2\leqslant 1}x\cdot\frac{2}{\pi}(x^2+y^2)\mathrm{d}\sigma=0,$$

$$EY=\iint\limits_{x^2+y^2\leqslant 1}y\cdot\frac{2}{\pi}(x^2+y^2)\sigma=0,$$

$$E(XY)=\iint\limits_{x^2+y^2\leqslant 1}xy\cdot\frac{2}{\pi}(x^2+y^2)\mathrm{d}\sigma=0,$$

故 $\mathrm{Cov}(X,Y)=E(XY)-EX\cdot EY=0$.

(2) 当 $-1\leqslant x\leqslant 1$ 时,

$$f_X(x)=\int_{-\sqrt{1-x^2}}^{\sqrt{1-x^2}}\frac{2}{\pi}(x^2+y^2)\mathrm{d}y=\frac{4}{3\pi}(1+2x^2)\sqrt{1-x^2}.$$

故 $f_X(x)=\begin{cases}\frac{4}{3\pi}(1+2x^2)\sqrt{1-x^2}, & -1\leqslant x\leqslant 1,\\ 0, & \text{其他}.\end{cases}$

同理, $f_Y(y)=\begin{cases}\frac{4}{3\pi}(1+2y^2)\sqrt{1-y^2}, & -1\leqslant y\leqslant 1,\\ 0, & \text{其他}.\end{cases}$

由于 $f(x,y)\neq f_X(x)f_Y(y)$, 故 X 与 Y 不独立.

(3) $F_Z(z)=P\{Z\leqslant z\}=P\{X^2+Y^2\leqslant z\}$.

① 当 $z<0$ 时, $F_Z(z)=0$;

② 当 $0\leqslant z<1$ 时,

$F_Z(z)=\iint\limits_{x^2+y^2\leqslant z}\frac{2}{\pi}(x^2+y^2)\mathrm{d}\sigma=\frac{2}{\pi}\int_0^{2\pi}\mathrm{d}\theta\int_0^{\sqrt{z}}r^3\mathrm{d}r=4\int_0^{\sqrt{z}}r^3\mathrm{d}r=z^2$;

③ 当 $z\geqslant 1$ 时, $F_Z(z)=1$.

故 $F_Z(z)=\begin{cases}0, & z<0,\\ z^2, & 0\leqslant z<1,\\ 1, & z\geqslant 1,\end{cases}$ 从而 $f_z(z)=F'_Z(z)=\begin{cases}2z, & 0\leqslant z<1,\\ 0, & \text{其他}.\end{cases}$

13.【解】(1) $P\{Z_1=0,Z_2=0\}=P\{X-Y\leqslant 0,X+Y\leqslant 0\}=\frac{1}{4}$,

$P\{Z_1=1,Z_2=0\}=P\{X-Y>0,X+Y\leqslant 0\}=0$,

$P\{Z_1=0,Z_2=1\}=P\{X-Y\leqslant 0,X+Y>0\}=\frac{1}{2}$,

$P\{Z_1=1,Z_2=1\}=P\{X-Y>0,X+Y>0\}=\frac{1}{4}$,

故 (Z_1,Z_2) 的概率分布为

Z_2 \ Z_2	0	1
0	$\frac{1}{4}$	$\frac{1}{2}$
1	0	$\frac{1}{4}$

(2) 由 $E(Z_1)=\frac{1}{4}$, $E(Z_2)=\frac{3}{4}$, $D(Z_1)=D(Z_2)=\frac{3}{16}$, $E(Z_1Z_2)=\frac{1}{4}$, $\mathrm{Cov}(Z_1,Z_2)=E(Z_1Z_2)-E(Z_1)\cdot E(Z_2)=\frac{1}{16}$

知 $\rho_{Z_1Z_2}=\frac{\mathrm{Cov}(Z_1,Z_2)}{\sqrt{D(Z_1)}\cdot\sqrt{D(Z_2)}}=\frac{1}{3}$

14.【解】(1)
$$\begin{aligned}F_Z(z)&=P\{Z\leqslant z\}=P\{XY\leqslant z\}\\&=P\{XY\leqslant z,Y=-1\}+P\{XY\leqslant z,Y=1\}\\&=P\{X\geqslant -z,Y=-1\}+P\{X\leqslant z,Y=1\}\\&=P\{X\geqslant -z\}P\{Y=-1\}+P\{X\leqslant z\}P\{Y=1\}\\&=pP\{X\geqslant -z\}+(1-p)P\{X\leqslant z\}.\end{aligned}$$

① 当 $z<0$ 时, $F_Z(z)=p\int_{-z}^{+\infty}\mathrm{e}^{-x}\mathrm{d}x+(1-p)\cdot 0=p\mathrm{e}^z$;

② 当 $z\geqslant 0$ 时, $F_Z(z)=p\int_0^{+\infty}\mathrm{e}^{-x}\mathrm{d}x+(1-p)\int_0^z\mathrm{e}^{-x}\mathrm{d}x$

$$=p+(1-p)(1-\mathrm{e}^{-z}).$$

故 $F_Z(z)=\begin{cases}p\mathrm{e}^z, & z<0,\\ p+(1-p)(1-\mathrm{e}^{-z}), & z\geqslant 0,\end{cases}$ 从而 Z 的概率密度为 $f_Z(z)=\begin{cases}p\mathrm{e}^z, & z<0,\\ (1-p)\mathrm{e}^{-z}, & z\geqslant 0.\end{cases}$

(2) 由 $\mathrm{Cov}(X,Z)=E(XZ)-EX\cdot EZ=E(X^2Y)-EX\cdot E(XY)=E(X^2)EY-(EX)^2EY=DX\cdot EY=1-2p=0$ 知 $p=\frac{1}{2}$.

(3) $P\{X\leqslant 1,Z\leqslant -1\}=P\{X\leqslant 1,XY\leqslant -1\}=P\{X\leqslant 1,X\geqslant 1,Y=-1\}+P\{X\leqslant 1,X\leqslant -1,Y=1\}=0$.

$P\{X\leqslant 1\}=\int_0^1 \mathrm{e}^{-x}\mathrm{d}x=1-\mathrm{e}^{-1}$.

$P\{Z\leqslant -1\}=P\{XY\leqslant -1\}=P\{X\geqslant 1,Y=-1\}+P\{X\leqslant -1,Y=1\}=p\int_1^{+\infty}\mathrm{e}^{-x}\mathrm{d}x+0\cdot(1-p)=p\mathrm{e}^{-1}$.

由于 $P\{X\leqslant 1,Z\leqslant -1\}\neq P\{X\leqslant 1\}P\{Z\leqslant -1\}$，故 X 与 Z 不独立.

15.【解】(1) 由 $EX=0,E(XZ)=E(X^2Y)=EX^2\cdot EY=\lambda$ 知 $\mathrm{Cov}(X,Z)=E(XZ)-EX\cdot EZ=\lambda$.

(2) $P\{Z=0\}=P\{Y=0\}=\mathrm{e}^{-\lambda}$；

对于 $n=\pm 1,\pm 2,\cdots$，有 $P\{Z=n\}=P\{XY=n\}=P\left\{X=\frac{n}{|n|},Y=|n|\right\}=P\left\{X=\frac{n}{|n|}\right\}P\{|n|\}=\mathrm{e}^{-\lambda}\frac{\lambda^{|n|}}{2\cdot |n|!}$.

方法探究

考点二　随机变量的协方差与相关系数

变式【答案】(D).

【解】由 $X\sim N(0,1),Y\sim N(1,4)$ 知 $EX=0,DX=1,EY=1,DY=4$. 因为 $\rho_{XY}=1$，所以存在常数 $a,b(a\neq 0)$，使得 $P\{Y=aX+b\}=1$，从而 $EY=aEX+b$，即 $b=1$.

由 $P\{Y=aX+b\}=1$ 又可知 $P\{XY=X(aX+b)\}=1$，故 $E(XY)=E[X(aX+b)]=aE(X^2)+bEX=a[DX+(EX)^2]=a$.

于是，由 $1=\rho_{XY}=\frac{E(XY)-EX\cdot EY}{\sqrt{DX}\cdot\sqrt{DY}}=\frac{a}{2}$ 得 $a=2$，故选(D).

【注】若 $|\rho_{XY}|=1$，则 $P\{Y=aX+b\}=1$，并且当 $\rho_{XY}=1$ 时，$a=\sqrt{\frac{DY}{DX}}$；当 $\rho_{XY}=-1$ 时，$a=-\sqrt{\frac{DY}{DX}}$，而 $b=EY-aEX$.

真题精选

考点一　随机变量的数学期望与方差

1.【答案】(B).

【解】由于 $UV=XY$，且 X,Y 独立，故 $E(UV)=E(XY)=EX\cdot EY$.

【注】2012 年数学三的解答题的第(2)问又考查了当 $U=\max\{X,Y\}$，$V=\min\{X,Y\}$ 时，$E(U+V)=E(X+Y)$.

2.【答案】(C).

【解】由于 X 的概率密度为 $f(x)=F'(x)=0.3\varphi(x)+0.35\varphi\left(\frac{x-1}{2}\right)$（其中 $\varphi(x)$ 为标准正态概率密度），故

$$EX=\int_{-\infty}^{+\infty}xf(x)\mathrm{d}x=0.3\int_{-\infty}^{+\infty}x\varphi(x)\mathrm{d}x+0.35\int_{-\infty}^{+\infty}x\varphi\left(\frac{x-1}{2}\right)\mathrm{d}x$$

$$\xlongequal{令 u=\frac{x-1}{2}} 0.3\cdot 0+0.7\int_{-\infty}^{+\infty}(2u+1)\varphi(u)\mathrm{d}u$$

$$=0.14\int_{-\infty}^{+\infty}u\varphi(u)\mathrm{d}u+0.7\int_{-\infty}^{+\infty}\varphi(u)\mathrm{d}u$$

$$=0+0.7\cdot 1=0.7.$$

【注】2017 年数学一又考查了极其类似的填空题.

3.【答案】$2\mathrm{e}^2$.

【解】
$$E(X\mathrm{e}^{2X})=\int_{-\infty}^{+\infty}x\mathrm{e}^{2x}\cdot\frac{1}{\sqrt{2\pi}}\mathrm{e}^{-\frac{x^2}{2}}\mathrm{d}x=\int_{-\infty}^{+\infty}x\frac{1}{\sqrt{2\pi}}\mathrm{e}^{-\frac{x^2}{2}+2x}\mathrm{d}x$$
$$=\int_{-\infty}^{+\infty}x\frac{1}{\sqrt{2\pi}}\mathrm{e}^{-\frac{(x-2)^2}{2}+2}\mathrm{d}x$$
$$=\mathrm{e}^2\int_{-\infty}^{+\infty}x\frac{1}{\sqrt{2\pi}}\mathrm{e}^{-\frac{(x-2)^2}{2}}\mathrm{d}x=2\mathrm{e}^2.$$

4.【答案】2.

【解】由于 $\mathrm{e}^x=\sum\limits_{k=0}^{+\infty}\frac{x^k}{k!}$，故由 $1=\sum\limits_{k=0}^{+\infty}P\{X=k\}=\sum\limits_{k=0}^{+\infty}\frac{C}{k!}=C\sum\limits_{k=0}^{+\infty}\frac{1}{k!}=C\mathrm{e}$ 知 $C=\mathrm{e}^{-1}$，从而 X 服从参数为 1 的泊松分布.

于是，$E(X^2)=DX+(EX)^2=1+1^2=2$.

5.【答案】$\frac{1}{2\mathrm{e}}$.

【解】由于 $E(X^2)=DX+(EX)^2=1+1^2=2$，故 $P\{X=E(X^2)\}=P\{X=2\}=\frac{1^2\cdot\mathrm{e}^{-1}}{2!}=\frac{1}{2\mathrm{e}}$.

6.【答案】$\frac{1}{\mathrm{e}}$.

【解】$P\{X>\sqrt{DX}\}=P\left\{X>\frac{1}{\lambda}\right\}=\int_{\frac{1}{\lambda}}^{+\infty}\lambda\mathrm{e}^{-\lambda x}\mathrm{d}x=\frac{1}{\mathrm{e}}$.

7.【答案】5.

【解】由于 $P\left\{X>\frac{\pi}{3}\right\}=\int_{\frac{\pi}{3}}^{\pi}\frac{1}{2}\cos\frac{x}{2}\mathrm{d}x=\frac{1}{2}$，故 $Y\sim B\left(4,\frac{1}{2}\right)$.

于是 $E(Y^2)=DY+(EY)^2=1+2^2=5$.

8.【答案】$\frac{8}{9}$.

【解】$EY=P\{X>0\}-P\{X<0\}=\frac{2}{3}-\frac{1}{3}=\frac{1}{3}$.

$E(Y^2)=P\{X>0\}+P\{X<0\}=1$.

故 $DY=E(Y^2)-(EY)^2=\frac{8}{9}$.

9.【答案】0.

【解】根据行列式的概念，
$$EY=\begin{vmatrix}EX_{11}&EX_{12}&\cdots&EX_{1n}\\EX_{21}&EX_{22}&\cdots&EX_{2n}\\\vdots&\vdots&&\vdots\\EX_{n1}&EX_{n2}&\cdots&EX_{nn}\end{vmatrix}=\begin{vmatrix}2&2&\cdots&2\\2&2&\cdots&2\\\vdots&\vdots&&\vdots\\2&2&\cdots&2\end{vmatrix}=0.$$

10.【答案】$\frac{1}{6}$.

【解】$EX=\int_{-1}^{0}x(1+x)\mathrm{d}x+\int_0^1 x(1-x)\mathrm{d}x=0$.

$E(X^2)=\int_{-1}^{0}x^2(1+x)\mathrm{d}x+\int_0^1 x^2(1-x)\mathrm{d}x=\frac{1}{6}$.

故 $DX=E(X^2)-(EX)^2=\frac{1}{6}$.

11.【答案】$\frac{4}{3}$.

【解】由 $EX=1,E(\mathrm{e}^{-2X})=\int_0^{+\infty}\mathrm{e}^{-2x}\cdot\mathrm{e}^{-x}\mathrm{d}x=\frac{1}{3}$ 得 $E(X+\mathrm{e}^{-2X})=EX+E(\mathrm{e}^{-2X})=\frac{4}{3}$.

12.【答案】46.

【解】$DY=DX_1+4DX_2+9DX_3=3+4\times 4+9\times 3=46$.

13.【解】(1) 由于 X,Y 的概率密度都为
$$f(x)=\begin{cases}\mathrm{e}^{-x}, & x>0,\\0, & x\leqslant 0,\end{cases}$$
故 X,Y 的分布函数都为
$$F(x)=\int_{-\infty}^{x}f(t)\mathrm{d}t=\begin{cases}1-\mathrm{e}^{-x}, & x\geqslant 0,\\0, & x<0.\end{cases}$$
因为 X,Y 独立同分布，所以 V 的分布函数为
$$F_V(v)=1-[1-F(v)]^2=\begin{cases}1-\mathrm{e}^{-2v}, & v\geqslant 0,\\0, & v<0,\end{cases}$$

从而

$$f_V(v)=F'_V(v)=\begin{cases}2e^{-2v}, & v\geqslant 0,\\ 0, & v<0.\end{cases}$$

(2) $E(U+V)=E(X+Y)=EX+EY=2$.

【注】2011年数学一的选择题曾考查过当 $U=\max\{X,Y\}$，$V=\min\{X,Y\}$ 时，$E(UV)=E(XY)$.

14.【解】(1) 由于 $P\{X=0\}=P\{X=3\}=\dfrac{C_3^3}{C_6^3}=\dfrac{1}{20}$，$P\{X=1\}=P\{X=2\}=\dfrac{C_3^1\cdot C_3^2}{C_6^3}=\dfrac{9}{20}$，故 X 的分布律为

X	0	1	2	3
P	$\frac{1}{20}$	$\frac{9}{20}$	$\frac{9}{20}$	$\frac{1}{20}$

从而 $EX=0\times\dfrac{1}{20}+1\times\dfrac{9}{20}+2\times\dfrac{9}{20}+3\times\dfrac{1}{20}=\dfrac{3}{2}$.

(2) 设 $A=\{$从乙箱中任取一件产品是次品$\}$，则

$$P(A)=\sum_{i=0}^{3}P\{A\mid X=i\}P\{X=i\}$$

$$=0\times\frac{1}{20}+\frac{1}{6}\times\frac{9}{20}+\frac{1}{3}\times\frac{9}{20}+\frac{1}{2}\times\frac{1}{20}=\frac{1}{4}.$$

【注】2021年数学一、三的填空题又考查了类似的背景.

15.【解】(1) 由 $P(A)=P(B)$，$P(AB)=P(A)P(B)$ 知

$$P(A\cup B)=P(A)+P(B)-P(AB)$$

$$=2P(A)-[P(A)]^2=\frac{3}{4},$$

解得 $P(A)=\dfrac{1}{2}$.

又由 $P(A)=\int_a^2\dfrac{3}{8}x^2\mathrm{d}x=1-\dfrac{a^3}{8}=\dfrac{1}{2}$ 知 $a=\sqrt[3]{4}$.

(2) $E\left(\dfrac{1}{X^2}\right)=\int_0^2\dfrac{1}{x^2}\cdot\dfrac{3}{8}x^2\mathrm{d}x=\dfrac{3}{4}$.

16.【解】(1) $P\{X=1,Y=1\}=P\{\xi=1,\eta=1\}=P\{\xi=1\}P\{\eta=1\}=\dfrac{1}{9}$.

同理，$P\{X=2,Y=2\}=P\{X=3,Y=3\}=\dfrac{1}{9}$.

$P\{X=2,Y=1\}=P\{\xi=2,\eta=1\}+P\{\xi=1,\eta=2\}$

$\qquad=P\{\xi=2\}P\{\eta=1\}+P\{\xi=1\}P\{\eta=2\}=\dfrac{2}{9}$.

同理，$P\{X=3,Y=1\}=P\{X=3,Y=2\}=\dfrac{2}{9}$.

又由于 $P\{X<Y\}=0$，故 (X,Y) 的分布律为

X \ Y	1	2	3
1	$\frac{1}{9}$	0	0
2	$\frac{2}{9}$	$\frac{1}{9}$	0
3	$\frac{2}{9}$	$\frac{2}{9}$	$\frac{1}{9}$

(2) X 的分布律为

X	1	2	3
P	$\frac{1}{9}$	$\frac{3}{9}$	$\frac{5}{9}$

$$EX=1\times\frac{1}{9}+2\times\frac{3}{9}+3\times\frac{5}{9}=\frac{22}{9}.$$

17.【解】(1) $P\{X<Y\}=\int_0^{+\infty}\mathrm{d}x\int_x^{+\infty}e^{-(x+y)}\mathrm{d}y=\int_0^{+\infty}e^{-2x}\mathrm{d}x=\dfrac{1}{2}$.

(2) $E(XY)=\int_0^{+\infty}\mathrm{d}x\int_0^{+\infty}xye^{-(x+y)}\mathrm{d}y=\int_0^{+\infty}xe^{-x}\mathrm{d}x\int_0^{+\infty}ye^{-y}\mathrm{d}y=1$.

考点二 随机变量的协方差与相关系数

1.【答案】(D).

【解】设两段长度分别为 X,Y，则 $X+Y=1$，即 $Y=-X+1$. 故根据相关系数的性质，$\rho_{XY}=-1$.

2.【答案】0.9.

【解】$\rho_{YZ}=\dfrac{\mathrm{Cov}(Y,Z)}{\sqrt{DY}\cdot\sqrt{DZ}}=\dfrac{\mathrm{Cov}(Y,X-0.4)}{\sqrt{DY}\cdot\sqrt{D(X-0.4)}}$.

由于 $D(X-0.4)=DX$，且

$\mathrm{Cov}(Y,X-0.4)=\mathrm{Cov}(Y,X)-\mathrm{Cov}(Y,0.4)=\mathrm{Cov}(Y,X)=\mathrm{Cov}(X,Y)$，

故 $\rho_{YZ}=\dfrac{\mathrm{Cov}(X,Y)}{\sqrt{DY}\cdot\sqrt{DX}}=\rho_{XY}=0.9$.

3.【答案】-0.02.

【解】X^2,Y^2,X^2Y^2 的分布律分别为

X^2	0	1
P	0.4	0.6

Y^2	0	1
P	0.5	0.5

X^2Y^2	0	1
P	0.72	0.28

由 $E(X^2)=0.6$，$E(Y^2)=0.5$，$E(X^2Y^2)=0.28$ 得 $\mathrm{Cov}(X^2,Y^2)=E(X^2Y^2)-E(X^2)E(Y^2)=-0.02$.

4.【解】(1) 设

X \ Y	-1	0	1	$P\{X=i\}$
0	a	b	c	$\frac{1}{3}$
1	d	e	f	$\frac{2}{3}$
$P\{Y=j\}$	$\frac{1}{3}$	$\frac{1}{3}$	$\frac{1}{3}$	1

由 $P\{X^2=Y^2\}=1$ 知 $P\{X^2\neq Y^2\}=0$，故 $a=c=e=0$.

又由 $a+d=b+e=c+f=\dfrac{1}{3}$ 知 $b=d=f=\dfrac{1}{3}$，故 (X,Y) 的概率分布为

X \ Y	-1	0	1
0	0	$\frac{1}{3}$	0
1	$\frac{1}{3}$	0	$\frac{1}{3}$

(2) $Z=XY$ 所有可能取的值为 $0,1,-1$.

由于

$$P\{Z=-1\}=P\{X=1,Y=-1\}=\frac{1}{3},$$

$$P\{Z=1\}=P\{X=1,Y=1\}=\frac{1}{3},$$

$$P\{Z=0\}=1-\frac{1}{3}-\frac{1}{3}=\frac{1}{3},$$

故 $Z=XY$ 的概率分布为

Z	0	1	-1
P	$\frac{1}{3}$	$\frac{1}{3}$	$\frac{1}{3}$

(3) 由 $EX=\frac{2}{3}$, $EY=0$, $E(XY)=0$ 得 $\mathrm{Cov}(X,Y)=E(XY)-EX\cdot EY=0$,故 $\rho_{XY}=0$.

【注】若另给出一个概率,则有时能由边缘分布律求出联合分布律. 1999 年数学三的选择题(第三章考点一例 1)曾考查过这个问题.

5. 【解】(1) $F_Y(y)=P\{Y\leqslant y\}=P\{X^2\leqslant y\}=\begin{cases}P\{-\sqrt{y}\leqslant X\leqslant\sqrt{y}\}, & y\geqslant 0,\\ 0, & y<0.\end{cases}$

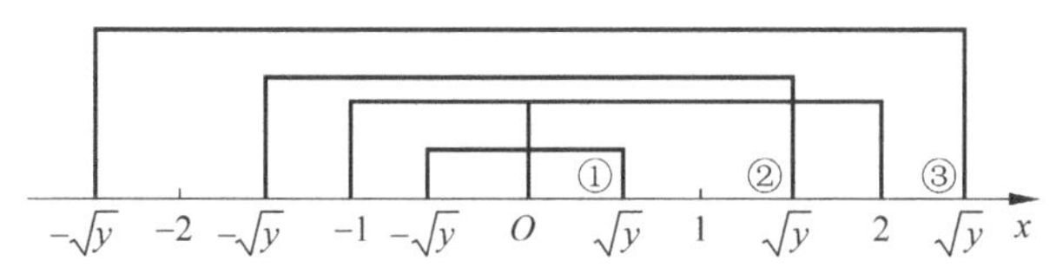

如上图所示,

(1) 当 $0\leqslant y<1$(即 $0\leqslant\sqrt{y}<1$) 时, $F_Y(y)=\int_{-\sqrt{y}}^{0}\frac{1}{2}\mathrm{d}x+\int_{0}^{\sqrt{y}}\frac{1}{4}\mathrm{d}x=\frac{3}{4}\sqrt{y}$;

(2) 当 $1\leqslant y<4$(即 $1\leqslant\sqrt{y}<2$) 时, $F_Y(y)=\int_{-1}^{0}\frac{1}{2}\mathrm{d}x+\int_{0}^{\sqrt{y}}\frac{1}{4}\mathrm{d}x=\frac{1}{2}+\frac{1}{4}\sqrt{y}$;

(3) 当 $y\geqslant 4$(即 $\sqrt{y}\geqslant 2$) 时, $F_Y(y)=\int_{-1}^{0}\frac{1}{2}\mathrm{d}x+\int_{0}^{2}\frac{1}{4}\mathrm{d}x=1$.

故

$$F_Y(y)=\begin{cases}0, & y<0,\\ \frac{3}{4}\sqrt{y}, & 0\leqslant y<1,\\ \frac{1}{2}+\frac{1}{4}\sqrt{y}, & 1\leqslant y<4,\\ 1, & y\geqslant 4,\end{cases}$$

从而

$$f_Y(y)=\begin{cases}\frac{3}{8\sqrt{y}}, & 0<y<1,\\ \frac{1}{8\sqrt{y}}, & 1\leqslant y<4,\\ 0, & 其他.\end{cases}$$

(2) 由

$$EX=\int_{-1}^{0}\frac{1}{2}x\mathrm{d}x+\int_{0}^{2}\frac{1}{4}x\mathrm{d}x=\frac{1}{4},$$

$$EY=E(X^2)=\int_{-1}^{0}\frac{1}{2}x^2\mathrm{d}x+\int_{0}^{2}\frac{1}{4}x^2\mathrm{d}x=\frac{5}{6},$$

$$E(XY)=E(X^3)=\int_{-1}^{0}\frac{1}{2}x^3\mathrm{d}x+\int_{0}^{2}\frac{1}{4}x^3\mathrm{d}x=\frac{7}{8}$$

可得

$$\mathrm{Cov}(X,Y)=E(XY)-EX\cdot EY=\frac{2}{3}.$$

(3)
$$\begin{aligned}F\left(-\frac{1}{2},4\right)&=P\left\{X\leqslant-\frac{1}{2},Y\leqslant 4\right\}\\&=P\left\{X\leqslant-\frac{1}{2},X^2\leqslant 4\right\}\\&=P\left\{X\leqslant-\frac{1}{2},-2\leqslant X\leqslant 2\right\}\\&=P\left\{-2\leqslant X\leqslant-\frac{1}{2}\right\}\\&=\int_{-1}^{-\frac{1}{2}}\frac{1}{2}\mathrm{d}x=\frac{1}{4}.\end{aligned}$$

6. 【证】由 $EX=P(A)-P(\overline{A})=2P(A)-1$,

$EY=P(B)-P(\overline{B})=2P(B)-1$,

$$\begin{aligned}E(XY)&=P\{XY=1\}-P\{XY=-1\}\\&=[P(AB)+P(\overline{A}\,\overline{B})]-[P(A\overline{B})+P(\overline{A}B)]\\&=4P(AB)-2P(A)-2P(B)+1\end{aligned}$$

得 $\mathrm{Cov}(X,Y)=E(XY)-EX\cdot EY=4[P(AB)-P(A)P(B)]$,故

$$\mathrm{Cov}(X,Y)=0\Leftrightarrow P(AB)=P(A)P(B),$$

从而 X 与 Y 不相关的充分必要条件是 A 与 B 独立.

7. 【解】(1) $EX=\int_{-\infty}^{+\infty}\frac{1}{2}x\mathrm{e}^{-|x|}\,\mathrm{d}x=0$,

$$DX=E(X^2)=\int_{-\infty}^{+\infty}\frac{1}{2}x^2\mathrm{e}^{-|x|}\,\mathrm{d}x=\int_{0}^{+\infty}x^2\mathrm{e}^{-x}\mathrm{d}x=2.$$

(2) $\mathrm{Cov}(X,|X|)=E(X|X|)-EX\cdot E(|X|)=E(X|X|)=\int_{-\infty}^{+\infty}\frac{1}{2}x|x|\mathrm{e}^{-|x|}\,\mathrm{d}x=0$,故 X 与 $|X|$ 不相关.

(3) 由于 $P\{X<1,|X|<1\}=P\{|X|<1\}$,又 $P\{X<1\}\neq 1$,故 $P\{X<1,|X|<1\}\neq P\{X<1\}P\{|X|<1\}$,从而 X 与 $|X|$ 不独立.

第五章 大数定律和中心极限定理

十年真题

考点 大数定律、中心极限定理与切比雪夫不等式

1. 【答案】(A).

【解】由于 $E\left(\frac{1}{n}\sum_{i=1}^{n}X_i^2\right)=E(X_1^2)=\mu_2$,

$$\begin{aligned}D\left(\frac{1}{n}\sum_{i=1}^{n}X_i^2\right)&=\frac{1}{n^2}D\left(\sum_{i=1}^{n}X_i^2\right)=\frac{1}{n}D(X_1^2)\\&=\frac{1}{n}[E(X_1^4)-E^2(X_1^2)]=\frac{\mu_4-\mu_2^2}{n},\end{aligned}$$

故 $P\left\{\left|\frac{1}{n}\sum_{i=1}^{n}X_i^2-\mu_2\right|\geqslant\varepsilon\right\}\leqslant\frac{\mu_4-\mu_2^2}{n\varepsilon^2}$.

2. 【答案】(B).

【解】根据辛钦大数定律, $\frac{1}{n}\sum_{i=1}^{n}X_i^2$ 依概率收敛于 $E(X_1^2)=\int_{-1}^{1}x^2(1-|x|)\mathrm{d}x=2\int_{0}^{1}x^2(1-x)\mathrm{d}x=\frac{1}{6}$.

3. 【答案】(B).

【解】由于 $EX=\frac{1}{2}$, $DX=\frac{1}{4}EX=\frac{1}{2}$, $DX=\frac{1}{4}$,故根据中心极限定理, $\sum_{i=1}^{100}X_i$ 近似地服从正态分布 $N(50,25)$.

于是,
$$P\left\{\sum_{i=1}^{100}X_i\leqslant 55\right\}=P\left\{\frac{\sum_{i=1}^{100}X_i-50}{5}\leqslant\frac{55-50}{5}\right\}\approx\Phi\left(\frac{55-50}{5}\right)=\Phi(1).$$

方法探究

考点 大数定律、中心极限定理与切比雪夫不等式

变式1【答案】$\frac{1}{2}$.

【解】由于 $X_1,X_2,\cdots,X_n$ 独立且与 X 同分布，故 $X_1^2,X_2^2,\cdots,X_n^2$ 也独立同分布. 于是根据辛钦大数定律，由 $E(X_i)=\frac{1}{2},D(X_i)=\frac{1}{4}$ $(i=1,2,\cdots)$ 知 Y_n 依概率收敛于 $E(X_i^2)=D(X_i)+[E(X_i)]^2=\frac{1}{2}$.

变式2【答案】$\frac{1}{2}$.

【解】$P\{|X-E(X)|\geqslant 2\}\leqslant\frac{D(X)}{2^2}=\frac{1}{2}$.

真题精选

考点 大数定律、中心极限定理与切比雪夫不等式

1.【答案】$\frac{1}{12}$.

【解】由于 $E(X-Y)=EX-EY=0$,

$$D(X-Y)=DX+DY-2\mathrm{Cov}(X,Y)=DX+DY-2\sqrt{DX}\sqrt{DY}\rho_{XY}=3,$$

故根据切比雪夫不等式，$P\{|X-Y|\geqslant 6\}=P\{|(X-Y)-E(X-Y)|\geqslant 6\}\leqslant\frac{D(X-Y)}{6^2}=\frac{1}{12}$.

2.【解】设 $X_i(i=1,2,\cdots,n)$ 表示装运的第 i 箱产品的重量(单位：千克)，n 为所求箱数，则 $E(X_i)=50,D(X_i)=25$.

故根据中心极限定理，$\sum\limits_{i=1}^{n}X_i$ 近似地服从正态分布 $N(50n,25n)$. 于是，

$$P\left\{\sum_{i=1}^{n}X_i\leqslant 5\,000\right\}=P\left\{\frac{\sum\limits_{i=1}^{n}X_i-50n}{5\sqrt{n}}\leqslant\frac{5\,000-50n}{5\sqrt{n}}\right\}\approx\Phi\left(\frac{1\,000-10n}{\sqrt{n}}\right)>0.977=\Phi(2).$$

解不等式 $\frac{1\,000-10n}{\sqrt{n}}>2$ 得 $n<98.019\,9$，故最多可以装98箱.

第六章 数理统计的基本概念

十年真题

考点一 抽样分布

1.【答案】(D).

【解】由于 $\frac{(n-1)S_1^2}{\sigma^2}\sim\chi^2(n-1),\frac{(m-1)S_2^2}{2\sigma^2}\sim\chi^2(m-1)$，故

$$\frac{2S_1^2}{S_2^2}=\frac{\frac{(n-1)S_1^2}{\sigma^2}/(n-1)}{\frac{(m-1)S_2^2}{2\sigma^2}/(m-1)}\sim F(n-1,m-1).$$

2.【答案】(B).

【解】由 $\frac{\overline{X}-\mu}{S/\sqrt{n}}\sim t(n-1)$ 知 $\frac{\sqrt{n}(\overline{X}-\mu)}{S}\sim t(n-1)$.

3.【答案】(B).

【解】对于(A)，由于 $X_i\sim N(\mu,1)(i=1,2,\cdots,n)$，故 $X_i-\mu\sim N(0,1)$，从而 $\sum\limits_{i=1}^{n}(X_i-\mu)^2\sim\chi^2(n)$；

对于(B)，由于 X_n,X_1 均服从 $N(\mu,1)$，故 $X_n-X_1\sim N(0,2)$，即 $\frac{X_n-X_1}{\sqrt{2}}\sim N(0,1)$，从而 $\frac{(X_n-X_1)^2}{2}\sim\chi^2(1)$，不正确；

对于(C)，$\sum\limits_{i=1}^{n}(X_i-\overline{X})^2=\frac{n-1}{1^2}\cdot\frac{1}{n-1}\sum\limits_{i=1}^{n}(X_i-\overline{X})^2=\frac{(n-1)S^2}{1^2}\sim\chi^2(n-1)$；

对于(D)，由于 $\overline{X}\sim N(\mu,1/n)$，故 $\frac{\overline{X}-\mu}{1/\sqrt{n}}\sim N(0,1)$，从而 $n(\overline{X}-\mu)^2=\left(\frac{\overline{X}-\mu}{1/\sqrt{n}}\right)^2\sim\chi^2(1)$.

考点二 统计量的数字特征

1.【答案】(A).

【解】由于 $Y=X_1-X_2\sim N(0,2\sigma^2)$，故

$$E(\hat{\sigma})=aE(|Y|)=a\int_{-\infty}^{+\infty}|y|\frac{1}{2\sigma\sqrt{\pi}}\mathrm{e}^{-\frac{y^2}{4\sigma^2}}\mathrm{d}y$$

$$=\frac{a}{\sigma\sqrt{\pi}}\int_0^{+\infty}y\mathrm{e}^{-\frac{y^2}{4\sigma^2}}\mathrm{d}y$$

$$=-\frac{2a\sigma}{\sqrt{\pi}}\int_0^{+\infty}\mathrm{e}^{-\frac{y^2}{4\sigma^2}}\mathrm{d}\left(-\frac{y^2}{4\sigma^2}\right)=\frac{2a\sigma}{\sqrt{\pi}}.$$

由 $E(\hat{\sigma})=\sigma$ 知 $a=\frac{\sqrt{\pi}}{2}$.

【注】本题的思路与1998年数学一的考题非常类似(见第四章"方法探究").

2.【答案】(B).

【解】由题意，$X_i\sim N(\mu_1,\sigma_1^2),Y_i\sim N(\mu_2,\sigma_2^2)$ 且 $\rho_{X_iY_i}=\rho(i=1,2,\cdots,n)$.

$E(\hat{\theta})=E(\overline{X})-E(\overline{Y})=E(X_i)-E(Y_i)=\mu_1-\mu_2=\theta$.

$$D(\hat{\theta})=D\left[\frac{1}{n}\sum_{i=1}^{n}(X_i-Y_i)\right]=\frac{1}{n^2}nD(X_i-Y_i)$$

$$=\frac{D(X_i)+D(Y_i)-2\mathrm{Cov}(X_i,Y_i)}{n}=\frac{\sigma_1^2+\sigma_2^2-2\rho\sigma_1\sigma_2}{n}.$$

3.【答案】(B)

【解】$$E\left[\sum_{i=1}^{n}(X_i-\overline{X})^2\right]=E[(n-1)S^2]=(n-1)DX=(n-1)m\theta(1-\theta).$$

4.【解】(1) X 的分布函数为 $F(x)=\begin{cases}0, & x<0,\\ \frac{x}{\theta}, & 0\leqslant x<\theta,\\ 1, & x\geqslant\theta.\end{cases}$

$X_{(n)}$ 的分布函数为 $F_{X_{(n)}}(x)=[F(x)]^n=\begin{cases}0, & x<0,\\ \frac{x^n}{\theta^n}, & 0\leqslant x<\theta,\\ 1, & x\geqslant\theta.\end{cases}$

故 $X_{(n)}$ 的概率密度为 $f_{X_{(n)}}(x)=\begin{cases}\frac{n}{\theta^n}x^{n-1}, & 0\leqslant x<\theta,\\ 0, & 其他.\end{cases}$

由 $E(T_c)=cE[X_{(n)}]=c\int_0^{\theta}\frac{n}{\theta^n}x^n\mathrm{d}x=\frac{cn\theta}{n+1}=\theta$ 知 $c=\frac{n+1}{n}$.

(2) $h(c)=E[(T_c)^2-2\theta T_c+\theta^2]=E[(T_c)^2]-2\theta E(T_c)+\theta^2$.

$E[(T_c)^2]=c^2E[X_{(n)}]^2=c^2\int_0^\theta \frac{n}{\theta^n}x^{n+1}\mathrm{d}x=\frac{c^2n\theta^2}{n+2}$.

故 $h(c)=\theta^2\left(\frac{n}{n+2}c^2-\frac{2n}{n+1}c+1\right)$.

由 $h'(c)=2n\theta^2\left(\frac{1}{n+2}c-\frac{1}{n+1}\right)=0$ 得 $c=\frac{n+2}{n+1}$. 又由于 $h''\left(\frac{n+2}{n+1}\right)=\frac{2n\theta^2}{n+2}>0$,故当 $c=\frac{n+2}{n+1}$ 时,$h(c)$ 最小.

【注】本题第(1)问与2016年数学三的解答题非常类似.

5. **【解】**(1) X 的分布函数为 $F(x)=\begin{cases}0, & x<0,\\ \frac{x^3}{\theta^3}, & 0\leqslant x<\theta,\\ 1, & x\geqslant\theta.\end{cases}$

T 的分布函数为 $F_T(t)=[F(t)]^3=\begin{cases}0, & t<0,\\ \frac{t^9}{\theta^9}, & 0\leqslant t<\theta,\\ 1, & t\geqslant\theta.\end{cases}$

故 T 的概率密度为 $f_T(t)=\begin{cases}\frac{9t^8}{\theta^9}, & 0\leqslant t<\theta,\\ 0, & 其他.\end{cases}$

(2) 由 $E(aT)=a\int_0^\theta \frac{9t^9}{\theta^9}\mathrm{d}t=\frac{9a\theta}{10}=\theta$ 知 $a=\frac{10}{9}$.

方法探究

考点二　统计量的数字特征

变式**【答案】**(A).

【解】对于(A)、(B),由 X_1 与 $X_i(i=2,3,\cdots,n)$ 独立知 $\mathrm{Cov}(X_1,X_i)=0$,故

$$\begin{aligned}\mathrm{Cov}(X_1,Y)&=\mathrm{Cov}\left(X_1,\frac{1}{n}X_1\right)+\mathrm{Cov}\left(X_1,\frac{1}{n}\sum_{i=2}^n X_i\right)\\&=\frac{1}{n}\mathrm{Cov}(X_1,X_1)+\frac{1}{n}\sum_{i=2}^n\mathrm{Cov}(X_1,X_i)\\&=\frac{1}{n}D(X_1)=\frac{\sigma^2}{n};\end{aligned}$$

对于(C),$D(X_1+Y)=D(X_1)+DY+2\mathrm{Cov}(X_1,Y)=\sigma^2+\frac{\sigma^2}{n}+2\frac{\sigma^2}{n}=\frac{n+3}{n}\sigma^2$;

对于(D),$D(X_1-Y)=D(X_1)+DY-2\mathrm{Cov}(X_1,Y)=\sigma^2+\frac{\sigma^2}{n}-2\frac{\sigma^2}{n}=\frac{n-1}{n}\sigma^2$

真题精选

考点一　抽样分布

1. **【答案】**(C).

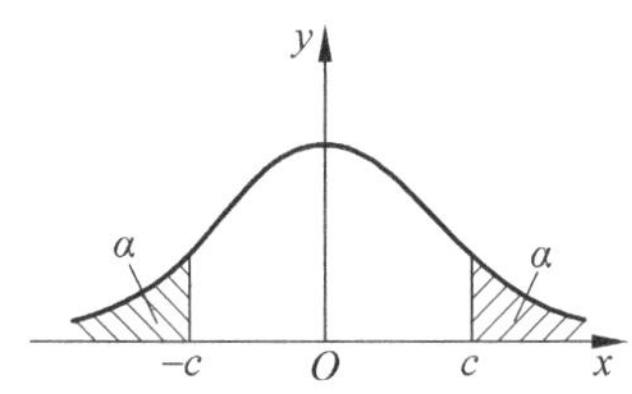

【解】由 $X\sim t(n)$,$Y\sim F(1,n)$ 知 $Y=X^2$.

于是,$P\{Y>c^2\}=P\{X^2>c^2\}=P\{X>c\}+P\{X<-c\}$.

由于 X 的概率密度图形(如上图所示)关于 y 轴对称,故 $P\{X<-c\}=P\{X>c\}=\alpha$,从而 $P\{Y>c^2\}=2\alpha$.

2. **【答案】**(B).

【解】由 X_1,X_2 独立且均服从 $N(1,\sigma^2)$ 可知 $X_1-X_2\sim N(0,2\sigma^2)$,故

$$U=\frac{X_1-X_2}{\sqrt{2}\sigma}\sim N(0,1).$$

又由 X_3,X_4 独立且均服从 $N(1,\sigma^2)$ 可知 $X_3+X_4\sim N(2,2\sigma^2)$,故 $\frac{X_3+X_4-2}{\sqrt{2}\sigma}\sim N(0,1)$,从而

$$V=\left(\frac{X_3+X_4-2}{\sqrt{2}\sigma}\right)^2\sim\chi^2(1).$$

因为 U 和 V 独立,所以 $\frac{U}{\sqrt{V/1}}=\frac{\frac{X_1-X_2}{\sqrt{2}\sigma}}{\sqrt{\left(\frac{X_3+X_4-2}{\sqrt{2}\sigma}\right)^2/1}}=\frac{X_1-X_2}{\sqrt{(X_3+X_4-2)^2}}=\frac{X_1-X_2}{|X_3+X_4-2|}\sim t(1)$.

3. **【答案】**(D).

【解】对于(A),$\frac{\overline{X}}{1/\sqrt{n}}=\sqrt{n}\,\overline{X}\sim N(0,1)$;对于(B),由 $(n-1)S^2\sim\chi^2(n-1)$ 无法得到 $nS^2\sim\chi^2(n)$;对于(C),$\frac{\overline{X}}{S/\sqrt{n}}=\frac{\sqrt{n}\,\overline{X}}{S}\sim t(n-1)$;对于(D),由于 $U=X_1^2\sim\chi^2(1)$,$V=\sum_{i=2}^n X_i^2\sim\chi^2(n-1)$,且 U,V 独立,故 $\frac{U/1}{V/(n-1)}=\frac{(n-1)X_1^2}{\sum_{i=2}^n X_i^2}\sim F(1,n-1)$.

4. **【答案】**(C).

【解】由 $\alpha=P\{|X|<x\}=1-P\{|X|>x\}=1-(P\{X>x\}+P\{X<-x\})=1-2P\{X>x\}$ 知 $P\{X>x\}=\frac{1-\alpha}{2}$,故 $x=u_{\frac{1-\alpha}{2}}$.

5. **【答案】**(C).

【解】由于 $X\sim t(n)$,故设 $X=\frac{U}{\sqrt{V/n}}$,其中 U,V 独立,且 $U\sim N(0,1)$,$V\sim\chi^2(n)$. 于是,

$$Y=\frac{1}{X^2}=\frac{V/n}{U^2/1}\sim F(n,1).$$

6. **【答案】**(C).

【解】由 $X,Y\sim N(0,1)$ 知 $X^2,Y^2\sim\chi^2(1)$.

当 X,Y 独立时,(A)、(B)、(D)均成立.

7. **【答案】**16.

【解】由于 $\overline{X}_n\sim N\left(a,\frac{0.2^2}{n}\right)$,故

$$\begin{aligned}P\{|\overline{X}_n-a|<0.1\}&=P\{-0.1<\overline{X}_n-a<0.1\}\\&=P\left\{-\frac{0.1}{0.2/\sqrt{n}}<\frac{\overline{X}_n-a}{0.2/\sqrt{n}}<\frac{0.1}{0.2/\sqrt{n}}\right\}\\&=\Phi\left(\frac{\sqrt{n}}{2}\right)-\Phi\left(-\frac{\sqrt{n}}{2}\right)=2\Phi\left(\frac{\sqrt{n}}{2}\right)-1.\end{aligned}$$

由 $P\{|\overline{X}_n-a|<0.1\}\geqslant0.95$ 知 $\Phi\left(\frac{\sqrt{n}}{2}\right)\geqslant0.975$,从而 $\frac{\sqrt{n}}{2}\geqslant1.96$,解得 $n\geqslant15.37$,即 $n\geqslant16$.

8. **【答案】**$\frac{1}{20}$;$\frac{1}{100}$;2.

【解】若 X 服从 χ^2 分布,则其自由度为2,且

$$\sqrt{a}(X_1-2X_2)\sim N(0,1),\quad \sqrt{b}(3X_3-4X_4)\sim N(0,1).$$

于是由

$1=D[\sqrt{a}(X_1-2X_2)]=aD(X_1)+4aD(X_2)=5a\cdot2^2=20a$,

$1=D[\sqrt{b}(3X_3-4X_4)]=9bD(X_3)+16bD(X_4)=25b\cdot2^2=100b$

知 $a=\frac{1}{20}$,$b=\frac{1}{100}$.

考点二　统计量的数字特征

1. **【答案】**(D).

【解】由 $ET_1=EX=\lambda$，$ET_2=\frac{1}{n-1}\sum_{i=1}^{n-1}EX_i+\frac{1}{n}EX_n=EX+\frac{1}{n}EX=\lambda+\frac{\lambda}{n}$ 知 $ET_1<ET_2$.

由 $DT_1=\frac{1}{n}DX=\frac{\lambda}{n}$，$DT_2=\frac{1}{(n-1)^2}\sum_{i=1}^{n-1}DX_i+\frac{1}{n^2}DX_n=\frac{1}{n-1}DX+\frac{1}{n^2}DX=\frac{\lambda}{n-1}+\frac{\lambda}{n^2}$ 知 $DT_1<DT_2$.

2.【答案】$\frac{2}{5n}$.

【解】由 $E\left(c\sum_{i=1}^{n}X_i^2\right)=cnE(X^2)=cn\int_{\theta}^{2\theta}x^2\cdot\frac{2x}{3\theta^2}\mathrm{d}x=\frac{5cn\theta^2}{2}=\theta^2$ 知 $c=\frac{2}{5n}$.

2.【答案】(B).

【解】由于$E\left[\frac{1}{n_1-1}\sum_{i=1}^{n_1}(X_i-\overline{X})^2\right]=E\left[\frac{1}{n_2-1}\sum_{j=1}^{n_2}(Y_j-\overline{Y})^2\right]=\sigma^2$，故

$$E\left[\frac{\sum_{i=1}^{n_1}(X_i-\overline{X})^2+\sum_{j=1}^{n_2}(Y_j-\overline{Y})^2}{n_1+n_2-2}\right]$$

$$=E\left[\frac{(n_1-1)\frac{1}{n_1-1}\sum_{i=1}^{n_1}(X_i-\overline{X})^2+(n_2-1)\frac{1}{n_2-1}\sum_{j=1}^{n_2}(Y_j-\overline{Y})^2}{n_1+n_2-2}\right]$$

$$=\frac{n_1-1}{n_1+n_2-2}E\left[\frac{1}{n_1-1}\sum_{i=1}^{n_1}(X_i-\overline{X})^2\right]+\frac{n_2-1}{n_1+n_2-2}E\left[\frac{1}{n_2-1}\sum_{j=1}^{n_2}(Y_j-\overline{Y})^2\right]$$

$$=\frac{n_1-1}{n_1+n_2-2}\sigma^2+\frac{n_2-1}{n_1+n_2-2}\sigma^2=\sigma^2.$$

4. (1)【证】$ET=E(\overline{X}^2)-\frac{1}{n}E(S^2)$

$$=D(\overline{X})+[E(\overline{X})]^2-\frac{1}{n}E(S^2)$$

$$=\frac{\sigma^2}{n}+\mu^2-\frac{\sigma^2}{n}=\mu^2.$$

(2)【解】由 $\overline{X}$ 与S^2 独立知 $DT=D(\overline{X}^2)+\frac{1}{n^2}D(S^2)$.

由于 $\overline{X}\sim N\left(0,\frac{1}{n}\right)$，故$\sqrt{n}\,\overline{X}=\frac{\overline{X}}{1/\sqrt{n}}\sim N(0,1)$，从而 $n\overline{X}^2\sim\chi^2(1)$，即有

$$D(\overline{X}^2)=D\left(\frac{1}{n}\cdot n\overline{X}^2\right)=\frac{1}{n^2}D(n\overline{X}^2)=\frac{2}{n^2}.$$

又由于$(n-1)S^2\sim\chi^2(n-1)$，故

$$D(S^2)=D\left[\frac{1}{n-1}\cdot(n-1)S^2\right]=\frac{1}{(n-1)^2}D\left[(n-1)S^2\right]$$

$$=\frac{1}{(n-1)^2}\cdot 2(n-1)=\frac{2}{n-1}.$$

于是，$DT=\frac{2}{n^2}+\frac{1}{n^2}\cdot\frac{2}{n-1}=\frac{2}{n(n-1)}$.

5.【解】(1) $DY_i=D\left(X_i-\frac{1}{n}\sum_{j=1}^{n}X_j\right)$

$$=D\left[\left(1-\frac{1}{n}\right)X_i-\frac{1}{n}\sum_{\substack{j=1\\j\neq i}}^{n}X_j\right]$$

$$=\left(1-\frac{1}{n}\right)^2D(X_i)+\frac{1}{n^2}\sum_{\substack{j=1\\j\neq i}}^{n}D(X_j)$$

$$=\left(1-\frac{1}{n}\right)^2\sigma^2+\frac{n-1}{n^2}\sigma^2=\frac{n-1}{n}\sigma^2.$$

(2) $\mathrm{Cov}(Y_1,Y_n)=\mathrm{Cov}(X_1-\overline{X},X_n-\overline{X})$

$=\mathrm{Cov}(X_1-\overline{X},X_n)-\mathrm{Cov}(X_1-\overline{X},\overline{X})$

$=\mathrm{Cov}(X_1,X_n)-\mathrm{Cov}(\overline{X},X_n)-\mathrm{Cov}(X_1,\overline{X})+D(\overline{X})$.

由于 $X_1,X_2,\cdots,X_n$ 独立，而独立的两个随机变量协方差为零，故$\mathrm{Cov}(X_1,X_n)=0$，且

$$\mathrm{Cov}(\overline{X},X_n)=\mathrm{Cov}\left(\frac{1}{n}\sum_{i=1}^{n}X_i,X_n\right)$$

$$=\mathrm{Cov}\left(\frac{1}{n}\sum_{i=1}^{n-1}X_i,X_n\right)+\mathrm{Cov}\left(\frac{1}{n}X_n,X_n\right)$$

$$=\frac{1}{n}D(X_n)=\frac{\sigma^2}{n},$$

$$\mathrm{Cov}(X_1,\overline{X})=\mathrm{Cov}(X_1,\frac{1}{n}\sum_{i=1}^{n}X_i)$$

$$=\mathrm{Cov}\left(X_1,\frac{1}{n}X_1\right)+\mathrm{Cov}\left(X_1,\frac{1}{n}\sum_{i=2}^{n}X_i\right)$$

$$=\frac{1}{n}D(X_1)=\frac{\sigma^2}{n}.$$

所以，$\mathrm{Cov}(Y_1,Y_n)=0-\frac{\sigma^2}{n}-\frac{\sigma^2}{n}+\frac{\sigma^2}{n}=-\frac{\sigma^2}{n}$.

(3) $E(Y_1+Y_n)=E(X_1+X_n-2\overline{X})$

$=E(X_1)+E(X_n)-2E(\overline{X})=0$.

$D(Y_1+Y_n)=D(Y_1)+D(Y_n)+2\mathrm{Cov}(Y_1,Y_n)$

$=2\frac{n-1}{n}\sigma^2-2\frac{\sigma^2}{n}=\frac{2(n-2)}{n}\sigma^2$.

由 $\sigma^2=E\left[C(Y_1+Y_n)^2\right]=C\{D(Y_1+Y_n)+\left[E(Y_1+Y_n)\right]^2\}=\frac{2(n-2)}{n}C\sigma^2$ 知 $C=\frac{n}{2(n-2)}$.

6.【解】$X_1+X_{n+1},X_2+X_{n+2},\cdots,X_n+X_{2n}$ 为来自总体$N(2\mu,2\sigma^2)$的样本，其样本均值为$\frac{1}{n}\sum_{i=1}^{n}(X_i+X_{n+i})=\frac{1}{n}\sum_{i=1}^{2n}X_i=2\overline{X}$，样本方差为$\frac{1}{n-1}Y$.

于是，$EY=E\left[(n-1)\frac{1}{n-1}Y\right]=(n-1)E\left(\frac{1}{n-1}Y\right)=2(n-1)\sigma^2$.

第七章　参数估计

十年真题

考点一　矩估计与最大似然估计

1.【答案】(A).

【解】似然函数为 $L(\theta)=\left(\frac{1-\theta}{2}\right)^3\left(\frac{1+\theta}{4}\right)^5$，则

$$\ln L(\theta)=3\ln(1-\theta)-3\ln2+5\ln(1+\theta)-5\ln4,$$

$$\frac{\mathrm{d}[\ln L(\theta)]}{\mathrm{d}\theta}=-\frac{3}{1-\theta}+\frac{5}{1+\theta}=\frac{2(1-4\theta)}{(1+\theta)(1-\theta)}.$$

由$\frac{\mathrm{d}[\ln L(\theta)]}{\mathrm{d}\theta}=0$ 知 θ 的最大似然估计值为$\hat{\theta}=\frac{1}{4}$.

【注】2002 年数学一曾考查过此类在离散总体下求矩估计值和最大似然估计值的解答题.

2.【解】当 $x_i>0,y_j>0$ 时，$L(\theta)=\prod_{i=1}^{n}\frac{1}{\theta}\mathrm{e}^{-\frac{x_i}{\theta}}\prod_{j=1}^{m}\frac{1}{2\theta}\mathrm{e}^{-\frac{y_j}{2\theta}}=$

$\frac{1}{2^m\theta^{m+n}}\prod_{i=1}^{n}e^{-\frac{x_i}{\theta}}\prod_{j=1}^{m}e^{-\frac{y_j}{2\theta}}$.

$\ln L(\theta)=-m\ln 2-(m+n)\ln\theta-\frac{1}{\theta}\sum_{i=1}^{n}x_i-\frac{1}{2\theta}\sum_{j=1}^{m}y_j$.

$\frac{d[\ln L(\theta)]}{d\theta}=-\frac{m+n}{\theta}+\frac{1}{\theta^2}\sum_{i=1}^{n}x_i+\frac{1}{2\theta^2}\sum_{j=1}^{m}y_j$.

由$\frac{d[\ln L(\theta)]}{d\theta}=0$知$\hat{\theta}=\frac{2\sum_{i=1}^{n}X_i+\sum_{j=1}^{m}Y_j}{2(m+n)}$.

$D(\hat{\theta})=\frac{1}{(m+n)^2}\left[D\left(\sum_{i=1}^{n}X_i\right)+\frac{1}{4}D\left(\sum_{j=1}^{m}Y_j\right)\right]$

$=\frac{1}{(m+n)^2}\left(n\theta^2+\frac{1}{4}m\cdot 4\theta^2\right)=\frac{\theta^2}{m+n}$.

3. **【解】**(1) $P\{T>t\}=1-F(t)=e^{-\left(\frac{t}{\theta}\right)^m}$.

$P\{T>t+s\mid T>s\}=\frac{P\{T>t+s\}}{P\{T>s\}}=\frac{1-F(t+s)}{1-F(s)}$

$=\frac{e^{-\left(\frac{t+s}{\theta}\right)^m}}{e^{-\left(\frac{s}{\theta}\right)^m}}=e^{\frac{s^m-(t+s)^m}{\theta^m}}$.

(2) $f(t)=\begin{cases}\frac{mt^{m-1}}{\theta^m}e^{-\frac{t^m}{\theta^m}}, & t\geqslant 0,\\ 0, & \text{其他}.\end{cases}$

当$t_i\geqslant 0$时,$L(\theta)=\prod_{i=1}^{n}\frac{mt_i^{m-1}}{\theta^m}e^{-\frac{t_i^m}{\theta^m}}=\frac{m^n}{\theta^{mn}}\prod_{i=1}^{n}t_i^{m-1}e^{-\frac{t_i^m}{\theta^m}}$.

$\ln L(\theta)=n\ln m-mn\ln\theta-\frac{1}{\theta^m}\sum_{i=1}^{n}t_i^m+(m-1)\sum_{i=1}^{n}\ln t_i$.

$\frac{d[\ln L(\theta)]}{d\theta}=-\frac{mn}{\theta}+\frac{m}{\theta^{m+1}}\sum_{i=1}^{n}t_i^m$.

由$\frac{d[\ln L(\theta)]}{d\theta}=0$知$\hat{\theta}=\left(\frac{1}{n}\sum_{i=1}^{n}t_i^m\right)^{\frac{1}{m}}$.

4. **【解】**(1) 由$\frac{A}{\sigma}\int_{\mu}^{+\infty}e^{-\frac{(x-\mu)^2}{2\sigma^2}}dx=\sqrt{\frac{\pi}{2}}A=1$知$A=\sqrt{\frac{2}{\pi}}$.

(2) 当$x_i>\mu$时,$L(\sigma^2)=\prod_{i=1}^{n}\sqrt{\frac{2}{\pi\sigma^2}}e^{-\frac{(x_i-\mu)^2}{2\sigma^2}}$

$=\left(\frac{2}{\pi}\right)^{\frac{n}{2}}(\sigma^2)^{-\frac{n}{2}}\prod_{i=1}^{n}e^{-\frac{(x_i-\mu)^2}{2\sigma^2}}$

$\ln L(\sigma^2)=\frac{n}{2}\ln\frac{2}{\pi}-\frac{n}{2}\ln\sigma^2+\ln\prod_{i=1}^{n}e^{-\frac{(x_i-\mu)^2}{2\sigma^2}}$

$=\frac{n}{2}\ln\frac{2}{\pi}-\frac{n}{2}\ln\sigma^2-\frac{1}{2\sigma^2}\sum_{i=1}^{n}(x_i-\mu)^2$.

$\frac{d\ln L(\sigma^2)}{d(\sigma^2)}=-\frac{n}{2\sigma^2}+\frac{1}{2\sigma^4}\sum_{i=1}^{n}(x_i-\mu)^2$.

由$\frac{d\ln L(\sigma^2)}{d(\sigma^2)}=0$知$\sigma^2$的最大似然估计量为$\hat{\sigma}^2=\frac{1}{n}\sum_{i=1}^{n}(X_i-\mu)^2$.

5. **【解】**(1) $L(\sigma)=\prod_{i=1}^{n}\frac{1}{2\sigma}e^{-\frac{|x_i|}{\sigma}}=\frac{1}{2^n\sigma^n}\prod_{i=1}^{n}e^{-\frac{|x_i|}{\sigma}}$.

$\ln L(\sigma)=-n\ln 2-n\ln\sigma+\ln\prod_{i=1}^{n}e^{-\frac{|x_i|}{\sigma}}=-n\ln 2-n\ln\sigma-\frac{1}{\sigma}\sum_{i=1}^{n}|x_i|$.

$\frac{d\ln L(\sigma)}{d\sigma}=-\frac{n}{\sigma}+\frac{1}{\sigma^2}\sum_{i=1}^{n}|x_i|$.

由$\frac{d\ln L(\sigma)}{d\sigma}=0$知$\hat{\sigma}=\frac{1}{n}\sum_{i=1}^{n}|x_i|$.

(2) $E\hat{\sigma}=E\left(\frac{1}{n}\sum_{i=1}^{n}|x_i|\right)=E|X|=\int_{-\infty}^{+\infty}|x|\frac{1}{2\sigma}e^{-\frac{|x|}{\sigma}}dx$

$=\frac{1}{\sigma}\int_0^{+\infty}xe^{-\frac{x}{\sigma}}dx=\sigma$.

由$EX^2=\int_{-\infty}^{+\infty}x^2\frac{1}{2\sigma}e^{-\frac{|x|}{\sigma}}dx=\frac{1}{\sigma}\int_0^{+\infty}x^2e^{-\frac{x}{\sigma}}dx=2\sigma^2$知

$D\hat{\sigma}=D\left(\frac{1}{n}\sum_{i=1}^{n}|x_i|\right)=\frac{1}{n}D|X|=\frac{1}{n}[EX^2-(E|X|)^2]=\frac{\sigma^2}{n}$.

6. **【解】**(1) $F_{Z_i}(z)=P\{Z_i\leqslant z\}=P\{|X_i-\mu|\leqslant z\}$

$=\begin{cases}P\{-z\leqslant X_i-\mu\leqslant z\}, & z\geqslant 0,\\ 0, & z<0.\end{cases}$

当$z\geqslant 0$时,$F_{Z_i}(z)=P\left\{-\frac{z}{\sigma}\leqslant\frac{X_i-\mu}{\sigma}\leqslant\frac{z}{\sigma}\right\}=\Phi\left(\frac{z}{\sigma}\right)-\Phi\left(-\frac{z}{\sigma}\right)=2\Phi\left(\frac{z}{\sigma}\right)-1$,从而

$$f_{Z_i}(z)=F'_{Z_i}(z)=\frac{2}{\sigma}\varphi\left(\frac{z}{\sigma}\right)=\frac{2}{\sqrt{2\pi}\sigma}e^{-\frac{z^2}{2\sigma^2}}.$$

故$f_{Z_i}(z)=\begin{cases}\frac{2}{\sqrt{2\pi}\sigma}e^{-\frac{z^2}{2\sigma^2}}, & z\geqslant 0,\\ 0, & z<0.\end{cases}$

(2) $EZ_i=\int_0^{+\infty}\frac{2}{\sqrt{2\pi}\sigma}ze^{-\frac{z^2}{2\sigma^2}}dz=\int_0^{+\infty}\frac{-2\sigma^2}{\sqrt{2\pi}\sigma}e^{-\frac{z^2}{2\sigma^2}}d\left(-\frac{z^2}{2\sigma^2}\right)=\sqrt{\frac{2}{\pi}}\sigma$.

由于$EZ_i=\frac{1}{n}\sum_{i=1}^{n}Z_i$知$\sigma$的矩估计量为$\hat{\sigma}=\sqrt{\frac{\pi}{2}}\frac{1}{n}\sum_{i=1}^{n}Z_i=\frac{\sqrt{2\pi}}{2n}\sum_{i=1}^{n}Z_i$.

(3) 当$z_i\geqslant 0$时,$L(\sigma)=\prod_{i=1}^{n}\frac{2}{\sqrt{2\pi}\sigma}e^{-\frac{z_i^2}{2\sigma^2}}=\left(\frac{2}{\sqrt{2\pi}\sigma}\right)^n\prod_{i=1}^{n}e^{-\frac{z_i^2}{2\sigma^2}}$.

$\ln L(\sigma)=n\ln\left(\frac{2}{\sqrt{2\pi}\sigma}\right)+\ln\prod_{i=1}^{n}e^{-\frac{z_i^2}{2\sigma^2}}$

$=n\ln\left(\frac{2}{\sqrt{2\pi}}\right)-\ln\sigma-\frac{1}{2\sigma^2}\sum_{i=1}^{n}z_i^2$

$\frac{d\ln L(\sigma)}{d\sigma}=-\frac{n}{\sigma}+\frac{1}{\sigma^3}\sum_{i=1}^{n}z_i^2=\frac{\sum_{i=1}^{n}z_i^2-n\sigma^2}{\sigma^3}$.

由$\frac{d\ln L(\sigma)}{d\sigma}=0$知$\sigma$的最大似然估计量为$\hat{\sigma}=\sqrt{\frac{1}{n}\sum_{i=1}^{n}Z_i^2}$.

7. **【解】**(1) $EX=\frac{1+\theta}{2}$.

由$EX=\overline{X}$知θ的矩估计量为$\hat{\theta}=2\overline{X}-1$.

(2) 记$x_1,x_2,\cdots,x_n$为样本$X_1,X_2,\cdots,X_n$的观测值,则似然函数为

$L(\theta)=\prod_{i=1}^{n}f(x_i;\theta)$

$=\begin{cases}\prod_{i=1}^{n}\frac{1}{1-\theta}, & \theta\leqslant x_i\leqslant 1(i=1,2,\cdots,n),\\ 0, & \text{其他}\end{cases}$

$=\begin{cases}\frac{1}{(1-\theta)^n}, & \theta\leqslant\min\{x_1,x_2,\cdots,x_n\},\\ 0, & \text{其他}.\end{cases}$

当$\theta=\min\{x_1,x_2,\cdots,x_n\}$时,$L(\theta)$达到最大,故$\theta$的最大似然估计

量为 $\hat{\theta}=\min\{X_1,X_2,\cdots,X_n\}$.

【注】2004年数学三的解答题的第(3)问和2001年数学一的解答题曾考查过当似然函数单调时最大似然估计的求法.

考点二 估计量的评选标准(仅数学一)

1.【答案】(A).

【解】由于 $Y=X_1-X_2\sim N(0,2\sigma^2)$,故

$$E(\hat{\sigma})=aE(|Y|)=a\int_{-\infty}^{+\infty}|y|\frac{1}{2\sigma\sqrt{\pi}}e^{-\frac{y^2}{4\sigma^2}}dy$$

$$=\frac{a}{\sigma\sqrt{\pi}}\int_0^{+\infty}ye^{-\frac{y^2}{4\sigma^2}}dy$$

$$=-\frac{2a\sigma}{\sqrt{\pi}}\int_0^{+\infty}e^{-\frac{y^2}{4\sigma^2}}d\left(-\frac{y^2}{4\sigma^2}\right)=\frac{2a\sigma}{\sqrt{\pi}}.$$

由 $E(\hat{\sigma})=\sigma$ 知 $a=\frac{\sqrt{\pi}}{2}$.

【注】本题的思路与1998年数学一的考题非常类似(见第四章"方法探究").

2.【答案】(C).

【解】由题意,$X_i\sim N(\mu_1,\sigma_1^2)$,$Y_i\sim N(\mu_2,\sigma_2^2)$ 且 $\rho_{X_iY_i}=\rho(i=1,2,\cdots,n)$.

由 $E(\hat{\theta})=E(\overline{X})-E(\overline{Y})=E(X_i)-E(Y_i)=\mu_1-\mu_2=\theta$ 知 $\hat{\theta}$ 是 θ 的无偏估计.

$$D(\hat{\theta})=D\left[\frac{1}{n}\sum_{i=1}^{n}(X_i-Y_i)\right]=\frac{1}{n^2}nD(X_i-Y_i)$$

$$=\frac{D(X_i)+D(Y_i)-2\mathrm{Cov}(X_i,Y_i)}{n}=\frac{\sigma_1^2+\sigma_2^2-2\rho\sigma_1\sigma_2}{n}.$$

3.【解】(1) X 的分布函数为 $F(x)=\begin{cases}0, & x<0,\\ \frac{x}{\theta}, & 0\leqslant x<\theta,\\ 1, & x\geqslant\theta.\end{cases}$

$X_{(n)}$ 的分布函数为 $F_{X_{(n)}}(x)=[F(x)]^n=\begin{cases}0, & x<0,\\ \frac{x^n}{\theta^n}, & 0\leqslant x<\theta,\\ 1, & x\geqslant\theta.\end{cases}$

故 $X_{(n)}$ 的概率密度为 $f_{X_{(n)}}(x)=\begin{cases}\frac{n}{\theta^n}x^{n-1}, & 0\leqslant x<\theta,\\ 0, & 其他.\end{cases}$

由 $E(T_c)=cE[X_{(n)}]=c\int_0^{\theta}\frac{n}{\theta^n}x^n dx=\frac{cn\theta}{n+1}=\theta$ 知 $c=\frac{n+1}{n}$.

(2) $h(c)=E[(T_c)^2-2\theta T_c+\theta^2]=E[(T_c)^2]-2\theta E(T_c)+\theta^2$.

$$E[(T_c)^2]=c^2E[X_{(n)}]^2=c^2\int_0^{\theta}\frac{n}{\theta^n}x^{n+1}dx=\frac{c^2n\theta^2}{n+2}.$$

故 $h(c)=\theta^2\left(\frac{n}{n+2}c^2-\frac{2n}{n+1}c+1\right)$.

由 $h'(c)=2n\theta^2\left(\frac{1}{n+2}c-\frac{1}{n+1}\right)=0$ 得 $c=\frac{n+2}{n+1}$. 又由于 $h''\left(\frac{n+2}{n+1}\right)=\frac{2n\theta^2}{n+2}>0$,故当 $c=\frac{n+2}{n+1}$ 时,$h(c)$ 最小.

【注】本题第(1)问与2016年数学一的解答题非常类似.

4.【解】(1) X 的分布函数为 $F(x)=\begin{cases}0, & x<0,\\ \frac{x^3}{\theta^3}, & 0\leqslant x<\theta,\\ 1, & x\geqslant\theta.\end{cases}$

T 的分布函数为 $F_T(t)=[F(t)]^3=\begin{cases}0, & t<0,\\ \frac{t^9}{\theta^9}, & 0\leqslant t<\theta,\\ 1, & t\geqslant\theta.\end{cases}$

故 T 的概率密度为 $f_T(t)=\begin{cases}\frac{9t^8}{\theta^9}, & 0\leqslant t<\theta,\\ 0, & 其他.\end{cases}$

(2) 由 $E(aT)=a\int_0^{\theta}\frac{9t^9}{\theta^9}dt=\frac{9a\theta}{10}=\theta$ 知 $a=\frac{10}{9}$.

考点三 置信区间(仅数学一)

【答案】(8.2,10.8)

【解】由于 σ^2 未知,故 μ 的置信度为 $1-\alpha$ 的双侧置信区间为

$$\left(\overline{x}-\frac{s}{\sqrt{n}}t_{\frac{\alpha}{2}}(n-1),\overline{x}+\frac{s}{\sqrt{n}}t_{\frac{\alpha}{2}}(n-1)\right).$$

由 $\overline{x}+\frac{s}{\sqrt{n}}t_{\frac{\alpha}{2}}(n-1)=9.5+\frac{s}{\sqrt{n}}t_{0.025}(n-1)=10.8$ 知 $\frac{s}{\sqrt{n}}t_{0.025}(n-1)=1.3$,故

$$\overline{x}-\frac{s}{\sqrt{n}}t_{\frac{\alpha}{2}}(n-1)=9.5-\frac{s}{\sqrt{n}}t_{0.025}(n-1)=8.2,$$

从而所求置信区间为(8.2,10.8).

方法探究

考点一 矩估计与最大似然估计

变式【解】$EX=0\cdot\theta^2+1\cdot 2\theta(1-\theta)+2\cdot\theta^2+3\cdot(1-2\theta)=3-4\theta$.

$\overline{x}=\frac{1}{8}(3+1+3+0+3+1+2+3)=2$.

由 $EX=\overline{x}$ 知 θ 的矩估计值为 $\hat{\theta}=\frac{1}{4}$.

似然函数为 $L(\theta)=\theta^2\cdot[2\theta(1-\theta)]^2\cdot\theta^2\cdot(1-2\theta)^4=4\theta^6(1-\theta)^2(1-2\theta)^4$,则

$$\ln L(\theta)=\ln4+6\ln\theta+2\ln(1-\theta)+4\ln(1-2\theta),$$

$$\frac{d[\ln L(\theta)]}{d\theta}=\frac{6}{\theta}-\frac{2}{1-\theta}-\frac{8}{1-2\theta}=\frac{6-28\theta+24\theta^2}{\theta(1-\theta)(1-2\theta)}.$$

由 $\frac{d[\ln L(\theta)]}{d\theta}=0$ 及 $0<\theta<\frac{1}{2}$ 知 θ 的最大似然估计值为 $\hat{\theta}=\frac{7-\sqrt{13}}{12}$.

【注】2021年数学三又考查了此类在离散总体下求最大似然估计值的选择题.

真题精选

考点一 矩估计与最大似然估计

1.【解】(1) $f(x;\theta)=\begin{cases}\frac{2x}{\theta}e^{-\frac{x^2}{\theta}}, & x\geqslant0,\\ 0, & x<0.\end{cases}$

$$EX=\int_0^{+\infty}\frac{2x^2}{\theta}e^{-\frac{x^2}{\theta}}dx=-\int_0^{+\infty}xd\left(e^{-\frac{x^2}{\theta}}\right)$$

$$=-\left[xe^{-\frac{x^2}{\theta}}\right]_0^{+\infty}+\int_0^{+\infty}e^{-\frac{x^2}{\theta}}dx=\frac{\sqrt{\pi\theta}}{2}.$$

$$EX^2=\int_0^{+\infty}\frac{2x^3}{\theta}e^{-\frac{x^2}{\theta}}dx=-\int_0^{+\infty}x^2d\left(e^{-\frac{x^2}{\theta}}\right)$$

$$=-\left[x^2e^{-\frac{x^2}{\theta}}\right]_0^{+\infty}-\theta\int_0^{+\infty}e^{-\frac{x^2}{\theta}}d\left(-\frac{x^2}{\theta}\right)=\theta.$$

(2) 设样本 $X_1,X_2,\cdots,X_n$ 的观察值为 $x_1,x_2,\cdots,x_n$,则似然函数为

$$L(\theta)=\begin{cases}\prod_{i=1}^{n}\frac{2x_i}{\theta}e^{-\frac{x_i^2}{\theta}}, & x_i\geqslant0(i=1,2,\cdots,n),\\ 0, & 其他\end{cases}$$

$$=\begin{cases}\frac{2^n}{\theta^n}\prod_{i=1}^{n}x_ie^{-\frac{x_i^2}{\theta}}, & x_i\geqslant0,\\ 0, & 其他.\end{cases}$$

当 $x_i \geqslant 0$ 时,

$$\ln L(\theta) = n\ln 2 - n\ln\theta + \ln\left(x_i e^{-\frac{x_i^2}{\theta}}\right)$$

$$= n\ln 2 - n\ln\theta + \sum_{i=1}^{n}\ln x_i - \frac{1}{\theta}\sum_{i=1}^{n}x_i^2,$$

$$\frac{d[\ln L(\theta)]}{d\theta} = -\frac{n}{\theta} + \frac{1}{\theta^2}\sum_{i=1}^{n}x_i^2.$$

由 $\frac{d[\ln L(\theta)]}{d\theta} = 0$ 可知 $\hat{\theta}_n = \frac{1}{n}\sum_{i=1}^{n}X_i^2$.

(3) 存在,$a=\theta$. 根据大数定律,当 $n\to\infty$ 时,$\hat{\theta}_n = \frac{1}{n}\sum_{i=1}^{n}X_i^2$ 依概率收敛于 $EX^2=\theta$,故对任何 $\varepsilon>0$,都有 $\lim\limits_{n\to\infty}P\{|\hat{\theta}_n-\theta|<\varepsilon\}=1$,即 $\lim\limits_{n\to\infty}P\{|\hat{\theta}_n-a|\geqslant\varepsilon\}=0$.

2.【解】(1) $L(\sigma^2) = \prod_{i=1}^{n}\frac{1}{\sqrt{2\pi\sigma^2}}e^{-\frac{(x_i-\mu_0)^2}{2\sigma^2}}$

$$= \left(\frac{1}{\sqrt{2\pi\sigma^2}}\right)^n\prod_{i=1}^{n}e^{-\frac{(x_i-\mu_0)^2}{2\sigma^2}}.$$

$$\ln L(\sigma^2) = n\ln\left(\frac{1}{\sqrt{2\pi\sigma^2}}\right) + \ln\prod_{i=1}^{n}e^{-\frac{(x_i-\mu_0)^2}{2\sigma^2}}$$

$$= n\ln\left(\frac{1}{\sqrt{2\pi}}\right) - \frac{n}{2}\ln\sigma^2 - \frac{1}{2\sigma^2}\sum_{i=1}^{n}(x_i-\mu_0)^2.$$

$$\frac{d\ln L(\sigma^2)}{d(\sigma^2)} = -\frac{n}{2\sigma^2} + \frac{1}{2\sigma^4}\sum_{i=1}^{n}(x_i-\mu_0)^2 = \frac{\sum_{i=1}^{n}(x_i-\mu_0)^2 - n\sigma^2}{2\sigma^4}.$$

由 $\frac{d\ln L(\sigma^2)}{d(\sigma^2)}=0$ 知 σ^2 的最大似然估计为 $\hat{\sigma}^2 = \frac{1}{n}\sum_{i=1}^{n}(X_i-\mu_0)^2$.

(2) 由于 $X_i \sim N(\mu_0,\sigma^2)(i=1,2,\cdots,n)$,故 $\frac{X_i-\mu_0}{\sigma}\sim N(0,1)$,从而

$$\frac{n\hat{\sigma}^2}{\sigma^2} = \frac{1}{\sigma^2}\sum_{i=1}^{n}(X_i-\mu_0)^2 = \sum_{i=1}^{n}\left(\frac{X_i-\mu_0}{\sigma}\right)^2 \sim \chi^2(n).$$

于是,$E(\hat{\sigma}^2) = E\left(\frac{\sigma^2}{n}\cdot\frac{n\hat{\sigma}^2}{\sigma^2}\right) = \frac{\sigma^2}{n}E\left(\frac{n\hat{\sigma}^2}{\sigma^2}\right) = \sigma^2$,$D(\hat{\sigma}^2) = D\left(\frac{\sigma^2}{n}\cdot\frac{n\hat{\sigma}^2}{\sigma^2}\right) = \frac{\sigma^4}{n^2}D\left(\frac{n\hat{\sigma}^2}{\sigma^2}\right) = \frac{2\sigma^4}{n}$.

3.【解】$L(\theta)=\theta^N(1-\theta)^{n-N}$.

$\ln L(\theta) = N\ln\theta + (n-N)\ln(1-\theta)$.

$\frac{d[\ln L(\theta)]}{d\theta} = \frac{N}{\theta} - \frac{n-N}{1-\theta}$.

由 $\frac{d[\ln L(\theta)]}{d\theta}=0$ 知 θ 的最大似然估计为 $\hat{\theta}=\frac{N}{n}$.

4.【解】对于 X 的样本值 $x_1,x_2,\cdots,x_n$,似然函数为

$$L(\theta) = \begin{cases}\prod_{i=1}^{n}2e^{-2(x_i-\theta)}, & x_i\geqslant\theta(i=1,2,\cdots,n), \\ 0, & \text{其他}\end{cases}$$

$$= \begin{cases}2^n\prod_{i=1}^{n}e^{-2(x_i-\theta)}, & \theta\leqslant\min\{x_1,x_2,\cdots,x_n\}, \\ 0, & \text{其他.}\end{cases}$$

当 $\theta\leqslant\min\{x_1,x_2,\cdots,x_n\}$ 时,

$$\ln L(\theta) = n\ln 2 + \ln\left[\prod_{i=1}^{n}e^{-2(x_i-\theta)}\right] = n\ln 2 - 2\sum_{i=1}^{n}x_i + 2n\theta,$$

$$\frac{d[\ln L(\theta)]}{d\theta} = 2n > 0.$$

由于 $L(\theta)$ 单调递增,故 θ 的最大似然估计值为 $\hat{\theta}=\min\{x_1,x_2,\cdots,x_n\}$.

【注】2004 年数学三的解答题的第(3)问和 2015 年数学一、三的解答题的第(2)问又考查了当似然函数单调时最大似然估计的求法.

5.【解】(1) $EX = \int_0^\theta \frac{6x^2}{\theta^3}(\theta-x)dx = \frac{\theta}{2}$.

由 $EX=\overline{X}$ 知 θ 的矩估计量为 $\hat{\theta}=2\overline{X}$.

(2) $E(X^2) = \int_0^\theta \frac{6x^3}{\theta^3}(\theta-x)dx = \frac{3\theta^2}{10}$.

$$DX = E(X^2)-(EX)^2 = \frac{\theta^2}{20}.$$

故 $D(\hat{\theta}) = 4D(\overline{X}) = \frac{4}{n}DX = \frac{\theta^2}{5n}$.

考点二　估计量的评选标准(仅数学一)

1.【解】(1) 由于 X 与 Y 相互独立且分别服从 $N(\mu,\sigma^2)$ 与 $N(\mu,2\sigma^2)$,故 $Z=X-Y\sim N(0,3\sigma^2)$,从而 $f(z;\sigma^2)=\frac{1}{\sqrt{6\pi\sigma^2}}e^{-\frac{z^2}{6\sigma^2}}$,$-\infty<z<+\infty$.

(2) $L(\sigma^2) = \prod_{i=1}^{n}\frac{1}{\sqrt{6\pi\sigma^2}}e^{-\frac{z_i^2}{6\sigma^2}} = \left(\frac{1}{\sqrt{6\pi\sigma^2}}\right)^n\prod_{i=1}^{n}e^{-\frac{z_i^2}{6\sigma^2}}$.

$$\ln L(\sigma^2) = n\ln\left(\frac{1}{\sqrt{6\pi\sigma^2}}\right) + \ln\prod_{i=1}^{n}e^{-\frac{z_i^2}{6\sigma^2}}$$

$$= n\ln\left(\frac{1}{\sqrt{6\pi}}\right) - \frac{n}{2}\ln\sigma^2 - \frac{1}{6\sigma^2}\sum_{i=1}^{n}z_i^2.$$

$$\frac{d\ln L(\sigma^2)}{d(\sigma^2)} = -\frac{n}{2\sigma^2} + \frac{1}{6\sigma^4}\sum_{i=1}^{n}z_i^2 = \frac{\sum_{i=1}^{n}z_i^2 - 3n\sigma^2}{6\sigma^4}.$$

由 $\frac{d\ln L(\sigma^2)}{d(\sigma^2)}=0$ 知 σ^2 的最大似然估计量为 $\hat{\sigma}^2 = \frac{1}{3n}\sum_{i=1}^{n}Z_i^2$.

(3) 由 $E\hat{\sigma}^2 = \frac{1}{3n}E\left(\sum_{i=1}^{n}Z_i^2\right) = \frac{1}{3}EZ^2 = \frac{1}{3}[(EZ)^2+DZ] = \sigma^2$ 知 $\hat{\sigma}^2$ 为 σ^2 的无偏估计量.

2.【解】(1) $EX = \int_0^\theta \frac{x}{2\theta}dx + \int_\theta^1 \frac{x}{2(1-\theta)}dx = \frac{\theta}{2}+\frac{1}{4}$.

由 $EX=\overline{X}$ 知 θ 的矩估计量为 $\hat{\theta}=2\overline{X}-\frac{1}{2}$.

(2) $E(4\overline{X}^2)=4E(\overline{X}^2)=4[D(\overline{X})+E^2(\overline{X})]=\frac{4}{n}DX+4(EX)^2$

$$=\frac{4}{n}DX+\frac{1}{4}+\theta+\theta^2.$$

由 $DX\geqslant 0,\theta>0$ 知 $E(4\overline{X}^2)>\theta^2$,故 $4\overline{X}^2$ 不是 θ^2 的无偏估计量.

考点三　置信区间(仅数学一)

【答案】(C).

【解】当 σ^2 未知,样本容量为 n 时,μ 的置信度为 $1-\alpha$ 的置信区间为 $\left(\overline{x}-\frac{s}{\sqrt{n}}t_{\frac{\alpha}{2}}(n-1),\overline{x}+\frac{s}{\sqrt{n}}t_{\frac{\alpha}{2}}(n-1)\right)$.

第八章 假设检验(仅数学一)

十年真题

考点 假设检验

1.【答案】(B).

【解】由于当 $\mu=11.5$ 时,$\overline{X}\sim N\left(11.5,\frac{1}{4}\right)$,故所求概率为

$$P\{\overline{X}\leqslant 11\}=P\left\{\frac{\overline{X}-11.5}{1/2}\leqslant\frac{11-11.5}{1/2}\right\}=\Phi(-1)=1-\Phi(1).$$

2.【答案】(D).

【解】由题意,拒绝域为$\left(-\infty,-t_{\frac{\alpha}{2}}(n-1)\right]\cup\left[t_{\frac{\alpha}{2}}(n-1),+\infty\right)$.

由 $t_{0.025}(n-1)<t_{0.005}(n-1)$ 知检验水平 $\alpha=0.01$ 的拒绝域 $(-\infty,-t_{0.005}(n-1)]\cup[t_{0.005}(n-1),+\infty)$ 是检验水平 $\alpha=0.05$ 的拒绝域 $(-\infty,-t_{0.025}(n-1)]\cup[t_{0.025}(n-1),+\infty)$ 的子集,故如果在检验水平 $\alpha=0.01$ 下拒绝 H_0,那么在检验水平 $\alpha=0.05$ 下必拒绝 H_0,即如果在检验水平 $\alpha=0.05$ 下接受 H_0,那么在检验水平 $\alpha=0.01$ 下必接受 H_0.

真题精选

考点 假设检验

【解】$H_0:\mu=70,H_1:\mu\neq 70$.

拒绝域为 $|t|=\left|\frac{\overline{x}-70}{s/\sqrt{n}}\right|\geqslant t_{0.025}(n-1)$.

由 $\overline{x}=66.5,s=15,n=36,t_{0.025}(35)=2.0301$ 知 $|t|=\left|\frac{66.5-70}{15/6}\right|=1.4<2.0301$.

由于 t 没有落在拒绝域中,故接受 H_0,即可以认为这次考试全体考生的平均成绩为70分.